NAVAL WEAPONS OF WORLD WAR ONE
Guns, Torpedoes, Mines and ASW Weapons of All Nations

第一次世界大战时期的海军武器：
英国和美国海军的舰炮、鱼雷、水雷及反潜武器

〔美〕诺曼·弗里德曼（Norman Friedman） 著

夏国祥　金存惠　译

图书在版编目（CIP）数据

第一次世界大战时期的海军武器 . 英国和美国海军的舰炮、鱼雷、水雷及反潜武器 /（美）诺曼·弗里德曼 (Norman Friedman) 著；夏国祥 , 金存惠译 . -- 北京：海洋出版社 , 2018.3

（海上力量）

书名原文 : Naval Weapons of World War One

ISBN 978-7-5210-0042-9

Ⅰ . ①第… Ⅱ . ①诺… ②夏… ③金… Ⅲ . ①第一次世界大战—海军—武器装备—介绍—英国②第一次世界大战—海军—武器装备—介绍—美国 Ⅳ . ① E925

中国版本图书馆 CIP 数据核字 (2018) 第 039436 号

图字：01-2017-2707

策　　划：高显刚

责任编辑：杨海萍　张　欣

责任印制：赵麟苏

海洋出版社 出版发行

httP://www.oceanPress.com.cn

北京市海淀区大慧寺路 8 号　邮编：100081

北京文昌阁彩色印刷有限责任公司印刷　新华书店发行所经销

2018 年 4 月第 1 版　2018 年 4 月北京第 1 次印刷

开本：787mm×1092mm　1/12　印张：30

字数：420 千字　定价：88.00 元

发行部：62132549　邮购部：68038093　总编室：62114335

海洋版图书、印装错误可随时退换

《海军"锻造"现代世界》丛书　序

《现代舰船》主编　崔轶亮

究竟是我们"锻造"了战争还是战争"锻造"了我们，这个问题可能极难回答。

战争行为伴着人类诞生而诞生，伴着人类成长而扩大，伴着技术进步而愈发恐怖。然而人类的成长得益于战争的优胜劣汰——两次世界大战虽然令人类付出沉重的代价，但也让正义击垮了邪恶，让自由和民主的信念挫败了独裁和专制，让新兴的民族国家开始迈入现代文明的新时代。

人类快速发展的科技，又有很多直接源于战争，或者发端于战胜对手的执念。这方面的例子不胜枚举，远的不说，我们今天最熟悉的因特网其实发端于美国在冷战时期构思的核战指挥网概念，为了让指挥网络不至于因为一两次核攻击而瘫痪，整个指挥网采用去中心化和信息传输自动化的思路去架构，这个体系几经发展成为万维网。

如果把因为战争而带来的发明——罗列，有人可能会得到这样的印象：如果没有战争带来的急迫的驱动力，很多改变人类社会面貌的发明可能会迟缓很多年后才会诞生。这么说倒不是在当战争贩子，皇家海军的箴言说"如果你想要和平，就需要准备战争"，这句话背后未必有高深的哲理，更多的是对历史的总结，战争也好，"锻造"战争机器也罢，其正当性的唯一来源只能是对和平的追求。

有趣的是，回溯历史，我们会发现：战争会毫不迟疑的"锻造"我们，就如同我们会毫不迟疑的"锻造"它。随着人类雄心或者野心的膨胀，随着战争机器的愈发精密和高效，这种"锻造"的效果越发明显。

战争在"锻造"人类文明的面貌和发展轨迹方面也成果颇丰，与前文提到的那些发明相比，这种"锻造"更具深刻和持久的意义。

如果要梳理近代的战争机器"锻造"史，不能不提到伟大的海军历史学家马汉，他揭示了海洋对于人类历史"锻造"的强大功效，而欲利用海洋，必须涉及两个要素，首先是越洋贸易，其次则是海军。两者都是海权的组成部分，马汉充分汲取营养的那段历史中，后者几乎是为了前者而存在的——人们往往喜欢用仗剑经商来描述那个时代。其实仗剑经商的要诀并非依靠海军的强力攫取利润，而是建立规则——现代商业的游戏规则。如果沿着马汉的目光继续梳理人类的历史，我们仍然会看到他参透的逻辑仍未改变——为了确保规则长行不败，海军仍然在"锻造"世界。

这一过程中，无数新技术被唤醒，无数新概念破茧而出，无数英雄写不尽波澜壮阔，表述逻辑的语法日新月异，从多格尔沙洲到莱特湾，从铁甲巨炮的较量到海空立体的博弈。毫无意外地，利维坦一次次压倒波西墨特，贸易的规则因此长行，整个世界因此进步不止。

而因海军"锻造"而成形的世界，仍会由海军所维护和驱策。

《海军"锻造"现代世界》丛书即立意于此，并向所有为此而奉献的先辈和同仁致意！

目 录

术语及其缩写   I

致 谢   III

引 言   IV

第一部分：火炮   1

绪 论   2

1 英国火炮   11

2 美国火炮   189

第二部分：鱼雷   269

绪 论   270

1 英国鱼雷   273

2 美国鱼雷   297

第三部分：水雷   305

绪 论   307

1 英国水雷   309

2 美国水雷   325

第四部分：反潜武器   329

绪 论   330

1 英国反潜武器   333

2 美国反潜武器   345

术语及其缩写

anti-aircraft（AA）：防空炮

Admiral（ADM）：海军上将

Armed Merchant Cruiser（AMC）：商船护航舰

armour-Piercing（AP）：穿甲弹

Armour-Piercing CaPPed（shell）（APC）：被帽穿甲弹

anti-submarine warfare（ASW）：反潜武器

Ballon-Abwehr Geschütze（"anti-balloon gun"）（BAG）：反气球炮

Ballonabwehrkanone（"anti-balloon cannon"）（BAK）：反气球加农炮

Board on Industrial Research（BIR）：工业研究委员会

breech-loading（BL）：（传统的）后膛装填炮

Bureau of Ordnance（US）（BuOrd）：美国海军军械局

CaPPed Common Pointed（shell）（CCP）：被帽尖头普通弹

Commander（Cdr.）：（英国或美国）海军中校

cast iron（CI）：铸铁弹

Chief InsPector of Naval Ordnance（CINO）：海军军械总督察

Chief InsPector, Woolwich（CIW）：伍尔维奇军械厂总督察

Chief of Naval OPerations（US）（CNO）：美国海军作战部长

Colonel（Col.）：上校

Coventry Ordnance Works（COW）：考文垂军械厂

Common Armour-Piercing CaPPed（shell）（CPC）：被帽穿甲普通弹

calibre radius head（crh）：弹首部圆弧的曲率半径之于弹体直径的比值（CRH弹形系数）

Chief SuPerintendent RGF（q.v.）（CSOF）：（英国）皇家火炮厂总主管

Chillingworth Smokeless Powder（CSP）：齐林沃思无烟火药

Defensively-Armed Merchant ShiP（DAMS）：防御性武装商船

Distance-Controlled Boat（DCB）：遥控舰船/潜艇

Director Control Tower（DCT）：导航控制塔

Director Gunnery Division（DGD）：火炮局局长

Director of Naval Artillery and TorPedoes（DNA&T）：海军火炮及鱼雷局局长

Director of Naval Construction（DNC）：海军建造局局长

Director of Naval Intelligence（DNI）：海军情报局局长

Director of Naval Ordnance（DNO）：海军军械局局长

DinitroPhenyl（DNP）：二硝基苯基

Director of OPerations Division（DOD）：（英国皇家海军部下属的）海军作战局局长

Drilling Lafette（"twin mount"）（DrL）：双管火炮炮架

Director Trade Division（DTD）：贸易局局长

Director TorPedoes and Mines（DTM）：鱼雷和水雷局局长

Elswick Ordnance ComPany（EOC）：埃尔斯维克军械公司

financial year（FY）：财政年度

gyro director training（GDT）：陀螺仪导航训练

high angle（HA）：高射炮

hand-controlled Power（gear）（HCP）：手控电力传动装置

high exPlosive（HE）：高爆弹

Kanone（i.e. BL gun）（K）：加农炮（如阿姆斯特朗式后膛装填炮）

KruPP Cemented（armour）（KC）：克虏伯表面渗碳硬化镍铬合金钢装甲

Kurze Marine Kanone（"short naval gun"）（KMk）：短身管海军加农炮

KruPP Non-Cemented（armour）（KNC）：克虏伯非渗碳装甲

Lieutenant（Lt.）：海军上尉

Major-General（MGen）：少将

Motor Launch（ML）：摩托艇

muzzle-loading（ML）：前膛装填

muzzle-loading rifle（MLR）：前膛枪/火炮

Mittel-Pivot-lafette（"centre Pivot mount"）（MP）：中轴式炮架

Morskoi Tekhnicheskii Komitet（"Naval Technical Committee"）（MTK）：（俄国）海军技术委员会

Naval Gun Factory（US）（NGF）：（美国）海军枪炮厂

National Maritime Museum，London（NMM）：英国国家海事博物馆（伦敦）

Office of Naval Intelligence（US）（ONI）：美国海军情报局

Office of OPerations（US）（OPNav）：美国海军作战办公室

Portable Directional HydroPhones（PDH）：便携式定向水听器

Pounder（s）（PDR）：发射若干磅重量炮弹的大炮

Portable General Service（hydroPhone set）（PGS）：便携式水听装置

quick-firing（QF）：速射炮

quick-firing converted（QFC）：速射改良式火炮

Rear Admiral（RADM）：海军少将

Royal Air Force（RAF）：英国皇家空军

Royal Australian Navy（RAN）：澳大利亚皇家海军

Stock Society of Ordnance Plants（Russian acronym）（RAOAZ）：俄国股份军工厂

Royal Carriage Factory（RCF）：英国皇家车辆厂

raPid fire（i.e QF gun：US）（RF）：速射炮

Royal Flying CorPs（RFC）：英国皇家飞行团

Royal Gun Factory（RGF）：英国皇家火炮厂

Royal Horse Artillery（RHA）：英国皇家骑兵炮兵部队

Ringkanone（RKL）：嵌套式火炮

Royal Naval Air Service（RNAS）：英国皇家海军航空队

rohr-Pulver（"tube Powder"，i.e. German equivalent of Cordite）（RP）：（德国）管状火药

semi-automatic（SA）：半自动火炮

semi armour-Piercing（SAP）：半穿甲弹

semi armour-Piercing caPPed（shell）（SAPC）：被帽半穿甲弹

solventless cordite（SC）：不溶无烟硝化甘油火药

submerged fire（Pistol）（SF）：水下起爆（引信）

Schnellade-Kanone（"fast-loading gun"，i.e. QF）（SK）：快速装填炮

side lug（torPedo）（SL）：（鱼雷）侧突

Service Technique Construction et Armes Navales（STCAN）：法国海军建造技术局

TorPedoabwehrkanone（"anti-torPedo-boat cannon"）（TAG）：反鱼雷艇火炮

tiro raPido（i.e. QF）（TR）：速射炮（俄语）

TorPedo Werkstatte（German Navy TorPedo Factory）（TW）：德国海军鱼雷厂

Vice Admiral（VADM）：海军中将

Vavasseur Centre Pivot（mounting）（VCP）：瓦瓦瑟中轴式炮架

致　谢

若没有众多支持者的帮助，本书不会诞生。首先，我要感谢彻丽·坎贝尔允许我使用她已故的兄弟的手稿。尤伦恩斯专门为本书绘制了几幅炮塔图。奥地利的《海军昨天与今日》杂志的编辑埃尔温·希彻向我提供了奥匈帝国火炮使用手册转录本等重要资料。斯蒂芬·麦克劳克林向我提供了大量有关俄国海军的资料，并为我翻译了数篇俄文文章。约翰·A.罗伯特向我提供了一些珍贵的图像及手册藏品。伊恩·巴克斯顿慷慨地允许我从他的关于英国浅水重炮舰的历史著作中复制炮塔的图纸。如同我的前一本有关海军火力控制的书《海军火力》一样，本书也因尼古拉斯·兰伯特博士和乔恩·苏迈达提供的英国官方档案受益良多。《环球军舰》杂志的编辑克里斯托弗·C.赖特也慷慨地向我提供了他的收藏。意大利的埃尔米尼奥·巴尼亚斯科海军中校和毛里齐奥·布雷西亚博士向我提供了有关意大利的图片，阿希莱·拉斯泰利和菲利波·卡佩拉诺上校向我提供了意大利火炮的相关资料。瑞典博福斯防务公司档案馆的志愿者希瓦特·古斯塔夫森也将他在该馆的重要发现告诉了我。瑞典皇家海军退役上校佩尔·艾兰德提供了一些瑞典的相关资料，并为我争取到了使用他此前出版过的一些相关瑞典官方图样的许可。对火炮研究极有兴趣的肯特·克劳福德在很多方面给了我帮助，尤其是解决了一些有关德国火炮的相关疑难；克里斯·卡尔森和克里斯托夫·克卢克森也在德国相关资料方面给了我帮助。我要感谢的其他人包括：A.D.贝克三世、亚历山大·谢尔登-迪普莱、雷蒙德·张、约瑟夫·斯特拉兹采克博士、沃尔夫冈·莱吉恩、理查德·沃思、彼得·舒佩塔、史蒂夫·罗伯茨、雷·L.比恩以及泰德·胡顿。我希望本书能够配得上以上诸位的热情帮助。

本书的撰写很大程度上是基于档案材料的。我之所以能够获得这些档案，需要感谢英国皇家海军部图书馆的珍妮·赖特、英国国家海事博物馆黄铜铸造厂分馆的杰里米·米歇尔和安德鲁·钟以及英国国家海事博物馆老凯尔德图书馆（该馆馆藏有威格士公司和阿姆斯特朗公司的产品手册等相关材料）、英国国家档案馆、美国国家档案馆（位于华盛顿市区及马里兰大学帕克学院）、法国国防部档案馆（位于巴黎近郊的万塞讷镇）、法国武器装备总局档案馆（位于沙泰勒罗）的相关工作人员。美国海军战争学院的伊芙琳·切尔帕科博士非常耐心细致地向我提供了她掌握的独一无二的档案材料，这些材料包括了美国海军战争学院同时充当美国海军的智囊及教育机构时期的内容，因而极为重要。另外，我还要感谢美国海军部图书馆，该馆拥有大量本书所需的有关军事行动及军事科技的相关资料。

最重要的是，于我而言，没有妻子雷亚长期的、细心周到的支持和鼓励，本书相关研究的开展将无法想象。雷亚曾为本书的写作提出过一些具体的建议，并坚定地鼓励我坚持某些最初看来根本没有希望完成的研究计划。在此对她表示特别的感谢。

对本书插图的说明

本书的很多插图直接来源于相关原始文献和图片（武器手册）的复印件，这些材料不仅重要，而且难得一见。由于手段的限制，这些原始材料的复制未能做到尽善尽美，材料上存在着诸如折线及变形等造成的在所难免的瑕疵。尽管如此，相较于照片，这些原始材料的"复印件"依然堪称复杂武器系统（尤其是火炮炮架）的最佳呈现形式。

引　言

第一次世界大战于1914年爆发之后，世界各国的海军开始采纳当时仍在持续进行的科技革命的最新成果。此时距离新式海战武器首次经历实战（日俄战争）检验不过10年时间，海战武器却又得到了长足的发展：重型速射炮和独立的触发式水雷比10年前更加先进了，火炮及其火控技术远非10年之前可比，远程鱼雷和远洋潜艇都是全新研制的。到了1918年的时候，除了雷达和俯冲轰炸，所有将在第二次世界大战的战场上出现的武器和战术几乎都被发明出来了——当然，此时的飞机依然堪称"原始"。

第一次世界大战期间的新武器研发速度取决于军事工业的努力。研制完全崭新的武器是一项极困难的工程，所以，我们可以看到，本书第一部分所列的几乎所有大炮都是在1914年到来之前就存在或接近研制完毕了，但英国的18英寸口径炮是一个例外。鱼雷的进展殊非易事，但战争期间还是有新式鱼雷诞生。水雷和反潜武器的研发和制造是如此迅速，以至于从现在看来几乎是难以置信的了。

可能的话，我将在本书中尽力阐述各国海军的武器发展道路，这将包括"既有战术的影响"和"新式武器所造成的新的战术可能"两个方面。"战术讨论"主要集中在火炮相关章节，这是因为1914—1918年间的海军舰队战术在很大程度上（但并不完全）是围绕火炮这种武器来制订的。在本书当中，我不打算描述各国的反潜战术，因为这个题材本身即需一本大书的篇幅；我也不打算描述雏形初露的防空战战术，尽管这种战斗样式对第一次世界大战期间的各国海军影响重大。

需要记住的一个关键是，海军舰队的战术由两种迥然不同的武器支撑着，即火炮和鱼雷。人们普遍认为，炮击战术的有效性在于火力的累积；最迟不过1913年的时候，英国皇家海军已经认识到，以火炮攻击一艘现代战列舰，

必须不间断地进行将近半个小时的时间，才有可能使之沉没。在对马海战中，俄国确实有2艘战列舰遭日本的火炮击沉，但这或多或少地是由于这些舰船上使用了大量的易燃漆，而且它们的非装甲舷侧非常脆弱。该种观点也许并不十分公允，因为在日德兰海战当中，又有3艘战列舰被炸沉，这似乎已经足以将水面战舰的脆弱性完全暴露出来。但是，多年以来，人们已经看清了，日德兰海战中3艘英国战列舰之所以沉没，更多地是由于其糟糕的弹药存放规程，而非德舰炮弹的侵入及其引起的内爆。此战之后，英国人认为，倘若弹药存放得当，他们的水面战舰决不至于被一两发炮弹击沉：英舰"胡德号"的沉没就是"一定是有哪里出问题了"的明证。

鱼雷和水雷是两种非常不同的武器。1914年时，没有哪一国的海军对自己舰船的水下防护感到满意。这是因为，似乎一次水雷或鱼雷攻击就足够击沉（至少是严重毁坏）哪怕是一艘最大吨位的舰船。在日俄海战的过程中，刚刚起步的触发水雷造成了1艘俄国战列舰和2艘日本战列舰的沉没，还有其他战舰因触发水雷而丧失战力；如今，人们发现，俄国还有第二艘战列舰因触发水雷沉没——最初被认为是鱼雷击沉的。见证水雷的杀伤力很可能是日俄之间的这次海战给人们的最沉痛的"惊喜"。对马海战之后，很多国家的海军开始对巡洋舰进行使之具有布雷功能的改造，并开始研究以触发水雷执行防御和进攻任务的战法（有一些国家在此战之前就开始了）。

在日俄战争中，鱼雷的作用非常小，但人们普遍认为这种武器在未来的任何大规模海战中都将会是一种非常致命的攻击武器。世人皆知德意志帝国海军非常着迷于研发水下攻击武器，而英国皇家海军对水下攻击武器的热情在很多方面超过了德国海军却鲜为人知。英国皇家海军上将

约翰·杰利科于1914—1916年表达出来的若干担忧大概正反映出了英国当时（或规划当中）的鱼雷战术。如今，我们知道，英国当时使用的水面发射鱼雷较之德国的对应武器有很大的优势，而德国人当时也知道这一点。

在今天的读者看来，就相关记录而言，当时各国之间的战术思考存在着明显的差距，而实际演练更是少之又少。例如，英国的约翰·杰利科上将在当时认识到，指挥大舰队作战的关键是要备具一份战术规划图，这样指挥官才能"看见"视界之外的即时战况。这在当时是一个非常先进的战术措施，可谓如今各国海军及其他兵种作战指挥中非常常见的战术态势图的前身。在日德兰海战之前，杰利科上将或许未曾验证过"战术规划图"的思想，此时的他还不了解的是：如此一来，他所指挥的各艘军舰的轨迹和状态将"决定"他的战术态势图，相应的领航技术会变得至为关键。此时的他也未曾意识到定时听取"无线电报告"，以确保即时获知战况和避免实时细节干扰的必要性。后一个问题在此后的很长时间内还在困扰各国海军，甚至在20世纪50年代的时候还曾在防空的问题上令美国舰队头疼不已。尽管如此，杰利科上将的战术规划图还是让他在他的对手、德国海军上将赖因哈特·舍尔面前获得了极大的优势，英国舰队因此得以处处抢占先机。参与日德兰海战的德国舰员为此莫不感到困惑和震惊不已，这让舍尔上将确信：继续与英国大舰队作战无异于自杀。显然，舍尔上将从来不曾设想，他可以通过某种方法从自己所在的旗舰上"看见"所有即时战况。其他国家的海军也没有想到要应用战术规划图，美国海军战争学院于1914年指出了此种必要性，但也是其人员在英国战舰上亲眼见证过战术规划图的使用之后才开始应用的，这时已是1917年了。

试图模仿英国人做法的仅此一例。有很多的例外情况，指挥官们似乎更看好会有足够良好的导航。倘若海军的目标只限于穿越大西洋，这种观点不无道理，但倘若目标扩展到在能见度很差的情况下于大西洋东北部的北海深处某地集结，或者是发现视界之外的一艘巡洋舰，这种观点就全无道理了。

在本书当中，讨论英国皇家海军武器所占篇幅比讨论任何其他国家海军的都要大得多，这是因为1914年—1918年的时候，英国皇家海军是当时全世界规模最大的海军，同时也是因为当时没有能力自造海军军械的其他很多国家所需绝大多数海军装备皆由英国军火商供应。在美国海军、德国海军、日本海军等后来者逐渐赶上来之前的很长一段时间之内，皇家海军一直是体量最大的一支海上力量。截至1914年，英国一直拥有相当庞大的早期海军军械储备。法国也曾在相同的时期内维持着一支强大的海军力量，但该国海军在19世纪末期的发展极为有限，这是由于当时的法国不得不将大量资金投向陆军，以与德国陆军竞争。

在本书开篇处，我曾向约翰·坎贝尔致敬。20世纪90年代的时候，约翰·坎贝尔写就了一份题名《第一次世界大战海军武器百科全书》的手稿，以作为他广为人知的《第二次世界大战海军武器百科全书》的续篇。不幸的是，他的这份手稿当时未能出版。若干年之后，这份手稿重新"露面"，但作者署名为"技术编辑"。坎贝尔先生手稿的那次重新"露面"中，实际出版的只有原稿中"英国皇家海军火炮"和"17厘米以上口径德国海军火炮"部分。此外，坎贝尔先生曾经在《战舰》杂志上发表过他所掌握的"4英寸以上口径英国皇家海军火炮"的相关内容。

不过，本书不能说是坎贝尔先生的著作了。感谢坎贝尔先生的依然健在的姐姐的慷慨，她让我见到了坎贝尔先生的手稿。本书英国皇家海军部分即是综合了坎贝尔手稿的相关内容和我获得的英国官方资料的结果。坎贝尔先生还为本书贡献了德国大口径火炮的内容，但德国轻型火炮的内容是我自己从其他资料来源得知的。本书有关火炮历史的评论以及其他一切内容皆由我本人负责。

与我的前一本书不同的是，这本书没有脚注。作为一本百科性质的书籍，本书无法为每一条史料标注来源和出处，但我也尽力为某些重要资料提供了出处和所在地。

计量单位

本书计量单位依资料出处给出，以免英制单位与公制单位之间来回转换可能引起的错误。但是，本书也存在这样一种情形，即某些使用公制单位的国家（海军）相关资料引自一个使用英制单位的来源。考虑到如今计算机和计算器已是随处可见，读者可以方便地在两种单位之间换算，我对这些数据一般不加统一，但也有一些地方做了统一工作，以括号夹注的形式随附于原始资料之后。本书涉及的重要计量单位换算关系包括：

上图：在第一次世界大战期间，基于在日俄战争期间的经验，世界各国海军研发和应用了很多新武器和新战术。在对马海战中，俄国战列舰"西索依·维利基"号在遭受约 14 发炮弹打击，右船尾被 1 枚鱼雷击中（舰舵和转向机构被毁）的情况下幸存了下来。当时该舰仍能在引擎推动下继续航行，并继续以缓慢的速度前进（前方吃水线处的弹伤造成船体浸水，前部隔水舱承受到较大水压，因此不能以较快速度航行）。在该舰受到两艘日本辅助巡洋舰威胁时，舰长下令将该舰凿沉。对许多人来说，这一案例和其他战斗损伤案例留下的教训是，几乎不可能用炮火击沉一艘军舰。屈服于炮火的俄国舰船主要遭受的是高爆炮弹的蹂躏，但如果能在战前对这些船只进行适当的轻装，这种情况本来应该可以避免的。"波罗底诺"号仅被一发炮弹击中，其弹药库即被引燃并发生爆炸——这样的案例是独一无二的。看来，用炮火击沉遵循正确设计原则和采用恰当装备的装甲舰是很困难的。不过，作为一种武器，炮火至少可能对舰船造成累积的伤害。另一方面，曾有 3 艘战列舰（1 艘属于俄国，2 艘属于日本）被锚雷击沉，而俄国战列舰"纳瓦林"号则被 1 枚布设在其航道上的漂雷击沉（当时只有日本人和英国人知道这件事）

重量

1英吨=2240磅

1公吨=2205磅

1千克=2.204磅

1公吨=2204.6磅

1英吨=1.106公吨

1磅=0.4536千克

英国皇家海军在衡量火炮时使用的英制单位可以指称

常以多少吨、多少英担、多少夸特、多少英石和多少磅给出。1长吨（英制）等于20英担。非英国人通常将这类重量单位转换成磅，然后再转换成吨。通常依赖于英国技术的海军也使用英制单位。美国海军使用英制磅和吨，但是，显然不是用做换算单位。俄国人有自己的单位，包括重量单位普特和英制英寸。因此，威格士公司为俄国制造的火炮的设计是可以识别的，因为重量单位被转换成了普特。本书涉及的俄国武器的数据采用的是公制单位，因为所引用的数据来自俄国革命后的资料，当时苏联已经采用了公

上图：第一次世界大战中出现的最令人惊讶的情况是，掌控海洋的战舰们竟然无法控制那些可以避开它们的潜艇。然而，最终的结果是，由于英国皇家海军及其盟国控制着海洋（表面），使得他们可以利用一些小型船舶进行有效的反潜作战。当然，如果德国的公海舰队可以自由行动，那也是不可能发生的。另一种令人惊讶的情况是，潜艇经常浮上水面作战，这部分是因为鱼雷造价昂贵，且有时性能不太可靠。该照片为 UC–97 号潜艇投降后所摄，上面可以看到该艇装备的 UTOF[1] 式 10.5 厘米 45 倍径火炮

1　UTOF式：潜艇（Uboots）、鱼雷艇（TorPedoboots）、高射炮（Fliegerabwehr）兼用类型的火炮。——译者注

制度量衡。将这些数据重新翻译回采用革命前的单位，似乎并不明智，因为这可能引发进一步的错误。

长度

1米=3.2809英尺或1.0936码

100毫米（10厘米）=3.937英寸

1毫米=0.03937英寸

1海里=6080英尺（但是，在射击学当中，1海里=6000英尺）

1英尺=0.30479米

1英寸=2.54厘米

注意德国皇家海军通常使用百米（以100米为单位，1千米=10百米）作为长度度量单位。而俄国人则经常使用链，链是1海里的1/10，因此大体上相当于200码（经常被当作200码换算）。

压强

1000千克/平方厘米=6.35英吨/平方英寸=14223磅/平方英寸

1000大气压=0.656英吨/平方英寸

1英吨/平方英寸=152.38大气压=157.49千克/平方厘米

第一部分：火炮

左图：巴西的战列舰"米纳斯·吉拉斯"号由阿姆斯特朗公司在英国建造，该舰为第一批用于出口的两艘无畏舰中的一艘（1906年订购）。1918年，该舰在美国纽约海军造船厂进行现代化改造时，曾经展示过该舰足以进入大舰队的潜力。注意，在1号炮塔（中心罩供炮塔长和瞄手[1]使用；边上的供两名炮手[2]使用）上方的瞄准罩上可以看到相当精细的窗户。当时进行的现代化改造项目包括将火炮的最大仰角增大至23°，这可能要归功于火炮炮眼尺寸的增大。在舰桥附近（注意玻璃窗位置），可以看到用于挡风的美国风格的文氏管，配备这种装置是当时美国驱逐舰的典型特征，此外，该舰还配备了第一次世界大战期间美国战列舰装备的改良型鱼雷防御控制台。垂直安置的圆筒内装有鱼雷防御炮组的引导设备，也是在那次改造中配备的。另一项图中不可见的重大改进，是装备了由美国福特公司提供的、配合舰船主炮组使用、采用模拟计算机系统的射程计算仪。由于第一次世界大战的缘故，这种产品的出口得到了特许（阿根廷人拒绝在当时让他们的两艘战列舰进行现代化改造，结果，在战后，不得不费尽心机为它们争取这种仪器）。此外请注意舰船前部高处的距离分划盘，该装置属于当时的标准设备

---

1 瞄手（trainer）：负责驾驶炮塔向左或向右旋转行走，以完成火炮瞄准。——译者注
2 炮手（layer）：负责俯仰火炮，在独立射击时负责开火。——译者注

绪　论

世界各国的海军都曾视火炮——尤其是大口径火炮——为决定未来海战胜负的决定性力量。本书第一部分的内容以火炮口径为标准，由大至小编排。相同口径的火炮则以研制日期为标准，按由早至晚的顺序编排，同时加入一些有关火炮演进的内容。各国火炮延展资料篇幅极为不同，这是因为各国的历史档案留存存在极大差异。火炮的长度包括两或三方面的指标：即炮身（从炮闩底部到炮口）长度和膛线长度。炮身长度以口径倍比的方式给出，以使其更有意义。

我将尽量为火炮的结构提供注解。火炮构造的核心问题在于，如何在最大化膛内压力的同时尽力降低火炮的重量。火炮发射药的变化也引起了火炮膛内压力的变化。在19世纪80年代，火炮的发射药是黑火药，黑色火药的爆炸引起短暂而强大的冲力；以黑火药做火炮发射药时，炮膛会受到巨大的反作用力，沿着身管向炮口方向推进的炮弹受到的压力则较小。此时的火炮身管都有意做得很短，这是由于炮弹外层的弹带在与身管膛线咬合、摩擦的过程中会使其在身管内部推进的大部分时间做减速运动。19世纪80年代以后，一种慢燃火炮发射药被发明出来。膛内压力可以维持一段相对更长的时间，炮弹在脱离炮口之前可以持续加速。炮膛尾部的强固是一个老问题，新的火炮发射药引发的新问题是身管也必须随之强固，因为此时身管也会承受更大的压力。身管不仅会受到发射药爆炸引起的巨大冲力，还会受到向前做持续加速运动的炮弹的冲力。

火炮身管由内层身管（A管）和逐一嵌套其外的其他起强固作用的炮管和套箍组成。不少国家还会在A管以内再加装一套管壁较薄的衬管，当膛线磨损严重之时，只要替换衬管就可方便地更新膛线。英国人采取的是一个美国人于1855年发明的绕线的炮管强固工艺，即在衬管外壁密密地缠满紧固钢丝，再在这层紧固钢丝之外套上1个外层身管。由钢丝紧实缠绕的衬管承受着相当的均布应力，但只有径向的均布应力。绕线强固工艺的反对者认为，经过此处处理之后，炮管的纵向刚度（"梁强度"）成了问题，容易低垂。英国人则认为，相较于嵌套式强固炮管，绕线强固炮管在重量上有天然优势。这种观点在1905年的时候是正确的，但到了1914年就不行了（可参照此时的几门意大利15英寸口径大炮的情况进行对照）。这种改变主要是由冶金技术的发展造成的，德国的克虏伯公司在这方面尤其成功。

大口径火炮建造方面的重大进展，部分地体现在出现了更先进的弹药装填方式和摆脱了一味追求更大口径的做法两个方面。事实上，更高的炮口初速已经替代了炮弹重量的重要性。有了足够的炮口初速，炮弹才能获得足够的能量去击穿敌舰装甲。炮弹所携动能取决于其重量和速度两个因素。影响炮弹的穿甲能力的另外一个因素是发射药向炮弹传递能量（可由炮弹直径和炮口初速两个指标给出）的时间；这个时间越短，装甲越难经受住炮弹所携能量带来的形变应力。也就是说，为了获得最大的穿甲能力，炮弹必须既足够快，又足够重。在速度既定的前提之下，火炮本身必须具备足够的重量，才能发射足够重的炮弹。另一方面，由于空气阻力，重量越小的炮弹，其维持炮口初速的能力越弱；重量越大则情况相反。可作为例证的是，1906年的时候，一位英国皇家海军军官比较了法国的7.6英寸口径火炮和英国的7.5英寸火炮：前者发射的是相对更轻的151磅炮弹，其炮口初速是相对更快的215英尺每秒。在2000码的距离上，英国火炮发射的重量更大的炮弹的飞行速度反而超过了重量相对更小的法国炮弹。若将英国火炮口径变更为12英寸，其炮弹飞行速度超过法国炮弹的"临界点"是1000码。

与此不同，早期的由黑火药发射的短身管火炮的炮弹无法达到以后那些炮弹的飞行速度。在那个时代，为了获得足够的穿甲能量，唯一的办法就是提高炮弹的重量，进而对巨型火炮的出现提出了要求。巨型火炮的发射和发射准备速度更慢，可能需要若干分钟的时间，因而无法对付快速移动的目标。于是出现了为了追求航行速度而舍弃军舰防护装甲的做法：19世纪70年代，意大利建造了2艘基本舍弃装甲防护但在当时可谓速度极快的战列舰，这些舰船装备的是17.7英寸口径的阿姆斯特朗公司制造的巨炮。就此而言，一艘战舰在被击沉之前，甚至可以冲上去与敌舰展开贴身战，"撞击"也成了一种可行的战术。极慢的开火速度也使得"有限装甲"的思路变得合乎逻辑了，因为任何一艘战舰都不大可能遭受到密集轰击。

在某种程度上，大口径火炮的建造技术进步其实是炮尾机构演进的结果。炮尾机构的作用是尽量密闭炮膛底部，以使发射药爆炸产生的燃气全部用于推动炮弹的前进。在19世纪50年代的时候，英国皇家海军就曾引进过阿姆斯特朗公司生产的炮尾机构装弹火炮，但此时的炮尾机构装弹操作极为困难，所以英国皇家海军又转而回到炮口装弹的老路上去了。其他国家的海军继续坚持炮尾机构装弹的路子，克服操作难题的办法是增加1个由长螺柱和蘑菇状气密装置组成的炮闩。早期的炮尾机构装弹火炮开火速率很低，这是因为每一次开火之后都必须旋开前述长螺柱，才能进行下一次操作。法国人大概是最早意识到长螺柱无需刻满螺纹的：若使长螺柱上的螺纹断隔分布，发射药爆炸产生的燃气会向后猛推长螺柱，使长螺柱发生部分单向旋转，而完全封闭炮膛。在炮膛的密闭设计上，各国思路一致，差别只在于实现的原理以及所采用的机构动作有多少（以及所采用的机构部件有多大）。典型的炮尾机构装弹火炮都会备具1座炮架，以支撑因射击而猛烈后坐的炮身。一些军火制造商拿出来的方案是单步动作炮尾机构。

19世纪70年代以后，小口径火炮的炮弹开始使用金属弹药筒。发射时，发射药爆炸引起的燃气使弹药筒膨胀，

上图：本书展现了一场从19世纪90年代开始、一直持续到1914年间的火炮设计和战术更新革命。在这一时期，火炮变得能以令人吃惊的高速度发射，这样，相对于更轻型的武器，火炮成为统领海战的决定性武器。能够实现高速发火的关键元素之一，是出现了可以快速操作的炮闩炮尾机构，而这类装置的出现则从人类发现可以使用不完整的螺式固定炮尾开始。采用这种发明，就不必再使用螺丝将炮尾紧固在火炮身管上。相反，可以通过部分旋转的方式安全地打开炮尾。图示为日本海军"长门"号上的16英寸火炮的炮尾。炮门上的孔用于安装垫状闭塞器，在火炮发射时，该装置可起到辅助密封炮尾的作用。为实现快速的炮尾操作，各国技术人员开发出种类繁多的连锁机构

从而达到密闭炮尾的效果。冷却之后的弹药筒体积收缩，可以顺利退出炮膛。金属弹药筒的发明为炮兵们省却了清理袋装发射药造成的残渣的工作。英国将使用金属弹药筒的火炮称为速射炮。海军速射炮在19世纪80年代的时候开始出现。1894年，装备了速射炮的日本巡洋舰在鸭绿江打败了数艘吨位更大、装备了大口径火炮但发炮缓慢的中国战列舰。速射炮成为了一种"均衡器"，一艘装备了速射炮的巡洋舰有可能对吨位更大的战列舰的非装甲部位发动致命攻击。但这种机会并没有持续很久的时间，因为轻质装甲（哈维式表面渗碳硬化装甲和克虏伯表面渗碳硬化镍

铬合金钢装甲，后文简称克虏伯表面渗碳硬化装甲）很快就出现了，很多吨位相对较小的军舰也有条件披覆更大面积的装甲。

克虏伯公司将速射炮的理念运用到大口径火炮上去。在19世纪60年代，克虏伯公司以一对横向楔式炮闩替代了最初的长螺柱炮闩，这对楔式炮闩可以横向贯通炮身。炮弹击发之后，膛内燃气会将两部分的楔式炮闩分别"挤"向炮膛两侧，从而达到密闭炮膛的目的。克虏伯公司的这种新式炮尾机构的构造存在天然缺陷，也因此在1867年的一次试验中落败于一种英国造前膛装填火炮。金属弹药筒的应用是一项巨大的进步，克虏伯公司则更进一步地将与此相关的速射概念应用到了大口径火炮上，第一个创新成果是9.4英寸口径火炮。使用了弹药筒之后，相对于使用组合发射机制的其他国家的火炮，速射炮变得能够在使用强度较差炮尾的情况下运行。克虏伯公司将其发明的可快速发射金属弹药筒炮弹的火炮称为"Schnellade-Kanone"，直译为"快速装填炮"。这种火炮采用了不同以往的纵向楔式炮闩设计，实现了轻量化：由于金属弹药筒的外壳就可起到密闭炮膛的作用，所以没有必要另设某种复杂的炮膛密闭构件。

此时，大多数速射火炮的炮闩（长螺柱式）还保留着螺纹断续分布的样式。这类火炮之所以能够快速开火，是因为所采用的弹药筒可以很方便地上膛，一次击发完成之后，与炮弹剥离了的弹药筒也可以很方便地退出炮膛，然后开始下一发炮弹的击发。与此同时，由于不再需要承受此前那样巨大的后坐力，火炮尾部的整体重量也得以减轻。尽管如此，有些英国人认为，只要有了高效的炮尾机构，传统的后膛装填炮也可以实现快速射击。因此，英国皇家海军略过了金属弹药筒速射炮的思路，重回传统的6英寸口径后膛装填炮。在英国人看来，金属弹药筒速射炮的优势只在于便利了弹药装填工作本身，但第一次世界大战期间，英国驱逐舰装备的却是金属弹药筒速射炮，而非4英寸口径的传统后膛装填炮。

新式的金属弹药筒速射炮以及更加新式的重型速射炮因一种慢燃发射药的出现而受益。第一批有烟火药发射药（罗特威尔可可粉式和威斯特法利亚式有烟火药）约于1881年被发明出来。尽管与黑火药的成分基本相同，但有烟火药的各种成分经过了重新配比，因而燃烧得更加充分，可以释放更多的能量。引入这些有烟火药之后，英国皇家海军装备的前膛装填火炮的口径从16—18英寸骤然升级为30英寸口径。慢燃火药的发明，使得更长身管、采用更轻炮弹的大口径火炮成为可能，大口径火炮的炮弹也有可能获得极高的初速。

新的问题是，无论是黑火药还是有烟火药燃烧所产生的烟雾都可能为己方攻击目标提供遮蔽。由此之故，速射炮又面临着对无烟火药的需求。最先制成无烟火药的是法国人，方法是将硝酸甘油和硝化纤维素（火药棉）这两种炸药与增塑剂及稳定剂混合。由于无烟火药的威力远超有烟火药，因而被世界各国海军所接受，无论其火炮是否速射火炮。英国版本的无烟火药约于1890年问世，被称为柯达无烟线状火药[1]。不幸的是，无烟火药中的硝酸甘油使其化学性质非常不稳定，至少刚开始时是这样，气温较高的条件下尤其如此。暴烈且不稳定的无烟火药在很多国家引发了军舰自损事件，诸如：日本的"三笠"号战列舰（1905年9月10日）、法国的"耶拿"号战列舰（1907年3月12日）和"自由"号战列舰（1911年9月25日）、德国的"卡尔斯鲁厄"号轻巡洋舰（特立尼达岛附近，1911年11月4日）、英国的"壁垒"号战列舰（1914年11月26日）、意大利的"贝内代托·布兰"号（1915年9月27日）、意大利战列舰"列奥纳多·达·芬奇"号（1916年8月2日）、俄国战列舰"玛丽亚皇后"号（1916年10月21日）、英国巡洋舰"纳塔尔"号（1916年12月30—31日）、日本巡洋舰"筑波"号（1917年1月14日）、英国战列舰"前卫"号（1917年7月9日）和日本战列舰"河内"号（1918年7月12

1　柯达无烟线状火药（Cordite）：该种火药为线状，因此最初被称为"cord Powder"（线状火药），或按照发明人所在组织的名称称为"the Committee's modification of Ballistite"（炸药协会改良型混合无烟火药），但很快被简称为"Cordite"。——译者注

日）。法国的数艘战列舰自爆沉没的事件发生在第一次世界大战之前，由此受到世人的额外关注，法国人不得不因此改进他们的无烟火药白火药[1]的配比。但是，1898年美国"缅因"号战列舰的自爆沉没显然是舰上的燃煤自燃引起的，并不能归罪于无烟火药。

德国的无烟火药被称为管状火药。德制无烟火药令人印象深刻的是，即使暴露在明火当中也不会爆炸（只是燃烧而已）：在第一次世界大战期间的多格尔海岸海战和日德兰海战中，数艘德国战列巡洋舰的炮塔部位遭到英舰火炮的摧毁却没有引发殉爆，得以从容退出战场。我们尚不清楚的是，这份不幸之幸更多地是因为金属弹药筒本身还是金属弹药筒之内的德制无烟火药。应该指出，德国的"卡尔斯鲁厄"号轻巡洋舰肯定是弹药库爆炸的牺牲品。1919年，英国人在被围困于苏格兰以北斯卡帕湾之内的德国海军旗舰上获得了德制C/12式管状火药的样本。到了1927年，部分地是基于对德制C/12式管状火药的分析结果，英国人研制出了改良型不溶解柯达线状无烟火药，这种火药所包含的能量是德制C/12式管状火药的94%，爆温（3090开尔文）稍低于前者的3215开尔文。

由于发射药的新进展，各国海军的战列舰主炮都在朝12英寸口径长身管的方向发展，主要的例外是德国依然偏爱11英寸口径。更轻量的炮弹和新一代的炮闩装置极大地提高了火炮的射速，12英寸口径火炮的射速由每4分钟或5分钟1发（1895年）提高到1902年的每1分钟1发（依照英国官方军演条例，对于最新的Mk IX式火炮而言）。约在1900年，英国制造的日本战列舰"三笠"号的射速达到了每40秒1发。最新的英国威格士公司造12英寸炮塔火炮甚至有望实现每0.5分钟1发的射速。16.25英寸口径的巨炮则有每4分钟1发的射速记录，13.5英寸口径的火炮也达到了每2.5分钟1发（19世纪80年代末期）的射速。为了达到每0.5分钟1发的射速，德国人明显偏爱口径相对更小（9.4英寸和11英

寸）的火炮。更快的射速意味着可以实现更平直的弹道和更高的命中率。1902年的英国官方军演条例显示，在1000码的射击距离上，12英寸口径45倍径火炮每分钟可发射420磅炸弹命中目标，16.25英寸口径45倍径火炮（其炮弹单发重量是前者的2倍）的该项数据则是200磅；在更大的射击距离上，这个2∶1的比率也大致成立。

本书所列各国火炮的初速数据对照并非严格限定在海军火炮的范畴之内，这是因为不同国家海军标定该项数据的参照温度并不一致（温度是火炮射表当中的一个重要参数）。各国数据分列如下：皇家海军火炮初速为80英尺/秒（26.7摄氏度）；德国、俄国以及奥匈帝国火炮初速为59英尺/秒（15摄氏度）；美国火炮初速为90英尺/秒（32.2摄氏度）；日本火炮初速为69.8英尺/秒（21摄氏度）；法国火炮初速为68英尺/秒（20摄氏度）；意大利火炮初速为89.6英尺/秒（32摄氏度）。大致来说，在英国的参照温度条件下，德国火炮的初速约为110英尺/秒，美国火炮的初速约为60英尺/秒。

当时的海军炮弹可分为穿甲弹、半穿甲弹、普通弹、高爆弹和榴霰弹等种类。最初的穿甲弹弹头装药量较小甚至没有，目标是径直穿透敌舰装甲、深入舰体内部之后以动能破坏之。1900年以后，穿甲弹开始配备弹底引信，目的是等弹体钻入敌舰内部之后再引爆（这个意图最初往往不能如愿，日德兰海战期间，英国皇家海军的很多穿甲弹在刚一触碰敌舰时就爆炸了）。与穿甲弹不同，普通弹内装大量黑火药，起爆时间也有意设定在与敌舰接触的最初一刹那。普通弹的目标是破坏敌舰的非装甲区域。高爆弹即是"内装高爆炸药的"普通弹，当时的高爆炸药包括英国的立德炸药和法国的麦宁炸药（此二者皆含三硝基苯酚成分）以及梯恩梯炸药。不同于穿甲弹的另一点是，普通弹的弹头装药量可达炮弹总重的12%~15%，穿甲弹的该项数据则只有2.5%~3.5%。半穿甲弹是穿甲弹和普通弹的中和物，但装药量比高爆弹还要大，穿甲厚度约略半于其弹径。榴霰弹内部装满小钢球，配备定时引信，主要用于杀伤人员目标。防空炮弹是配备了定时引信的高爆弹，起爆

1　白火药（Poudre B）：第一种实用的无烟火药，由法国人保罗·维埃勒（Paul Vieille）发明；"Poudre B"是法文"Poudre Blanche"（白火药）的简写，意思是与老式的黑火药相对。——译者注

时间预设为弹头抵达目标所在区域（高度）之时。反舰高爆弹通常配备弹首引信，触碰瞬间起爆，专用于打击敌舰的轻装甲部位。反舰高爆弹非常危险，1914年英国的"大胆"号战列舰的沉没就是由于一枚反舰高爆弹从弹架上掉落到舰艇并爆炸所造成的。

英国的主要穿甲弹制造商有以下几家（按照重要性排列）：哈德菲尔德公司、弗思公司、威格士公司、埃尔斯维克公司以及坎默尔公司；德国的主要穿甲弹制造商是克虏伯公司；美国的主要穿甲弹制造商是米德韦尔公司。

在19世纪末至20世纪初期的这段时间内，火炮、炮弹与装甲之间的"矛""盾"竞争非常激烈。在19世纪80年代晚期，穿甲弹主要由锻造钢制成，弹腔之内可装填炸药（也可不装填）。穿甲弹此后的改进内容之一是钢材的化学成分。1894年，俄国海军上将马卡洛夫发明了软钢被帽穿甲弹（即在通常穿甲弹的弹首焊上一个软钢材质的

"帽子"）。据估计，在弹着速度保持在1600~1800英尺/秒之间、入射角不大于15°的前提下，被帽穿甲弹的侵彻力要比通常穿甲弹高15%左右。1908年，有人声称，一旦攻击角超过25°~30°，穿甲弹的被帽装置会完全失效；事实是，第一次世界大战期间的德国穿甲弹在以相当大的攻击角射击目标时依然有效，以后各主要国家的海军也研制出了远程被帽穿甲弹（这意味着更大的弹道落角）。英国皇家海军不仅装备了被帽穿甲弹，还研制出被帽尖头普通弹以及被帽穿甲普通弹，后者相当于其他国家海军的被帽半穿甲弹；它使用铸造（而非锻造）合金钢弹体，弹首硬而弹帽相对更软。被帽尖头普通弹通常采用弹底引信，内部装填黑火药和粒状火药的混合物：其动能穿甲厚度半于其弹径（若装甲厚度超过弹径之一半，弹底引信会引爆内装炸药）。被帽穿甲普通弹的装药量为其弹体重量的7%~9.5%，相比之下，高爆弹的装药量为其弹体重量的12.5%~15%，且其内装药都是威力比普通炸药大很多的立德炸药或梯恩梯炸药。经过对马海战之后，俄国人认为，日本人的高爆弹比他们的被帽穿甲弹更有

左图：螺式炮门的作用是紧固炮尾，以封闭火炮发射时产生的气体的压力。实现此目的的另外一个方法是将发射药密封在黄铜材质的弹药筒中，在火炮发射时弹药筒会产生膨胀，密封住炮尾。德国人和奥地利人在他们的所有火炮上都采用了弹药筒。配备弹药筒，炮尾的构造将变得更加简单。图示为来自于德国战列巡洋舰"戈本"号（在土耳其易名为"亚武兹"号）的15英寸火炮，见于土耳其伊斯坦布尔海军博物馆。在上面可以看到典型的德国式水平滑动炮尾，图示情况下处于关闭状态。在炮尾打开的情况下，可以通过火炮左边的区域为火炮装弹（作者）

效，因为后者确实能够有效穿透敌舰装甲，却无法使敌舰丧失战斗力，而当时的战舰上都有大量无防护的舰面工作和易燃物质，这在俄国人看来也是一个额外的诱惑。由此之故，俄国人大量增加了其穿甲弹的装药量，使其在实质上非常接近英国人的被帽穿甲普通弹。与此同时，美国海军、法国海军（以及德国海军的28厘米口径火炮）的主力舰也拒绝被帽穿甲弹上舰，其他国家的海军也只携带各种高爆弹和半穿甲弹。

在发射装药方面，英国人认为立德炸药起爆时的烟雾和震动会干扰己方舰员。第一次世界大战末期，美国海军在其穿甲弹弹腔中装入1/4的催泪瓦斯等刺激性物质。第一次世界大战期间，不像西线战场那样，没有哪个国家的海军真正研制并使用了毒气弹，反而是战后出现了很多此类讨论。美国海军一度认为，一旦遭到毒气弹攻击，军舰所受污染在整个使用寿命期限内都无法消除，后果比被击沉还糟糕。

在19世纪，人们发现炮弹的理想形体是尖顶：炸弹的纵截面外廓是两条汇聚于一点的弧线。这两条弧线可由弹首部圆弧的曲率半径之于弹体直径的比值来规定；也即，若某式炮弹的该项比值为2，则称该炮弹的CRH弹形系数为2。CRH弹形系数越大，弹体越长、弹首越尖。在炮弹的形体方面，法国人对弹首外形的角度有着独特的看法。为了提高弹首的强度，穿甲弹弹首必须相对粗钝（CRH弹形系数通常为2）。为了改进穿甲弹的弹道性能，其弹首部位（以及被帽）外层通常会加装一个风帽。对于炮弹形体，美国人则另有自己的"弹长"描述法，意在提高炮弹的远距离弹着速度（以及由此而来的侵彻力）。第一次世界大战期间的各国海军都没有想到通过日后非常普遍的弹尾渐收（船尾式）技术来降低空气阻力。

弹首越尖，炮弹的飞行速度保持能力越强。例如，根据英国皇家海军1918年版舰用发射表的显示：倘若CRH弹形系数为4，在15000码的距离上，12英寸口径火炮发射的初速为2700英尺/秒的炮弹的飞行速度为1421英尺/秒；倘若CRH弹形系数为4，该项数据仅为1176英尺/秒。炮弹的飞行速度越高，弹道越平直，所以，增加炮弹的弹体长度不仅可以提高其穿甲厚度，而且可以有效提高其命中率。命中率的一个测评标准是危险界，对于一个30英尺高值（依英国皇家海军的设定）的目标，允许射程误差标准为：若CRH弹形系数为4，对应36码；若CRH弹形系数为2，对应26码。事实上，炮弹的命中率还有另一个评测标准，即随机（纵向及横向）散布偏差；该项评测标准同样指示"弹道越平直"，炮弹对弦部装甲目标的命中率越高。在一个相当的距离上，若炮弹弹道越是弯曲、目标舰船甲板相对于危险界的宽度越大，危险界越不适于作为一个精确的命中率评测标准。第一次世界大战期间，美国海军通过增加弹长和弹重（870磅，而非850磅）的方法来提高炮弹的速度维持能力，其初速为2700英尺/秒的12英寸口径炮弹在15000码的距离上还能维持1533英尺/秒的速度。

由于火炮膛内高温高压燃气作用于弹芯底部及其外沿的软金属弹带构成的横截面，炮弹在膛线的引导下向前做螺旋加速运动。在高速、剧烈的摩擦作用之下，软金属弹带会在高硬度的膛线上留下积垢，这是缩短身管寿命（废弃或重拉膛线）的一个重要因素。

当然，"命中"才是炮弹的根本宗旨，这也是火力控制系统的目标所在。火力控制是一个复杂的论题，读者可以参阅我的《海军火力》一书。简言之，第一次世界大战期间各国海军的火控技术即是弹着观测/修正本身而已。在陆上，弹着观测/修正已经足够了：目标是静止的，一发未中，再来一发。在海上，火炮自身以及目标都时刻处在不停的运动状态。弹道修正必须考虑到目标在弹着时刻的即时位置，而火炮所在舰船本身的上下颠簸和左右摇摆更使这项工作复杂化了。

海战环境下的第一种预测敌我距离的方法建立在"短时间之内，敌我之间以恒定速率接近"的假设上。若这个恒定的速率可以测定，就可通过距离钟来提前标定目标舰船的位置。第一步，是设计一种能够通过目标舰船的预定航向和速度来给出敌我距离的恒定变化速率的装置，例如英国的杜梅里克模拟计算机和德国的距变-偏差显示器。

第二步，将敌我距离的恒定变化速率输入（英国皇家海军的）德雷尔火控台[1]、（法国海军的）勒普里厄尔测绘仪，或像美国海军和日本海军那样编订手工测距表，得到敌我距离的实时数据。这些测距方法的优势在于不需要估测敌舰的航向和速度，劣势则在于敌我距离接近率恒定只是一个假设，事实不可能如此。更大的问题在于，这种测距方法夸大了敌舰的（如"Z"形）战术机动动作的影响；而且，一旦未能取得先机，很可能遭敌方反制。1914年的德国海军对这一点深有体会。

另一种测距方案是：建立一种将火炮及目标（敌舰）的各种要素视作"独立"变量的战情（模拟）模型。借助这一模型，可以获得想要的敌我距离及目标方位数据。该模型的"输出"可能无法一次成功，但可以通过及时修正敌舰航向、速度等相关参数迅速予以修正。在不考虑敌舰做机动规避的情形下，只要各项独立变量是真实的，计算机总可以有效地预测敌我距离及敌舰所在方位；并且，同样是在敌舰做机动规避的情形下，战情（模拟）模型方案也比基于敌我距离接近率恒定的方案更灵敏。第二次世界大战期间，在预测敌我距离的过程中，建立战情（模拟）模型是各主要国家海军采用的通行做法。战情（模拟）模型系统的发明者是英国的安东尼·H. 坡伦，但这套火控系统却没有被第一次世界大战期间的英国皇家海军部采纳（只是出于进行操作试验的目的在5艘舰船安装过）。之所以如此，通常的解释是，当时的英国皇家海军部更偏爱操作更简单且相对便宜的德雷尔火控台（坡伦火控系统的支持者此时正遭受贬斥，而德雷尔本人则是一名身居高位的海军军官）。现在看来，当时的英国皇家海军部其实已经决定支持另一套由巴尔和斯特劳德公司研制的模拟装置，后者严重倚赖海军部部属企业生产的测距仪。1912年的时候，英国皇家海军部手中的资金非常紧张，海军军械局局长轻率地认为，坡伦火控系统之所以遭到诟病，是因为其垄断性的价格；并因此支持为坡伦火控系统培植一个竞争对手的主张。不幸的是，战争的爆发中断了巴尔和斯特劳德公司全面完善其产品的工作。第一次世界大战结束之后，英国皇家海军部又做出了"在吸收坡伦火控系统的某些技术的前提下，自主研发火控计算机海军部火控台"的决定。此时，巴尔和斯特劳德公司的火控系统也足够完善了，却只能面向出口市场；这套火控系统也成了战后意大利和日本的火控系统的基础，而德国的火控系统似乎又是基于一套意大利生产的火控系统原型研制的。在这个意义上，德国的"俾斯麦"号战列舰于第二次世界大战期间击沉英国的"胡德"号战列巡洋舰可说是一套完善的英国火控系统打败了一套不怎么完善的英国火控系统。

英国皇家海军部放弃自主研发火控系统之后，坡伦火控系统进入了出口市场，但第一次世界大战的开始使其国外市场仅限于俄国，当时后者的新一代火控系统的研发工作已告失败。美国海军看到了当时还不完善的坡伦火控系统的价值，将其技术移植到自己的福特测距仪上，大力仿制，并不直接购买。坡伦本人确实主持过一次战时火控系统会议，并在会上向美国海军军械局提出了一些重要的建议。需要指出的是，坡伦本人可能并不清楚他发明的战情（模拟）模型式火控系统相较于其他基于敌我距离接近率恒定的火控系统的关键优势在于其快速、可靠的变量修正能力，尽管他确实清楚后者的局限是什么。

事实上，德雷尔火控台并不仅仅是一种估测敌我距离接近率的装置。英国皇家海军的主力战舰都同时装备着各种测距仪，这些测距仪经常给出相互冲突的数据。由于德雷尔火控台可以同时显示各种测距仪的测算结果以及敌舰的即时方位和火炮射程，它向操作人员展示的是一副炮战实时场景标绘图。以此为依据，操作人员可以给出一个综合分析之后的判断，而不至于被某一台测距仪的数据蒙蔽。一旦敌舰有所机动，这一实时场景标绘图会即时予以显示，火控方案也立刻随之变更。至此，原先那种基于"敌我距离接近率恒定"的假设已遭全盘否定了。第一次

1　德雷尔火控台（Dreyer Table）：一种模拟计算机，用于计算火炮射程和偏差，输入数据会被传输给炮塔，如果数据正确，则据此发射的炮弹可以击中目标。发明人为英国皇家海军的海军上将弗雷德里克·查尔斯·德雷尔爵士（Admiral Sir Frederic Charles Dreyer）。——译者注

世界大战之后，英国皇家海军在舰上保留了绘制敌我距离标绘图的做法，这并不是为了测定敌我距离接近率，而是将其作为一种综合权衡各种测距仪数据的辅助手段。与此同时，一种新的战情（模拟）技术出现了。这种新技术比德雷尔火控台的内置技术更加自动化，这一点在战后的实际应用中到了进一步的体现。正是新的战情（模拟）技术——而非新的计算机——成就了新的火控系统的最大优势。新的火控系统自动化程度更高，比之前倚赖人工的系统更便于操作，对于操作人员的训练要求也因而低了很多；同时，它捕获目标的速度也更快了。皇家海军的"威尔士亲王"号战列舰之所以能在面对德国海军的"俾斯麦"号战列舰时表现出色，也是多亏了这套系统。大约30

下图：虽然英国的大口径弹药筒式火炮（被英国人称为速射炮）保留着螺式炮闩，但在口径较小的火炮上采用的是滑动炮闩。图示的日本水冷式8厘米火炮（在两次世界大战的间隙时间用于装备泰国潜艇）见于皇家泰国海军博物馆，配有水平滑动的炮闩。该炮系用于装备一些英国潜艇的英式12磅8英担火炮的日本版。请注意观察炮管上方的英式回流换热器。垂直的手柄用于对炮尾进行操作（雷蒙德·张）

年前的坡伦在研制自己的火控系统的过程中，当然也想到了实现类似的自动化的必要性，但他一定想象不到如何统合多种测距仪的数据相互冲突的局面。也是因为这个原因，德雷尔火控台也是在很晚之后才做到能提供实时呈现炮战场景的标绘图，视觉化展现同一艘战舰的多种测距仪的不同数据。

认为计算机是火控系统最关键部分的观点未免幼稚了些，优秀的火控系统所具有的功能要远远超过计算机本身的功能。例证之一就是，火控系统的性能在很大程度上还取决于数据如何在系统各部分之间传输。在这一点上，德国和美国的火控系统拥有极大优势，因为他们掌握了同步器技术，可以比其他国家的海军更顺畅地在火控系统各部分之间传输数据，而不是通过信号传送器逐次传输。

此外，测距仪也非常重要。当时只有德国海军在使用立体测距仪，而所有其他国家的海军都还在使用一种技术源于巴尔和斯特劳德公司1895年就开发出来的符合仪。英国人认为他们的测距仪是全世界最优秀的。日德兰海战之后，英国人发明了一种新的火控技术，即通过一系列快速而连续的炮击（阶梯射击）来准确定位敌舰，防止敌舰以"Z"形机动打乱既定的炮击方案。测距仪能够引导炮弹的大致落点，但精确的人工观察对指引炮弹落点更为重要。巧合的是，这种火控技术与假设敌我距离接近率恒定、采用距离钟等复杂的火控理念出现之前的相关理念相去不远。

另外，还需指出一点，在与德国海军的"俾斯麦"号战列舰对战之前，皇家海军的"胡德"号战列巡洋舰的枪炮长曾对一名美国军官说：可以想象得到，除非经过数轮阶梯射击，"胡德"号射出的炮弹极难伤着"俾斯麦"号的皮毛。这位英国枪炮长并不为此沮丧，因为一旦通过阶梯射击摸准了"俾斯麦"号的准确位置，"胡德"号就能够凭借其高效的后续炮击取胜。第一次世界大战前夕，英国皇家海军的想法也大致如此。截至20世纪20年代前，各国军舰都大抵可以承受住炮战开始最初几分钟的炮击，让第一次世界大战期间的主力战舰瞬间变成弹药库的那些问题看上去已经得到解决。在第二次世界大战之前，各国海军的关注点理所当然地转向了如何提高火炮的射击精度和射程上。1941年，"胡德"号战列巡洋舰遭"俾斯麦"号发射的单发炮弹击中致沉，这件事在英国皇家海军界引起的震动至少不亚于在日德兰海战（1916年）中损失3艘英国战列巡洋舰。

1

英国火炮

英国皇家海军的火炮设计及制造要求由海军审计官（即第三海务大臣）指导海军军械局局长制定。皇家海军自己并不制造火炮，也没有自己的军械实验机构。"然而，皇家海军有自己的火炮训练学校，即"卓越"号训练战列舰，这艘训练用战列舰的职责之一是就海军军械事务提出重要建议。海军军械局的日常工作也包括经常性地听取舰长们的意见。1917年，重组之后的英国皇家海军部任命了一名独立的海军火炮及鱼雷局局长，并成立一个独立的海军火炮部门，专司舰炮及武器政策制订事务，与海军军械局既协同又竞争。

在1855年之前，英国陆军和海军的火炮都由英国军械部监制，该部门废止之后，英国皇家海军的火炮由陆军提供。商业性火炮制造业彼时还没有出现，这是因为商业性军械企业无力独自承担军械生产所需的高额资本支出，有海军国家的海军军械制造一般由国有企业承担。到了1858年左右，伍尔维奇军械厂开始生产大口径火炮，然后是皇家火炮厂，此后一段时间主要由埃尔斯维克军械公司制造，到了1880年，火炮制造业的重心又重新转移到了伦敦南部的伍尔维奇军械厂。此时，火炮制造业已经发展到了"许多国家的国有企业已经无力承担舰炮生产"的阶段，战舰的出口市场因此开始兴起。

19世纪50年代末以前，英国的火炮生产依赖于实际上发明了第一门组装式现代后膛装填炮的威廉·乔治·阿姆斯特朗个人。50年代末以后皇家火炮厂对火炮生产的垄断地位，是对于这一政策进行"反动"的结果。威廉·乔治·阿姆斯特朗是第一门组装式现代后膛装填炮的发明人。阿姆斯特朗认为，既有的官方火炮生产技术已经过时，必须尽早应用现代工程方法。英国政府资助阿姆斯特朗在埃尔斯维克建起了一个新式兵工厂；1858年，阿姆斯特朗被任命为对英国战争部负责的膛线军械总工程师。由于初期的阿姆斯特朗式后膛装填炮发生了诸多问题，英国国内出现了一些反对的声音，伍尔维奇军械厂由此重拾其垄断地位。1865年，伍尔维奇军械厂生产的前膛装填线膛炮开始全面取代阿姆斯特朗式后膛装填炮。当其他国家的海军开始采用改良的后膛装填炮之时，伍尔维奇军械厂依然坚持其"前膛装填炮优于后膛装填炮"的主张。到皇家海军"雷神"号战列舰上的一门前膛装填炮由于二次装填发生炸膛事件，前膛装填炮终于暴露出其不足之处。这起事件让皇家海军开始质疑由英国陆军（也即伍尔维奇军械厂）提供火炮的做法是否明智。1881年，组建了一个新的跨军种联合军械委员会，这个军械委员会依据海军军械局局长的要求，决定海军应该购入哪种火炮，海军的火炮开始由皇家火炮厂以及某些外部公司供应。1908年，这个跨军种军械委员会和军械研发局合并，组成了新的英国军械部。按照此项跨军种联合协议，英国陆军和海军的火炮共用一套型号，为海军留出了专门的区段。

到了19世纪80年代初期，由于国外买家的支撑，英国的私人大口径火炮制造业得到了长足的发展，英国皇家海军由此有了诸多的采购选择。阿姆斯特朗公司下属的埃尔斯维克公司在火炮出口市场占据主导地位。1862年，英国政府终止了与阿姆斯特朗公司所属的埃尔斯维克军械公司的生产–采购合约，依照协议，埃尔斯维克军械公司此后归阿姆斯特朗个人所有。克虏伯公司是当时阿姆斯特朗公司唯一的主要竞争对手，前者的主要销售对象是普鲁士和俄国。以下数据显示，阿姆斯特朗公司是整个19世纪后期的绝大多数舰炮制造商。1867年，阿姆斯特朗公司开始建造战舰。为准备1878年的意大利战争，英国政府征用了阿姆斯特朗公司的一部分火炮，但最终用于马耳他的海岸防御；同一时期，皇家海军从阿姆斯特朗公司购入了一批改良的6英寸口径后膛装填炮。阿姆斯特朗公司在英国的主要火炮设计和制造竞争对手是约瑟夫·惠特沃思公司。阿姆斯特朗公司于1897年收购了惠特沃思公司，前者被重新命名为阿姆斯特朗和惠特沃思公司，本书此后简称为阿姆斯特朗公司。

阿姆斯特朗公司在英国的第二个主要竞争对手是威格士公司，这家公司最初是一家制钢厂，后来收购了一家造船厂。威格士公司于1888年收到了英国政府的第一个订单，并于1890年成功测试了第一门大炮。美国人海勒姆·马克沁于1881年发明现代机枪，阿姆斯特朗公司没有接受这项发明，因为后者当时正在生产小口径机枪，也就是早期的加特林机枪。海勒姆·马克沁转而与阿尔伯特·威格士合作成立了马克沁枪械公司。1888年，马克沁公司与努登费尔特公司合并成立了马克沁–努登费尔特公司。努登费尔特公司当时正在研制一种潜艇，其中一艘在巴罗建造。直至19世纪90年代中期，威格士公司的主要业务还是制钢，但此后公司领导人开始专注于生产海军武器，并为此建立了一个专门的有能力制造一艘包括舰船用大炮和弹药在内的完整舰船的军械厂。在实现此目的的过

程中，威格士公司收购了位于巴罗的海军舰船建造及武器有限公司和马克沁–努登费尔特公司，完成并购之后的新公司被命名为威格士和马克沁公司，本书此后简称为威格士公司。20世纪20年代末期，威格士公司接管了处于破产境地的阿姆斯特朗公司，创建了威格士–阿姆斯特朗公司。

除了火炮，阿姆斯特朗公司和威格士公司也设计并制造炮架，英国皇家海军部所需的炮架通常都由这两家公司设计制造。这两家公司在国外（诸如意大利）都有各自的子公司，同时也有联合公司，专司设计之外的制造业务。

1905年，英国出现了第三家大型海军武器公司，即约翰·布朗公司、雅罗造船厂、卡梅尔·莱尔德公司、费尔菲尔德公司等造船商组建的考文垂军械厂，这对阿姆斯特朗公司和威格士公司的双头垄断局面形成了挑战。这几家造船商的行为得到了英国政府的支持，后者希望借此拉低海军武器的采购价格。考文垂军械厂负责设计制造了5.5英寸口径舰炮以及几款陆军火炮，但第一次世界大战之后该厂无力盈利，并于1925年关闭。

此外，造船商威廉·比德莫尔也在第一次世界大战期间制造过一些舰炮，由此获得了一些相关专业技术，并因此于战后参与了重炮的研制。

12英寸50倍径舰炮（Mk XI式）出现的若干问题让英国军械部对海军军械局局长的火炮设计相关审批责任提出了质疑。1909年，海军军械局局长在给继任者的报告中指出：他的职责此前只是名义上的，不经过主要由非军事技术专家成员组成的英国军械部，他听不到专家的意见和主张。英国军械部的意见很大程度上受皇家火炮厂主管、土木工程协会委员、军械研发主管的影响。海军军械局局长希望能够直接听取他们的观点，而不是经由英国军械部间接听取；同时还希望军械制造商更多地直接参与火炮的设计工作。一个新的火炮设计委员会得以组建，其成员包括海军军械局局长（并担任主席）、海军军械总督察、皇家火炮厂总主管、伍尔维奇军械厂总督察、英国军械部及英国战争部的代表以及英国皇家海军部指定的若干大口径火炮制造商各自派出的代表。火炮设计委员会的建立进一步

削弱了英国战争部在皇家海军火炮采购事宜上的主导地位，由此，皇家火炮厂总主管和伍尔维奇军械厂总督察可以就新火炮的设计要求直接提出自己的看法和建议。

战时军需部部长劳埃德·乔治于1915年终止了英国军械部的运作，但其职责被新组建的英国军械委员会接替。

火炮战术

1914年以前，通常认为炮击战术的有效性在于能否造成火力的累积。此外，通常还认为火炮自身不足以独力击沉舰船。火炮的功用是对舰船造成尽量严重的破坏，而击沉舰船的工作则由鱼雷负责。一句老话是：用炮（从水面之上）撕裂舰船，用鱼雷（从水面之下）击沉舰船。例如，英国皇家海军曾制订过一份"击沉条例"，用于显示出以炮击方式使一艘军舰丧失能力所需的时间。英国1913年颁布的军事演练规则显示：在7000码的距离外，13.5英寸口径的超无畏战列舰要使一艘同级别的舰船丧失作战能力需要20分钟；在10000码的距离外，需要26.5分钟。而此前稍早的文献显示，炮击致舰船丧失能力所需时间还要长得多；之所以如此，大概是因为从1913年开始，英国皇家海军采用了指引仪和计算机等火控装备。德国1909年颁布的军事演练规则也持类似观点：舰船遭炮火轰击半小时之后被视为丧失作战能力。

显然，20~30分钟的时间太长了，因为这给了敌方战舰发射反击鱼雷的时间，航速可达30节的舰载鱼雷只需7分钟即可穿越7000码的水域。为克服此种弊病，炮击战术必须做出改进。不幸的是，英国皇家海军直到1914年才就此制订战术手册。此时手册中的大部分战术思想已经在皇家海军军事学院中广为散播，但只体现在学员的笔记当中。自1912年以后，相关战斗命令也只发布给事先已经对此有所了解的舰队成员。1921—1922年间，海军上校赫伯特·乔治·瑟斯菲尔德在皇家海军参谋学院就海军战术（及其在皇家海军内部的演进）和英国大舰队的战术发表过演讲。在他看来，皇家海军的所谓战术思考依然停滞在19世纪，英国皇家海军军官口中的战术不过是错综复杂的舰船驾驶技术。在瑟斯菲尔德看来，有一个人"复兴"了战术思想，这个人就是在1899—1903年出任英国地中海舰队最高司令官的海军上将约翰·费舍尔爵士。费舍尔曾组织过一系列的战术演练，以测试各种新的战术理念。

费舍尔有两项重大发现。第一，战斗当中，舰队必须以纵队队形展开。很多海军军官主张，进入蒸汽动力时代之后，舰队可以采取更为灵活的战斗队形，诸如梯队等。费舍尔发现，纵队队形才是最灵活的战斗队形，且发生内部混乱的可能性最小，最易于施展己方火力。皇家海军比其他国家的海军更懂得"尽量简洁，以免犯错"的道理，这与后来的美国海军上将海曼·乔治·里科弗的名言"保持简单就好，你个笨蛋"是一个意思。唯有以纵队队形展开，各舰最容易保持各自战位，尤其是在发生战斗的过程中。由于火炮射程的限制，当时各艘军舰的间距必须足够近——近到今天的水兵不敢想象，以形成相互支持的局面。纵队队形确实会限制军舰做机动动作的视野，回归/保持战位的难度也相对较高，但也极大地降低了不断变换战术信号的必要性。19世纪90年代，海军上将乔治·特赖恩倡导完全不用战术信号的海军战术，所有参战舰只需"追随"旗舰即可。特赖恩的观点未被接受，尤其是在他所在的旗舰"维多利亚"号因操作失误遭撞击致沉（本人因此殉难）之后。实际上采用纵队是实现他的这套战术的一种途径。例如，在日德兰海战中，第5战列舰分舰队也采用了单排一列的纵队队形，尽管这使己方所有舰船都暴露在敌方的火力威胁之下。就海军上将约翰·杰利科而言，由于有过从"维多利亚"号沉船事件中死里逃生的经历，他十分清楚复杂的军舰机动动作的危险性。杰利科之所以为手下的指挥官制订了详尽的英国大舰队战斗命令，就是为了事先告知他们"应该如何做"：尽量减少战时请示的必要性，也即尽量减少战术信号的使用。

日俄战争的经历是支持纵队队形的另一个充分理由。尽管使用了无烟煤，纵队队形的燃料烟雾和火炮烟雾还是严重影响了参战舰只的视界，以致几乎无法辨识敌方目标，只能依稀看到伸出烟雾之外的桅杆。但各舰舰长至少不会对队列中的前后舰只开火，队列中的各舰也无可能遭己方炮火误击。当然，一旦纵队队形发生"扭曲"，以上推断也就无法成立。一如在1942年11月发生的瓜达尔卡纳尔海战中，一些美军舰船由于偏离了纵队队列一定的角度而遭己方军舰误击。

　　皇家海军装备了12英寸口径主炮的无畏舰似乎不适于采用纵队队形，因为它装备了舷侧炮塔，其主要优势是增强了该舰的艏艉火力。无畏舰之所以采用此种武器配备，主要是基于费舍尔上将的"英国皇家海军未来将要面对两种极为不同的战斗"的信念：一是发生在大不列颠群岛和欧洲大陆之间的大西洋海域的海战，由于海域面积狭小、鱼雷和水雷的威胁极大，军舰的威力将无从施展；二是以保护英国遍布全球的商业利益为目标、发生在大洋之中的海战，主要作战对象是敌方的高航速巡洋舰。为此，"无畏"级战列舰的设计航速高达21节，比许多既有的巡洋舰还要快，更不必说其续航能力了。"无畏"级战列舰既是一艘"快速"战列舰，也是一艘防护能力超强的"慢速"战列巡洋舰；海上贸易保护的需要又使其具备了相当的追逐速度和舰体首尾火力。到了1909年，主炮口径达13.5英寸的超无畏舰开始设计建造，艏艉火力的重要性降低，海军开始强调舷侧火力。现在看来，费舍尔上将的早期主张是，所有新建战舰都必须是战列巡洋舰，战列舰则不再新建——1905年的时候，他主张新增1艘战列舰和3艘战列巡洋舰。不仅如此，迟至1909年，费舍尔上将还认为战列巡洋舰就是速度更快的战列舰；就在当年，他还迫使一些主要的英联邦自治领组建自己的海军部队，以保护英帝国在太平洋上的商业利益。各英联邦自治领的海军都由战列巡洋舰及其辅助性轻巡洋舰（只有澳大利亚建造了1艘）组成；一旦发生重大战争，各英联邦自治领的海军自动联合、组建成为帝国太平洋舰队。费舍尔上将认为帝国太平洋舰队足够强大，有能力和区域内的潜在敌对舰队对抗。皇家海军之所以没有完全中断战列舰的建造，主要是因为英国皇家海军部是一个联合体，费舍尔上将更绝对化的主张并不能完全影响这个机构。

上图：1910年，美国北河（哈德逊河支流）上的英国皇家海军"坚定"号。在炮塔上方，该舰装备有4门反鱼雷快艇炮（也用于反驱逐舰），因为考虑到在主要火炮操作过程中己方驱逐舰将无法发动攻击。这些反鱼雷快艇炮可以独立运作，也可以用于填补主炮准备操作时留下的火力空档

　　"一"字长蛇阵是一种笨拙的战列舰巡航队形。通常，舰队会以分列并进的编组形式巡航，只在临战之前摆成"一"字长蛇阵。最理想的作战队形就是己方舰队以"一"字纵队90°角切入敌方舰队的航向正前方：这最有利于集中己方所有军舰的弦侧火力，一齐打击敌方舰队的前卫舰船，而敌舰编队则会因此面临队形大乱的危险。费舍尔上将发现，在敌方舰队进入视界之后再展开（己方舰船）、切入（敌方航向正前方），获得有利（尽量垂直横切）战位的可能性更大；他将这个发现视作一个重大

的秘密，而德国人似乎还未"发现"这种战斗队形及其优越性的存在。与德国人不同，日本人——当时是英国的盟友——大概在日俄战争爆发（1904年）之前已经对此有所认识。当费舍尔上将刚开始实验这种新的海战战法之时，由于海军火炮的射程尚不及视界之远，己方舰船有时间"在敌舰的眼皮子底下"从容展开。1914年以后，这样做已经不可能了，英国人转而开始发挥自己的远程侦察优势。更重要的是，约翰·杰利科上将开始根据远程侦察报告即时标绘己方及敌方舰船的位置，因而己方舰队不必再冒着敌舰的炮火、在敌人的眼皮子底下展开，而可以在敌方火炮的射程及视界之外的"预定航向"上展开，从容进占"T字横切"战位。

1909年，英国皇家海军部颁布了由海军上尉普伦基特——即后来的海军上将德拉克斯[1]——起草的一本英国皇家海军现代战术机密手册。这本手册由官方颁行表明，它更多地并非一个籍籍无名的低级军官的作品，而是当时英国皇家海军军界的既有相关战术思想的汇编。普伦基特本人也在书中写道，希望这本书可以为计划当中的官方战术手册的撰写做出一份准备性的贡献。普伦基特的这些话也说明了英国皇家海军军官在1909年的时候是怎么想的，当时的驱逐舰建造技术已经稳定下来了，但英国皇家海军还没有下定决心将驱逐舰引入作战舰队——这个决策并不明智。人们当时对海战的设想就是战列舰与战列舰之间的对抗，武器就是火炮和鱼雷。舰队各舰船之间尽量不相互发送信号，所有行动唯纵列首舰是瞻。按照普伦基特的设想，任意两支敌对舰队之间的平均战斗间距应为6000~7000码，约略超过16艘舰船前后依次排列的长度。这个距离约略等于火炮的最大有效射程，这是因为，任一方的舰队指挥官都会设法让己方所有火力都够得着敌方舰船。舰队指

挥官还会设法使己方航向尽量与对方航向平行，以免己方战舰在敌方舰队面前过于暴露或脱离对敌有效射程范围。唯纵列首舰是瞻的指挥系统意味着舰队的航向和速度都要尽量保持稳定，稳定的航向和航速还有利于火炮的操作及其效力。

普伦基特警告道，在有雾的情况下，海上定位会变得更加困难，一二英里的偏差很容易就出现了。在对马岛海战中，正是海上定位偏差让东乡平八郎的计算面临很大的麻烦。事实上，即使天气状况良好，海上方位侦察偏差也经常会有多达5英里的偏差。普伦基特很清楚的是，至关重要的敌舰方位相关最终报告必须由一艘己方巡洋舰的目测结果（包括地点、航向、距离）给出；反之，如果只是一个抽象的经纬度数据，舰队指挥官很难精确掌握敌舰的相对位置。在日德兰海战中，由于存在精度问题，杰利科上将视界之外的敌舰方位相关报告很多都变得不足为信。

一般而言，当时的舰队指挥官所能设想的海战，无非是敌我双方舰队分别纵向展开、沿着大致平行的航向行进，互相发起一轮又一轮齐射轰击。这很像帆船时代的情形，并且，只要两支舰队实力大致相当，它们对战的结果几乎必然是不分胜负。因此，和所有其他国家的海军一样，皇家海军对如何突破这种"平局瓶颈"非常下工夫。在帆船时代，英国的霍拉肖·纳尔逊将军应对这种"平局瓶颈"的著名战术是：一改过去双方舰队平行行进、以舷侧炮对射的固定战法，他派遣一些军舰横插、突入敌舰阵列，以舷侧炮对敌舰展开纵向轰击，而己方则避开了绝大多数敌方炮火。这种战术非常冒险，因为前去执行穿插任务的己方舰船必然要将艏艉面向敌舰，极可能反遭对方包围。当年的纳尔逊可以倚仗己方人员的高超领航技术和炮术去克服这个风险，但一百年之后，火炮射程大大提高了，绝不能照搬纳尔逊的战法。

1909年，普伦基特指出，视界是火炮的有效射程的终极掣肘。他认为，当时的海军火炮已经抵达了其有效射程的极限（8000—10000码），在可预见的未来，海战相关技术进步只在于有效集中弹着。在射程满足条件的前提

1　德拉克斯海军上将（Admiral Drax）：英国贵族出身的德国海军上将，带头衔的全名为"海军上将雷金纳德·艾尔默·兰夫利·普伦基特–厄恩利–厄尔–德拉克斯爵士阁下"（Admiral the Hon. Sir Reginald Aylmer Ranfurly Plunkett-Ernle-Erle-Drax），通常简称为"雷金纳德·普伦基特"或"雷金纳德·德拉克斯"。——译者注

之下，如今4艘（或以上）舰船同时集中弹着也已成为可能。但是，如果只有1艘以上（4艘以下）的舰船开火，弹着观测/修正工作会变得很困难，因为此时的弹着点依统计学的观点来看是杂乱无章的。当年，普伦基特发现了两种改进之后的系统可作为有效集中弹着的解决方案。第一种系统有赖于通过测距仪数据解算出来的速率及火控参数，当时指改进当中的坡伦钟，此后也指德雷尔火控台等类似装置。要有效集中弹着，必须解决测距仪射程与火炮实际射击距离之间的偏差。普伦基特将第一种系统称为测距仪系统，测距仪系统后来也被称为距离追踪系统。第二种系统是军舰之间的高效通讯，始终让舰船成对出动，且一起对敌情进行测量计算。每艘军舰上的火控系统可以同时引导两艘军舰的火炮。1909年的时候，凭借英国皇家海军的巨大舰船数量优势，英国人已经在广泛探讨这种技术及其实用性了。第一次世界大战前夕，皇家海军进行过大量的集中弹着射击操演，还曾尝试以一艘舰船上的距离指示器为多艘舰船的火炮指定射击距离。日德兰海战之后，英国皇家海军还进行过以分舰队为单位的集中弹着射击操演：以专门的炮塔标记指示提前修正量，以射程刻度盘指示射程，以无线电和特制的码表来达成军舰之间的协同。

由于拥有数量众多且性能优异的战舰，英国皇家海军争取战力优势的另一个方式就是完善自己的分舰队战术，即在海战中为自己的战列舰阵线配备一支加强性分舰队，类似一支快速侧翼分舰队。英国皇家海军操演的一种分舰队战术是，以装甲巡洋舰（之后还使用过战列巡洋舰）充当战列舰舰队的快速侧翼分舰队，目的是加强侧翼力量（主力舰队的前卫或后卫）。在口径上，装甲巡洋舰上的火炮通常不及战列舰的火炮，但它们装备的口径最大的火炮还是能够在前无畏舰火炮的射程之内对敌方战列舰发起有效攻击；战列巡洋舰更是可以胜任攻击战列舰的任务了。就英国的情况而言，无论是装甲巡洋舰还是战列巡洋舰，为了获得与其职责相匹配的高速，它们都不得不在装甲上有所牺牲。

1909年，普伦基特曾经写道，快速侧翼分舰队非常重要，不应仅用作一支战列舰舰队的先导掩护力量。英国的"无敌"级战列巡洋舰绝不应该在海战尚未展开之前就远离战场范围。他认为，在能见度良好的情况下，装甲巡洋舰应当布置于战列舰舰队前方5英里处，海上多雾的情况下，其与战列舰舰队的距离不应超过2.5英里。普伦基特的观点是，在实际战斗过程中，若使装甲巡洋舰与战列舰舰队密切协同火力，对敌作战效果会相当明显：敌舰绝不敢将自己的火力集中于英国皇家海军的装甲巡洋舰；若敌方胆敢如此，英国皇家海军的装甲巡洋舰必须尽快撤退，但前者也会因此失去主要战机，并因此遭受英国皇家海军战列舰舰队的反制。

无论如何，皇家海军组建了一支独立的战列巡洋舰编队，其主要任务是更加自主地进行海上侦察；甚至是完全独立于主力舰队，只以无线电与后者保持联系。更加独立的战列巡洋舰编队可以为主力舰队的指挥官提前报告敌舰的位置、航向和航速，为可能的对敌拦截和突袭创造机会。这支战列巡洋舰独立分遣队的组建在某种程度上不过是一种尝试，第一次世界大战前夕还曾面临被拆解成若干个规模更小的战列巡洋舰及侦察巡洋舰群的命运。不过，这种命运并未降临，1916年的时候，英国皇家海军反而组建了一支从大舰队中独立出来的战列巡洋舰舰队。由于其母港距离德国的海军基地更近且能（比战列舰舰队）更快地抵达大西洋东北部北海海域的任何地点，"战列巡洋舰舰队"被视为一支快速反应力量。由此，才有了英德之间以战列巡洋舰对战列巡洋舰的多格尔海岸海战，时为1915年1月。1916年5月，英国人还曾谋划一次大舰队与"战列巡洋舰舰队"的战略大会合，地点是北海某处，目标是击溃德国海军的大突围。但由于戴维·贝蒂上将的糟糕领航，这次会合并不没有取得预定战果，来自战列巡洋舰的后续敌情报告也不准确。

当战场空间扩大、战场控制变得更加困难之后，分舰队战术总体上被认为不再实用了，这是英国皇家海军将战列巡洋舰从大舰队中剥离出来、独立成队的原因之一。1909—1911年，海军上将威廉·H. 梅指挥了一系列相关演习，全面检验了分舰队战术。他发现，分舰队战术在理论上看来很有吸引力，在实战中却存在严重的、也许根本无法解决的指挥及控制困难。例如，在这一战术指导之下，前来增援的分舰队很容易将友舰误认为敌舰。1912年，约翰·杰利科也在实际指挥中发现了这一问题，当时他担任英国本土舰队的第2分舰队司令。尽管有了前车之鉴，到了1914年，已经出任英国大舰队司令的约翰·杰利科还是遇到了同样的问题。

普伦基特还指出，让那些火力及装甲相对较弱的战舰充当诱饵，负责将敌方优势战舰引诱至己方雷区或潜艇埋伏区是很适宜的，这之于以后的约翰·杰利科上将是一个重要的课题。诈退舰队在中途还可以突然且迅速地进占"T字横切"战位，形成对追击之敌的战位优势。处于追击地位的敌舰也可能抢先进占"T字横切"战位，但双方距离会迅速拉大，其成功的机会也必然小了很多。在这场追赶的过程中，追击一方的先头军舰遭到诈退一方的攻击，前者的航速必然会因此有所迟缓；诈退一方的后舰遭追击一方攻击的可能性比较大，整体航速基本不受影响。追击一方还可能遭到诈退一方的迎向鱼雷攻击，由于相对速度更快、躲避时间更短，被击中的几率也变得更大了。普伦基特认为，法国海军之所以在本国军舰舰艉配备大口径火炮，就是因为他们意识到了诈退战术的优势。

当此之时，意大利海军已经批准以引诱追赶之敌进入雷区和潜艇伏击区为明确目标的战术，还量身定做地为此种战术研发武器。例如，意大利的水雷研发者公开宣称本国的水雷比任何其他国家的都更便于布设。回顾起来，1914年之前的水面战舰和潜艇联合作战——当时的美国海军等已经开展过很多此类行动——倡导者对由此带来的通讯、领航等方面的固有困难显然毫无意识。当英国皇家海军开始以第一次世界大战期间研制成功的"K"级潜艇[1]实际推动水面–水下联合作战战术之后，英国皇家海军终于发现了这些问题，并为此付出了巨大的代价：在1918年1月31日的"五月岛之战"[2]中，由于糟糕的通讯，英国皇家海军的水面战舰和"K"级潜艇发生严重相撞事故，2艘潜艇沉没。

普伦基特的一个重要观点是，战斗开始之后，总指挥官很难完全掌控所有舰只；他只能将一部分权力"委托"给分舰队司令官，后者必须尽力领会前者的意图。每场海战开始之前，总指挥官还有必要发布一份战术命令备忘录。1912年，时为英国本土舰队司令的乔治·卡拉汉海军上将发布了英国皇家海军历史上第一份此类备忘录。对后来的历史学家来讲，不幸的是，必须结合大量其他相关材料才能读懂此类战术命令备忘录，而很多相关材料如今已经佚失。有时候，相关材料数量众多，却往往存在不连贯或相互矛盾的问题。英国的出版物中经常会出现"此处请参阅X"的提示，X指向的是某一种更加专业、详细的出版物，说法却经常与前一种出版物相抵触。

英国皇家海军部于1913年10月颁布了卡拉汉上将的《舰队战术动作指令》。无论是在建立己方的火力优势方面，还是在防止敌方炮火集中于我方部分舰船方面，集中弹着都是非常重要的。一旦舰队队列出现混乱，必须立即重组。除非有专门的命令，任何战舰都不得擅自脱离队列去追击敌方已经失去战斗力或正在逃逸的战舰。这一要求甚至适用于已经部分丧失作战能力的舰船。除另有专门信号，所有军舰唯纵列首舰是瞻是一条铁律。卡拉汉上将注意到，"除非成纵列前进，舰队做不到事先不发出专门信号而顺利变换航向。"不仅如此，发起战斗时，舰队也必须以纵列队形展开之后发起密集攻击，才有可能奏效。一线纵列队形的主要问题是，一旦敌方鱼雷大量来袭、蓝旗旗语打出，所有军舰同时转向、规避时容易发生混乱。如

1　"K"级潜艇：英国在第一次世界大战期间研制的大型高速潜艇。排水量2500吨，水面航速25节，水下航速9节。配备8个鱼雷发射管。主要用于伴随水面舰艇作战。——译者注

2　"五月岛之战"（"Battle of May Island"）：后人对英国皇家海军历史上的一次重大事故的谑称。1918年1月31日，英国皇家海军部出动主力舰队的战列舰、巡洋舰和潜艇组成编队，由斯卡帕湾和罗塞斯港出发，前往北海进行演习，途经福斯湾附近的五月岛海域时发生严重的碰撞事故。——译者注

果英军舰队以与敌方舰队以大致平行的航线同向航行，英军纵列首舰应当尽力抢占并维持领先敌方首舰一舰身长的距离。如果近距离遭遇敌对舰队，在行至敌对舰队纵列中部之时，英军舰队首舰应逐渐向敌舰一侧转进，以抢占一个更有利的火炮发射阵位，也即在敌舰纵列后方造成一个"T字横切"。如果远距离遭遇敌对舰队，卡拉汉上将的战法是包抄敌方后卫舰只，在敌方舰队后方造成一个类似于"T字横切"的阵位，从而拉长英军火炮的有效覆盖时间。

卡拉汉上将还写道，他会尽力掌控进军途中的整个舰队，但一旦与敌接火，客观上他只能掌控他本人所在的舰队（包括前卫、中军、后卫）。为了达到先声夺人、提振士气的目的，卡拉汉上将还要求英军的全部大口径火炮战舰在距敌15000码时就朝敌开火，而在这个距离即使是在演习中这些火炮也无法有效击中目标。

1922年，英国皇家海军上校乔治·瑟斯菲尔德向皇家海军参谋学院提出，卡拉汉上将已经将海战"简化"成了火炮之间的对决，因而"在联合行动中战术家将不再发生作用"。战术家着眼于在开战之初抢占有利阵位，然后在战斗过程中加以维持。战术家实现该种目标的途径是周密考量包括巡航队形在内的军舰部署工作。乔治·瑟斯菲尔德上校认为，这造成了一个所有战前准备工作全部集中于谋划巡航队形和军舰部署的最佳方式的局面，"以至于海战的目标几等于军舰部署本身了，照此往后，海战的目标是什么可能会被抛之脑后"。他认为，这种倾向本身是源于另外一种固化的观念。"德国军舰的大口径辅助武器以及德国人以鱼雷艇对对方水面战舰发动攻击、突破对方阵线的惯常做法，使得英国人确信，德国人热衷于和敌手展开近距离战斗。英国人的此种看法如此坚定，以至于将其作为海军战术整体的基础。"在乔治·瑟斯菲尔德上校看来，英国人的前述看法还引发另一种观念：既然德国人热衷于近战，那英国人就应该避免这一点；"对付德国海军，我必须制订并实施'远距离战术'"。乔治·瑟斯菲尔德上校的以上观点不无夸张，事实上，英国皇家海军上将威廉·H.梅于1909—1911年期间主导过大量的战术实验，其目的一是为了检测分舰队战术，二是为了检测驱逐舰在海战当中的作用，而约翰·杰利科上将1912年期间也主导过分舰队战术实验。当时很可能还有其他类似战术实验存在，只是没有相关记录留存下来或者相关记录还没被我们发现。

1914年接掌英国大舰队之后，约翰·杰利科上将因循了其前任乔治·卡拉汉上将制订的第一套"大舰队作战命令条例"，后者还曾参与撰写英国皇家海军第一套战术命令条例（1912年）。与他们的前任一样，约翰·杰利科上将和乔治·卡拉汉上将的相关贡献——诸如"横切"敌军舰队航线——都被视为未来将要刊印成书的战术理念的储备。尽管如此，英国皇家海军一直未能制订正式的舰队巡航队形部署的相关命令条例，而乔治·瑟斯菲尔德指出此一问题已有5年时间了（从威廉·H.梅上将开始主导相关战术实验开始算）。约翰·杰利科上将后来曾经写到，他的首要关切的问题是，如何为了达成在最短的时间内施展最大对敌火力这个目标而编组巡航队形和展开战斗队形。要达成这个目标，约翰·杰利科上将所面对的第一个难题就是如何运用由前无畏舰组成的第3战列巡洋舰中队。像乔治·卡拉汉一样，约翰·杰利科也必须妥当处理驱逐舰是与他的舰队联合行动还是独自行动的问题。起先，杰利科不得不将"战斗命令条令"当作确保舰队内部之凝聚力——哪怕是在通讯出现了故障的情况下——的一种手段，所以他尽量保留各种可能性。

不久之后，杰利科上将废弃了卡拉汉上将制订的包抄敌方舰队后卫舰只的战法。杰利科上将此前曾经深度参与过英国皇家海军的"以驱逐舰布设漂雷"（于敌舰航道）计划，他确信德国人也很可能会有相同的想法，因而坚决否定了从后方包抄德国舰队的战法。换位思考，若是德国人反过来从后方包抄英国舰队，则在后方指挥无畏舰分舰队的英国指挥官可以趁机以4艘无畏舰"横切"对方前卫舰只——前提是确保这4艘无畏舰不会遭对方分割或火力压制。同样，他还必须虑及遭德国战列巡洋舰舰队"T字横切"的可能性：若如此，英国舰队的前卫舰只应尽快转向，与敌方舰队平行航线，以吸引、分散对方火力。在战场上，这两种情况可能在瞬时之间发生，英军舰队总指挥官无法即时做出反应，因而舰队的指挥权必须有所分割、下放。杰利科上将之所以在很大程度上废止卡拉汉上将的驱逐舰布设鱼雷攻势战术，是因为他认为他手中的轻巡洋舰数量不足，无法打败德国驱逐舰的攻击（为己方驱逐舰提供掩护）。特别应该指出的一点是，1914年9月，在杰利科上将谋划可能的巡航队形时，他明确拒绝了任何与德国舰队迎头接战的可能性。

乔治·瑟斯菲尔德上校认为，杰利科上将之所以将他指挥的驱逐舰的任务限定在防御上，部分地是因为他认为战列舰体形巨大、机动性不够高，不仅一切行动必须唯首舰是瞻，而且要尽力保持航道稳定，如此才能有效施展其大口径火炮的威力。乔治·瑟斯菲尔德之所以有此评论，是因为他眼中的火控系统还是基于"敌我距离接近率恒定"概念的，不过，当时已有另一种基于测距仪（以新的方式应用既有的相关火控装置）的火控系统——诸如德雷尔火控台——投入使用了，它对航向的快速变化有更好的适应能力。这种新的火控方式从未见于"大舰队炮战命令条例"，而在1915年面向所有炮兵军官发布的"炮战手册"中却有详细的描述，这表明很多相关记录并不完整。此外，基于测距仪的火控系统似乎成为了后日德兰海战时代英国皇家海军制订一种更强调"断续射击"的炮战战术的基本依据，"断续射击"主要着眼于充分抓住每一次转瞬即逝的有利开火时机，而不是像以前那样着眼于制造能够形成对敌"持续射击"的机会。

作为英国皇家海军审计官，杰利科上将也因政治高层一味追求军舰数量和火炮的大口径——而非军舰和火炮的性能——而备受困扰；他认为英国政治高层之所以如此，是因为后者已经陷入了被德国海军的发展态势牵着鼻子走的境地。在他未曾公开出版的回忆录中，他充分透露出来的一个观点是：军舰的吨位必须足够大，才能形成对德国海军的有效威慑或战力。但是，当时的英国政治高层不仅一味强调火炮的大口径，忽视火炮口径的平衡和军舰自我

的防护力，而且一直在建造大量吨位较小的舰只，单纯追求数量（在这一点上，杰利科上将尤其反对温斯顿·丘吉尔的做法）。面对这种形势，杰利科上将非常看重英国皇家海军的既有大口径、远程火炮的对德优势，至少在其就任大舰队司令初期是如此（后来他还意识到了英国皇家海军的远程鱼雷的对德优势，尽管他一直不清楚英国的远程鱼雷到底有多优越）。在1914年的战斗命令条例中写到，大口径火炮有利于远距离作战和防御战术，而且有利于提振英军士气。德国人偏爱近距离作战，当他们希望以鱼雷加强舰队的攻击力时尤其如此；而英国人的远程火炮可以在德国人展开近距离攻击之前加以骚扰，使他们无法顺利按照预想实施作战计划。

杰利科上将认为，火炮是英国皇家海军的主要武器，必须设法"延长"与敌接触时间，充分施展火炮的决定性作用。1914年，他曾经写到，英国舰队须与德国舰队在平行（并进）的航道上接战，如此才能使后者对在英国舰队的航道上布雷有所忌惮：德国舰队也可能在接战的过程中不慎触雷。杰利科上将还规定，为了发挥火炮的威力，英国舰队还应当逆风展开队列，顺风展开舰队队列只会遮蔽舰队的视界。日德兰海战期间的"战斗命令条例"是，"毫无疑问的是，在舰队作战的过程中，只有充分施展我们的火炮优势，获胜的希望才最大。我们的战术必须……是（阻止）敌方以数量占优的鱼雷艇、潜艇、水雷等（军舰火炮以外的）方式对我方军舰造成损害"。在杰利科上将看来，英国皇家海军在舰炮方面占有巨大的优势，而德国海军拥有更多的驱逐舰（德国海军将其用作鱼雷艇），开展鱼雷战德国人更有优势；正因如此，德国人一定会处心积虑地谋划一次全面的对英鱼雷战。

杰利科上将曾经是分舰队战术的支持者，但他同时也认为，除非舰队指挥官有办法实时掌握战场情势，以避免友军误伤等情况，分舰队战术并不实用。在日德兰海战开始前夕，他手下的炮兵军官德雷尔上校（德雷尔火控台的发明者）建议，可以用实时标绘的办法将即时战术态势图呈现给指挥官。杰利科上将采纳了他的建议，但还是决

定不采用分舰队战术，因为他没有足够的时间进行相应的训练。不幸的是，杰利科上将对德雷尔的上述建议并没有一个全面且系统的认识（德雷尔本人很可能也是如此）。即使战术态势图需要以战场侦察舰向主力舰队发送的战情讯号为基础，而后者发送的战情信息的精确性必然会受其领航技术的影响。领航的精确性不够是海军一直以来的一个缺陷，但德雷尔上校的建议被杰利科上将采纳之后，这个缺陷才首次变得攸关性命了。更加糟糕的是，既然皇家海军非常擅长对敌采取无线电截听行动，他们并不十分注意即时战术态势图的即时性和系统性，其效用也因此大打折扣。例证之一是，战场侦察舰每一次向主力舰队发送讯号都需分舰队司令的事先授权，而分舰队司令在战斗过程中必定是万分忙碌的。最糟糕的是，即时战术态势图是在日德兰海战中才经首次实战，且事先未经训练，它之于英国皇家海军尚属陌生事物。杰利科上将收到的许多讯息都是错误的，对英国皇家海军的战斗进程造成一定的不利影响。当然，尽管有诸多缺陷，即时战术态势图还是比德国人的相应指挥系统先进很多，杰利科上将由此才能在一次海战（日德兰海战）中三次"横切"德国舰队，以至于赖因哈特·舍尔上将统领的德国舰队几乎全程处于被动挨打、只求撤退保命的境地。即时战术态势图的最大"缺陷"是，它使得杰利科上将本人对德国人的鱼雷攻击唯恐避之而不及，因此错失了获得一次全面胜利的机会。

杰利科上将发布于1914年9月的"战斗命令条例"（有效期至1915年5月）指出，德国海军终将寻机与英国皇家海军展开一场大决战。杰利科认为，在德国人自己看来，他们的鱼雷优势（拥有比英国数量更多的装备了大口径鱼雷发射管的驱逐舰）可以弥补其相对于英国皇家海军的主力舰数量劣势，如此一来也就意味着理性的德国司令官在事实上的出局。此外，倘若德国海军的决定是在整修、改造老旧军舰等工作完成之后再攻击英国皇家海军，他们就有可能在军舰数量上获得明显增长，具备对英国的大舰队造成沉重一击的实力。杰利科上将担心的另外一件事情是，若英国舰队过早地展开成一路纵队（德国舰队尚未展开），可能会反将战场主动权让给德国人。他不知道的是，在考虑如何展开队形的问题之前，德国人的主要课题是：设若与英国舰队相向而行，德国舰队应当如何在保持纵队的情况下进行作战。在1915年3月以前，杰里科上将需要面对的另一个难题是，他的舰队里既有速度较慢的前无畏舰，也有速度更快的无畏舰。杰利科上将的另外一个忧虑是，如果他向手下的分舰队指挥官移交更多的自主权，分舰队战术将会走向"分散"的边缘；由此，他在1915年3月以后适用的新的"战斗命令条例"中对分舰队指挥官的自主权有所削减。

1915年以后，杰利科上将越来越意识到"保存实力"、保持既有对德优势的重要性，这是因为德国人看起来非常渴望以某种方式零敲碎打地削弱英国舰队，然后发起一场"势均力敌"的决斗。在1915年3月以后适用的"战斗命令条例"中，杰利科上将指出了德国人将英国舰队引向水雷和潜艇伏击区的可能作战策略。此前不久，英国人得到了一份德国公海舰队1914年发布的鱼雷艇作战命令，它显示，德国人也认为英国人会对德国舰队采取同样的作战策略。英国人于1914年10月将德国人的这份作战命令加以翻译并向下传达，这也促使杰利科上将在其1915年版"作战命令条例"中添进了相关内容。

1915年的时候，杰利科上将对德国海军手中的15000码射程的远程鱼雷（当时英国皇家海军正在努力研制）十分担忧，因而寄希望于以射程更远的火炮打击德国舰队。德国舰艇发射鱼雷后会迅速"转向—摆脱"，在后面追赶的英国军舰若不立即规避，被鱼雷击中的可能性极大（反之，则会失去追赶目标）；此时，由于英国军舰和德国人发射的鱼雷是相向运动，射程为15000码的鱼雷很容易就能击中力图与德国舰艇保持20000码火炮射程距离的英国军舰。对于这一点，英国皇家海军最初还没有充分意识到，直到日德兰海战结束，在对战役进行战术调查、图解还原当时的火炮—鱼雷对抗时才把问题想明白。尽管如此，日德兰海战开始之前的杰利科上将对此并非毫无关注，他曾经写到，实战演练和战术板演练都表明，德国舰艇的

"转向—摆脱"战术最难应对。无论如何，在1915年版的"战术命令条例"中，杰利科上将还提到，（设若队形展开之初即遭遇德国人前述方式的鱼雷攻击）他不打算因循"即刻规避"的战法。在日德兰海战中，英国舰队确实没有"即刻规避"，但他们不规避则已，一规避就规避得足够远，变成了"脱离与敌接触"。杰利科上将当初是如何区分"脱离与敌接触"与"即刻规避"的，如今已经不得而知。

按照杰利科上将的预判，德国海军的意图是先对英国舰队开展"零敲碎打"的打击，最终发起一场"势均力敌"的决斗，但他们竟然没有利用1915—1916年间的漫长冬夜。此后，他开始向国内阐述他的看法：由于具有相对于德国海军的实力（尤其是战列舰）优势，英国的大舰队已经在海洋上获得了不战而胜的地位。德国海军无意与英国的大舰队一决雌雄：就此而言，杰利科上将的判断可谓正确。德国海军1916年5月31日的那次行动（拉开了日德兰海战的序幕）其实已经由于担任先期侦察任务的齐柏林飞艇无法确认英国的大舰队是否在海上而有所保守、削减规模。这次海战的规模之所以会迅速扩大，也是因为英国皇家海军决心抓住这次德国军舰驶出基地的机会一举解决之。然后，这次大规模海战暴露出来的一个蹊跷之处是，德国海军依然不愿与英国皇家海军打一场决定性的战斗。德国海军在战斗开始之前大概是决意强调近程火炮的作用，但开战之后改变了想法："他们的战术是让主力战舰待在英国舰炮够不着的地方巡弋，同时为己方鱼雷艇制造攻击机会。德国海军战列舰舰队（除了第1战列舰分舰队辖属的第2分队和第2战列舰分舰队辖属的第4分队）的速度优势更对这种战术提供了支撑。"日德兰海战终了之后，德国海军的作战命令被当作官方历史公开印行；从中可以看到，每次德国舰队出动，德国皇帝必然会在作战命令中强调"勿使心爱的战列舰受损"。杰利科上将终究还是猜错了：除非有绝对的获胜把握，德国海军不会与英国皇家海军展开任何形式的决战。

乔治·瑟斯菲尔德上校指出，皇家海军战争学院在1914年之前的两年间一直在竭力猜想德国海军可能采取哪种战术。一篇名为《有关德国海军战术的推断》的论文于1914年11月被提交给杰利科上将及其参谋长，瑟斯菲尔德上校本人很可能即是该篇论文的作者。这篇论文认为，自知实力较弱的德国舰队会避免与强大的英国舰队纠缠，设法在射程内尽可能远的某处发炮，或者通过整体"转向—摆脱"的办法占据有利阵位，迫使英国军舰始终处于从身后追赶的不利位置。"一"字长蛇阵无法应对德国舰队的此种战法，英国舰队必须采用包围战术，提前阻止其作"转向—摆脱"机动。1915年早期，《有关德国海军战术的推断》的作者在战术沙盘上为杰利科上将演示了"转向—摆脱"战术。在当时，英国舰队应对敌舰"转向—摆脱"的标准反制手段是：首舰内转，其他舰只也依次追随，在保持整体队形的同时迅速拉近敌我距离。《有关德国海军战术的推断》的作者则向杰利科上将建议采用另一种应对手段，即英军舰队所有舰只同时内转，以各自迅速拉近与德舰距离为优先，保持整体队形为次优先。杰利科上将认为这种机动策略对敌方更有利，因为这会使所有英国军舰都暴露在德国鱼雷的射程范围之内。于是，《有关德国海军战术的推断》的作者又提出了被称为"分割包围"战术的对策。对此，杰利科上将的答复是，除非提议者能保证德国海军一年之内不会出动，否则，他不会认同这种对策。他的意思是，需经一年的训练时间，"分割包围"战术才能真正投入实战。杰利科上将意识到，由于无法迅速赶上目标，面对德国舰队的"转向—摆脱"战术，英国舰队的"一"字长蛇阵队形可谓笨拙。另一方面，确保英国军舰处在德国海军的鱼雷射程之外始终是杰利科上将的战术重心。归根结底，一旦德国舰队施展"转向—摆脱"战术，任何追击行为都必须面对极为危险的德国鱼雷。出于"德国人必然寻求近战"的信念，杰利科上将认为制订并演练"转向—摆脱"战术的反制手段并无极大必要（但是，德国人不久之后即在日德兰海战中反复并成功地运用了这一战术）。事实上，皇家海军战争学院对一个关键点产生了误会：德国人是竭力避免近战的。英国皇家海军的"如意算盘"是与德国人展开远距离炮战，但德国人的1914—1915年度"战术命令条例"及军舰炮塔的设计都充分表明，战前的德国舰队无意与英国军舰展开那种皇家战争学院设想的远距离炮战。第一次世界大战期间，皇家海军数次获得德国海军的战争命令等相关情报，但这些情报似乎并没有被乔治·瑟斯菲尔德上校充分利用。

在很多皇家海军人士看来，日德兰海战的一大教训是，杰利科上将从属下——尤其是分舰队司令官——手中拿走了过多的自主权。杰利科上将为自己辩护的一个有力观点是，没有一张共同的整体"战场场景图"做约束，各分舰队司令的自主权很可能会导致各自为战的局面（尤其是在海上天气糟糕的情况下），英军舰队的优势实力将无从施展。但是，杰利科上将的批评者认为，他本应该继续坚持制订并完善分舰队战术的方向，赋予整支舰队更多的灵活性，如此才更有可能达成集中火力于德国舰队之一部的局面。杰利科上将发布的"大舰队战斗命令条例"不厌其烦，过于死板；英国舰队的目标本应是对敌突袭、各个击破。就此意义而言，分舰队战术与18世纪的霍拉肖·纳尔逊创新的"战线突破"战术相去不远。日德兰海战之后，英国皇家海军成立了一个名为"大舰队战术小组"的机构，旨在全面构想英国皇家海军的未来战术。"大舰队战术小组"认为，此前对英国舰队的火炮优越性估计过高，英国皇家海军当初本该更加积极地运用鱼雷。例如，1916年的英国皇家海军"战术任务优先条例"就曾规定，英国驱逐舰的优先任务是"有效阻截"德国驱逐舰的攻击，而英国驱逐舰自身的主动攻击任务则等而次之。本书第二部分的"英国鱼雷"一章中将会说到，由于"大舰队战术小组"的此种见识，英国皇家海军开始致力于研制身形更长、射程更远的鱼雷；另一方面，在此之前，杰利科上将已经如此着手。

乔治·瑟斯菲尔德上校认为，杰利科上将的一大失职之处在于，他未能制订一份"基础性战术准则"，进而无法适度放权。对此，杰利科上将很可能会提出以下两点反驳意见。第一，在战时状态之下，各分舰队司令官极少

有机会和时间碰面，相关集体培训很难开展，即使他制订了这样一份基础性战术准则，他的属下也无法有效遵从。毕竟，杰利科上将1914年不采纳分舰队战术的理由即在于此。第二，他很快就意识到，向下分权不仅需要一份基础性战术准则，还需要一张共同的"战场场景图"，否则，各分权单位不识敌我的意外肯定会发生。当时的英国皇家海军无力同时为所有分舰队司令官提供共同"战场场景图"。事实上，在雷达以及行动情报系统和作战情报中心出现以前，任何国家的海军都无力做到这一点。行动情报系统之所以能够收到实效，是因为雷达可以为每一艘舰船发送原始战场图景信息，当时还很有限（但比1918年的时候强大了很多）的通讯能力也足够满足各舰船之间相互阐释原始战场图景的要求。从其讲稿来看，乔治·瑟斯菲尔德上校对当时严重的领航难题全无注意；不克服领航难题，杰利科上将即使要在自己的旗舰上获得一份革命性的"战场场景图"也不可得。（当时的英国皇家海军解决领航难题的办法是舰队行动唯旗舰是瞻，但这反过来又对处在旗舰视界之外的军舰如何做到"即时"追随提出了要求。）

"大舰队战术小组"的设想是，未来的德国海军将会重复其在日德兰海战当中的战术，即在做"转向—摆脱"机动的同时使用驱逐舰向追赶之敌发动大规模鱼雷攻击。他们没有领会的是，德国海军在日德兰海战中施用的并非其标准战术，而是赖因哈特·舍尔上将面对被围之灾难的绝望应对。英国人对德国海军的"转向—摆脱"战术几近束手无策，一味追赶无异于中了德国人的鱼雷圈套。另一种可能的方案是阻击德国舰队的前卫部队并在德国鱼雷的射程之外进行包抄机动，但这会使英国舰队的前卫部队暴露于德国舰队的密集火力之下；即便英国舰队较之德国舰队有整体速度优势，即便德国舰队中包含了几艘前无畏舰，在彻底完成阻击、包抄机动之前，遭德国军舰密集炮火打击的危险始终存在。日德兰海战之后，杰利科上将决定，英国军舰自身将不再以"转向—摆脱"战术应对正处在"转向—摆脱"机动之中的德国舰艇发射的鱼雷（即，拉开距离，并放弃再次开炮还击的机会）；杰利科上将的

办法是，让己方战舰掉头、与来袭鱼雷同向行驶，然后径直朝敌舰驶去。如果敌方驱逐舰发射的鱼雷从一开始就被发现，英国战列舰大可以安全无虞地径直朝对方驶去，完全没有必要闪避。与此同时，为规避敌方鱼雷，英国各舰舰长将有更大的自主权驶出队列：杰利科上将认为，驶出队列的英国军舰以舰炮攻击敌舰——炮弹越过友舰——时造成误伤的可能性并不大。杰利科上将的这些决策都基于这样一个假设：英国舰队事先获得了清晰明白的敌情预警，即事先掌握了敌方驱逐舰的开火时间或敌方鱼雷的航迹。对英国皇家海军来说，幸运的是，日德兰海战发生在一片风平浪静的海域，而且德国人对己方鱼雷的运动轨迹几乎不做掩饰。最终，英国皇家海军应对德国鱼雷攻击的方案是，以使之具备承受若干枚鱼雷直接命中的能力为目标改进战列舰的设计，例如加装防雷护体。

在日德兰海战之后的舰队作战命令条例中，杰利科上将进一步强调了鱼雷攻击的重要性，这一点既适用于驱逐舰（以此作为扰乱或预防德国鱼雷攻击的最佳手段），也适用于战列舰；相关分析显示，设若英国威力强大的鱼雷管组（与德国鱼雷相比，英国鱼雷的射程更远）当初得到了更多的发射机会，将给德国舰船造成沉重的打击。杰利科上将的继任者，约翰·贝蒂海军上将更进一步地推动了英国皇家海军的鱼雷攻击战术，使英国鱼雷获得了最大化的战斗机会。依据贝蒂上将发布的战斗指示，一旦德国舰队采取"转向—摆脱"战术，他指挥的英国军舰将不闪不避，甘冒鱼雷攻击的风险，径直追赶，最后发动正面攻击。乔治·瑟斯菲尔德上校指出，英国人发动正面攻击改变不了将主动权拱手相让的事实，因为后者各级战舰发射的鱼雷可以有效应对。由于英国军舰与德国鱼雷是相对运动，等于是增加了后者的射程；而德国军舰与英国鱼雷则是同向运动，等于是缩短了后者的射程。直到1922年，德国人的"转向—摆脱"战术始终是英国人的心腹之患，乔治·瑟斯菲尔德上校认为，只有"分割包围"战术才是可能的有效对策。

1917年，英国大舰队终于制订出了一份乔治·瑟斯菲尔德上校眼中的"基础性战术准则"。作为大舰队的后卫分舰队司令官，约翰·德·罗贝克海军上将指出，燃煤烟雾和海上的雾气经常会遮蔽前方的军舰，以至于他所在的分舰队无从追踪。罗贝克上将因此提议，应编订简单的示图以展示不同的战术环境。英国皇家海军为此成立了一个战术委员会承担这一工作，相关示图汇总成为英国皇家海军的战术手册。令人惊讶的是，根据这些示图，在某些条件下，英国舰队会经过己方远程鱼雷的航行路线。

火力控制

赢得海战胜利的另一个方面是提高火力控制技术，达到己方可以在一个敌方"够不着"的距离上瞄准/射击敌方的地步。1904—1914年间，皇家海军为实现此目标进行了比任何其他国家海军更多的工作。火控的关键问题在于，如何依据不完备的既有信息尽量准确地预估敌舰的实时方位。火控系统的预估活动更多地并非以"瞄准敌舰"为直接目标，而是为了评估每一次齐射的结果。也即，当时的概率性齐射瞄准是以敌舰的即时距离、航向和速度以及炮弹落点时敌舰必然有所移动为依据的。如果炮弹落点与敌舰"错开"了一段距离，就意味着此前的预估是错误的。这段错开距离，可作为下一次齐射的修正提前量，从而提高下一次齐射的命中率。皇家海军最初支持一种更先进的模拟"射击舰船—目标舰船"两方移动模式的火控计算机（坡伦钟）的研制工作，后来又放弃了这个项目。转而采用其他国家海军正在使用的火控系统，即最新版本的基于"敌我距离接近率恒定"假定的德雷尔火控台：依照"敌我距离接近率恒定"的假定，以威格士式距离钟不断给出新的敌我距离。事实上，"敌我距离接近率"不可能是恒定的，但在一个给定的时间段之内，可以以此作为计算的基础。德雷尔火控台再将威格士距离时计给出的结果绘制成"敌舰方位轨迹图"。敌舰方位轨迹图以一条曲线指示各个时点的敌我距离接近速率（法国的勒普里厄火控系统也是基于相同的概念）。威格士距离时计反过来依据这条敌我距离变动曲线不断给出某一时点之后的敌舰方位并据此绘制新的"敌舰方位轨迹图"。这种以假定为基础给出反馈、再以基于假定的反馈为基础做出修正的计算过程并不复杂，但其缺陷在于，它将敌我两方的航向、速度这两种独立的变量笼统地"抽象"成唯一的"重新给出"的"敌我距离接近率"变量，并据此修正敌我距离，必然包含内在的、逻辑上的缺陷。除了距离，德雷尔火控台还可以追踪敌舰的方位（但敌舰方位的给出丝毫无关于敌我距

离）。

在历史上，英国皇家海军颇经曲折才找到一个有效的火控方案。英国在1914年之前的做法是进行射程不断变化的炮火齐射，逐渐让炮弹落点接近目标。1909年，普伦基特指出，只要敌人够精明，他们会如法炮制，发动反击。只要目标舰船的火控系统反应速度够快，就可以在被敌方炮弹"捕捉"到之前保持航向稳定（不立刻规避）并

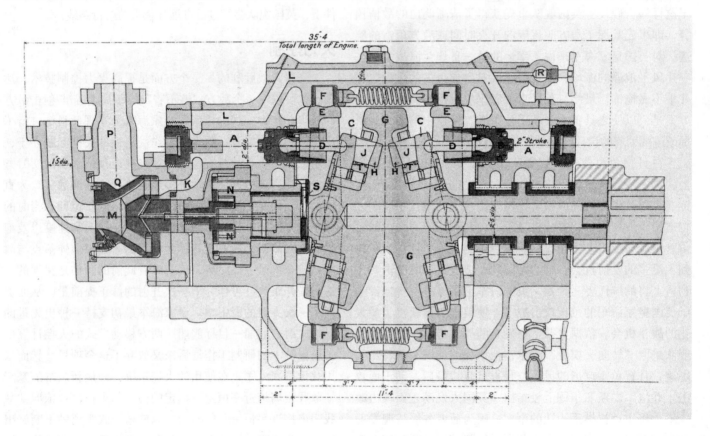

上图：英国皇家海军很重视液压动力的应用，因为采用液压装置，可以迅速而且准确地完成炮架的高程操作。英国人投入了很多努力，研发能够使舰船动力越来越强大但易于控制的液压引擎。图示旋转斜盘瞄准引擎被安装在13.5英寸 Mk II** 式火炮炮塔上，每座炮塔上装有 2 台。所谓斜盘，本身是由斜楔状结构组成的圆盘（G），与图中右面的轴相连。斜楔在油缸压力的作用下发生旋转（现代美国鱼雷使用类似引擎）。斜楔的每边有 7 个油缸，它们的活塞依次提供压力，最终造成轴的旋转。图示中，两个这种油缸（A），连同它们所属的活塞或推杆（B）和连杆（D），一同向位于旋转的旋转斜盘外侧的不旋转的旋转斜盘（C）施加压力。在左面的油缸上可以看到将水输入油缸的管道。英国人投入极大的努力去供应能使炮塔平稳运转的液压引擎。因此，在无畏舰和更早期的舰船上装备有 3 台活塞式液压引擎，但在后来的直到（包括）"海王星"号的舰船上，都配备 6 台。根据对 1910 年年度炮兵技术进展的综述，从"大力神"号开始，英国舰船上的炮塔配备了旋转斜盘式引擎，变得"能够更平稳的旋转，因此性能变得更稳定，在受驱瞄准时变得更容易控制"。引擎需要通过蜗轮蜗杆机构驱动炮架

反击得手，然后只要做一个小角度机动，就可摆脱后者基于"敌我距离接近率恒定"的火控测定。而且，如果目标舰船的机动角度足够小，其自身携带的基于"敌我距离接近率恒定"假定的火控测定就依然有效，只需加以微调即可。一旦敌舰有所机动，基于"敌我距离接近率恒定"假定的火控系统就会给出夸大的反馈，利用这一点，敌舰可以轻松摆脱我方的火力追踪。在1909年的时候，火控系统的反应时间长达10分钟，普伦基特据此设定了每10分钟"Z"形机动一次的巡航理念：足以扰乱敌方火控测定的"大幅度"机动，很可能是肉眼无法察觉的。尽管他在1909年的时候曾经提出的"多变航向理论"开始引起了关注，但皇家海军从来没有采纳普伦基特的这个观点。现在我们不清楚英国皇家海军是否实测过"多变航向理论"，但在一个密集的舰艇编队中做任何机动动作都是困难甚至危险的。舰队要做任何转向动作都必须做到步调一致，这即便不是完全不可能，也是十分困难的。但是，如果舰艇编队很稀松，情况就大不一样了。德国人也许是从普伦基特这里得知了"多变航向理论"，也许是自主创新了这个理论。德国人对海战距离的设计比英国人短得多，于是就竭力构想某种冒着猛烈炮火靠近英国舰队的战术战法："Z"形机动看上去就是他们的答案。依照英国的第一次世界大战时期火炮及其战术相关官方记录，英国皇家海军将德国舰队的"Z"形机动视为一大威胁（这就是英国皇家海军无法适用基于"敌我距离接近率恒定"假定的德雷尔火控台的主要原因）。但是，德雷尔火控台之于一支散布稀松的海军舰队却是适用的，诸如日德兰海战中的德国战列巡洋舰舰队，因为战列巡洋舰舰队即使队形相对混乱也可以迅速调整，不致发生太大的危险。在日德兰海战中，英国皇家海军利用其德雷尔火控台中的"方位描迹图"来指示德国军舰的"Z"形机动，以及时更新火控测定数据。但是，没有迹象表明英国皇家海军在第一次世界大战之前就意识到了德国人着意以"Z"形机动作为基于"敌我距离接近率恒定"假定的德雷尔火控台的对抗手段。

大约在1914年，英国人发现，敌我距离接近率之于短时射击的命中并不十分重要，最重要的情报是精确的敌我即时距离。在即时射程已知（即即时弹着点已知）的前提下，未来射程（即未来弹着点）只需稍作校正即可预知。在间隔很短的两个时点上，火炮的实际射程之间的偏差很小。如果已知测距仪测定距离和火炮实际（标定）射程之间的差值，火炮的每一次射击距离就可以单以测距仪的即时测定值为依据给出。测距仪数据的不一致和不精确臭名昭著，所以只能取其平均值。在这种情况下，德雷尔火控台的一大优势就是其敌我距离标绘图。截至1915年，敌我距离标绘图可以显示军舰上所有测距仪的测定数据。操作人员可以在一瞥之下迅速发现某些不正确的数据，并直接读取其他测距仪数据的平均数。日德兰海战之后，火炮的即时射程（而非敌我距离接近率）之于火炮命中至为重要的观点被应用到远程射击情形下的阶梯齐射中。基于敌我距离接近率的火控方式无法在一个较长的时段内维持其效力，因为德国舰队的"Z"形机动就是专为克制该种火控方式而设计的。

英国在1915年11月版的机密《火炮手册》（第1卷）见第43页中，非常醒目地提到了一种被称为"测距控制仪"的新装备。不幸的是，该种称谓此前也被用来指称德雷尔设计的基于"敌我距离接近率"恒定理念的火控系统以及另一种计算理念迥异的由坡伦发明的火控系统。最广为人知的德雷尔火控台的"敌我距离接近率"理念——经由军舰桅杆高处的炮术军官（开炮电门操作手和弹着点观测员）和位于发信站内部（火控台所在位置）的军官之间的对话来实现——相关阐述即是德雷尔本人于1912—1913年期间提出的设计构想，而在1917年的德雷尔火控台操作手册中也有类似的记录。这本手册的主要内容是如何操作德雷尔火控台，详细到哪里应该加注润滑油以及应该采用何种润滑油。发觉了德国人决计回避任何遭受持续性火力打击的危险之后，基于"敌我距离接近率"恒定理念的德雷尔火控台失去了用武之地。

1909年，普伦基特曾经写到，非常明白的是，为了让避开极其危险的鱼雷攻击（哪怕只有一发命中），必须设法提高战列舰的火炮射程。当此之时，加热器已经使鱼雷的射程得到了显著的提高，而最大的改进还在于水冷加热器的出现（蒸汽鱼雷）。普伦基特在其文章里写到，在单一目标射击环境下，鱼雷可以击中2000码以外的目标，而在群目标射击环境下，鱼雷的射程可以二倍于此，达到4000码：如果射击目标是一支舰艇编队，比如数列舰艇纵队，鱼雷更可以发挥其最大射程。之所以如此，是因为众多舰艇挤在一起，就相当于一个体量大得多的目标，鱼雷的命中率可以提高至33%左右。到了1909年，群目标环境下的鱼雷有效射程可达6000码，"可以设想，在一年左右的时间之内，鱼雷的有效射程甚至可与火炮比肩，也即10000码。"到了1912年，皇家海军开始将德国海军的"群目标鱼雷攻击"视为重大威胁，并相应地提高了对德国舰队发起"群目标鱼雷攻击"——更多地是使用驱逐舰而非战列舰——的兴致。普伦基特预见到了"群目标鱼雷攻击"的潜力：他的设想是，英国驱逐舰在德国人的视界以外向其发射一种有效射程为8000码、时速达20节的鱼雷。如果从德国舰队的前方发动攻击，由于相向而行的加速效应，鱼雷的有效射程还会增加（由鱼雷和目标之间的相向运动造成的有效射程加总被称为"实际射程"）。普伦基特的分析表明，在"群目标鱼雷攻击"环境下，鱼雷的射程比速度更加重要；英国人第一次世界大战期间的鱼雷研发工作所遵循的正是这一理念。让人吃惊的是，普伦基特竟然完全没有考虑到鱼雷因航迹暴露而遭攻击目标搜寻、追踪、反制的可能性，如同日德兰海战中约翰·杰利科上将一样。普伦基特的设想是，面对鱼雷攻击，水面舰队至多只有闪避之力，唯恐避之不及而已。

英国皇家海军的另一项火控系统方面的主要进展是射击指挥仪，即置于舰桥高处的统一指挥本舰所有火炮的瞄准装置。射击指挥仪的一大优势是，它可以纠正舰船本身的摇晃和起伏之于火炮瞄准的不利影响，有效避免弹着点的无序分布。不幸的是，在近中射击距离上，指挥仪会降低火炮的发射速度，因为射击指挥仪只在本舰所有火炮都准备就绪之后才会发出开火指令。反之，如果舰船上的火炮不由指挥仪统一控制，而是各自瞄准目标，其射击速度会快很多，这之于舰体摇晃、起伏的不利影响不啻一种弥补。在1914年到来之前，皇家海军一直在花大力气研制更加灵敏的液压装置，以减轻炮塔内舰员的瞄准工作负担，降低对射击指挥仪的依赖程度。至少在当时，液压装置似乎比电动装置更能胜任舰炮持续瞄准过程中做前后往复、上下升降动作的要求，这是因为电动引擎对瞬间逆向动作的适应力不够。这一点已为装备了电动炮塔装置的"无敌"号战列巡洋舰所证实。第一套新式液压传动火炮底座出现在"圣文森特"级战列舰上。液压传动火炮底座的其他优点还包括：简单、可靠；运作稳定、无噪音；即使是在最大负荷之下也能照常运作；只要动力泵正常运转，系统工作压力（机械动能）就可以保持稳定；运作时不产生热量，在弹药库和炮弹库内工作也不会引发安全问题；运作也相对平稳。另一方面，液压系统也存在以下缺点：系统的各个结合点必须保持足够的水密性；各处阀门易损伤；低温条件下，系统内液体有结冻的可能；系统运转不区分负荷大小；由于需要管径很大的压力管以及管径更大的回水管，液压系统的体积很庞大。1847年，皇家海军第一台舰艇炮塔液压装置出现在"雷神"号[1]战舰上。在6缸或7缸发动机或旋转斜盘发动机的驱动下，液压系统将液压转换为机械能，驱动负载作直线往复运动或回转运动，进而带动炮塔完成瞄准动作。除"巨人"号、"大力神"号、"阿金库尔"号之外，其他12英寸主炮的无畏舰的火炮炮塔都是6缸发动机液压系统驱动的。支撑13.5英寸主炮的考文垂军械厂制火炮炮塔配备的是7缸发动机液压系统。所有其他无畏舰和超无畏舰的火炮炮塔都是旋转斜盘发动机液压系统驱动，其运转更加平稳。旋转斜盘发动机的运转可由液压活门调控，也可直接手动调控（斜盘之于活塞的角度，从而调整曲轴的旋转速度）。手动调控装置由阿姆斯特朗公司研制。手动调控装置首次投入使用是在"报复"号巡洋舰的7.5英寸口径火炮炮塔液压系统中（1919

---

1 "雷神号"（Thunder）：指英国皇家海军于1783年开始建造，1814年拆解的"卡洛登"级"雷神"号战舰。——译者注

年），其后被推广到所有"霍金斯"级巡洋舰的7.5英寸口径火炮炮塔液压系统中。火炮的俯仰由液压动力的柱塞或活塞来实现。

射程越大，持续瞄准的意义越小，射击指挥仪的作用越大。相反，当时的皇家海军很看重间歇性的短程炮击的持续瞄准的重要性，因为这会带来更高的发射速度，也有利于达成速战速决的局面。由于测距仪系统的反应比较慢，它与灵活的非射击指挥仪瞄准方式倒是相得益彰，可对中程目标构成强大的火力覆盖。

1914年，海军军械局局长写道，他希望推动德雷尔火控台的投产，因为德雷尔火控台之于"新兴的测距方式"至为重要。何以如此，他并没有就此展开详述。然而，有趣的是，至少在1912年之前，英国第一海务大臣[1]路易斯·巴腾贝格亲王海军上将对时任英国皇家海军大臣的温斯顿·丘吉尔说，在海战中，向英国舰队发动大规模鱼雷攻击的德国舰队自身也会损失多达35%的舰只。一旦德国军舰进入鱼雷发射阵位，英国舰队就必须在敌方鱼雷的巡航时间之内以火炮还击对方。英国舰队还击越快，在德国鱼雷抵达之前给对方造成重大损伤的几率越大。现在我们不清楚当时的英国皇家海军是否认为他们可以及时发现德国鱼雷的航迹并加以规避（打出"舰队整体规避"的蓝旗旗语）。到了1914年，英国皇家海军大概认为德国鱼雷的威胁不那么严重了。这可能是因为英国皇家海军认为自己有能力在更大的距离上与敌接战，也可能是因为英国皇家海军认为自己可以在德国鱼雷发射之后、抵达之前的10分钟内对德国军舰造成重创。英国皇家海军此后着力改进炮塔内装置、提高火炮的持续瞄准能力的努力似乎更多地指

向了后一种可能性。直到1914年，英国皇家海军才开始试验其火炮的远程射击能力，尽管他们的海战命令条例早就指出了舰队在16000码的距离上对敌开火的必要性（但从来没有在实战或试验中真正这么做过）。

火炮建造

在本部分所涉内容中提到的几乎所有4英寸及以上口径的火炮身管都是以绕线工艺强固的，这种办法由英国军械委员会于1890年的3月的报告中首次提出。即在A管之内的管壁相对较薄的衬管之外缠绕钢丝；一旦衬管内壁的膛线磨损严重，直接替换衬管就可更换新的膛线。在衬管外壁以钢丝紧固的工艺，既能有效对抗火炮发射造成的径向应力，又可以最小限度地牺牲火炮身重，却无助于火炮身管的纵向刚度（"梁强度"），火炮身管可能在重力的作用下发生比较明显的低垂。还有报告称，采用绕线强固工艺的火炮身管有时会发生抖动现象，影响射击精度。按照军械委员会的设想，衬管并不担负增强火炮身管强度的职责，也就是说，即便衬管整体脱落，火炮也应该能继续射击。担负着炮管强固职责的是缠绕在衬管外壁的紧固钢丝和套在衬管之外的外层身管。在20世纪的最初几年，英国皇家海军致力于以慢燃发射药提高炮口初速，这就必然要提高火炮身管各个部分（而不仅仅是炮膛部位）所要承受的压力。由此，火炮身管的各个部分都有以绕线工艺强固的必要。

1900—1903年之间，大口径火炮的炮口初速有了很大的提升，从19世纪末期的2200英尺/秒提高至1900年左右的2500英尺/秒左右，再提高至2800英尺/秒（12磅及以下炮弹的初速提高不那么明显，但也达到了2600英尺/秒左右）。炮口初速得以提高，其原因有以下几个：一是燃速更慢的改良型柯达无烟火药的应用，这种火药能够充当一种威力更大的发射药，而且所产生的对炮弹的推力更持久；二是炮身各部分更加强固了，可以承受更大的药室压强和后坐力；三是钢材和钢丝的品质改进了。1903年，海军军械局局长在一份报告中指出，当时火炮的标准药室压强已达18

1　第一海务大臣（First Sea Lord）：英国皇家海军及海军本部由职业军人担任的最高职位。"第一海务大臣"与"（第一）海军大臣"（First Lord of the Admiralty，简作First Lord）为两个不同职位。1809年以前，由海军职业军官兼任海军大臣，1809年以后，海军大臣一职改由政府任命之文职人员担任，而此职位长时间同时为内阁阁员；至于第一海务大臣，则为职业海军军官最高职位，受海军大臣节制。另，"第一海务大臣"的英文称谓也有其历史变化，1828—1904年期间是"First Naval Lords"，1904年至今是"First Sea Lords"。——译者注

吨/平方英寸，而1900年时这个数据为17吨/平方英寸，再之前这个数据为16/每平方英寸。他希望火炮的药室压强承受力能够继续提升，英国皇家海军部此前不久即批准了建造药室压强承受力高达20/每平方英寸的9.2英寸口径火炮。

1905年，英国军械委员会收到了有关火炮的衬管出现问题的报告：在炮弹自炮膛向炮口运动的过程中，由于摩擦作用，衬管有脱落、出离身管的危险。这个问题的解决办法是，在衬管的外壁安装定位凸台或铣上棱环，加强其与外层炮管的相互作用力。使用了慢燃发射药之后，衬管的棱环或定位凸台部位逐渐出现"紧缩"（阻塞）现象。之所以如此，大概是因为衬管外壁的棱环（在锁固衬管的同时）会干扰炮膛内部正常的（发射状态下的膛内高压造成的）金属形变，由此在炮膛内某些区域导致局部"超高压"，这就引发了炮管阻塞。在1904年结束之前，英国战列舰"威严"号上的1门12英寸口径Mk VIII式舰炮在进行射击训练时发生内A管部分炸裂事件，这个问题被首次发现。进一步的检测发现，"威严"号战列舰的另外3门12英寸口径Mk VIII式舰炮也存在内A管前定位凸台附近发生阻塞的问题；对其他现役12英寸口径火炮的棱环部位进行测量之后也发现，大西洋舰队的42门火炮中有28门必须送去伍尔维奇军械厂重新抛光。截至1904年年末，英海军没有从海峡舰队（驻英吉利海峡）、地中海舰队、中国海舰队（驻中国）收到此类问题相关报告，但可以设想其的存在。

英国军械委员会因此主导了一次在炮管的定位凸台之间添上安全装置(环形沟槽）的实验，以阻遏衬管向炮口方向的运动。开始是在衬管上铣上一道环形沟槽，后来又尝试在内A管上的定位凸台和衬管之间铣上环形沟槽。此次试验的结果看起来颇为成功，于是给一门更换了衬管的12英寸口径火炮铣上了一道环形沟槽。按照预定计划，这次实验将以威格士公司制造的12英寸口径45倍径、9.2英寸口径50倍径以及7.5英寸口径50倍径火炮（这些火炮的内A管更厚、有更多形式各样的棱环，且强固钢丝覆盖部位更小）为对象。然而，头2门12英寸口径45倍径的Mk X式火炮和头2门9.2英寸口径50倍径的Mk XI式火炮已经来不及参与这次

实验了。7.5英寸口径50倍径火炮也已进入生产过程当中，6英寸口径的Mk XI式火炮则已经陈旧得不适宜进行此种改造了（糟糕的是，这2门远程精准火炮已被发现存在炮管阻塞问题）。除了加装保险器之外，解决炮管阻塞问题的另一种方案是，以锥膛A管替代直膛A管，彻底根除设置棱环的必要，进而避免形变应力在棱环附近积聚的可能。1908年，英国军械部提议，建造一门"以锥膛A管替代直膛A管"的12英寸口径Mk XI式火炮（炮号404，由皇家火炮厂生产）。

时至1905年，英国皇家海军还注意到了高炮口初速对射击精度的影响，英国军械委员会认为这个问题——衬管外壁钢丝缠绕至（或接近）炮口的尤其严重——是火炮身管的纵向刚度（"梁强度"）不够导致的。为验证此种猜测，英国对一门7.5英寸口径的火炮做了改造：衬管外壁钢丝仅缠绕至护套尾端位置，自此至炮口的身管强度由较厚的A管和内A管提供——并对火炮身管的材质做了相关评估。此种检测显示，改造后的火炮的射击精度并不比全部衬管都经绕线强固的火炮更高。据此，英国军械委员会的一份报告指出，"没有任何证据表明，与任何一种'固态'炮管强固工艺[1]相比，英国皇家海军现行绕线炮管强固工艺对火炮的射击精度会造成任何不利影响；军械委员会迄今为止没有收到任何表明外国重型、中型火炮（非绕线炮管强固）比英国皇家海军现役火炮精度更高的证据。"

阿姆斯特朗公司和威格士公司的出口火炮采用的都是绕线炮管强固工艺，唯一的例外是威格士公司销往俄国的火炮（由于俄国的反对）。在英国之外，采用绕线炮管强固工艺的国家只有日本和意大利，这是因为他们采纳了英国的火炮整体设计方案。尽管英国人认为绕线炮管强固工艺在减轻火炮重量上有巨大的优势，但采用嵌套式炮管强固工艺的法国施奈德公司却在1914年为意大利成功建造了一种重量很轻的15英寸40倍径火炮（详情请参见下册意大利火炮一章）。

1　此处所说的"固态"炮管强固工艺即"嵌套"炮管强固工艺。——译者注

就此而言，一名意大利军械处军官对英国火炮过时的安全系数提出了批评。英国火炮的设计以钢材的抗拉强度而非弹性极限为限度，避免达到炮身永久变形的极限点。不同于英国人的另一种火炮设计方案是，不回避炮身变形的危险，但以炮身变形不至影响火炮性能甚至炸裂为限度。现代弹性力学认为，经嵌套强化工艺处理的火炮身管所能承受的极限应力2倍于内层身管本身的弹性极限（德国人的火炮设计以1.5倍内层身管弹性强度为界）。英国人的火炮设计采用的是0.5倍钢材弹性极限方案，法国人采用的是1倍钢材弹性极限方案。这几种不同设计方案的差异是巨大的，即法国和德国的火炮重量可以比英国火炮轻很多（因此，意大利军械处军官更加愿意以法国设计的15英寸40倍径火炮武装本国的战列舰，而非英国设计的同口径火炮）。

1918年6月，海军军械局局长写道，他一直在向英国军械委员会反映他对英国皇家海军火炮（与德国海军火炮相比）"精度有限"一事的担心。他向后者提呈过德国舰炮的炮口初速、膛线（凹槽数量、缠度、深度等）、炮膛容

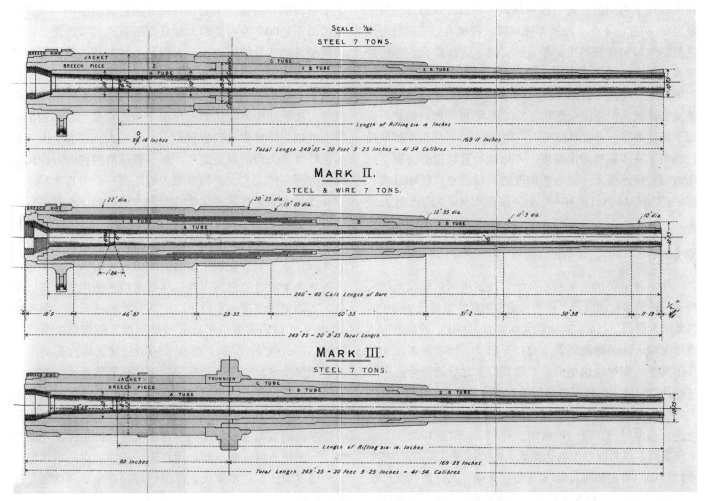

上图：图示不同英式6英寸速射炮之间的差异说明不同火炮的线绕结构（Mk II式）和组合结构（Mk I式和Mk III式）之间是存在差异的。请注意观察药室颈部的弹药筒

积以及炮弹弹带等细节性资料。他对德国海军舰炮在很高的炮口初速下依然可以获得很高的射击精度印象深刻，这是英国火炮做不到的。他尤其希望对一门在佛兰德斯战场缴获的德国海军5.9英寸火炮进行测试，以"侦知德国人的秘密"。第一次世界大战之后，英国人确实做了这方面的尝试：对一门6英寸口径的Mk XII式火炮进行改造，拉德国样式的膛线，炮弹弹带也是德国样式的，炮膛的形制也加以仿造，以在使用改良型柯达无烟发射药的情形下再现预想当中的（德国式）弹道表现。英国人还对4英寸口径Mk V式火炮做了相同的改造、模仿测试（测试对象的口径似乎限定在6英寸以下）。海军军械局局长特别希望英国舰炮以更高的炮口初速获得更加平直的弹道，进而扩大炮弹的危险界，提高炮弹的命中率。他认为，英国限定新式大口径火炮的炮口初速（约2500英尺/秒）的做法对于提高射击精度确有成效，但德国火炮却在2800英尺/秒的炮口初速下做到了精度更高、身管磨损更小。1918年4月，海军军械局局长提出了在不牺牲射击精度、不增加身管磨损的前提下提高炮口初速的要求，这方面的改进以15英寸口径Mk I式、6英寸口径Mk XII式和4英寸口径速射Mk V式火炮为开端。

发射药

　　1901年，英国皇家海军开始以改良型柯达线状无烟火药（一种硝酸甘油火药）作为火炮发射药，以替代Mk I式柯达无烟发射药。与Mk I式柯达无烟发射药相比，改良型柯达线状无烟火药的爆温更低（3215开尔文，前者爆温为3675开尔文），腐蚀性也更低。"改良型"之后的标号指示的是炸药的粒度（取决于挤型模的直径，单位是0.01英寸；烘干之后粒度更小）。MDT式柯达无烟发射药即改良型管状柯达无烟发射药，是一种后期改进产品。时至1902年，英国皇家海军仅将改良型柯达无烟火药的适用范围限定为6英寸口径Mk VII式和所有7.5英寸口径火炮，其一般性推广被推迟到9.2英寸口径Mk X式和12英寸口径Mk IX式火炮的药量得到确定（维持此前的炮口初速），并确认是否需要对

火炮结构做任何调试之后。1903年11月，改良型柯达无烟发射药的药量确定了，同时也确认无需对炮身结构做任何调试。全面性试验表明，作为改良型柯达无烟发射药的可能性替代品，硝化纤维素火药（如罗特威尔火药）表现不佳。1903年12月，英国皇家海军大臣正式批准改良型柯达无烟发射药进入现役。

　　改良型柯达无烟发射药之得以在英国皇家海军中推广，部分的原因大概是因为法国的硝化纤维素成分的白火药发射药表现突出，在炮膛长度不变的前提下使炮弹获得了更高的炮口初速。于是，英国开始尝试对法国、俄国和美国海军1900年左右使用的硝化纤维素火药做改进，以替代硝酸甘油成分的柯达无烟发射药。1903年，英国军械委员会副主席帕尔少将列举了若干这样做的理由。使用硝化纤维素火药的3个国家的海军全都发生过岸上弹药库爆炸事件，法国地中海舰队最近也由于担心安全问题而匆忙将舰上的硝化纤维素火药移到岸上。法国人正在着手改进其硝化纤维素火药的制造工艺。对于俄国的两种既有硝化纤维素火药生产工艺，英国皇家火炮厂在一份报告中写道，"其产品在弹道性能和化学性能两方面的稳定性都值得怀疑。"俄国人自身也转向了德国工艺的（硝化纤维素成分）罗特威尔火药。美国海军几经周折之后采用了焦珂罗酊火药，却于最近发现干燥之后的焦珂罗酊火药会在炮膛内造成非常危险的超高压强（尽管炮口初速也因此得以提高）。帕尔少将进一步指出，使用管状柯达无烟发射药的英国6英寸口径火炮也可以获得美国海军舰炮的极高炮口初速，即3000英尺/秒。改良型柯达线状无烟火药的干燥问题固然让皇家海军感到棘手，而硝化纤维素火药在这个问题上的表现肯定会更加糟糕。但是，硝化纤维素火药的防潮性能至少要比罗特威尔火药好得多；"罗特威尔火药所要求的适当温度和湿度只有在完全密封的条件下才能实现。"无论如何，制造商最近在硝化纤维素火药中添加了一种稳定剂，英国皇家火炮厂就已经制造出了一批颇可指望的产品。

　　英国皇家海军继续使用改良型柯达无烟发射药的主要

理由是，此前有关硝化纤维素发射药可以实现更高的炮口初速的期望最终落空了。帕尔少将写道，硝化纤维素发射药此前实现的（较低药室压强的前提下）高炮口初速更多地是由于其使用方式而非使用的是何种成分的发射药。为使炮弹获得一个指定的炮口初速，相应的作功必不可少：设若药室压强降低，从炮膛到炮口的这段距离内的后期作功就必须相应地增加。据报道，美国海军对其火炮身管靠近炮口一端的部分的强度不满意，所以寻求提高其火炮的药室压强（比如20吨/平方英寸）。改良型柯达无烟发射药的腐蚀性比初始的Mk I式柯达发射药小得多。改良型柯达无烟发射药（相较于罗特威尔火药等）在弹道性能的规则性方面有其优势，这之于持续射击非常重要。帕尔少将预测，改良型线状柯达无烟发射药实现的2800英尺/秒炮口初速很可能是该项指标的实战极限值。在其论文末尾，帕尔少将建议以6英寸口径Mk VII式火炮开展相关试验，他的这一建议被批准了。读过帕尔少将的论文之后，时任英国第一海务大臣做出评论："很明显，无论是英国还是其他国家，火炮发射药的问题都未有一个最终的解决。"

美国（其海军使用的是硝化纤维素发射药而非硝酸甘油发射药，诸如柯达线状无烟火药）观察者指出，硝酸甘油发射药在"引爆至实现最大药室压强的时隔"——也可通过改进发射药的颗粒形状和增大药量来实现——这个性能指标上优势明显。

在进入炮膛之前，柯达无烟发射药药包须盛放在克拉克森保护筒[1]内。内盛柯达无烟发射药药包的保护筒由吊车慢慢传入处置室（保护筒）之后，与保护筒脱离，后者再传下来，堆积在一起。堆积的保护筒可能造成吊车的拥塞，降低火炮射击速度。在日德兰海战中，英国皇家海军的一大弹药条例失误是：为了加快换装速度，没有克拉克森保护筒保护的柯达无烟发射药药包到处堆放。结果，

"狮"号战列巡洋舰的Q炮塔[2]所属吊车底部发生了一场几乎致命的火灾（只是由于炮塔顶部被掀掉了，才使军舰本身得以幸免）。

第一次世界大战期间，皇家海军发生过数起发射药意外爆炸事件，最诡异的是导致驻锚在斯卡帕湾的"前卫"号战列舰沉没的那起事件（1917年7月9日）。此次意外爆炸事件的直接肇因无从调查，但海军军械局局长认为是变质的发射药引起的。事故发生之前，英国皇家海军就已经在着手改进发射药的稳定性，这之后，英国皇家海军又新制订了一些改进发射药的舰上储存条件的措施，诸如更严格地控制弹药库的温度；事故发生之前的相关安全措施之一是，对发射药做补救性2.5小时硝化处理，军需部部长曾经为了提高产速的目的而计划取消这道工序。

战时皇家海军的另一项重大考虑是缩小弹着散布：在1914—1915年间的海战中，德国舰炮的弹着散布只有英国舰炮的一半左右。英国皇家海军推断，弹着散布过大的原因在于发射药燃尽之后的炮弹的不均匀加速运动。他们认定，发射药的"燃尽时刻"与炮弹脱离炮口时刻之间须有一定的间隔。根据美国人的观察，其理由有如下几点：第一，使发射药引爆至燃尽之间的时隔最小化，有利于控制不同"射次"之间的炮口初速差异；第二，在发射药"燃尽"至炮弹脱离炮口这个时段内，炮弹加速最平稳，最少震颤，其脱离姿势也因而最稳定。而若有继续燃烧的发射药附着在炮弹底部，继续产生推力（就像火箭一样），很可能会提高炮弹的偏航系数；第三，可以使炮口炸震最小化。"燃尽时刻"与炮弹脱离炮口时刻间隔越久，炮弹平稳飞行所需炮口容许压力越高。此外，发射药"燃尽时刻"越是提早到来，设计一款高炮尾药室压强——以降低火炮身管的炮口端压力——的火炮越是可行。

火炮发射之时，必然会有一部分发射药爆散至贴近炮膛膛壁的位置。这部分发射药的燃烧速度更慢、更不规则，由此在膛内造成气压波的扰动。还有一部分发射药随着炮弹进入身管部位，其中一部继续燃烧，另一部附着在

1　克拉克森保护筒（Clarkson case）：发射药容器，可防闪燃。在将发射药移出发射药库时，需先将其放入这种保护筒内，然后藉由吊车将其送至火炮处。在将发射药填入炮尾之前，不能将其从保护筒中取出。——译者注

2　Q炮塔：后烟囱和后桅之间的炮塔。——译者注

炮弹底部——直到其他大多数发射药燃尽之后才开始充分燃烧。因此之故，处在火炮身管位置的炮弹会发生轻微的"后退—向前"跃动现象（而非持续平稳地加速）。如果跃动刚好在炮弹脱离炮口之时发生，就会导致两种"变数"：一是炮弹的初速就会略高于预期，并因此获得一个稍异于火控系统计算结果的弹道；二是炮弹会发生轻微的偏航，这也会引起弹道的变化。偏航越明显，弹道变异也越大。但是，如果发射药"燃尽时刻"与炮弹脱离炮口时刻相隔适当并由此使得炮口压强低于某一临界值，前述两种"变数"就可以避免。在美国陆军试验其3英寸口径长管火炮的过程中，发射药"燃尽时刻"与炮弹脱离炮口时刻相隔是否适当之于炮口初速和炮弹弹道的影响显露无遗。

美国海军军械处的军官也注意到，相对较低的炮口初速对提高射击精度有利，原因是这可以使炮弹在脱离炮口时获得最佳的运动姿态。一些火炮在过去由于无法承受实现较高炮口初速所需的高压而遭美国海军废弃，而射击精度从来不在其考虑范围之内。

炮弹

截至第一次世界大战，舰炮炮弹的标准内装药是立德炸药。炸药的烈度可由其爆轰速度（即爆轰波通过药柱的速度）来测评：立德炸药的爆轰速度是7200米/秒，三硝基甲苯炸药（梯恩梯装药）的爆轰速度是6900米/秒。第一次世界大战期间，皇家海军舰炮炮弹的内装药是阿马图混合炸药：硝酸铵三与硝基甲苯混合比为40∶60时，其爆轰速度是6500米/秒；硝酸铵三与硝基甲苯混合比为80∶20时，其爆轰速度是4700米/秒。阿马图混合炸药爆轰速度不如立德炸药和梯恩梯炸药，但其防潮性能更好。阿马图混合炸药的制造也更简便，截至1917年，英国军需部迫使皇家海军接受了这种炸药（英国军需部还希望以皇家海军认为非常危险的方式简化柯达线状无烟火药的制造）。

在1908年之前，英国舰炮炮弹中还有CHR弹形系数为2的弹种（31磅4英寸炮弹的CHR弹形系数为4）。此后的实验显示，鼻部越尖，炮弹的射程越远，弹道越平直。例

如，在6000码的距离上，CHR弹形系数为2的12英寸被帽弹以1861英尺/秒的速度击中目标；CHR弹形系数为4时，12英寸被帽弹以2075英尺/秒的速度击中目标；CHR弹形系数为6时，12英寸被帽弹以2203英尺/秒的速度击中目标。就穿甲能力而言，其对克虏伯表面渗碳硬化装甲的穿透厚度分别为10.4英寸、11.6英寸和12.4英寸。在9000码的距离上，其飞行速度分别为1540英尺/秒、1810英尺/秒和1987英尺/秒，穿甲厚度分别为8.6英寸、10.1英寸和11.1英寸。但是，实验结果也表明，弹体过长的炮弹存在飞行状态不稳定的问题，皇家海军因此将舰炮炮弹的标准CHR弹形系数确定为4。就被帽穿甲弹而言，为了实现CHR弹形系数为4的标准化改造，只需变换其被帽即可。同时，在满足战斗需求的前提下，为使各种炮弹的射程尽量接近，皇家海军还决定统一炮弹弹径（由于各弹种的弹道性能绝无可能完全一致，因而炮弹弹径也并没有完全统一）。皇家海军之所以有此决策，大概是受其火控技术的迅猛进步促动的结果。为了更好地发挥火控技术的效力，就必须使各种炮弹的飞行性能更加稳定，炮弹制造的规格化要求也更加突出了。最终，皇家海军引入了一种新式的弹种，即被帽尖头普通弹。

1914年之前，炮弹制造方面的巨大进步即是被帽——分为软被帽和硬被帽两种——的出现及其在穿甲弹上的运用。俄国海军将领马卡洛夫发明的穿甲弹被帽被认为是对抗19世纪90年代出现的新式装甲（克虏伯表面渗碳硬化装甲和美国人哈维发明的表面渗碳硬化镍合金钢装甲）的有效手段。依据一份1900年的比照性报告，皇家海军起初在穿甲弹被帽技术方面进展困难，而法国人的进展则比较顺利，后者宣称在这方面取得了成功。英国人的被帽技术实验开始于1894年，到了1901年，他们取得了一个看上去不起眼却意义重大的进展：入射角度达30°时，被帽依然有效（英国军械委员会当时还未开展被帽穿甲弹以0°入射角击打装甲的实验）。英国军械委员会认为，如果炮弹的初速不够，不能在3000码的距离上以1800英尺/秒的速度击打目标，给穿甲弹加装被帽是没有意义的。当时能够满足

上图：英国皇家海军坚持在运输弹药时要采用手动方式。图示的 15 英寸被帽穿甲弹正由夹钳吊挂在船员头顶上方的铁轨上。美国海军很欣赏手动操作，理由是即使在丧失动力的情况下，炮塔也应继续进行射击。日德兰海战后，英国人争论说，战斗有可能延续很久，在这种情况下那些奋力手动处理炮弹的船员就会在战斗还没结束前被耗尽了力气

这个条件的包括16.25英寸、12英寸口径的Mk VIII式火炮和Mk IX式火炮，9.2英寸口径的Mk VIII式、Mk IX式、Mk X式火炮。已经废弃的16.25英寸口径火炮除外，适于以上火炮发射的所有既有穿甲弹都要加装被帽。截至1907年，被帽"碎裂"类型的穿甲弹（内装2.5%的炸药）被定型为英国皇家海军的标准穿甲弹。当年，海军军械局局长报告了一个有关穿甲弹引信的问题，即当其穿透较薄（尤其是6英寸）的装甲板之时，引信会引爆穿甲弹。他报告的另一个问题是，既有的6英寸以上弹径穿甲弹的被帽重量太小。在穿甲弹的被帽重量这个问题上，难题在于，过重的被帽会改变穿甲弹的重心位置，进而影响其精度。

1905年，英国军械委员会批准了被帽穿甲弹的斜（命中）角弹着试验。以后的斜（命中）角弹着试验都包括远距离射击、穿甲弹以相对陡直的角度下落的测试内容。事实上，只要目标舰船（装甲平面）不与发射舰船（穿甲弹速度方向）呈90°角，无论何种发射距离，穿甲弹都是以斜（命中）角撞击装甲（即便穿甲的弹道可能是非常陡直的）。在斜（命中）角弹着的情况下，由于弹首各个部位受力极为不均，被帽很可能严重损毁；而且，由于弹芯前端会受到异乎寻常的撞击力，在穿透装甲之前，穿甲弹自身很可能就损毁了，尤其是在面对克虏伯表面渗碳硬化装甲等经过了表面渗碳处理的特种装甲时。1906年，英国皇家海军在第一次斜（命中）角试验中发现，如果命中角过大，穿甲弹就无法穿透装甲，当时担任海军军械局局长的是约翰·杰利科，其军衔是海军上校。斜（命中）角弹着试验继续进行，其中一项是，确定12英寸弹径的穿甲弹（分别加装4英寸、6英寸、8英寸半径的风帽）穿透6英寸、9英寸、12英寸的克虏伯镍铬合金钢装甲所需弹着速度，进而确立一种侵彻力最大的弹头形式。受测穿甲弹是弗思公司和哈德菲尔德公司的产品。试验结果表明，如果装甲厚度为12英寸，12英寸弹径的穿甲弹需要约175英尺/秒[1]以上的弹着速度才能穿透装甲（法线角设定为30°）；但是，除非命中角为90°且弹着速度足够，在穿透装甲的过程中，穿甲弹自身也会损毁。穿甲厚度比对发射距离统计实验显示，由12英寸50倍径（Mk XI式）火炮发射的8值CRH弹形系数穿甲弹可以在10900码的距离上穿透12英寸厚的装甲，若穿甲弹的弹形系数为4，其穿透距离为9300码；面对同样厚度的装甲，只在命中角为90°的情况下，12英寸35倍径（Mk VIII式）火炮发射的2值CRH弹形系数穿甲弹能在3100码的距离上穿透（使用同一种穿甲弹，12英寸40倍径Mk IX式火炮的穿透距离为4800码，12英寸45倍径Mk X式火炮的穿透距离为5400码）。英国皇家海军的这些实验表明，穿甲弹可以穿透更厚的装甲，尽管其本身也会在侵彻装甲的过程中损毁。

在英国皇家海军审计官任上（离职时间为1910年11月），约翰·杰利科组织了一系列的以老战列舰"爱丁堡"号为标靶的火力实验。1910年10月，约翰·杰利科向

1　原文如此，大概是"1750英尺/秒"。请参见下文12英寸口径火炮相关数据。——译者注

军械委员会提出了一个要求：研制一种能够在斜（命中）角侵彻的情况下自身不致损毁并在过程中起爆的穿甲弹。此后，杰利科去了大西洋舰队任职，无力继续推动此事进展。英国军械委员会1911—1914年度的报告里也并未包含被帽穿甲弹的斜碰撞实验相关内容，而日德兰海战（1916年）中确有很多英国穿甲弹在弹着之初或过程中损毁。日德兰海战结束以后，约翰·贝蒂上将私底下还曾就这一问题责怪过约翰·杰利科。

英国皇家海军穿甲弹的战前检测结果是：12英寸弹径的穿甲弹以1950英尺/秒的速度穿透12英寸厚度的克虏伯表面渗碳硬化装甲；13.5英寸弹径的轻量穿甲弹以1850英尺/秒的速度穿透同种装甲；13.5英寸弹径的重型穿甲弹以1700英尺/秒的速度穿透同种装甲；15英寸弹径的穿甲弹以1875英尺/秒的速度穿透15英寸厚度的克虏伯表面渗碳硬化装甲。以上实验穿甲弹，使用的都是惰性发射装药，命中角被设定为90°；除13.5英寸弹径的重型穿甲弹的穿透距离为11400码以外，其他穿甲弹的穿透距离皆为10000码以内。当法线角达到了20°时，15英寸弹径的穿甲弹无法在自身不损毁的情况下穿透6英寸以上厚度的装甲。设若发射装药是立德炸药，只要装甲的厚度达到了弹径的1/3，穿甲弹必然会在侵彻过程中起爆。战后看来，这些穿甲弹的有效飞行距离都比较短，但1914年之前的英国皇家海军炮手极少命中8000码以外的目标，而且这个射程已经超过了德国人的预期。1917年以后研制出来的穿甲弹有了一个更加粗钝的弹首（CRH弹形系数为1.6），被帽材质也换成了硬质合金钢，被帽与弹体的重量比值由以前的3.5%～8.5%上升至11%～12%；同时，内部发射装药也换成了更加不敏感的希莱特炸药[1]，其比重则由过去的3.5%下降至2.5%。穿甲弹的底部引信也改进了。英国皇家海军对这些穿甲弹开展了20°法线角条件下的穿透实验：12英寸弹径的穿甲弹以1500英尺/秒的速度穿透6英寸厚度的克虏伯表面渗碳硬

化装甲；13.5英寸弹径的轻量穿甲弹以1500英尺/秒的速度穿透8英寸厚度的同种装甲；13.5英寸弹径的重型穿甲弹以1500英尺/秒的速度穿透8英寸厚度的同种装甲；14英寸弹径的重型穿甲弹以1500英尺/秒的速度穿透8英寸厚度的同种装甲；15英寸弹径的重型穿甲弹以1550英尺/秒的速度穿透10英寸厚度的同种装甲。英国皇家海军之所以寻求后一组数据，是为了确保其穿甲弹对德国"凯撒"级战列舰装甲的穿透能力。战前以适当角度命中敌舰的条件仍然存在。第一次世界大战以后德国海军的38厘米（15英寸）弹径穿甲弹穿透实验显示，它能够以1960英尺/秒的速度穿透12英寸厚度的克虏伯表面渗碳硬化装甲而自身不致损毁（除了被帽和软金属弹带）。

穿甲弹的内装药也是一个争议点。1908年，英国军械委员会对9.2英寸穿甲弹进行了梯恩梯装药实验，梯恩梯结合了立德炸药的强大威力和穿甲弹常用内装药的钝感。考虑到穿甲弹有过早起爆的可能性，有些人认为，在通常穿甲弹或被帽通常穿甲弹中装填梯恩梯过于危险。实验表明，在侵彻装甲的过程中，9.2英寸弹径的穿甲弹会起爆，但不清楚是发生在穿甲弹自身损毁之前还是之后。实验还表明，穿甲弹与装甲之间的剧烈撞击（9.2英寸弹径的穿甲弹穿透了6.2英寸厚度的装甲）本身无法引爆梯恩梯。内装梯恩梯的穿甲弹必须安装一种精密的两级引信，即着发引信和由着发引信激发的介媒引信（被称为"盒子"）。英国人最终没有采纳更加复杂的两级引信，梯恩梯内装药的方案也随之废弃，他们选择了只需着发引信的立德炸药内装方案。这是一个并不明智的选择，因为内装立德炸药的穿甲弹在钻入装甲板足够深度之前就会提早起爆，因而不能在目标舰船内部制造足够多的杀伤碎片。此外，英国皇家海军的穿甲弹弹体本身也存在强度不够的问题。

1905年左右，由于被帽穿甲弹在当时舰炮的一般有效射击距离（4000～6000码及其以内）上效力如此明显，以至于舰船装甲在重型舰炮面前似乎全无抵御之力了。装甲看起来只能抵御由中小口径的速射火炮发射的高爆弹，这也是速度快但只装备了轻型装甲的战列巡洋舰的存在价值

---

[1] 希莱特炸药（Shellite）：英国于第一次世界大战后启用的一种威力很强，但非常不敏感的炮弹爆炸装药，这是一种较不敏感的苦味酸混合炸药，含有70%的立德炸药与30%的二硝基酚。——译者注

之一，而吨位大、装甲厚、火力强但速度不够快的战列舰则一旦处在敌舰火炮的射程之内就防护失措。但当各国火控技术得到改进、火炮射程得到提升之后，上述逻辑失效了：被帽穿甲弹无法在更大的射程上击穿重型装甲。但另一方面，在第一次世界大战爆发前夕，重型装甲的存在意义又变得渺茫了，因为更大口径的舰炮开始服役并列装。至此之后，舰船装甲"赶不上"舰炮口径的进步了，即装甲的厚度既不足以抵御穿甲弹的攻击，舰炮的射程也更远了。例如，当温斯顿·丘吉尔1912年与退役的海军上将约翰·费舍尔讨论新式的15英寸口径舰炮时，后者为说明这种火炮的潜力，举了使用这种火炮在1905年验证薄装甲战列巡洋舰存在的合理性的案例。

尽管如此，日俄战争表明，穿甲弹本身的威力不足为惧。在那场战争中，日本海军没有一发穿甲弹成功击穿俄国舰船的重型装甲；俄国海军的穿甲弹对日本舰船造成了一定的损害，但其内装药（由于分量过小）没有起到应有的爆破作用。俄国舰队此役战败，是因为其舰船无防护的水上部分遭日本海军高能炮弹摧毁。到了1907年，海军军械局局长要求研制一种内装大量立德炸药的大弹径新式半穿甲弹（又称穿甲爆破弹）。这种半穿甲弹加装了被帽，但弹体内部有一个很大的空腔，由于其弹着起爆的设计，半穿甲弹对敌舰既有直接的撞击和爆破损毁效力，又有碎片杀伤效力。当时，英国皇家海军也试图给穿甲弹增加内装药，因为它们攻击薄装甲时经常无效。这种尝试失败之后，英国皇家海军又开始设法增强普通（高爆）弹的穿甲性能。哈德菲尔德公司成功研制出一种被帽尖头普通弹，军方对此弹种非常满意并开始列装。在8000码的距离上，一枚由Mk X式火炮发射的12英寸弹径被帽尖头普通弹能够击穿9英寸厚度装甲；在3500码的距离上，一枚由Mk II式火炮发射的7.5英寸弹径被帽尖头普通弹能够击穿6英寸厚度装甲。1907年，9.2英寸的被帽尖头普通弹设计方案制订完成了。这批穿甲弹比以往的非穿甲普通弹弹体稍长，运载吊车也必须做相应的改造。即使没有加装被帽，这种新式炮弹也被认为比普通穿甲弹性能优异得多，所以有更多的吊车需要做相应的改造。

海军军械局局长1912年提交的一份名为《实战中的射弹选择》的论文表明了英国皇家海军在第一次世界大战之前的若干观点。一份表格显示了由Mk X式和Mk XI式火炮于实战状态下远距离发射穿甲弹和被帽尖头普通弹的不同穿甲效果，标靶模拟舰船随波浪上下骤起骤伏，相对于水平法线的法线角范围为0°~30°，相对于垂直法线的法线角范围为0°~15°。海军军械局局长提交的这份论文还指出，只要装药量足够，被帽尖头普通弹的穿甲能力极近于普通穿甲弹，但与装填高爆炸药的穿甲弹还有距离。被帽尖头普通弹的穿甲性能肯定远超无被帽尖头普通弹：如果CRH弹形系数为2，后者穿透9英寸克虏伯表面渗碳硬化装甲须具备2000英尺/秒的速度；如果CRH弹形系数为4，后者穿透9英寸同种装甲须具备1580英尺/秒的速度。

论文作者还注意到，在非90°命中角的状态下，穿甲弹极少（在自身不损毁的前提下并因此）有效穿透中型装甲；如果穿甲弹的内装药是高爆炸药，在实战状态下，它击毁深层装甲的几率反而下降了。在侵彻装甲的过程中，穿甲弹通常会被动起爆（非主动起爆），除非装甲的厚度远远不及穿甲弹的预定侵彻深度。设若弹体本身因撞击而致解体，无论穿甲弹是火药装填还是立德炸药装填，装甲背后的舰体受损程度极为接近。假定穿甲弹以1960英尺/秒的速度在本身不致解体的情况下穿透了（克虏伯表面渗碳硬化镍铬合金钢）装甲，若是高爆炸药装填，穿甲弹将在3/4的侵彻深度上被动起爆并引发影响巨大的综合效果；若是火药装填，穿甲弹将在继续深入数英尺后被动起爆（立德炸药比火药爆轰速度更快）。以立德炸药装填的穿甲弹对付轻装甲目标非常有效，这是由于其优异的碎片性能，而火药装填的穿甲弹则往往会因其引信失效而败下阵来。

在对付装甲方面，被帽普通弹的能力比不上非被帽穿甲弹，其原因在于前者的空腔体积比高达9%（远大于后者的2%），因而难免在侵彻装甲的过程中解体或提早起爆。与此形成对照的是，面对3英寸（及以下）厚度的克虏伯表面渗碳硬化装甲，12英寸弹径的被帽尖头普通弹能够轻松穿透，并继续推进至10～12英尺的深度主动起爆。

一般而言，厚度1/3于穿甲弹弹径的克虏伯表面渗碳硬化装甲可以有效抵抗该式立德炸药装填穿甲弹的攻击，也即，4英寸厚度的克虏伯表面渗碳硬化装甲可以有效防御自6000码距离处发射的12英寸或13.5英寸弹径立德炸药装填穿甲弹。然而，海军军械局局长认为，即便不能有效击伤装甲，重型穿甲弹的抵近爆炸也会对舰船及人员造成巨大的震撼效果，尤其是当穿甲弹在舰船的吃水线部位爆炸时。海军军械局局长还期望以重型立德炸药装填穿甲弹沉重打击敌舰的非装甲部位，碎裂甲板和舱壁，使敌舰大量进水。立德炸药装填重型穿甲弹的爆炸冲击波所及之处，必然齑粉四散，黑烟漫天。

以上分析有助于确定不同类型及型号的炮弹的搭载比重。采用CRH弹形系数为4的弹形将使得不同炮弹在发射高程相同的情况下具有相同的射程（但不会产生漂移）。例如，以12英寸Mk X式火炮发射不同炮弹，在炮弹处于10000码射程处、飞行速度为3.5节时，最大误差25码。

1912年年末（或1913年年初），英国皇家海军中发生了一起与13.5英寸弹径的立德炸药装填普通弹有关的严重事故，当时这批炮弹被选作"14英寸试验型"（即15英寸）火炮的试验弹。海军军械局局长认为，为了对付敌方的重型装甲，保有一批立德炸药装填的被帽穿甲弹极有必要："就像往弹壁厚实的非被帽穿甲弹中装填那样，给60磅的被帽装甲弹尽量紧实地填塞立德炸药，可以使其具备填塞了更大比重的高爆炸药的薄壁炮弹的爆炸威力。"海军军械局局长希望保留火药装填的被帽穿甲普通弹，以对付轻装甲敌舰。他不愿意增添更多的炮弹种类，如果不是此前13.5英寸弹径的立德炸药装填被帽穿甲普通弹实验失败了，火药装填的被帽穿甲普通弹很可能已遭废弃。1913年7月，海军军械局局长和英国军械委员会一齐重新检视了这个问题，结果，立德炸药装填的被帽穿甲普通弹被降级为实验类军械，除非既有的问题得到了解决。设若当初的试验是成功的，英国皇家海军必定会列装一款全新的被帽穿甲普通弹。无论如何，截至当时为止，火药装填的被帽穿甲普

通弹比立德炸药装填的被帽穿甲普通弹更具实战价值，因为立德炸药过于敏感，很可能会在弹着之初起爆。梯恩梯炸药威力强大且足够稳定，但英国当时没有能够可靠地引爆梯恩梯装药的底部引信，因而梯恩梯装药的方案也不得不暂时排除在外，相关的研制、试验工作继续进行。海军军械局局长不打算和其他国家的海军一样，取消非穿甲普通弹而完全倚赖穿甲弹。被帽穿甲普通弹由于其巨大的装甲表面震撼效力和毁伤轻型装甲等方面的性能备受重视。在当时，立德炸药装填穿甲弹的装药量约为弹重的3%；试验表明，若这一比重继续提高，会影响穿甲弹对于厚重装甲的穿透能力，因为这会降低弹壁的强度。海军军械局局长写到，他知道其他国家的海军列装了装药量小得多的穿甲弹，"无疑是为了提高穿甲弹的穿透能力……"。他的结论是，英国皇家海军列装的被帽穿甲普通弹和被帽穿甲弹应当数量相同。

13.5英寸口径火炮在以前无畏舰时代的"印度女皇"号战列舰为靶舰的实验性射击中表现优异。1913年9月，英国本土舰队总司令（时为乔治·卡拉汉上将）要求海军军械局局长评估13.5和15英寸口径火炮的穿甲能力，到了1914年3月，后者拿出了以下三组数据：

- 射击软钢装甲及轻型克虏伯表面渗碳硬化装甲。以一枚13.5英寸弹径的重量（弹体较长）或轻量（弹体较短）立德炸药装填被帽穿甲弹（装具16号引信），撞击1～2英寸厚度的软钢装甲，炮弹会在穿透装甲之后在8.6～17英尺的深度起爆。炮弹在穿透1/2英寸装甲后可能不会发生爆炸。以同一种穿甲弹撞击4英寸厚度的克虏伯表面渗碳硬化装甲，会在穿透装甲之后于5～18英寸深度起爆。

- 直（命中）角撞击重型克虏伯表面渗碳硬化装甲。在8000码以内的距离上，一枚13.5英寸弹径的重量（弹体较长）立德炸药装填被帽穿甲弹（装具16号引信）可以任何角度穿透15英寸厚度的克虏伯表面渗碳硬化装甲，在穿透过程中极有可能主动起爆，

对装甲背后的船体施加巨大的冲击力。在侵彻过程中，无论穿甲弹本身是否处于解体状态，其之于船体的冲击效力大体相同。

● 斜（命中）角撞击重型克虏伯表面渗碳硬化装甲。在10000码以内的距离上，一枚13.5英寸弹径的轻量（弹体较短）立德炸药装填被帽穿甲弹（装具16号引信）可以20°法线角穿透10英寸厚度的克虏伯表面渗碳硬化装甲，并在穿透的过程中被动起爆。海军军械局认为，一枚13.5英寸弹径的重量（弹体较长）立德炸药装填被帽穿甲弹（装具16号引信）以20°的法线角攻击12英寸厚度的克虏伯表面渗碳硬化装甲，"大概"也是同样的效果。同样，在侵彻过程中，无论穿甲弹本身是否处于解体状态，其之于船体的冲击效力大体相同。

海军军械局局长在以上简要结论之后附上了测验性射击结果，以作支撑。例如，在10000码的距离上，以Mk V式火炮发射一枚火药装填的被帽穿甲普通弹，可以1771英尺/秒的速度将一块10英寸厚度的装甲碎成三大块，并严重损毁了装甲的支撑结构，从而印证了海军军械局局长前面提到过的"震撼效果"。一枚13.5英寸弹径的轻量（弹体较短）立德炸药装填被帽穿甲弹（装具16号弹底引信）在穿甲过程中被动起爆，装甲前后分别有145磅和644磅的弹体残骸。

不同种类及型号的炮弹的弹道性能差异巨大，因此之故，海军军械局局长向英国本土舰队总司令提议，一次齐射只应使用同一种炮弹，也不能在海战开始之后调换炮弹（这会使之前的弹着观测/修正工作失去意义）。然而，在一次海战之中，不同的舰船各自使用不同种的炮弹是可行的。

增加弹药配给量的作用

1913年11月，英国本土舰队（事实上，即是英国大舰队）司令约翰·卡拉汉上将要求增加海军火炮的弹药基数量。海军军械局局长同意了这个要求；每门海军火炮80发的弹药基数量已是一个许久之前的标准了，既没有考虑到新式火炮更高的射击速率也没有考虑到其他国家海军更高额度的弹药配备。例如，德国战列舰"图林根"号每门火炮的弹药基数量是90~100发，法国无畏舰每门火炮的弹药基数量据说是100发，俄国无畏舰每门火炮的弹药基数量是100发，意大利的该项数据也是100发，澳大利亚的该项数据是130发，美国海军"纽约"级"得克萨斯"号战列舰每门火炮的弹药基数量则高达140发，日本"富士山"号战列舰每门火炮的弹药基数量是125发。据说，在近期与希腊的一次战斗中，土耳其的前德国战列舰"巴巴罗萨"号的一门11英寸的火炮曾经发射了136发炮弹，超过了其他国家的战列舰单门火炮的弹药基数量（除了美国的"得克萨斯"号战列舰）。约翰·卡拉汉上将要求增加海军火炮的弹药基数量的另一个可能的原因是，他希望英国军舰能够在更远的距离上与敌舰接战，尽管近期的实弹演习结果表明，8000码即是实现皇家海军期望的命中率的极限距离。卡拉汉上将要求就此展开进一步的实验，确定预定命中率前提之下的极限距离。在第一阶段的试验中，在14000~15000码的距离上，"巨人"号战列舰发射的40发炮弹中有7发命中预定目标。然而，相关讨论却认为，这次试验主要是为了测试新式战舰是否适用于攻击更大距离上的陆上目标；相关讨论还涉及了以配备了无线电的飞机进行空中弹着观测/修正的课题。卡拉汉上将还希望1913年11月开展的以"印度女皇"号战列舰为靶舰（"海王星"号战列舰和"大力神"号战列舰为射击舰）的试验中加入远程射击的内容，但靶舰在承受了多次10000码以内距离的炮击后就沉没了。1914年春天，卡拉汉上将批准了一次有英国全部5艘战列巡洋舰参与的高速远程射击实验，靶舰的距离为16000码，时速为23节。此次射击实验的结果被认为是既不够理想也不够糟糕，射击舰上的测距仪很难测定敌我距离，也相当不准确。在1912年颁布的战斗命令条例中，卡拉汉上将提出要求：只要天气及海况允许，9.2英寸及以上口径火炮对15000码距离的敌舰开火；以最大速率对12000~13000码距离的敌舰开火。卡拉汉上将还写道，英国舰只或许应该在16000码的距离上对敌开火，但有效射程的范围很可能是8000~10000码。时任海军军械局局长的图德上校于1913年写道，既然当时的新式主力舰有能力在9000码的距离上互相毁伤（此为速射情形之下的有效射击距离），必然会有一方寻求在比9000码以上的距离对敌开火。

约翰·卡拉汉上将既清醒地看到了新式鱼雷的战斗潜能（并打算以更富进攻性的方式加以运用），无怪乎他着意于更远距离的首轮射击。尽管英国本土舰队无法有效射击8000码—10000码之外的目标，但以鱼雷开展的群目标射击亦可以在最大射程范围内对德国舰队造成严重损毁（虽说鱼雷的危险界也必然是有限的，但火炮的危险界尤其会随着射击距离的增加而剧烈降低，需注意将其控制在一定的限度之内）。若英国舰队能够在一个极限距离上对敌开火，必然迫使德国人为了给己方鱼雷"制造"群目标射击的战机而重组其舰队阵式，即尽可能使英国舰队处于一个无力面对鱼雷远程攻击的阵位（英国人则尽力使己方舰队不致处于此种境地）。为了达到远程对敌射击（这必然会"浪费"掉很多弹药）的目的，卡拉汉上将迫切需要更大的弹药基数量。许多英国皇家海军军官指出，北海海面糟糕的能见度使舰炮的有效射程下降到10000码以内（甚至远不及此），这是一个不小的麻烦。多格尔海岸海战和日德兰海战发生之时，北海海面的能见度固然非常理想，但这必然是可遇不可求的。由此，为了对抗敌方鱼雷越来越远的射程，而竭力使英国皇家海军火炮的有效射程提高至8000码—10000码以上的努力并不足够合乎理性。

海军军械局局长提议，以20发为单位，为每门海军火炮增加弹药配给。此后，"威严"级（首舰于1894年11月19日下水）和"卡诺珀斯"级（首舰于1897年10月12日下水）以后的战列舰都配备190发炮弹，但只有其中80发随舰携带，第一补给舰和第二补给舰分别携带其中20发，另外70发存放在母港。地中海舰队的战列巡洋舰的配给弹药40发由驻泊在马耳他军港的补给舰携带，55发存放在马耳他军港的基地里，其余50发存放于英国本土。在80发随舰携带的炮弹之外，所有英国主力舰的每门火炮最终还另外配备了6发榴霰弹和3倍全装发射药。军械局局长还指出，对于一艘"做好了战斗准备"的军舰来说，其工作间和炮室也装满了炮弹，约20发炮弹。因此，一艘军舰可以轻松容纳足够每门火炮分配100发的炮弹。发射药药包也将是一个重要的因素。盛纳发射药药包的克拉克森保护筒可以在舷梯处堆放，内空的克拉克森保护筒则还可堆放在其他隔舱。"雷神"号战列舰和"壮丽"号战列舰等执行专门性炮击任务的英国军舰已经在这么做了。海军军械局局长建议，无畏舰以及此后的战列舰每门火炮配备100发以上的炮弹，战列巡洋舰每门火炮配备多达115发炮弹。未来的战列舰设计要求之一即是具备相当于每门火炮分配120发炮弹的弹容，未来的战列巡洋舰的该项数据则是130发。就既有舰船来说，如果整个装填系统（诸如吊车和吊篮）都处于满荷状态，其弹容必然有所提高；不过，这些炮弹的取用、装填会稍显麻烦一些。

海军军械局局长发现，任何军舰都不大可能在一次行动中耗尽所有80发炮弹，但由于一艘军舰会同时携带2~3种炮弹（穿甲弹、半穿甲弹通常是必备的，很多时候还会携带榴霰弹），其中任何一种都有可能出现短缺。

增加海军火炮的弹药基数量带来了意料之外的后果。如海军军械局局长的观察，炮弹配给量增加之后，其本身并没有在炮塔内部过度集中，但相应增加的以克拉克森保护筒盛放的柯达无烟发射药确实出现了这种状况，吊车底部的空间因此受限，火炮的发射速率也受到了影响。药库条例明确禁止影响安全积载的任何懈怠，比如未以克拉克森保护筒盛放的柯达无烟发射药药包绝对不能堆放在吊车底部或内部。英国皇家海军在多格尔海岸海战（1915年1月）中的经历颇具影响。经过这次海战，英国人认识到：第一，德国人的火炮并不足够灵光；第二，假如此战当中的英国战列巡洋舰能够更快速地开火，他们将取得更具决定性意义的战果。毕竟，在弹药室拥挤导致开火速率受限的情况下，英国人还设法击沉了德国人的"布吕歇尔"号大型巡洋舰，并使德国人的"赛德利茨"号战列巡洋舰接近沉没。由此，英国皇家海军私底下（非官方地）不仅开始将已拆封的柯达无烟发射药药包置放在吊车底部四周，还将处置室（甚至回转炮塔）用作柯达无烟发射药药包和炮弹的待装堆放地。日德兰海战之后，约翰·杰利科上将给英国皇家海军部写了一封抗辩信。他在信中说，他指挥的舰员们在日德兰海战中的行为都考虑到了安全的需求，但他同时也认为，如果将柯达无烟发射药置放在回转炮塔和处置室之内、将已拆封的发射药药包置放在吊车底部，一旦敌方炮弹击穿英军回转炮塔，就会将炮火引至弹药库，整艘舰船都将面临灭顶之灾。由于此种问题并非个别现象，也并非只在战列巡洋舰上存在，约翰·杰利科上将此信即在事实上承认：日德兰海战当中，英国战列巡洋舰之所以发生弹药库殉爆事件，并非因为德国人的优势火炮，也非由于己方置放在舰面的炮弹坠落。不公开承认弹药库殉爆导致军舰沉没的事实，完全是因为这会给英国舰队的士气带来沉重打击。

混乱的弹药存放导致英国战列巡洋舰在多格尔海岸海战中发生弹药库殉爆的推断之所以更加可信，是因为英国方面参加日德兰海战的还是同一批战舰。在日德兰海战当中，英国和德国都没有遭到灾难性的打击；德国舰船在此战之中的沉没和损毁情况（由累积性毁伤导致）与战前各国的预测大致相仿。与多格尔海岸海战有所不同的是，英国皇家海军在日德兰海战中的弹药操作更加混乱。对此，一般的描述是，吊车的自锁门未能随时锁闭，遭德国炮弹击穿的回转炮塔内部的火光和高温得以蔓延至弹药库；日德兰海战结束后，皇家海军对"回转炮塔内火光和高温蔓延至弹药库"的问题大加渲染，还促成了1917—1918年间的多次相关试验。然而，多格尔海岸海战之后对此问题的忽略意味着，一定存在其他可能的肇因；约翰·杰利科上将有关糟糕的弹药存放、操作状况的致命性的冗长陈述更可能是弹药库发生殉爆事件发生的真实原因。

日德兰海战及炮弹委员会

对于英国皇家海军来说，真正的意外在于德国人根本无心恋战。按照战前的一般性认识，即战斗双方的军舰损毁是战斗过程中的累积性毁伤的必然结果，那任何有心坚持战斗的指挥官都不会很快撤出战场。面对己方的单次性炮击竟然能够彻底摧毁英国皇家海军3艘主力舰的状况，德国人和英国人一样吃惊不小。他们同样认为，只有持续性炮击才有可能对敌方舰船造成严重损伤。依照战前的观点，只有从水下发起的单次攻击才可能即刻彻底摧毁一艘主力舰。有趣的是，与英国人不同，德国人在日德兰海战之后并没有采取提高炮弹效能的补救措施（除了战列巡洋舰，这是因为德国的战列巡洋舰自身也遭受了较大的损失）。以上要点都被当时的著述者忽略了，因为英国皇家海军3艘战列巡洋舰因弹药室殉爆致沉的事件遮盖了此前所积累的经验和这次战役本身所反映出来的其他问题。

整体上来看，日德兰海战即是德国指挥官的一系列"摆脱英国大舰队战列舰编队"之努力的成功案例。于是，问题出现了：就英国人的立场来看，若能再次与德国人接战，能否有效阻止其逃脱？这次战役本身显示，当时极低的舰炮命中率无法有效提高，英国人战前的"重创德国舰队"的期望由此失去了一个重要的坚实依据。而德国舰队（至少是战列巡洋舰舰队）已经掌握了对抗英国人的火控系统的有效手段则是另一个原因。德国舰队会在对敌开火的同时不断做"Z"字形机动。这种战术机动并非"追逐齐射"（类似于一艘操作灵便的小型舰船为了躲避火力更为强大的敌对舰只的炮火而采取的应急措施），并不以放弃持续性对敌瞄准为代价；与此不同，德国舰队的机动着眼于以周期性地变换航向和速度对抗英国人的基于测定敌我距离接近率的火控方案。在进行"Z"字形或锯齿形机动的过程中，不断变化的速度可供以速度为基础的火控系统实施正常的火控指挥。这个观点曾由普伦基特上尉（即后来的海军上将德拉克斯）于1909年提出，德国人是否自主创制这一理念如今已经不得而知了。一名英国观察者对德国人的这一战术感到惊讶不已，他大概是从来没有读过普伦基特上尉1909年写就的战术手册，也许是已经读过但完全遗忘了。只有阵型稀松的战舰编队（诸如德国的战列

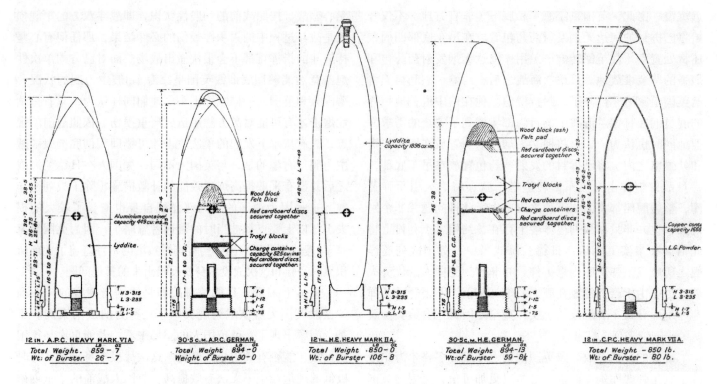

上图：为寻求质量更高的炮弹，英国炮弹委员会对在日德兰海战中使用过的英国和德国 12 英寸炮弹进行了比较。图示为英国和德国被帽穿甲弹和英国被帽普通弹被帽，德国的被帽比英国的更短。被帽穿甲弹和被帽普通弹均采用弹底引信，按照设计，仅在炮弹穿透装甲后才会爆炸。德国的高爆弹也采用弹底引信，但按照英国人的理解，与其说是高爆弹，这种炮弹更像是半穿甲弹甚至被帽普通弹。英国人喜欢高爆弹和被帽穿甲弹，根据他们从对马海战中得到的间接经验，俄国船舶所遭受的最重大损害大部分来自装载了大量炸药的日本炮弹（俄国人也得出了同样的结论）。在日德兰海战中，尽管许多英国炮弹未能穿透德国舰船的装甲，至少有两次命中炮台的炮弹产生了炙热的弹片，并进而造成炮塔被烧毁；如果德国人一直使用英式火药的话，这些命中本来应该会引起爆炸。相反，尽管德国人的炮弹射穿了很多英国炮塔，看起来严重受损的英国船本来也不会损失掉，要不是英国人采用了非常不安全的炮塔和弹药处理程序的话。日德兰海战后，英国人的兴趣放在了研发能够穿透德国装甲的炮弹上。在射穿装甲的情况下，炮弹应该在敌舰内部爆炸，不寄希望靠击毁单座炮塔或命中弹药库摧毁船只，在德国主力战舰如同在日德兰海战中那样试图逃跑时，命中敌舰的炮弹应能使它们失去机动能力，即，炮弹具有穿透装甲和摧毁敌方战舰内部机器设备的能力。战后，德国人制造了更多的高品质炮弹，但法国人认为这些炮弹质量太轻，装药量太少，不能对进行过适当防护的舰船造成足够的伤害

巡洋舰舰队）才适用"Z"字形机动战术，一支阵式紧密的战列舰编队则无法适用。

　　为了满足新的战斗要求，英国皇家海军部于1917年3月成立了一个炮弹委员会。这个委员会对既有的英国炮弹（包括英国人以修复后的德国炮弹为蓝本设计的炮弹）和俄国炮弹进行了测验，他们手中还有一些美国穿甲弹，但没有对其展开测验即将其销毁了。德国人的软金属被帽穿

甲弹经常能够以斜命中角穿透英国军舰的6英寸装甲，这是老款的15英寸弹径被帽穿甲弹（法线角20°时）也做不到的。当然，德国人看起来并没有掌握一个高效炮弹射击的魔力法则。例如，德国人的一枚13.5英寸口径的哈德菲尔德公司制重型被帽穿甲弹在以20°法线角攻击10英寸厚度的装甲时竟遭惨烈挫折。俄国人的一枚12英寸弹径的相对轻型（被帽有所加强，但并非硬质）被帽穿甲弹以及一枚经

过重新设计（被帽部分更加坚硬）的12英寸弹径哈德菲尔德公司制被帽穿甲弹也遭同样的挫折。总体而言，新款炮弹的成功主要是得益于有关弹体材质的正确冶炼、锻造方案及其落实。

尚不清楚的是，被帽的相对重量、形状、硬度以及炮弹的CRH弹形系数值、炮弹及被帽的硬度之于被帽穿甲弹的穿甲能力各有何种影响。只能揣测的是，哈德菲尔德公司和威格士公司造钝头重被帽穿甲弹之所以比较成功或许是因为其被帽的额外重量以及弹尖部位能够承受更大的冲击力，等等。但是，很清楚的是，穿甲弹弹体越短，斜角命中目标时发生扭偏移的可能性越小；面对同一种测试，13.5英寸弹径的轻型（弹体较短）穿甲弹总是比重型（弹体较长）穿甲弹表现更好（尽管最后胜出的还是重型穿甲弹）。

由于其只能以更加复杂的引信来引爆，英国军械委员会最后否决了梯恩梯内装药的方案。炮弹委员会提出了一种新的内装药方案，即希莱特炸药。希莱特炸药最初的配方是二硝基苯基和立德炸药，后来立德炸药的比重逐渐增加至70%~80%（到了1918年9月，立德炸药的比重固定为60%），二硝基苯基的作用是降低立德炸药的敏感度。英国人还对使炮弹具有释放毒气和纵火功能产生过兴趣，对前者的兴趣系源于美国情报部门提供的一种25%爆炸药被毒气所替换的炮弹。这种被帽穿甲弹的设计意图是先穿透然后爆炸，在舰船内部释放有毒气体（两次世界大战期间，皇家海军和美国海军都曾认真考虑过以炮弹为媒介的有毒气体的威胁）。有关燃烧剂填充物（铝热剂）的实验当时看起来前景不大，后于1918年10月遭废弃。

当炮弹以斜角命中目标时，它会朝着正碰撞的方向扭偏。弹体越长（惯性越大）、装甲越厚，碰撞时候的扭偏力也越大；炮弹弹径之于其穿甲能力等则并无直接影响。因此，以12英寸弹径的穿甲弹撞击8英寸厚度的装甲与以13.5英寸弹径的穿甲弹撞击10英寸厚度的装甲、以15英寸弹径的穿甲弹撞击12英寸厚度的装甲等测试之间并不存在可比性。炮弹委员会推断，在装药量足够爆破炮弹和确保爆炸烈度的前提下，弹体内部的装药腔体应当尽量小，以使某给定重量的炮弹尽量地短。当时的装药量（相当于炮弹总重的2.5%）已是相当足够了。炮弹飞行姿态是否稳定对于其能否斜角击穿装甲大概也有很大的关系。

炮弹委员会的设想是，命中敌舰的新式炮弹必须具备单发制止（德国战列舰）能力，这就意味着要具备侵彻进入德国战列舰的机舱部位：只能侵彻至敌舰表层装甲的炮弹无法使之丧失能力。炮弹委员会的一份初始报告指出，既有的英国炮弹即使有50发命中也无力有效杀伤敌舰。在日德兰海战中，英舰炮弹确实使德国军舰失去了行动能力，灼热的弹片烧毁了德国"赛德利茨"号战列巡洋舰的两座炮塔。但是，英国的炮弹并没有使大部分受伤的德国军舰失去行动能力，无法以后续的鱼雷攻击击沉它们；尽管"吕佐夫"号战列巡洋舰沉没、"赛德利茨"号战列巡洋舰接近沉没，另有几艘德国军舰需要大修。为了了解英国炮弹的不足到底是什么，炮弹委员会以测试弹攻击德国"康尼格"级战列舰装甲的实物模式。测试发现，炮弹必须穿透装甲并侵彻到足够的深度，才能对德舰造成有效损伤。

到了1917年11月，新式炮弹开始投产，第一海务大臣在给贝蒂海军上将的信中写道，70%的穿甲弹和30%的被帽穿甲普通弹将按照预定计划入装英国皇家海军各分舰队：

● 截至1918年5月2日，15英寸弹径的新式炮弹将装备"反击"号和"声望"号这2艘战列巡洋舰。截至1918年5月15日，还将装备2艘15英寸主炮口径的战列舰，后续交货待定。英国皇家海军此前的预计总需求是7600发，但截至1917年11月，只向厂家订购了1600发。

● 截至1918年2月14日，13.5英寸重型（较长弹体）炮弹将用于装备"老虎"级战列巡洋舰。截至1918年3月31日，13.5英寸重型炮弹将装备第1战列巡洋舰分舰队。截至1918年5月6日，将装备第2战列巡洋舰分舰队。

● 截至1918年4月29日，13.5英寸轻型（较短弹体）炮弹将装备"狮子"级战列巡洋舰，其他舰船待定。英国皇家海军对此种炮弹的预计总需求是4200发，其中600发已经向弗思公司订购。

● 截至1918年6月22日，12英寸弹径的新式炮弹将装备3艘军舰，其他军舰待定。英国皇家海军对此种炮弹的预报总需求是10000发，其中2000发已经向埃尔斯维克军械公司订购。

对于以上交货期限，海军军械局局长希望提前，尤其是其中某些弹种；截至其时，德国海军不大可能派出整支公海舰队来寻战，出战可能性更大的是德国的轻型舰队，所以英国战列巡洋舰分舰队对新式炮弹的需求享有更高的优先级（尤其是因为"皇家公主"号和"狮子"号这2艘战列巡洋舰使用的是同种轻型炮弹）。15英寸弹径的新式炮弹的供货优先级之所以能够往后排列，是因为既有的15英寸炮弹被认为是有效的，日德兰海战已经证明了这一点。截至1917年12月，只有威格士公司成功研制出一种新产品，新式炮弹的入装无法如期完成。新式炮弹的供应商包括埃尔斯维克军械公司、弗思公司、哈德菲尔德公司和威格士公司；其中，哈德菲尔德公司预计将生产订单的50%，弗思公司将生产订单的17%。为了尽早完成预订炮弹的生产，英国政府做出了很多的努力，其中包括资助威格士公司扩大产能、资助哈德菲尔德公司新建被帽工厂。哈德菲尔德公司之所以无力如期交付订货，是因为当期订单很少之时，英国皇家海军部鼓励其接受来自美国的订单，若此时优先完成英国皇家海军部的订单，将面临违约的风险；又由于美国海军的炮弹是软金属被帽，哈德菲尔德公司无法在不变更生产线的前提下直接转向英国炮弹的生产。

新式炮弹之所以会延迟交付，还因为其投产必须在测试弹通过相关测试之后才开始，在正式投产之后，每一批次（400发）还需通过（生产）过程中抽样测试，然后再开始下一批次的生产。海军军械局局长指出，一旦新式炮弹的研制和投产发生问题，装备被帽穿甲弹的英国舰队的整体战斗效能都会下降，甚至比不上装备老式炮弹的时候。可能的情况之一是，新式炮弹的钝感装药不能顺利起爆，而早期的立德内装药普通弹却可以做到这一点。为了评测新式炮弹的研制进展，英国开展了对比试验：以既有的15英寸弹径被帽穿甲弹（1920磅），按1500英尺/秒的速度，以20° 法线角攻击6英寸厚度的克虏伯硬化装甲；在同样的实验条件下，12英寸弹径的新式被帽穿甲弹（850磅）穿透了前述装甲，并在继续侵彻至40~60英尺的深度后主动起爆。新式13.5英寸重型炮弹能以1500英尺/秒的速度（20° 法线角）穿透8英寸厚度的克虏伯硬化装甲，以1700英尺/秒的速度（20° 法线角）穿透12英寸厚度的克虏伯硬化装甲，并在弹体完好的状态下主动起爆。

1918年4月，海军军械局局长制订了一份有关海军穿甲弹的预期战斗距离和穿甲厚度的表格，并由炮弹委员会确认后公布：

弹径	战斗距离	穿甲厚度（20° 法线角）
15英寸	15500码	10英寸
14英寸	16100码	8英寸
13.5英寸（重型）	15500码	8英寸
13.5英寸（轻型）	14700码	8英寸
12英寸（Mk XI式）	14900码	6英寸
12英寸（Mk X式）	13500码	6英寸

以上数据考虑了弹道之于敌舰航向的倾角，当射击火炮口径为15英寸时，倾角值设定为40° 。设若双方舰队的航向平行，（计算下降角参数之后）以上数据修正为：

弹径	战斗距离	穿甲厚度
15英寸	8900码	15英寸
14英寸	12700码	12英寸
13.5英寸（重型）	11400码	12英寸
13.5英寸（轻型）	8700码	12英寸
12英寸（Mk XI式）	8450码	12英寸
12英寸（Mk X式）	7350码	12英寸

在这些射程范围之内，亦可击穿更厚的装甲。

当时，英国人认为德国最新式的"巴登"号战列舰装备了15英寸厚度的主装甲带和10英寸厚度的上部装甲带，并认为德国最老式的"拿骚"号战列舰装备了11.4~11.8英寸厚度的主装甲带和8英寸厚度的上部装甲带。事实上，"巴登"号战列舰的主装甲带厚度为350毫米（13.8英寸），"拿骚"号战列舰的主装甲带厚度为290毫米（11.4英寸）。有人认为，在一个较远的攻击距离上，大多数炮弹都将落在上层装甲带而非主装甲带上。海军军械局局长指出，在较远的攻击距离上，越来越多的炮弹将会落在相对薄弱的甲板装甲部位。在10000码的距离上，如果双方航向呈45°夹角，将有38%的炮弹落在甲板装甲部位，如果双方呈现首尾相接的态势，将有52%的炮弹落在甲板装甲部位。在16000码的距离上，上述两项数据分别为51%和71%，在20000码的距离上，上述两项数据分别为58%和77%。但就目标的垂直部位而言，穿甲弹的重要的有效落点还是装甲相对较薄（而非较厚）的部位：在10000码的距离上，20%的炮弹会落在装甲较薄的部位，42%的炮弹会落在装甲较厚的部位（其余的落在甲板部位）；在16000码的距离上，以上两项数据分别为15%和34%；在20000码的距离上，以上两项数据分别为14%和28%。

在穿甲弹和普通弹之外，英国人还在1900年左右试验了高爆弹（法国人已经在使用这种炮弹），并于当年推广了榴霰弹。直到1903年，榴霰弹才成为在某指定距离上杀伤敌方人员的标准弹种。在此之前，英国皇家海军认为榴霰弹之于海战没有作用，并将已有的榴霰弹以实弹射击演习的方式处理掉或移交给陆军使用。1907年，海军军械局局长对英国皇家海军的这种处理榴霰弹的政策提出了质疑，指出榴霰弹在对岸轰击方面的潜在价值。由此，英国皇家海军开始重新引入榴霰弹，但不在舰船上存放。此后，榴霰弹被视作一种反鱼雷艇武器：1911年，经过试验之后，为"可畏"级、"威严"级和"卡诺珀斯"级战列舰的每门火炮配备了4发12英寸口径的榴霰弹，此后的配备了2值CRH弹形系数炮弹的军舰不配备榴霰弹。英国皇家海军后来又决定，直到进一步的实验数据出来之前，暂为此后（配备了4值CRH弹形系数炮弹）的英国皇家海军军舰每门火炮配备6发榴霰弹，以用于夜间防护（反敌方的鱼雷艇）或对岸人员杀伤。在1914年以前，英国皇家海军只有"伊丽莎白女王"号战列舰开展过反鱼雷艇试验；此后，"利物浦"号巡洋舰也开展过此类试验——试验开火距离分别为3300码和5200码。这两次试验的成果都很糟糕，其原因在于经验不足和引信燃烧不稳定。当时，新式海军火炮的初速比经常性地发射榴霰弹的陆军火炮（或1903年时候的海军火炮）高得多，所以极小的引信燃烧时间误差也会导致非常大的榴霰弹爆炸时点误差。1914年，海军军械局局长评论道，"设计一种能够像在低初速火炮上使用那样准确地控制爆炸时点的引信事实上是不可能的。"考虑到引信难题，"利物浦"号巡洋舰的试验结果可称"远不像试验报告显示得那么糟糕"。在反鱼雷艇炮弹之外，对引信的燃烧时间要求如此之高的炮弹只有防空炮弹。

射击效果

英国战术家的职责之一是思考本国海军火炮的未来能力。揭示对英国皇家海军在第一次世界大战时期的战力期望的最好原始资料是1915年版的机密《火炮手册》（第1卷）对战前相关试验的描述，即以老式战舰"柏莱斯"号（1900年）、"英雄"号（1907年）、"爱丁堡"号（1909年—1910年）和"印度女皇"号（1913年）为靶舰的试验；后者还曾被当做当时的火控试验靶舰。

以"柏莱斯"号战舰为靶舰的试验主要是为了调查火炮射击效果，以认清战时条件下的舰船损害并为舰船损害管制提供指引。"威严"号蒸汽动力战列舰以10节的速度驶过，在1000~1700码的距离上对靶舰开火，持续射击7分钟。靶舰6处起火，但很快就熄灭了；在靶舰装甲的外部，所有管道和泵送系统均遭破坏；薄装甲可以有效对抗6英寸以下弹径的立德炸药装填炸弹；靶舰上的厚装甲能够完好地保护内部机器。立德炸药装填炸弹在没有装甲保护的靶舰船体部位造成了不规则的大创口损害，几乎无法迅速修复。从这次试验看起来，高爆弹可以对舰船人员人身安全及士气造成非常可观的打击。

尽管以"英雄"号战舰为靶舰的试验的初始意图是火力控制，但试验炮弹却是实弹，所以其结果之于射击效果也具意义。这次试验所用炮弹为普通弹和立德炸药装填弹而非穿甲弹；蒸汽动力的射击舰以15节的速度驶过靶舰，并在8000码的距离上对靶舰开火（注意这一超远距离），发射的炮弹分别为12英寸弹径的普通弹和9.2英寸、6英寸弹径的普通弹和立德炸药装填弹。由于火炮瞄准的是靶舰的底部，人们无法检测此次试验的射击效果，下甲板以上部位除外；此次试验射击对靶舰造成的损害非常大，以至于根本无法分辨某一次单发命中的效果。只有主装甲和指挥塔基本完好无损。可以清楚看见的是，1发从水面以下3英尺部位命中的12英寸弹径炮弹在船体上造成了一个大面积的凹陷并使一块装甲脱落。1发从主甲板上部边缘命中的9.2英寸弹径立德内装药普通弹严重毁坏了主甲板并将其掀起，但是，此次设计实验的大多数损害都发生在主甲板以下及水面以下部位。一些燃煤（通常情况下被认为是防火材料）被炮火引燃了，这是仅有的严重火势。

以"爱丁堡"号战舰为靶舰的试验，模拟的是以最新式火炮在6000码的距离上发射4值CRH弹形系数的炮弹（12英寸弹径炮弹的下降角为2°53'，6英寸弹径炮弹的下降角为5.5°）。除发射某1发炮弹时，该舰始终处在倾斜10°的状态。此次试验被分为几个各自独立的项目。第1组试验的意图是测定薄舷侧装甲之于立德内装药普通弹的阻拒力；在前甲板的一侧垂直铺设2块4英寸厚度的"克虏伯硬化装甲"，然后以13.5英寸、9.2英寸弹径的立德内装药普通弹分别攻击有装甲板保护和无装甲板保护的部位。此外，还以6英寸弹径的立德内装药普通弹攻击受装甲保护的主甲板以下舰体，以12磅、3磅炮攻击主甲板以上舰体。以6英寸、9.2英寸弹径的训练弹朝炮塔的瞄准孔射击时，炮塔的碎片会使炮塔暂时失去功能。以6英寸（及以下）、9.2英寸弹径的立德内装药普通弹攻击靶舰的装甲部位几无效果，但9.2英寸弹径的立德内装药普通弹可以对靶舰的非装

甲部位造成严重的破坏。以13.5英寸弹径的立德内装药普通弹攻击4英寸厚度的装甲板，爆炸会严重损毁舰艇和暴露在装甲板以外的下甲板并对装甲板之后的下甲板造成很大的破坏。在主甲板以上非装甲部位爆炸的炮弹完全损坏了周遭的隔舱。命中点背后的很大一块区域都被炸掉了，命中点以上及以下的数层甲板均被毁坏。正对着炮弹侵入点的舰体另一侧也被炸出了一个大洞。以上射击效果显示，厚度在弹径1/3以下的装甲板可以有效阻拒立德内装药普通弹的爆炸，但后者造成的杀伤依然可能是极具破坏性的。

以"爱丁堡"号战舰为靶舰的第2组试验的意图是测试高位装甲甲板的价值和一发炮弹在高位装甲甲板上方爆炸（诸如击中了军舰的烟囱）的效力。保护受试甲板的装甲板分为2英寸厚度的克虏伯非渗碳硬化装甲及1英寸厚度的低碳钢、1.5英寸厚度的克虏伯非渗碳硬化装甲及0.75英寸厚度的低碳钢、1.5英寸厚度的低碳钢及0.75英寸厚度的低碳钢。1发13.5英寸弹径的立德内装药普通弹击中了靶舰的烟囱并将其炸塌，塌落的烟囱将锅炉上方的装甲格栅压扁，但只造成了局部性的损害。装甲格栅对下方的锅炉构成了有效保护。这次命中很有可能使锅炉熄火，并严重损毁蒸汽管道。一些爆炸碎片飞进锅炉房，很可能会杀死锅炉工。这次命中还证实了炮弹碎片的大范围杀伤力。在此次射击试验中，受试的克虏伯非渗碳硬化装甲使被帽穿甲弹解体或挠曲，而最大厚度的装甲板却被被帽穿甲弹砸出了一个洞。12英寸弹径的立德内装药普通弹引起的冲击波使甲板"下沉"了1英尺，其碎片也击穿了甲板。

以"爱丁堡"号战舰为靶舰的第3组试验的意图是评估2英寸厚度装甲在阻拒爆炸方面的效力，并比较数种薄装甲甲板（0.75英寸厚度，并配备了2英寸厚度的遮蔽板）的防护效力。对于薄上甲板，6英寸弹径的普通弹的破坏力比6英寸弹径的立德内装药普通弹更大，但后者在2英寸厚度的遮蔽板上造成了一个大洞。即使厚度只有2英寸的垂直装甲也显示出其之于重型弹鼻引信高爆炮弹的有效防护力：尽管装甲前部发生了威力强大的爆炸，但装甲后部的舰体却没有受到多大的冲击。尽管如此，薄装甲很难使任何炮弹

解体（除非是小弹径的炮弹）。

以"爱丁堡"号战舰为靶舰的第4组试验的意图是进一步测验装甲甲板的价值，同时探究应该如何为正在研制当中的小型巡洋舰提供防护。为此，英国皇家海军分别试验了3英寸厚度的舷侧甲板、3/8英寸厚度的舰面甲板，2.5英寸厚度的舷侧甲板、0.75英寸厚度的舰面甲板两组甲板防护方案。这两组甲板防护方案的防护效力如此相近，表明由薄装甲"省"出来的重量应当用在更大厚度的舷侧装甲上，以有效抵御立德内装药普通弹的爆炸杀伤。

整体看来，这些试验强调了大弹径高爆弹的威力，主要展示了这种炮弹所产生的惊人的破坏力和大范围的爆炸冲击波和碎片。法国人也在同一时期开展的以"耶拿"号战列舰为靶舰的试验中得出了基本相同的结论（高爆弹产生的爆炸碎片严重毁坏了"耶拿"号战列舰上的电路）。英国人对于高爆弹的碎片效应也解释了为何日本海军在最近的海战中如此强调使用吊床（以此作为防备）的原因。英国人提及了法国海军的"耶拿"号试验，这有助于解释英国人为何不愿意在军舰上铺设电子线路：一旦受损，电子线路比液压管道更难修复。舷侧装甲对于阻拒高爆弹的冲击波非常有必要。除了厚装甲，最好的攻击组合是立德内装药普通弹和普通弹。因此，就大型军舰而言，舷侧装甲应当尽量靠近舰船的艏艉部位，并覆盖尽量大的区域；此外，最好将更大的吨位用于加强舷侧装甲的厚度而非舰面甲板的厚度（使舷侧甲板未经装甲）。就舰面甲板而言，价格更贵的克虏伯非渗碳硬化装甲的实用性很可能不如镍合金钢装甲。

1911年，英国军械部主导开展了一系列有关立德炸药装填被帽穿甲弹的试验。当炮弹以0°法线角撞击1倍弹径厚度的装甲时，它们会在穿透的过程中主动起爆，并对装甲板后部造成强大的毁伤效果。在8000码的距离上，以13.5英寸弹径的被帽穿甲弹攻击15英寸厚度的克虏伯表面渗碳硬化装甲也可以达成同样的杀伤效果。当法线角为20°时，13.5英寸弹径的穿甲弹可以在1700英尺/秒的速度条件下穿透10英寸厚度的装甲；当法线角为30°时，9.2英寸弹径的穿甲弹可以在1643英尺/秒的速度条件下穿透6英寸厚度的装甲。面对相对较薄（即装甲的厚度不及穿甲弹弹径）的装甲板，被帽穿甲弹将在穿透装甲之后、在一定的距离（取决于被帽穿甲弹之于装甲板的额外穿透能力）上主动起爆。通常情况下，当法线角为30°时，面对厚度1/2于被帽穿甲弹弹径的克虏伯表面渗碳硬化装甲，被帽穿甲弹很可能会解体；"穿甲弹解体的倾向实际上降低了炮弹在清除装甲和进入装甲后部后仍保持其爆炸功能的可能性。"面对4英寸厚度的克虏伯表面渗碳硬化装甲，可以实现贯穿即贯穿后杀伤的穿甲弹射击条件为：弹着速度为1700英尺/秒的12英寸弹径穿甲弹、弹着速度为1850英尺/秒的9.2英寸弹径穿甲弹、弹着速度为2000英尺/秒的7.5英寸弹径穿甲弹。在5000码的距离上，Mk VIII式火炮发射的适口径炮弹能获得1719英尺/秒的弹着速度，Mk XI式火炮发射的适口径炮弹能获得1826英尺/秒的弹着速度，Mk II式火炮发射的适口径炮弹能获得1683英尺/秒的弹着速度。面对倾斜角为20°的克虏伯表面渗碳硬化装甲，在1760英尺/秒的弹着速度下，13.5英寸弹径的炮弹可在侵彻的过程中被动起爆，并在装甲的前部及后部造成巨大的杀伤。

1913年以"印度皇后"号战列舰为靶舰的实验的主要初始意图是获取射击真实舰船目标的经验。首先由"利物浦"号巡洋舰在5000码的距离上向"印度皇后"号战列舰发射6英寸、4英寸弹径的立德内装药普通弹；然后由"雷神"号、"猎户座"号、"英王爱德华七世"号战列舰同时各自向"印度皇后"号战列舰发射1发炮弹，再由"海王星"号、"英王乔治五世"号、"雷神"号战列舰在8000～10000码的距离上向其进行集中射击。此次射击试验的第一个意外发现是，发现并命中真实目标比发现并命中模拟目标更容易。除非战场上烟雾浓厚，单发射击引起的火光很容易识别（尽管有时候会和失准炮弹引起的火光混淆）。很显然，区别友方弹着火光与敌方火炮的炮口焰并不困难，因为前者冲起得更高。友方炮弹爆炸在两层甲板之间引起的"外喷烟雾及火光"尤其容易识辨。早期测距修正过程中的测距修正对火控军官尤其有帮助，因为他据此可以在完成一个完整的夹叉射击之前设定火炮的射程。目标舰船周边的浪花和烟雾会很快消散。逆风开火的舰船往往会被自身火炮及敌方火炮引发的烟雾笼罩，因此部分或（有时）全部失去目标。有时候，炮弹爆炸引发的烟雾就是其命中目标的唯一迹象。在没有战斗的巡航期间，舰队是处在背风方位还是迎风方位至关重要；处于迎风方位的舰船可能会被己方炮口烟和敌方炮弹爆炸烟雾挡住视线。以"印度皇后"号战列舰为靶舰的实验凸显了"先发命中"的重要性，这是因为，一旦"先发命中"，敌我距离明确，就可迅速发射大量的后续炮弹。这次试验在测验火力效果方面的意义反而不明显，这是因为靶舰"印度皇后"号的大部分木质甲板未经钢铁支撑，且在遭立德炸药装填炸弹命中之初即被引燃。

除了以上试验，英国皇家海军还于1906年将老式驱逐舰"鳀鱼"号拖上岸，作为火炮标靶，以验证何种火炮最适于作为进攻性鱼雷艇的对抗手段。当时，通常的反鱼雷艇武器是12磅炮，很多驱逐舰也装备了6磅炮，用以杀伤敌方鱼雷艇艇员。在日俄战争期间，日本人在他们的驱逐舰上装备了12磅炮，并将他们对俄国驱逐舰的成功作战归功于这种重型武器。英国人由此开展了上述实验。实验结论之一是，重型开花炮弹（霰弹）可能是短距离（800～1000码）上对付驱逐舰的有效武器，但1200码以上的距离上则不适用。英国人不喜欢开花炮弹的原因是它很容易损坏现代火炮的膛线（实验中使用的是老式的前膛炮）。另一种潜在的反鱼雷武器是配备了定时引信的榴霰弹，每发榴霰弹都携带众多小钢球。9.2英寸及以上弹径的榴霰弹（携8盎司小钢球）是最有效的反鱼雷艇武器。但是，如前文所述，由于引信难题（直到第二次世界大战期间出现了近炸引信才解决），英国已于1907年废弃了榴霰弹。

由于驱逐舰移动迅速且灵便，命中率必然非常低，英国人的期望是发明一种可以一击制胜的反驱逐舰武器；也只有这样，己方战列舰才能在被敌方鱼雷命中之前有效反制。对付来袭驱逐舰的最佳方式是迎头痛击，英国人的相关炮击试验最初遵循的就是这种攻击策略，后来又续之以

与敌舰偏离13°的方案。法国人为他们的鱼雷艇加装了装甲，所以英国人也为其靶舰的右舷一部加装了1英寸厚度的克虏伯非渗碳硬化装甲。对敌艉艉攻击使用发射普通弹的3磅炮和12磅炮；对敌准舷侧攻击时，除了3磅普通弹和12磅普通弹，还会使用4英寸弹径的普通弹及立德内装药普通弹。3磅炮无法从艉艉部位射透敌方驱逐舰，甚至从舷侧部位也无法对敌方驱逐舰造成有效伤害；12磅炮则无论是从舷侧部位还是从艉艉部位都可有效打击敌方驱逐舰。尽管如此，最令人满意的还是4英寸口径炮，最有效的反鱼雷艇炮弹则是立德炸药装填弹。4英寸口径炮也因此被采用为标准的反驱逐舰[1]武器。

1909—1910年间，英国皇家海军又以"雪貂"号驱逐舰为靶舰开展了进一步的试验，发射的也是普通弹和立德炸药装填弹。为了更精确地评估反鱼雷艇武器的反人员效力，实验人员在靶舰的舰面甲板、机房及住舱甲板布置了"假人"。试验人员分别从27°角和45°角攻击靶舰的艉艉部位。攻击距离延长至2500码。此次试验中，3磅立德内装药普通弹被证明是非常有效的——如果它们击中了敌方驱逐舰的锅炉室，这使英国皇家海军产生了以更加轻型的火炮取代12磅炮的兴趣。整体而言，与普通弹相比，立德内装药普通弹爆炸产生的冲击波能造成更大的实质伤害和士气伤害。然而，如果炮弹命中的是敌舰的煤舱，（4英寸弹径和12磅重）普通弹则比立德炸药装填弹更加有效，这是因为前者的延时爆炸可以制造更多的杀伤碎片。一如既往，4英寸口径火炮被证明为最有效的反鱼雷艇武器。

火炮命名

火炮有口径（炮管内径）和类型两种命名方式，后者是指后膛装填炮[2]、速射炮[3]和"改速射"炮等。后膛装填炮

1　第一次世界大战期间，驱逐舰是常用鱼雷载具。——译者注
2　在本书中，后膛装填炮的定义不仅涉及装填部位的规定，还涉及"使用（丝质）袋装发射药"的规定。——译者注
3　在本书中，速射炮的定义除了有关于一般意义上的（相对于前膛装填炮）"射速提高"之外，还涉及（相对于"架退"炮架）"管退"炮架技术的应用以及使用金属弹药筒封装发射药。——译者注

使用的发射火药以丝质药包封装。速射炮使用的发射药以金属弹药筒封装，与炮弹或合体（即定装式弹药）或分装（即半定装式弹药）存放。"改速射"炮即是对速射炮做后膛装填改造后得到的火炮。每种口径的火炮都有专门的系列型号被分配用于标称对应的"改速射"炮，其中也包括后膛装填炮和速射炮。起初，金属弹药筒之所以会出现是为了实现更高的发射速率，随着技术的进步，英国人有能力制造出直径更大的金属弹药筒，大口径速射炮也出现了（由过去的4.7英寸提高到6英寸）。例如，1893年，英国皇家海军以6英寸口径速射Mk III式火炮替换6英寸口径后膛装填炮的（部分）巡洋舰武备改良计划获得批准。然而，为了提高火炮威力，必须在发射过程中使用更多的发射药，采用金属弹药筒不再是一个令人满意的方案。1897年11月，英国军械委员会指出，6英寸口径火炮的金属弹药筒可以丝质药包和德浜式闭塞器替代。接下来的问题是如何在快速射击的情况下防止蘑菇状气密装置出现过热现象。这个问题随着海军军械局局长考虑引入采用韦林式断续螺式炮尾和连续运动炮尾机构装置的威格士公司造6英寸口径45倍径火炮而浮现出来。有人可能会认为，这种蘑菇状气密装置会妨碍速射火炮充分发挥其速度潜力（像配备了可快速运动的楔形气密装置的速射火炮那样）。英国火炮采用的是管式击发装置，每次发射之后必须予以替换。这种替换工作的时耗在一定程度上抵消了定装式弹药或半定装式弹药提高发射速度的意义。有鉴于此，皇家海军重回后膛装填炮的路子。在速射炮的概念被引入之后，很多海军同口径火炮又采用了后膛装填的设计思路。

　　英国皇家海军的一些火炮被称为半自动火炮：击发的同时自动打开炮尾，抛出金属弹药筒。尽管1914—1918年期间的海军军械清单中可见前膛装填炮（包括前膛装填炮和前膛装填线膛炮）的身影，但并未大量投入实战，因而此处不述。

炮架

　　在口径指定的前提下，火炮炮架通常以"式"命名

（以字母指示），后来又在指示类型的字母之后加上一个阿拉伯数字，以做进一步区分。英国皇家海军的炮架使用液压传动而非电力传动装置。英国皇家海军的炮架分为由埃尔斯维克军械公司设计和威格士公司设计两种类型。指示炮架类型的字母包括：B（配备炮室的露天炮台）、CP（中轴式炮架）、P（轴式炮架）、S（潜艇用）。炮架都以所配属的火炮口径和序列号命名，因此，既有4英寸火炮PI式炮架，也有12磅火炮PI式炮架。大口径火炮炮架除外，用于同一口径火炮的不同类型炮架，归入一个系列，用"Mark 数字"的形式来命名。起初之所以有"B"式命名，是为了将配备炮室的露天炮台与回转炮塔区分开来，当炮室和露天炮台合而为一（被整体命名为"炮塔"）之后，这种命名方法也随之失去意义。[1]由此，战列舰的主炮炮架通常只采用"Mark 数字"的形式命名。第一次世界大战期间，还出现了另一种炮架命名方式"HA"（高射炮架）。

　　战列舰火炮炮架的所有关键演进情况，皆可从后文"12英寸口径火炮"章节中有关炮架的相关内容中读到。

　　就战列舰而言，埃尔斯维克军械公司制造的BVI式炮塔（"英王爱德华七世"级和"非洲"级）首次引入了中央扬弹筒，威格士公司造BVII式炮塔首次引入了全角度炮弹装填装置。"纳尔逊"级的炮塔则综合了BVI式炮塔和BVII式炮塔的功能，但装弹速度更快。由于其强大的火炮威力和厚重的装甲，"纳尔逊勋爵"级战列舰上的炮塔被视为轻型炮架，尽管它事实上比之前的同类炮架更重一些。

　　1902年年末，英国军械委员会电子设备委员分会建议在舰炮炮塔中以电力传动替代液压传动，埃尔斯维克军械公司和威格士公司都受令就此展开设计工作。毫无疑问，采用电力传动装置的方案没能通过，所以问题变成了电力传动装置较之液压传动装置是稍好还是稍差。第一次相关试验决定在"纳尔逊勋爵"级战列舰上开展（1905年）。此次试验中，电力传动装置将使用沃德-伦纳德直流电机变

1　炮塔属于炮架的一种特殊类型，一般用于重型火炮，而轻型火炮往往配备无炮室等机构的普通炮架。——译者注

速控制系统。由于另一座12英寸口径炮塔将采用威格士公司的产品，威格士公司的电力传动装置炮塔设计方案遂被接受。不过，威格士公司设计的电力传动装置后来被用在了陆上炮兵掩体当中而非军舰上，而埃尔斯维克公司亦被要求建造电动炮塔。

高速火炮

1918年德国人开始炮轰法国巴黎时，英国军械主管单位也对研制同类武器发生了兴趣。计算显示，高速火炮需要达到将近5000英尺/秒的炮口初速，这种速度需以120倍径的身管长度和27吨/平方英寸的炮管内最大药室压强为条件。威格士公司将一门为俄国海军制造的16英寸口径威格士造海军火炮的口径改造为8.071英寸，并将炮管延长22英尺。改造之后，它作为一门Mk I式后膛装填炮试射8英寸次口径炮弹获得成功。其中一些试射于1919年9月进行，在发射仰角为1/2°时，炮口初速达到了4745英尺/秒。最后一次验证射击于1919年11月27日进行，炮口初速达到了4862英尺/秒（药室压强为27.62吨/平方英寸），此次射击所用发射药为313磅改良型卵形柯达线状无烟火药。试验射击所用的炮弹本身也拉了膛线，与德国人的"巴黎大炮"所用的炮弹一样。试射过程中，炮管出现了裂纹，英国军械委员会建议在彻底修复之前停止射击。照计划，为这门试验火炮更换衬管之后，其仰角可达7°：设若花费大量成本，炮架的仰角可以大至58°。

第一次世界大战末期，英国人还对一门12英寸口径的Mk XI式火炮做了炮管改造，同样改成205毫米（8.071英寸），但这门火炮的改造工作没有最终完成。原本，改造之后的成果将是Mk II式8英寸次口径大炮。

假如第一次世界大战继续进行，英国人的高速火炮将在法国战场投入实战。但截止1919年，英国人只完成了一门高速火炮的改造工作，即12英寸口径Mk XII式火炮。英国人原本计划用这门火炮发射重700磅、弹径12英寸的临时被帽炮弹，预计药室压强为24吨，初速3700英尺/秒，射程39英里，发射仰角50°。这门火炮的膛线采用1/45规格的等

齐缠度，炮弹本身的弹带上也铣上了膛线。由于其不适宜的坡膛斜率（因而无法装填炮弹），在英国埃塞克斯郡的舒伯里内斯镇开展的有关另一门高射速的Mk XI式火炮的改造、试验工作最终无疾而终。

第一次世界大战结束后，高速火炮的研制工作还在继续，作为很多大口径火炮相关研制工作的发起者，英国皇家海军部对此自然颇有兴趣。当为高速火炮更换衬管的问题于1920年提出来之后，英国皇家海军部认为，这类火炮之于海军的唯一去处是某些专门在敌方岸防炮射程之外实施大区域（诸如敌方造船厂）轰击的舰船。这正是1918年时的18英寸口径火炮的主要用途。高速火炮的射击精度和寿命都很有限。因此，英国皇家海军部起初只以跟进英国战争部的要求为满足。但是，一旦高速火炮的射击精度和寿命缺陷得到有效解决之后，英国皇家海军部的政策恐怕会有所转变。与此同时，英国陆军继续以12英寸口径和8英寸口径的火炮为蓝本开展高速火炮相关改造、试验工作。

外国供应火炮

第一次世界大战期间，英国设计的火炮开始在美国生产，其中包括4英寸口径的Mk IV式、Mk V式速射炮，13磅、12英担12磅Mk I式速射炮。此外，英国还购买了埃尔斯维克军械公司设计的日本造6英寸、4英寸口径和12英担12磅速射炮。这些火炮与在英军中服役的一些老式火炮类似，但英国皇家海军军械局在使用中未对它们进行单独的区分。英国还从日本订购过各种类型的哈其斯式轻型火炮：日本制造的3磅、6磅炮，俄国用过的3磅炮，哈其斯公司制$2^1/_2$磅以及埃尔斯维克公司和日本山之内公司制造的相关火炮（参见日本火炮一章）。此外，日本人还向英国人提供了日俄战争期间缴获的俄制10磅炮，海军军械局局长认为，这些火炮即使在当时也属"过时产品。由于其炮尾装置的设计缺陷，这些火炮的后续麻烦包括弹药装填困难、排污、不发火等，发生数次致命事故之后被英国皇家海军淘汰"。

上图：英国皇家海军的"暴怒"号正在展示显其单管18英寸火炮炮塔。1915—1916年间，为推出的几种战列舰设计装备了6门或8门架设在双管炮塔上的"15英寸Model B式"（18英寸）火炮，由于军方欣赏"胡德"号上传统的装备模式，方案遭到了拒绝。根据战后埃尔维斯克公司绘制的18英寸40倍径火炮炮塔图纸（该图纸的绘制属于战后战列巡洋舰设计流程中的一部分），该类型炮塔系总重为1385吨的双管炮塔，其中包括两门146吨重型火炮。炮塔内直径应为37英尺3英寸（处置室直径应为30英尺3英寸，辊道直径33英尺）。作业区（从炮塔中心到火炮末端）应为53英尺，从中心开始应向船尾方向延伸28英尺。两门火炮中心距应为5英尺3英寸。旗舰可以装备4座这种双管炮塔。按计划，当时的配用穿甲弹应为67.25英寸长（重3320磅），高爆弹应为77英寸长（同样为3320磅）。这些数据来自一本埃尔斯维克公司的火炮和炮塔记录簿（有一些威格士公司产品的数据显然是后来补充的），该记录簿上的内容开始于1920年左右，其中载有直到大约1935年火炮设计数据（所涉及的最新式的炮塔是阿根廷的"阿根廷"号上的三管火炮炮塔；其中不包含英国"乔治五世"级上的14英寸50倍径火炮的数据）。这本记录簿中还涉及了一种单管16英寸火炮炮塔（1921年1月20日的M48117号图纸），可能是希腊战列巡洋舰"萨拉米斯"号上设备的推荐定稿（炮塔总重729.5吨，其中旋转机构重587吨，还包括100发炮弹的重量）

防御性武装商船

英国皇家海军在防御性武装商船上也投入了巨大的努力。防御性武装商船并非改造型武装商用巡洋舰和海军辅助性舰船。截至1918年9月中期，英国的所有防御性武装商船总共装备了6370门火炮；其中1538门在对敌行动和海难事件中损失。其余火炮包括：661门7.5英寸口径榴弹炮、136门6英寸口径火炮、692门4.7英寸口径火炮、933门4英寸口径火炮、100门18磅火炮、52门15磅火炮、11门14磅火炮、284门13磅火炮、24门18英担12磅火炮、1302门12英担12磅火炮、15门8英担12磅火炮、3门10磅火炮、265门90毫米火炮、118门3磅威格士式火炮、136门6磅火炮以及23门6磅ST式火炮。

出口型火炮

本节内容讲述的是阿姆斯特朗公司和威格士公司制造的出口火炮。阿姆斯特朗公司制造的火炮通常以"Pattern"（意为"型号"）命名（如Pattern G式）；威格士公司制造的火炮则以"Mark"（意为"型号"）命名（诸如12英寸口径Mk F式）。本节所涉资料来自于英国国家海事博物馆黄铜铸造厂分馆以及一份收藏在英国国家海事博物馆的有关阿姆斯特朗式火炮图纸的记录簿（事实上是一个目录）。遗憾的是，我未能得见阿姆斯特朗公司的订货簿。我所获得的订货相关资料只来自于火炮剖面图，有证据表明，这些资料非常不完备。例如，阿姆斯特朗公司的Pattern CC式火炮曾被用在巴西的两个级别的战舰上，但如今可见的记录却显示那22门火炮的订单被取消了——大概是因为巴西的第3艘无畏舰订单最后被取消的缘故。此外，火炮剖面图也极少指示买主是谁。有时候，我们可以依据比较确凿的舰船数量大致猜测出火炮的数量，但也只能是猜测而已，无法证实。还需注意的是，面向不同的买主，同一种火炮也可能被给以不同名称。

阿姆斯特朗公司（埃尔斯维克公司）的火炮图纸会给出弹道数据以及药室容积，而威格士公司的火炮图纸通常只会给出火炮的尺寸相关资料，偶尔地也会给出弹道数

据。由此，有关于这两家公司的"出口火炮"清单在数据项目上存在明显差异，如下文所示。

18 英寸火炮

18英寸40倍径Mk I式后膛装填炮

口径	18英寸
重量	146.2吨（不含炮尾）
总长	744.15英寸
倍径	41.34
炮膛长度	720.2英寸
倍径	40
膛线长度	586.428英寸
倍径	32.6
药室长度	177.25英寸
药室容积	5131立方英寸
药室压强	18吨/平方英寸
膛线：阴膛线	88条
缠度	1/30
深度	0.459英寸
宽度	0.4294英寸
阳膛线	0.2142英寸
炮弹重量	3320磅
爆炸药	119磅立德炸药（被帽穿甲弹）；243磅黑火药（被帽穿甲普通弹）
发射药	630磅45号改良型柯达无烟发射药（6组）或690磅45号改良型柯达无烟发射药（每组165磅）
炮口初速	2270英尺/秒（或2420英尺/秒）

据信，这种火炮最初是专为"暴怒"号大型轻巡洋舰建造的，后者是约翰·费舍尔海军上将1914年提出的3艘"大型轻巡洋舰"应急订货之一。该火炮的实际订货时间是1915年的某个时候，当时只有阿姆斯特朗公司有能力制造口径这么大的火炮。该火炮的代号为15英寸口径B式，所配备的炮塔被认为是"海防"式。有关该火炮的一份来自阿姆斯特朗公司（此时已购入了埃尔斯维克军械公司）的炮身建造图纸上注有"1915年4月13日"的字样，该火炮的设计时间必定更早于此。英国皇家海军原计划在"暴怒"

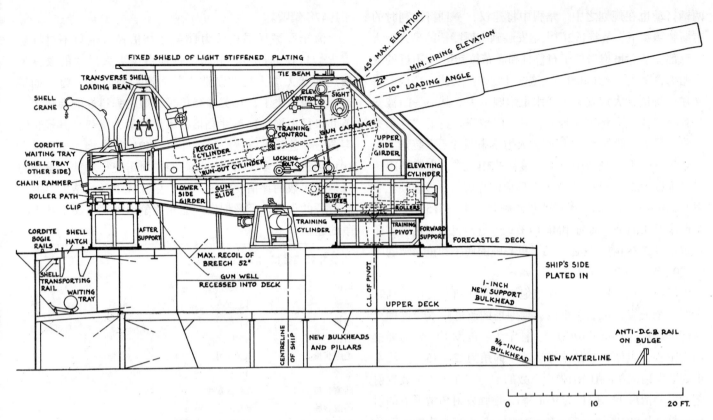

上图：18英寸炮架用于装备浅水重炮舰，实际上属于一种带护盾的陆地用类型炮架，可在22°~45°高程范围射击。注意这种火炮的最低装弹高程为10°（伊恩·巴克斯顿）

号大型轻巡洋舰上只安装2门火炮，这两门火炮都安装在同一种辊道上，就像双管的15英寸口径火炮那样（有如"勇敢"号和"光荣"号大型轻巡洋舰[1]）。英国皇家海军为此定制了3门该式火炮，第1门于1916年9月开始试验。在建造过程中，18英寸40倍径的建造规格转变为15英寸口径42倍径。"暴怒"号大型轻巡洋舰的炮塔最大仰角为30°，最大俯角为5°；在使用全装发射药、4值CRH弹形系数炮弹的情况下，其最大射程为28886码。在加装发射药（炮口初速为2420英尺/秒），使用8值CRH弹形系数炮弹、45°仰角发射条件下，最大射程为40280码。诡异的是，这种火炮在

战时皇家海军武器手册（名义上会列具所有英国皇家海军舰炮）当中竟然不见踪影。

　　其中2门该式火炮于1917年早期装船，准备安装到"暴怒"号大型轻巡洋舰上去，但3月2日，英国皇家海军决定为后者增加一个前部飞行甲板。6月26日，"暴怒"号大型轻巡洋舰预定只安装舰艉炮塔，但到了10月17日，英国皇家海军又决定在"暴怒"号的艉部建造另一个甲板。直到这个时候，多佛尔海军基地巡逻队[2]司令部的培根海军中将才被告知这2门火炮的存在。时至1917年秋季，英国陆军有望将攻势推进至比利时海岸，一场配合这次攻势的海陆

1　"勇敢"级大型轻巡洋舰（战列巡洋舰）中的"勇敢"号和"光荣"号后于1924—1930年间被改装成了2艘"勇敢"级航空母舰。——译者注

2　多佛尔海军基地巡逻队（Dover Patrol）：第一次世界大战时期英国皇家海军负责炮击比利时海岸的分舰队。——译者注

两栖行动也在规划之中。培根中将建议，一旦将比利时的韦斯滕德拿下，就将这2门大炮安装到韦斯滕德的皇宫饭店的顶部。从那里炮击位于布鲁日和泽布拉赫运河[1]附近的敌人船坞，距离大概36000码。这一计划未能实施，培根中将又建议将这种大炮安装到浅水重炮舰上去。其中一门被安装到了"沃尔夫将军"号上，另一门被安装到了"克莱夫勋爵"号上，此外的第3门同类大炮本来预计要安装到"尤根亲王"号上，最后中止了。最初的Mk I式火炮炮塔旋转机构重量为825.15吨，其正面和侧面的克虏伯非渗碳硬化装甲厚达9英寸，顶部克虏伯非渗碳硬化装甲也有5英寸。与此形成对照的是，海防用Mk I CD式炮塔不包括柯达发射药箱重量只有384吨，这还包括了重43吨的底座和重24吨的固定式0.5英寸厚度防护板。

浅水重炮舰所采用的火炮炮塔是原计划安装在比利时韦斯滕德的皇宫饭店顶部的火炮炮塔的改进版本。这种火炮炮塔被称为15英寸B/CD式。被定为右舷发射，以前部枢轴为中心，可做20°角瞄准运动。仰角为22～45°。浅水重炮舰发射的是8值CRH弹形系数的炮弹，在采用全装发射药发射的情形下，射程为36000码，增强发射药情形下的射程更是高达40100码。按照预定计划，这些炮弹将配备专门的弹首引信，但弹首引信未能及时供应，所以这些炮弹最后装上了风帽。这种火炮的最大射击速度预定为每4分钟1发，但1918年9月28日，"沃尔夫将军"号浅水重炮舰在使用增强发射药的情形下以每2分38秒1发的速度朝比利时的斯奈斯凯尔克发射了44发炮弹。

"沃尔夫将军"号浅水重炮舰的炮塔于1918年7月9日完成安装，后于1920年拆除，其他浅水重炮舰的炮塔也一并拆除。"克莱夫勋爵"号浅水重炮舰的火炮于1921年1月被运到伍尔维奇军械厂更换衬管，以开展下文将要述及的18英寸口径45倍径战列舰巨炮规划相关试验。其中2门火炮于1933年销毁，第3门经过膛线改造（1924年），变成了16英寸口径45倍径的试验火炮；后者自1942年后就闲置着，并

于1947年销毁。

海军军械局局长认为16英寸45倍径火炮只不过标志着火炮口径的进步，其整体性能由于更大尺寸的改良型柯达线状无烟火药的制造难题而遭局限。他认为，如果这个难题解决了，16英寸45倍径火炮的弹道性能会强于15英寸口径火炮。16英寸45倍径火炮的最大优势是其较长的寿命——甚至可以比肩15英寸口径42倍径火炮，尽管其在1919年进行的多次增强发射药条件射击使得对其可承受的总射击次数的评估变得困难了。尽管战争已经结束，但与此有关的火炮口径及炮塔性能相关争论事实上还是基于战争的经验。

18英寸45倍径Mk II式后膛装填炮

口径	18英寸
总重	134.5吨
总长	833英寸
倍径	46.3
炮膛长度	810英寸
倍径	45
药室长度	147.3英寸
药室容积	55000立方英寸
药室压强	20吨/平方英寸
炮弹重量	2916磅
发射药	约810磅改良型卵形柯达无烟火药
炮口初速	约2650英尺/秒

1919年早期，英国皇家海军军械局局长检视了各国海军主力舰的火炮及炮塔相关问题。他指出，日本和美国都采用了16英寸口径的火炮，而英国的威格士公司也为俄国海军建造了16英寸口径的火炮（见后文）。同时，法国人大概也在寻求获得更大口径（达60厘米）、能发射更重炮弹［弹体也拉了膛线（海军军械局局长质疑这种做法是否可行）］、药室压强更高（达21.5吨）的火炮：后来发现，英国人的此种猜想是不确切的。炮弹重量的增加对采用缠度更大的膛线提出了要求，光有弹带不足以保证炮弹的飞行稳定性，所以人们开始为炮弹本身拉上膛线。在弹体上拉膛线的技术让人想起了第一次世界大战时德国人的巴黎

---

1   泽布拉赫运河（Zeebrugge Canal）：连接比利时布鲁日城和北海之间的水道。——译者注

大炮的"镂花炮弹"，后者令英国人、法国人以及美国人分外着迷。事实上，法国人当时正在为下一代战舰设计一种45厘米口径的火炮（见后文法国火炮一章）。

当时的所有战舰设计师接受的都是4座炮塔设置，所以舰炮数量的增加只能以三管（如美国、意大利和俄国）或四管（如法国）的形式来实现。当时的一般观点大概是，30秒的装弹间隔无法缩短；"这个问题对于未来炮塔（尤其是多炮塔情形）的总体设计有着莫大的影响。"英国大舰队的军官大概更愿意接受固定角装弹的炮塔，这是由于不会导致装弹时隔的增加；这种设计还有助于防闪燃。此外，这种设计也有助于缩小炮塔的直径。当时的海军已经接受了所有火炮（高射炮除外）30°最大射击仰角的概念。当时，大口径火炮的通行战斗距离为13500～15500码。

2月，皇家海军情报局局长汇编了一份有关国外战列舰主要火炮未来规划的资料。这份资料涵盖了俄国曾计划建造后来流产的"波罗底诺"级和黑海舰队的战列舰以及美国的"南达科他"级战列舰及其12门16英寸火炮的情况。他还（错误地）报告，意大利的安萨尔多船厂已经提议要建造一种装备四管15英寸口径火炮的炮塔，4门火炮分别两两层叠、同升同降，以缩小炮塔的直径，并将炮塔总重量由（4门火炮并排安置情形下的）1400吨降至1100吨。他还指出，很多国家的海军已经采用了固定仰角装填系统。海军建造局局长认为，未来火炮的口径将以15英寸为下限。1919年2月，海军建造局局长还提出，未来的主力舰将安装8门以上的火炮，其外形尺寸会比当时全世界最大的"胡德"号战列巡洋舰还大。他认为更厚的甲板装甲和更高的总体防护性能要求会妨碍8门以上的15英寸口径火炮的安装。海军审计官指出，在1919—1920年度的规划中，英国皇家海军没有任何新增建造项目，但他还是希望战争部就此综合权衡。若有必要出台新的建造计划，必须有一个"真正权威的委员会"来负责制定。

皇家海军火炮及鱼雷局局长（战时设立的一个负责制定海军武器操作人员素养要求的职位）于3月份写道，火炮已经走在了装甲的前面，所以发射被帽穿甲弹的15英寸口径火炮必须具备击穿任何既有装甲的能力。换言之，如果未来的主力舰会以牺牲舷侧装甲为代价加强甲板装甲，那么英国皇家海军就需要具备以（最小吨位的舰只上的）最小口径的火炮击穿最强大的装甲的能力。皇家海军应当不断增加任何射击仰角条件下的火炮射程和打击能力。尽管英国皇家海军看上去已经建造了足够多的15英寸口径火炮，但英国还应当继续增加火炮的总量，这是因为当时的弹着观测/修正及弹着集中条例主张在一次齐射中动用尽量多的火炮，并在一分钟之内完成发射。采用三管炮塔之后，可以进行3炮×4塔齐射。在更远的距离上，可进行3炮×2塔齐射。皇家海军火炮及鱼雷局局长另外补充到，30秒的装填间隔并不符合实际，实战中装填间隔更有可能达到40秒。发射速率会受到液压动力不足的局限。所谓的固定仰角装填，在实战当中也是设定为5°。

最后，皇家海军火炮及鱼雷局局长指出，站在一艘战舰的桅楼指挥所内，目力所及最远处大概是25000码的距离。有了陀螺仪瞄准指挥装置和飞机校正之后，舰炮可以对视界之外的目标发起射击。有效射程取决于己方火炮在多远的距离上可以命中敌方舰船以及敌方舰船在多远的距离上无法有效打击己方舰船。如果绝大多数射击都可命中敌方舰船甲板，那采用30000码的射程就不如采用25000码的射程有效。例如，设若目标高10码、宽30码，在25000码的射程上其危险界为45码，在30000码的射程上其危险界就变成了40码。己方火炮射程提高将迫使敌方舰船必须在更短的时间内展开。

英国皇家海军审计官指出，即便皇家海军不希望提高火炮的口径，但至少应该赶上或超过其他国家的海军。他担心的是，在较远的距离上皇家海军火炮射击精度不足以及在没有大量的弹药供应和缺少绝对精确的陀螺仪瞄准指挥装置的情况下极难命中目标。由此之故，他主张尽可能地提高皇家海军的火炮射程和火炮口径。

1920年1月，英国皇家海军军械局局长建议启用俄国（第一次世界大战时期的英国盟国）战列舰"阿列克谢夫将军"号的前炮塔，以获得三管炮塔的使用经验，这似乎是提高舰炮的发射速度的唯一方式。他认为炮塔最好是四管的，因为每一次"弹着观测/修正"齐射至少需要4发炮弹，因而四管的炮塔尤显匮乏。四管炮塔在火控方面将更加灵活，就像当时的人工驱动瞄准系统一样：可随意进行三发或双发齐射。战后问题委员会主席对此表示认同，"作为第一次世界大战的胜利国之一，英国如今可以以相对较低的成本开展此类实验。"他主张尽快接收"阿列克谢夫将军"号战列舰（借口是向马耳他岛运送伤员等），以开展详尽的弹药装填和弹药室相关实验。期间出现了一些波折，所以英国皇家海军部向英国地中海舰队司令写信，暂时中止这一计划。"等夏季来临，设若条件允许，你应向俄国当局再次提出这一问题。"无论如何，火炮及炮弹的详尽设计方案需在英国的实验炮弹制造出来之前制定出来。

此时，威格士公司正在鼓吹一种15英寸口径50倍径的火炮，海军军械局局长也认为这是海军所需的最佳火炮。在20000码的距离上，这种火炮可以穿透16英寸厚度的装甲带，无论何种仰角，其射程都比既有的18英寸口径火炮更远。15英寸口径50倍径火炮在当时的可能替代方案是已有的战时18英寸口径火炮和威格士公司提议的16英寸或16.5英寸口径50倍径火炮、18英寸口径40倍径火炮。支持更大口径火炮的理由是"其炮弹可容纳更大量的爆炸装药"（但对相应引信的敏感度要求也随之增大）以及英国皇家海军的威望（皇家海军一直在火炮口径领域独领风骚）。据称，其他海军强国也在考虑制造16英寸、18英寸以及20英寸口径的火炮。

或多或少地参考了"阿列克谢夫将军"号战列舰上的经验，威格士公司拿出了一系列的三管炮塔设计方案，海军军械局局长于1920年2月考察了这些方案。这套方案中包括3种15英寸口径设计（I、II以及III式）、2种16英寸口径设计（类于15英寸口径的I和III式）以及2种18英寸口径设计（也类于15英寸口径的I和III式）。II式设计即是在I式设计的基础上对炮塔做了矮化、轻量化的改进，并将固定装填角由后者的3°改为5°。I式及II式炮塔的主要特异之处

在于发射药经由一个水平置放的隔舱装填，可以一次完成装填。由此之故，炮塔的直径最终取决于（管状）发射药的长度。又因此，炮弹可以足够地长。此种炮塔的3门火炮交错布置，中炮向另外两门翼炮倾斜。两门翼炮由一部直送式吊车（从炮弹库至炮室）供弹，中炮由一部二级吊车供弹。柯达无烟发射药由弹药室至炮弹库的吊车独立供应。但就翼炮而言，炮弹和发射药会先被输送至火炮一旁的防爆弹药室，然后被填塞进入炮尾，再沿着炮管被向前推进，最终装填到位。德国的"巴登"号战列舰的大部分炮塔都是此种布局，其优势在于可以减省弹药在炮室之内的转送环节，从而提高装填速度（事实上最终还要取决于药室的装药速度）。可供替代设计采用将3门火炮排成一排，架设在基座而非滑轨上。这些方案都采用二级装填设计。炸药一分为二，和之前的那套方案一样，炮塔的直径也取决于炮弹的长度。按照设计要求，这种炮塔的仰角更高，吊车井也更深，所以吊篮的上下距离也更远。柯达无烟发射药由专门的卷扬机输送至炮弹库。翼炮的装填则经由专门的轨道。整体而言，这些设计反映了皇家海军当时的想法。

按照设计方案I，炮塔直径37.5英尺，重1547吨。同种设计方案，16.5英寸、18英寸口径火炮的炮塔重量分别是1730吨和1720吨，直径都是41英尺。与双管火炮炮塔相比，这些炮塔更重是因为它们的防护顶更厚。威格士公司认为，这种炮塔的重量和尺寸与火炮所用的短炮弹并不相称，炮弹的长度与火炮的口径也不匹配（80英寸、1920磅：15英寸口径，84英寸、2555磅：16.5英寸口径，88英寸、3320磅：18英寸口径）。为这些更重型的火炮预备的炮弹本是5英寸口径的，就像15英寸口径火炮的一样，弹长82.5英寸和90英寸。英国皇家海军后来又要求威格士公司和埃尔斯维克军械公司设计双管18英寸口径45倍径炮塔，发射92英寸的炮弹。

为方便弹药供应，需要炮塔具备更大口径的中央式扬弹筒，以至于无法使用通常的液压传动管。与通常炮塔不同的是，这种炮塔的底部安置了1个轴管：在舰船受到冲撞

的情况下，这种结构很容易受损伤。威格士公司还必须为各炮塔轴线之间设置更大间距（57～65英尺，不同于"胡德"号战列巡洋舰的42～52英尺）。炮塔上的重炮的发射药必须分成6份装填。中炮需要正对着炮弹库和处置室中的装填器。整体上，海军军械局局长认为，这种三管火炮炮塔的旋转机构重量不得超过双管火炮炮塔的40%，固定部分重量不得超过双管火炮炮塔的30%。

1920年3月，海军军械局局长发布了一份有关未来主力舰的火力配置备忘，并比照了三个备选方案：15英寸口径50倍径，16.5英寸口径45倍径和50倍径，18英寸口径45倍径。这些火炮都需要更大量的发射药，当时的生产能力甚至无法满足。在当时，皇家火炮厂和威格士公司所能制造的火炮最大口径是16.5英寸。18英寸口径45倍径火炮大多只能由埃尔斯维克军械公司制造，少部分由威格士公司制造。这三种火炮的重量分别为110吨、130吨、140吨及159吨。为评估18英寸口径火炮的性能，英国皇家海军于1920—1921年期间开展了一次18英寸炮弹的评估实验，这种炮弹也可以18英寸口径的陆军榴弹炮发射（速度1500英尺/秒）——以模仿远程海军火炮的情形。以英制计算，16.5英寸炮弹的预计重量为2552磅，18英寸炮弹的预计重量为3320磅。无论如何，按照以往13.5英寸口径重型炮弹的表现，更重型炮弹的斜（命中）角穿甲能力一定更加优秀。海军军械局局长认为，更重型穿甲弹的穿甲能力的最终限度在于炮弹的长度，其原因在于：只要不是0°法线角弹着，穿甲弹必然会发生"鞭甩"现象。更轻型（弹体更短）的炮弹可获得更高的炮口初速，在20000码的距离外，18英寸弹径的轻型炮弹的存速能力更强。海军军械局局长驳回了海军火炮及鱼雷局局长有关"15英寸穿甲弹可以穿透任何已知装甲"的论断：事实上，既有的15英寸穿甲弹只有在20°入射角的情况下才能偶尔穿透12英寸厚度的装甲板。他指出，众所周知，美国军舰将装备13.5英寸厚度的装甲带和18英寸厚度的炮塔正面装甲。

以下是有关其他国家海军大威力火炮的消息。海军军械局局长指出，事实上，美国海军正在建造的是18英寸口径47倍径火炮，并有计划研制、建造20英寸口径的火炮。日本海军军械局局长特地通知英国皇家海军军械局局长，日本海军正在考虑建造16英寸以上口径的火炮，但没有计划建造18英寸口径的火炮。威格士公司在1914年之前将俄国的16英寸火炮建造完毕。法国大概尚无兴趣建造15英寸以上口径的火炮（这种推测并不正确）。奥地利前驻柏林海军武官指出，在日德兰海战之后，德国人一直对未能在海战中使用15英寸口径火炮遗恨不已。德国海军上将赖因哈特·舍尔一直在催促本国军工部门研发威力更强大的海军火炮。英国皇家海军军械局局长进一步提出了实验160～170吨18英寸口径火炮的要求，这表明他当时已经接受了未来火炮的口径应为18英寸的方案。另外，英国皇家海军军械局局长还报告，美国海军不满意既有的16英寸口径50倍径火炮炮塔，并打算为他们的18英寸口径舰炮换上双管火炮炮塔——他已经看过设计草案。他在报告中提醒读者，美国海军的作战条例预计要求实施全舷侧齐射，而非以部分主炮实施齐射。海军军械局局长又指出，日德兰海战之后，据奥地利海军武官报告：日德兰海战中炮塔遭多次命中的情况使德国海军确信，不采用三管炮塔的做法是明智的，因为这会增加火炮的损毁概率。

1920年5月，英国皇家海军审计官指出，鉴于威格士公司的炮塔相关研究取得了进展，评估一队行进中的由"胡德"号战列巡洋舰一般大小的战舰（安装了4座三管15英寸口径炮塔或3座三管18英寸口径40倍径火炮炮塔）组成的舰队的作战性能已经成为可能。15英寸主炮口径的战舰的排水量将比"胡德"号战列巡洋舰大4000吨，速度比"胡德"号慢6节。18英寸主炮口径的战舰的排水量将与"胡德"号战列巡洋舰不相上下，速度比"胡德"号慢4节。此后，英国皇家海军还进一步评估了4座双管15英寸口径火炮炮塔和4座双管18英寸口径火炮炮塔——都吸收了当时的最新进展——的作战性能。安装了4座双管15英寸口径火炮炮塔的战舰的排水量比"胡德"号战列巡洋舰大1500吨，速度比后者慢半节；安装了4座双管18英寸口径火炮炮塔的战舰的排水量比"胡德"号战列巡洋舰大5000吨，速度比后者慢5节。海军审计官指出，若一定要实现40°仰角，就必须大幅增加舰船宽度，否则无法安装炮塔。从设计草图看来，限制性因素是炮弹库和弹药室的巨大尺寸（尤其是长度）。进而，这又要求装备了新式大口径火炮的舰船的尺寸不得不因此额外增加。海军建造局局长受令在设计草图阶段解决这一难题。

在1920年的某个时间，16英寸口径50倍径火炮被冠以18英寸口径45倍径火炮的代号。在后来的有关炮弹重量的考量过程中，这式火炮变成了确确实实的18英寸口径。

到了1920年10月，威格士公司和埃尔斯维克军械公司同时受令设计16英寸口径50倍径火炮三管炮塔，结果埃尔斯维克军械公司的方案被选中了。埃尔斯维克军械公司设计的炮塔在弹药室和炮弹库、炮室之间设置了直送式吊车以及更好的升降设备。之所以能够如此设计，是因为火炮和滑轨之间以炮耳轴为支点实现了重量平衡，反冲行程也因此比威格士公司的方案更短。英国皇家海军就双炮塔结构的可能性展开了讨论，"结论是，类似德国'巴登'号战列舰的那种炮塔设计优点比较多。"这次会议决定，英国皇家海军未来的炮塔设计必须能实现40°的仰角发射，最大仰角提升速度须达8°/秒。未来的英国皇家海军火炮将以固定的仰角（装填角）装填弹药，该角度不超过5°。炮塔正面装甲厚度为18英寸，顶部装甲厚度为8英寸。

为加快新一代火炮的研发进度，英国皇家海军于1920年8月和1921年1月间开展了3种重量的15英寸口径炮弹实验：1910磅的重型炮弹（现役）、1687磅的中型炮弹以及1518磅的轻型炮弹——重型、中型及轻型的区分标准是炮弹的重量和口径之立方值的比值。英国皇家海军早期的很多炮弹都是中型炮弹（比值0.5），重型炮弹的该项比值为0.566。实验结果表明，在60°法线角的情形下，重型炮弹可穿透水平装甲，但自身也会解体，轻型炮弹无法穿透装甲，但自身不会解体。有关中型炮弹的实验数据如今已不得而知，据推断，中型炮弹可以在自身不解体的前提下穿透装甲。在25000码的距离内，较之重型和中型炮弹，轻型炮弹可实现更高的炮口初速、更大的危险界、任

何距离上的弹着速度、更短的飞行时间以及更大的射程。轻型炮弹的另一个优势是，相同的总重可"包含"更多的炮弹数量，运送、装填等也更加便利。英国皇家海军既有的13.5英寸口径重型[1]炮弹、15英寸及18英寸口径炮弹可归入"重型"种属（上述比值为0.566～0.570）；13.5英寸口径轻型[2]和12英寸炮弹可归入"中型"种属（上述比值为0.495～0.512）。除了日本的16英寸弹径炮弹（重量可能高达2400磅），所有其他国家的海军炮弹都可归入"中型"种属。英国皇家海军认为，以往的海战表明，就穿透装甲和完好无损地深入船体并主动起爆方面而言，重型炮弹的表现并不一定比中型及轻型炮弹更好。在日德兰海战中，德国海军的11英寸及12英寸弹径炮弹的表现很好。有鉴于此，英国皇家海军军械局局长提议，为新式18英寸口径火炮制造2916磅炮弹（上述比值为0.5）；按照设计要求，若有必要，这种火炮也可发射3200磅炮弹（上述比值为0.55）。进一步的分析（1921年2月）揭示，在距离较远、弹着速度较低的情形下，轻型及中型炮弹的表现要优于重型炮弹；但是，在距离中短、弹着速度较高的情形下，中型及重型炮弹的表现要优于轻型炮弹。即在中远距离上，中型炮弹的表现是最好的。需注意的是，以上结论没有考虑较远射程情形下的炮弹重力加速效果。第二次世界大战期间，美国海军军械局正是以此论证其"超重型"炮弹（上述比值为0.659）的。

英国皇家海军需要的到底是何种炮弹尚需进一步决议。截至1921年3月，英国战列舰只装备了被帽穿甲弹，战列巡洋舰（可能被用于与敌方轻型舰船接战）则装备了80%的被帽装甲弹和20%的被帽穿甲普通弹。正在研制当中的一种可变延迟引信预示着新式炮弹将既可对付装甲舰船也可对付非装甲舰船。被帽穿甲弹体将做到尽量地短，但按照设计要求，设计当中的炮架应当还可以用于发射（弹首引信或弹底引信的）高爆弹，以开展对岸轰击。同时，英国皇家海军也在考虑引入榴霰弹。据约翰·坎贝尔

1　此处指弹体较长。——译者注
2　此处指弹体较短。——译者注

的观点，在皇家火炮厂先期给出的5个设计方案的基础上，皇家火炮厂、埃尔斯维克军械公司和威格士公司分别拿出了13、11、13个方案。其中某些方案包含绕线炮管强固工艺的内容，目的是减轻炮管的重量并改进炮管下垂问题。1920年12月22日，英国皇家海军向威格士公司订购了1门部分炮管绕线火炮，向埃尔斯维克军械公司订购了1门嵌套式结构炮管火炮；又于1921年1月20日向皇家火炮厂订购了1门完全绕线身管火炮。第二门嵌套式结构炮管火炮（基于克虏伯公司的设计方案）的建造也在拟议之中，但未能最终实现。克虏伯方案采用了精确收缩短身管，而非以往的标准英式长身管。埃尔斯维克军械公司是唯一有能力生产任何数量的该式火炮的厂家，按理可以收到一些订单。但是，依据《华盛顿条约》，原定要给埃尔斯维克军械公司的3门火炮的生产订单于1922年1月30日取消了。前述数据适用于所有3种类型的设计。向皇家火炮厂订购的部分炮管绕线火炮预计重量为135吨又15英担，嵌套式结构炮管火炮预计重量为130吨。在订单取消之前，这些火炮的膛线设计也未能定型：实验期间的膛线方案包括标准的76条阴膛线1/30缠度、76条阴膛线1/40缠度（类于意大利的15英寸口径40倍径火炮）以及德式的100条阴膛线1/30缠度（阴阳膛线等宽）。

16 英寸火炮

16英寸45倍径Mk I式后膛装填炮

口径	16英寸（45倍径）
重量	106吨（不含炮尾）
总长	742.2英寸
倍径	46.4
炮膛长度	720英寸
倍径	45
膛线长度	586.964英寸（另有某些是592.4英寸）
倍径	36.7
药室长度	125.5英寸
药室容积	35305立方英寸
药室压强	20吨/平方英寸

16英寸45倍径Mk I式后膛装填炮

膛线：阴膛线	96条
缠度	1/30
深度	0.124英寸
宽度	0.349英寸
阳膛线	0.1745英寸
炮弹重量	2048磅
发射药	498磅45号改良型柯达无烟发射药
炮口初速	2586英尺/秒

16英寸45倍径火炮被视为前述16英寸50倍径（事实上是18英寸45倍径）火炮的替代方案，专为配备1921—1922年间规划的4艘战列巡洋舰（被称为"超胡德"号，其实与"胡德"号战列巡洋舰完全无关）建造。1920年11月，海军建造局局长指出，为了要建造一艘速度达32～33节、装备了3座三管18英寸45倍径火炮炮塔的战列巡洋舰（就像规划当中的战列舰那样），英国必须要有更大的干船坞。当年12月，海军建造局局长提出了一个代号"G3"的解决方案：缩小规划当中的战列巡洋舰上的火炮口径。也即，在战列巡洋舰上安装3座三管16.5英寸口径火炮的炮塔，其重量相当于2座三管18英寸45倍径火炮炮塔。从设计图纸上的一个铅笔标注看来，海军建造局局长的实际所指其实是16英寸口径45倍径火炮炮塔，其重量也可以支撑3座双管的18英寸口径45倍径火炮。假如英国当时没有接受《华盛顿条约》，其下一代战列舰将装备18英寸45倍径火炮，下一代战列巡洋舰则将装备16英寸45倍径的火炮。战列巡洋舰和战列舰的这种火炮分野反映的是第一次世界大战之前德国海军的情况，后者船坞和港口所能建造的战列巡洋舰（由于尺寸不够）无法安装战列舰上的那种大口径火炮。战列巡洋舰的建造将先于战列舰，英国军械委员会于8月12日批准了海军建造局的1921—1922年规划及其设计方案。这份方案最终决定建造的是16英寸口径45倍径火炮。

各家军械公司的设计方案于1921年4—5月间提交，根据英国军械委员会的相关记录，提交的设计包括比尔德莫尔、埃尔斯维克和威格士这3家公司的设计，但比尔德莫

上图：在 20 世纪，英国的 15 英寸 Mk I 式双管火炮炮塔最为著名。图示为"伊丽莎白女王"号上的两座前置炮塔，展示时间应该是在第一次世界大战晚期甚或战后。请注意观察前桅上的两台距离分划盘，用途可能是指示该舰离两个单独目标的距离。"A"炮塔顶部有 3 个通常类型的瞄准罩，其中 2 个可以突出于炮塔顶，带有装甲测距仪，位于炮塔顶的后部。每个瞄准罩供一个炮手使用，炮手的身边有一个通到瞄准罩的瞄准具。在舰船上下起伏时，炮手可以借助瞄准具，相应抬升或降低火炮的位置，以追踪目标。中央的护罩供炮塔长和炮塔瞄手使用，每人的身边有一个通到瞄准罩的瞄准具，他们可以借助瞄准具瞄准目标。在舰船上下起伏或发生偏航的时候，他们就得相应调整炮塔的位置。如果火炮交由指挥仪控制射击，这些单独的瞄准罩就会变得不再重要，此时炮塔会固定停留在特定位置，目标一旦出现即进行射击

尔公司的方案被驳回了。威格士公司的设计方案基于德国"巴登"号战列舰的 38 厘米口径主炮，并在英国做了相关测试。头 2 门火炮的订单于 1921 年 8 月 22 日发给了埃尔斯维克军械公司，后续的大宗订单于当年 10 月 25 日发出：埃尔斯维克军械公司 13 门，比尔德莫尔公司 9 门，威格士公司 14 门，后者还将建造 1 门 16 英寸口径火炮。后来，由于"G3"级战列巡洋舰的建造计划取消了，除了已经生产出来的原型炮，这些火炮订单也一并取消了，但之后英国皇家海军又为 2 艘"纳尔逊"级战列舰下达了新的火炮订单。

18 英寸口径火炮的建造计划最终遭《华盛顿条约》（即《限制海军军备条约》）扼杀，但英国皇家海军研制16 英寸 45 倍径火炮（以装备 2 艘"纳尔逊"级战列舰）的计划继续进行。由于《华盛顿条约》的有关"主力舰吨位不超过 35000 吨"的限定，海军建造局局长提出建造装备三管 15 英寸口径火炮炮塔的 35000 吨战列巡洋舰的计划。事实上，他的这个提议本身也揭示了主力舰吨位和主炮口径之间的关系（主炮口径不超过 16 英寸）。

这种三管火炮炮塔的仰角为 40°，炮弹炮口初速 2525英尺/秒时，射程为 38400 码，当初速 2600 英尺/秒时，射程为 39900 码。火炮的额定寿命约为 250 发，理论发射速度最高为每分钟 2 发，但在该式火炮十数年的服役期内并不曾实现过。尽管一直在追求火炮的远射程，但两次世界大战期间的英国皇家海军作战命令条例其实更支持中程（约 15000码）作战，当时的英国文档宣称这更符合英国人的国民性格。大约是在 20 世纪 30 年代以后，其他国家的海军很明显不这么认为了。当时的英国文档经常会提及美国海军，但英国人同时也注意到了日本海军（就当时而言，最有可能成为英国皇家海军的敌手）更主张远程射击。时至 20 世纪30 年代中期，英国皇家海军面临的一个主要战术疑难是，如何冒着敌方舰队队列的远程轰击进入己方所希望的战斗距离。英国皇家海军只有"纳尔逊"号和"罗德尼"号战列舰具备与敌远程交战的能力，但这些战船没有进行过远程交战的训练。

出口型 16 英寸火炮

阿姆斯特朗公司

　　1911年1月，作为游说巴西政府订购"里约热内卢"号（后来的"阿金库特"号）战列舰的活动的一部分，阿姆斯特朗公司承诺为前者制造装备16英寸口径火炮的战舰。如今我们已经无法得知阿姆斯特朗公司是否严格遵循了当初的承诺，也许"里约热内卢"号战列舰的设计图纸当初就没有收入阿姆斯特朗公司的档案。最终的火炮详细数据是：总长749英寸（46.8倍径），炮膛长720英寸（45倍径），重130.5吨，药室压强20吨每平方英寸，炮弹重2368磅，475磅爆炸装药，炮口初速2500英尺每秒。在5000米的距离上，穿甲厚度为19.69英寸，在7000米的距离上，穿甲厚度为18.11英寸。装填时间为35秒，预计发射速度为每80秒2发。

威格士公司

　　具体产品为Mk A式。参见俄国火炮一章中有关俄国黑海舰队无畏舰部分内容。

15 英寸火炮

15英寸42倍径Mk I式后膛装填炮

口径	15英寸（42倍径）（381毫米）
重量	100吨（不含炮尾）
总长	650.4英寸
倍径	43.4
炮膛长度	630英寸
倍径	42
膛线长度	516.33英寸
倍径	34.4
药室长度	107.505英寸
药室容积	30300立方英寸
药室压强	19.5吨每平方英寸
膛线：阴膛线	76条

15英寸42倍径Mk I式后膛装填炮

缠度	1/30
深度	0.125英寸
宽度	0.445英寸
阳膛线	0.175英寸
炮弹重量	1929磅
爆炸药	129磅5盎司
发射药	438磅45号改良型柯达无烟发射药
炮口初速	2450英尺每秒

　　15英寸口径火炮是英国皇家海军最著名的火炮。装备了这种火炮（及其改良型号）的英国军舰包括："伊丽莎白"号和"君权"级战列舰，"声望"级战列巡洋舰，"胡德"号和"勇敢"级"大型轻巡洋舰"，还有英国的最后一艘战列舰"前卫"号。第一次世界大战期间，这种火炮还武装过"内伊元帅"号、"苏尔特元帅"号浅水重炮舰以及之后的"恐怖"号、"阿伯克龙比"号和"罗伯茨勋爵"号浅水重炮舰。威格士公司的15英寸口径火炮还曾用于多佛尔海峡和新加坡的岸防炮台。截至1918年年底，英国一共生产了176门15英寸口径火炮（包括2门原型炮）：阿姆斯特朗公司生产43门［31门在埃尔斯维克军械公司生产，12门在位于奥彭肖（曼彻斯特附近）的惠特沃思公司生产］，比尔德莫尔公司生产37门，考文垂军械厂生产18门，威格士公司生产47门，皇家火炮厂生产31门。若将第一次世界大战之后的产品计算在内，这门火炮的总产量是186门。1917年，火炮生产商为这种火炮设计了辊道式炮塔，但由于这将使火炮的总重超过90吨的上船限重，因而未被接受。

　　1912年2月2日，海军军械局局长要求英国军械部考虑14.5英寸口径45倍径火炮和15英寸口径42倍径火炮的替代方案；12月27日，英国军械委员会给出了指示：继续开展15英寸口径火炮的实验。现在看来，这些实验的代号是"实验型14英寸口径火炮"，因为在1913年1月的海军军械局局长文件中频繁出现这个代号（其目的是讨论应该为这种火炮提供何种炮弹）。英国军械部1913年的报告中出现了皇

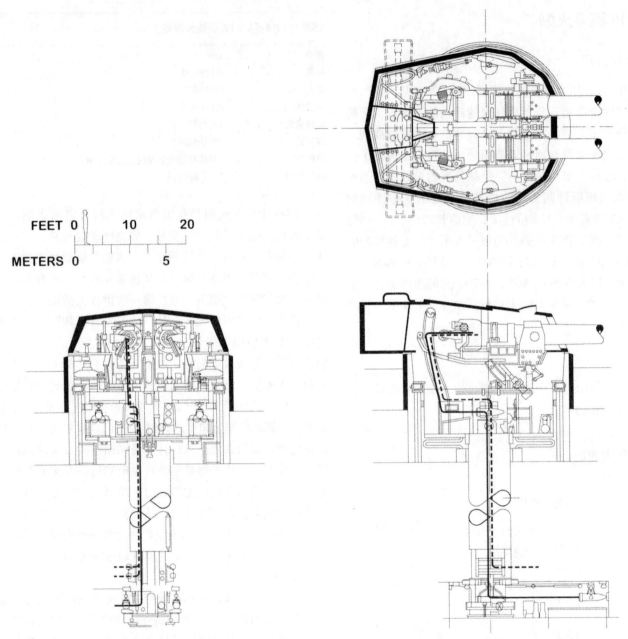

上图：图示为 15 英寸 Mk I 式火炮炮塔，来自英国的有关动力炮塔手册。实线指示的是炮弹运输的路径，虚线指示的是火药从弹药库运送到炮尾处的路径。英国皇家海军将弹药库设置在炮弹库的上方，英国人认为对于炮弹中的柯达无烟火药来说浸水是最大的威胁（英国人对其炮弹的防水性能缺乏信心，为解决此问题进行过一系列漫长的实验）。炮塔俯视图显示，在炮塔下方的工作间里，有两辆火药运输车和两台吊车。从侧视图可以看到负责抬升火炮的液压油缸。由于炮塔被设计为可以全角度装弹，上部吊车的轨道被设计为弧形的。轨道的左侧是可随着火炮俯仰而俯仰的链式装填器，用于全（仰角）角度装弹（W.R. 尤伦恩斯）

下图：用于装备英国皇家海军"胡德"号的 15 英寸 Mk II 式火炮炮塔（图示为"Y"炮塔）。可注意观察炮塔上是没有瞄准罩的；这种炮塔仅在指挥仪控制下进行远程射击。在炮塔的后部，炮塔长有自己的单独工作间，可以借助潜望镜，透过炮塔后部中央位置、测距仪上方的挡风玻璃进行观测。该舰上的测距仪要比"伊丽莎白女王"号上的更长。还要注意炮塔具有 30° 的更大发射仰角

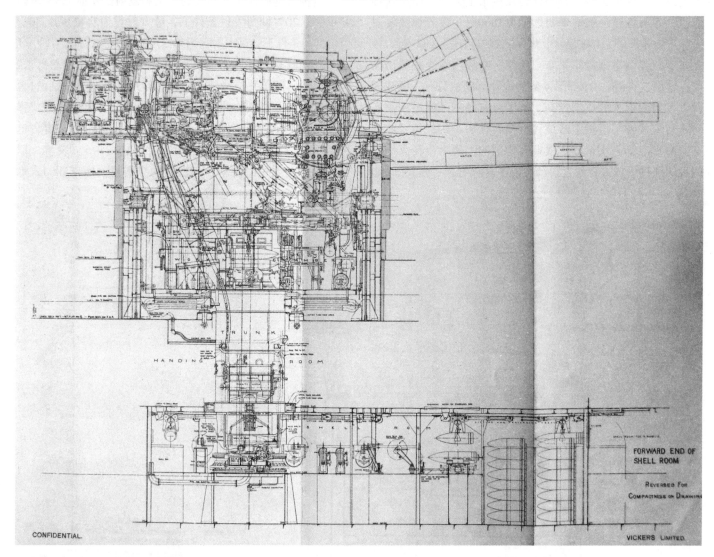

家火炮厂、埃尔斯维克军械公司和威格士公司这三家公司的设计方案。与以往的做法迥异的是，"实验型14英寸口径火炮"的原型炮同时由埃尔斯维克军械和威格士两家公司制造。埃尔斯维克军械公司的设计最后被挑中了：它将B管和套管一次铸造成形并安装埃尔斯维克军械公司的三步

短臂炮尾机构。不幸的是，这种铸造方式是失败的。稍后订购的第二门原型炮拥有独立的B管并安装威格士公司的炮尾机构，这门火炮成为了此种实验的原型炮。

　　这种火炮的炮管结构包括：锥形内A管、A管、缠管钢丝、B管以及护套。炮尾最大直径为68.5英寸。标准炮弹的

弹形系数为4。一种8值CRH弹形系数的炮弹（重1965磅）也于1918年7月17日获准生产，但已经来不及投入第一次世界大战。英国皇家海军曾经计划在浅水重炮舰上使用这种炮弹，其射程较一般炮弹要远至少3000码［设若加装发射火药（炮弹重量为4500磅）、炮弹的炮口初速达2500英尺/秒之时］。英国皇家海军只有"胡德"号战列巡洋舰的吊车可以容纳这种8值CRH弹形系数的炮弹。制造只有一艘战舰可以发射的炮弹的成本过高，英国皇家海军开展过相关实验之后就放弃了批量生产该种炮弹的计划。1922年，英国皇家海军以第一次世界大战期间德国的38厘米口径火炮使用过的那种C/12式管状发射药发射了这种炮弹：在18.33吨/平方英寸药室压强的情形下，实现了2508英尺/秒的炮口初速。

这种火炮的额定寿命大约为全装发射药发射335发被帽穿甲弹。20°仰角发射条件下，最大射程为24423码；30°射击仰角条件下，最大射程为30227码。

Mk I式炮塔的瞄准系统使用了2台旋转斜盘发动机，2门火炮向后倾斜并与滑轨连接，其仰角高低调节分别由1台液压缸控制。滑轨上设置一台填塞炮弹和发射药的链式弹药装填器。俯仰角范围为−5°～+20°。理论上来讲，这种炮塔可以全仰角装填，但通常会固定在+5°装填，以避免火炮出现径向跳动。与以往的战列舰一样，Mk I式炮

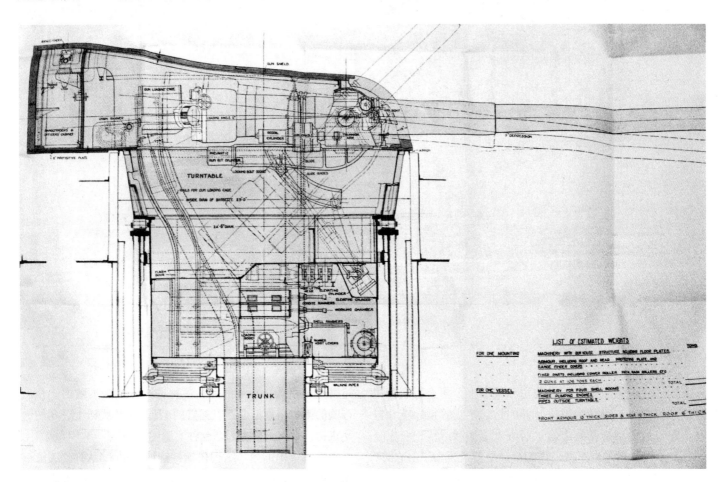

上图：阿姆斯特朗公司（埃尔斯维克军械公司）为战后智利战列舰或巡洋舰设计了这种双管15英寸45倍径火炮炮塔

塔的弹药室也建在炮弹库之上，以尽量减轻水下攻击造成的破坏；但这种炮塔没有处置室。发射药随炮弹一起由下吊车的吊篮一起上升，然后转移至上吊车的吊篮近旁的等待位。英国皇家海军给"内伊元帅"号和"苏尔特元帅"号浅水重炮舰安装上了预定给"拉米利斯"号战列舰的炮塔。"内伊元帅"号浅水重炮舰的炮塔又转移到了"恐怖"号浅水重炮舰上。在分别于1916年8月和9月彻底完工之前，"恐怖"号和"黑暗界"号浅水重炮舰炮塔的俯仰角范围被改造为+2°～+30°，而"苏尔特元帅"号浅水重炮舰则直到1917年3月才完成此种改造。改造之后的炮塔设定了+5°的固定装填角。Mk I式和Mk I*式炮塔的旋转机构重量为750～770吨，包括一条直径27英尺的辐道。炮塔的内部直径为30英尺6英寸，同一炮塔相邻两门火炮的轴心间距为90英寸。最大瞄准和俯仰速度分别为2°/秒和5°/秒。理论开火周期为36秒，但1917年10月1日曾实现过30.2秒的开火周期。浅水重炮舰炮塔防护装甲厚度：正面为13英寸，侧面及后部为11英寸，顶部为5英寸。战列巡洋舰炮塔防护装甲厚度：正面为9英寸，侧面为7～9英寸，顶部为4.5英寸。"黑暗界"号浅水重炮舰的炮塔顶部防护装甲厚度为4.5英寸。

"胡德"号战列巡洋舰上的Mk II式炮塔扩大了俯仰角范围（+5°～+30°），同时也扩大了装填角范围（上限提高至20°）。重新设计的盾形护板的防护能力更强了，正面装甲板上还设置了观察窗。这种炮塔的顶部还安装了一台30英尺高的测距仪。另外，还设立了专门的装甲观察室，以目力辅助操纵火炮的瞄准装置。这种炮塔也增强了防闪燃能力。旋转机构重量约为880吨，开火周期为32秒。炮塔防护装甲厚度：正面为15英寸，侧面及后部分别为12英寸和11英寸，顶部5英寸。

1912—1913年的新增军舰（"伊丽莎白女王"级战列舰）装备了这些火炮之后，便参加了以"印度女皇"号战列舰为靶舰的受控射击实验。"伊丽莎白女王"级战列舰开展的这次射击实验首次显示：自无畏舰出现以后，由于火炮的巨大口径（及其由此带来的庞大弹药储备/消耗），限制单艘舰船上的火炮数量成为了一种必要。这次射击实验的报告直言不讳地指出，10门主炮的战舰胜于8门主炮的战舰，8门主炮的战舰又胜于6门主炮的战舰。"所有观看了这次射击实验的人都相信首轮射击的重要性。这又取决于我们的测距仪的效能以及舰员如何使用测距仪。就此而言，德雷尔火控台的表现超出了我们的预期。"海军军械局局长指出，测距仪的效能主要取决于测距员这个人的因素，这一方面还需加强。发炮数量和射击精度都非常重要，而发炮数量则取决于火炮的数量。但决定对敌射击是否有效的则是炮弹的威力和储备量，炮弹的威力很大程度上受限于火炮的口径：就一艘特定尺寸的战舰而言，火炮的口径和数量总是呈反向关系。"就火控这一方面而言，在快速捕捉及锁定目标的前提下，（很可能）10门主炮胜于8门主炮，8门主炮又胜于6门主炮。"这份实验射击报告还批评了三管和四管炮塔"过于集中"的缺陷以及由此带来的开火方面的麻烦。然而，海军军械局局长就此指出，三管和四管炮塔可能是在一艘尺寸既定的舰船上增加火炮数量的唯一办法——法国人此后不久也在他们的"诺曼底"级战列舰上发现了这一点。他还指出，如果一艘舰船上的火炮数量低于一个最低值，大口径炮弹的威力优势将由于命中率的降低（火炮数量越少，火控系统的效能越低）而遭抵消。在当时，人们并不知道到底多少门火炮才是确保火控系统效能的确切下限；与此同时，英国皇家海军又有人指出，"其他国家的海军火炮口径正在赶超英国……"。不幸的是，时任英国皇家海军军械局局长的备忘录无法说明，海军情报局当时是否察觉到了其他国家的海军正打算装备威力比英国的15英寸口径火炮还要强大的火炮。

出口型 15 英寸火炮

阿姆斯特朗公司 / 埃尔斯维克公司

Pattern A式：出口意大利的15英寸40倍径火炮；详见意大利火炮一章。

Pattern B式：这种火炮于1919年出口到希腊，原本可能是为了武装（由位于德国汉堡的伏尔铿船厂建造的）一直没有完工的"萨拉米斯"号战列巡洋舰；阿姆斯特朗公司打算向希腊海军提供3门15英寸口径火炮和12门4英寸口径50倍径火炮。这种火炮也出口到了智利，目的是武装一艘战后完工的战列巡洋舰。B式15英寸口径火炮的构造大概是源于战前的设计。该式火炮的重量为102吨，总长46.45倍径（炮膛长45倍径）。药室压强为20吨/平方英寸。配备2发储备弹：第一发重1687磅，携438磅发射药，其炮口初速为2700英尺/秒；第二发重1951磅，携424磅发射药，其炮口初速为2506英尺/秒。较轻的炮弹在5000米（5468码）的距离上可保持2234英尺每秒的速度，足够击穿18.6英寸厚度的克虏伯表面渗碳硬化装甲；在7000米的距离上可保持2066英尺/秒的速度，足够击穿16.4英寸厚度的克虏伯表面渗碳硬化装甲。较重的炮弹的炮口初速分别为2116英尺/秒（穿甲厚度为18.1英寸）和1978英尺/秒（穿甲厚度为16.5英寸）。所属炮塔防护装甲厚度：正面为9英寸，侧面及后部为8英寸（顶部装甲厚度数据佚失）。装弹时间为26.5秒。

威格士公司

Mk A式：出口俄国的15英寸45倍径火炮（重量以俄国独有的"普特"单位计）。该式火炮的横剖面图标注日期为1914年8月15日，两次修正日期分别标注为1915年1月15日和28日。这种火炮可能是16英寸口径火炮的替代品。当时俄国只订购了1门（订单318/14/517）。火炮总长720英寸，炮膛长705.2英寸（46.8倍径）。需注意的是，这并非出口意大利的15英寸40倍径火炮。但"Mk A式"这一型号还曾被用于命名意大利海军"弗朗切斯科·卡拉乔洛"级战列舰上的15英寸40倍径火炮（详见意大利火炮一章）。需注意，英国国家海事博物馆黄铜铸造厂分馆的档案显示，英国从来不曾将出口意大利的火炮冠以"Mk A式"的型号，但很明显的是，这种火炮确实是由威格士公司设计的。

Mk B式：这种15英寸45倍径火炮本是为巴西的"里亚舒埃卢"号战列舰（未能最终完工）设计的，后来英国于1929—1935年间将18门该式火炮出口给西班牙作为岸防武器使用。这批火炮有一些留存至今，尽管已经无法使用了。炮重86.9吨，总长695.7英寸（46.4倍径）。药室容积为21665立方英寸，药室压强为19吨每平方英寸。配备的炮弹重1951磅，携带441磅发射药，炮口初速为2500英尺/秒。替换弹重1660磅，携带463磅发射药，炮口初速为2723英尺/秒。以上资料来源于该式火炮的横剖面图。

14 英寸火炮

14英寸Mk I式后膛装填炮

口径	14英寸（45倍径）（355.6毫米）
重量	84吨（不含炮尾）
总长	648.4英寸
倍径	46.31
炮膛长度	630英寸
倍径	45
膛线长度	529.82英寸
倍径	37.8
药室长度	94.165英寸
药室容积	23500立方英寸
药室压强	20吨/平方英寸
膛线：阴膛线	84条
缠度	1/30
深度	0.12英寸
宽度	0.349英寸
阳膛线	0.174英寸
炮弹重量	1586磅
发射药	344磅45号改良型柯达无烟发射药
炮口初速	2500英尺/秒

埃尔斯维克军械公司的Pattern A式火炮装备了英国的"加拿大"号战列舰，即原计划出口给智利的"海军上将拉托雷"号。海军军械局局长认为，依据初版设计图纸（没有前定位凸台），这种火炮的内A管太厚，于是决定

对第一次世界大战期间建造的储备火炮做轻型化改造。除了预备给"海军上将拉托雷"号战列舰的10门火炮，埃尔斯维克军械公司还为"海军上将拉托雷"号的姊妹舰"海军上将科克伦"号战列舰（后来的"鹰"号航空母舰）建造了10门Pattern A式火炮。其中3门的炮塔安装在轨道上，此即为Mk I*式炮塔，但从未在法国使用过。埃尔斯维克军械公司依照初版设计图纸建造了12门火炮（武装"加拿大"号战列舰的1—10号火炮和武装"海军上将科克伦"号战列舰的17号、18号火炮，其炮塔后来被改造成了Mk I*式，分别于1918年7月和9月交货）；依照修改版设计图纸，埃尔斯维克军械公司生产了11号、12号火炮（作为"加拿大"号战列舰的储备炮）和13号、14号火炮（同样作为"加拿大"号战列舰的储备炮，由威格士公司建造，其中的14号炮于1921年完成）以及为"海军上将科克伦"号战列舰建造的另外8门（除了其中的57号炮，都没

有指定序列号，这些火炮的炮塔也被改造成Mk I*式，直到第一次世界大战结束也未完工）。

14英寸口径Mk I式炮塔的辊道直径与15英寸口径火炮的Mk I式炮塔相同；炮塔底座直径比辊道直径长6英寸。旋转机构重量为660吨。同一炮塔相邻两门火炮的轴心间距为100英寸。14英寸口径Mk I式炮塔俯仰角范围与15英寸口径Mk I式炮塔的相同。升降液压缸驱动连接在火炮耳轴上的机械臂。3台液压泵为5台炮塔提供机械动力，与此不同的是，"伊丽莎白女王"级战列舰的4台炮塔各有1台液压泵提供机械动力。最大俯仰速度和瞄准速度为3°/秒。开火周期为30秒。炮塔防护装甲厚度：正面为10英寸，侧面及后部、顶部为3～4英寸。

14英寸口径火炮的额定寿命大概为全装发射药发射350发炮弹。20°仰角条件下，该火炮的最大射程为24400码。

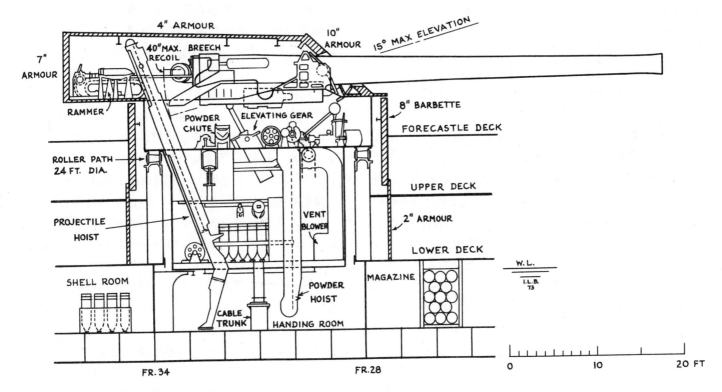

上图：英国皇家海军在浅水重炮舰上装备的美式双管14英寸火炮炮塔

14英寸Mk II式后膛装填炮

口径	14英寸（45倍径）
重量	63吨（不含炮尾）
总长	642.45英寸
倍径	45.89
炮膛长度	622.85英寸
倍径	44.49
膛线长度	536.79英寸
倍径	38.3
药室长度	80.4英寸
药室容积	15115立方英寸
药室压强	16.5吨/平方英寸
膛线：阴膛线	84条
缠度	自炮口往里22英寸这一段为渐速缠度，从1/50升至1/30，其余为1/32
深度	从0.075英寸渐变至炮口处的0.2736英寸
宽度	0.3165英寸
阳膛线	起初为0.2071英寸渐变至炮口处的0.250英寸
炮弹重量	1400磅
发射药	335磅
炮口初速	2570英尺/秒

这种火炮由美国的伯利恒钢铁公司为希腊战列巡洋舰建造，后来发现无法交货，就卖给了英国；后者用这些火炮武装了"阿伯克龙比"号、"罗伯茨勋爵"号、"哈夫洛克"号和"拉格伦"号浅水重炮舰。该种火炮最后交付了8门。建造规格大概与同时期的美国海军火炮相当。这种火炮的炮管结构包括1个连接着炮尾的A管、2个延伸至炮口的1B管和2B管、1个延伸至炮尾与炮尾内衬相啮合的C管、套箍1C和套箍2C、与炮尾部内衬相啮合的护套、套箍1D和套箍2D。身管最大直径为46英寸，这比典型的英式火炮要小得多。服役期内，这种火炮的炮管发生了下垂现象；经过260发全装发射药射击之后，"阿伯克龙比"号浅水重炮舰上的该种火炮炮管下垂了13/60°~14/60°。炮管下垂并不会影响射击方向，但会使火炮的射程变得无法确定。"拉格伦"号浅水重炮舰上的火炮从来没有实现过2500英尺/秒的炮口初速，通常只有2350英尺/秒。管状火棉发射药

对火炮的腐蚀性不如改良型柯达线状无烟火药那么强烈，因此260发的射击次数远不到火炮寿命的1/3。若以改良型柯达线状无烟火药作为发射药，炮口初速约为2400英尺/秒。

海军军械局局长认为火炮的纵向锁固可能出现问题。最外层的炮管和套箍全由套箍2C锁固，套箍2C的定位凸台作用于1B管和2B管，并经由套箍2D作用于C管和套箍1C。当火炮发射之时，较薄的A管径向扩张，所有套箍与身管之间产生松脱，炮管的梁强度由此受损。皇家火炮厂按照他们的绕线工艺（标准的英式火炮设计）生产了两具储备炮管。这些火炮的膛线缠度是1/30，药室压强为18吨/平方英寸。

炮塔是伯利恒钢铁公司制造的Mk N式，俯仰角范围为−5°~+15°，装填角为固定的0°；该炮塔在英国被叫做14英寸口径美国电动炮塔，因为它是完全由电力驱动的，并因此深受英国皇家海军欢迎。火炮被置于连接着液压弹簧式制退-复进装置的圆柱形滑道之上，大部分火炮发射造成的后坐力都会被液压缸吸收，而炮身又随之被制退-复进装置推回。经由液压变速传动装置，电动引擎驱动的蜗轮蜗杆机构作用于基座后部。Mk N式炮塔上的两门火炮可以锁定在一起工作，但通常是各自独立的。火炮的瞄准动作也是经由液压变速传动装置由一台电动引擎驱动。炮弹在贮藏、运输升降过程中都是弹首朝下置放的，在处置室装入吊车（一次26发）。发射药被分成固定的每份1/4磅，盛放在专门的筐子里，以人力传送。1918年，"拉格伦"号浅水重炮舰遭德国"戈本"号战列巡洋舰击沉，但由于其防闪燃布置，并未发生殉爆事件。由于"拉格伦"号浅水重炮舰的炮塔没有任何装甲防护，人们认为：这是"缺少防闪燃措施等疏忽（而非当时所认为的敌方俯冲弹击穿了英舰弹药室）正是英国皇家海军在日德兰海战中损失众多战列巡洋舰的原因所在"的又一证据。Mk N式炮塔的旋转机构重量为620吨（辊道直径为23英尺10.25英寸，炮塔底座内径为28英尺），同一炮塔相邻两门火炮的轴心间距为88英寸。Mk N式炮塔的防护装甲厚度：正面及侧面

上图：刚刚竣工的英国皇家海军“猎户座”号正在展示其前置 13.5 英寸火炮炮塔。炮塔上配有瞄准罩，但尚未装配测距仪

10英寸，后部7英寸，顶部4英寸。

1919年，海军军械局局长评论道，较之英国，美国的火炮设计存在很大的不安全因素，“这大概是由于他们的技术改进不够彻底……他们在获取大量钢材方面存在不小的困难，因此，他们的火炮设计境况可能相当于20年之前的英国”。他认为，美国的大口径火炮直到最近才采用绕线强固工艺（事实并非如此），“除了某些后期设计，美国火炮的阻气门和可替换衬管方面的问题也必须解决”。皇家海军还从美国购买了2门14英寸口径的Mk VI式火炮。按照英国皇家海军军械局局长的描述，所有购自美国的火炮都“设计拙劣”。

这2门Mk VI式（在皇家海军的代号；在美国海军被称为Mk I式4型）火炮在设计上与伯利恒钢铁公司造14英寸口径火炮相似，但更换了衬管，外层身管的锁固也改进了。由于设计的原因，这些火炮的衬管非常薄，海军军械局局长担心测验射击期间发生的问题会再次出现：在射击测验过程中，31号火炮的定位凸台处衬管发生堆矗现象，不得不返厂“消除炮管阻塞”。这两门火炮都不曾使用过。英国人手中另外还有两门美国火炮，曾被冠以“Mk V式”的型号，同样没有被使用过。

海军军械局局长认为，Mk VI式火炮的炮尾设计颇为怪异。炮尾部内衬外壁铣有螺纹且与护套及外层身管啮合，内A管和A管仅由定位凸台固定。这种炮尾设计锁固不充分，很可能导致炮尾的堵塞——某些火炮上确实出现了这种问题。为此，英国皇家海军在这些火炮的炮尾加装了锁定环。

尽管如此，海军军械局局长对这些火炮突出的耐用性印象深刻，这部分地是因为使用了火棉发射药。1919年，"阿伯克龙比"号浅水重炮舰上的火炮被从舰上撤了下来：尽管发射炮弹超过250发之后，其烧蚀磨损程度还不到使用寿限的1/3，但炮管下垂了13/60° ~ 14/60°。海军军械局局长认为，如果只使用火棉这一种发射药，与发射次数极不匹配的炮管下垂（而非身管内膛腐蚀）才是决定火炮寿命的终极因素。他指出，通过反方向牵引低垂的炮管，并对滑轨进行改造，这些火炮还能重新列装，但他同时也质疑这种办法的长效性。

Mk III式： 2门Mk III式火炮（14英寸口径的15号、16号炮）本是埃尔斯维克军械公司为日本建造的，很可能是为了武装"山城"号战列舰；但后来按照Mk I式的性能指标做了改造，用做火车牵引炮，于1918年投入法国战场。这2门火炮的交货时间分别是1918年3月和4月。

Mk VI式： 威格士公司为俄国的"波罗底诺"级战列巡洋舰建造的14英寸口径火炮（Mk B式，详见下文）。俄国订购了24门Mk VI式火炮，英国交付了16门，其中3门安装到火车牵引炮架上，但未被投入法国战场。其中一门于1918年9月交付，另外两门（没有安装炮尾装置）于1918年10月交付。这24门火炮的序列号是19、34 ~ 56。

出口型14英寸火炮

阿姆斯特朗公司/埃尔斯维克公司

Pattern A式： 为"海军上将拉托雷"号战列舰（后来的"加拿大"号）建造，参见上文有关"皇家海军Mk I式火炮"的内容。

Pattern B式（？）： 英国国家海事博物馆中收藏的阿姆斯特朗公司有关档案显示，该公司曾为"智利战列巡洋舰"建造了一门14英寸口径50倍径火炮，但没有其他资料佐证。该火炮总长718.4英寸，炮膛长700英寸（50倍径）。

这种火炮可以以380磅发射药（药室压强20吨/平方英寸）发射1586磅炮弹，炮弹的炮口初速可达2650英寸/秒。火炮尾部的外直径为67英寸。总重量约为97吨。Pattern B式是一个可能存在但未经证实的火炮型号。设计图纸（M.37125）上没有标明日期。

威格士公司

Mk A式：（在用于掩护的假型号"12英寸Mk J式"被放弃后采用此命名）为日本建造的14英寸45倍径火炮；详见日本火炮一章。

Mk B式： 为俄国的"波罗底诺"级战列巡洋舰建造的14英寸52倍径火炮。详见俄国火炮一章。

13.5英寸火炮

13.5英寸Mk V式后膛装填炮

口径	13.5英寸（45倍径）
重量	76吨（不含炮尾）
总长	625.9英寸
倍径	46.4
炮膛长度	607.5英寸
倍径	45
膛线长度	509.57英寸（炮弹膛内行程515.37英寸）
倍径	37.7
药室长度	92.13英寸
药室容积	19650立方英寸
药室压强	20吨/平方英寸
膛线：阴膛线	68条
缠度	1/30
深度	0.1125
宽度	0.445英寸
阳膛线	0.1787
炮弹重量	1400磅/1250磅
爆炸药	117磅4盎司
发射药	297/293磅
炮口初速	2500/2550英尺/秒

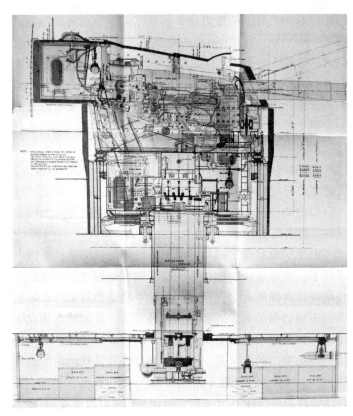

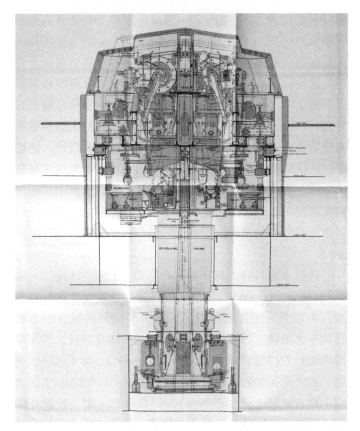

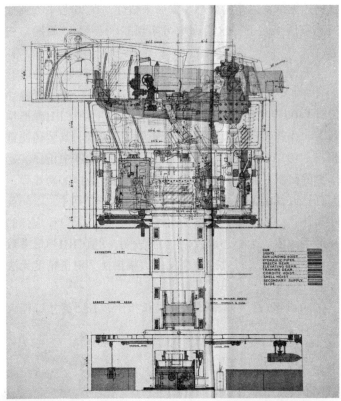

上左图和右图：双管 13.5 英寸 BII** 式炮塔，用于武装"铁公爵"号（埃尔斯维克公司）、"马尔伯勒"号（埃尔斯维克公司）、"印度皇帝"号（威格士公司）和"老虎"号（威格士公司）

左图：图示为用于武装"征服者"号、"阿贾克斯"号和"本鲍"号的双管 13.5 英寸炮塔。该种炮塔是考文垂军械厂设计的第一种炮塔，与威格士公司和埃尔斯维克公司的产品有很大不同。主要区别在于电动液压装置、火炮装弹笼及其吊车、瞄准引擎、装填器控制系统、火炮下降控制系统和护盾等

　　13.5英寸口径火炮是威格士公司设计的。这种火炮装备了"猎户座"级、"英王乔治五世"级、"铁公爵"级超无畏舰以及"狮"级战列巡洋舰和"虎"号战列巡洋舰。这种火炮一共生产了206门，头67门（序列号为501—567）是等径A管，其余的采用做了防阻塞改造的锥形A管。Mk V*式是这种火炮的一种改进类型，内衬为锥形，

但后来被放弃了。在20°最大仰角条件下，Mk V式火炮的射程为23820码（使用1250磅炮弹）或23740码（使用1400磅炮弹），炮弹越重，其飞行过程中的存速能力越强。在搭载这种火炮的军舰遭废弃以后，这种火炮被英国皇家海军拆卸下来。直到第二次世界大战期间，在多佛尔港还有3门改为火车牵引炮的该种火炮，另有3门该种火炮在更换衬管后变身为一个"超高速火炮"项目的实验用炮。建造商：阿姆斯特朗公司生产71门（49门在埃尔斯维克军械公司生产，22门在位于奥彭肖的惠特沃思公司生产），比尔德莫尔公司生产10门，考文垂军械厂生产14门，威格士公司生产47门，皇家火炮厂生产53门，伍尔维奇军械厂生产58门。

这种火炮最初的掩护性假命名是"12英寸A式"。第1门火炮于1909年11月出厂，于11月19日接受首次发射测试。大概是为了保密的目的，英国军械部的报告中直到1910年才出现这门火炮的踪影。1908年10月28日，海军军械局局长专门要求威格士公司设计一种13.5英寸口径的火炮，要求是在8000码射程的速度和12英寸口径的Mk X式火炮一样；威格士公司于当年12月3日拿出了第一份设计图纸，并应英国军械部的要求拿出了一份改进版（钢丝缠绕至炮口位置）设计图纸。威格士公司同时还拿出了一份13英寸口径火炮的设计图纸。威格士公司的设计方案展示了一种重74.5吨，18.5吨药室压强情形下、以2500英尺/秒的炮口初速发射1250磅炮弹的火炮。英国军械委员会计算，为使炮弹获得预期的存速能力（以实现12英寸火炮那种危险界和命中率），13.5英寸口径火炮的炮口初速须为2550英尺/秒。依据修改后的设计图纸，这种火炮的炮耳轴前部炮管缠绕了更多的强固钢丝。膛线与12英寸Mk X式和Mk XI式相同（威格士公司曾经推荐过一种更具外国特色的设计）。威格士公司推荐了一种锥形A管的微调方案。在最初的射击实验中，13.5英寸口径火炮发射了60发4值CRH弹形系数炮弹和60发8值CRH弹形系数炮弹。英国皇家海军不满意8值CRH弹形系数炮弹的射击精度，但4值、6值CRH弹形系数炮弹的射击精度达到了要求（总体上，4值CRH弹

形系数炮弹的射击精度更令英国皇家海军感到满意，唯一的例外情形是：在12000码的距离上，装填立德炸药的4值CRH弹形系数炮弹射击精度非常勉强）。6值CRH弹形系数炮弹的弹着速度非常可观：4值CRH弹形系数炮弹可在9300码的射程，以30°的法线角击穿12英寸厚度的克虏伯表面渗碳硬化装甲，6值CRH弹形系数炮弹则可在11500码的射程做到这一点。

据161次射击之后的测量来看，这种火炮的膛内烧蚀磨损较之12英寸口径的Mk VIII式火炮要轻微一些，较之12英寸口径的高初速火炮则要好很多。膛线的额定寿命大概是全装发射药发射450发炮弹（350发重型炮弹）。

由于实验取得了成功，海军军械局局长决定，英国皇家海军应当继续研制一种精度与实验火炮相当但弹道更高且耐烧蚀磨损的火炮，而不是寻求一种威力与实验火炮相当但不耐磨损的火炮。要达到这种要求，可能的办法在于设计一种压强承受力更高（20吨）的药室。最终，海军军械局局长提出的要求是，总长、重量以及形状都与实验火炮相同，工作药室压强不超过19.5吨。为进行测试，军工人员决定改造一门Mk V式火炮，以使其药室可以承受303磅管状柯达无烟发射药的爆燃。据后来估计，在20吨/平方英寸的药室压强之下，这门火炮可实现2700英尺/秒的炮口初速。

英国皇家海军还对更大口径的炮弹产生了兴趣。1910年4月20日，英国军械部要求皇家火炮厂总主管领导设计1400磅和1500磅重量的被帽普通弹（4值CRH弹形系数）。炸药装药量须与1250磅炮弹相当或者与其装药比重相当。1910年11月，海军军械局局长决定整体中止1500磅炸弹的研制；同时，不打算为既有舰船装备1400磅炸弹，而打算以其装备未来的舰船：弹长不超过67英寸，以66英寸为佳，以方便装入吊车。出于这种考虑，大口径炮弹的弹形系数值应为4、5以及6。实验表明，8值CRH弹形系数大口径炮弹在飞行过程中会发生大幅摇摆，射击精度无法保证。

1911年1月，海军军械局局长指出，13.5英寸口径火

炮的额定药室压强是18吨/平方英寸，事实上存在很大的冗余，无疑可以应对20吨/平方英寸的药室压强。这种火炮的寿命也异乎寻常地长：就其中一门发射过250发炮弹（额定发射药）的火炮的测评情况来看，最终寿命可达450发。充分利用13.5英寸口径火炮的药室强度冗余的三种可能方案分别是：在炮弹重量不变的前提下增加发射装药、增加炮弹的重量以及使用管状柯达无烟发射药。然而，就管状柯达无烟发射药而言，13.5英寸口径火炮的药室容积过大，计算的结果更支持使用更大重量的炮弹。当药室压强增加（发射药由293磅增加至301磅）至19吨/平方英寸时，炮口初速可由2540英尺/秒提高至2640英尺/秒。在4000码的距离上，危险界可由264码增加至287码；在8000码的距离上，危险界可由104码增加至122码；在12000码的距离上，危险界可由57码增加至62码。在4000码的距离上，剩余速度为2277英尺/秒（而非标准状态下的2202英尺/秒）；在8000码的距离上，剩余速度为1960英尺/秒（而非标准状态下的1900英尺/秒）；在12000码的距离上，剩余速度为1694英尺/秒（而非标准状态下的1642英尺/秒）。另一方面，如果使用297磅发射火药（药室压强19.2吨/平方英寸），1400磅炮弹的炮口初速可达到2509英尺/秒，并不比标配炮弹慢多少。危险界也与标准发射状态的相差无几：在4000码的距离上，危险界为260码；在8000码的距离上，危险界为112码（比标准状态下的还要略远一些）；在12000码的距离上，危险界为61码。在4000码的距离上，剩余速度为2129英尺/秒；在8000码的距离上，剩余速度为1920英尺/秒；在12000码的距离上，剩余速度为1685英尺/秒。由此可见，较之标配炮弹，重型炮弹的存速能力更强一些。射程越远，重型炮弹的相对存速能力越强。此外，重型炮弹的爆炸装药为182磅，而非标配炮弹的170磅。海军军械局局长同时也指出，13.5英寸口径火炮发射1500磅炮弹的实验表明，其射击精度无法令人满意，而发射1400磅炮弹的"射程及射击精度"实验结果则是令人满意的。此外，若以13.5英寸口径火炮发射，既有的穿甲弹很可能在（非0°法线角）撞击装甲的过程中解体。炮弹重量的增加主要体现为（在不增加爆炸装药的前提下）弹体强度的提高；给被帽炮弹"增重"也是同理。使用新式炮弹之后，战列舰的排水量会增加60吨左右。炮弹的长度也增加了，但对吊车等炮塔所属装置的运作并无不利影响。海军建造局局长提出的有关列装此种重型炮弹的动议并未遭遇反对意见，海军审计官于1911年1月12日作出了"尽快列装"的批示。第一海务大臣和海军大臣几乎是第一时间同意了这项动议。

第一批列装13.5英寸口径火炮的战列舰（"狮"级战列巡洋舰和"玛丽女王"级战列巡洋舰、"猎户座"级战列舰）只发射轻型炮弹。所有其他列装13.5英寸口径火炮的战列舰全部发射重型炮弹。之所以如此，并不在于火炮本身，而在于舰上的吊车等弹药供给、装填设备存在细节性的差异。

与15英寸口径的Mk I式火炮相比，13.5英寸口径Mk V式火炮的钢丝强固需要采取更多步骤，护套与B管重叠更少，炮尾直径更大（60英寸）。13.5英寸口径Mk V式火炮的额定寿命为全装发射药发射450发炮弹。20°仰角条件下，最大射程为23830码。

炮塔："猎户座"号、"君主"号、"雷神"号、"狮"号、"皇家公主"号使用BII式；"英王乔治五世"号、"百夫长"号、"大胆"号、"玛丽女王"号使用BII*式；"铁公爵"号、"马尔博罗"号、"印度女皇"号、"虎"号使用BII**式；考文垂军械厂生产的BIII式、BIII*式、BIII**式分别安装在"征服者"号、"阿贾克斯"号、"本鲍"号上。BII式炮塔由埃尔斯维克-威格士公司共同制造。BII式炮塔和BII*式非常相似，但后者的升降液压缸更大、升降速度也更快。这些炮塔可提供-5°~+20°范围内的俯仰角。最初，所安装的2台液压泵无法使火炮迅速归位，之后，"猎户座"号、"玛丽女王"号和"虎"号的炮塔都配备了3台液压泵，再之后的战列舰上的炮塔则配备4台液压泵。即便如此，在多格尔海岸海战过程中，英国军舰上的13.5英寸口径火炮在大仰角条件下的归位时间还是长达11秒，不得不因此降低射击仰角。由基座支撑的火炮架设在滑轨上，由升降液压缸借助与火炮耳轴相连的机械臂推动耳轴完成归位动作。炮塔瞄准系在旋转斜盘发动机的驱动下，经由相关动力和传动装置实现。炮弹水平进入和离开吊篮，但在吊篮运动过程中，炮弹呈38°倾角放置，如此12英寸口径炮弹的炮塔才能容纳13.5英寸口径炮弹。与埃尔斯维克-威格士公司制造的炮塔的情况不同的是，在考文垂军械厂制造的炮塔中，液压缸直接对滑轨做功，其瞄准动作的驱动力来自2台7缸液压发动机而非旋转斜盘发动机。另外一个不同之处是，后者安装了独立的底层炮弹及发射药吊车，炮弹也非倾斜放置（但在上层吊车当中，炮弹也需倾斜放置）。

　　BII式系列炮塔的旋转机构重量约为590吨，辊道直径为24英尺6英寸，炮塔内径为28英尺。同一炮塔相邻两门火炮的身管轴线间距为90英寸。俯仰速度和瞄准速度分别为3°/秒和2°/秒（BII**式的俯仰速度为5°/秒）。发射周期为30秒。炮塔防护装甲厚度：正面及侧面9英寸，后部8英寸，顶部2.5～3.25英寸，后来又增加了1.5英寸。BIII系列炮塔的各项速度指标与BII式系列相同。

　　英国的官方清单中还列有更加轻型的装备在老式"君权"级战列舰上的13.5英寸口径30倍径火炮。这些军舰出现在一份1914年的出售清单中，但其中的"复仇"号最终被英国留在手中，后被派往多佛尔海军基地司令部，参与轰击德国占领下的比利时海岸的行动。然而，"复仇"号战列舰当时并没有装备13.5英寸口径火炮。作为一艘炮术训练舰，"复仇"号战列舰上的火炮曾于1912年被改造成10英寸口径的Mk VIII式火炮，后又为奔赴多佛尔海军基地司令部参与对岸轰击行动被改造成12英寸口径。除了身管更短（33.76倍径）之外，10英寸口径的Mk VIII式火炮和12英寸口径的Mk VIII式火炮基本相同。由于英国皇家海军此前还曾经出于测试柯达发射火药的目的对13.5英寸口径火炮开展过此类改造，所以1914年的时候再这样做可谓驾轻就熟。改造之后的火炮重68.7吨，炮口初速约2350英尺/秒。使用2值CRH弹形系数炮弹、13.5°射击仰角发射时，火炮射程为13650码；进一步提高射击仰角的情形下，射程可达16000码。

13.5英寸Mk VI式后膛装填炮

口径	13.5英寸（45倍径）
重量	77吨
总长	625.9英寸
倍径	46.4
炮膛长度	607.5英寸
倍径	45
膛线长度	506.743英寸
倍径	37.5
药室长度	85.0英寸
药室容积	16800立方英寸
药室压强	19.5吨/平方英寸
膛线：阴膛线	68条
缠度	1/30
深度	0.12英寸
宽度	0.445英寸
阳膛线	0.1787英寸
炮弹重量	1400磅/1250磅
爆炸药	117磅4盎司/117磅6盎司（通常）
发射药	297磅/293磅45号改良型柯达无烟发射药
炮口初速	2445英尺/秒

　　威格士公司制造的Mk A式火炮装备了英国皇家海军的"爱尔兰"号战列舰。Mk A式火炮与Mk V式火炮极为相近（但不完全相同），前者的药室稍小；由于发射装药量较小，其炮口初速也比后者低55英尺/秒。Mk A式火炮一共建造了10门，威格士公司和埃尔斯维克军械公司各建造5门。在建造"爱尔兰"号战列舰的过程中，订购者奥斯曼土耳其政府要求本国海军部评估该舰的火炮设计；应土耳其海军部的要求，威格士公司不得不中途更改"爱尔兰"号的外部形制，使其火力配置与英国舰船相当。为此，威格士公司给"爱尔兰"号战列舰安装了2门Mk V式火炮，在第一次世界大战爆发前夕完成了全部建造工作。威格士公司给这两门Mk V式火炮配备了专门的288磅发射药包，目的在于使其炮口初速与Mk VI式火炮的相当。13.5英寸口径火炮的专用炮塔与BII式炮塔十分相近，只有一点不同：前者的工作间可容纳16发炮弹，后者的工作间可容纳12发

炮弹。20° 射击仰角情形下，13.5英寸口径火炮的射程为23113码。

出口型 13.5 英寸火炮

阿姆斯特朗公司（埃尔斯维克公司）

Pattern B式：1887年出口意大利的343毫米（13.5英寸）口径30倍径A式火炮。

Pattern C式：皇家海军Mk III式火炮。英国国家海事博物馆中的目录中不见Pattern A式火炮的踪迹。

威格士公司

Mk A式：参见上文Mk VI式火炮。

12 英寸口径火炮

12英寸Mk VIII式后膛装填炮

口径	12英寸35倍径
重量	46吨
总长	445.6英寸
倍径	37.1
炮膛长度	425.25英寸
倍径	35.43
膛线长度	349.385英寸
倍径	29.1
药室长度	70.0英寸
药室容积	13403立方英寸
药室压强	17.0吨/平方英寸
膛线：阴膛线	48条
缠度	从炮尾开始到距离炮口278.95英寸处膛线为直膛线，此后是0~1/30
深度	0.08~0.1英寸（长度为70.335英寸；1902年更换衬管之后阴膛线长度为63.541英寸）
炮弹重量	850磅
爆炸药	83磅4盎司（通常）

12英寸Mk VIII式后膛装填炮

发射药	174/200磅
炮口初速	2417/2375英尺/秒
以被帽穿甲弹击穿1倍径厚度的克虏伯表面渗碳硬化装甲的最远距离	3100码

　　Mk VIII式是英国的第一种大口径绕线炮管强固火炮。此前只有阿姆斯特朗公司在小口径火炮上运用过绕线炮管强固工艺。Mk VIII式火炮由位于伍尔维奇的皇家火炮厂设计，于1893年12月进行了首次试射，此后被用来替代英国战列舰上的13.5英寸口径主炮。Mk VIII式火炮武装了英国的"威严"级和"卡诺珀斯"级战列舰，此后还随4艘"威严"级战列舰上的Mk VIII式火炮炮塔被转移安装到8艘"克莱夫勋爵"级浅水重炮舰上。20世纪20年代，在泰恩河附近，"卓越"号战列舰上的2座Mk VIII式火炮炮塔（提高射击仰角之后）被转移安装到了"基奇纳"号和"罗伯茨"号浅水重炮舰的炮位上。总计，英国建造了74门Mk VIII式火炮，另外还建造了5门Mk VIIIV式和Mk VIIIE式。Mk VIIIV式和Mk VIIIE式是威格士公司和埃尔斯维克军械公司对Mk VIII式进行重新设计之后的产物，目的是通过采用管壁更厚——定位凸台和环形沟槽也更宽厚——的镍钢材质内A管和A管的办法来消除炮管阻塞现象。强固钢丝不再缠绕至炮口位置。Mk VIII*式则是一项最终流产的火车牵引炮计划的产物，其不同之处在于改造了药室，以避免高仰角发射时可能发生的不幸事故。

　　Mk VIII式火炮的炮管强固钢丝缠绕至炮口位置，在外A管（内部嵌套1个较薄的内A管）和B管及护套之间，在B管和护套的接合点部位有1个起固着作用的C螺纹环。炮尾结构的炮尾部内衬与A管之间通过螺纹拧固在一起；A管上又有1个套箍以螺纹与护套拧固在一起。Mk VIII式火炮采用手动炮尾机构。

　　与同时期的所有其他英国皇家海军火炮一样，Mk VIII式火炮发射的是2值CRH弹形系数炮弹；只有浅水重炮舰上的火炮才发射4值CRH弹形系数炮弹和一些8值CRH弹形系数炮弹。使用专门的发射火药，在30°仰角、2400英尺/秒炮口初速条件下，8值CRH弹形系数炮弹（重873~878磅）的射程可达26000码。在13.5°仰角、2375英尺/秒炮口初速条件下，2值CRH弹形系数炮弹的射程只有13900码；在30°仰角、2375英尺/秒炮口初速条件下，4值CRH弹形系数炮弹的射程为22870码。

1892年2月，英国皇家海军也提出过建造12英寸口径40倍径火炮的要求，但最终被12英寸口径35倍径火炮的方案取代了，这主要是出于优化火炮的重心位置的考虑，同时也因为有人质疑皇家海军是否需要长身管火炮。实验过12.5

英寸和13.5英寸两种口径之后，军工局局长提出了大幅扩大火炮药室（长度由56英寸增加至70英寸）的动议，以使用效能更好、颗粒更细的柯达无烟发射药，有效避免药室温度对炮口初速的不利影响。埃尔斯维克军械公司建造的头2艘战列舰（“威严”号和“宏伟”号）上的火炮药室无法进行上述改造，因为它们的药室至多只能加长至60英寸。埃尔斯维克军械公司此后建造的其他军舰上的火炮则都进行了药室加长改造：若使用既有的发射药，这种改造可使炮口初速提升50英尺/秒，而如果使用柯达无烟发射药，则可使炮口初速提升150~200英尺/秒。容积增大的药室可以使用一种烈度更小的柯达药柱。海军军械局局长也主张增

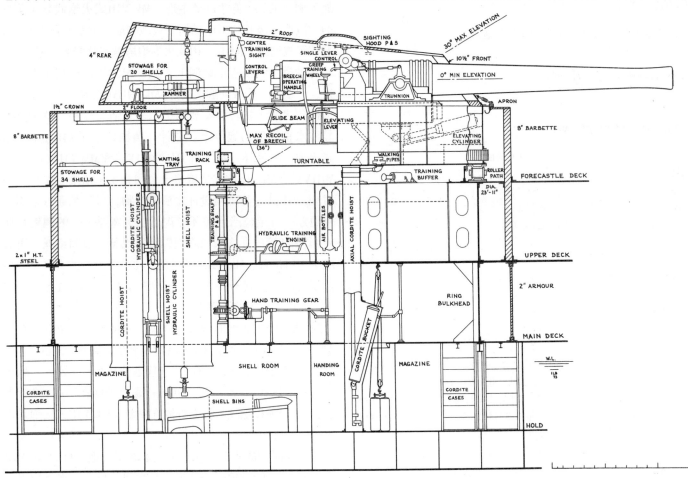

上图：“威严”级舰船的12英寸BII式炮塔，配备单段吊车，炮塔仅能在中线方向装弹（伊恩·巴克斯顿）

局长指出，为了采用加长版火炮药室，炮塔底座也必须加以"拉长"，但旋车盘的直径应当保持不变。由于舰面高处的任何增重都是不可忍受的，（药室加长之后）炮塔的装甲厚度必须做相应的削减。埃尔斯维克军械公司指出，药室加长10英寸会产生三方面的影响。第一，弹药装填器必须"后撤"10英寸，以便为随药室加长而加长的发射药台车留置足够的空间。第二，弹药装填器顶端的向前冲程也必须增加10英寸。第三，弹药装填器尾端的回撤必须增加30英寸。由于弹药装填器尾端已与炮塔的装甲极为靠近，所以后者也必须随之后撤30英寸。难办之处在于，在12.5英寸口径和13.5英寸口径火炮实验完成之前，上述所涉各处的规格已经确定了。

为容纳40倍径火炮，炮塔底座必须进一步"拉长"，设若炮塔装甲厚度不变，这将使舰面高处的重量增加80~90吨。为避免这种情况发生，炮塔装甲的厚度必须由14英寸减薄至12.5~12.75英寸。反对40倍径火炮的另一个理由是，根据以往的经验，如果火炮设计没有定形，搭载这些火炮的舰船就无法及时开工建造；尤其是，炮塔建造也必然随之延宕。面对以上反对意见，海军军械局局长撤回了自己的动议；新式火炮的规格被确定为炮膛长35倍径、药室长70英寸。使用200磅45号改良型柯达无烟发射药，这种火炮的炮口初速为2375英尺/秒。

重新设计/建造的火炮拥有1/30的等齐缠度膛线，没有使用新的型号。1908年，英国皇家海军估计，这种火炮的寿命为全装发射药发射220发炮弹。若使用改良型柯达无烟发射药（而非Mk I式柯达发射药），这种火炮的寿命预计为全装发射药发射400发。最初，英国皇家海军预估这种火炮的（有效射击精度）寿命为150~200发，在此之前它受到了射击精度不够的指责。1900年，考虑到弹带对膛线的严重磨损（54号火炮的射击评测证实了这一点），这种火炮的预估寿命被认定只有130发。引入一种新式弹带之后，这种火炮的寿命提升至220发。使用改良型柯达无烟发射药，这种火炮的额定寿命为500发。

为这种火炮设计炮塔的要求于1892年4月21日被发送给

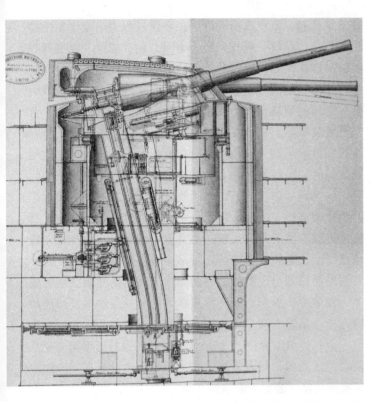

上图：图示这张来自埃尔斯维克公司的图纸，大体上展示的是英国皇家海军"凯撒"号上的 BIII 式炮塔的情况，除了上面所绘火炮的最大仰角稍微大了一些（可能对应的是为日本"敷岛"号制造的配备 40 倍径火炮的炮塔的情形）。注意该种炮塔的装弹角度是固定的

加药室长度，同时还主张重新开造更大倍径的火炮。一方面，到了1894年4月的时候，（参照其他海军强国的火炮炮膛长度）英国皇家海军军械局局长已经看清了，将火炮身管的长度由30倍径直接加长至40倍径的做法有些过头；另一方面，海军建造局局长已于1893年7月表示不反对建造更大倍径比身管的火炮。据估计，火炮炮膛长度每增加5倍径，炮口初速就将提高100英尺/秒；长度增加之后的药室本身可以使炮弹实现2400英尺/秒的炮口初速，这样一来，炮口初速可达2500英尺/秒。

埃尔斯维克军械公司此后建造的另外7艘军舰上的火炮都采用了加长版药室，其中5艘是"威严"级。海军建造局阿姆斯特朗-米切尔公司、约瑟夫·惠特沃思公司、帕尔默斯造船厂以及军工局局长。炮塔可以是电力驱动的也可以是液压动力的，须有人工动力备用系统。火炮应被架设在炮塔底座上，但设计者可以自由安排装备的位置。由于提出了"须有人工动力备用系统"这一要求，火炮的平衡必须非常好，旋转部分的重心必须严格控制在旋转支点附近（克服舰船的横向摇摆对此尤其重要）。由于火炮发射过程中存在制退–复进动作，火炮的俯仰平衡是一个难点。此外，为满足"须有人工动力备用系统"这一要求，新式炮塔只能采用摆动式旋转闭锁螺式炮尾结构。其他设计要求包括固定角度装弹和全角度装弹等。固定角度装弹（最典型的是中轴线位置装填）最容易实现，尤其是对同一炮塔的联装火炮进行同时装填更加容易，但这会使自身成为敌方火炮之下的一个脆弱目标。"威严"级战列舰的炮塔既可以固定角度装弹也可以在任意角度装弹（一次只能操作一门火炮）。最后，埃尔斯维克军械公司的设计方案被选中了。

"威严"级战列舰的炮塔（BII式）采用了人工操作的备用转向装置，因而必须具备良好的平衡性。这种人工操作的炮塔转向装置具有双速模式设置，"快速"模式需要更多的人工。因此，埃尔斯维克军械公司为这种炮塔安装了一台电动引擎作为"助力器"；在埃尔斯维克军械公司设计建造的同一时期的日本战列舰上，这种电动引擎甚至可以独自完成火炮的瞄准动作。为便利人工调整射击仰角，设计人员对滑轨和炮管的平衡性能做了优化设计（而在"威严"级战列舰的前身、"君权"级战列舰上，火炮尾部非常沉重，光是抬升炮尾也需要使用液压升降机，回落则依靠自身重力）。

在"君权"级战列舰上的13.5英寸火炮炮塔中，炮弹由位于炮塔底座之外的固定式扬弹筒当中的吊篮逐一吊运至装填位置。吊篮里承载着炮弹和均分成两份的发射药。吊篮在位置固定的弹药装填器和旋车盘之间的装填孔（通向炮尾）之间往复。炮弹从吊篮卸下后，成排码在与火炮对齐的位置，装填器则推动炮弹穿过扬弹筒进入火炮。然

后吊笼升起，流程重新进行。在装弹过程中吊笼不发生移动。与在"君权"级战列舰上不同，在"威严"级战列舰上，吊篮在火炮内侧做升降运动。在扬弹筒的外部，与扬弹筒并行的是既可以承载炮弹也可以承载一次发射所需所有发射药的装填台车。装填台车的后部与装填器相连，台车带着装填器，从所在与扬弹筒口平齐的位置出发，沿着导轨穿过旋车盘（火炮就架设在上面），直抵火炮的炮尾处。然后，吊篮装弹并上升，直到炮弹对着扬弹筒上的门洞。一旦到了该位置，炮弹倾侧着"翻身躺进"装填台车的装填槽当中。接着，装填台车升至炮尾，炮弹则在此被推进炮膛。然后是程式相同的发射药输送、装填步骤，装填器每次往炮膛推送弹药之后都会被往后推回至另一侧。一俟发射药通过了门洞，吊篮立即下降至扬弹筒底层装载下一发炮弹，而非在扬弹筒顶端等待上一发炮弹及弹药装填完毕。吊篮有两个，分别系于同一缆索的两端，互为衡重。火炮装填角为1°。就吊篮和其所伺服的扬弹筒来说，前者是活动的，后者是固定的，因此，通常是在一个固定的瞄准角度上装填火炮炮弹。

但是，这种炮塔也能实现全角度装填，只不过炮弹须事先存放在炮塔的内部（8发存放在防盾后部，20发存放在固定式弹药装填器附近、旋车盘和炮塔底座装甲之间的空当）。在这种情况下，需要不断往上提升的只有发射药（通过旋车盘正下方的1个圆形管道），输送工具是一个长圆形的吊篮。

英国皇家海军共有7艘战列舰采用了此种弹药装填系统，分别是"威严"号、"宏伟"号、"乔治王子"号、"胜利"号、"朱庇特"号、"火星"号、"汉尼拔"号。这7艘战列舰的炮弹扬弹筒都是固定的，所以其炮塔底座是"梨"形的。采用了这种弹药供应系统的BII式炮塔后来还被转移安装到一些浅水重炮舰上。BII式炮塔既可在固定的13.5°仰角状态下纵向装填（主装填方向），也可使用液压装填器在固定的1°仰角状态下任意方向装填（辅装填方向）。转移安装至浅水重炮舰之后，经过改造，这种炮塔能在全角度装填，俯仰角范围也调整为0°~+30°；炮

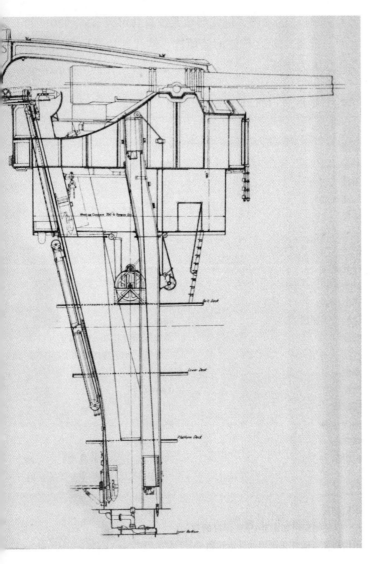

上图：装备着埃尔斯维克公司的BIV式炮塔的"阿尔比恩"号和"光荣"号，特点是安装有英国最后的单段吊车

塔内的炮弹存放量由16发增加至20发，吊车被改造成能在前部的装填位置堆垛34发炮弹。

　　1894年，英国皇家海军提出了设计/建造新火炮的要求。此时，英国皇家海军的另外两艘军舰（"凯撒"号和"卓越"号战列舰）所处在的建造阶段使它们来得及安装

一种圆形（因而更加轻型）的炮塔底座。英国皇家海军还想将一些建造合同交给其他军械厂，诸如英国皇家军械公司和约瑟夫·惠特沃思公司。英国皇家海军军械局局长推荐约瑟夫·惠特沃思公司。这次火炮设计没有固定装弹方位的限定。最重要的变化是在火炮下方设置了一个随火炮转向而转向的炮弹库。扬弹筒的固定部分从弹药库和炮弹库延伸过来，探入旋转扬弹筒。炮弹库中可存放28发炮弹。火炮将在最大仰角状态下装填弹药，此时只能使用液压装填器。斜导杆从弹药库通向炮尾，吊车也随之运动。每台吊车可在托盘上携带一发炮弹，在其下方的袋子中携带2份发射药。吊车可在3秒钟之内由液压动力或人力升至炮尾位置。两台桥式吊车将炮弹从炮弹箱中取出、装入吊车（在20秒之内）。发射药经由中央式固定扬弹筒内部的吊篮提升上来，再由人力取出，装入吊车的发射药盛装袋当中。在运转间隙，还可以利用扬弹筒补充炮弹箱中的存量。这种弹药供应系统的最大优势在于，完成弹药装载的吊车总能在3秒钟内抵达装填位置，因此可以有效提高火炮的发射速度。海军军械局局长估计，安装了这种弹药供应系统的军舰可在65～80秒的时隔之内连续发射，这一点也被试验所证实。

　　这种弹药供应系统当中与炮塔随转的上层作业面后来被称为"处置室"。取消固定角度装填之后，炮塔的重量得以减轻（因为炮塔底座变成圆形的了），同时还避免了固定角度装填时段的对敌瞄准盲区。人们后来才认识到，分隔输送炮弹与发射药还会带来另一项重大优势，即可以将回转炮塔及处置室与弹药库隔离开来，这样一来，即使回转炮塔部位被敌方炮弹击中或发生了爆炸，也不会波及弹药库并进而危及舰船整体。此外，固定角度装填要求火炮的旋车盘锁固不动。"凯撒"号、"胜利"号、"卡诺珀斯"号、"歌利亚"号以及"海洋"号安装的都是BIII式炮塔。和BII式炮塔一样，BIII式炮塔的俯仰角范围也是－5°～+13.5°。装填角一般固定在13.5°。

　　1896年，英国皇家海军为另外5艘战列舰的炮塔建造进行了招标，这5艘舰船即"卡诺珀斯"号、"海洋"号、

"歌利亚"号、"阿尔比恩"号、"荣光"号。这项工程被分配给了阿姆斯特朗公司和约瑟夫·惠特沃思公司，但这两家公司此后不久就合并为一家。对于这项工程，海军军械局局长的要求是，扩大弹药库系统的性能，以使弹药能够从弹药库和炮弹库直接抵达装填位置，而无需在弹药库中暂存。埃尔斯维克军械公司拿出来的新方案设计了1个顶端与支撑火炮的旋车盘相接合的扬弹筒。"阿尔比恩"号和"荣光"号战列舰上的炮塔设有一个小的弹药库，这是为了满足人工装填的需要，还有一个向下直达炮弹库的长扬弹筒（与炮塔底座的旋车盘随动）。通过旋转扬弹筒上的两个门洞，炮弹被滚进旋转炮弹托盘。装载着炮弹和发射药的吊篮从底部直升至火炮尾部；火药运输流程不会受到任何干扰。在此设计被通过后，在"凯撒"号上的试射显示此种设计要比中断式的运输设计迅速得多。

"阿尔比恩"号和"荣光"号战列舰安装的是BIV式炮塔。该式炮塔的俯仰角范围和装填角都与BIII式炮塔相同。"阿尔比恩"号和"荣光"号战列舰的设计方案确定之后，威格士公司很快提交了有关这两艘军舰的12英寸口径40倍径火炮及其炮塔的设计方案（参与竞标）。按照这个方案，炮塔将设置旋转扬弹筒，炮弹库里将安装一个旋转式炮手平台，使用滑轨上的链式装填器装弹的重要附加价值是可以采用全角度装弹。到了这个时候，英国皇家海军已经发出了新建1艘"复仇"级战列舰的订单，并希望其布局与武备直接复制5艘"卡诺珀斯"级战列舰。然而，阿姆斯特朗和惠特沃思公司认为，厂家无法承受这种建造方案；于是，英国皇家海军转而要求埃尔斯维克军械公司为这艘战列舰拿出一个全新的设计方案来，既已承担了"复仇"号战列舰建造任务的威格士公司也受邀参加此次竞标。

后来，只有"复仇"号战列舰安装了威格士公司设计的具备多种新功能的BV式炮塔。BV式炮塔所实现的链式装填器由伍尔维奇军械厂于1894年首次提出；经"君权"号战列舰的射击实验，这种装填系统的主要优势是，将单程装填时间由11秒缩短至4秒：由于一次完整的装填操作可分

解为3个独立的步骤，链式装填系统总共可以节省约20秒的时间。此外，较之传统的装填杆，链式装填器所需占据的空间也大为缩减。

12英寸Mk IX式、Mk IX*式后膛装填炮

口径	12英寸40倍径
重量	50吨
总长	496.5英寸
倍径	41.4
炮膛长度	480.0英寸
倍径	40
膛线长度	386.7英寸
倍径	32.2
药室长度	87.395英寸
药室容积	17909立方英寸
药室压强	18吨/平方英寸
膛线：阴膛线	48条
缠度	自炮尾至距炮口338.74英寸处为滑膛，此后膛线缠度是0~1/30
深度	0.1
宽度	0.467英寸
阳膛线	0.1612
炮弹重量	850磅
爆炸药	831磅4盎司
发射药	246磅/254磅45号改良型柯达无烟发射药或211磅柯达无烟发射药
炮口初速	2610英尺/秒
以被帽穿甲弹击穿1倍径厚度的克虏伯表面渗碳硬化装甲的最远距离	4800码

12英寸口径Mk IX式、Mk IX式*式武装了"可畏"级（"威严"级的改进版）、"伦敦"级、"邓肯"级、"英王爱德华七世"级战列舰以及3艘"M"级重炮潜艇。在这3艘重炮潜艇上，这些火炮被视为鱼雷的替代品，但事后看来并不可靠。这大概就是第一次世界大战时期的潜射反舰导弹了。按照设计者的构想，这些潜艇将在水面航行状态下发炮。19门该式火炮拨给了英国陆军，其中一些被

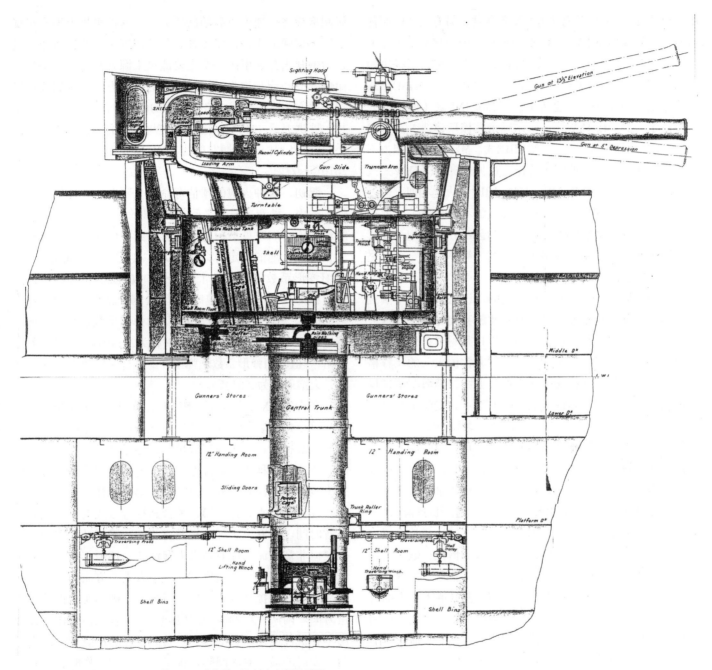

上图："英王爱德华七世"号上的 BVIIS 式炮塔，资料来自相关手册

用于组装9门火车牵引炮并为之预备备件，另有从"伊丽莎白女王"号战列舰上拆下来的4门该式火炮被移交给了意大利。Mk IX式火炮总共建造了110门，另有一些为了解决炮管阻塞问题而建造的该式火炮的改进版本：5门Mk IXE式（埃尔斯维克军械公司建造），5门Mk IXV式（威格士公司建造），3门Mk IXW式（伍尔维奇军械厂建造）。这13门Mk IX式火炮的改进版与Mk VIIIE式、Mk VIIIV式相去不远。第一次世界大战期间还曾建造过另外6门Mk IXW式火炮。Mk IX*式火炮的设计目标与Mk VIII*式火炮相似（通过改造药室避免高仰角发射时可能发生的不幸事故），但这个改造方案最终没有实施。12英寸口径Mk IX式火炮（及其各种衍生版本）采用了威格士公司制"简单力偶"式炮尾机构，合计建造了129门。

如前文所述，建造40倍径火炮的动议已于1894年搁置了。然而，英国皇家海军并没有就此放弃拥有更长身管火炮的念头，海军军械局局长于1896年12月写道，列装一种威力更强大的12英寸火炮的前景是"非常诱人"的。威格士公司此前已经就此提交了一份设计方案，但海军军械局局长认为这个方案不是最佳的潜在方案：它受到了"可安装在既有的现役炮塔上"要求的局限。使用180磅发射药，这份设计方案将发射能量提升了10%（实现2500英尺/秒的炮口初速）。发射装药量和药室容积都稍有增长，弹道性能可能因此获得明显改进。"从火炮的建造难度来考虑，炮膛长度最好不要超过40倍径……因为制造既长且薄的A管不仅困难，成本也将大幅增加。"海军军械局局长提议，火炮总重不超过50吨，炮膛长度不超过40倍径，炮口初速不低于2600英尺/秒。第一海务大臣同意了海军军械局局长的这个意见。"卡诺珀斯"级战列舰及其舰上火炮的订单已经发出了，所以这些还在设计当中的新式火炮预计将于1898—1899年及之后的年度计划中正式列装。海军军械局局长指出，其他国家（大概是指法国）的海军已经列装了威力更加强大的12英寸口径火炮。海军建造局局长补充道，试验表明，更高的炮弹飞行速度是提高炮弹穿甲能力的最重要因素，"其他国家的海军在提高炮弹飞行速度和

研制炮弹飞行速度更高的新式火炮"这件事情上不会犹疑不决。炮弹的飞行速度（弹着时刻速度）之所以重要，是因为炮弹击穿装甲的一个主要能量来源就是炮弹的动能，而炮弹的动能与炮弹的飞行速度的二次方（以及炮弹重量的一次方）成正比。威格士公司的设计方案最终（1897年6月）被挑中了。Mk IX式火炮于1898年11月首次试射。使用254磅改良型柯达无烟发射药，Mk IX式火炮的炮口初速为2610英尺/秒。

起初，这种火炮的预估寿命为全装发射药发射80发炮弹，采用一种新式弹带之后，预估寿命提高至130发全装发射药炮弹。以改良型柯达无烟发射药替代Mk I式发射药之后，这种火炮的额定寿命为280发。13.5°射击仰角、2值CRH弹形系数炮弹条件下，若炮口初速2573英尺/秒，火炮射程为15300码；若炮口初速2612英尺/秒，火炮射程为15590码。20°射击仰角、4值CRH弹形系数炮弹条件下，若炮口初速2573英尺/秒，火炮射程为21190码。在30°射击仰角、4值CRH弹形系数炮弹条件下，若炮口初速2612英尺/秒，火炮射程为26514码。

在为Mk IX式火炮设计炮塔时，英国皇家海军提出了具备"可全角度装填弹药"功能这项条件。至于弹药是从弹药库出发径直提升至炮尾装填位置还是经由药库到炮塔中间层（通常被称为"炮弹库"），再到炮尾装填位置，相关决策人员还没有达成一致意见。第一种弹药提升方式的主要优势是节省人力，第二种弹药提升方式的主要优势是节省时间。而有关于弹药提升方式的"脆弱性"问题（以后变得非常致命）此时还没引起注意。1897年的一项分析结果是，第一种弹药提升方式在节省人力方面的优势并不明显，第二种提升方式采用分段吊车，则确实可以节省大量时间。两次发射的时间间隔即为火炮各机件运作时长和吊车各机件运作时长的总和。费时最长的步骤最终规定了两次发射的最小时间间隔。火炮各机件的运作时长看起来已经削减到了最低限度：火炮归位及打开炮尾需9秒，清理炮膛需5秒，以装填器将另一发炮弹装填到位需12秒，以装填器将发射药装填到位需12秒，清空下吊篮需3秒，闭锁炮

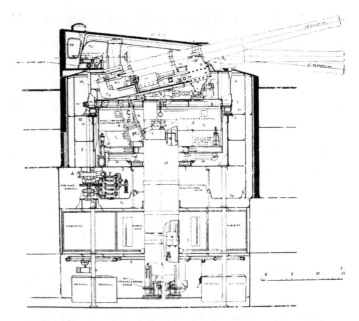

上图：威格士公司所绘制的"无法抗拒"号（属于"可畏"级）所属BVII式炮塔图纸，可以清楚地在上面看到分体式吊车。火炮为40倍径的Mk IX式

下图：为"M"级潜艇研发的特种12英寸炮塔模型，馆藏于英国伦敦南肯辛顿区的科学馆（作者）

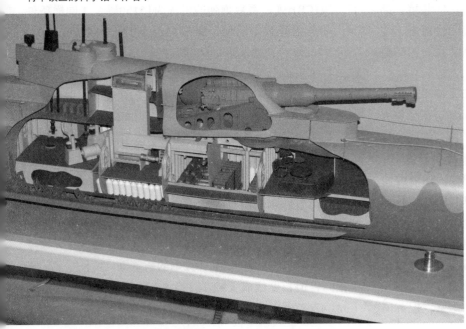

尾需4秒，击发已在炮膛中就位的炮弹需4秒，总计48秒。由此，最短发射周期即为这48秒（内含吊篮转运弹药的时间）加上分段吊车系统所需花费的3秒钟，两次发射之时隔计为51秒。1897年的那次分析还计算了将弹药从炮塔底部提升至炮尾装填位置的时间：将药库里的发射药和炮弹库里的炮弹装载到吊篮里需10秒，将吊篮里的发射药和炮弹卸载并装填进入炮膛需24秒，将吊篮提升至炮尾装填位置需15秒（直送扬弹筒）或3秒（分段扬弹筒），将吊篮归位至炮塔底部需15秒或3秒，总计40秒（分段式弹药供应）或64秒（直送式弹药供应）。较之断续式弹药供应，直送式弹药供应的时间花费要多36%。皇家海军此前已经有军舰（"百夫长"号战列舰）装备了炮弹库弹药供应系统，但与此处所述新的弹药供应方案是两回事。在1897年11月4日海军审计官主持的一次会议上，与会者以5人支持、3人反对的表决结果通过了上马断续式扬弹系统的决议，与会者包括海军审计官和海军军械局局长。

英国皇家海军部提出了一个未来炮塔设计依据的基础性方案。按照这个方案，英国军舰上安装一个随火炮旋转而旋转的直筒式扬弹筒（由炮弹库直通炮尾炮弹装填位置），直筒式扬弹筒内部两侧安装了2部输送炮弹的升降机，另在炮口指向的方位为发射药安装了2部升降机（往下只能抵达上弹药库）。在直送扬弹筒的最底部，是2台沿着圆形轨道运行的炮弹推车，在往上运输炮弹时，炮弹推车不是被锁定在扬弹筒对面，就是被锁定在舰船所属的从炮弹库延伸出来的轨道下方。推车带着炮弹，顺着轨道进入炮弹升降机，推车与轨道解锁，然后被锁定到旋转扬弹筒上。发射药则经由人工从直筒扬弹筒内的中央吊篮转移至发射药吊篮。1897年，英国皇家海军部给威格士公司写了一封拒绝后者此前提交的一个方案的信件，以上观点在这封信中也有表露。这以后，基于海军部的设计思路，威格士公司和埃尔斯维克军械公司各自提交了自己的（新建战列舰所需）火炮建造方案。结果，埃尔斯维克军械公司的方案中标了"可畏"号、"不和"号战列舰的火炮建造计划，威格士公司的火炮方案中标了"反抗"号战列舰的火炮建造计划；威格士公司另外还中标了"复仇"号战列舰的火炮建造计划（见前文所述）。和之前的战列舰火炮一样，这些火炮的俯仰角范围也是−5° ～ +13.5°。

埃尔斯维克军械公司制造的Mk BVI式炮塔装备了"可畏"号、"不和"号、"壁垒"号、"伦敦"号、"女王"号、"康沃利斯"号、"邓肯"号、"罗素"号、"蒙塔古"号。在这种炮塔上，链式装填器置于炮室后部，装填角为固定的4.5°。弧形回旋辊道直径为25英尺6英寸（所有战列舰火炮炮塔统一）。炮塔底座内径为34英尺10英寸，同一炮塔相邻两门火炮的轴心间距为90英寸（所有火炮同此）。炮塔的防护装甲厚度：正面及侧面8英寸，后部10英寸，顶部2～3英寸。

威格士公司制造的Mk BVII式炮塔装备了"反抗"号、"威尔士亲王"号、"阿尔比马尔"号以及"埃克斯茅斯"号。可在任意角度装填，但通常是2°～3°装填。第一次世界大战期间，各国海军舰炮通常是高角度射击，之后归位和重新装填时稍微压低炮管角度，然后重新抬高炮管发射。炮塔底座的内径为34英尺8英寸。

Mk BVII式炮塔还装备了所有8艘"英王爱德华七世"级战列舰。Mk B7式炮塔结构更加强固，因而能够承受更大量的发射火药。1918年，"英联邦"号和"西兰大陆"号战列舰上的Mk B7式炮塔的最大射击仰角被提高到了30°。炮塔底座的内径为31英尺，炮塔总重为433吨。炮塔的防护装甲厚度：正面9英寸，侧面8英寸，后部12英寸，顶部3英寸。

"M"级潜艇的开放式炮塔上的火炮俯仰角范围为−2°～+20°，装填角为2°。1915年，埃尔斯维克军械公司和威格士公司受令设计为英国潜艇设计一种12英寸24倍径的液压传动炮塔，须具备一个全封闭的装甲炮室，但英国皇家海军此后又决定只建造一座潜艇水下用炮塔（12英寸口径Mk IX式），只需所配备火炮内部和装填塔具备水密功能即可。火炮安置在无装甲防护的装填塔之内，并可从中探出，弧形回旋辊道直径为7英尺6英寸，火炮可沿着20°范围的轨道弧转动。炮塔及火炮总重为120.4吨。这门潜艇火炮的装填只能在水面之上进行，进入瞄准状态之后，可在潜望深度于25秒之内发射。完成一次发射之后，潜艇可在15秒之内重回潜望深度。在水下潜航时，须以炮口塞堵塞火炮炮口。

标准配弹的弹形系数值为2，但英国皇家海军为那些最大射击仰角提高至30°的舰船以及潜艇上的Mk BVII式炮塔配备了4值CRH弹形系数炮弹，目的是增加射程。

以上表格数据来自于"英王爱德华七世"级战列舰所装火炮的数据。"可畏"级和"邓肯"级战列舰上的火炮使用211磅柯达无烟发射药，可实现2552英尺/秒的炮口初速。1908年，这些火炮的预估寿命为130发（使用柯达Mk I式火药）或280发（使用246磅改良型柯达线状无烟火药）或240发（使用254磅改良型柯达线状无烟火药）炮弹。在2552英尺/秒的炮口初速和最大射击仰角（13.5°）条件下，2值CRH弹形系数炮弹的射程为15150码。（同样条件下，"英王爱德华七世"级战列舰上的火炮则可以2612英尺/秒的炮口初速实现15600的射程。）在2552英尺/秒的炮口初速和20°射击仰角条件下，4值CRH弹形系数炮弹的射程为20950码；在2612英尺/秒的炮口初速和30°射击仰角条件下，4值CRH弹形系数炮弹的射程为26500码。

第一次世界大战期间，英国皇家海军还在计划外建造了Mk IX式和Mk X式火炮，这两种火炮使用了锥形内身管，所以不需要前定位凸台（如同Mk IXW式火炮那样）。备用衬管也没有前定位凸台（否则，此处A管必须有足够的厚度），相当于前后定位凸台之间的那截身管也变短了：就像Mk VII式和Mk IX式那样。1914年以后建造的该式火炮膛线采用1/30的等齐缠度。某些火炮的药室也"拉长"了（容积相同，但长度变成了92.767英寸），膛线则因此变短了（381.426英寸）。

12英寸Mk X式、Mk X*式后膛装填炮

口径	12英寸45倍径
重量	58吨
总长	556.5英寸
倍径	46.4
炮膛长度	540.9英寸
倍径	45
膛线长度	453.193英寸
倍径	37.8
药室长度	81.0英寸
药室容积	18000立方英寸
药室压强	18吨/英寸
膛线：阴膛线	60条
缠度	1/30
深度	0.1英寸
宽度	0.467英寸
阳膛线	0.1612英寸
炮弹重量	850磅
爆炸药	831磅4盎司
发射药	260磅改良型柯达无烟发射药
炮口初速	2746英尺/秒
以被帽穿甲弹击穿1倍径厚度的克虏伯表面渗碳硬化装甲的最远距离	7600码

　　该式火炮武装了英国皇家海军的"无畏"级、"柏勒洛丰"级战列舰和"无敌"级、"不倦"级战列巡洋舰以及"纳尔逊勋爵"级战列舰。英国皇家海军还曾计划将该式火炮安装到最后3艘"英王爱德华七世"级战列舰（"非洲"号、"不列颠尼亚"号和"爱尔兰"号）之上，但没有实施。第一次世界大战期间，英国皇家海军将3门该式火炮以及4门备件炮转移至比利时海岸附近，以反击那里的德国远程火炮。在14英寸口径的火车牵引炮于1918年出现之前，它们一直是威力最大的英国陆军攻击火炮。产量为133门Mk X式和2门Mk X*式。早期设计类型的A管和内A管更薄，因此追加套箍也更薄（轻4英担）。计划当中的Mk X**式和Mk X***式火炮最终没有开建。第一次世界大战期间，英国皇家海军开始使用锥形内A管来预防炮管阻塞

问题。随着第一次世界大战的结束，这种火炮的生产订单也中止了。已经生产出来的那些火炮配备的是2值CRH弹形系数炮弹，"柏勒洛丰"级和"不倦"级战列舰上的这些火炮则配备了4值CRH弹形系数炮弹，"无畏"级、"柏勒洛丰"级战列舰后于1915—1916年期间收到了4值CRH弹形系数炮弹。1920年1月，英国皇家海军预备向英国陆军和皇家空军提供85门12英寸口径火炮，但最终没有实施。

　　该式火炮的诞生始于1903年1月23日英国皇家海军向英

上图："坚定"号上的侧翼12英寸45倍径火炮炮塔，该舰采用了和"不屈"号同种类型的船尾，活动于福斯港海湾。请注意观察在战时添加的偏离炮塔顶中心的测距仪（约翰·罗伯茨）

国军械委员会提交的一项有关新式12英寸45倍径火炮的要求。这种火炮应当可以顺利安装到既有的炮塔上，且能够利用改良型可达发射药。药室的设计需考虑利用管状发射药的可能。炮尾机构应当是液压传动的。尽管当时的人们已对"火炮身管的强固钢丝缠至炮口"的工艺提出了质疑（9.2英寸口径的Mk VII式和Mk IX式火炮没有采用这项工艺），但还是作为该种新式火炮的设计方案的一个先决条件被提了出来。皇家火炮厂总主管受令设计一种使用普通钢材、与Mk IX式火炮相近、药室压强为18吨/平方英寸的火炮。据计算，如果药室容积为20490立方英寸，339.5磅发射药可实现2900英尺/秒的炮口初速。根据这个计算结果，埃尔斯维克军械公司和威格士公司开始着手设计一种药室容积为18000立方英寸（预备好可以扩容到19250立方英寸，以备不同发射药的需求）的火炮。威格士公司拿出的一个方案着意于使用硝化纤维素发射药。英国军械委员会挑中了威格士公司的设计方案，并认为这个方案可以不经原型测试阶段直接开建。尽管如此，英国皇家海军还要求新式

火炮能够有更高的炮口初速，皇家火炮厂总管提出，新式火炮的预期炮口初速应为3000英尺/秒，总长618英寸，总重57吨。海军军械局局长也被问到这些数据是否令他满意。在英国军械委员会1903年年度报告中收录的该种新式火炮设计图纸中，它们的型号为Mk X式和Mk XI式，后者被划上一道横杠。

英国皇家海军本部委员会于1905年批准了一批专供"纳尔逊勋爵"级前无畏舰的该式火炮的生产；该式火炮也武装英国的无畏舰。由于Mk X式火炮与之前的Mk IX式火炮非常相近，英国皇家海军没有向建造商订购试验炮，但头2门被移交给英国军械委员会开展射程及精度测验。为了对照性测验的目的，其中一门的炮管内壁拉了60道膛槽，另一门则拉了72道膛线槽。1905年2月，英国皇家海军军械局局长指出，与以前的做法不同的是，1903年的时候英国军械委员会开始建议英国皇家海军（不经原型炮测试阶段）直接向火炮厂订购火炮。这样做可以使英国皇家海军获得更多的最新式火炮，但如果某式新式火炮与之前的产品相似之处不多，这种做法是行不通的。Mk X式火炮于1905年进行了首次试射，使用260磅45号改良型柯达无烟发射药实现了2746英尺/秒的炮口初速。

与Mk IX式火炮相比，Mk X式火炮的A管更厚。炮管强固钢丝缠绕至炮口位置。韦林式炮尾机构是液压传动的，但也可人力操作。头2门分别是埃尔斯维克军械公司建造的218号炮（72道膛线槽）和威格士公司建造的219号炮（60道膛线槽）。炮尾直径为53.5英寸。

1908年，Mk X式火炮的预估寿命为（使用改良型柯达无烟发射药）200发。1915年，这一数据提高到280发。在13.5°射击仰角、2值CRH弹形系数炮弹条件下，Mk X式火炮的射程为16500码；在13.5°射击仰角、4值CRH弹形系数炮弹条件下，Mk X式火炮的射程为18850码。

1912年，英国皇家海军军械局局长制作了

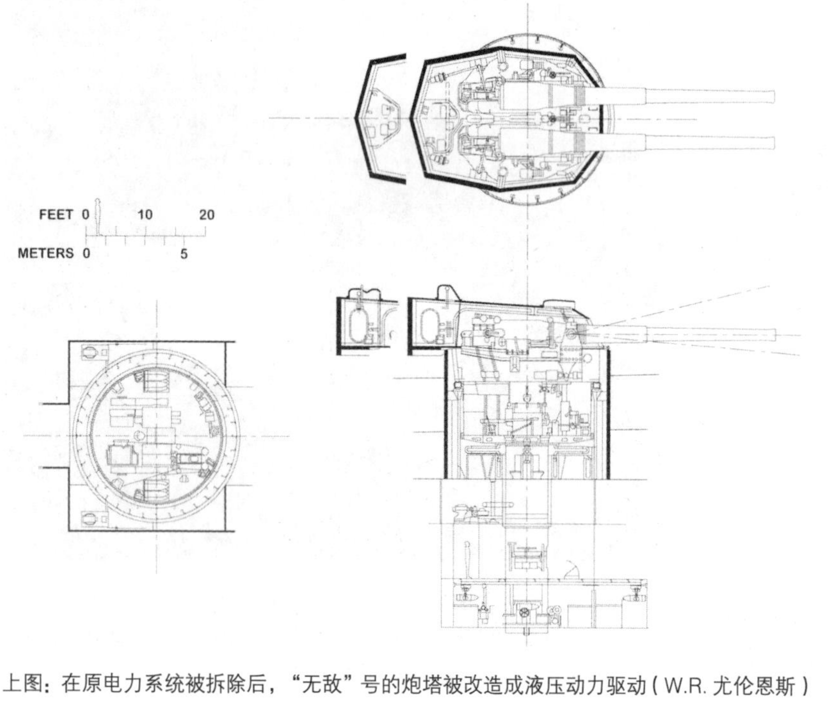

FEET 0   10   20
METERS 0   5

上图：在原电力系统被拆除后，"无敌"号的炮塔被改造成液压动力驱动（W.R. 尤伦恩斯）

一份以炮弹直径和射程表示（例如，"3/4"表示9英寸厚度的克虏伯表面渗碳硬化装甲被12英寸弹径炮弹贯穿）的Mk X式火炮穿甲性能表（如下）。

使用4值CRH弹形系数炮弹

	穿甲弹	被帽尖头普通弹
12000～10000码	2/3	1/3
10000～8000码	3/4	2/3
8000～6000码	7/8	3/4
6000码以下	1	4/5

使用2值CRH弹形系数炮弹

	穿甲弹	被帽尖头普通弹
12000～10000码	5/12	无数据
10000～8000码	7/12	
8000～6000码	3/4	
6000码以下	4/3	4/5

在最大射击仰角（13.5°）、2值CRH弹形系数炮弹条件下，火炮射程为16450码；在最大射击仰角（13.5°）、4值CRH弹形系数炮弹条件下，火炮射程为18850码。

1903—1905年间，相关主管部门驳回了英国皇家海军有关建造50倍径的Mk X式火炮的请求，理由是这并不能提高炮口初速，却会使炮塔增重60吨。

"纳尔逊勋爵"级、"无畏"号、"坚定"号和"不屈"号上采用的是BVIII式炮塔，"柏勒洛丰"级、"不倦"号、"新西兰"号、"澳大利亚"号上的炮塔是BVIII*式。"无敌"号战列舰上的A炮塔和X炮塔采用的是电力驱动的BIX式，P炮塔和Q炮塔采用的是（埃尔斯维克军械公司造）电力驱动的BX式。这些电力驱动的炮塔当中的吊篮和瞄准装置后来出现了问题，因而于第一次世界大战爆发前夕全部改造成了液压传动的。BVIII*式炮塔与BVIII式的区别在于，前者的直送扬弹筒前部安装了一台电力驱动的

下图："纳尔逊勋爵"级、"无畏"号和战列巡洋舰"坚定"号、"不屈"号上装备的 BVIII 式炮塔

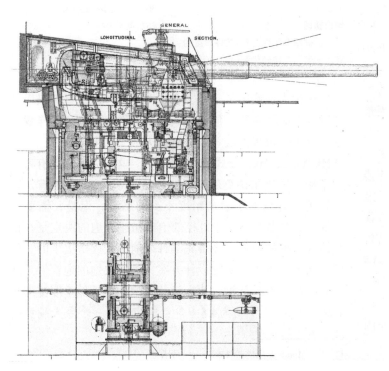
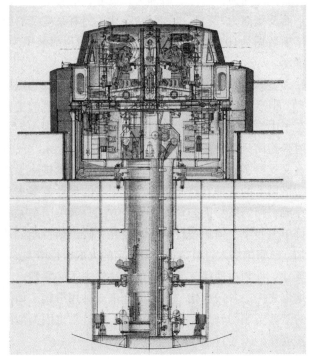

辅助性吊车。炮塔可提供的俯仰角范围为−5°~+13.5°；舰上的液压主管道提供动力。战列舰上的该式炮塔具3台液压泵，战列巡洋舰上的该式炮塔具2台液压泵。同一炮塔的各门火炮分别单独架设在滑轨上，每门火炮各由2台升降液压缸作用于另一端与炮耳轴相连的机械臂，驱动炮管俯仰。每座炮塔配备2台瞄准引擎，其中一台为备用机。BIX式炮塔的俯仰由齿条齿轮传动装置实现，瞄准动作由1台垂直轴发动机驱动。BX式炮塔上，火炮的俯仰则由导螺杆作用于另一端与炮耳轴相连的机械臂实现：这显然是一种为了向液压驱动转换而有意为之的保留性传动设计；为此，最大俯角也从−7°缩减到−5°。旋转机构总重约为465吨（战列巡洋舰上的总重约为435吨，这是由于其装甲相对较薄一些），辊道直径为23英尺6英寸，炮塔底座内径为27英尺。同一炮塔相邻两门火炮的身管轴线间距为90英寸。最大俯仰速度和瞄准速度分别为3°/秒和2°/秒。发射周期约为30秒。炮塔的防护装甲厚度："纳尔逊勋爵"号战列舰的正面及侧面为12英寸、后部为13英寸；无畏舰的正面及侧面为11英寸、后部为12英寸；所有战列巡洋舰的正面及侧面为7英寸，后部为7英寸（另有某些资料给出的该项数据为10英寸）；所有该式炮塔的顶部装甲为3英寸厚度。

皇家海军1906—1907年期间曾经考虑过三管炮塔的方案，但后来又放弃了这种想法。采用三管炮塔的主要困难在于中炮的装填速度始终赶不上翼炮，这是因为炮弹和发射弹药筒只能从旋转扬弹筒底端逐一提升上来。反过来，这又支持了大型中央扬弹筒，这种设计基本排除了液压传动格局下的各种管路布置。三管炮塔的设计方案本来已经完成，阿姆斯特朗公司作为设计方，只等英国皇家海军在订单上签字，但该设计却终遭废弃。阿姆斯特朗公司被告知，三管炮塔太过复杂，已经确定的火炮口径增大（至13.5英寸）计划也使得三管炮塔的设计失去了必要性。将同一炮塔之内的各门火炮"联结"起来或共用滑轨（如同后来的某些美制回转炮塔的做法一样）的计划也因类似的原因被废弃。

12英寸Mk XI式、Mk XI*式、Mk XII式后膛装填炮

口径	12英寸50倍径
重量	66.18吨（Mk XI*式67.18吨）
总长	617.7英寸
倍径	51.48
炮膛长度	605.6英寸
倍径	50.5
膛线长度	481.493英寸（炮弹炮膛内行程为493.3英寸）
倍径	40.1
药室长度	112.7英寸
药室容积	23031立方英寸
药室压强	18.5吨/平方英寸
膛线：阴膛线	60条
缠度	1/30
深度	0.1
宽度	0.4482英寸
阳膛线	0.18
炮弹重量	850磅
爆炸药	831磅4盎司
发射药	307磅改良型柯达无烟发射药
炮口初速	2825英尺/秒
以被帽穿甲弹击穿1倍径厚度的克虏伯表面渗碳硬化装甲的最远距离	9300码

这种火炮武装了"圣文森特"级、"海王星"级以及"巨人"级战列舰；但没有武装"不倦"级战列巡洋舰，这一点现在很多人误解了。这种火炮一共生产了85门（包括Mk XI式、Mk XI*式和Mk X式）。这些火炮里也有考文垂军械厂和比尔德莫尔公司的产品。Mk XI式火炮有（因"鞭甩"导致的）射击精度不高的恶名，但是，需要注意的是，列装13.5英寸口径低炮口初速火炮的决定是在搭载该式火炮的舰船未经事先测评之前很久就做出了的。约翰·坎贝尔指出，依据设计方案，该式火炮的炮管低垂度为4.55'[1]，在实际测评中，该式火炮的炮管低垂度范围是4.2'~4.8'（平均为4.5'）：这应当是一个令人满意的

---

1 '（Minute）：1°的1/60。——译者注

结果。在一次5发（每两发之间时隔25分钟）射击实验当中，该式火炮的炮管低垂度只有1.55'。

1906年6月21日，英国皇家海军军械局局长要求生产一种新的12英寸50倍径、炮口初速不低于2850英尺/秒（发射850磅炮弹）的火炮。考文垂军械厂显然是第一次参加这种火炮的订单竞标。从各军火厂商的竞标方案中可以看到令人惊异的火炮重量差异：威格士公司和考文垂军械厂设计的火炮重量为66吨，埃尔斯维克军械公司设计的火炮重量为也是66吨左右（但同时也拿出了一个60吨的方案），皇家火炮厂设计的火炮重量为70~77吨。最终是威格士公司赢得这笔订单。威格士公司设计的这种火炮在两方面不同于既有的火炮：炮管强固钢丝并非全程缠绕（至炮口），采用加长的圆柱形药室。之所以设计一个加长的圆柱形药室，是为了减少膛内腐蚀和获得更稳定的弹道性能；但就1909年的实际观测来看，这两个目标都没有实现。不仅如此，加长的圆柱形药室还缩短了炮弹在炮膛内部的加速距离，因而牺牲了一些炮口初速。最初设计药室的尺寸根据此时给出的参数进行了扩大。1909年之后，英国军械部首次规定，以后的所有火炮炮管强固钢丝都必须全程缠绕至炮口。按照设计要求，火炮的炮口初速为2970英尺/秒。此后，这一数据被指定为（使用318磅发射药）2960英尺/秒。1908年试射时候，测试了相当于额定寿命的38%发次之后，原型炮的A管出现裂缝。事后发现，建造图纸没有给足火炮各部件在建造过程中的收缩预留量，导致安全裕度不足；皇家火炮厂总主管和皇家火炮厂主管指出，即使火炮各部件在建造过程中的收缩预留量给足，该式火炮也不完全可靠。英国军械部不认为问题有那么严重，但也认为这种火炮的强度问题"不止于此"。皇家火炮厂总主管、威格士公司以及埃尔斯维克军械公司都各自提交了有关强化该式火炮既有产品的方案：将强固钢丝（往炮尾方向）

上图："海王星"号上的12英寸50倍径火炮配备的是BXI式炮塔。在这张战前拍摄的照片上，可观察到大量探照灯，其中包括一些双灯头探照灯。按照设计，这些探照灯是专门用于扫描夜间来袭的鱼雷艇的。英国皇家海军曾认真考虑过采用三管而不是双管12英寸50倍径火炮炮塔

之前的B管切去，换上新的收缩预留量适当的较短的B管。对于这种解决方案，英国军械部并不认可。英国军械部所建议的替代方案是，将前部护套及其之下的B管一并截去，至此往炮口方向缠上强固钢丝，加上1个新的B管并以螺纹套箍将其与护套接合在一起。这种后续改造方案使火炮的重量增加了1吨左右。新的B管管壁较薄，所以改造之后的火炮在外观上改变并不大。作为后续的建造计划，英国军械部验讫了威格士公司提交的一个新版本的Mk XI式火炮，差异在于强固钢丝覆盖至炮口。这个新版本的Mk XI式火炮就是后来的Mk XII式火炮，于1909年3月23日获通过。

约翰·坎贝尔指出，尽管Mk XI式火炮的炮管低垂问题被认为很严重，其实还是比不上（按照英国的设计方案由）美国制造的14英寸口径Mk II式火炮的问题大。

Mk XI式火炮做了与Mk X式火炮类似的后续改造，只不过这次用来接合B管和护套的是1个炮尾环而不是螺纹套箍。Mk XI*式火炮炮管上的护套吃紧底下的B套箍，B管和护套之间的接合则以1个一头紧箍B管、另一头与护套拧紧的C套箍来实现。为使火炮重心向炮尾靠近（以方便利用既有的炮塔），Mk XI*式火炮护套上紧靠着炮尾环的部位还加装了1个D套箍（使火炮重量增加了1吨多）。在流水线产品之外，埃尔斯维克军械公司、比尔德莫尔公司和考文垂军械厂还建造了一些别有特色设计的火炮单品；比尔德莫尔公司和考文垂军械厂这么做是为了证明它们有建造大口径火炮的能力。有一门12英寸口径火炮参加了英国皇家海军的"超高速火炮"计划，但这个"转型"尝试没有获得最后成功。

使用307磅45号改良型柯达无烟发射药，Mk XI式火炮的炮口初速为2853英尺/秒；使用337磅55号改良型柯达无烟发射药，炮口初速为2914英尺/秒。与早期的其他火炮相比，12英寸口径火炮的大发射装药（柯达）量使其寿命明显缩短。依据射击100发之后的膛线烧蚀磨损状况，这种火炮的额定寿命为160发；在阴膛线直径（全新火炮的该项数据规定为12.76英寸）方面，射击100发之后，Mk XI式火炮的阴膛线直径变成了12.55英寸；Mk X式和Mk IX式火炮的该项数据则分别是12.37英寸和12.35英寸。在最大射击仰角状态下，12英寸50倍径火炮的射程是21200码。

即使膛线烧蚀磨损了3/4，在使用45号改良型柯达线状无烟火药、4值CRH弹形系数炮弹条件下，12英寸50倍径火炮的射击精度也是令人满意的。若使用4值CRH弹形系数炮弹，12英寸口径50倍径火炮的远距离射击精度也很不错，但6000码距离上的射击精度不够好。

1906年10月，英国军械委员会推荐英国皇家海军列装12英寸50倍径火炮。1906年11月6日，英国第一海务大臣批准了此次列装。

1912年，英国皇家海军军械局局长制作了一份以（4值CRH弹形系数）炮弹直径和射程表示的Mk XI式火炮对克虏伯表面渗碳硬化装甲的穿透性能表（如下）。

	穿甲弹	被帽尖头普通弹
12000～10000码	3/4	5/6
10000～8000码	4/5	3/4
8000码以下	1	5/6

Mk XI式火炮的预估寿命为220发。15°仰角条件下的最大射程为21183码。

Mk XII式是皇家火炮厂于1909年建造的一种设计上与Mk XI式有所差异的12英寸50倍径火炮。在Mk XII式火炮的设计图纸中有这样一段说明文字："由于不满意337磅55号改良型柯达无烟发射药的射击精度，转而使用307磅45号改良型柯达无烟发射药"。Mk XII式火炮的外部尺寸和Mk XI式火炮相同。炮膛长度是600英寸（50倍径），炮弹在膛内的推进距离为487.3英寸（40.6倍径）。药室长度也与Mk XI式火炮的一样。

Mk XII式火炮的炮塔是BXI式。这种炮塔采用了唯一的"（炮）弹（发射）药"通用式吊篮：抵达工作室之后，炮弹和柯达无烟发射药被送进存装位置，吊篮立即返回炮弹库和药库重新吊装，从而提高火炮发射速度。防盾（炮室）经过了重新设计，内部空间和防护力都变得更大了；防盾的顶盖由3块（比以前更少了）装甲板组成，这3块装甲板都可以为回转炮塔提供遮蔽。装填吊车和高低机的运作速度也加快了。BXI式炮塔上还安装了瞄准潜望镜，瞄准潜望镜此前精度不够的问题也得到了解决。每门火炮配备2台俯仰驱动液压缸。"圣文森特"级战列舰上的BXI式炮塔上安装了6缸驱动瞄准引擎，但"巨人"号、"大力神"号上的安装的是旋转斜盘发动机。每艘军舰上安装3台液压泵，其中的"海王星"号战列舰上有4门大炮在发射后（当瞄准驱动引擎和吊车也在运作之时）无法立即归位。BXI式炮塔的旋转机构重量约为525吨，辊道直径为24英尺6英寸，炮塔底座内径为28英尺。同一炮塔相邻两门火炮的身管轴线间距为90英寸。最大俯仰及瞄准速度分别为3°/秒和2°/秒。发射周期约为30秒。炮塔的防护装甲厚度：正面、侧面及后部为11英寸，顶部为3～4英寸。"圣文森特"级战列舰的顶部装甲厚度为 4 英寸。

12英寸 Mk XIII 式后膛装填炮

口径	12英寸45倍径
重量	60.75吨
总长	556.7英寸
倍径	46.39
炮膛长度	540英寸
倍径	45
膛线长度	451.39英寸
倍径	37.6
药室长度	82.71英寸
药室容积	18000立方英寸
药室压强	18吨/平方英寸
膛线：阴膛线	72条
缠度	1/30
深度	0.10英寸
宽度	0.349英寸
阳膛线	0.1745英寸
炮弹重量	850磅
爆炸药	801磅
发射药	258磅改良型柯达无烟发射药
炮口初速	2725英尺/秒

　　Mk XIII 式火炮武装了 "阿金库尔" 号战列舰，Mk XIII 式与 Mk X 式大体相近，但不完全一样。Mk XIII 式火炮最初即是埃尔斯维克军械公司的 Pattern W 式火炮。埃尔斯维克军械公司建造了14门 Pattern W 式火炮，后又建造了7门 Pattern WI 式（即 Mk XIII 式）火炮。Pattern W 式火炮的炮管结构为，在锥形内A管之外套上单一管体的A管。较之 Pattern W 式火炮，Mk XIII 式火炮的不同之处是，它的A管分成三部分，而且其内A管上还设置了1个定位凸台。较之 Mk X 式火炮，Mk XIII 式火炮的滑轨直径更大，所以两者不能替换使用。第一次世界大战期间建造的 Mk XIII 式火炮在设计上有所改进，可从外部倒着吊送上船，因而可用来替代 Mk X 式火炮；初期建造的 Mk XIII 式火炮则不能如此改造，这是因为其前套箍的下方没有足够的金属结构。Mk XIII 式火炮的药室（使用现役发射药）更长一些，但容积与

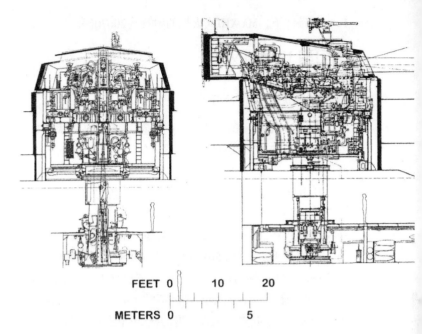

上图：威格士公司为西班牙的 "西班牙" 号战列舰建造的双管炮塔（W.R. 尤伦恩斯）

Mk X 式火炮相同。

　　Mk XIII 式火炮的炮塔是 "12英寸口径专用式"；其俯仰角范围为 −5° ~ +13°，后于1918年早期调整为 -2° ~ +16°。不同于当时皇家海军的其他炮塔，12英寸口径专用式炮塔采用固定装填角度（+5°），链式装填器安放在炮室的 "地板" 上，而非滑轨上；由此，炮塔底座的内径得以缩小（1英尺）至26英尺。12英寸口径专用炮塔以（炮膛闭锁）单盖操纵杆替代了惯常的四步操纵杆，装填速度更快。装备该式炮塔的舰船上由3台液压泵为7个回转炮塔提供液压动力。12英寸口径专用炮塔的旋转机构重量为452吨，辊道的直径为22英尺6英寸。同一炮塔相邻两门火炮的轴心间距为90英寸，这一点和其他装备12英寸口径主炮的英国战列舰一样。发射周期缩短为25秒。炮塔的防护装甲厚度：正面为12英寸，侧面及后部为8英寸，顶部为2~3英寸。

　　在最大射击仰角（最初是13.5°，战后改造调整为

16°）条件下，Mk XIII式火炮的射程为20670码。

出口型12英寸火炮

阿姆斯特朗公司（埃尔斯维克公司）

Pattern G式：即皇家海军的12英寸口径Mk V式。这个型号也为日本的"八岛"号、"三笠"号战列舰上的火炮所使用。

Pattern H式：该式火炮武装了意大利的"玛格丽特女王"级战列舰。这种12英寸40倍径的火炮重50吨16英担2夸特14磅；在205磅柯达无烟发射药（而非141磅普通发射药）的推动下，可使850炮弹实现2498英尺/秒的炮口初速（Pattern G式火炮的该项数据为2400英尺/秒）。总长500.5英寸（41.7倍径），炮膛长484.5英寸（40.4倍径），药室容积为17600立方英寸。该式火炮的横剖面图注明日期为1899年1月9日。其中一门火炮的订单号是9230。

Pattern I式：该式火炮武装了意大利的"埃莱娜女王"级战列舰。该式火炮的设计方案大概完成于1900年的某个时候（炮身制图没有标明日期）。使用220磅发射药可使850磅炮弹实现2590英尺/秒的炮口初速（药室容积为17600立方英寸，药室压强为17吨/平方英寸）。火炮重50吨15英担3夸特。

Pattern J式：该式火炮武装了日本的"鹿岛"号等战列舰。如今可见的一份有关于这种12英寸口径50倍径火炮的炮身建造图标注日期为1904年2月16日（共4门）。另外还有一份标注日期为1906年5月18日的横剖面图也注明是为了供应一个4门火炮的订单（与标注日期为1904年2月16日的那4门火炮是否"重合"如今已经不得而知）。这种火炮在使用288磅改良型（改良型52号）柯达无烟发射药发射849.75磅炮弹时，可让炮弹实现2809英尺每秒的炮口初速（药室容积为18000立方英寸，工作药室压强为18吨/平方英寸）。火炮总长561.55英寸（46.8倍径），炮膛长540英寸（45倍径）。前述炮身建造图还标注了一种替代性发射药方案：325磅柯达无烟发射药。

Pattern L式：该式火炮武装了巴西的"圣保罗"级战列舰。与当时的其他英国火炮相比，这种火炮的阳膛线数量更多一些，也更宽一些，因而抵抗烧蚀磨损的能力更强。深度则与其他英国火炮的相同。与英国皇家海军装备的12英寸45倍径火炮相比，这种火炮的炮口初速更高，这是因为它使用了管状柯达无烟发射药。火炮重量（含炮尾）为60.97吨，总长561.55英寸（46.8倍径），炮膛长540英寸（45倍径），药室长82.71英寸，药室容积为18000立方英寸。膛线：阴膛线深0.1英寸、宽0.34英寸，阳膛线宽0.185英寸。使用285磅1号齐林沃思无烟发射药（CSPI式）可使850磅炮弹实现2800英尺/秒的炮口初速。这种火炮采用固定装填角（7°），可能本来是制造用于更小型炮塔和露天炮台的。弧形回旋辊道的直径为21英尺6英寸（比英国皇家海军舰炮的此项数据少1英尺），炮塔底座的内径为26英尺。俯仰角范围为－7°～+18°。标准备弹数为每门60发，较之英国皇家海军每门100发的备弹数要少。

Pattern N式：埃尔斯维克军械公司生产的12英寸50倍径火炮，当初是作为Mk XI式火炮的竞争类型而诞生，被标示为"417号火炮"；没有内A管，但较之一般火炮更长（炮膛长606.6英寸）。

Pattern P式：埃尔斯维克军械公司生产的12英寸50倍径火炮，当初是作为Mk XI式火炮的另一款竞争类型而诞生，被标示为"419号火炮"。

Pattern Q式：为意大利建造的12英寸口径50倍径火炮，详见意大利火炮一章。

Pattern R式：该式火炮很可能是为日本战列舰"河内"号建造的12英寸45倍径火炮。一份相关炮身建造图的注明日期为1908年8月20日。这种火炮采用了绕线炮管强固工艺，采用286磅发射药，可使850磅炮弹实现2800每秒的炮口初速。火炮总长556.5英寸，炮膛长545.4英寸（45.45倍径）。药室容积为18000立方英寸，工作药室压强为16吨/平方英寸。

Pattern S式：该式火炮很可能是为日本战列舰"河内"号建造的12英寸50倍径火炮。

Pattern T式：为意大利建造的12英寸46倍径火炮，详见意大利火炮一章。该式火炮的炮管强固钢丝覆盖至离炮口较远位置。在设计过程中，其使用的穿甲弹从892磅增至918磅，半穿甲弹则从892磅减至884磅（据一封1910年1月26日的信件）。照设计方案，该式火炮药室容积为19650立方英寸，使用300磅发射药，可使892磅炮弹实现2824英尺/秒的炮口初速。火炮总长573.25英寸，炮膛长552英寸（46倍径）。

Pattern W式："阿金库尔"号战列舰装备的12英寸45倍径火炮，参见Mk XIII式火炮部分内容。另有只建造了1门的Pattern WI式火炮，订单号为18080（横剖面图标注日期为1916年4月26日）；炮重（含炮尾）为60.75吨。

威格士公司

Mk A式及Mk B式：为日本建造。初始版本的横剖面图标注日期为1904年7月27日（改进版本的横剖面图标注日期为1905年2月11日）。Mk A式和Mk B式是同一种火炮，只不过前者采用了顺时针方向滑动炮尾，后者采用了逆时针方向滑动炮尾。总长556.5英寸，炮膛长545.4英寸。炮重57吨9英担2夸特。

Mk D式：如今可见的一份有关该种12英寸50倍径火炮的炮身制图标注时间为1909年。这种火炮可能是威格士公司设计的一种12英寸50倍径火炮，因为这个设计方案的复制品被寄给了伍尔维奇军械厂总督查（时为1909年11月17日）。火炮总长617.7英寸，炮膛长605.6英寸（50.4倍径）。工作药室压强20.05吨/平方英寸。

Mk E式：供应日本海军的一种12英寸45倍径火炮。有关该火炮的横剖面图标注日期为1909年6月5日，改定日期标注为1910年3月2日。火炮重57吨12英担1夸特；总长556.5英寸，炮膛长545.4英寸。该式火炮按"27640号订单"建造了8门。

Mk F式：这是为日本战列舰"摄津"号建造的设置在舰船中轴线上的火炮。炮身制图标注时间为1909年7月24日（后于1909年8月25日做了修改）。该火炮采用了绕线炮管强固工艺，炮重67吨17英担；总长616.5英寸，炮膛长605.4英寸。药室容积为24411立方英寸（该火炮的68吨版本的药室容积为22600立方英寸）。该式火炮按"27714号订单"建造了4门，后又于19109年11月按"28240S号订单"建造了第5门。

Mk G式：为意大利建造的12英寸46倍径火炮，详见意大利火炮一章。

Mk H式：该式火炮武装了西班牙的"西班牙"级无畏舰。（含炮尾）炮重（65646千克）；总长15658.80毫米（51.38倍径），炮膛长15293.73毫米（50倍径）；药室容积为196.63立方米（药室压强为2992千克/平方厘米）。膛线：72条阴膛线，缠度为1/30，深度为2.41毫米。据可见资料，该式火炮发射的所有炮弹等重，且都是4值CRH弹形系数炮弹：威格士公司制穿甲弹（重385.55千克，爆炸装药10.43千克，长度为3.28倍径，使用127.88千克齐林沃思无烟发射药，炮口初速为914米/秒）；被帽半穿甲弹（长度为3.79倍径，使用29.93千克柯达爆炸装药）；高爆弹（长度为3.85倍径，使用36.92千克柯达爆炸装药）；普通弹（长度为4.16倍径，爆炸装药为32.57千克黑火药）；榴霰弹（长度为3.85倍径，爆炸装药为3.05千克黑火药）。第一次世界大战之后，英国皇家海军从瑞典的博福斯公司为这种火炮购进了新式炮弹，炮口初速降至815英尺/秒。在15°射击仰角条件下，该种火炮的射程为21500米。发射速度为每炮每分钟1发。

Mk J式：这是一种供应日本的"金刚"级战列舰的14英寸口径火炮；详见日本火炮一章。

Mk K式：该式12英寸40倍径火炮的炮身建造图标注日期为1914年9月21日。订购者应为俄国（依据是炮身建造图中使用了俄国独有的重量单位"普特"），订购数量为12门（订单号为331/14/562）。火炮建造采用的是非绕线炮管强固工艺。火炮总长481.5英寸（40.125倍径），炮膛长470.5英寸。

10英寸火炮

10英寸Mk V式后膛装填炮

口径	10英寸50倍径
重量	39.8吨（装填状态）
总长	517.6英寸
倍径	51.2
炮膛长度	500英寸
倍径	50
膛线长度	429.85英寸（炮弹在炮膛内的行程）
倍径	43
药室长度	107.505英寸
药室容积	11000立方英寸
药室压强	20吨/平方英寸
炮弹重量	500磅
爆炸药	129磅/207磅
炮口初速	3000英尺/秒或3100英尺/秒

对于10英寸口径火炮，英国人本来打算用来武装后来以12英寸口径火炮武装的无畏舰。这种火炮的设计方案于1903年（可能是5月）获得批准，但从来没有列装部队。支持10英寸口径火炮的费舍尔上将的初衷是增强舰炮的火力，10英寸口径火炮因此被当作一种"放大版"的速射炮，预定要大量装备一种新式战列舰（每艘16门）。后来，雷金纳德·培根上校说服费舍尔上将以12英寸口径火炮（当时也可以快速射击）替代10英寸口径火炮。被当时的海军界人士广为引证的一种说法是：即使是在日俄战争的初期阶段，小口径火炮的作用也不起眼；这种观点大概也是英国皇家海军作出此种决策改变的重要原因。

Mk V式火炮是英国皇家海军研发大威力10英寸口径火炮的第二次尝试的产物。此前英国的10英寸32倍径火炮（Mk I式至Mk V式）的炮口初速为2046英尺/秒；这些火炮的最早设计时间为1885年。1894年6月，考虑到英国舰船对于10英寸口径火炮的潜在需求，英国皇家海军审计官要求海军军械局局长主持研发一种新式10英寸口径火炮。他想

要的是一种采用绕线炮管强固工艺、重量不超过30吨（与既有的10英寸32倍径火炮相当）的10英寸40倍径火炮，使用85磅柯达无烟发射药，可使500磅炮弹实现2400英尺/秒的炮口初速。这种火炮的炮口动能（19970英尺吨[1]）将比既有的12英寸口径火炮高1840英尺吨。换言之，采用绕线炮管强固工艺会使火炮性能得到多方面的提升。新式火炮的发射速度也将由于采用了现代化的炮尾装置得以提高。海军军械局局长还指出，"强盛"号巡洋舰和"可怖"号巡洋舰将要武装的9.2英寸40倍径火炮须与既有的18艘巡洋舰所武装的9.2英寸口径火炮"可互换"，尽管前者身管更长一些。正因为前者身管更长一些，其重量也相应地比后者重4吨或5吨：为平衡变长了的炮耳轴前部炮管的重量，新式9.2英寸口径火炮的炮尾部直径也须相应增大。与9.2英寸口径火炮不同，各种10英寸口径火炮之间没有必要"可互换"，这是因为只有6艘舰船装备了10英寸口径火炮，其中只有2艘可以安装身管更长的火炮。海军审计官批准了大威力10英寸口径火炮的研制项目，伍尔维奇军械厂和埃尔斯维克军械公司受令承担设计工作，后者的方案最终被采纳了。但是，这种新式的10英寸40倍径火炮从来没有被列装过，也从来没有被安排相应的型号。

1901年11月，英国皇家海军部批准了大威力10英寸口径火炮的研制计划。英国军械委员会已于1900年1月就该种大威力（高初速）火炮的重量和药室长度做过相应的调研，并要求该式火炮不经原型炮测试阶段直接上舰。埃尔斯维克军械公司于1902年12月29日提交设计方案：提高了新式火炮的药室压强。截至1903年早期，英国军械委员会提出，这种火炮的炮口初速需要达到3150英尺/秒，可通过182磅管状柯达无烟发射药或212.5磅线状柯达无烟发射药实现。当威格士公司也受令参与此次设计时，火炮的最大重量被设定为41吨。该式火炮的药室压强最终降低至18吨/平方英寸，埃尔斯维克军械公司的方案获准。依照英国军械委员会的决定，Mk V式火炮的研发工作略过了原型炮测试阶段，直接按照设计图纸建造。英国皇家海军当时没有对

1　英尺吨（ft-ton）：比重单位。——译者注

该种火炮提出过列装要求。以上数据来自埃尔斯维克军械公司的设计方案。

10英寸Mk VI式、Mk VI*式后膛装填炮

口径	10英寸45倍径
重量	39吨
总长	467.6英寸
倍径	46.8
炮膛长度	450.0英寸
倍径	45
膛线长度	380.0825英寸
倍径	38
药室长度	65.07英寸
药室容积	9720立方英寸
膛线：阴膛线	60条
缠度	1/30（从药室前端至距离炮口320.0825英寸处，所有阴膛线深度由0.06英寸至0.07英寸匀速渐变）
深度	0.06~0.07英寸
炮弹重量	500磅
爆炸药	371磅5盎司
发射药	146.5磅
炮口初速	2656英尺/秒

埃尔斯维克军械公司建造的Pattern S式火炮武装了"确捷"号前无畏舰，这艘军舰原本是智利海军订购的，后被编入英国本国海军。这种火炮采用了绕线炮管强固工艺（但没有缠绕至炮口位置）和"两截式"A管。Mk VI*式火炮（可能是作为一种备用炮）的A管则是"一体化"的。"快速"号战列舰于第一次世界大战晚期解除武装，英国皇家海军预定将从上面拆下来的5门火炮改造（更换衬管）成9.2英寸口径的火车牵引炮，但最终没有实施。

在最大射击仰角（13.5°）条件下，Pattern S式火炮的射程是14800码。据1915年的估计，该式火炮的额定寿命为500发。

BVI式炮塔可为该种火炮提供的最大仰角为13.5°，但此时需要打开炮室地板上的一扇活板门；如若不然，BVI式炮塔的最大仰角为9.75°。装填角范围为−3°~+5°，采用伸缩式装填器。火炮外部有滑轨，吊车从炮弹库抵达回

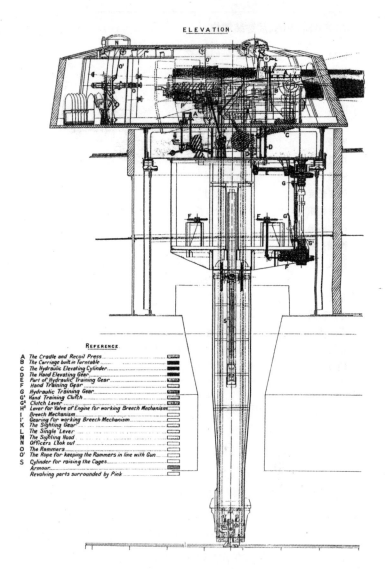

上图：双管10英寸炮塔，见于埃尔斯维克公司为智利建造的战列舰"宪法"号，该舰后来成为英国皇家海军的"确捷"号

转炮塔，途中不经任何停留。辊道直径为18英尺3英寸（炮塔底座的内径为21英尺4英寸），同一炮塔相邻两门火炮的轴心间距为81英寸。最大瞄准速度为4°/秒，发射周期约为0.15秒。防护装甲厚度：正面为9英寸，侧面及后部为8英寸，顶部为2英寸。

10英寸Mk VII式后膛装填炮

口径	10英寸45倍径
重量	30.5吨
总长	462.75英寸
倍径	46.3
炮膛长度	450.0英寸
倍径	45
膛线长度	380.6125英寸
倍径	38.1
药室长度	64.54英寸
药室容积	9720立方英寸
药室压强	18吨/平方英寸
膛线：阴膛线	60条
缠度	自炮尾至距离炮口126英寸处为1/130~1/30，此后到炮口为1/30
深度	0.08英寸
炮弹重量	500磅
爆炸药	371磅5盎司（通常发射药）
发射药	146.5磅改良型柯达无烟发射药
炮口初速	2656英尺/秒

　　威格士公司的Mk A式火炮武装了"凯旋"号战列舰。和"快速"号战列舰上的火炮情况一样，"凯旋"号战列舰上的火炮身管也只是部分（约51.5%）缠绕了强固钢丝。该式火炮一共制造了5门，其中4门由于"凯旋"号战列舰的沉没而损失了，剩下的第5门被改造成9.2英寸口径（但可能从未付诸实施）。据1915年的一次评估，该火炮的寿命为350发。所配备的BV式炮塔可提供的最大射击仰角为13.5°，该条件下的最大射程为14800码。

　　BV式炮塔采用的是链式装填器，由此之故，辊道的直径得以缩减至17英尺6英寸，炮塔底座的内径得以缩减至21英尺。同一炮塔相邻两门火炮的轴心间距为82英寸。发射周期为20~25秒。

　　Mk VIII式，即从"复仇"号战列舰上拆下来的4门13.5英寸口径火炮（Mk III式或Mk IIIF式），被改造成训练用10英寸口径火炮；改造之后的炮膛长度为40.52倍径。

出口型10英寸火炮

　　在英国国家海事博物馆收藏的有关埃尔斯维克军械公司的剪贴簿中，尽管没有早期型号的10英寸口径火炮的内容，而且它们出现的时间是早于24厘米口径火炮的，但这两类武器显然属于两种不同系列。埃尔斯维克军械公司建造的、最先上舰的10英寸口径后膛装填炮显然是安装到了日本的"筑紫"号炮艇上：这是一种重25吨的10英寸25倍径火炮，采用180磅粒状发射药可使450磅炮弹实现1900英尺/秒的炮口初速。

阿姆斯特朗公司（埃尔斯维克公司）

　　Pattern F式：该式火炮武装了"埃斯梅拉达"号巡洋舰：阿姆斯特朗公司于1883年建成的全世界第一艘真正的防护巡洋舰，原售智利，后由智利转售给正处于甲午中日战争中的日本，并被改名为"和泉"号；后于1912年遭除籍。这种10英寸30倍径火炮重24吨，采用230磅粒状发射药或85磅柯达无烟发射药，发射450磅炮弹；炮口初速分别为2060英尺/秒和2050英尺/秒。

　　Pattern G式：该式火炮武装了意大利巡洋舰"乔瓦

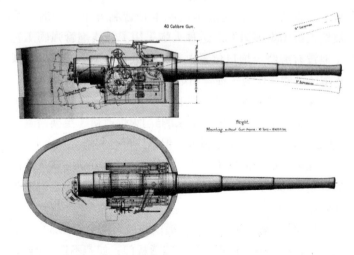

上图：埃尔斯维克公司的24厘米40倍径火炮，几乎可以肯定是为巴西战列舰"德奥多罗"号所建造。图纸来自约1900年的埃尔斯维克公司档案。

尼·包萨诺"号。

Pattern I式：皇家海军的Mk I式10英寸口径火炮。横剖面图标注日期为1885年3月30日；该横剖面图上还标明了该式火炮的3个订单："2249号订单"5门，"2240号订单"4门，"2884号订单"1门。该式火炮药室容积为8370立方英寸，可发射300磅或500磅炮弹。工作药室压强为18吨/平方英寸。含炮尾机构在内，炮重32吨14英担。总长342.2英寸，炮膛长320英寸（32倍径）。

Pattern L式：皇家海军的Mk I式火炮。

Pattern M式：该式10英寸26倍径火炮的平面图标注日期为1886年7月10日。总订购数为7门（2915号订单）。该式火炮采用200磅发射药，发射450磅冷铸铁炮弹或400磅普通弹；药室容积为6400立方英寸，工作药室压强为17吨/平方英寸。总长280英寸，炮膛长262英寸。炮重24吨5磅。

Pattern N式：10英寸口径，炮重30.5吨，采用255磅黑火药发射药，可使450磅炮弹实现2142英尺/秒的炮口初速；总长340英寸，炮膛长322英寸（32.2倍径），药室容积为8215立方英寸。

Pattern Pl式：武装了阿根廷巡洋舰"贝尔格拉诺"号和"普埃伦东"号；Pattern P式火炮（10英寸40倍径）则武装了意大利的"朱塞佩·加里波第"号装甲巡洋舰。

Pattern Q式：该种10英寸口径火炮重31.75吨，使用83磅50号柯达无烟发射药，可以2440英尺/秒的炮口初速发射450磅炮弹或者以2300英尺/秒的炮口初速发射500磅炮弹（药室容积为5751立方英寸）。或者，这种火炮也可使用95磅50号柯达无烟发射药（药室容积为6500立方英寸），使450磅炮弹分别实现2440英尺/秒、2538英尺/秒的炮口初速；使用95磅柯达无烟发射药，可使500磅炮弹分别实现2336英尺/秒、2430英尺每秒的炮口初速。使用83磅柯达无烟发射药条件下，该式火炮的工作药室压强为16吨/平方英寸。总长417英寸，炮膛长400英寸。该种火炮一共建造了2门（订单号已佚失）。炮重32吨14英担。

Pattern R式：该种10英寸口径火炮重30吨17英担2夸特；使用81磅9盎司柯达无烟发射药，可使450磅炮弹实现2400英尺/秒的炮口初速；总长416.4英寸，炮膛长400英寸，药室容积为5800立方英寸。该式火炮的订购者为日本海军；Pattern R式有可能是Pattern P式火炮卖给日本海军（以武装"春日"号巡洋舰）之后得到的新型号。

Pattern S式：即武装"快速"号前无畏舰的皇家海军Mk VI式火炮。

Pattern T式：该式火炮武装了日本海军的"鹿岛"号战列舰，可能还武装了日本自建的"萨摩"级战列舰。如今可见的一份该式火炮的横剖面图上的标注日期为1904年

下图：架设于"纳尔逊勋爵"级战列舰上Mk VII式炮塔的9.2英寸火炮（约翰·罗伯茨）

2月27日。该式火炮一共建造了4门（订单号为12395）；采用绕线炮管强固工艺，重33吨18英担1夸特20磅。使用167磅改良型柯达无烟发射药或170磅管状柯达无烟发射药（药室容积为5988立方英寸或5882立方英寸），可使500磅炮弹实现2767英尺/秒或2904英尺/秒的炮口初速。使用改良型柯达无烟发射药条件下，工作药室压强为18吨/平方英寸。总长为467.6英寸，炮膛长450英寸。

Pattern W式： 10英寸45倍径火炮，武装了意大利的"圣乔治"号装甲巡洋舰。该式火炮按"14973号订单"建造了10门。炮重34吨10英担。该式火炮药室容积为11000立方英寸，采用155磅巴里斯太火药发射药，可将450磅炮弹发射达到2850英寸/秒的炮口初速，工作药室压强为18吨/平方英寸。总长460.9英寸，炮膛长454.1英寸。

威格士公司

Mk A式： 该式火炮为武装智利订购的"自由"号战列舰而建造，但该舰在未完工之前被英国皇家海军购入（1903年）并被改造成一艘二级战列舰，此即"凯旋"号巡洋舰。

Mk B式： 该式火炮的横剖面图标明订购者为日本，标注日期为1904年7月27日；很可能是为了武装"鹿岛"号战列舰（也许是"萨摩"号战列舰）。

Mk C式： 这种10英寸50倍径火炮武装了俄国的"留里克"号装甲巡洋舰。横剖面图标注日期为1905年10月20日（修改于1906年9月13日）。

Mk D式： 该式火炮武装了意大利的"比萨"级装甲巡洋舰。

Mk E式： 该式火炮的一份横剖面图标注日期为1908年3月27日，同时注明这些火炮将不会铭刻威格士公司的名字。这份横剖面图于完成当日即邮寄给了日本。火炮总长450.04英寸，炮膛长437.535英寸。

埃尔斯维克公司 出口型 24 厘米（9.449 英寸）火炮

Pattern A式： 火炮口径24厘米，重24吨11英担1夸特；可以2035英尺每秒的炮口初速发射380磅炮弹。总长282英寸，炮膛长266.25英寸（28.2倍径）。药室容积为6000立方英寸。

Pattern B式： 火炮口径24厘米，重20吨19英担3夸特21磅；可以2022英尺/秒的炮口初速发射450磅炮弹。总长347.839英寸（36.8倍径）。药室容积为7040立方英寸。

Pattern C式： 火炮口径24厘米，重23吨12英担18磅；使用190磅发射药，可使400磅炮弹实现2089英尺/秒的炮口初速。总长324.3英寸，炮膛长308.55英寸（32.7倍径）。药室容积为5700立方英寸。

Pattern D式： 这种24厘米口径火炮可能武装了巴西的"德奥多罗"号战列舰，后者于1898年在法国的拉塞讷船厂建造。该式火炮重26吨9英担，使用67.5磅柯达无烟发射药或135磅褐色棱柱状发射药，可使352磅炮弹实现2500英尺/秒的炮口初速。总长395英寸（41.8倍径），炮膛长378英寸（40倍径），药室容积为5255立方英寸。可发射炮弹：352磅穿甲弹、铸铁穿甲弹、普通火力支援弹、铸铁普通弹以及钢制榴弹。

Pattern E式： 该式火炮原本是为挪威的岸防舰"卑尔根"号和"尼达洛斯"号建造，横剖面图标注日期为1913年10月22日。第一次世界大战爆发后，这种火炮被英国皇家海军接管并被改造成9.2英寸口径火炮，"卑尔根"号和"尼达洛斯"号则被改造成浅水重炮舰"格拉敦"号和"戈耳工"号。这种火炮的口径是9.449英寸（24厘米口径50倍径）。炮重30.5吨，总长51.365倍径，炮膛长476.35英寸（50倍径），药室压强为18吨/平方英寸，炮重418.875磅，发射药重144磅，炮口初速为2900英尺/秒。存速能力：在5000米距离上的速度为2096英尺/秒（使用穿甲弹对克虏伯表面渗碳硬化装甲的穿透厚度为10.5英寸），在7000米距离上的速度为1850英尺/秒（使用穿甲弹对克虏伯表面渗碳硬化装甲的穿透厚度为8.75英寸）。炮塔的防护装甲厚度：正面200毫米，侧面及后部150毫米，顶部76毫米。

9.2英寸火炮

9.2英寸Mk III式、Mk V式、Mk VI式、Mk VII式后膛装填炮

口径	9.2英寸32倍径
重量	24吨
总长	310.0英寸
倍径	33.70
炮膛长度	289.8英寸
倍径	31.5
膛线长度	243.4英寸
倍径	26.5
药室长度	43.0英寸
药室容积	4950立方英寸
药室压强	17吨/平方英寸
膛线：阴膛线	37条
缠度	自炮尾至距离炮口120.4英寸处为1/120~1/30，其余为1/30
深度	0.05
炮弹重量	380磅
爆炸药	30磅
发射药	53.5磅
炮口初速	2097英尺/秒

9.2英寸口径火炮武装了众多装甲巡洋舰。Mk III式（安装在15°最大射击仰角的I式瓦瓦瑟中轴式炮架上）武装了"蛮横"号。Mk IV式被当做一种岸防炮使用（共有19门部署在斯威利湖、马耳他、新加坡、香港、科伦坡、桌湾以及塞拉利昂）。Mk V式（安装在12°最大射击仰角的II式瓦瓦瑟中轴式炮架上）武装了"澳大利亚"号、"奥兰多"号及"大无畏"号装甲巡洋舰。安装在15°最大射击仰角的I式瓦瓦瑟中轴式炮架上的Mk V式或Mk VI式武装了"曙光女神"号、"加拉蒂亚"号、"不朽"号以及"那喀索斯"号巡洋舰；另有1门独立安装在15°最大射击仰角的I式瓦瓦瑟中轴式炮架上的Mk VI式火炮武装了"诈取者"号巡洋舰。Mk VI式火炮还武装了重新武之后的"鲁伯特"号战列舰、"亚历桑德拉"号战列舰（安装在I式瓦

瓦瑟中轴式炮架上）以及"布莱克"级和"埃德加"级巡洋舰（安装在15°最大射击仰角的III式瓦瓦瑟中轴式炮架上）。此外，还有14门Mk VI式火炮作为岸防炮部署在希尔内斯、马耳他、直布罗陀、科伦坡、毛里求斯、西蒙斯湾。9.2英寸口径火炮的产量：Mk III式4门，Mk IV式28门，Mk V式18门，Mk VI式61门（其中47门装备了英国皇家海军），另有1门Mk VI式部署在舒伯里内斯供测试之用。第一次世界大战期间，Mk VI式火炮大量投入佛兰德斯战场。英国皇家海军也曾打算将"埃德加"级战列舰上的火炮转移安装到M19—M28号小型浅水重炮舰上去（使用改造之后的30°最大射击仰角的III式瓦瓦瑟中轴式炮架），但最终没有实施；M25—M27号小型浅水重炮舰从来不曾安装过Mk VI式火炮，M21号、M23号和M24号小型浅水重炮舰最终安装的是7.5英寸口径火炮（时为1916—1917年）。

所有9.2英寸口径火炮的尺寸都一样，但Mk V式、Mk VI式、Mk VII式重22吨。最初的Mk III式火炮没有衬管（这种采用衬管的身管建造技术始于Mk IV式）。Mk III式火炮的炮管结构包括：A管、5个从后往前全长覆盖的B套箍、护套、1C套箍、炮耳轴环、2C套箍以及1个覆于护套之上的起平衡作用的青铜环。Mk V式火炮的炮管结构包括：衬管、A管、B管、B套箍（并未全长覆盖）、炮耳轴环以及C套箍。Mk VI式火炮的炮管结构包括：A管、延伸至炮口的1B管和2B管、1C管和2C管（部分炮管分布）、护套、炮耳轴环以及D管。9.2英寸口径火炮的后续版本在设计上都有所修改。所有9.2英寸口径火炮都采用钩式膛线，但那些更换过衬管的除外（属普通截面膛线）：Mk II式火炮的膛线也是如此。后期的9.2英寸口径火炮上，从炮尾至距离炮口位置120.4英寸处，缠度由1/130渐变至1/30，然后保持1/30的缠度至炮口位置。Mk V式和Mk VII式火炮的缠度由1/60渐变至1/30。重建火炮的膛线自药室至距离炮口188.2英寸位置是直的，然后缠度由0渐变至1/30。第一次世界大战期间，英国皇家海军为Mk V式、Mk VI式以及Mk VII式火炮更换了新式衬管：没有配备前定位凸台或使前后定位凸台之间的间距变得非常小。

Mk VI式和Mk VII式火炮的预估寿命为350发（使用Mk I式柯达无烟发射药）或1000发（使用改良型柯达无烟发射药）。在15°射击仰角、2100英尺/秒炮口初速条件下，Mk VI式和Mk VII式火炮的最大射程为11350码；在30°射击仰角条件下，最大射程为16400码。

所谓"VCP式炮架"（其中的"V"来自发明人"JosePh Vavasseur"的姓氏首字母），是一种早期的后坐力式炮架：火炮发射时沿着后座上的斜面后退，并有缓冲装置对火炮进行止退；复进则依靠火炮本身的重力。"VCP"（Vavasseur Centre Pivot mounting）意即"瓦瓦瑟中轴式炮架"。

9.2英寸Mk VIII式后膛装填炮

口径	9.2英寸40倍径
重量	25吨
总长	384.0英寸
倍径	41.7
炮膛长度	368.75英寸
倍径	40.68
膛线长度	243.4英寸
倍径	26.5
药室长度	53.4英寸
药室容积	4600立方英寸
药室压强	17吨/平方英寸
膛线：阴膛线	37条
缠度	自炮尾至距离炮口247.14英寸处为直膛线，其余为0~1/30
深度	自炮尾至距离炮口63.845英寸处由0.06~0.08英寸渐变
炮弹重量	380磅
爆炸药	30磅普通炸药
发射药	66磅
炮口初速	2329英尺/秒

9.2英寸口径Mk VIII式火炮采用了绕线炮管强固工艺，武装了"强盛"号巡洋舰和"可怖"号巡洋舰。这2艘巡洋舰都装备了架设在CPIV式炮塔（15°最大射击仰角）上的双管Mk VIII式火炮。Mk VIII式火炮一共建造了6门；其

中，安装在"强盛"号巡洋舰上的2门以及1门备用炮后于1913—1914年期间被转移安装到了位于苏格兰的克罗默蒂湾：演习表明，英国海岸的防御比事先想象的更加脆弱。英国人尤其担心敌对部队会突袭、抢占克罗默蒂湾的某一个完全不设防的港口。"可怖"号巡洋舰上的1门Mk VIII式火炮于1916年被转移安装到了"内伊元帅"号浅水重炮舰上；后来（1917年）又与"可怖"号巡洋舰上的另1门Mk VIII式火炮一起部署到了佛兰德斯战场；第2门备用炮也于1918年转移到了佛兰德斯。

设计人员为Mk IV（CPIV式）式炮塔预备了人力驱动和电力驱动两种瞄准装置，英国皇家海军军械局局长选中了电动瞄准装置。弹药吊篮可在10秒钟之内抵达，最大发射速度为每分钟6发。在炮塔的中心安装一具（圆形的）位置固定、内壁设置了螺旋（上升）输送带的发射药输送装置，另有一具独立的炮弹螺旋上升输送装置。独立的炮弹托架随炮台旋转。瞄准装置的最大仰角为10°。炮弹可以直接螺旋上升至炮尾位置，装填工作变得更加轻松了，但每次射击之后必须重新固定火炮的装填角，这会花费不少的时间。弹药装填工作中，最耗时的环节是（手工）"槌击"。在Mk IV式炮塔封闭的防盾当中，手工装填器很难操作：向后只能穿过防盾上的一个小洞、向外伸出去，才能获得活动的空间。Mk IV式炮塔可提供的火炮俯仰角范围是—7°~+15°。旋转机构重量为79吨（含1英寸厚度的防盾）。制造者是英国皇家车辆厂；由于该式炮塔操作极为不便，且价格昂贵，英国皇家海军此后再也没有从英国皇家车辆厂订购过这种炮塔。

9.2英寸口径Mk VIII式火炮的预估寿命为250发（使用Mk I式柯达无烟发射药）或750发（使用改良型柯达无烟发射药）。15°射击仰角条件下，最大射程为12846码。

Mk IX式（9.2英寸口径46.74倍径）火炮是一种岸防炮，总共建造了14门，部署在尼德尔斯[1]、马耳他、直布罗陀。另有1门安装在"德鲁奇"号炮艇训练船上。

1　尼德尔斯（Needles）：位于英国南部海岸的怀特岛。——译者注

上图：英国皇家海军的"爱丁堡公爵"号正在展示其位于1门6英寸速射炮上方的9.2英寸火炮炮塔（约翰·罗伯茨）

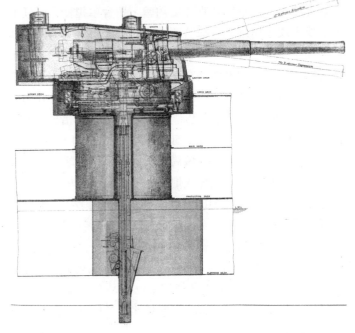

上图：架设在"克雷西"级装甲巡洋舰上的Mk V式炮塔上的9.2英寸单管火炮

9.2英寸Mk X式后膛装填炮

口径	9.2英寸46.7倍径
重量	28吨
总长	442.35英寸
倍径	48.1
炮膛长度	429.33英寸
倍径	46.66
膛线长度	353.8英寸
倍径	38.5
药室长度	71.0英寸
药室容积	8123立方英寸
药室压强	17吨/平方英寸
膛线：阴膛线	40条（但英国军械部1906年下达的规定是37条）
缠度	1/30
深度	（在50.215英寸的长度内）由0.06~0.08英寸渐变
炮弹重量	380磅
爆炸药	29磅（普通炸药）
发射药	103磅柯达无烟发射药/120磅改良型柯达无烟发射药
炮口初速	2735英尺/秒或2751英尺/秒
以被帽穿甲弹击穿1倍径厚度的克虏伯表面渗碳硬化装甲的最远距离	4550码

9.2英寸口径Mk X式火炮武装了"英王爱德华七世"级战列舰，后来还武装了自"德雷克"级至"黑太子"级所有装甲巡洋舰。该式火炮的总产出：英国皇家海军订购的112门（其中12门后被移交给英国陆军），英国陆军订购的170门（主要用于海岸防御）。该式火炮所使用的炮塔分别是：Mk V式（"德雷克"级装甲巡洋舰、"阿布基尔"号和"克雷西"号装甲巡洋舰）；Mk VS式（"英王爱德华七世"级战列舰、"克雷西"号装甲巡洋舰之外的其他"克雷西"级装甲巡洋舰、"黑太子"级装甲巡洋舰、"阿喀琉斯"级装甲巡洋舰）。Mk V式和Mk VS式都是单管炮塔，最大射击仰角为15°。备用的Mk V式炮塔的最大射击仰角增加到了30°，武装了M15—M18号小型浅水重炮舰。此外，9.2英寸口径Mk X式火炮还有过一些特殊版本：Mk XV式（威格士公司建造，仅有部分炮管缠绕了强固钢丝，没有B管，不曾被英国皇家海军列装），Mk X*式（完成于1911年的一个设计，采用了锥形内A管，但当时没有开工建造），Mk XT式［威格士公司为土耳其的"梅苏地"号战列舰建造了2门（有意使其性能低于Mk X式火炮）；巴尔干战争之后被土耳其送回英国，以更换衬管，但被英国扣留下来，成为了Mk X式火车牵引炮的储备炮］。

1897年1月，威格士公司提交了一种新式大威力9.2英寸火炮的设计方案。时任海军军械局局长提出了一个"更大威力的火炮是否必要"的问题。他认为，由于当时的装甲技术的进步（哈维式表面渗碳硬化装甲和克虏伯表面渗碳硬化装甲），英国皇家海军非常有必要拥有更大威力的火炮。新出现的装甲（或独力或合力）能够防御当时可以设计出来的任何6英寸弹径炮弹；正常情况下，甚至6英寸弹径的穿甲弹也无法有效打击英国军舰上的炮室防盾和炮塔装甲。例如，若使"王冠"号巡洋舰和"尼俄柏"号巡洋舰互射对方炮塔装甲，即使耗尽所有6英寸弹径的炮弹，也不能造成严重的损伤。其他国家海军的中型火炮炮塔装甲也与英国皇家海军类似。穿甲弹似乎是最好的攻击手段，英国皇家海军以9.2英寸和12英寸弹径的穿甲弹继续开展过这类实验。实验结果是，只有在以20°法线角弹着的情况

下，9.2英寸弹径的穿甲弹才能击穿6英寸厚度的装甲。看起来，战时状态下，任何9.2英寸以下口径的火炮都无法以穿甲弹击穿6英寸厚度的装甲。由于6英寸口径炮弹即是可人工装填的最大炮弹，海军军械局局长还必须考虑如何提高火炮射速。任何能改善装弹的动力装置都是需要的，看来无法解决9.2英寸口径火炮短缺的问题。他指出，不仅既有的Mk VIII式火炮本身及其炮尾机构还存在很大的改进余地，其弹道表现也不如某种新式火炮。因此，新的Mk IX式火炮（预定的列装对象是英国陆军）的炮口初速应当达到2700英尺/秒的要求：列装英国皇家海军的Mk VIII式火炮（重25吨）的该项数据是2347英尺/秒（Mk IX式仅比Mk VIII式重2吨）。威格士公司拿出了一个可实现2775英尺/秒炮口初速的25吨火炮设计方案，其炮口动能将比Mk VIII式火炮高1/3。海军军械局局长的要求是，新的Mk IX式火炮的最大重量为27吨，长度不超过45倍径。炮口初速不低于2700英尺/秒；后来又补充了"弹重380磅"这一要求。1897年3月9日，第一海务大臣同意了海军军械局局长的这一设计要求。海军审计官（由约翰·费舍尔担任，时任上校）要求埃尔斯维克军械公司（当时已经更名为"阿姆斯特朗和惠特沃思公司"）承担该项设计，同时通知威格士公司：他们提交的方案还在考虑当中。英国军械委员会拒绝了阿姆斯特朗和惠特沃思公司的所有设计构想，并向海军部建议一种新的设计构想：火炮长度增加1.75倍径，炮口初速由2700英尺/秒降低至2650英尺/秒（使用94.5磅40号柯达无烟发射药）。海军军械局局长同意了这一建议，并要求采用一种新的韦林式螺式炮尾。海军军械局局长要求军工局局长主持Mk式火炮的设计改进，即采用韦林式炮尾，且将炮管强固钢丝缠绕至炮口位置。阿姆斯特朗和惠特沃思公司的方案采用了更薄的内A管，在某些方面要胜过威格士公司的方案。至此，改进之后的Mk IX式火炮药室变大（9775立方英寸），发射药使用量也变大（115磅50号改良型柯达无烟发射药），这就将导致比最初的预期更严重的炮膛烧蚀磨损。英国军械委员会最后接受了皇家火炮厂的设计方案，英国陆军也很可能列装该种火炮。

此外，海军军械局局长认为既有的炮塔也存在很大的改进空间。如今，他认为电动的炮塔不如液压传动的，电动的炮塔"难以驾驭"：其原因在于电阻器的功用不如人意。似乎电动力并不能实现流畅的速度变化（停止、启动及变换），这部分是因为电线无法高效传导所需要的高强度电流。挠性管发明之后，液压系统的维修变得容易了。无论是电力驱动还是液压传动，驱逐舰上的炮塔都存在这样一个软肋，即装甲防护不像战列舰上的炮塔装甲那么有效；因此，海军军械局局长希望最小化炮塔的重量，所有固定装甲板尽量高位安装且尽量以一致的7°俯角安装。同时，他要求炮塔上不要存放炮弹，并使直通弹药库的扬弹筒不妨碍炮塔的运作。他期望的是"强盛"号和"可怖"号巡洋舰首次采用的那种旋转式炮弹输送系统，但同时也认为"强盛"号和"可怖"号巡洋舰上的发射药提升系统非常糟糕。

有鉴于"强盛"级防护巡洋舰（包括"强盛"号和"可怖"号）的糟糕发射药提升系统，海军军械局局长希望新的炮塔采用全角度装填系统。新的炮塔还将采用链式装填器，从而避免在防盾上"凿洞"的必要。新的炮塔（Mk V式）将在炮塔的中心安装一具（圆形的）位置固定、内壁设置了螺旋（上升）输送带的发射药输送装置，另有一具独立的炮弹螺旋上升输送装置：这两种输送系统都与Mk IV式炮塔上的相同。威格士公司提交的方案还考虑了火炮炮塔设计。检视了威格士公司的方案之后，海军军械局局长确定：新Mk IX式火炮炮塔的固定装甲应当尽量地高位安装；炮塔将采用液压动力而非电动力。

第一次世界大战期间，英国还另外建造了采用（不设前定位凸台的）锥形内管的Mk X式和Mk XI式火炮。

作为一种典型的钢丝缠绕身管紧固（且A管设置前定位凸台）火炮，Mk X式火炮也深受炮管阻塞之苦，但英国皇家海军并没有就此对火炮进行改造（英国陆军则为此更换了锥形A管）。英国皇家海军还曾在第一次世界大战期间的比利时战场投入3门Mk X式火炮。第一次世界大战晚期，和"英联邦"号和"西兰大陆"号战列舰上的主炮炮

塔（BVII式）一样，这2艘战列舰上的9.2英寸口径火炮的最大射击仰角也被提高到了30°。

Mk X式火炮预估寿命为125发（使用Mk I式柯达无烟发射药）或450发（使用改良型柯达无烟发射药）。15°射击仰角、2778英尺/秒炮口初速条件下，发射2值CRH弹形系数炮弹的射程为15500码；在30°射击仰角、2778英尺/秒炮口初速条件下，发射4值CRH弹形系数炮弹的射程为25700码。

Mk XV式火炮是一种用于架设在双管Mk VIII式岸防炮塔上的升级版本；Mk XV式火炮的订购量为36门，但似乎没有任何一门进入英军现役，双管Mk VIII式岸防炮塔也是如此。

Mk V式、Mk VS式以及Mk VI式炮塔大抵相似，俯仰角范围为−7.5°~+15°（Mk VS式的该项数据为−5°~+15°），火炮安装在基座上。瞄准及俯仰皆由液压传动系统控制，炮尾开合及弹药装填皆可人工操作。炮室下方是一个循环运转、其中随时盛放着32发炮弹的炮弹输送器（可由人力驱动运行），炮弹到达炮弹输送器之后，最后由液压起重机吊升至输弹槽；这部起重机还可将炮弹由炮弹库吊升至炮弹输送器。炮室当中可存放另外11发炮弹。发射药则由安装在一个（圆形）中央式固定扬弹筒内部的液压升降机抬升至装填位置（中途无任何停顿）。Mk V式炮塔的旋转机构重量为117.85吨；Mk VS式炮塔的旋转机构重量为127.6吨，辊道的直径为12英尺10.5英寸，炮塔底座内径为18英尺。发射周期为17~18秒。Mk VI式炮塔的防护装甲厚度：正面为7.5英寸，侧面为5.5英寸，后部为4.5英寸，顶部为2英寸。"英王爱德华七世"号战列舰上的Mk VS式炮塔的旋转机构重量为132.3吨；重量更大一些是因为其装甲更厚：正面为9英寸，侧面为6英寸，后部为5英寸。Mk VI式炮塔的旋转机构重量为114.5吨。Mk V式及Mk VI式炮塔的防护装甲厚度：正面为6英寸，侧面为3英寸，后部为4英寸，顶部为2英寸。

由于要将"英联邦"号和"西兰大陆"号战列舰上的9.2英寸口径火炮的最大射击仰角抬高至30°，同一炮塔相

邻两门火炮的轴心间距也在原先的基础上增加了30英寸。

　　浅水重炮舰上的9.2英寸口径炮塔加装了一块开放式后部防盾以及一台手动弹药吊车。旋转机构重量为70吨，发射周期延长至60秒。

9.2英寸Mk XI式后膛装填炮

口径	9.2英寸50倍径
重量	29吨
总长	474.4英寸
倍径	51.6
炮膛长度	461.375英寸
倍径	50.15
膛线长度	391.875英寸
倍径	42.6
药室长度	65.28英寸
药室容积	9000立方英寸
药室压强	18吨/平方英寸
膛线：阴膛线	56条
缠度	1/30
深度	0.07英寸
宽度	0.4188英寸
阳膛线	0.2095英寸
炮弹重量	380磅
爆炸药	29磅（普通炸药）
发射药	128.5磅改良型柯达无烟发射药
炮口初速	2875英尺/秒
以被帽穿甲弹击穿1倍径厚度的克虏伯表面渗碳硬化装甲的最远距离	5200码

　　9.2英寸口径Mk XI式火炮武装了"纳尔逊勋爵"级战列舰和"牛头怪"级装甲巡洋舰；该式火炮有可能武装了1906年左右建造的所有安装了9.2英寸口径火炮的巡洋舰。"纳尔逊勋爵"级战列舰和"牛头怪"级装甲巡洋舰上的9.2英寸口径Mk XI式火炮都安装在双管的Mk VII式炮塔上，"纳尔逊勋爵"级战列舰上还以单管的Mk VIII式炮塔安装了Mk XI式火炮。无论在何种炮塔上，9.2英寸口径Mk XI式火炮的最大射击仰角都是15°。该式火炮的总产量为45门。1903年，第一海务大臣驳回了在当年将要建造的2艘装甲巡洋舰（"爱丁堡公爵"号和"黑太子"号）上安装9.2英寸口径Mk XI式火炮的动议，主要是因为这将延误这两艘军舰的完工日期。

　　1902年，考虑到其他国家的武器研发进展，英国军械部建议增加本国火炮的发射药使用量，以获得实现2807英尺/秒炮口初速所需的18吨/平方英寸最大药室压强。1903年，英国皇家海军提早发出了订单，以催促一种与45倍径的Mk X式火炮性能相去不远的火炮的设计进度。威格士公司提交了一份与新式火炮炮塔配套的火炮设计方案，此前还将这个方案提交到了英国皇家海军部主持的一次有关新式战列舰（可能是"纳尔逊勋爵"级）的讨论会上，该式火炮药室容积增大至11655立方英寸，可实现3110英尺/秒的炮口初速。然而，英国军械委员会并没有看中这个方案，于是威格士公司又提交了一份新的设计方案。威格士公司提交的新方案存在一个问题，即炮弹将在炮膛内向前推进31.3英尺，超过了英国军械委员会所能接受的最大值（30.3英尺）。1903年3月，在经过两次否决（被威格士公司的方案比下去）之后，埃尔斯维克军械公司第三次提交的方案获得了英国军械委员会支持。这种设计当中的火炮将拥有1个更薄的A管和内径更小的炮耳轴前部炮管。依据英国军械委员会的年度报告的记录，这种设计当中的火炮在埃尔斯维克军械公司设计图纸中的型号是9.2英寸口径Mk XI式和Mk XII式。有可能的是，"Mk XII式"这个型号后来并没有被采用，因为设计图纸中所展示的"Mk XII式火炮"是一种很晚以后才出现的、与英国军械部当时所希求的完全不一样的火炮。依据设计图纸当中的计算，埃尔斯维克军械公司设计的这种9.2英寸口径Mk XI式火炮将实现20吨每平方英寸的药室压强，炮口初速将达到3130英尺/秒。

　　英国皇家海军部于1905年早期批准了Mk XI式火炮的设计/建造方案，专供"纳尔逊勋爵"级战列舰和"牛头怪"级装甲巡洋舰的武装。头2门Mk XI式火炮于1905年早期建成；和12英寸口径的Mk X式火炮一样，Mk XI式火炮也没有经过原型炮测试阶段直接供货（由于9.2英寸口径的Mk XI式火炮和Mk X式火炮各项指标相差不多）。使用改良型柯达无烟发射药，Mk XI式火炮的额定寿命为300发。使用2值CRH弹形系数炮弹，在15°射击仰角、2890英尺/秒炮口初速条件下，9.2英寸口径Mk XI式火炮的射程为16200码。

Mk VII式和Mk VIII式炮塔的俯仰角范围都是-5°~+15°，使用液压动力的传动瞄准及俯仰装置；火炮的俯仰由卧式液压缸作用于滑轨下方的机械臂驱动。该式火炮的归位由弹簧装置实现。Mk VII式炮塔的扬弹筒内部中心位置安装了2部炮弹升降机，扬弹筒外部则安装了2部柯达无烟发射药升降机。唯一的一部Mk VIII式炮塔则将炮弹升降机安装在扬弹筒以左，将柯达无烟发射药升降机安装在扬弹筒以右；这些升降机都稍微"侵入"了炮室（纵轴方向）的后部。炮弹升降机的承载器是吊篮，柯达无烟发射药升降机的承载器则是挖斗。在炮室之内，炮弹受液压伸缩式装填器的冲撞进入一个过渡性的斜槽，然后滑入装填升降机，然后倾侧着"翻身躺进"一个受滑轨支撑的旋转式装填托盘，最后被推入炮膛。柯达无烟发射药进入升降机的抓斗当中之后，再由人力搬运至一个直通火炮后部的斜槽。Mk VII式和Mk VIII式炮塔上的火炮可以在一5°~+6.5°范围内的任何角度装填。Mk VII式炮塔的旋转机构重量为250吨，辊道的直径是16英尺6英寸，炮塔底座的内径是19英尺6英寸。同一炮塔相邻两门火炮的轴心间距为88英寸。发射周期可缩短至15秒（每门火炮每分钟4发）。炮塔防护装甲厚度：正面及后部为8英寸，侧面为7英寸，顶部为3英寸。Mk VII式炮塔的辊道直径是12英尺9英寸，炮塔底座的内径是16英尺6英寸。

9.2英寸Mk XII式后膛装填炮

口径	9.2英寸51倍径
重量	31吨
总长	485.35英寸
倍径	52.8
炮膛长度	472.45英寸
倍径	51.35
膛线长度	402.85英寸
倍径	43.8
药室长度	65.28英寸

9.2英寸Mk XII式后膛装填炮

药室容积	8600立方英寸
药室压强	19.5吨/平方英寸
膛线：阴膛线	46条
缠度	1/30
深度	0.07英寸
宽度	0.4188英寸
阳膛线	0.2095英寸
炮弹重量	380磅
爆炸药	19磅9盎司或21磅3盎司
发射药	128.5磅改良型（改良型37号）柯达无烟发射药
炮口初速	2940英尺/秒

9.2英寸口径Mk XII式火炮武装了原属挪威的"格拉敦"号和"戈耳工"号岸防舰[1]。这2艘舰船上的Mk XII式火炮最初是240毫米（9.45英寸）口径，英国购回后改造了火炮口径，以使其可使用标准的英国炮弹和9.2英寸口径Mk XI式火炮所采用的发射药。这种火炮一共建造了6门，头3门最初是240毫米口径（后被改造成9.2英寸口径），后3门建造出来即是9.2英寸口径。由于该式火炮是由较大口径改造成较小口径（药室的相对容积也更小一些），其炮身强度因此获得了额外的提高，炮口初速也额外地提高了65英尺/秒。过量装药（37号改良型柯达无烟发射药）条件下，可使391磅炮弹实现3060英尺/秒的炮口初速。海军军械局局长指出，由于该式火炮的预定口径更大，口径一旦单方面缩小，其内A管和外A管之间的金属材料分布比必然不是最优；这个问题在第一次世界大战期间建造的该式火炮的储备炮上得到了解决。使用152磅45号改良型柯达无烟发射药，9.2英寸口径Mk XII式火炮的炮口初速可提高至3060英尺/秒。40°射击仰角（使用4值CRH弹形系数炮弹、2940英尺/秒炮口初速）条件下，最大射程约为31000码；8值CRH弹形系数炮弹、增加发射装药（3060英尺/秒炮口初速）条件下，最大射程约为39000码。

1　挪威海军于1913年向英国的埃尔斯维克军械公司订购了这2艘军舰，用做岸防舰，后于第一次世界大战前夕被英国购回，改做浅水重炮舰。——译者注

Mk IX式炮塔的俯仰角范围为—5°~+40°。俯仰动作通过直接作用于滑轨的液压缸实现。弹药库和炮弹库存储于同一舱面，弹药升降机中途不做任何停顿。装填动作由位于炮室后部的与滑轨相连的伸缩式装填器实现，装填角范围为—5°~+7°。Mk IX式炮塔的旋转机构重量为194.2吨，辊道的直径为14英尺6英寸，炮塔底座的内径为17英尺9英寸。发射周期为30秒。炮塔的防护装甲厚度：正面为8英寸，侧面及后部为6英寸，顶部为3英寸。

Mk XIII式火炮是英国陆军装备的一种9.2英寸口径35倍径的火车牵引炮。

Mk XIV式火炮是威格士公司建造的一种9.2英寸口径45倍径火炮，原本是为了武装意大利的某种类于希腊的"乔治·阿韦罗夫"号的装甲巡洋舰（安装了阿姆斯特朗公司建造的Pattern H式火炮），但后来意大利的装甲巡洋舰建造计划被取消。Mk XIV式火炮的强固钢丝缠至距炮口半于炮膛长度的位置。炮重26.6吨，使用37号改良型柯达无烟发射药可实现2748英尺/秒的炮口初速，使用26号改良型柯达无烟发射药可实现2720英尺/秒的炮口初速。该式火炮在威格士公司的代号如今已不得而知。

出口型 9.2 英寸火炮

阿姆斯特朗公司 / 埃尔斯维克公司

Pattern A式：该式火炮重27吨13英担1夸特7磅，使用58.5磅柯达无烟发射药，可使390磅炮弹实现2250英尺/秒的炮口初速，或使320磅炮弹实现2392英尺/秒的炮口初速。总长385英寸，炮膛长371.6英寸（40.4倍径）。

Pattern B式：部署在澳大利亚菲利普港的4门9.2英寸口径24倍径火炮。

Pattern C式：澳大利亚皇家海军为"阿德莱德"号轻巡洋舰订购，但最后并没有上舰。Pattern C式火炮（有时候会被称为Mk IVE式）与Mk IV式火炮很相近，但药室容积更大一些。

Pattern D式：该式火炮重24吨1夸特2磅，总长340.4英寸，炮膛长324.65英寸（35.3倍径）。

Pattern E式：该式火炮重23吨14英担2夸特12磅，使用175磅柯达无烟发射药，可使390磅炮弹实现2007英尺/秒的炮口初速；总长322英寸，炮膛长数据佚失，药室容积为4780立方英寸。

Pattern F式：即是皇家海军的Mk IV式火炮。

Pattern G式：该式火炮事实上与Mk VIC式是一种，共有3门，部署在澳大利亚悉尼港。在埃尔斯维克军械公司的产品目录里，Pattern G/G1式即是Mk VI式。

Pattern H式：为希腊装甲巡洋舰"乔治·阿韦罗夫"号建造。炮重26.73吨（含炮尾）。采用117磅发射药，可使380磅炮弹实现2770英尺/秒的炮口初速。以上这些资料是Pattern H式火炮第二次世界大战期间的状况，使用SC150式发射药。

Pattern J式：埃尔斯维克军械公司建造的Mk XI式火炮的高药室压强（20吨/平方英寸？）版本。该式火炮只建造了1门，最后被改造成了标准的Mk XI式火炮。

威格士公司

Mk A式：这种火炮是由意大利的安萨尔多公司于1898—1903年期间为土耳其的"梅苏地"号战列舰建造的，但从未实际架设过。Mk A式这个型号是推断得出的，事实上可能并不存在，因为采购订单并没有被彻底执行。据如今可见的一份标注日期为1900年2月10日的该式火炮横剖面图显示，火炮总长442.35英寸，身管（A管）长433.725英寸。该式火炮的建造图被寄往奥匈帝国境内的斯柯达公司，可能原本打算在1900年2月15日正式开始建造（以用于海岸防卫）。

出口型 21 厘米火炮

阿姆斯特朗公司 / 埃尔斯维克公司（实际上是 20.9 厘米 8.2 英寸口径）

Pattern A式：该式火炮可能武装了挪威的"海神埃吉

尔"号炮艇。重15吨2夸特7磅；可以110磅有烟火药（或39磅柯达线状无烟发射药）使210磅炮弹实现2202英尺/秒的炮口初速，或以82.5磅有烟火药使210磅炮弹实现1850英尺/秒的炮口初速；总长303.88英寸，炮膛长286.45英寸（34.76倍径），药室容积为3240立方英寸。未标注日期的该式火炮横剖面图显示，该火炮的订单号是4669×××（部分数字已经难以辨认）。

Pattern B式：为挪威的"雷霆"号岸防舰建造。炮重19.05吨，总长374.8英寸（45.5倍径），炮膛长361英寸（43.8倍径），药室容积为3430立方英寸；使用471磅柯达无烟发射药可使210磅炮弹实现2650英尺/秒的炮口初速。该火炮也可使308磅炮弹实现2300英尺/秒的炮口初速。

Pattern C式：为挪威的"挪威"号岸防舰建造。炮重18.5吨，总长374.8英寸（45.49倍径），炮膛长361英寸（43.8倍径），药室容积为3430立方英寸；使用471磅柯达无烟发射药可使308磅炮弹实现2300英尺每秒的炮口初速。有关该式火炮的一份炮尾装置订单清单显示，挪威于1899年7月13日订购了4门该式火炮（其中2门的订单号为9314A，另外2门的订单号为9314B；订单号的区别可能是标示了炮尾装置的左旋开或右旋开的区别）。

8英寸口径火炮

截至1914年，皇家海军当中已经不再有8英寸口径火炮服役，直到第一次世界大战之后才因为武装重巡洋舰的目的重新列装8英寸口径火炮。此处所述所有8英寸口径火炮都是供应国外市场的。

阿姆斯特朗公司（埃尔斯维克公司）

Pattern A式：这可能是第一种8英寸口径后膛装填炮（由埃尔斯维克军械公司建造），曾收到过1门数量的订单；该式火炮的横剖面图上的标注日期为1878年10月5日。

Pattern B式：该式火炮重11吨13英担［26096磅（11.65吨）］，总长220.7英寸（27.6倍径），药室容积为3240立方英寸，使用90磅棱柱状发射药，180磅炮弹，炮口初速为1968英尺/秒。该式火炮武装了阿根廷的"海军上将布朗"号战列舰。8门该式火炮的订单号为919，其炮尾装置于1890年进行了现代化改造（订单号为4740）。在1897—1898年之间，阿根廷人以法国施耐德公司建造的卡内特式[1]15厘米口径火炮替代了Pattern B式火炮。

Pattern C式：这个型号是揣测而来的，以尽量完整地反映火炮的演进史。埃尔斯维克军械公司的一份8英寸口径火炮炮身制图上的标注日期为1885年2月10日。炮重11吨17英担1夸特。总长222.5英寸［炮膛长208英寸（26倍径）］。使用100磅发射药，发射180磅炮弹（药室容积为3240立方英寸，药室压强为16吨/平方英寸）。

Pattern D式、Pattern D1式：Pattern D1式火炮采用了通长套箍，重12吨8英担3夸特［27860磅（12.4吨）］；Pattern D式火炮重11吨19英担6磅。总长222.5英寸（27.8倍径），药室容积为3240立方英寸，使用100磅普通发射药可实现16吨/平方英寸的最大药室压强，也可使用120磅柯达无烟发射药，发射180磅炮弹，炮口初速为2177英尺/秒。

Pattern G式：一份该式火炮的炮耳轴前部身管套箍制图标注日期为1893年1月20日，但该式火炮的设计/建造时间想必是更久之前的事：该式火炮本是为了武装1884年就下水的南澳州[2]巡洋舰"保卫者"号（事实上是炮艇）而建造的。该式火炮炮膛长26倍径，重11.5吨，使用90磅粒状发射药可实现2030英尺/秒的炮口初速。

Pattern I式：炮重11吨19英担14磅［267821磅（11.96吨）］，总长222.5英寸（27.8倍径），炮膛长210英寸（26.25倍径），药室容积为3240立方英寸，使用120磅柯达无烟发射药可使180磅炮弹实现2136英尺/秒的炮口初速。

1　卡内特式（Canet）：命名源于古斯塔夫·卡内特（Gustave Canet），时任法国施耐德公司的炮械总监。——译者注

2　南澳州（the South Australian）：1834年，英国议会通过法令，允许设立南澳州政府。和之前建立的其他殖民地不同，南澳从建立起就完全是由自由移民殖民。1901年，南澳州加入澳大利亚联邦，正式成为南澳大利亚州。——译者注

Pattern K式、Pattern K1式：Pattern K式重13吨10英担1夸特［30241磅（13.5吨）］，总长254.5英寸（31.8倍径），炮膛长240英寸（30倍径），使用120磅柯达无烟发射药可使180磅炮弹实现2307英尺/秒的炮口初速。Pattern K1式使用40磅柯达无烟发射药可使210磅炮弹实现2215英尺/秒的炮口初速；也可采用110磅有烟火药使180磅炮弹实现2230英尺/秒的炮口初速。1888年4月24日，智利为"海军上将科克伦"号战列舰订购了6门Pattern K1式火炮（订单号为3451），以替代原来的6门Pattern J式9英寸口径前膛装填炮（订单号为143）。

Pattern L式：炮重13吨5英担3夸特（13.25吨，但被归为12.5吨炮），总长222.5英寸（27.8倍径），炮膛长209.9英寸（26.2倍径），药室容积为3240立方英寸，使用110磅

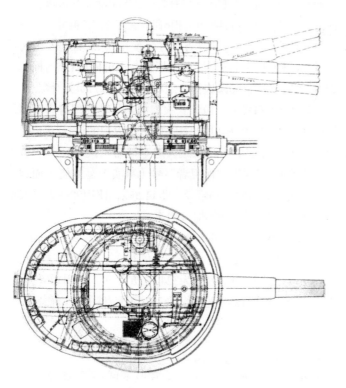

上图：截至1914年，英国皇家海军已经放弃了8英寸火炮，但仍有许多其他国家海军使用英国制造的这种口径的火炮。图示系智利巡洋舰"奥希金斯"号上的单管火炮炮塔

柯达无烟发射药可使210磅炮弹实现1921英尺/秒的炮口初速。

Pattern N式：炮重14吨15英担1夸特20磅［33088磅（14.8吨，但被归入14.5吨后膛装填炮）］，总长280英寸（35倍径），药室容积3240立方英寸，使用110磅有烟火药可使210磅炮弹实现2095英尺/秒的炮口初速。

Pattern P式：该式火炮武装了智利的"布兰科·恩卡拉达"号防护巡洋舰。依照阿姆斯特朗公司的产品名录中收录的一份图纸，该式火炮重15吨7英担3夸特，总长383英寸（41.6倍径）；炮膛长322.7英寸（40.3倍径）。药室容积为1984立方英寸。使用32磅柯达无烟发射药可使210磅炮弹实现2250英尺/秒的炮口初速。使用32磅柯达无烟发射药可实现16吨/平方英寸的药室压强。这种火炮也可以2008英尺每秒的炮口初速发射250磅炮弹。或者，还可以使用44磅柯达无烟发射药实现2570/2369英尺/秒的炮口初速。横剖面图（标注日期为1893年3月28日）显示，该式火炮总共建造了2门（订单号为6438）。

Pattern Q式：这是埃尔斯维克军械公司建造的第一种采用绕线身管强固工艺的8英寸口径火炮。炮重19吨3英担（19.15吨），总长370.52英寸（46.3倍径），炮膛长350英寸（45倍径），药室容积为3248立方英寸，使用46磅柯达无烟发射药可使210磅炮弹实现2650英尺/秒的炮口初速，或者使250磅炮弹实现2480英尺/秒的炮口初速。减装发射药情形下，可使用32.5磅柯达无烟发射药使210磅炮弹实现2000英尺/秒的炮口初速。该式火炮的炮尾图纸标注日期为1894年8月8日；订单号为6557（数量不详）。

Pattern R式：炮重15吨16英担（15.75吨），总长333英寸（41倍径），炮膛长322.48英寸（40.3倍径），药室容积1984立方英寸，使用29.75磅柯达无烟发射药可使210磅炮弹实现2250英尺/秒的炮口初速。横剖面图（标注日期为1895年11月15日）显示，该式火炮一共被订购了2门（订单号为7550）。

Pattern S式：该式火炮武装了日本的"高砂"号防护巡洋舰以及若干装甲巡洋舰。阿姆斯特朗公司的该式8

英寸45倍径火炮相关图纸显示，其重量为18吨10英担，总长373.52英寸（46.69英寸），炮膛长363英寸（45.375倍径）。药室容积为3248立方英寸。使用44磅柯达无烟发射药可使210磅炮弹实现2650英尺/秒的炮口初速。标注日期为1896年8月10日的横剖面图显示，使用46磅发射药，可使210/250磅炮弹实现2590/2452英尺/秒的炮口初速，该式火炮一共建造了4门（其中2门采用左旋开炮尾装置，另2门采用右旋开炮尾装置），订单号为8081。其中2门安装在"高砂"号巡洋舰上。该式火炮的衍生版本还武装了阿根廷的"布宜诺斯艾利斯"号防护巡洋舰（1895年）、巴西"查卡布科"号防护巡洋舰（被认为与日本"高砂"号防护巡洋舰是完全一样的）以及中国的"海圻"级防护巡洋舰。炮重19.5吨，使用48磅柯达无烟发射药可使210/250磅炮弹实现2660/2500英尺/秒的炮口初速。英国的军械出口手册中将该式火炮的总长记录为377英寸。

Pattern T式： 该式火炮武装了智利的"奥希金斯"号装甲巡洋舰，还武装了经过现代化改造、于1902年更新了武备的葡萄牙战列舰"瓦斯科·达·伽马"号。依照阿姆斯特朗公司的产品名录中收录的一份图纸，该式火炮重16吨10英担3夸特14磅，总长333.52英寸（41.7倍径），炮膛长323英寸（40.4倍径）。使用44磅柯达无烟发射药，可使210/250磅炮弹实现2575/2440英尺/秒的炮口初速。使用27.5磅减装发射药可使210磅炮弹实现1850英尺/秒的炮口初速。药室压强为17吨/平方英寸。依照标注日期为1896年9月30日的横剖面图，该式火炮按7942号订单建造了4门，后来又建造了另外4门。Pattern T1式火炮（应该是为了武装葡萄牙的"瓦斯科·达·伽马"号战列舰）的一份横剖面图标注日期为1902年5月10日；按1197号订单建造了2门。该式火炮重16吨10英担3夸特14磅；使用44磅柯达无烟发射药（药室容积为3248立方英寸），可使210磅炮弹实现2574英尺/秒的炮口初速。

Pattern U式： 据说，该式8英寸口径45倍径火炮于1899开始武装了日本的一些巡洋舰。炮重18吨9英担（18.45吨），总长373.52英寸（46.69倍径），炮膛长363英寸（45.4倍径）。

Pattern W式： 出口意大利的8英寸口径45倍径火炮，详见意大利火炮一章。如今可见的一份有关该式火炮（武装了意大利的"埃莱娜女王"级战列舰）的图纸标注日期为1898年11月30日。该式火炮一共建造了4门（其中2门采用左旋开炮尾装置，另2门采用右旋开炮尾装置），埃尔斯维克军械公司建造该式火炮的订单号为9061，意大利波佐利造船厂[1]建造该式火炮的订单号为156；但是，另一种可能的情形是，这4门火炮只是埃尔斯维克军械公司的产品，阿姆斯特朗–波佐利造船厂的产品并不包含在内。依照产品名录，该式火炮重19吨1英担3夸特14磅；总长373.52英寸，炮膛长360英寸（45倍径）。药室容积为3248立方英寸。使用44磅柯达无烟发射药可使210/250磅炮弹实现2650/2480英尺/秒的炮口初速。药室压强为16吨/平方英寸。

威格士公司

Mk B式： 该式8英寸、50倍径火炮（架设在双管炮塔中）武装了俄国的"留里克"号装甲巡洋舰。横剖面图（标注日期为1905年10月20日）显示，该式火炮重14吨3英担2夸特4磅，总长400英寸（炮膛长392.1英寸）。

Mk C式： 该式火炮属于一种俄国模式的火炮。最初建造了4门（订单号为246/14/1316），后来又建造了另外30门（订单号为585/13/1024）。据推测，第一份订单的实际日期应当是1913年10月30日；不过，涵盖了这两份订单的该式火炮横剖面图标注日期为1914年6月10日。该式火炮采用了嵌套强固工艺，没有应用任何紧固钢丝。总长400英寸（50倍径），炮膛长392.1英寸。炮重13吨5英担3夸特（886普特）。

Mk D式： 第一次世界大战结束之后，该式火炮武装了西班牙的"卡纳里亚斯"级重巡洋舰。

1　波佐利造船厂（Pozzuoli）：英国的阿姆斯特朗公司所属的埃尔斯维克军械公司帮意大利在其港口城市波佐利建立的一家军械厂。——译者注

7.5 英寸火炮

7.5英寸Mk I式、Mk I*式、Mk I**式

口径	7.5英寸（45倍径）
重量	14吨
总长	349.2英寸
倍径	46.56
炮膛长度	337.5英寸
倍径	45
膛线长度	278.5英寸
倍径	37.1
药室长度	55.062英寸
药室容积	4500立方英寸
膛线：阴膛线	45条
缠度	1/30
深度	0.06英寸
炮弹重量	200磅
爆炸药	16磅4盎司（普通炸药）
发射药	61.75磅
炮口初速	2758英尺/秒
以被帽穿甲弹击穿穿1倍径厚度的	
克虏伯表面渗碳硬化装甲的最大射程	3600码

　　7.5英寸口径Mk I式武装了“汉普郡”级巡洋舰（单管炮塔），最大射击仰角15°；第一次世界大战期间，该式火炮还武装了M26号浅水重炮舰，采用的是Mk III式改良型炮塔。包括3门原型炮在内，该式火炮一共建造了33门。英国陆军也曾对这种火炮表现出兴趣，但没有列装。约翰·坎贝尔认为，英国皇家海军之所以选择7.5英寸（而非8英寸）口径火炮，是因为其使用的200磅炮弹两个人就可以搬运，而8英寸口径火炮惯常使用的250磅炮弹则是二人之力难以应付的。

　　然而，英国的7.5英寸口径火炮研发工作之肇端还在于其对于8英寸口径火炮的需求：1898年6月，海军军械局局长指出，英国战争部希望设计一种可使250磅炮弹实现2700英尺/秒炮口初速的8英寸口径火炮。为此，军工局局长提交了一份威力（较之8英寸口径火炮）要大得多的火炮

的设计方案；但英国军械委员会指出，这种大威力火炮造价过高，炮膛的烧蚀磨损过于严重。因此，军工局局长提交了一份新的设计方案；海军军械局局长认为，考虑到副炮防御装甲的技术进步以及其他国家海军正在或已经列装了6—9英寸口径火炮，英国皇家海军也应当列装一款类似的火炮。稍后（1900年10月），海军军械局局长更具体地指出了7.5英寸口径火炮的研发要求，以因应法国的6.5英寸（16.5厘米）口径火炮，后者的威力明显要比英国既有的6英寸口径火炮大。海军军械局局长指出，设计一款新式火炮比设计一种“搭载”这种火炮的舰船更耗时日。英国军械部此前已经确认了正在研制当中的3种口径（12英寸、9.2英寸、6英寸）的新型大威力火炮的炮口初速：2700英尺/秒。然而，英国军械部发现，2700英尺/秒炮口初速的6英寸口径火炮膛内烧蚀磨损过于严重，有必要考虑适当降低炮口初速要求。海军军械局局长还发问：在承认研发、装备8英寸口径火炮的必要性的前提下，英国皇家海军是否还应当寻求一种每分钟可发射4发非瞄准炮弹的口径尽量大、综合性能尽量优的火炮？这一点，埃尔斯维克军械公司建造的8英寸口径火炮（使用210磅炮弹）已经实现了。但是，就8英寸口径火炮来讲，210磅炮弹并不能实现其最佳弹道性能，因此，埃尔斯维克军械公司同时为其研制了一种250磅炮弹（其爆炸装药量比210磅炮弹稍大一些）。为获得一种半速射火炮，海军军械局局长认为，其炮弹重量最大不应超过200磅，这反过来将火炮的口径规定在7.5~8英寸的范围内。海军军械局局长提议，埃尔斯维克军械公司和威格士公司两家各自就一种可使200磅炮弹实现2700英尺/秒炮口初速、弹道性能尽量做到最佳，且可实现每分钟发射4发非瞄准炮弹的火炮提交设计方案。海军建造局局长和海军审计官先后批准了海军军械局局长的这一提议，第一海务大臣于1898年7月12日正式发布这一决议（海军大臣则于当年7月16日予以批准）。

　　埃尔斯维克军械公司拿出了8英寸口径40倍径和8英寸口径45倍径两种设计方案，后一种实为44.6倍径。埃尔斯维克军械公司提交的最终方案为可使210磅炮弹实现2650英尺/秒

最高炮口初速的45倍径火炮（药室压强数据如今已经不得而知）。军工局提交的方案为8英寸45倍径，可使250磅炮弹实现2825英尺/秒的炮口初速（药室压强为16吨/平方英寸）。

　　这就是英国7.5英寸口径火炮的来由，该式火炮在英国被称为半速射炮，尽管其使用的是一种袋装发射药。1899年2月，英国皇家海军部门向威格士公司订购了一门实验炮。威格士公司的方案是7.5英寸口径45倍径，使用50磅发射药可实现2775英尺/秒的炮口初速，药室压强不超过17吨/平方英寸。发射药预备为40号柯达无烟发射药，但英国当时不大可能为此制造这种发射药；因此，只能选择30号柯达无烟发射药，炮口初速将会有所降低。据英国军械委员会估计，如果药室容积为4200立方英寸，使用45磅发射药将实现2580英尺/秒的炮口初速；如果药室容积为4500立方英寸，使用47.5磅发射药将实现2610英尺/秒的炮口初速。若要实现2700英尺/秒的炮口初速，火炮的长度必须增加3英尺（4.8倍径）。研制7.5英寸口径火炮最初是英国皇家海军和陆军之间的一项联合计划，但后者于1899年3月宣布，英国陆军1899—1900年间将不会订购任何7.5英寸口径火炮。1899年3月末，英国皇家海军部门曾经向正在建造45倍径7.5英寸口径火炮的威格士公司询问，实现"50倍径身管、4500立方英寸药室容积"的方案是否有可能。但时任海军军械局局长并不支持加长身管的7.5英寸口径火炮，因此，威格士公司1899年4月被告知，7.5英寸口径火炮45倍径身管的原初计划不变。威格士公司交付原型炮的时间原定于1899年2月，正式交货时间为当年11月。但是，威格士公司在交付原型炮阶段遭遇到一些难题，正式交货时间也因此延迟了6个月（最终于1900年5月正式交货）。

　　原型炮的实验结果无法令人满意，因为炮口初速只有2617英尺/秒，而炮膛烧蚀磨损却超出了预期。英国军械委员会此前曾经主张过"50倍径身管"的方案，并认为，若使用柯达无烟发射药，"50倍径身管"火炮有望实现2700英尺/秒的炮口初速；若使用改良型柯达无烟发射药，还有望实现更高的炮口初速。若使用杠杆装填装置，该火炮还可以实现5发（或以上）的非瞄准发射速度，这个方案被采

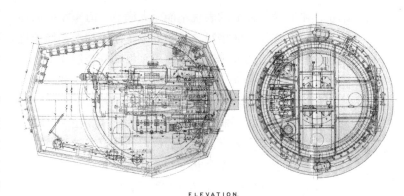

ELEVATION.

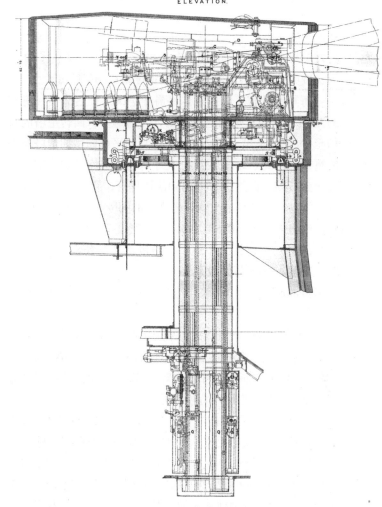

上图：架设在Mk II式炮塔上的7.5英寸Mk II式火炮，用于武装"牛头怪"级和"武士"级巡洋舰

纳了。唯有膛线部分的表现不能令人满意。海军军械局局长于是转而支持"50倍径身管"方案，海军建造局局长也表示同意，时为1900年10月。海军军械局局长制作了一份表格，比较这种7.5英寸口径火炮与法国的7.64英寸、6.5英寸口径火炮的优劣。海军建造局局长注意到，英国的7.5英寸口径火炮的炮口（圆周的每英寸）动能较之法国的7.64英寸口径火炮的要大得多，后者的炮口初速更高，但由于其炮弹重量较小，存速能力也弱不少。就7.5英寸口径50倍径火炮而言，若炮口初速为2700英尺/秒，6000码距离上的速度是1521英尺/秒；反观法国的7.64英寸口径火炮，若炮口初速为2870英尺/秒（弹重165磅），6000码距离上的速度是1173英尺/秒。就7.5英寸口径45倍径火炮而言，若炮口初速为2617英尺/秒，6000码距离上的速度是1280英尺每秒。

海军审计官（时为威尔逊爵士）决定推迟50倍径身管的7.5英寸口径火炮的上舰计划，因为这要求回转炮塔的直径至少增加1英尺，还必须为了炮身的平衡而增加炮塔尾部的重量。由此，每座双管7.5英寸口径火炮炮塔的总重将增加至少12吨。此外，若采用50倍径身管，则7.5英寸口径火炮炮塔与12英寸口径火炮炮塔之间的间隔必须增加至少3英尺，这将进一步压缩6英寸口径的副炮炮组的空间。如若不然，就必须整体扩大军舰上的炮塔区（延长6英尺）；同时，军舰上的弹药供应系统也会变得更加复杂。最终，英国军械部还是选择了7.5英寸口径45倍径的方案，时为1900年11月。

7.5英寸口径45倍径火炮采用了绕线的身管强固工艺，其炮管结构包括内A管、A管、B管以及护套。与Mk I式不同的是，Mk I*式加装了1个炮尾环，Mk I**式的A管端炮尾管壁更厚，加装的炮尾环直径也更大。

据1903年1月的描述，18吨/平方英寸药室压强条件下，7.5英寸口径45倍径火炮炮口初速为2859英尺/秒。据1905年的一次估计，Mk I式、Mk I*式、Mk I**式、Mk II**式火炮的寿命为300发（使用Mk I式柯达无烟发射药）或600发（使用改良型柯达无烟发射药）。在15°射击仰角、2值CRH弹形系数炮弹条件下，炮口初速为2765英尺/秒，射程为14008码。若改用4值CRH弹形系数炮弹，其他条件不变，射程为15215码。约翰·坎贝尔认为，上述2值CRH弹形系数炮弹条件下的数据应为估计值，实际值很可能比这个估计值小200码。装备4值CRH弹形系数炮弹的只有浅水重炮舰。

埃尔斯维克军械公司制造的安装在"德文郡"级重巡洋舰上的Mk I式7.5英寸口径火炮炮塔与"克雷西"级装甲巡洋舰上安装的9.2英寸口径火炮炮塔非常相近，只不过后者没有装弹机，替而代之的是旋转扬弹筒——内部左右两侧分别安装着输送炮弹（左）和发射药（右）的抓斗式升降机。炮室之内存放7发待装炮弹。俯仰角范围为-7°~+15°。Mk I式7.5英寸口径火炮炮塔的旋转机构重量约为87吨，辊道直径为11英尺6英寸，炮塔底座的内径为14英尺。发射周期为15秒（每炮每分钟各自发射4发）。防护装甲厚度：正面为6英寸，侧面为3英寸，后部为4英寸，顶部为2英寸。

7.5英寸Mk II**式、Mk V式后膛装填炮

口径	7.5英寸（50倍径）
重量	15吨
总长	386.7英寸
倍径	51.56
炮膛长度	375.0英寸
倍径	50
膛线长度	316.0英寸
倍径	42.1
药室长度	55.062英寸
药室容积	4500立方英寸
膛线：阴膛线	45条
缠度	1/30
深度	0.06英寸
炮弹重量	200磅
爆炸药	16磅4盎司（普通炸药）
发射药	61.75磅
炮口初速	2841英尺/秒
以被帽穿甲弹击穿1倍径厚度的克虏伯表面渗碳硬化装甲的最远距离	3850码

Mk II式火炮武装了"牛头怪"级和"阿喀琉斯"级装甲巡洋舰。依1914年的英国皇家海军军械清单记载，Mk II**式火炮的炮尾部内衬段A管做了加厚处理。依据约翰·坎贝尔搜集的资料，英国政府计划将Mk II式火炮部署在印度及其周遭地区，以抵御可能的俄国巡洋舰的攻击[1]；Mk II式火炮一共建造了22门，预定部署地包括孟买（6门）、卡拉奇（5门）、马德拉斯（4门）、亚丁（3门）、仰光（2门）。俄国海军在日俄战争中覆没之后，最后3门Mk II**式火炮的建造订单被取消了，还有5门Mk II式火炮被移交给了英国皇家海军（但未曾投入实战）；结果，只有孟买按计划部署了6门Mk II式，卡拉奇只部署了2门，其他几个地点的预定部署则完全取消了。皇家海军列装的只有Mk II**式火炮，该式火炮一共建造了16门。英国还建造了40门Mk V式火炮，这是一种与Mk II式火炮弹道性能相同、结构存在轻微差异的火炮：少1个C套箍，但护套更厚。所有Mk II式火炮都是威格士公司设计的，Mk II**式火炮的设计者则包括威格士公司（6门）、埃尔斯维克军械公司（8门，与威格士公司的设计存在稍许不同）以及伍尔维奇军械厂（2门）。Mk V式火炮也全部由威格士公司设计。

研制加长身管的7.5英寸口径火炮的工作始于1902年。1903年1月，皇家火炮厂总主管指出，加长身管的7.5英寸口径火炮所使用的炮弹将以立德炸药作为爆炸装药，弹长4.5倍径，膛线缠度以1/25为佳。使用76—77磅发射药，该火炮可使150磅炮弹实现3510英尺/秒的炮口初速，或使200磅炮弹（英国皇家海军常见的现役炮弹）实现3038英尺/秒的炮口初速，或使250磅炮弹实现2713英尺/秒的炮口初速。在3000码的距离上，这三种炮弹对表面硬化装甲的侵彻厚度分别为：6.77英寸、7.54英寸及8.04英寸。这表明，从动能（穿甲）性能的角度考虑，弹体越重（越长）越好。当然，到底应当选择何种炮弹，还应考虑其他方面的因素，诸如加长炮弹的输送、装填难度及其较差的弹道平直性

等；这就是英国皇家海军最终选择了既有的200磅炮弹的原因所在。9.2英寸口径火炮最终选择了380磅炮弹也是出于类似的综合权衡。

加长身管的7.5英寸口径火炮的设计方案于1905年早期获得批准，预定武装"勇士"级和"牛头怪"级装甲巡洋舰，另外还将部署到印度海岸去（第一批火炮预定要运去英属印度）。"勇士"级装甲巡洋舰所需的20门加长身管的7.5英寸口径火炮于1904年9月发出订单，1905年12月3日正式交货。

在2827英尺每秒炮口初速和15°射击仰角条件下，加长身管的7.5英寸口径火炮的射程为14238码（使用2值CRH弹形系数炮弹）或15571码（使用4值CRH弹形系数炮弹）。约翰·坎贝尔认为，使用4值CRH弹形系数炮弹的射击数据是准确的，但使用2值CRH弹形系数炮弹的射击数据则属估计值（比实际值要高200码）。只有"牛头怪"级装甲巡洋舰装备了4值CRH弹形系数炮弹。

"Mk II式"这个型号可能同时指代了"勇士"级、"阿喀琉斯"级装甲巡洋舰上的单管和双管炮塔（射击仰角同为15°）。"牛头怪"级装甲巡洋舰安装了Mk V式炮塔。不过，在"勇士"号装甲巡洋舰上安装了3座Mk V式炮塔，"牛头怪"级装甲巡洋舰当中的"香农"号、"防御"号分别安装了1座和2座Mk II**式炮塔。Mk II**式炮塔由液压系统驱动，俯仰角范围为−7.5°~+15°。扬弹筒内部安装2台炮弹升降机（左侧）和2台柯达无烟发射药升降机（右侧），都是液压动力的。2台炮弹升降机是"联动"的，其中一台上升时另一台下降，互为衡重。炮弹由人力推进一个液压驱动的接收槽中，接收槽随装填槽上升至10°装填位置，然后将炮弹推入装填槽。该式炮塔的一个不成功的设计特点是，在弹药库的通道上存放（盛之以不具防闪燃功能的药柜）可供40~60发炮弹所需的发射药。旋转机构重量为98吨，辊道直径为10英尺8英寸，炮塔底座内径为14英尺。发射周期为15秒。防护装甲厚度：正面8英寸，侧面6~8英寸，后部4.5英寸，顶部2英寸。

埃尔斯维克军械公司建造Mk II式炮塔的初衷是寻求短

1　日俄战争及其前后一段时期之内，英国的相关外交政策是"联日制俄"，并先后与日本签订了《英日同盟条约》和《第二次英日同盟条约》，其中一个主要目的即是遏制俄国侵犯英属印度。——译者注

时间之内的高射速（每分钟6发）。该式炮塔的总体设计与"德文郡"级重巡洋舰上的Mk I式7.5英寸口径炮塔相似：以旋转扬弹筒替代了炮弹装填机。

7.5英寸Mk III式、Mk III*式后膛装填炮

口径	7.5英寸（50倍径）
重量	16吨
总长	388.2英寸
倍径	51.76
炮膛长度	375.0英寸
倍径	50
膛线长度	324.633英寸
倍径	43.28
药室长度	46.337英寸
药室容积	3720立方英寸
药室压强	18吨/平方英寸
膛线：阴膛线	44条
缠度	1/30（从药室前端至距离炮口279.633英寸处，所有阴膛线深度由0.05英寸渐变至0.06英寸）
深度	0.05~0.06英寸
炮弹重量	200磅
爆炸药	16磅8盎司（普通炸药）
发射药	54.25磅改良型柯达无烟发射药
炮口初速	2781英尺/秒

　　7.5英寸口径Mk III式、Mk III*式后膛装填炮武装了智利的"宪法"号战列舰，该舰后被编入英国皇家海军（改名为"快速"号）。这些火炮后来被转移安装到了12号、23号、26号浅水重炮舰上。"快速"号战列舰拆除武备之后，上面的单管火炮被转移安装至雅茅斯和洛斯托夫特作岸防炮之用，另有10门火炮和8座炮塔被转移至比利时作反炮兵武器之用。"快速"号战列舰预定搭载14门副炮，所以7.5英寸口径Mk III式总共建造了14门，另外还建造了2门Mk III*式作为备件炮。

　　7.5英寸口径Mk III式火炮采用了绕线炮管强固工艺（覆盖63%身管），炮管结构（由内而外）包括A管、1B管和2B管、炮管强固钢丝、C管以及护套。Mk III*式火炮还加装了1个内A管，而在炮管强固钢丝之外依次是B管、护套。7.5

英寸口径Mk III式、Mk III*式火炮的额定寿命为500发（使用改良型柯达无烟发射药）。在15°射击仰角条件下，使用2值CRH弹形系数炮弹的射程为14088码，使用4值CRH弹形系数炮弹（只在浅水重炮舰上装备）的射程为15309码。约翰·坎贝尔认为，上述使用2值CRH弹形系数炮弹情形下的射程数据比实际值要高200码。

　　配用炮塔为带有护盾的CPIII式。俯仰角范围为–5°～+15°，总重为32吨，发射周期为15秒（这些数据与"凯旋"号战列舰上的CPIV式炮塔相同）。作为架设在主甲板上的炮塔，由于受舰船结构限制，最大仰角为14°。

7.5英寸Mk IV式、Mk IV*式后膛装填炮

口径	7.5英寸（50倍径）
重量	16吨
总长	386.7英寸
倍径	51.56
炮膛长度	375.0英寸
倍径	50
膛线长度	325.425英寸
倍径	43.39
药室长度	45.525英寸
药室容积	3725立方英寸
药室压强	18吨/平方英寸
膛线：阴膛线	60条
缠度	1/30（从药室前端至距离炮口279.633英寸处，所有阴膛线深度由0.05~0.06英寸匀速渐变）
深度	0.05~0.06英寸
炮弹重量	200磅
爆炸药	16磅8盎司（普通炸药）
发射药	54.25磅改良型柯达无烟发射药
炮口初速	2781英尺/秒

　　7.5英寸口径Mk IV式、Mk IV*式火炮武装了智利的"自由"号战列舰，被英国皇家海军接收之后改名为"凯旋"号。为武装"凯旋"号，英国一共建造了14门Mk IV式火炮（后来随着这艘战列舰一道在海战中沉没），2门备件炮（Mk IV*式）后来被转移至24号、25号浅水重炮舰上。与Mk III式火炮的情形一样，只有浅水重炮舰上的Mk IV式火

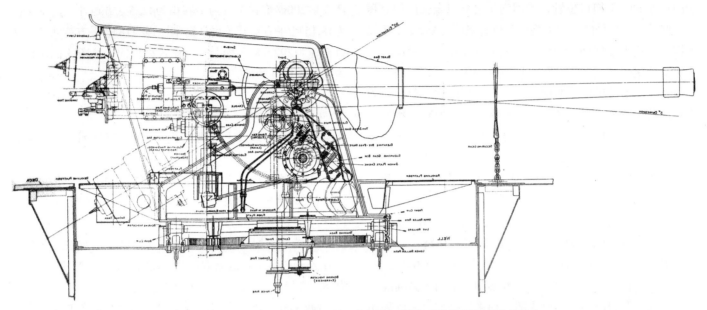

上图：架设在 CPV 式炮塔上的 7.5 英寸 Mk VI（N）式火炮，用于武装第一次世界大战期间建造的"霍金斯"级舰船

7.5英寸Mk VI式后膛装填炮

口径	7.5英寸（45倍径）
重量	14吨
总长	349.2英寸
倍径	46.56
炮膛长度	337.5英寸
倍径	45
膛线长度	278.5英寸
倍径	37.13
药室长度	55.062英寸
药室容积	4500立方英寸
药室压强	18吨/平方英寸
膛线:阴膛线	45条
缠度	1/30
深度	0.555英寸
阳膛线	0.38英寸
炮弹重量	200磅
爆炸药	15磅10盎司或12磅7盎司（普通炸药）
发射药	61磅26号改良型柯达无烟发射药
炮口初速	2770英尺/秒

炮装备了4值CRH弹形系数炮弹。这种火炮的炮管结构（由内而外）为：A管、全身管覆盖的B管、覆盖49%炮管的紧固钢丝、护套。Mk IV*式火炮的紧固钢丝100%覆盖炮管。射击仰角为15°。使用改良型柯达无烟发射药，Mk IV式火炮的额定寿命为400发。弹道性能与Mk III式火炮相当。

7.5英寸口径Mk VI式火炮武装了4艘"霍金斯"级巡洋舰以及"报复"号巡洋舰。该式火炮一共建造了44门（其中39门在第一次世界大战结束前完成了建造），其中很多在第二次世界大战期间作岸防之用。该式火炮使用4值CRH弹形系数炮弹。

在第一次世界大战时期，Mk VI式是英国皇家海军应用新式火炮建造方式建造的口径最大的火炮。这种新式的火炮建造方式的发明者是皇家火炮厂，它使火炮的建造过程变得容易多了（相应的生产设备是现成的）。按照这种建造方式，火炮采用了锥形设计：以全长度护套（而非以往的部分炮膛长度护套加B管结构）覆盖身管，紧固钢丝也以锥形方式缠绕，锥形内A管自药室端插入、嵌套于A管当中，因此免于设置前定位凸台的必要。这种火炮的炮管紧固钢丝缠绕至炮口位置，紧固钢丝之外以全长度护套覆盖。型号上加星号的这种火炮炮身只有坚固的A管。由于紧固钢丝中途无任何间断，所以无需另外使用钢丝紧固环。按照新的建造方式，护套可在所有紧固钢丝缠绕完毕之后再加装，而不是像以前那样，先在A管之外加装B管，接着旋转加装护套座，然后在B管之外热装冷缩护套。按照新的建造方式，紧固钢丝的布局更加合理，可为炮管提供更大的纵向刚度（梁强度）。15英寸口径的实验炮E.597式除外，7.5英寸口径的Mk VI式火炮是采用此种建造方法的最大口径火炮。

7.5英寸口径的Mk VI式火炮的预估寿命为650发全装发射药炮弹。30°射击仰角条件下，射程为21114码。

配备的CPV式炮塔的俯仰角范围为–5°~+30°，在10°仰角位置以手工装填。设计方案预定采用人力瞄准及俯仰系统，但炮塔相关实验表明必须采用机械力。所采用瞄准及俯仰机件由英国皇家海军在1914年3月为"法尔茅斯"级轻巡洋舰订购的相关设备改造而来，但并不成功，于是战后又为CPV式炮塔安装了手控电力传动装置，由一台电动引擎驱动一台液压泵。这以后，CPV式炮塔的俯仰皆由旋转斜盘发动机及其传动装置驱动。CPV式炮塔重45.975吨，其中，1英寸厚度的炮塔防盾重8吨。

出口型7.5英寸火炮

阿姆斯特朗公司（埃尔斯维克公司）

Pattern A式：该式火炮武装了"快速"号战列舰，参见前文Mk III式火炮。横剖面图标注日期为1902年7月18日。

Pattern B式：该式火炮武装了希腊的"乔治·阿韦罗夫"号装甲巡洋舰。

Pattern C式：该式火炮武装了意大利的"圣乔治"号装甲巡洋舰。这种火炮总长350.7英寸（炮膛长337.5英寸），重13吨15英担1夸特7磅（含套环）。这种火炮可以63.5磅巴里斯太火药发射200.5磅炮弹（设计使用72磅发射药发射200磅炮弹），药室容积为4225立方英寸，药室压强为18.15吨/平方英寸（设计药室压强为18吨/平方英寸）；炮口初速为2927英尺/秒。一份该式火炮的描摹图的标注日期为1906年10月30日。

威格士公司

Mk B式：该式火炮武装了"凯旋"号战列舰，见前文所述。

Mk C式：该式火炮采用绕线炮管强固工艺，总共建造了2门（订单号为21013）。横剖面图标注日期为1904年4月18日，后于1908年8月19日、1911年3月7日修订过。火炮总长386.7英寸，炮膛长378.9英寸（50.5倍径）。该式火炮使用61.25磅改良型柯达无烟发射药发射200磅炮弹，炮口初速为2825英尺/秒；炮重14吨9英担3夸特。

Mk D式：该式火炮武装了意大利的"圣马尔科"号装甲巡洋舰。

6英寸口径火炮

1893年3月，海军军械局局长告知英国炮兵局局长，德国的克虏伯公司为奥地利的"弗朗茨·约瑟夫"号和"伊丽莎白皇后"号装甲巡洋舰的24厘米口径火炮做了延长身管改造（更换衬管）；他建议对英国的所有老式火炮做类似的改造。军工局局长认为，此举尤其具有实用性，但成本高昂，因而建议海军军械局局长对最有价值做身管延长改造的火炮进行甄选，并指明具体需要延长多少。海军军械局局长的甄选结果是6英寸Mk III式及同系列以后型号、9.2英寸Mk III式及同系列以后型号和12英寸Mk III式及以后型号。"卓越"号训练战列舰舰长建议，比照6英寸口径速射炮（使用柯达无烟发射药）的威力，升级所有6英寸口径火炮，将身管延长为40倍径。就6英寸口径Mk VI式火炮而言，这意味着要将炮管延长7英尺。标准的9.2英寸口径火炮炮塔不允许任何炮管延长改造，但9.2英寸口径Mk II式、Mk III式火炮炮塔可以。英国皇家海军的计划是，将9.2英寸口径火炮的炮管延长至35倍径或40倍径。1893年10月，相关部门弄清楚了延长6英寸口径Mk IV式及Mk VI式后膛装填炮炮管的花费情况，英国军械委员会认为过于高昂，其成果不如研制、建造一种新的6英寸口径40倍径火炮。

这种成本核算结果并没有让海军军械局局长打消念头，他决定集中精力于将后膛装填炮改造成速射炮，而非延长火炮身管。1894年6月，埃尔斯维克军械公司提交了有关将某式后膛装填炮改造成速射炮的方案，并提议将所有现役5英寸、6英寸口径的后膛装填炮都改造成速射炮（对这些被判定再无法更新衬管的火炮进行此类改造是海军军械局局长早前就曾建议过的）。1894年10月，海军军械局局长写道："已经到了一个认清速射火炮的极大效能和价值的时候了，在研究如何使英国皇家海军尽量快、尽量经济地列装一批速射火炮的问题上不应再有任何延迟"。相关解决办法之一是，使用更多的柯达无烟发射药以提高炮口初速，但海军军械局局长认为，首先是要利用既有的标准（现役）速射炮弹药：它们可以使6英寸口径的后膛装填炮实现既有的1960英尺/秒炮口初速，若将既有的50磅炮弹替换成45磅炮弹，还可以使5英寸口径后膛装填炮的炮口初速从1750英尺/秒提升至2000英尺/秒。因此，他向埃尔斯维克军械公司和军工局局长分别移交了1门6英寸口径和3英寸口径的后膛装填炮，要求他们在尽量短的时间内就这两门火炮的改造拿出自己的方案来。

这两家机构将领受1门新的或修复的6英寸口径Mk III式、Mk IV式或Mk VI式后膛装填炮，为其安装1个较之原装更短的衬管以及1个现役速射炮药室（以使用筒装柯达无烟发射药），以实现1860英尺/秒的炮口初速；改造之后的火炮将沿用原有的单步动作炮尾机构。伍尔维奇军械厂的改造方案与埃尔斯维克军械公司相似，只不过衬管要短得多，炮尾机构也有所差异。5英寸后膛装填炮的改造方案也与此大同小异。英国皇家海军审计官予以批准，并指出：这种改造意义重大，因为近年来法国在这方面已经投入了很多，"除非英国皇家海军能够急起直追，否则，英法两国海军之间的老式舰船武备对比对前者非常不利。英国皇家海军（战列舰和重要巡洋舰上的）总计262门6英寸口径的后膛装填炮需要进行速射化改造。下一年的预算必须为（总计262门待改造火炮当中的）至少100门准备约125000英镑的投入（弹药库的改造费用和速射化改造带来的弹药消耗增长也涵盖在内）。100门后膛装填炮的速射化改造是无论如何都必须完成的，这只是一种相当（或许是过于）保守的做法，之所以不对更多的火炮做此类改造，是由于'将它们从现役当中撤下来会造成相当的困难'。"相较之下，5英寸口径后膛装填炮的速射化改造却并不急迫，因为这些火炮所武装的不是英国皇家海军的重要舰船。1894年10月17日，海军大臣批准了这项改造计划。其中，最重要的改造对象是"海军上将"级战列舰以及"绝代"号、"巨人"号、"加拉蒂亚"号、"厌战"号战列舰。

法国人已经将他们的16厘米口径（28~30倍径）后膛装填炮（M1881式至M1884式）改造成了同口径45倍径的速射炮，将他们的14厘米口径30倍径后膛装填炮（M1881式至M1884式）改造成了同口径45倍径的速射炮，将他们的10厘米口径26倍径后膛装填炮（M1881式至M1884式）改造成了同口径50~55倍径的速射炮。

英国皇家海军军械局局长后来写道，6英寸口径速射炮每分钟可发射6发炮弹，相比之下，改造的6英寸26倍径版本则为（估计）4发，而后膛装填炮每分钟只能发射1.25发。4.7（或5）英寸口径速射炮每分钟可发射8发炮弹，改造版本为6发，后膛装填炮则每分钟只能发射1.5~1.75发。这项改造计划后来还将4英寸27倍径后膛装填炮囊括进去。

1895年1月，英国皇家海军为这些由后膛装填炮改造而来的6英寸口径速射炮做了专门的命名，分别是"改速射"Mk I/III式、"改速射"Mk I/IV式、"改速射"Mk I/VI式，后面的数字即是改造之前的后膛装填炮的型号数。Mk I系列代表埃尔斯维克军械公司参与了改造，Mk II系列代表皇家火炮厂参加了改造。英国皇家海军的这项将老式后膛装填炮改造成速射炮的工作于1900年终止。

须注意，5英寸口径后膛装填炮改造成速射炮之后，口径变成了4.7英寸。

6英寸Mk VII式、Mk VIII式后膛装填炮

口径	6英寸（45倍径）
重量	7吨
总长	279.228英寸
倍径	46.54
炮膛长度	269.5英寸
倍径	44.9
膛线长度	234.783英寸（药室改进之后为233.602英寸）
倍径	39.13
药室长度	32.3英寸（改进之后为32.658英寸）
药室容积	1715立方英寸
药室压强	17吨/平方英寸
膛线：阴膛线	36条
缠度	自炮尾至距离炮口211.06英寸处为直膛线，自此直到炮口处为1/30
深度	0.046英寸
宽度	0.38英寸
阳膛线	0.1436英寸
炮弹重量	100磅
爆炸药	8磅11盎司（普通炸药）
发射药	20磅（Mk VIII式的此项数据为23磅）
炮口初速	2536英尺/秒
以被帽穿甲弹击穿1倍径厚度的克虏伯表面渗碳硬化装甲的最远距离	2500码

6英寸口径的Mk VII式、Mk VIII式火炮武装了"可畏"号、"伦敦"号、"邓肯"级战列舰以及"英王爱德华七世"级战列舰的头5艘，这些军舰上的该式火炮后来被转移安装到"铁公爵"级战列舰和"虎"号战列巡洋舰上。这两种火炮还武装了"克雷西"级、"德雷克"级、"肯特郡"级、"汉普郡"号以及"挑战者"级巡洋舰，另外还武装了众多重整武备的其他巡洋舰。第一次世界大战期间，这两种火炮（作为副炮）武装了除"彼得伯勒"号和"皮克顿"号之外的所有采用12英寸口径主炮的浅水重炮舰、M27号小型浅水重炮舰、"亨伯河"号和除"瓢虫"号之外的所有"蚜虫"级大型炮艇、"敏捷"号驱逐舰旗舰和英国的"维京"号驱逐舰。协约国武装干涉俄国内战期间（1919年），许多"里海部队"和"西伯利亚内河小舰队"所属的武装商船、防御性武装商船以及其他各种辅助性舰船也安装了这两种火炮。"肯特郡"级巡洋舰上的Mk VII式、Mk VIII式火炮采用双管炮塔架设（参见下图），其他的则皆为单管。"肯特郡"级巡洋舰（以及"德鲁奇"号炮艇和"发现者"号护卫舰）上的Mk VIII式火炮的炮尾装置为左旋开版。安置这些火炮的单管炮塔大多是PIII式或PIV式，"铁公爵"级和"虎"号战列舰上的

下图：图示为6英寸Mk VII式和Mk VIII式火炮，架设在"肯特"级巡洋舰的Mk I式（威格士公司制造）炮塔上

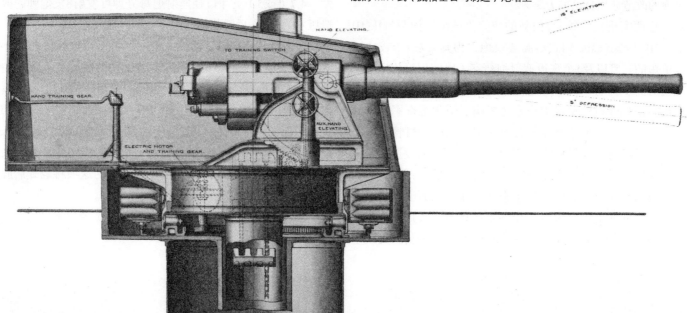

单管炮塔则是PVIII式。PIII式和PIV式炮塔的最大仰角为15°（PVIII式为14°最大仰角），后来提高到了20°。

总产量：为皇家海军生产了928门（898门Mk VII式，27门Mk VIII式，3门由Mk VII式改造而来的Mk VIII式），为英国陆军生产了350门；很多该式火炮被从皇家海军移交给英国陆军。

Mk VII式火炮的研制工作始于海军军械局局长指出拥有一种6英寸口径的高炮口初速速射炮的必要性之后，时为1895年11月。既有的6英寸口径火炮的设计工作都是在柯达无烟发射药还未成熟应用之前完成的，其药室不能很好地适用该种能量更高的发射药。军工局局长提交了一种可与既有的现役炮塔配套使用、炮口初速为2650英尺/秒的6英寸口径45倍径火炮设计方案。海军军械局局长建议埃尔斯维克军械公司也拿出一份设计方案来，海军审计官和第一海务大臣同意了这个建议。埃尔斯维克军械公司受令提交45倍径方案和50倍径方案各一，以供二选其一；他们已经生产过这两种倍径的速射炮。此后，军工局局长提交了45倍径方案和50倍径方案各二，50倍径方案较之45倍径方案的炮口初速要高75英尺/秒。威格士公司也提交了自己的设计方案。截至1896年4月，海军军械局局长做出了决定：任何炮膛长于45倍径的6英寸口径火炮都是不可接受的，除非这样一种火炮的优势能清晰明白地展现出来（大过其劣势）。英国军械委员会推荐威格士公司的方案：按照这种设计，6英寸口径火炮的炮尾装置将变得更加简洁，而且这种方案的设计/建造也可以很快完成。1896年12月，英国皇家海军向威格士公司订购了1门实验炮。

1897年11月，英国军械监察长提出一个问题：可否以丝质药包（后膛装填炮使用的那种发射药药包）替代金属弹药筒？很明显，他担心的是，速射火炮的重新装填工作不仅需要移除上一次发射时使用过的弹药筒，还有炮尾的击发管，这两个操作的时耗2倍于装填采用了新式弹药筒的12磅火炮，"而且实质性地降低这种时耗的希望很渺茫"。此外，新的6英寸口径或4.7英寸火炮必然需要更多的发射药。英国军械委员会建议，到底应该使用金属弹药筒还是丝质药包，需以实验结果做评判。1897年12月，英国军械部批准了订购48门该式火炮的决议，同时供应英国皇家海军和陆军。同时，该式火炮的发射药被确定为丝质药包（裸装发射药）形式，由此，这种6英寸口径火炮变成了一种后膛装填炮，而非真正意义上的速射炮。采用裸装药之后，每门火炮（按200发使用寿命计算）可节省8吨发射药，还可以节省大量的弹药存储空间；另外，还可以彻底避免使用黄铜弹药筒时常见的弹药筒于炮膛之内爆裂的隐患。这种新式火炮所需要的发射药（25磅）几乎两倍于既有的6英寸口径火炮（13.25磅），炮口初速也由原来的2154英尺/秒提高至2700英尺/秒。若使用黄铜弹药筒，将带来以下几个问题：弹药筒不能过长，但又必须在弹药筒之内预留足够的发射药（燃烧所需）空气隙；此外，一旦出现哑炮，在不打开炮尾的情况下，很难移除炮弹。必须承认，在某种程度上，裸装药的储运、操作等比金属弹药筒更危险（但柯达无烟发射药已经比早期火药安全多了），而且每次发射之后必须擦拭炮膛。但是，当火炮装填器和擦拭器合二为一之后，擦拭炮膛并不会造成很多的延误。新式火炮的预计发射速度可达每分钟7～8发，而不是原来认为的每分钟6发；预计重量为17.2吨，而非原来设想的13.6吨。

截至1897年12月，英国皇家海军必须尽快为"反抗"号、"不和"号以及"可畏"号战列舰装备总计36门6英寸口径副炮，此后不久，又有4艘装甲巡洋舰急需59门这种火炮作为储备炮之用。海军军械局局长和海军审计官主张直接订购新式6英寸口径火炮，但海军大臣认为，在确认这些火炮的分配方案、多长时间之内可以建造好之前，订购数量应以48门为上限。相关保留性意见是，这些火炮的膛线烧蚀磨损速度看起来太快（经过235发全装发射药发射之后，炮口初速从2700英尺/秒降低至2400英尺/秒），但考虑到这是一种高初速火炮，这一缺陷被认为是可以接受的。

这种大威力6英寸口径火炮即是Mk VII式后膛装填炮。第一门该式火炮由伍尔维奇军械厂于1897年7月21日交付，

7月23日进行了首次试射。据1914年的数据，使用29磅改良型柯达无烟发射药的条件下，该式火炮的额定寿命为1200发。使用20磅或23磅Mk I式柯达无烟发射药，寿命为900发；使用20磅或23磅改良型柯达无烟发射药，寿命为1800发。标准炮口初速为2562～2573英尺/秒，但"英王爱德华七世"级、"铁公爵"级战列舰以及"虎"号、"汉普郡"号和"快速"号战列舰上的该式火炮使用更大分量的发射药实现过2770～2775英尺/秒的炮口初速。设若使用过装发射药，在20°射击仰角、4值CRH弹形系数炮弹条件下，该式火炮的射程为14600码。

Mk VII式火炮的炮管结构包括内A管、A管、炮管紧固钢丝（50%覆盖身管）、向前覆盖至炮口位置的B管以及1个护套。但是，英国陆军列装的12门Mk VIIV式火炮却没有B管，Mk VII*式和Mk VIIV*式则换上了高强度的合金钢衬管（以满足大药量、45°岸防炮塔仰角条件下的发射需求）。

"肯特郡"级战列舰上安装Mk VII式火炮的双管炮塔分为Mk I式（威格士公司建造）和Mk II式（埃尔斯维克军械公司建造）两种。这些炮塔有着"局促"（2门火炮被置放于同一基座之上，同时俯仰）和"笨重"的恶名声，这促使英国皇家海军于第一次世界大战之后开始为这种火炮研制专门的双管炮塔。炮塔采用了电动瞄准装置，人力驱动俯仰装置的俯仰角范围为-5°～+15°。电动链式吊车可同时满足炮弹和发射药的输送需要；每座Mk I式炮塔配备1台链式吊车，每座Mk II式炮塔配备2台链式吊车。同一炮塔相邻两门火炮的身管轴线间距仅为30英寸，相互之间的炮口爆风干扰和由此造成的炮弹散布过大。Mk VII式火炮的双管炮塔的旋转机构重量约为75吨，辊道直径为8英尺3英寸，炮塔底座的内径为14英尺。防护装甲厚度：正面为4英寸，侧面为2英寸。

英国皇家海军将6英寸口径火炮安装到主力战舰上的工作始于"铁公爵"级、"虎"号战列舰。之所以做出这个决定，是考虑到当时的鱼雷射程和精度都提升了，装备了鱼雷发射管的敌方驱逐舰可在4英寸口径火炮的射程之外发

起攻击，所以有必要装备一种威力更大的反驱逐舰火炮。除了鱼雷技术进步之外，还由于当时（1910年）的英国皇家海军认为，德国的公海舰队将编入一些驱逐舰，可在昼间战斗中发动远程攻击。在此情况下，在以大口径主炮发起打击的同时，英国皇家海军还必须装备有效的反驱逐舰火炮（充当副炮）。"铁公爵"级战列舰上正是采用主副炮搭配布置的。战时，英国战列舰上的6英寸口径火炮的最

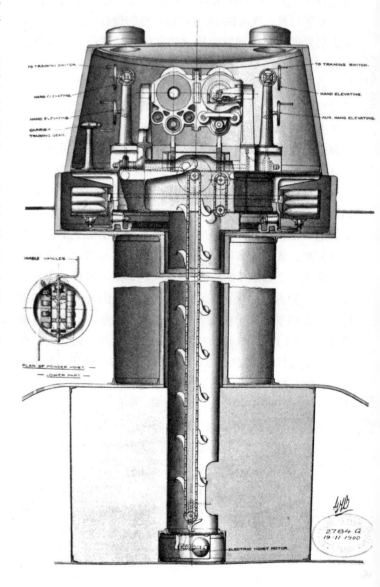

上图：澳大利亚"悉尼"号轻型巡洋舰上的 6 英寸 Mk XI* 式火炮，架设在 PVI 式炮架上，"悉尼"号曾用该炮击沉德国的"埃姆登"号轻型巡洋舰；该炮所属炮架的特点很明显，炮架系采用螺栓固定在甲板上（作者）

大射击仰角为14°，最大射程为12200码。

6英寸口径火炮参与了1913年开展的一次以"印度女皇"号战列舰为靶舰的实验性射击，英军舰队司令得出的结论是，"在与战列舰上的主炮协同射击时，6英寸口径火炮对8000（甚至7000）码以外的目标几无作用"。他还认为，考虑到轻巡洋舰上的6英寸口径火炮可在夜间或雾天快速对敌开火，所以战列舰也应该安装这种火炮。

1911年7月，英国皇家海军开始谋划为主力战舰重新引入6英寸口径火炮，对此，海军军械局局长指出，这种火炮发射的穿甲弹并不能击穿现代战列舰的舷部装甲。显然，战列舰上的所有6英寸口径火炮都将用于打击敌方的突击巡洋舰。对6英寸口径火炮来说，最有效的炮弹要数立德内装药普通弹和被帽普通弹（若是只为了打击敌方驱逐舰，只需配备立德内装药普通弹即可）。他承认，在舰队作战行动中，即使很薄的装甲也可有效抵御立德内装药普通弹的打击，"但不断降落的立德内装药普通弹可严重打击敌方舰员的士气，其总体战斗效能很可能比被帽（尖头）普通弹和穿甲弹还要大。"此外，（取消穿甲弹）单单配备立德内装药普通弹，还有利于统一弹道数据，从而简化火控操作。并且，立德内装药普通弹在价格上也比被帽（尖头）普通弹和穿甲弹低廉得多。一旦英国皇家海军的主力战舰引入了6英寸口径火炮，该舰就应该只配备立德内装药普通弹；引入了6英寸口径火炮的巡洋舰则应配备70%的立德内装药普通弹、25%的被帽尖头普通弹、5%的榴霰弹。海军审计官于当年8月10日批准了这项建议，第一海务大臣也于当日予以批准。

"布里斯托尔"级轻巡洋舰上的6英寸口径火炮的炮塔是PV*式，"韦茅斯"级轻巡洋舰上是PVI式。后来发现，在颠簸的风浪航行状态下，安装了这两种炮塔的轻巡洋舰上的火炮操作困难；比如，如果军舰横摇非常厉害，单有炮手调整高程无法实现持续瞄准。1913年2月，在"法尔茅斯"号轻巡洋舰上，有1座威格士公司建造的Mk "M"式炮塔（单由1名负责高程的炮手操作）、1座同为威格士公司建造的Mk "N"式炮塔（主副炮手协同进行差示瞄准）以及1座考文垂军械厂建造的采用动力驱动瞄准装置的炮塔。在采用差示方法瞄准时，会有一名副炮手利用露天视野帮助炮手进行瞄准。副炮手需要经过瞄准具向外瞭望，这就要求火炮护盾中间有更大的开口。考文垂军械厂建造的机械力驱动炮塔采用电力–液压混合动力，液压泵由电力引擎驱动。这组试验设定的最大横摇速度为4°/秒，在这种情况下，既有的人力驱动瞄准装置的炮塔绝无可能做到持续瞄准。身在实验现场（波特兰港）的指挥官偏爱考文垂军械厂建造的动力驱动瞄准装置的炮塔，主导这次试验的委员会却偏爱威格士公司建造的Mk "N"式人力驱动瞄准装置的炮塔。为应对4°/秒的横摇，炮塔至少应具备6°/秒的俯仰速度，而PV*式、PVI式炮塔最大俯仰速度仅为3°/秒，其所能应对的最大横摇速度为2°/秒（10°全程）；这种炮塔对瞄准对象的摇晃也应对不力。不过，威格士公司建造的Mk "M"式炮塔（单由1名俯仰炮手操作）却在"横摇全程"这一数据上胜出考文垂军械厂建造的动力驱动瞄准装置炮塔，胜出值为8°（1.6°/秒）。威格士公司建造的Mk "N"式炮塔在任何横摇速度下的表现都要胜过考文垂军械厂建造的动力驱动瞄准装置炮塔：横摇速度越快，前者的优势越明显。Mk "N"式炮塔的横摇应付能力上限为3.1°/秒（15°全程）。炮手几乎全体一致地支持动力装置，动力装置不会让操作者筋疲力尽（在未捕捉到目标的情况下），能够在舰船摇晃的情况下迅速地保持对目标的追踪。在这次试验过程中，操作既有的PVI式炮塔的高程调整炮手在14分钟后承认失败，在这段时间之内，他用于瞄准目标的时间仅有55秒。

第一次世界大战期间，3艘"法尔茅斯"级巡洋舰安装了考文垂军械厂生产的液压瞄准及俯仰装置，但使用效果并不非常成功。

Mk VIII式火炮使用28磅10盎司发射药（药室压强为18吨/平方英寸），炮口初速为2772英尺/秒；可在2950码的距离上击穿6英寸厚度的克虏伯装甲。第一次世界大战期间，英国还制造过一批改进设计（锥形内管，不具有前定位凸台）的Mk VII式火炮。Mk IX式和Mk X式属于用于单管炮塔的6英寸口径49.8倍径实验式岸防炮，其"原型"分别是埃尔斯维克军械公司建造的Patterns DD1式和Patterns DD2式。这两款火炮即是武装了巴西的"巴罗索"级战列舰和美国的"新奥尔良"级战列舰上的Pattern DD式火炮。

6英寸Mk XI式、Mk XI*式后膛装填炮

口径	6英寸（50倍径）
重量	9吨（设计重量为8吨2英担）
总长	309.728英寸
倍径	51.62
炮膛长度	300英寸
倍径	50
膛线长度	262.46英寸
倍径	43.74
药室长度	34.3英寸
药室容积	2030立方英寸
药室压强	18吨/平方英寸
膛线：阴膛线	42条
缠度	1/30
深度	0.046英寸
宽度	0.323英寸
阳膛线	0.1258英寸
炮弹重量	100磅
爆炸药	8磅11盎司（普通炸药）
发射药	32磅1.5盎司（改良型柯达无烟发射药）
炮口初速	2921英尺/秒
以被帽穿甲弹击穿1倍径厚度的克虏伯表面渗碳硬化装甲的最远距离	3300码

6英寸口径Mk XI式、Mk XI*式火炮武装了"英王爱德华七世"级战列舰（包括"非洲"号、"不列颠尼亚"号和"爱尔兰"号，采用PV式炮塔），"黑太子"号和"爱

下图：PVII*式炮架，可调整至更高仰角

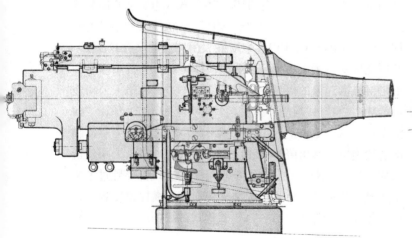
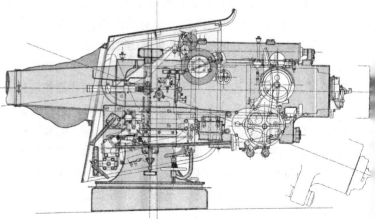

丁堡公爵"号装甲巡洋舰（采用PV式炮塔），"布里斯托尔"级轻巡洋舰（采用PV*式炮塔）、"法尔茅斯"号轻巡洋舰（采用PVI式炮塔）和"查塔姆"级轻巡洋舰（采用PVI式炮塔），后者包括英国皇家海军的3艘轻巡洋舰和澳大利亚海军的3艘轻巡洋舰（"墨尔本"号、"悉尼"号和"布里斯班"号）。第一次世界大战期间，该式火炮武装了"内伊元帅"号浅水重炮舰、"保卫者"号巡洋舰以及一些武装商船和防御性武装商船。在PV式炮塔上，该式火炮的最大射击仰角为13°（后来增加至20°），在PVI式炮塔上，该式火炮的最大射击仰角为15°。该式火炮全部列装海军，总计生产了177门。该式火炮还有一些（安装在岸防炮塔上）作为岸防炮使用，分别部署在设得兰群岛当中的布雷赛岛上（2门）和加里波利半岛（属土耳其）及萨洛尼卡（属希腊）地区（6门，其中2门为备件炮）。

1902年5月，海军军械局局长指出，考虑到其他国家的海军武器发展（列装或拟列装）情况，英国皇家海军急需全面推进各项实验，尽快改进英国军械的研发和装备现状。在此背景下，英国皇家海军将改进两种6英寸口径速射炮（Mk I式和Mk II式）的任务交给了军械厂，后者可以对这两种火炮做任何改进，只要坚持"使用原有炮弹"这一点即可。埃尔斯维克军械公司和威格士公司分别于当年7月和9月拿出了自己的改进设计方案。此外，英国皇家海军还于当年6月要求相关厂商就"将6英寸口径Mk VII式后膛装填炮的身管延长5倍径"提交设计方案；但此后又认为增加炮口初速（身管倍径）并不紧要，所以暂且搁置了。英国皇家海军还希望在不更改火炮结构的前提下提高现有火炮的药室压强，对此，设计师认为，18吨/平方英寸是上限：就6英寸口径Mk VII式火炮而言，这一药室压强足可实现2786英尺/秒的炮口初速。暂且搁置了从结构上改造Mk VII式火炮的想法之后，英国皇家海军要求军械厂设计一种全新的6英寸口径50倍径火炮。埃尔斯维克军械公司和威格士公司受令设计一种药室容积为2030立方英寸左右（如有必要，可扩容至2320立方英寸）的火炮。埃尔斯维克军械公司为此拿出来的成果被称为Mk XI式火炮。截至1903年6月，人

们预计Mk XI式火炮使用35磅改良型柯达无烟发射药可实现3060英尺/秒的炮口初速；与此相对照的是，Mk VII式火炮的炮口初速为2535英尺/秒。Mk XI式火炮的药室压强为18吨/平方英寸，相较之下，Mk VII式火炮的药室压强为17吨/平方英寸。

头2门Mk XI式火炮于1904年7月被提交给英国军械委员会，以作射程及精度试验之用，英国皇家海军同时向埃尔斯维克军械公司订购了另外50门。该式火炮武装了"爱丁堡公爵"级装甲巡洋舰和"不列颠尼亚"级战列舰。据1905年初的估计，该式火炮的标准炮口初速为2870英尺/秒，只比Mk VII式火炮高100英尺/秒。头2门原型炮有42条阴膛线，其余该式火炮都是36条阴膛线。

后来发现，在颠簸的风浪航行状态下，轻巡洋舰上的PV*式、PVI式炮塔的性能并不可靠。于是，第一次世界大战开始之前，英国皇家海军在"法尔茅斯"号轻巡洋舰上就可能的替代方案展开试验（请参见绪论中的评论），后来（第一次世界大战后期），英国皇家海军为PV*式、PVI式炮塔安装了液压动力装置。

测试显示，无法用半份发射药开炮（用于训练），所以将整份发射药分成3份，将其中2份用带子绑好，作为训练用发射药。使用改良型柯达无烟发射药，该式火炮的额定寿命为1000发。在15°射击仰角、4值CRH弹形系数炮弹条件下，该式火炮可以2937英尺/秒的炮口初速实现14310码的射程。

6英寸口径（H）Mk XI*式火炮是考文垂军械厂设计的单管炮塔火炮，使用了霍尔姆斯特伦式炮尾。这种火炮从来没有被用于过任何军舰。

6英寸口径Mk XII式、Mk XX式火炮武装了"伊丽莎白女王"级和"君权"级战列舰、自"伯明翰"级至"绿宝石"级所有轻巡洋舰，"阿伯克龙比"号、"拉格伦"号、"皮克顿"号以及第29～33号浅水重炮舰。协约国武装干涉俄国内战期间（1919年），3门该式火炮配发给了英国的"里海部队"。配备的炮塔："伯明翰"级战列舰上采用PVII式（15°最大射击仰角，后来提升至20°）；

从"阿瑞托萨"级到"半人马"级轻巡洋舰上采用PVII*式（最大射击仰角同PVII式，轻装甲防盾）；某些战列舰、浅水重炮舰以及（一段时期之内）"克莱奥帕特拉"号和"冠军"号轻巡洋舰上采用PIX式（14°最大射击仰角，不久之后提升至17.5°）；澳大利亚海军"阿德莱德"号轻巡洋舰上采用PXIII式（30°最大射击仰角，重装甲防盾）；"卡利登"级和"加的夫"级轻巡洋舰以及1939年进行了彻底的现代化改造之后的"埃芬厄姆"号重巡洋舰上采用PXIII*式（30°最大射击仰角）；"开罗"级轻巡洋舰上采用PXIII**式（30°最大射击仰角）；"达娜厄"级和"绿宝石"级轻巡洋舰上采用CPXIV式（30°最大射击仰角）；"代奥米德"号轻巡洋舰上采用Mk XVI式（40°最大射击仰角，全天候式）；"进取"号轻巡洋舰上采用Mk XVIII式（40°最大射击仰角，双管）。该式火炮总共生产了463门，全部配发给皇家海军（直到1940年，才有一些从海军转移至陆军）。

6英寸Mk XII式、Mk XX式后膛装填炮

口径	6英寸（45倍径）
重量	7吨
总长	279.728英寸
倍径	46.62
炮膛长度	270英寸
倍径	45
膛线长度	230.56英寸
倍径	38.43
药室长度	36.2英寸
药室容积	1770立方英寸
药室压强	20吨/平方英寸
膛线：阴膛线	36条
缠度	1/30
深度	0.046英寸
宽度	0.3759英寸
阳膛线	0.1477英寸
炮弹重量	100磅
爆炸药	7磅8盎司（普通炸药）
发射药	27磅2盎司（改良型柯达无烟发射药）
炮口初速	2825英尺/秒

1911年4月28日，海军军械局局长要求设计一种新的6英寸口径45倍径火炮，要求是：在确保足够的炮管纵向刚度和良好的射击精度的前提下，尽量轻型化。他认为，既有的Mk XI式火炮过于笨重，将其安装在快速机动的轻巡洋舰上（特别是在风浪剧烈的情形下），人力驱动瞄准装置非常困难。为了达到轻型化的目标，他情愿牺牲些许炮口初速（但不低于2800英尺/秒），尤其是在其射击精度有大幅提升的情况下。他希望这种新的火炮在外形尺寸上与Mk XI式火炮尽量接近，以使其炮塔可以和后者通用，但并不希望外形方面的考虑限制其总体设计。皇家火炮厂总主管于当年6月提交了设计方案，将新火炮的重量（较之Mk XI式）减轻了100千克，炮口初速为2850英尺/秒（介于Mk VII式和Mk XI式之间）。英国军械部指出，如果不设定与Mk XI式火炮通用炮塔这个条件，新火炮的重量还可以减轻更多［照此，皇家火炮厂的第二个设计方案将新火炮的重量（较之Mk XI式）减轻了600千克］。此后，威格士公司和埃尔斯维克军械公司也能受邀竞标此次设计任务。新火炮的药室压强须在20吨/平方英寸以下，发射药强度不能超过29.5磅26号改良型改良型柯达无烟发射药。英国军械部更支持皇家火炮厂的方案，威格士公司和埃尔斯维克军械公司设计的新火炮则被认为"药室容积过小"。考文垂军械厂拿出的是一个6英寸口径50倍径火炮的设计方案，这本是专门为了测试霍尔姆斯特伦式炮尾而设计的。英国军械部选中了皇家火炮厂的方案，该火炮的设计重量为6吨16英担（较之Mk VII式火炮轻200千克）；设计总长和发射药使用量与Mk VII式火炮相同，射击精度很可能与Mk VII式火炮相同，但比Mk IX式火炮更高。海军军械局局长同意了皇家火炮厂的这个方案，海军审计官和海军大臣也先后于10月11日和10月16日予以批准。

在15°最大射击仰角条件下，Mk XII式火炮的额定射程可达13600码（实际的最大仰角要更小，由于受到舰船结构的干扰）。1918年3月，戴维·贝蒂海军上将抱怨军舰上的副炮射程不足，海军军械局局长回应道，提高副炮射程所关涉的方面太多。他还指出，若为既有的6英寸口径、4

英寸口径炮弹加装8值CRH弹形系数的临时被帽，可使6英寸口径火炮的射程在原有最大射程的基础上增加2200码，但这项工作极耗人力，在人力紧缺的战时情况下，这么做的可能性不大。

该式火炮采用了绕线身管紧固工艺，其炮管结构包括锥形内A管、A管以及1个通长护套。实战检测发现，该式火炮的炮弹和炮膛间隙过大，因此，Mk XIIB式火炮的口径减小至5.985英寸。20°射击仰角条件下，Mk XIIB式火炮的射程为15660码；30°射击仰角条件下，射程为18750码；40°射击仰角条件下，射程为20620码。

第一次世界大战时期的经历使海军军械局局长认为，由于风吹浪溅的影响，巡洋舰上的开放式炮架战斗效能不高。1918年，他开始呼吁推广全天候的封闭式炮塔。作为前期实验，他于1920年获批在"代奥米德"号、"派遣"号、"绿宝石"号以及"进取"号轻巡洋舰上安装单管火炮（封闭式）炮塔；但最终只有"代奥米德"号真正安装了单管火炮（封闭式）炮塔：当年底，相关部门决定"派遣"号仍将按原计划安装CPXIV式炮塔。此时，相关部门已经为新建主力舰和未来的新建轻巡洋舰选定了6英寸口径的双管封闭式炮塔，同时决定对这些火炮做一些设计上的改进。英国皇家海军原计划先在2艘"绿宝石"级轻巡洋舰上预安装这种6英寸口径的双管封闭式炮塔，后又于1920年11月指出，设计所需资金只来得及列入1921—1922年度的预算草案，上舰工作只能推迟到1923年6月以后开展。决策部门计划先行测试单管的封闭式炮塔，双管火炮的封闭式炮塔的设计和建造工作随后。此外，原计划安装的CPXIV式炮塔也已经购买了。1920年11月，海军军械局局长认为，最好的变通办法是为2艘"绿宝石"级轻巡洋舰安装新式的、业已证明有效的单管封闭式炮塔。海军建造局局长指出，为2艘"绿宝石"级轻巡洋舰预定的新式导航控制塔只能与6英寸口径的双管封闭式炮塔配套。将这种设备安装到改造后的舰桥上会妨碍"B"位置的1门单管火炮的架设；在取得双管炮塔之前的等待阶段，舰船用封闭1门6英寸火炮的方法完成了施工。在这场讨论中，海军军械局

局长写道，他事先不知道海军建造局局长打算为2艘"绿宝石"级轻巡洋舰安装这种新式舰桥和导航控制塔。当年12月，英国皇家海军的各负责部门达成了协议，即只在"进取"号轻巡洋舰上安装新式导航控制塔和6英寸口径的双管炮塔，因为该舰是战时轻巡洋舰建造规划里的最末尾一艘（规划完工时间为1922年年末，尽管真正完工还在这之后很久）。除了"代奥米德"号和"进取"号，所有在建轻巡洋舰都将安装预先计划的标准CPXIV式炮塔。由于不可能再向1921—1922年度的预算草案中增加有关建造6英寸口径的双管火炮封闭式炮塔原型品的款项，"进取"号轻巡洋舰的工期遭进一步延后。相关负责部门认为新式导航控制塔和炮塔的试验工作至关重要，所以这种延后也被认为是可接受的。

6英寸Mk VIII式后膛装填炮

口径	6英寸（45倍径）
重量	9吨
总长	310.425英寸
倍径	51.74
炮膛长度	300.0英寸
倍径	50
膛线长度	265.242英寸
倍径	44.207
药室长度	31.683英寸
药室容积	1550立方英寸
药室压强	19.5吨/平方英寸
膛线：阴膛线	56条
缠度	1/30
深度	0.046英寸
宽度	0.349英寸
阳膛线	0.1746英寸
炮弹重量	100磅
爆炸药	8磅10.5盎司（普通炸药）
发射药	28.75磅2盎司（26号改良型柯达无烟发射药）
炮口初速	2770英尺/秒

6英寸口径Mk XX*式后膛装填炮即是药室容积变更为1620立方英寸的Mk XII*式火炮。之所以缩小药室容积，

是为避免采用Mk XII*式火炮那种椭圆形的外观。1917年10月，英国皇家海军取消了此前发出的一份有关于订购37门该式火炮的订单，原因是这种改造对射击精度的不利影响超出了预期；建造出来的唯一一门Mk XX*式火炮后来又被重新改造成了Mk XII式。

埃尔斯维克军械公司建造的Mk XIII式火炮武装了英国的"阿金库尔"号战列舰。其A管为两截式，内A管无定位凸台。这批火炮原本是为出口他国而建造的，时为1914年，因来不及对其药室容积做任何改造，只好转而寻求更改发射药。第一次世界大战期间建造的该式火炮的储备炮在炮管结构上的特点是，以B管及覆盖B管的护套替代覆盖全长身管的护套。

该式火炮最大射击仰角（13°）条件下的射程为12700码，15°射击仰角条件下的射程为13592码。

6英寸Mk XIV式、Mk XV式后膛装填炮

口径	6英寸（50倍径）
重量	8吨
总长	309.728英寸
倍径	51.62
炮膛长度	300.00英寸
倍径	50
膛线长度	252.665英寸
倍径	42.11
药室长度	31.683英寸
药室容积	1550立方英寸
药室压强	19.5吨/平方英寸
膛线：阴膛线	36条
缠度	1/30
深度	0.05英寸
宽度	0.349英寸
阳膛线	0.1746英寸
炮弹重量	100磅
发射药	33磅（26号改良型柯达无烟发射药）
炮口初速	2900英尺/秒（约翰·坎贝尔认为是3000英尺/秒）

威格士公司的Mk R式火炮武装了原计划出口巴西的内河浅水重炮舰"亨伯河"号、"塞文河"号以及"默西

河"号，架设于双管火炮炮塔中（只有"亨伯河"号上的该式火炮服役了很长一段时间，另外2艘军舰上的该式火炮的膛线在1914年11月之前都彻底磨损了）。"亨伯河"号上的该式火炮于1915年12月、1916年2月两次更换衬管。Mk XIV式和Mk XV式各建造了4门（其中1门为储备炮）。Mk XIV式安装了左旋开炮尾，Mk XV式安装了右旋开炮尾；双管火炮炮塔没有以英国皇家海军的代号命名，最大仰角为15°。这两式火炮的原型炮的内A管的前定位凸台部位铣上了环形沟槽，但2门储备炮（未曾使用过）则以锥形内A管替代之。Mk XIV式、Mk XV式火炮的俯仰角范围为-5°~+15°。炮塔的旋转机构重量为100吨；辊道内径为9英尺7英寸，炮塔底座的内径为14英尺3英寸；同一炮塔相邻两门火炮的身管轴线间距为39英寸。防护装甲厚度：正面为4英寸，侧面为3英寸，后部为1.5英寸，顶部为1.75英寸。15°射击仰角条件下的射程为14130码。

6英寸Mk XVI式后膛装填炮

口径	6英寸（50倍径）
重量	8吨
总长	310.07英寸
倍径	51.68
炮膛长度	300.0英寸
倍径	50
膛线长度	266.56英寸
倍径	44.42
药室长度	44.483英寸
药室容积	1910立方英寸
药室压强	19.5吨/平方英寸
膛线：阴膛线	42条
缠度	1/30
深度	0.05英寸
宽度	0.30英寸
阳膛线	0.1488英寸
炮弹重量	100磅
发射药	28磅10盎司（26号改良型柯达无烟发射药）
炮口初速	3060英尺/秒

威格士公司建造的Mk O式火炮武装了英国皇家海军的"爱尔兰"号战列舰；包括储备炮在内，一共生产了19门。就其实际结构来讲，这其实是一种6英寸口径50倍径的Mk VII式火炮。Mk XVI式火炮采用了PX式炮塔；其炮管结构相关特征包括：采用环形沟槽（而非锥形A管），加载部分炮膛长度的紧固钢丝，A管之外直接嵌套B管。但是，第一次世界大战期间建造的该式火炮则采用了锥形A管。使用过装发射药情形下，该式火炮是第一次世界大战期间所有英国6英寸口径火炮中炮口初速最高的。15°射击仰角条件下的射程为14640码。

埃尔斯维克军械公司建造的Mk XVII式火炮武装了原计划出口给智利的"加拿大"号战列舰和"鹰"号航空母舰（由战列舰改造而来）。所配用的炮塔有两种，一种是15°最大仰角的PXII式，另一种是20°最大仰角的

PXII*式。该式火炮一共建造了29门；火炮的建造完成时间（1914年）与预定要安装这些火炮的2艘军舰的大致同期，英国皇家海军得以重新设计其药室容积，使其可以使用（预定供应给6英寸口径Mk VII式火炮的）26号改良型柯达无烟发射药。Mk XVII式火炮结构近于Mk XII式，不同之处是采用了埃尔斯维克军械公司制造的滑动铰式炮尾，该炮尾的前部是圆锥形的。重新设计之后的Mk XVIII式火炮与Mk XVI式相似，第一次世界大战期间建造的Mk XIV式、Mk XV式火炮的储备炮也做了类似的改造。除了武装"加拿大"号战列舰的那些火炮，英国皇家海军还从埃尔斯维克军械公司购买了另外26门该式火炮的库存。15°射击仰角条件下的射程约为12200码，20°射击仰角条件下的射程为16190码。

下图：安装在前巴西内河浅水重炮舰"亨伯河"号、"塞文河"号和"默西河"号上的双管6英寸火炮炮塔（伊恩·巴克斯顿）

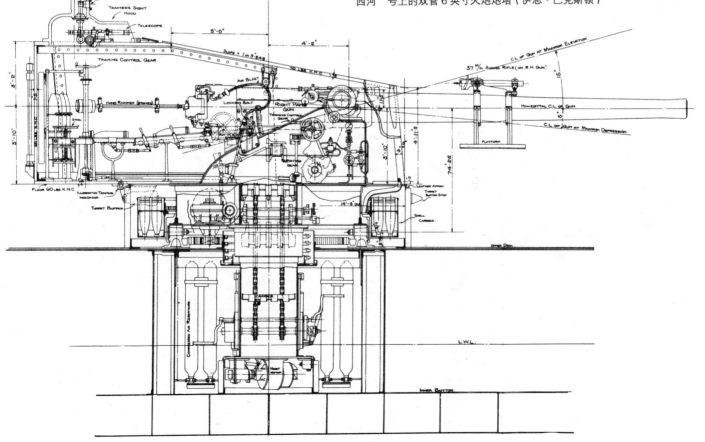

6英寸Mk XVII式后膛装填炮

口径	6英寸（50倍径）
重量	8.716吨
总长	310.425英寸
倍径	51.74
炮膛长度	300.00英寸
倍径	50
膛线长度	256.51英寸
倍径	42.75
药室长度	33.75英寸
药室容积	1650立方英寸
药室压强	19.5吨/平方英寸
膛线：阴膛线	36条
缠度	1/30
深度	0.046英寸
宽度	0.349英寸
阳膛线	0.1746英寸
炮弹重量	100磅
发射药	283/8磅（26号改良型柯达无烟发射药）
炮口初速	2905英尺/秒

6英寸Mk XVIII式后膛装填炮

口径	6英寸（48.9倍径）
重量	8.64吨
总长	308.925英寸
倍径	50.65
炮膛长度	293.5英寸
倍径	48.9
膛线长度	235.92英寸
倍径	39.32
药室长度	33.75英寸
药室容积	1650立方英寸
药室压强	19吨/平方英寸
膛线：阴膛线	40条
缠度	1/30
炮弹重量	100磅
发射药	22磅4盎司（19号改良型柯达无烟发射药）
炮口初速	2874英尺/秒

下图：架设在带护盾的标准巡洋舰用PII式甲板炮塔上的6英寸Mk II式速射炮

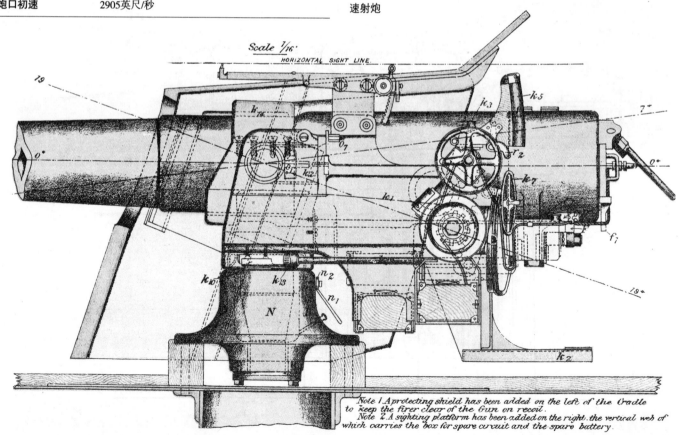

埃尔斯维克军械公司建造的Mk XVIII式武装了海岸防御舰"格拉敦"号和"戈耳工"号。该式火炮的倍径数值并非整数，这是因为其原本的设计口径是150毫米而非6英寸（152毫米）。膛线与Mk XVII式相同。该式火炮一共建造了10门；设计上也与Mk XVII式相同，不同之处在于以B管以及1个较短的护套替代了后者的长护套。炮塔被命名为Mk IV式。炮塔的旋转机构重量为65.7吨，辊道的直径为8英尺3.5英寸，炮塔底座的内径为11英尺3英寸。发射周期为20秒。防护装甲厚度：正面及侧面为6英寸，顶部为2英寸。

Mk XIX式火炮是威格士公司建造的一种6英寸35倍径的陆军野战炮，到1918年11月11日为止，一共向陆军交付310门。

Mk XXI式火炮是为智利建造的岸防炮，于第一次世界大战爆发当口交付；总共建造了16门，其中10门被拨给了英国陆军。

6英寸Mk XXII式后膛装填炮

口径	6英寸（50倍径）
重量	9.0125吨（含炮尾）
总长	309.726英寸
倍径	51.62
炮膛长度	300英寸
倍径	50
膛线长度	255.555英寸
倍径	42.59
药室长度	40.809英寸
药室容积	1750立方英寸
药室压强	20.5吨/平方英寸
膛线：阴膛线	36条
缠度	1/30
深度	0.046英寸
宽度	0.3759英寸
阳膛线	0.1477英寸
炮弹重量	100磅
发射药	31磅（SC150式发射药）
炮口初速	2960英尺/秒

Mk XXII式火炮原本是为武装战后的英国主力战舰建造的，此处述及该式火炮是因为它事实上仍属第一次世界大战火炮。Mk XXII式火炮使用的是Mk XVIII式双管火炮炮塔，其原型炮经过了"进取"号巡洋舰的舰上测试（但采用的是Mk XII式）。按照原始设计方案，该式火炮采用绕线炮管紧固工艺，没有内A管，但在更换衬管的过程中，军械厂为它安装了锥形内A管，并被命名为Mk XXII式（原设计方案则被命名为Mk XXII*式）。后来建造的Mk XXII**式火炮的炮管结构包括内A管和A管，但不再以钢丝紧固。包括2门原型炮和6门Mk XXII**式在内，该式火炮一共建造了40门。

第一次世界大战以后的英国主力舰之所以以封闭式双管炮塔替代早期的炮台，有以下几个原因：炮塔更高且更易于保持内部干燥，具备一定的对空防护功能以及方便安装机械驱动装置。另一种三管火炮炮塔的设计方案没被采用。俯仰角范围为–5°～+60°。这种炮塔采用电力驱动液压装填装置（自带电源）。由于这是一种弹药分离式装填火炮，只能在固定角度（5°）装填。炮塔的旋转机构重量为85吨，辊道的直径为14英尺。

Mk XXIII式是第二次世界大战时期的标准巡洋舰火炮，首次出现在"利安德"级轻巡洋舰上。

6英寸Mk XXII式后膛装填炮

这种陆军火炮曾经参加过加里波利战役，当时是安装在"威严"级战列舰的"威严"号和"乔治王子"号上的"A"炮塔顶部，后于1915年4月拆卸下来。还有1门威格士公司造6英寸口径榴弹炮被安装到"E"级潜艇的20号艇上并随之沉没于达达尼尔海峡。安装在这2艘战列舰上的榴弹炮是一种30英担攻城榴弹炮，发射118.5磅炮弹，发射药为2磅8.5盎司改良型柯达无烟发射药（777英尺/秒的炮口初速）。炮重1吨10英担1夸特（含炮尾），总长94英寸（15.7倍径），炮膛长84英寸（14倍径）。炮管内有24条阴膛线，缠度为1/15。

6英寸Mk I式、Mk II式、Mk III式速射炮

口径	6英寸（40倍径）
重量	7吨
总长	240英寸
倍径	40
炮膛长度	214.16英寸
倍径	35.7
药室长度	23.65英寸
药室容积	720（加长版）或495（短缩版）立方英寸
药室压强	16吨/平方英寸
膛线：阴膛线	24条
缠度	1/60~1/30（请参见下文）
炮弹重量	100磅
爆炸药	8磅10.5盎司（普通炸药）
发射药	15磅4盎司（30号柯达无烟发射药）
炮口初速	2205英尺/秒

6英寸口径的Mk I式火炮即是埃尔斯维克军械公司的Pattern Z式火炮，英国皇家海军于1888年5月首次订购该式火炮。Mk I式和Mk II式火炮在结构上有所差异，但在军舰上被组合安装在一起。这两种火炮武装的军舰包括："君权"号、"胡德"号、"声望"号、"威严"号、"卡诺珀斯"级等主力舰，重新武装的"尼罗河"号、"壮丽"号老式战列舰，"埃德加"级、"王冠"级巡洋舰，重新武装的"布莱克"级巡洋舰，还有一些吨位更小的巡洋舰。第一次世界大战期间，这两种火炮武装了除"阿伯克龙比"号、"哈夫洛克"号、"拉格伦"号、"彼得伯勒"号、"皮克顿"号之外的所有大型浅水重炮舰，M26号、M27号小型浅水重炮舰，"蚜虫"级大型炮艇以及众多武装商船和防御性武装商船。Mk I式火炮总共生产了137门（其中133门拨配给了英国皇家海军），Mk II式火炮总共生产了760门（其中714门拨配给了英国皇家海军），英国皇家海军将这些火炮作岸防炮之用；其余50门被卖给了日本，但在日本军中从未上舰。Mk I式、Mk II式火炮的炮架是分别是CPI式（20°最大仰角）和PII式（19°最大仰角）。PII*式是埃尔斯维克军械公司制造的PII式的战

时版本，与后者的区别是采用25°最大仰角（共生产了40座）；但这种炮架从未上舰。1915—1916年期间，英国皇家海军对4座CPI式炮架和12座PII式炮架做了防空改造（53°最大仰角）；其中，1座防空版CPI式炮架被安装在"罗伯茨"号浅水重炮舰上，防空版PII式炮架被全部安装在"蝉"号、"金龟子"号、"蟋蟀"号、"萤火虫"号内河炮艇上：这些军舰当时正驻防英国东海岸，以德国的"齐柏林"飞艇为作战目标。第一次世界大战期间，63门Mk II式火炮被移交给了英国陆军，并被扩膛改造成8英寸口径榴弹炮。

Mk I式火炮的炮管采用的是嵌套式炮管强固工艺，当时的英国皇家海军还没有采用（完全）绕线炮管强固工艺的先例。该式火炮的炮管结构包括：A管、炮尾机构、1B管和2B管、C管及护套。Mk II式火炮由伍尔维奇军械厂设计，其炮管结构包括：A管、1B管、B套箍、2B管、1B管紧固钢丝（覆盖40%炮膛长度）以及护套；1B管和2B管都覆盖至炮口。经过炮尾改造（由三步动作炮尾机构改造成单步动作炮尾机构）的Mk I式、Mk II式火炮，其"Mk数字"后面会附带一个字母"B"作为后缀。

Mk III式火炮即是加装了炮耳轴的Mk I式火炮（在埃尔斯维克军械公司的产品名录中被称为Pattern Z1式火炮），加装炮耳轴是为了与Mk IIC式或Mk II*式瓦瓦瑟中轴式炮架（20°最大仰角）配套。53门Mk III式火炮安装在重新武装之后的"布莱克"级、"阿波罗"级防护巡洋舰上（"风神"号、"光辉"号、"依芙琴尼亚"号、"不倦"号以及"无畏"号除外）。

改进版本的Mk I式、Mk II式火炮的膛线自炮尾处至距离炮口178.7英寸处为直膛线，自此直至炮口处为采用0~1/30缠度的膛线。

据1915年的测算，6英寸口径速射火炮的额定寿命为1200发（使用Mk I式柯达无烟发射药）或3600发（使用改良型柯达无烟发射药）。15°射击仰角（2230英尺/秒炮口初速）条件下的最大射程为10006码，20°射击仰角（2230英尺/秒炮口初速）条件下的最大射程为11400码。

到了1904年，英国有意将6英寸口径速射火炮及其炮架改造成大威力后膛装填炮及配用炮架。先行设计并测验的4门火炮中，威格士公司和埃尔斯维克军械公司的产品各占2门。出于成本方面的考虑，英国皇家海军只对威格士公司设计的2门火炮（Mk II式火炮，PII式炮架）做了测试，测试地点是英国埃塞克斯郡的舒伯里内斯镇。是否应该改造所有舰上6英寸口径速射火炮的问题被提交到了英国军械部，但在相关方面就日俄战争经验做出结论之前，英国军械部没有就这个问题采取任何措施。使用29磅改良型柯达无烟发射药（与Mk VII式火炮相同），改造之后的6英寸口径速射火炮可实现约2720英尺/秒的炮口初速。

1917年，当"绿宝石"级轻巡洋舰还处在设计过程之中时，第一海务大臣询问可否将2门6英寸口径火炮安装于其上甲板，使其既可以低仰角射击又可以高仰角射击。海军建造局局长于当年12月写道，这个需求很早之前就考虑到了，并于此前的9月份要求朴次茅斯造船厂提交一份有关高射角6英寸火炮的设计方案，规定其俯仰角范围为-5°~+90°。不幸的是，只有速射火炮才能实现高射角射击，这是因为高射角条件下无法装填袋装发射药。高射角发射须使用定装式弹药。另外，还必须采用半自动的平移滑楔式炮闩。为安装这些老式火炮，当时的英国皇家海军所能采用的只有一种简易炮架，粗放且笨重，无法满足上舰的要求。较低的炮口初速（相关资料显示为2150英尺/秒）也严重制约了其作战效能。皇家火炮厂、埃尔斯维克军械公司以及威格士公司受令研制4.7英寸、5.5英寸及6英寸口径速射火炮及其高射角炮架。最终选定的口径值受到了英国皇家飞行团有关"最有效的德国防空火炮即是5.9英寸（15厘米）口径"的报告的影响。

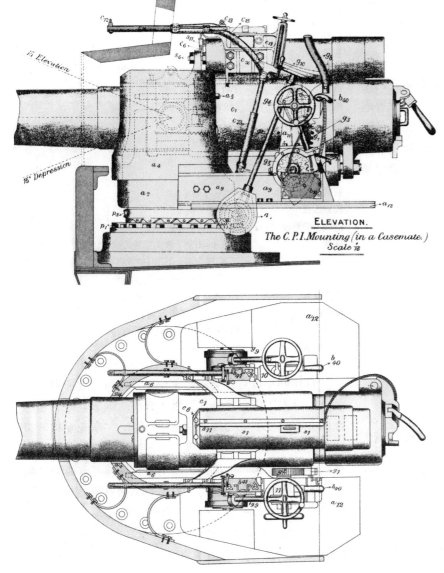

左图：图纸显示的是架设6英寸Mk II式速射炮的CPI式（Mk I式中轴式）炮架（侧视图），在俯视图中，可以看到手动轮的设置情况。在侧视图中，可以看到其中一个手动轮（g4）是如何驱动高程扇形齿轮的，而另一个手动轮（g10）的作用是驱动火炮围绕其旋转、固定在甲板上的中轴四周的固定轮齿

海军军械局局长警告道，在考虑是否引入一种6英寸口径的高低射角两用火炮的问题上，必须注意的是，欲使火控高效，最好所有舰炮都是同一类型的（而不仅仅是同一口径的）。速射炮往往重量更大，也需要更大的空间。此外，由于其额外的重量和由此带来的装填困难，高射角炮架在低射角条件下的作战效能往往不如低射角炮架。正是出于以上考虑，英国皇家海军后来放弃了为驱逐舰安装高低射角两用火炮的打算。海军军械局局长还指出，英国皇家海军既有的Mk V式4英寸口径速射火炮的射高远超任何既有飞机的最大飞行高度，而既有的6英寸口径火炮（以其当前的30°最大射击仰角）更可向更远距离外的敌方军机发动攻击。他建议放弃为巡洋舰安装6英寸口径高低射角两用火炮的打算，但也认为可以在那些强度足够承受6英寸火炮的新型驱逐舰装备高射炮，而且如果有可能还应提供足够的开放空间以加强低射角火力。同时，研制大口径高射角火炮的工作继续开展，战后的4.7英寸口径高射角火炮即是脱胎于这一计划。

6英寸Mk IV式速射炮

口径	6英寸（45倍径）
重量	7吨
总长	276.7英寸
倍径	46.1
炮膛长度	226.0英寸
倍径	45
膛线长度	250.0英寸
倍径	41.7
药室长度	41.34英寸
药室压强	16吨/平方英寸
膛线：阴膛线	36条
缠度	自药室端至距离炮口218.967英寸处为直膛线，自此处向前至距离炮口19.3英寸处缠度为0~1/25，再向前至炮口处保持1/25缠度不变；宽度始终递减
炮弹重量	100磅
发射药	23.63磅（26号改良型柯达无烟发射药）
炮口初速	2600英尺/秒

第一次世界大战期间，美国的伯利恒钢铁公司交付了12门6英寸口径的Mk IV式速射炮；其中8门部署在苏格兰以北的斯卡帕湾，其余都安装在防御性武装商船上。炮架可允许的最大射击仰角为15°。这些火炮原本是为了武装希腊的"萨拉米斯"号战列巡洋舰，第一次世界大战的爆发使得这些火炮无法交付给建造"萨拉米斯"号战列巡洋舰的德国伏尔铿船厂。

6英寸Mk I/IV式、Mk I/VI式、Mk III/IV式、Mk III/VI式"改速射"炮

口径	6英寸（27倍径）
重量	5吨
总长	169.1英寸
倍径	28.1
炮膛长度	159.85英寸
倍径	26.64
膛线长度	134.01英寸
倍径	22.34
药室长度	23.65英寸
药室容积	495立方英寸
药室压强	16吨/平方英寸
膛线：阴膛线	24条
缠度	1/63.86~1/30（改造后的火炮使用原火炮的膛线，向炮尾方向新延长的7.385英寸部分的膛线采用与列出数据同样的渐速缠度）
炮弹重量	100磅
爆炸药	9磅4盎司（普通炸药）
发射药	13磅4盎司（柯达无烟发射药）
炮口初速	2061英尺/秒

自1895年以后，英国皇家海军开始将"改速射"炮安装到"巨人"级、"绝代"级（首舰"维多利亚"号已于此前失事沉没）战列舰和"蛮横"级、"曙光女神"级、"利安德"级、"射手"级、"默西河"级、"美狄亚"级巡洋舰上。第一次世界大战期间，这些"改速射"炮安装到了防御性武装商船上，还有2门部署在贝德福德和阿森松岛。所有"改速射"炮的原始炮架都是瓦瓦瑟式炮架：VB Mk IC式（俯仰角范围为-6°～+12°）、VB Mk IIC式和VB Mk IIIC式（俯仰角范围为-7°～+16°）、Mk IC式中轴

式（俯仰角范围为-7°～+16.5°）和Mk IIC式中轴式（俯仰角范围为-7°～+20°）。使用柯达无烟发射药，15°射击仰角条件下的标准射程为9275码。

上表所列火炮是埃尔斯维克军械公司对一些早期的后膛装填火炮做速射改造的成果，时为1900年左右。Mk I/IV式、Mk I/VI式的新衬管扩展了药室的容积，并向炮尾方向延伸至膛线起始位置，炮尾机构与护套之间通过螺纹接合、固着。与Mk I/IV式、Mk I/VI式不同的是，Mk III/IV式、Mk III/VI式火炮的炮尾部内衬通过穿通销与护套接合、固着。

6英寸Mk II/III式、Mk III/III式"改速射"炮

口径	6英寸（26倍径）
重量	5吨
总长	166.55英寸
倍径	27.8
炮膛长度	157.3英寸
倍径	26.22
膛线长度	131.46英寸
倍径	21.91
药室长度	23.65英寸
药室容积	495立方英寸（弹药筒容积）
药室压强	16吨/平方英寸
膛线：阴膛线	24条
缠度	自药室端至距离炮口108英寸处为直膛线，此处向前为0~1/30
炮弹重量	100磅
爆炸药	9磅4盎司（普通炸药）
发射药	13磅4盎司（柯达无烟发射药）
炮口初速	2061英尺/秒

这些火炮是伍尔维奇军械厂的"改速射"产品，其衬管和炮尾部内衬非一体铸造；衬管向炮尾方向延伸至膛线的起始位置，在朝着炮口的方向，要么延伸到一半炮膛的位置，要么一直延伸至炮口位置，具体情况要视原火炮的炮膛烧蚀磨损程度而定。

6英寸Mk II/IV式、Mk II/VI式"改速射"炮

口径	6英寸（27倍径）
重量	5吨
总长	169.35英寸
倍径	28.225
炮膛长度	160.1英寸
倍径	26.68
膛线长度	134.26英寸
倍径	22.38
药室长度	23.65英寸
药室容积	495立方英寸
药室压强	16吨/平方英寸
膛线：阴膛线	24条
缠度	自药室端至距离炮口108英寸处为直膛线，此处向前为0~1/30
炮弹重量	100磅
爆炸药	9磅4盎司（普通炸药）
发射药	13磅4盎司（柯达无烟发射药）
炮口初速	2061英尺/秒

这些火炮也是伍尔维奇军械厂的"改速射"产品，但改造程度更深；上文有关Mk II/III式、Mk III/III式火炮的说明也适用于这些火炮。

出口型6英寸火炮

阿姆斯特朗公司（埃尔斯维克公司）

阿姆斯特朗公司的产品目录显示，该公司建造的Pattern A式火炮改造成了一种6.3英寸口径的发射药测验炮（此处不再述及）。

Pattern D式：即是皇家海军的后膛装填Mk I式火炮，1879—1880年期间总共购买了19门（6英寸口径26.3倍径）。阿姆斯特朗公司的产品目录显示，该式火炮后来经过了改造（套箍覆盖至炮口位置），进行了衬管更换。

Pattern I式：该式火炮为武装智利的"埃斯梅拉达"号巡洋舰而建造，是一种后膛装填的6英寸口径30倍径炮（后被6英寸口径的速射炮替代）。"埃斯梅拉达"号是埃尔斯

维克军械公司建造的第一艘巡洋舰。这种火炮重4吨，发射80磅炮弹，使用40磅粒状发射药（褐色棱柱）或21.5磅柯达无烟发射药；炮口初速分别为2090英尺/秒和2290英尺/秒。

Pattern K式：即是6英寸口径的后膛装填Mk V式火炮。阿姆斯特朗公司的产品目录显示，该式火炮总长203.8英寸（34倍径），炮膛长193.5英寸（32.25倍径），但产品目录中没有记载该式火炮的性能数据。Pattern K3是英国皇家海军装备的Mk V式火炮，总长203.8英寸，炮膛长189.6英寸。

Pattern M式：该式火炮为武装意大利的"道加里"号巡洋舰（1885年12月23日下水，后于1908年卖给了乌拉圭）而建造。炮膛长193.5英寸（32.25倍径）。重2吨，发射100磅炮弹，使用50磅粒状发射药；炮口初速为1960英尺/秒。

Pattern P式：6英寸口径5吨后膛装填Mk V式火炮。炮重5吨4英担1夸特［11676磅（5.21吨）］。总长195.3英寸（32.55倍径），炮膛长183.5英寸（30倍径）；药室容积为1515立方英寸，若使用50磅发射药，可实现15吨/平方英寸最大药室压强。实际使用48磅附加实验式火药[1]。发射100磅炮弹，炮口初速为1920英尺/秒。

Pattern Q式：该式6英寸口径火炮使用定装式（"同步"）弹药。炮重5吨10英担1夸特10磅［12358磅（5.52吨）］，总长249.25英寸（41.5倍径），炮膛长240英寸（40倍径），药室容积为1500立方英寸，使用60磅或50磅有烟发射药，发射100磅炮弹，炮口初速为2242英尺每秒或2111英尺/秒。

Pattern R式：炮重5吨14英担2夸特16磅［12840磅（5.73吨）］，总长249.25英寸（41.54倍径），药室容积为1480立方英寸，炮膛长度已经不得而知，使用42磅有烟发射药，发射100磅炮弹，炮口初速为2000英尺/秒。

Pattern S式：该式火炮口径为15厘米（5.87英寸）。

炮重4吨4英担19磅［9267磅（4.14吨）］，总长166.4英寸（27.7倍径），药室容积为1210立方英寸，使用40磅有烟发射药，发射80磅炮弹，炮口初速为2025英尺/秒。

Pattern T式：炮重5吨11英担3夸特［12516磅（5.59吨）］，总长203.8英寸（34倍径），炮膛长度已经不得而知，使用42磅有烟发射药，发射100磅炮弹，炮口初速1883英尺/秒。另有一种与Pattern T式火炮相似的Pattern T1式火炮。Pattern T式火炮是为出口意大利而建造；横剖面图（标注日期为1888年9月16日）上记录："（意大利）埃尔斯维克军械公司–安科纳军械厂4门，（意大利）埃尔斯维克军械公司–波佐利造船厂14门"。（意大利）埃尔斯维克军械公司–波佐利造船厂的14门火炮的订单号为3707，（意大利）埃尔斯维克军械公司–安科纳军械厂的4门火炮的订单号为3772。另有一份2门该式火炮的订单标注日期为1889年1月25日。总长203.8英寸（34倍径），炮膛长194.55英寸（32.4倍径）。使用50磅发射药，发射100磅炮弹，药室容积为1480立方英寸（药室压强为15吨/平方英寸）。膛线缠度为1/60～1/30，深度为0.05英寸。

Pattern U式：这是一种6英寸口径40倍径速射炮；炮身建造图标注日期为1889年5月13日。炮重5吨14英担4磅［12772磅（5.7吨）］，总长249.25英寸（41.54倍径），炮膛长度为240英寸，药室容积为939立方英寸，使用17磅柯达无烟发射药，发射100磅炮弹，炮口初速为2413英尺/秒。Pattern U1式火炮的相关数据为：916立方英寸药室容积，15磅柯达无烟发射药，发射100磅炮弹，2200英尺/秒炮口初速。Pattern U2式火炮的相关数据为：734立方英寸药室容积，14.5磅柯达无烟发射药，2316英尺/秒炮口初速。Pattern U3式火炮的相关数据为：916立方英寸药室容积，15磅柯达无烟发射药，2200英尺/秒炮口初速。标注日期为1894年5月28日的Pattern U3式火炮炮身制图标注，该式火炮一共订购了4门（订单号为6967）。使用15磅柯达无烟发射药，Pattern U3式火炮可使100磅或88磅炮弹实现2200或2262英尺/秒的炮口初速，最大药室压强为16吨/平方英寸。该式火炮很可能武装了意大利防护巡洋舰"皮埃蒙特"号和阿根

---

1 附加实验式火药（Extra ExPerimental）：19世纪80年代的英制发射药，由2/3的有烟火药与1/3黑火药混合而成。曾在部分6英寸（15.2厘米）口径的火炮上短暂配用过，但由于发烟量很大，因此使用相当不便。——译者注

廷防护巡洋舰"七月九日"号。

Pattern W2式：该式火炮武装了智利防护巡洋舰"布兰科·恩卡拉达"号。埃尔斯维克军械公司的一份炮身制图显示，该式火炮重6吨8英担3夸特3磅，总长249.25英寸（41.54倍径），炮膛长240英寸（40倍径）。药室容积为1110立方英寸，使用18.7磅30号柯达无烟发射药，可使100磅炮弹实现2500英尺/秒的炮口初速。Pattern W式火炮：重6吨6英担2夸特［14168磅（6.33吨）］，总长249.23英寸（41.54倍径），药室容积为960立方英寸，使用17磅柯达无烟发射药，发射100磅炮弹，炮口初速为2435英尺/秒。另外还有Pattern W2式和Pattern W3式。Pattern W式火炮炮身制图（标注日期为1893年2月6日）显示，这种火炮一共订购了10门（订单号为6438）。炮膛长240英寸；炮重6吨8英担3夸特3磅，非绕线炮管紧固。使用19.75磅柯达无烟发射药，最大药室压强为15吨/平方英寸；药室容积为1110立方英寸，炮口初速（发射100磅炮弹）为2528英尺/秒。Pattern W3式火炮的横剖面图标注日期为1903年9月18日；1903年10月，有1门该式火炮被更换了衬管（订单号为12089）。

Pattern Y式：炮重6吨11磅（13451磅），总长249.25英寸（41.54倍径），炮膛长240英寸（40倍径），药室容积为987立方英寸，使用17磅柯达无烟发射药，发射100磅炮弹，炮口初速为2303英尺/秒。炮身制图显示，该式火炮以5683号订单建造了10门，另有一份8609号订单（标注日期为1898年4月1日）则是给1门该式火炮更换衬管。药室压强为15吨/平方英寸。原始炮身制图标注日期为1890年8月12日。

Pattern Z式：即是皇家海军的6英寸口径Mk I式速射炮。Pattern Z1式则是6英寸口径Mk III式速射炮。大概自1897年以后，这种火炮武装了很多日本舰船。但是，Pattern Z式火炮的横剖面图却标注了"出口（意大利）波佐利"的字样，可见这种火炮原定是出口意大利的。横剖面图标注日期为1891年1月28日，以5227号订单购买了10门该式火炮；炮重6吨12英担12磅。药室容积为732立方英寸，使用15磅柯达无烟发射药，发射100磅炮弹。一份标注日期为1905年11月15日的横剖面图记载，1门该式火炮被送去更新

膛线。

Pattern Z2式：日本建造的6英寸口径速射炮，15门该式火炮自第一次世界大战前就自日本发往英国，但第一次世界大战结束后才抵达。与英国建造的Pattern Z式火炮不同，Pattern Z2式火炮药室更大（916立方英寸），发射装药更多（17.875磅改良型柯达无烟发射药），炮口初速也更高（2300英尺/秒）。意大利建造的A99式火炮也被称为Pattern Z2（以6901号订单建造了10门）。一份标注日期为1896年8月12日的横剖面图显示，该式火炮重6吨12英担，可以15磅柯达无烟发射药实现2200英尺/秒的炮口初速；药室压强为16吨/平方英寸。

Pattern Z3式、Z4式：为武装智利的"奥希金斯"号装甲巡洋舰而建造。Pattern Z4式火炮的一份炮身制图标注日期为1910年3月31日，显示该类型可能是为替换或修理某式火炮而建造。该式火炮总长249.25英寸，炮膛长240英寸。该式火炮采用18.3磅柯达无烟发射药，发射100磅炮弹，药室容积为1110立方英寸，药室压强为16吨/平方英寸；炮口初速为2500英尺/秒。炮重6吨12英担。该式火炮可能还武装了阿根廷的"布宜诺斯艾利斯"号防护巡洋舰。

Pattern AA式：这是一种6英寸口径速射炮。有关该式火炮的一份横剖面图标注日期为1892年8月29日。与此前的6英寸口径速射炮不同的是，这种火炮采用了绕线炮管紧固工艺。炮重6吨10英担［14560磅（6.5吨）］，总长249.25英寸（41.54倍径），炮膛长240英寸（40倍径），药室容积为1110立方英寸，使用18.5磅柯达无烟发射药，发射100磅炮弹，炮口初速为2500英尺/秒。

Pattern BB式：该式火炮采用了绕线炮管紧固工艺。炮重8吨2英担3夸特［18228磅（8.14吨）］，总长279.23英寸（46.35倍径），炮膛长270英寸（45倍径），药室容积为1500立方英寸，使用24磅柯达无烟发射药，发射100磅炮弹，炮口初速为2596英尺/秒（药室压强为15吨/平方英寸）。横剖面图上记载的该式火炮订购数量模糊不清，可能是7门（订单号为6279）。

Pattern CC式：这是一种15厘米（实际值为149.1毫

米）口径（而非6英寸）45.7倍径火炮。横剖面图（标注日期为1899年3月28日）显示该式火炮订购数量为4门（订单号为8259）。发射88磅炮弹，可以18磅或17.5磅柯达无烟发射药实现2628英尺/秒或2675英尺/秒的炮口初速。炮膛长270英寸。一份横剖面图（标注日期为1899年3月16日）显示，出口挪威的该式火炮为15厘米口径46倍径；大概是为了武装挪威海军的"北欧海盗"号炮艇，建造时间为1891年。Pattern CC1式（横剖面图标注日期为1898年6月10日）火炮口径为5.87英寸（149.1毫米），总长279.25英寸（47.5倍径），炮管长270英寸（46倍径）。药室容积为1110立方英寸，发射99.25磅炮弹，使用19.4磅发射药预计可实现2552英尺/秒的炮口初速（横剖面图显示，使用19.75磅柯达无烟发射药可实现2590英尺/秒的炮口初速，药室压强为16吨/平方英寸）。Pattern CC1式火炮没有采用绕线炮管紧固工艺。Pattern CC1式与Pattern CC式的不同之处是，前者采用了整体通长的3B套箍，后者则采用了各自分开的3B套箍和3C套箍（另外还有一些细部的差别）。炮重7吨2英担20夸特。按照针对该式火炮的8869号订单，先是购买了3门，后来又增加了10门。Pattern CC3式火炮的横剖面图标注日期为1901年10月10日，以10879号订单购买了6门；其炮管结构各部分的长度与Pattern CC式火炮的其他版本大致相同。

Pattern DD式： Pattern DD式火炮即是武装了巴西的"巴罗索"级战列舰和美国的"新奥尔良"级战列舰的速射炮。Pattern DD2式火炮即是英国皇家海军的6英寸口径Mk X式速射炮。Pattern DD式火炮重7吨11英担［16912磅（7.55吨）］，总长309.25英寸（51.54倍径），炮膛长300英寸（50倍径）。炮身制图显示，该式火炮没有采用绕线炮管紧固工艺。

Pattern EE式： 该式火炮重5吨（实际重量为5吨2英担），总长203.8英寸（34倍径），炮膛长194.55英寸（32.4倍径）；药室容积为734立方英寸，使用13.25磅发射药，发射100磅炮弹，炮口初速为2040英尺/秒。药室压强为15吨/平方英寸。有1门该式火炮系按7792号订单（波佐利 79号）的要求建造，大概是意大利海军购买的1门原型炮（以替代

1门早期火炮）。

Pattern FF式： 这是一种14.91厘米（5.87英寸）口径速射炮，武装了挪威的"挪威"号岸防舰。该式火炮的横剖面图标注日期为1899年3月16日。埃尔斯维克军械公司的设计图显示，该式火炮总长279.25英寸（46倍径），炮膛长270英寸（45倍径）。炮重7吨。药室容积为1207立方英寸。炮弹重99.25磅，使用21.5磅发射药，炮口初速预计为2625英尺/秒。该式火炮采用了绕线炮管紧固工艺。

Pattern GG式： 这是一种采用绕线炮管紧固工艺的6英寸口径45倍径火炮。炮重7吨7.5英担［16520磅（7.38吨）］，总长279.228英寸（46.54倍径），炮膛长268.473英寸（44.75倍径），药室容积为1768立方英寸，使用22磅或22磅3盎司柯达无烟发射药，可使100磅炮弹实现2580英尺/秒或2625英尺/秒的炮口初速。

Pattern HH式： 该式火炮的横剖面图标注日期为1901年7月13日。这是一种采用了绕线炮管紧固工艺的6英寸口径50倍径火炮。炮重9吨，总长310.425英寸（51.7倍径），炮膛长300英寸（50倍径），药室容积为2775立方英寸，使用37磅柯达无烟发射药，发射100磅炮弹，炮口初速为2997英尺/秒。

Pattern JJ式： 该式火炮为6英寸口径50倍径，采用绕线炮管紧固工艺。横剖面图标注日期为1902年9月2日。炮重8吨15英担2夸特［19656磅（8.8吨）］，总长310.425英寸（51.7倍径），炮膛长300英寸（50倍径），药室容积为2150立方英寸，使用32.5磅柯达无烟发射药，发射100磅炮弹，炮口初速为3000英尺/秒。该式火炮以11149号订单建造了2门（第14956、14957号）。前述该式火炮实际重量的给出日期为1903年4月18日，这很可能是该式火炮完工之后的称重日期。

Pattern KK式： 这是一种6英寸口径45倍径火炮，炮身建造图标注日期为1908年1月26日。

Pattern LL式： 该式火炮采用了绕线炮管紧固工艺，以12395号订单建造了10门（原定建造12门）。使用40磅改良型管状柯达无烟发射药，发射100磅炮弹，药室容积为1893

立方英寸，药室压强为17.5吨/平方英寸。炮口初速为3000英尺/秒。总长为280.425英寸，炮膛长272.525英寸（45.4倍径）。炮身制图标注日期为1904年3月31日。

Pattern NN式：该式火炮系为武装希腊的"赫勒"号防护巡洋舰而建造，可能还武装了清代中国的"肇和"号训练用防护巡洋舰。这种火炮与英国的Mk XVII式火炮大致相似，但药室更小一些。该式火炮发射100磅炮弹，使用32.75磅齐林沃思无烟发射药可实现3000英尺/秒的炮口初速。有关该式火炮的炮身制图大概未能保存下来。这是一种6英寸口径50倍径的火炮。

Pattern PP式：据一份有关该式火炮的炮身制图（标注日期为1910年7月14日）记录，该式火炮以17209号订单建造了4门，订购方是日本。

Pattern RR式：这是一种6英寸口径50倍径火炮，炮身建造图标注日期为1910年10月11日。

Pattern SS式：有关该式火炮的横剖面图标注日期为1914年7月26日。

Pattern TT式：该式火炮系为武装英国皇家海军的"加拿大"号战列舰建造，参见前文有关Mk XVII式火炮的内容。

Pattern UU式：这种15厘米［事实上是149.1毫米（5.87英寸）］口径50倍径火炮的建造者如今已经不得而知，原本是为了武装挪威的"卑尔根"号和"尼达洛斯"号岸防舰。这2艘岸防舰后来改造成英国皇家海军的"格拉敦"号和"戈耳工"号浅水重炮舰。炮重6吨13英担1夸特（8801千克），总长303.925英寸（7720毫米/51.8倍径），炮管长293.5英寸（50倍径），发射99.2磅炮弹，使用32.8磅发射药，药室容积为1550立方英寸，炮口初速为2900英尺/秒（884米/秒）。横剖面图标注日期为1913年10月1日。

Pattern WW式：该式火炮为武装希腊的"赫勒"号防护巡洋舰而建造。这是最后一门以埃尔斯维克军械公司的"Pattern数字"模式命名的火炮（1927年，威格士公司并购了埃尔斯维克军械公司）。这些火炮替代了原先安装在"赫勒"号防护巡洋舰上的Pattern NN式火炮。横剖面图标注日期为1927年。该式火炮总长301.425英寸，炮膛长

302.525英寸。炮重（不含炮尾）8吨10英担2夸特10磅。阴膛线深0.01英寸，宽0.05英寸，螺距为0.15英寸。这种火炮的性能与武装了"加拿大"号战列舰的Pattern TT式火炮相当，外部形制则与Pattern NN式相当。为武装"赫勒"号防护巡洋舰订购1门该种火炮的订单号为"1/5249"。

威格士公司

Mk E式：这是一种6英寸口径50倍径火炮，美国海军为试验之用而订购（1903年）。这种火炮采用了绕线炮管强固工艺，总长311.9英寸（炮膛长303.2英寸）。横剖面图标注日期为1902年10月6日。

Mk F式：这是一种6英寸口径50倍径火炮，采用绕线炮管强固工艺。建造该式火炮的目的是为了与6英寸口径50倍径的Mk XI式火炮开展对照试验（1904—1905年），以解决"鞭甩"（影响射击精度）问题。炮身制图标注日期为1902年9月29日。火炮总长310.07英寸，炮膛长303.47英寸。这个型号应该是被再次利用的，因为另有一份Mk F式火炮的横剖面图标注日期为1919年10月7日；该种火炮重7吨16英担，炮膛长为303.97英寸（不同于之前那份炮身制图标注的303.47英寸）。

Mk G式：这是一种6英寸口径50倍径火炮，采用绕线炮管强固工艺，其横剖面图标注日期为1904年7月16日，后又于1908年8月和1911年3月两次修改。火炮总长309.728英寸（炮膛长度为300英寸）。使用29.75磅柯达无烟发射药，可使100磅炮弹实现2980英尺/秒的炮口初速；药室压强为18吨/平方英寸。1908年8月修订的横剖面图增加了该式火炮的弹道数据。炮重7吨15英担2夸特10磅。

Mk J式：该式6英寸口径45倍径火炮武装了秘鲁的"海军上将格劳"级轻巡洋舰。横剖面图标注日期为1905年10月26日。炮重7吨5英担3夸特（7400千克），总长279.728英寸（46.62倍径、7105毫米）；炮膛长270英寸（45倍径、6858毫米）。药室压强为17吨/平方英寸。发射100磅炮弹（内装8盎司爆炸药），炮口初速为2750英尺/秒。以上数据引自同时期的威格士公司有关"海军上将格劳"级轻巡

洋舰的武备描述手册。2门该式火炮于1910年卖给了清代中国，以武装威格士公司建造的"应瑞"号训练巡洋舰（另2艘清代中国的训练巡洋舰安装的是阿姆斯特朗公司建造的火炮）。

Mk K式： 该式火炮只建造了1门，采用绕线炮管紧固工艺（横剖面图未标注日期）；总长300英寸，炮膛长293.4英寸。该式火炮的总长刚好50倍于口径值，这表明该式火炮是为希腊或俄国建造的，因为这两个国家都是以总长与口径之比值指称火炮的。

Mk L式： 这是一种6英寸口径50倍径火炮，横剖面图标注日期为1909年11月19日。该式火炮是威格士公司为威格士公司特尔尼军械厂设计的，也即供货对象是意大利皇家海军。该式火炮采用了绕线炮管紧固工艺。总长310.07英寸，炮膛长303.47英寸（7708.04毫米）。该式火炮曾以"392/13/650号订单"被建造了唯一的1门。另有一份Mk L式火炮的炮身制图于1913年10月11日被寄往威格士公司的谢菲尔德工厂，同一邮件包裹当中还有一份130毫米口径55倍径火炮的炮身制图，由此推断，Mk L式火炮的购买者可能还有俄国。

Mk M式： 这是一种6英寸口径45倍径火炮，武装了日本的"金刚"级及以后级别的战列舰；详见日本火炮一章。横剖面图（标注日期为1911年6月16日）记录：该式火炮以"29530号订单"建造了16门，后又于1911年7月10日以"20018号订单"建造了另外2门。

Mk N式： 横剖面图（标注日期为1912年2月23日）显示，该式火炮采用了绕线炮管强固工艺。总长310.07英寸，炮膛长303.47英寸。购买者不详。

Mk O式： 该式火炮武装了"爱尔兰"号战列舰，即是英国皇家海军的Mk XVI式火炮。

Mk P式： 这是一种6英寸口径45倍径火炮，横剖面图标注日期为1911年9月19日。总长280.7英寸，炮膛长273.12英寸。

Mk Q式： 该式火炮的横剖面图标注日期为1912年5月。

Mk R式： 该式火炮原本是为武装巴西的内河浅水重炮舰而建造，后被英国皇家海军接收，命名为Mk XVI式和Mk XV式。有关该式火炮的威格士公司横剖面图标注日期为1912年7月16日。

Mk S式： 这是俄国订购的一种6英寸口径52.33倍径火炮，横剖面图标注日期为1913年2月21日。该式火炮没有采用绕线炮管强固工艺。总长314.2英寸，炮膛长302.83英寸（50倍径）。在俄国发现的一份相关炮身制图标注日期为1913年6月2日。标注日期为1914年1月15日的一份横剖面图上可见"3份复制品寄往俄国"的字样。

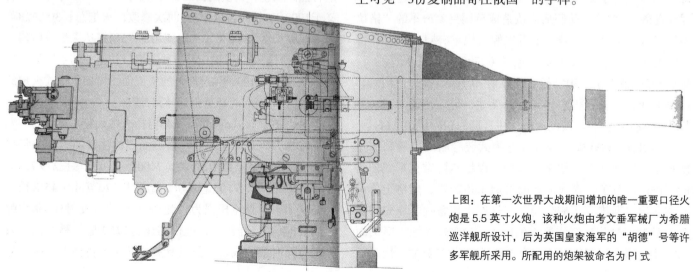

上图：在第一次世界大战期间增加的唯一重要口径火炮是5.5英寸火炮，该种火炮由考文垂军械厂为希腊巡洋舰所设计，后为英国皇家海军的"胡德"号等许多军舰所采用。所配用的炮架被命名为PI式

MkT式：该式火炮武装了西班牙的"门德斯·努涅斯"级和"纳瓦拉"级巡洋舰。这种火炮拥有和Mk U式火炮一样的药室（1550立方英寸）。药室制图标注日期为1915年5月31日。

Mk U式：该式火炮系为武装西班牙的"海军上将塞韦拉"级轻巡洋舰而建造；横剖面图标注日期为1922年8月11日。

MkW式：该式火炮武装了阿根廷20世纪30年代的训练用轻巡洋舰"阿根廷"号。

5.5 英寸火炮

5.5英寸Mk I式后膛装填炮

口径	5.5英寸（50倍径）
重量	6吨
总长	284.728英寸
倍径	51.77
炮膛长度	275.0英寸
倍径	50
膛线长度	235.62英寸
倍径	42.8
药室长度	38.5英寸
药室容积	1300立方英寸
药室压强	19.5吨/平方英寸
膛线：阴膛线	40条
缠度	1/30
深度	0.046英寸
宽度	0.29英寸
阳膛线	0.142英寸
炮弹重量	82磅
爆炸药	5磅4盎司
发射药	22磅4盎司（19号改良型柯达无烟发射药）
炮口初速	2790英尺/秒

该式火炮是由考文垂军械厂为希腊生产的2艘轻巡洋舰而建造的，后者于1915年被英国政府购进，分别命名为"伯肯黑德"号和"切斯特"号。安装了5.5英寸口径的Mk I式火炮的其他英国舰船包括"暴怒"号大型轻巡洋

舰、"胡德"号战列巡洋舰、"竞技神"号航空母舰、"K"级潜艇第17号艇（原计划是给所有"K"级潜艇安装5.5英寸口径的Mk I式火炮，但由于在第17号艇上的实验失败而未能执行）。炮架允许的俯仰角范围："伯肯黑德"号和"切斯特"号轻巡洋舰上的PI式为-7°～+15°；"竞技神"号航空母舰上的PI*式为-7°～+25°；"K"级潜艇第17号艇上的PI**式为-7°～+25°；"胡德"号战列巡洋舰上的CPII式为-7°～+30°（以获得堪与前文所述6英寸口径副炮比肩的射程）。该式火炮总订购数量为246门（包括从希腊轻巡洋舰上接收过来的），但只有81门建造完成。该式火炮在30°射击仰角条件下的射程为17770码，在25°射击仰角条件下的射程为16498码，在15°射击仰角条件下的射程为13036码。

该式火炮之所以会采用不同寻常的口径，可能是因为英国考文垂军械厂（预定为希腊）建造的"伯肯黑德"号和"切斯特"号轻巡洋舰本身属于一个包括希腊向法国订购的1艘"布列塔尼"级战列舰在内的项目的一部分，而"布列塔尼"级战列舰上则安装了5.5英寸（14厘米）口径副炮。英国皇家海军军械局局长对"布列塔尼"级战列舰上的5.5英寸口径火炮印象深刻，他指出，这是唯一一种为外国（希腊）海军建造而被英国皇家海军引入、成为标准装备的火炮。5.5英寸口径的Mk I式火炮的内A管不设置前定位凸台，但以锥形方式缠绕紧固钢丝并在其外加装3个紧固环，另配有1个B管和1个护套。该式火炮安装了采用霍尔姆斯特伦式炮尾机件的韦林式炮尾。

英国皇家海军相关主管部门还曾批准了5.5英寸口径（42倍径）的Mk II*式后膛装填炮的建造计划，以武装防御性武装商船，但这种火炮直到第一次世界大战结束之时仍然处在设计阶段。英国皇家海军最初打算以700门5.5英寸口径的Mk I式火炮武装防御性武装商船，后于1918年早期决定以1100门Mk II式替代。较之5.5英寸口径的Mk I式火炮，Mk II式的炮尾机构更加简洁。Mk II式火炮重5.65吨，炮架自重6.75吨（加装了防浪护盾之后增加至9吨）。Mk II式火炮的设计还考虑了防御性武装商船的甲板承重能力。依照设计

方案，Mk II*式火炮的炮管结构包括A管、锥形缠绕紧固钢丝、全长度护套，而Mk II式火炮则另外加装了1个内A管。

第一次世界大战结束时，英国皇家海军还曾希望研制一种发射90磅或95磅炮弹的大威力5.5英寸口径火炮，既有的6英寸口径火炮在当时看来已经过于笨重，难以满足持续的快速装填要求。

5 英寸火炮

5英寸Mk VI式、Mk VII式后膛装填炮

口径	5英寸（50倍径）
重量	空缺
总长	259.5英寸
倍径	51.9
炮膛长度	250.0英寸
倍径	50
药室长度	36.0英寸
膛线缠度	自药室端至距离炮口13.506英寸处为0~1/25，其余为1/25
炮弹重量	50磅
爆炸药	1磅11.19盎司
发射药	18.2磅（16号改良型柯达无烟发射药）
炮口初速	3135英尺/秒

3门该式火炮由美国的伯利恒钢铁公司建造，英国皇家海军将这3门火炮部署在斯卡帕湾做岸防之用。第一门火炮于1915年8月进行火力测验。该式火炮的最大允许药室压强为17.6吨/平方英寸，但第一门火炮并没有实现这一标准。作为大舰队维护委员会做出的"采购300门4英寸、5英寸口径火炮"决定的一部分，英国皇家海军于1918年6月订购了150门（英国设计）美国造Mk VII式火炮。这些火炮将用于武装防御性武装商船。但由于第一次世界大战的结束，这300门火炮（另外150门为Mk VI式火炮）的订单终止了。Mk VI式火炮的炮管结构包括：配有大型凸台的内A管、A管以及通过螺纹套箍与A管贴合在一起的护套。Mk VII式火炮的炮管结构与Mk VI式相同，不过炮身钢材采用了镍钢。

美国于1941年依照《租借法案》向英国提供了22门5英寸口径51倍径火炮（以武装海岸警卫队快艇），这些火炮没有再采用"Mk VI式"这个型号。

Mk VIII式火炮是一种5英寸口径41倍径野战炮，预定用来替换5英寸口径60磅炮，但其设计/建造工作中途废止。

4.7 英寸火炮

4.7英寸Mk I*式、Mk II式、Mk III式、Mk IV式速射炮

口径	4.7英寸（40倍径）（实际口径为4.724英寸）
重量	41英担（Mk IV式为42英担）
总长	194.1英寸
倍径	41.3
炮膛长度	189英寸
倍径	40
膛线长度	170.6英寸
倍径	36.3
药室长度	14.94英寸（不统一）
药室容积	288.8立方英寸
药室压强	16吨/平方英寸
膛线：阴膛线	22条
缠度	自药室端至距离炮口6.65英寸处为1/100~1/34.352，其余为1/34.352
炮弹重量	45磅
爆炸药	4磅3.75盎司
发射药	5磅7盎司柯达无烟发射药
炮口初速	2125英尺/秒

这种火炮是标准的英国皇家海军4.7英寸口径火炮，于1914开始投产，武装了小型巡洋舰和一些其他的小型舰船。安装过这些火炮的英国舰船包括：武装商船和众多第一次世界大战期间建造的海岸炮舰，"坎帕尼亚"号水上飞机母舰、"玛格丽特公主"号布雷舰以及重新武装的"阿弗里迪"号驱逐舰。1918年9月，500门该式火炮被安装到众多防御性武装商船上。该式火炮总共建造了1167门（154门Mk I式、91门Mk II式、338门Mk III式以及584门Mk IV式），其中776门列装英国皇家海军，110门列装英国陆军。另有13门该式火炮（没有使用英国皇家海军舰炮

型号）是为澳大利亚建造的，因而不计入上述总产量。第一次世界大战期间，日本也为英国建造了13门Mk IVJ式火炮以及24门储备炮（这些火炮武装了英国的防御性武装商船）。关于这一系列火炮的型号，需要说明的是：若"Mk 数字"附带了一个"A"后缀，则表明该式火炮采用了三步动作炮尾机构，若"Mk 数字"附带了一个"B"后缀，则表明该式火炮的炮尾机构由三步动作改造成了单步动作；1颗"*"表明该式火炮配备符合陆军野战炮需求的炮架，2颗"*"表明该式火炮加装了满足高射角发射要求的弹药筒固定销。这一系列火炮初期配备的炮架包括BDI式、BDII式、UDI式以及GII式（都属于"中轴式炮架"）；后期还采用过PIII式、PIV式以及PIV*式炮架。第一次世界大战期间，从"拉托娜"号防护巡洋舰上拆下来的10座PIV式炮架被部署到伦敦战场作防空高射炮炮架之用，但作战效能并不明显。

依照最初的设计，该式火炮将发射40磅炮弹，但英国皇家海军部将炮弹重量限定为30磅，后来又渐次增加：36磅、40磅，最后是45磅。尽管构造并不一致，Mk I式、Mk II式、Mk III式及Mk IV式火炮的弹道数据却完全一样，这些火炮的引进时间恰逢埃尔斯维克公司采用绕线紧固工艺。Mk I式（Pattern P式）火炮的（嵌套）炮管结构包括：A管、5个B套箍（向前覆盖至炮口位置）以及护套；Mk II式（Pattern Q式）火炮的炮管结构包括：A管、3个B套箍以及1个较短的C套箍（通过螺纹与护套固着在一起）；Mk III式（Pattern T式）火炮的炮管结构包括：A管、B套箍、2个B管以及1个极短的C套箍；Mk IV式火炮的炮管（部分炮管以钢丝缠固）结构包括：A管、B管、护套以及1个非常短的C套箍。

与Mk I式火炮不同，Mk II式、Mk III式、Mk IV式火炮的药室长度为14.825英寸。这些火炮的原始膛线都属于埃尔斯维克截面式膛线[1]，后被改成平直截面膛线（22条阴膛

1　埃尔斯维克截面式膛线（"Elswick section" tyPe）：一种有28条阴膛线的复合膛线，采用渐速缠速，在30倍径的长度内，缠度由0升到炮口处的1。——译者注

线）：自药室端至距离炮口142.656英寸处为直膛线，然后缠度由0渐变为1/30。据1915年的预估，该式火炮的寿命为900发（使用Mk I式柯达无烟发射药）或2700发（使用改良型柯达无烟发射药）。20°射击仰角条件下的射程为9900码。

Mk IVJ式速射炮由日本建造，第一门该式火炮安装在日本海军的"江风"号驱逐舰上（后者出售到意大利后被重新命名为"大胆"号），后又于1917年为英国建造了12门。此外，日本又于1916年和第一次世界大战即将结束时两次向英国出售了24门（每次12门）该式火炮的储备炮。所有Mk IVJ式速射炮都被安装到防御性武装商船上，所用炮架亦是日本建造。

4.7英寸口径Mk VI式速射炮：部分是为了提高射击精度，部分是为了克服弹药筒获得困难问题，英国陆军将其列装的一些4.7英寸口径Mk I式、Mk II式、Mk III式及Mk IV式速射炮的药室扩大至469立方英寸或490立方英寸（药室长度增加至23.328英寸）。这些火炮采用钢质密闭发射弹药筒（长约3英寸），发射药（6.25磅11号改良型柯达无烟发射药）与后膛装填炮属同一种类。但是，每次发射之后，要将这种钢质密闭发射弹药筒从药室当中抽取出来并不容易。英国陆军后来将这些火炮移交给英国皇家海军，后者总共获得了83门该式火炮并将其安装到小型防御性武装商船上；所用炮架有PVII式、PVIII式以及CPIX式，前两者即是将陆军火炮炮架分别安装到4英寸口径的PII式或PII**式以及PX式炮架的基座上的产物。最大射击仰角为20°。

Mk V式火炮即是埃尔斯维克军械公司1900年建造的7门Pattern Y式火炮，主要作岸防之用（且主要供其他国家海军使用）。Mk V*式火炮与Mk V式非常相似，由日本于第一次世界大战期间建造并卖给英国。英国总共向日本购买了240门Mk V*式火炮（即第1187—1426号），全部用于武装防御性武装商船（约翰·坎贝尔认为英国购买了620门Mk V*式火炮；其依据是时任海军军械局局长于1919年提交的有关战时火炮情况的报告）。这两个差异巨大的数据可能表明，英国在购买了240门（Mk V*式火炮）之后，又有后续采购行为。第一批Mk V*式火炮于1917年到货。英国皇

家海军军械局局长曾提到，日本建造的4.7英寸口径‘B’Mk V*/N式火炮的炮尾机构与英国建造的Mk V式火炮的稍有差异。日本建造的Mk V*式火炮全部采用嵌套式炮管紧固工艺，其结构包括A管、炮尾、2个B管以及1个护套。在日本交付的这620门火炮当中，有24门在运输途中遗失；4门安装在"翡翠鸟"号和"树神"号鱼雷炮艇上，另有2门安装在"特立尼达岛"号驱逐舰上；其余全部安装在防御性武装商船上。20°射击仰角条件下，Mk V*式火炮的射程为11960码。

4.7英寸口径Mk V*式速射炮

口径	4.7英寸43倍径（实际口径为4.72英寸）
重量	2.65吨（含炮尾机构）
总长	212.6英寸
倍径	45.00
炮膛长度	207.5英寸
倍径	43.02
药室长度	26.05英寸
药室容积	489.6立方英寸
炮弹重量	50磅
爆炸药	4磅3.75盎司
发射药	82/3磅（16号改良型柯达无烟发射药）
炮口初速	2330英尺/秒或2450英尺/秒

从1900年3月开始，英国皇家海军打算对4.7英寸口径速射炮做裸装发射药（后膛装填）改造，如同对6英寸口径火炮那样。反对者认为，这样一来，将会有一大批库存弹药变成无用之物。对6英寸口径火炮做此种改造之所以获得批准是因为：第一，这可以减省大量弹药（重量及存放空间）；第二，这可以避免使用黄铜弹药筒时常见的弹药筒于炮膛之内爆裂的隐患。但是，反对者认为，对4.7英寸口径速射炮做类似的改造并不能带来多少益处。最终是否进行此种改造需等待以英国陆军列装的4.7英寸口径速射炮开展的相关试验结果，但无论如何，英国皇家海军肯定不需要任何新增的4.7英寸口径速射炮了。当此之时，武装商船改装巡洋舰的问题被提了出来，而4.7英寸口径速射炮似乎是既有的5英寸口径后膛装填炮的理想替代品，对前者做裸

装发射药改造的计划又因此激起了一部分人的兴趣。1900年4月，英国军械部最终否决了英国皇家海军提出的这个改造计划。

4.7英寸Mk VII式速射炮

口径	4.7英寸43倍径
重量	67.5英担
药室长度	25英寸
药室容积	475立方英寸
炮弹重量	50磅
发射药	8.83磅（16号改良型柯达无烟发射药）
炮口初速	2450英尺/秒（据1919年的估测）

1918年5月，海军军械局局长提议研制/建造一种大口径防空火炮。此前，英国皇家飞行团和皇家海军航空队的飞行员曾经报告，大口径防空火炮（部署在佛兰德斯战场的德国5.9英寸口径火炮）发射的炮弹让他们感觉威胁极大。这种火炮的3英寸、4英寸及4.7英寸弹径炮弹的重量分别被限定为16磅、35磅及50磅。在"卓越"号战列舰上开展的相关试验表明，若不采用机械力装填装置，50磅炮弹（发射药及炮弹总重80磅）是快速装填（定装式弹药）的上限。阿姆斯特朗公司和威格士公司受邀就此各自给出设计方案，结果，后者的方案更受青睐。作为可能的替代方案，英国皇家海军同时也寻求5.5英寸、6英寸口径的防空火炮，但这两种口径的火炮显然离不开机械力装填和升降装置。海军军械局局长的观点是，威格士公司的设计方案将发射速度和炮弹重量结合得最好。威格士公司设计的是一种半自动装填火炮，采用定装式弹药以及高射角Mk XI式炮架。

海军军械局局长建议先订购6门试验炮，但显然只交付了4门。照计划，其中2门将在主力舰上试验，另2门将在巡洋舰上试验。海军审计官于1918年5月批准了这项试验，但此时威格士公司的设计方案还未完全定型，试验炮的订单因此向后推迟。因此，英国皇家海军以Mk VIII式火炮替代之。

Mk VII式火炮采用了绕线炮管紧固工艺，且为全长覆盖，并有1个全长覆盖的护套。较之Mk VII式火炮，Mk VII*

式少了1个内A管。

4.7英寸Mk VIII式速射炮

口径	4.7英寸（40倍径）
重量	3.087吨（含炮尾机构）
总长	197.0英寸
倍径	41.9
炮膛长度	188.96英寸
倍径	40
膛线长度	161.735英寸
倍径	34.4
药室长度	23.42英寸
药室容积	454立方英寸
药室压强	20.5吨/平方英寸
膛线：阴膛线	38条
缠度	1/30
深度	0.037英寸
宽度	0.27英寸
阳膛线	0.1205英寸
炮弹重量	50磅
发射药	9.34磅（19号MC式柯达无烟发射药）
炮口初速	2457英尺/秒

事实上，4.7英寸口径Mk VIII式速射炮于战后才出现，但它之得以列装，是因为英国皇家海军在第一次世界大战当中获得的经验。Mk VIII式速射炮是当时英国皇家海军列装过的口径最大的发射定装式弹药的火炮，尽管其定装式弹药比后来的4.5英寸（实际口径为4.7英寸）口径Mk I式、Mk III式速射炮所发射的更轻、更短。Mk VIII式速射炮武装了"纳尔逊勋爵"号和"罗德尼"号战列舰（若不是《华盛顿公约》的限制，必然会武装更多的英国主力舰）、"勇敢"号航空母舰、"信天翁"号水上飞机母舰以及"冒险"号布雷舰。该式火炮总共建造了84门。

Mk VIII式速射炮的炮管结构包括：锥形内A管、A管、覆盖部分长度的紧固钢丝、护套。平移滑楔式炮尾可以手动也可以半自动操作。所配备的Mk XII CP式高射炮架备具1台由电力引擎驱动的液压泵，液压泵可反过来驱使炮架以10°/秒的速度瞄准及抬升仰角（备用的手动瞄准及抬升系

上图：旗舰"莎士比亚"号正在展示该舰前部和中部的4.7英寸火炮，照片拍摄时间为1921年。照片中该可看见的是该舰装备的3联鱼雷发射管

统的速度则为5°/秒）。若要采用高射角发射，可使用1个机械力弹药装填器。发射速度为每分钟15发，但射速超过每分钟12发时，弹药装填器会变得不可靠。

4.7英寸Mk I式、Mk II式后膛装填炮

口径	4.7英寸（45倍径）
重量	5吨［但约翰·坎贝尔认为是3.125吨或3.138吨（含炮尾机构）］
总长	219.78英寸
倍径	46.52
炮膛长度	212.58英寸
倍径	45
膛线长度	184.55英寸
倍径	39.3
药室长度	23.406英寸（但约翰·坎贝尔认为是25.80英寸）
药室容积	665立方英寸
药室压强	19吨/平方英寸
膛线：阴膛线	38条
缠度	1/30
深度	0.037英寸
宽度	0.27英寸
阳膛线	0.1205英寸
炮弹重量	50磅
发射药	11.375磅（16号改良型柯达无烟发射药）
炮口初速	2669英尺/秒

这种驱逐舰火炮之所以诞生，是因为第一次世界大战期间的英国皇家海军希望借此对抗德国的安装了大口径（可能是5.9英寸）火炮的驱逐舰。这一次英国皇家海军选择了后膛装填炮（而非速射炮）是因为这种后膛装填炮的射速也可以获得极大的提升。这种火炮武装的舰船包括：重新武装的"博塔"级、"斯科特"级以及"华莱士"级驱逐旗舰、"改良"W"级驱逐舰以及战后的"亚马逊"级和"伏击"级驱逐舰。建造数量：计划建造776门（其中400门预定武装防御性武装商船），实际交付76门Mk I式、3门Mk I*式和32门Mk II式。这些火炮的驱逐舰专用炮塔包括CPVIII式、CPVIII*式、CPVIII**式，这些炮架提供的最大射击仰角都是30°。

英国皇家海军最初想要的是一种5英寸口径、发射60磅炮弹的火炮。4.7英寸火炮项目很可能只是一项更早的项目重新命名的结果。1914年1月15日，海军军械局局长要求军械制造商设计一种5英寸口径、发射60磅弹的火炮，须采用滑楔式炮尾（但不一定是半自动[1]的）。这款新火炮的预定用途是反驱逐舰，而既有的6英寸火炮则被认为发射速度太慢。这种新火炮在5000码距离上的危险界必须较大，射击精度较高；是或不是半自动的都可以。海军军械局局长同时还对这种新火炮的配套炮架提出了设计要求：俯仰角范围为-10°~+20°，须有装填槽，须有供瞄手和炮手藏身的防浪护盾，他们会坐在耳轴位置的目镜前面。制退-复进装置的长度限定为17.5~22.5英寸。皇家火炮厂、威格士公司、埃尔斯维克军械公司以及考文垂军械厂都提交了各自的设计方案，既有5英寸口径45倍径的也有5英寸口径50倍径的。比尔德莫尔公司、埃尔斯维克军械公司及考文垂军械厂提交的是速射炮设计方案，其他的都是半自动火炮。威格士公司还提交了作为备选的后膛装填炮方案，但没被考虑，因为海军军械局局长只想要速射炮。1914年10月，

英国军械部决定，新火炮的炮口初速应为2700英尺/秒以上；这就排除了威格士公司的（其中）两个方案和埃尔斯维克军械公司的（其中）一个方案。考文垂军械厂设计的火炮被认为过重，且没有带来任何补偿性优势。英国军械部认为皇家火炮厂的方案最佳，然后是比尔德莫尔公司和威格士公司的方案。这些方案都采用了半自动设计。1914年7月，海军军械局局长将这种新的5英寸口径火炮列为反驱逐舰火炮的备选方案之一；此前，英国本土舰队司令乔治·卡拉汉海军上将要求在他指挥的那些最新的战列舰上装备一种轻型火炮（以作为既有的6英寸口径火炮的辅助火力），专门用于夜间行动（另参见后文12磅火炮一节的相关内容）。但是，那些最新的战列舰上并没有足够的空间来安装5英寸口径火炮和6英寸口径火炮。需要注意的是，尽管英国皇家海军在1916年的时候曾计划以一种新的50磅或60磅火炮武装其驱逐旗舰，这种5英寸口径火炮也未能"趁机"上马，取而代之的是一种4.7英寸口径的后膛装填炮。

Mk I式火炮采用了绕线炮管紧固工艺，炮管结构包括：锥形内A管、锥形缠固钢丝、全长度护套。Mk I*式火炮（预定安装到防御性武装商船上）没有内A管。这大概是因为，由于这种火炮的寿命之短，英国皇家海军认为没有更换衬管的必要。Mk II式火炮是一种结构一体化的换代型火炮（1940年）。在30°射击仰角条件下，该式火炮的最大射程为15800码。

4.7英寸Mk I式榴弹炮

口径	4.7英寸（18倍径）
重量	4英担1夸特14磅（也有资料认为是11英担）
总长	88.9英寸
倍径	18.9
炮膛长度	85.0英寸
倍径	18
膛线长度	72.17英寸
倍径	15.4
药室长度	10.1英寸

1　半自动炮尾：在每次装填完成后，必须对其进行手动关闭，但击发完成后，炮尾已经自动开启，并将使用过的弹药筒退出炮膛。全自动炮尾则是在装填完毕后可自动关闭，击发完成后又能自动开启，并将使用过的弹药筒退出炮膛。——译者注

4.7英寸Mk I式榴弹炮

药室容积	180立方英寸（弹药筒容积）
药室压强	12吨/平方英寸
膛线：阴膛线	36条
缠度	自后端至距离炮口12.17英寸处为1/40~1/20，此后为1/20
炮弹重量	45磅
爆炸药	3磅10盎司
发射药	1磅12.25盎司4.25号MDT 41/4改良型柯达无烟发射药
炮口初速	1240英尺/秒

这种建造于1914年的火炮采用定装式弹药。由于该种弹药比较短缺，海军军械局局长要求设计一种新的分装式弹药筒，以与标准式4.7英寸弹径炮弹配套；将弹药筒从最初长度缩减到9.8英寸长，并在顶部用一块光板对弹药筒进行了封闭。新型的发射药可实现800英尺/秒或1000英尺/秒的炮口初速。海军军械局局长于1914年10月20日和24日两次将这种火炮的详细图纸转发给英国军械部。

出口型12厘米（4.7英寸）火炮

阿姆斯特朗公司（埃尔斯维克公司）

Pattern I式：速射炮：重1吨14英担1夸特，总长170.5英寸（36.1倍径），炮膛长165.4英寸（35倍径），药室容积为240立方英寸，发射40磅炮弹，使用8磅发射药。炮口初速为1907英尺/秒。这是阿姆斯特朗公司建造的4.7英寸口径速速射炮的原型炮。

Pattern M式：出口意大利。这是阿姆斯特朗公司建造的4.7英寸口径速射炮的第二种原型炮（4.7英寸口径口径32倍径）。意大利于1886年购进该种火炮，而该种火炮从未在英国皇家海军或陆军列装。使用12磅粒状发射药，发射36磅炮弹，炮口初速为2060英尺/秒。

Pattern N式：重1吨16英担11磅［4043磅（1.8吨）］，总长156.3英寸（33.1倍径），炮膛长151.2英寸

（32倍径），药室容积为298立方英寸，发射36磅炮弹，使用12磅棱柱状发射药，炮口初速为1900英尺/秒。

Pattern P式：即皇家海军的4.7英寸口径Mk I式速射炮。据埃尔斯维克军械公司的产品目录显示，该式火炮重2吨1英担2夸特［4648磅（2.075吨）］，总长194.1英寸（41.1倍径），炮膛长数据空缺，药室容积为298立方英寸，发射45磅炮弹，使用12磅棱柱状发射药，炮口初速为1786英尺/秒。

Pattern Q式：即皇家海军的4.7英寸口径Mk II式速射炮。据埃尔斯维克军械公司的产品目录显示，该式火炮重2吨1英担3夸特［4676磅（2.09吨）］，总长194.1英寸（41.1倍径），炮膛长数据空缺，药室容积为298立方英寸，发射45磅炮弹，使用12磅无烟发射药（炮口初速为1786英尺/秒），也可使用5磅7盎司20号柯达无烟发射药（炮口初速为2188英尺/秒）。该式火炮可能武装了意大利的"皮埃蒙特"号防护巡洋舰。

Pattern R式：该式火炮的炮身制图标注日期为1898年10月10日。炮重2吨1英担3夸特［4648磅（2.075吨）］，总长194.1英寸（41.1倍径），炮膛长数据空缺，发射45磅炮弹，使用12磅无烟发射药，炮口初速为1786英尺/秒。横剖面图标注日期为1891年10月5日，横剖面图所列订单包括：第5083号订单5门（1890年8月28日）、第5830号订单4门（1891年8月20日）、英国订购63门（第5083号订单，1891年12月14日）、英国订购20门（第5939号订单，1891年12月16日）、第5464号订单10门（1892年1月23日）、阿根廷订购8门（第6055号订单，1892年2月15日）、日本订购8门（第6029号订单，1892年3月29日）、第6177号订单4门（1892年6月1日，替代第5939号订单）、第6295号订单2门（1892年8月24日）、第5793号订单8门（1892年9月2日，可能是某个早期订单的后续订货）、第6363号订单6门（1892年10月19日）、英国订购28门（第6428号订单，1892年2月11日）、英国订购10门（第6546号订单，1893年3月8日）、英国订购22门（第6545号订单，1893年3月8日）、阿根廷订购4门（第6671号订单，1893年7月4日）、

第6793号订单2门（1893年10月18日；拆分自第5939号订单）、第6821号订单2门（1893年11月13日；拆分自第5939号订单）、日本订购2门（第6867号订单，1893年12月14日）。日本的第6029号订单很可能是为了武装"吉野"号防护巡洋舰（该舰安装了6门4.7英寸口径火炮），阿根廷的第6055号订单很可能是为了武装"七月九日"号防护巡洋舰。

Pattern T式：即皇家海军的4.7英寸口径Mk III式速射炮。横剖面图标注日期为1890年7月7日。炮重2吨1英担3夸特［4676磅（2.09吨）］，总长194.1英寸（41.1倍径），炮膛长189英寸（40倍径），药室容积为298立方英寸，使用5磅7盎司20号柯达无烟发射药（炮口初速为2188英尺每秒）或12磅柯达无烟火药（炮口初速为1786英尺/秒）。药室压强为14吨/平方英寸。该式火炮的初始订单（第4614号）如今已经无法辨认，但其横剖面图记录了一份后期订单：第5102号订单2门（1890年7月2日）、第5438号订单1门（遭划除）、第5610号订单××门（1891年4月6日，并附有"37570号横剖面图标注了另2门该式火炮的订单"的字样）、第5713号订单2门、第5755号订单1门（一种4.5英寸口径、采用渐速缠度膛线的火炮于1891年8月4日并入该订单）。该式火炮与Pattern Y式、Pattern AA式以及英国皇家海军的Mk IV式火炮共用一种单步动作炮尾机构。Pattern T式火炮的订单明显是与其炮尾机构订单分开的。Pattern T式火炮的早期炮尾包括：第5939号订单8个、1893年3月2日订购8个"涂红"（第6279号订单）、第6434号订单2个（1893年5月5日）、第6671号订单4个（1893年8月3日）。Pattern T式火炮的单步动作炮尾包括：第6867号订单2个（1894年10月29日）、第6967号订单14个（1894年10月29日）、第7146号订单2个（另有3个遭划除，1895年4月8日）、第7246号订单10个（1894年10月29日）、第7309号订单1个（1894年10月29日）、第7306号订单4个（1894年11月22日，后于1894年12月取消）、第7318号订单6个（1894年11月23日）、第7460号订单14个（1895年4月8日）、第7477号订单10个（1895年4月29日）、第7677号订单10个（1895年9月19日）、第7767号订单2个（1895年11月29日）、第7983号订单4个（1896年4月29日）、第7942号订单4个（1896年5月4日）、第8044号订单8个（1896年6月19日）、第8182号订单10个（1896年10月26日）、更改之后的第8188号订单10个（1897年1月11日）、第8395号订单4个（1897年4月9日）、泰国于1897年5月13日订购6个（第8438号订单）、英国皇家海军于1897年6月9日订购10个作为储备（第8006号订单）、巴西于1897年8月25日为"海军上将塔曼达雷"号防护巡洋舰订购1个（第8568号订单）、日本的第8550号订单10个（1897年10月12日）、日本的第8552号订单2个（1897年10月20日）、日本的第8551号订单10个（1897年10月27日）、第8838号订单12个（1898年3月18日）、第8934号订单10个（1898年11月18日）、日本的第9233号订单4个（1898年11月18日）、英国的第9931号订单12个（1900年2月16日）、第8182号订单10个（1900年2月26日）、第10050号订单8个（1900年3月27日）、第12633号订单2个（1904年4月29日）。Mk IV式火炮炮尾订单：第7044号订单10个（1894年10月29日）、第7830号订单2个（1896年1月16日）、第7932号订单38个（1896年1月16日）、1896年7月11日订购7个（"涂红"，第8074号订单）、1897年1月20日订购5个（"涂红"，第8304号订单）、1897年7月9日订购7个（"涂红"，第8475号订单）。

埃尔斯维克军械公司的产品目录没有记载Patterns U式或Patterns V式火炮的相关信息。

Pattern W式：该式火炮武装了巴西的"邦雅曼·贡斯当"号训练巡洋舰。横剖面图标注日期为1892年8月24日。炮重2吨9英担10磅［5498磅（2.45吨）］，总长194.1英寸（41.1倍径），炮膛长189英寸（40倍径），药室容积为486立方英寸，发射45磅炮弹，使用8.8磅布里斯太发射药，炮口初速为2481英尺/秒。药室压强为15吨/平方英寸。

Pattern Y式：即英国皇家海军装备的Mk V式岸防速射炮，在阿根廷、清代中国以及挪威（还可能有其他一些国家）也有装备。炮重2吨13英担1夸特［5964磅（2.66

吨）］，全长212.6英寸（45倍径），炮膛长207.5英寸（43.9倍径），药室容积为489立方英寸，发射45磅炮弹，使用7磅8盎司发射药，炮口初速为2570英尺/秒。据横剖面图记载，该式火炮依第8846号订单建造了10门，后又于1900年1月6日依第9856号订单建造了5门。该式火炮的炮尾机构建造订单：1894年10月29日的第6840号订单16个（其中10个遭划除）、第7244号订单12个（1894年10月29日）、第7642号订单2个（1895年8月19日）、第7880号订单8个（1896年3月20日）、第8169号订单4个（1896年9月30日）、第8175号订单5个（1896年10月9日）、第8218号订单20个（1896年11月18日）、第8259号订单8个（1897年1月14日）、第8840号订单2个（1898年3月20日）、第8847号订单20个（Pattern T式、Pattern Y式及Pattern AA式，时为1898年3月20日）、第8880号订单10个（1898年4月19日）、英国的第9856号订单订购5个（1900年1月6日）、英国的第9904号订单订购2个（1900年1月29日）、第11163号订单8个（1903年1月31日）、第12059号订单1个（1903年8月24日）。

Pattern Z式：重2吨5英担3夸特［5124磅（2.29吨）］，总长162.1英寸（34.3倍径），炮膛长156.6英寸（33.2倍径），发射40磅炮弹，使用16磅棱柱状发射药，炮口初速为1951英尺/秒。

Pattern AA式：横剖面图标注日期为1895年7月27日。重2吨15英担［6160磅（2.75吨）］，总长236.2英寸（50倍径），炮膛长231.1英寸（48.32倍径），药室容积为490立方英寸，发射45磅炮弹，使用8磅6盎司20号柯达无烟发射药，炮口初速为2631英尺/秒。弹药筒容积为486立方英寸。累计产出：1896年2月11日4门，1898年3月22日2门，其中2门可能武装了巴西的"巴罗索"号战列舰。该式火炮的炮尾机构建造订单：第7325号订单8个（1895年8月5日）、第7885号订单4个（1896年2月11日）、第8840号订单2个（1898年3月26日）。

Pattern BB式：这是一种4.7英寸口径40倍径的速射炮；该式火炮按第13296号订单建造了14门。横剖面图标注

日期为1905年11月3日。使用5磅8盎司柯达无烟发射药，发射45磅炮弹（药室容积为298立方英寸，药室压强为14吨/平方英寸）；炮口初速为2150英尺/秒。炮重2吨1英担3夸特13磅。

Pattern CC式：该式火炮武装了巴西的"圣保罗"级战列舰和"巴伊亚"级侦察巡洋舰。横剖面图标注日期为1907年3月21日。这种火炮采用了绕线炮管强固工艺，总长244.65英寸（炮膛长236.2英寸）；重3吨5英担20磅。这种火炮很可能是为了武装巴西的"米纳斯·吉拉斯"级战列舰的第3艘军舰而建造，但后者的建造工作中途而废，该式火炮也随之无疾而终。

Pattern DD式：该式火炮的横剖面图标注日期为1908年7月7日。据横剖面图标示，该式火炮的建造订单号为15696，但又被划除；所以该式火炮的建造工作可能也遭中途废止。该式火炮采用绕线炮管强固工艺，发射45磅炮弹，使用16磅或10磅发射药（药室容积分900立方英寸和680立方英寸两种），相应的炮口初速分别是3000英尺每秒和2620英尺/秒（相应的药室压强分别是18吨/平方英寸或16吨/平方英寸）。总长221.05英寸，炮膛长212.6英寸（45.2倍径）；炮重3吨5英担1夸特1磅。第一次世界大战之后，英国把这种火炮改造成4.7英寸厚度外壳的靶炮。

Pattern EE式：该式火炮可能武装了意大利的"但丁"级、"朱利奥·切萨雷"级无畏舰以及"夸尔托"级、"马尔萨拉"级防护巡洋舰。

Pattern FF式：这是一种速射火炮。据该式火炮的横剖面图显示，其代号原定为Pattern DD式，遭划除后改成Pattern FF式。横剖面图标注日期为1907年10月2日，但给出火炮准确重量的更正标注日期为1911年9月14日。巴西于1907年10月20日订购20门（第15175号订单），后又于1908年2月13日取消该订单。土耳其于1910年10月17日订购了前述订单当中的8门（第17318号订单）。这8门火炮显然是为了武装土耳其防护巡洋舰"兹拉马"号，该舰（还未完工）于意土战争爆发时被意大利俘获（1911年），被更名为"利比亚"号。该式火炮总长217.7英寸（炮膛长212.6英

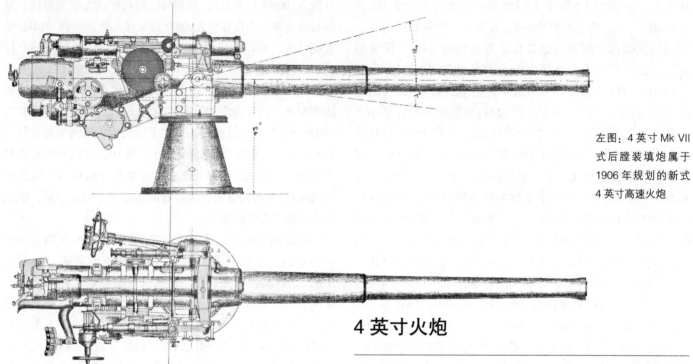

左图：4 英寸 Mk VII 式后膛装填炮属于 1906 年规划的新式 4 英寸高速火炮

寸）；使用10磅改良型柯达无烟发射药，可使45磅炮弹实现2570英尺/秒的炮口初速（弹药筒容积为490立方英寸，药室压强为16吨/平方英寸）。

Pattern GG式：英国陆军的4.7英寸40倍径火炮。

威格士公司

Mk A式：威格士公司为俄国建造的5.1英寸口径火炮，第一门该式火炮武装了俄国的"留里克"号装甲巡洋舰；详见俄国火炮一章。这种火炮可能是某一火炮系列当中的一种，因为英国第二次世界大战期间为苏联建造的该种火炮被命名为"Mk B式"。

Mk E式：该式火炮武装了战后的阿根廷"门多萨"级驱逐舰和智利"塞拉诺"级驱逐舰，可能还武装了智利的"奥布赖恩"级潜艇等舰船。

Mk G式：该式火炮武装了战后的葡萄牙"沃加河"级驱逐舰和一些小型护卫舰。

4 英寸火炮

4英寸Mk II式、Mk III式、Mk IV式、Mk V式、Mk VI式后膛装填炮

口径	4英寸（27倍径）
重量	23吨（Mk IV式、Mk V式、Mk VI式重26吨）
总长	120.0英寸
倍径	30
炮膛长度	108.0英寸
倍径	27
膛线长度	87.77英寸
倍径	23.9
药室长度	18.5英寸
药室容积	417立方英寸
药室压强	14吨/平方英寸
膛线：阴膛线	16条（Mk IV式、Mk V式、Mk VI式此项数据为24条）
缠度	自药室端至距离炮口43.77英寸处为1/120—1/30，其余为1/30
炮弹重量	25磅
爆炸药	2磅（普通炸药）
发射药	12磅（SP式）
炮口初速	1900英尺/秒

需注意，Mk IV式、Mk V式及Mk VI式火炮的膛线缠度是一样的，即自药室端至距离炮口43.77英寸处为1/120~1/30，其余为1/30。

4英寸Mk VII式、Mk XI式、Mk XII式、Mk XIV式后膛装填炮

口径	4英寸（50倍径）
重量	42英担
总长	208.45英寸
倍径	50.3
炮膛长度	201.25英寸
倍径	50.3
膛线长度	171.6英寸（炮弹在膛内向前推进173.5英寸）
倍径	42.9
药室长度	27.45英寸
药室容积	600立方英寸
药室压强	18吨/平方英寸（较少发射药条件下为17吨/平方英寸）
膛线：阴膛线	32条
缠度	1/30
深度	0.037英寸
宽度	0.27英寸
阳膛线	0.1227英寸
炮弹重量	31磅
爆炸药	2磅6盎司（普通炸药）
发射药	9磅5.125盎司或9磅15盎司改良型柯达无烟发射药
炮口初速	2821英尺/秒

Mk VII式火炮武装了自"柏勒洛丰"级至"英王乔治五世"级所有战列舰、自"不倦"号至"玛丽女王"号战列巡洋舰（以及1917年4月以后的"不屈"号战列巡洋舰）、"博阿迪西亚"级和"积极"级以及"布里斯托尔"级轻巡洋舰。第一次世界大战期间，该式火炮武装了"P"级巡逻艇、小型护卫舰、登船检查艇、反潜改装商船[1]以及1艘武装拖网渔船，英军还曾将1门该式火炮部署在坦噶尼喀湖地区。一些该式火炮被当做岸防炮使用，还有1门被安装在轮式炮架上。第一次世界大战晚期，该式火炮还被安装在60°最大发射仰角的Mk II式炮架上，使用减装发射药，作防空之用。在1918年年末，"柏勒洛丰"号、"鲁莽"号战列舰和"皇家公主"号战列巡洋舰各安装了2门该式火炮。"百夫长"号、"君主"号、"猎户座"号、"巨人"号、"澳大利亚"号、"新西兰"号、"不屈"号等主力舰和"贝娄娜"号、"布兰奇"号、"布隆德"号巡洋舰上各安装了1门该式火炮。该式火炮累计产出600门。

1900年4月，海军军械局局长询问"卓越"号训练战列

1 反潜改装商船（Q shiP）：隐蔽装备重型武器的改装商船，用于引诱潜艇浮出水面发动攻击，趁机予其重创。——译者注

右图：该种 PVIII 式炮架，用于架设 Mk VII 式高速后膛装填炮，武装了轻型巡洋舰"无畏"号。俯仰角界限为 −10°和 +20°之间，火炮配有 0.28 英寸厚的护盾（4.219 吨总重）

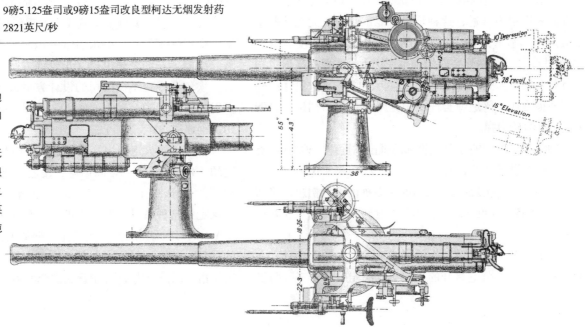

舰舰长是否需要设计新的大威力4英寸口径火炮及12磅炮、6磅炮、3磅炮，后者答复道，皇家海军未来确实需要一种4英寸口径火炮，其性能和作用相当于法国的10厘米口径火炮（发射31磅炮弹，炮口初速为2785英尺/秒，总长为45倍径）。在设计过程中，应当建造2门原型炮，一门使用裸装发射药，另一门使用黄铜弹药筒，"以预防'裸装'发射药火炮无法耐受火炮速射时候产生的高温的可能性"。他质疑研发大威力的6磅炮的必要性，但建议研发大威力的12磅炮和3磅炮（参见后文）。海军军械局局长提议设计一种4英寸口径45倍径或50倍径、2800英尺/秒炮口初速的火炮。他要求原型炮按照使用裸装发射药抑或黄铜弹药筒、45倍径抑或50倍径的要求各自建造。当时，英国既有的4英寸口径40倍径速射炮（可能是Mk I式）可使25磅炮弹实现2500英尺/秒的炮口初速。海军军械局局长询问"卓越"号训练战列舰舰长：既有的4英寸弹径炮弹（重25磅）是否可与法国的类似炮弹比肩？倘若否，这其间的差距是否大得使英国有必要为此研制一种新型炮弹？W. H. 梅指出，既有的4英寸弹径炮弹重量不够，这影响了其弹道性能，与法国的类似炮弹差距明显。重量和弹径更大的炮弹可以容纳更多的爆炸装药，由此造成的优势较之劣势要大很多。英国军械委员会指出，既有的4英寸弹径立德爆炸装药炮弹无论从哪个方面来讲都不合适，这种炮弹所能承受的最大设计药室压强是16.6吨/平方英寸。即便爆炸装药量保持不变，既有的4英寸弹径立德爆炸装药炮弹也无法承受实现更高炮口初速所需要的更大药室压强。计算表明，17吨/平方英寸的药室压强很难让32磅炮弹实现2800英尺/秒的炮口初速，只能采用一种31磅炮弹。

1901年，英国的相关主管部门批准了设计一种新的4英寸口径后膛装填火炮的提议。按照设计要求，这种火炮将以上述那种药室实现不超过2566英尺/秒的炮口初速，将药室扩容为635立方英寸之后，炮口初速可能会提高至2670英尺/秒。

考虑到新火炮建造工作的可能延误，1902年10月，在第一海务大臣办公室召开的一次会议决定，新的三等防护巡洋舰（包括"金刚石"号和"蓝宝石"号）将装备炮口初速获得尽可能的提高之后的4英寸口径Mk III式速射炮。与此类似，新的三等防护巡洋舰也将装备3磅Mk I*式火炮而非正在研制当中的新式大威力3磅炮。

大威力的4英寸口径火炮的设计工作于1903年开始，这是英国皇家海军的大威力火炮研发项目之一部分。最初的计算表明，如果沿用原来的容积较小的药室且药室压强不变，炮口初速为2930英尺/秒而非2810英尺/秒。埃尔斯维克军械公司的设计方案获得通过，但相关主管部门认为没有必要立即建造这种火炮。此外，这种火炮的原型炮的弹道性能极差。此处所述火炮大概就是海军军械局局长1905年2月的时候在给他的继任者的报告中所提到过的4英寸口径45倍径火炮。同一时期，英国军械部也批准了为规划当中的小型护卫舰安装4英寸口径50倍径火炮的1903—1904计划。后来，当小型护卫舰的建造工作终止了，4英寸口径50倍径火炮也因此未能获得订单。

尽管如此，到了1906年1月30日的时候，时任海军军械局局长再次提出设计一种大威力4英寸口径火炮的要求，其炮口初速应在2800英尺/秒以上。英国军械委员会于当年2月列出了该式火炮的基本设计要求，其中包括"药室容积为600立方英寸"一条。该火炮的紧固钢丝将不会缠绕至炮口位置。英国皇家海军军械局于当年5月收到了若干竞标方案，埃尔斯维克军械公司的Pattern K式火炮设计方案更受青睐。约翰·布朗公司也提交了设计方案，但被认为不可接受。埃尔斯维克军械公司的设计方案最初承诺将使用11磅发射药实现3000英尺/秒的炮口初速。Pattern K式火炮将采用镍钢建造。

Mk VII式火炮的炮管结构包括：内A管、A管，部分长度的（108.65英寸）紧固钢丝、覆盖至炮口位置的B管以及护套。"Mk VII"这个型号原本是指定给2门原型炮的，而预定给这种备具"简单力偶"式炮尾的火炮的型号则是"A Mk VII"。Mk VII*式是比尔德莫尔公司建造的（唯一的1门）一种不同构造的4英寸口径火炮。Mk VII**式火炮则是指15门没有内A管、B管和护套融为一体的4英寸口径火炮，其简化的炮身构造表明它是专为防御性武装商船建造的。这一系列火炮所使用的炮架包括PII式、PIIx式、PIV式、PIVx式、PIVxx式、PVI式和PVIII式（都是15°最大仰角，但PII式是15.2°最大仰角）。

据1908年的估计，Mk VII式火炮在全装发射药条件下的膛线寿命为1200发，就对膛线的烧蚀磨损而言，1发全装发射药炮弹相当于4发2/3份装发射药炮弹（海军军械局局长决定只采用全装整份发射药炮弹）。这是英国皇家海军在1915年时从Mk VII式火炮和Mk VII**式火炮上测得的数据。

就安装在第一次世界大战期间的主力战舰上的这一系列火炮而言，其最大射击仰角为15°，最大射程为11400码。如果安装在高射角炮架上，使用6.04磅改进S式发射药，这些火炮的炮口初速约为2400英尺/秒。

威格士公司建造的4英寸口径50.3倍径的Mk XII式火炮（共售出20门，时为1917—1918年）即是全钢材质的Mk VII式火炮，但从来没有上舰。这是西班牙海军的标准火炮。

4英寸Mk VIII式后膛装填炮

口径	4英寸（40倍径）
重量	26英担
总长	166.4英寸
倍径	44.35
炮膛长度	159.2英寸
倍径	39.8
膛线长度	140.73英寸
倍径	35.2
药室长度	15.92英寸
药室容积	208立方英寸
膛线：阴膛线	32条
缠度	1/30
深度	0.04英寸
宽度	0.27英寸
阳膛线	0.1227英寸
炮弹重量	31磅
爆炸药	2磅6盎司（普通炸药）
发射药	5磅6盎司（改良型柯达无烟发射药）
炮口初速	2300英尺/秒

Mk XIV式火炮是埃尔斯维克军械公司设计的另一款同系列火炮，不同之处在于其"三截式"A管。这种火炮须使用专门的发射药，因为其装药孔很小（药室容积与Mk VII式火炮同），无法使用制式发射药。这种火炮是为参加1906年的米兰博览会而建造，1913年以后存放在意大利的阿姆斯特朗–波佐利造船厂。唯一的1门该式火炮后于1918年2月安装在葡萄牙的"印度"号运输舰上，后者即是原属奥地利的"前进"号。Mk XIV式火炮可使31磅炮弹实现2516英尺/秒的炮口初速。

这种中等初速的4英寸口径火炮是专为36节最大航速的"敏捷"号驱逐舰建造的。除了"敏捷"号驱逐舰，这种火炮还武装了英国皇家海军的自"部落"级至"K"级驱逐舰（头13艘）之间的所有驱逐舰、澳大利亚的"斯旺河"级驱逐舰、日本的"坂城"号驱逐舰（可能是为了替代原有的4英寸口径火炮，时为1918年）。该式火炮还武装了英国"E"级潜艇的第2号、11号、12号、14号、21号和25号艇以及一些"P"级巡逻艇、所有"苍蝇"级内河炮艇、一些反潜改装商船。协约国武装干涉俄国内战期间（1919

上图：这是一种埃尔斯维克公司制造的炮架，新颖之处在于采用垂直升降螺杆，代替通常此类设备上使用的扇形齿轮。PIII式炮架首先在"敏捷"号上装备，后来也用于武装"部落"级舰船

年），4门该式火炮配发给了英国的"里海部队"。驱逐舰上的该式火炮通常安装在PIII式炮架上（20° 最大射击仰角，最大射程为10200码），该式火炮使用的其他炮架包括Mk III式、Mk IIIX式、Mk IIIXX式、Mk V式以及Mk VIII式。"K"级驱逐舰、"阿卡斯塔"号、"蠓"号以及"喷火"号驱逐舰上的该式火炮还使用了活门式高射炮架。该式火炮累计建造了246门。

应第一海务大臣（时为海军上将约翰·费舍尔）的口头命令，海军军械局局长继续完善了前者于1905年11月中期开始起草的Mk VIII式火炮相关性能要求。有报告称：有些"装备了外国火炮（尤其是由法国建造的）的"驱逐舰在其火炮机械部位加装了装甲，这就支持了英国研制Mk VIII式火炮的必要性。英国皇家海军军械局原本计划给"敏捷"号驱逐舰安装12磅18英担炮，但在与埃尔斯维克军械公司讨论之后，海军军械局发现4英寸口径火炮即可实现同样的火力（增加了8吨左右的重量）。这种新的4英寸口径火炮可使25磅炮弹实现2335英尺/秒的炮口初速，与此形成对照的是，可使12磅炮弹实现2600英尺/秒的炮口初速。也就是说，新的4英寸口径火炮所发射的炮弹重量将翻倍，其爆炸装药量也将翻倍，这种火炮还可以发射一种立德爆炸装药炮弹。海军军械局局长还认为，如今英国已经有能力大量供应合适的4英寸弹径炮弹。因此，他建议由埃尔斯维克军械公司设计一种新的4英寸口径、炮口初速为2300英尺/秒的速射火炮及其炮架（英国皇家海军非常需要4英寸口径速射火炮，而既有的4英寸口径速射火炮又不适用）。既有的4英寸口径速射火炮存在的一个问题是，它需要非常长

下图：4英寸低速驱逐舰用后膛装填炮用于武装第一批13艘"K"级驱逐舰，这一级别舰船的后继者是"部落"级，采用新式 PVII 式炮架。请注意展示炮架的仰角是 20°。这种炮架重 4.219 吨，配有 0.28 英寸厚的护盾

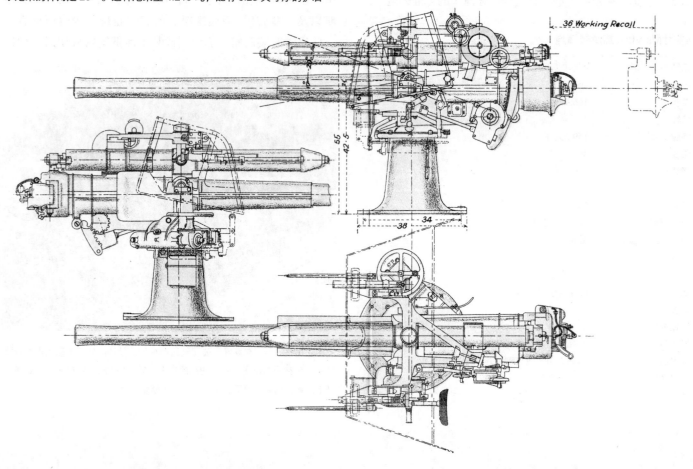

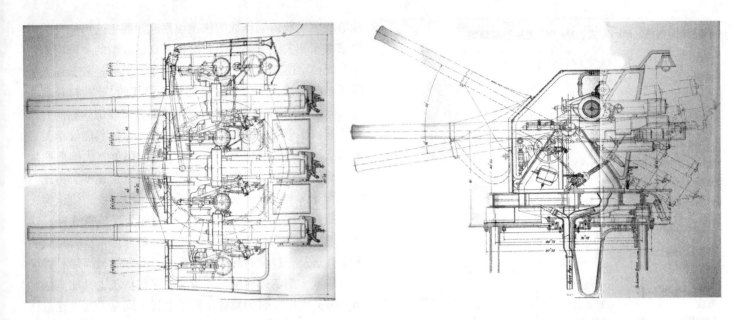

上图："声望"级和其他一些别的船只都装备有 Mk IX 式及 Mk IX* 式火炮，这是计划用于旗舰的 Mk V 式高速速射炮的后膛装填炮版本

的制退过程（方式类于18磅陆上火炮）去缓解其之于甲板的冲击力。海军军械局局长要求：新的4英寸口径速射火炮的后座冲击力最大不能超过既有的12磅18英担火炮，火炮的重量越轻越好（火炮、炮架和100发炮弹的总重不超过5吨）。海军军械局局长更支持埃尔斯维克军械公司的方案，因为他们已经在这个方向上做了不少工作。时任第一海务大臣约翰·费舍尔海军上将希望可以与埃尔斯维克军械公司的董事长安德鲁·诺贝尔爵士直接交涉相关事宜，以免该式火炮的研制工作对他万分珍视的驱逐舰项目造成任何延误。海军军械局局长希望增加该式火炮所用炮弹的爆炸装药，因此，英国军械委员会建议采用原为4英寸口径45倍径实验炮研制的31磅炮弹。为实现预定炮口初速，需增加发射装药量。截至此时，英国皇家海军相关部门中支持裸装发射药方案的人已经超过了支持速射火炮的人，所以，埃尔斯维克军械公司提交了一份新的后膛装填炮设计方案（时为1906年2—3月）。

Mk VIII式火炮的炮管结构包括：A管及其炮尾机构、覆盖炮尾机构及A管的紧固钢丝、1个护套。原来的膛线磨损之后，该式火炮会换上1个锥形内A管；最后建造的28门Mk VIII式火炮既有A管又有锥形内A管。Mk VIII*式火炮即是头6门Mk VIII式火炮，其药室形制不同（容积为208立方英寸），炮尾机构另行改造过。据1915年时的估计，Mk VIII式火炮的寿命为2000发。4英寸口径的Mk VIII*式火炮被安装到"敏捷"号驱逐舰上。

Mk XI式火炮即是护套经过了改造的Mk VIII式火炮，目的是适应潜艇的S. I式炮架（20° 最大仰角）的基座。这种火炮采用的新式结构，有1个内A管。该式火炮一共建造了30门，武装了"J"级潜艇1号艇、"K"级潜艇1—4号及6—16号艇。剩余的Mk XI式火炮以及一些从潜艇上拆卸下来的Mk XI式火炮武装了一些反潜改装商船。

Mk XIII式火炮是埃尔斯维克军械公司建造的4英寸口径39.9倍径火炮（该式火炮在埃尔斯维克军械公司的代号是Pattern U）。除了炮尾机构不同，Mk XIII式火炮与Mk VIII*式火炮非常相近。1918年，英国皇家海军获得了原计划为巴西的"塞阿腊"号潜艇母舰建造的4门该式火炮。

4英寸Mk IX式、Mk IX*式、Mk IX**式后膛装填炮

口径	4英寸（44.55倍径）
重量	43英担
总长	184.6英寸
倍径	46.1
炮膛长度	177.4英寸
倍径	44.35
膛线长度	149.415英寸
倍径	37.6
药室长度	25.255英寸
药室容积	468.3立方英寸
药室压强	17吨/平方英寸
膛线：阴膛线	32条
缠度	1/30
深度	0.037英寸
宽度	0.27英寸
阳膛线	0.1227英寸
炮弹重量	31磅
爆炸药	1磅3盎司（普通炸药）
发射药	5磅4盎司（16号改良型柯达无烟发射药）
炮口初速	2642英尺/秒

上表数据来自于1917年3月更新了药室之后的这一系列火炮，在此之前，这种火炮的药室长度为25.255英寸，膛线长度为149.725英寸。

Mk IX式、Mk IX*式火炮分别是Mk V式、Mk V*式火炮的后膛装填版。这些火炮武装了"声望"级战列巡洋舰、"勇敢"级大型轻巡洋舰、"坚定"号战列巡洋舰（自1917年4月以后）、"托帕塞"号三等防护巡洋舰以及"黑暗界"号、"恐怖"号、"苏尔特元帅"号、"克莱夫勋爵"号及"约翰·穆尔爵士"号浅水重炮舰。自1919以后，小型浅水重炮舰M27号上的Mk IX系列火炮被安装在三管炮架上。第一次世界大战期间的小型护卫舰、扫雷舰、"基尔"级炮艇以及许多辅助性舰船上的Mk IX系列火炮则安装在单管炮架上。该式火炮累计建造了2382门。

1906年1月，海军军械局局长写道，他已经了解到英国皇家海军希望拥有一种装备4门4英寸口径的高初速火炮、能够与驱逐舰协同作战的快速侦察巡洋舰（这可能是英国皇家海军相关主管部门第一次提及日后成型的"博阿迪西亚"级侦察巡洋舰）。Mk VIII式火炮因其初速较低而无法胜任前述需求。海军军械局局长希望新的4英寸口径高初速火炮使用Mk VIII式火炮所使用的那种31磅炮弹；同时增大快速侦察巡洋舰的各部分船材尺寸，以使其能够承受更大的火炮后座冲击。尽管如此，还是对4英寸火炮所产生的甲板压力进行了限制，只要不会影响发射速度。由此，海军军械局局长建议炮口初速为2800英尺/秒。他认为，主力战舰须采用一种4英寸口径火炮作为反鱼雷武器，这种火炮需要是高初速火炮；其炮架的最大仰角应为15°。考虑到这是一种全新的火炮及炮架，海军军械局局长提议邀请坎默·莱尔德造船厂（考文垂军械厂）也参加竞标。第一海务大臣（时为费舍尔海军上将）同意了这一建造计划。威格士公司、埃尔斯维克军械公司、考文垂军械厂（坎默·莱尔德造船厂）以及皇家火炮厂受令提交各自的设计方案。要求所设计炮膛长度须在50倍径以内。英国军械委员会补充的一条要求是，药室容积不超过600立方英寸（且能实现3000英尺/秒的炮口初速）。该新式火炮不一定要采用全长度绕线炮管紧固工艺。除了以上各家公司，约翰·布朗造船厂也提交了自己的设计方案。结果，英国军械委员会最倾向于埃尔斯维克军械公司的方案，考文垂军械厂的方案则被全盘否定。对设计方案做了修订之后，埃尔斯维克军械公司得到了1门原型炮的建造合同，时为1906年8月。

Mk IX式火炮的炮管结构包括：A管、延伸到炮口的锥形绕线以及1个全长度护套。采用（全新的或经过改造的）锥形衬管的Mk IX式火炮即为Mk IX*式。Mk IX**式的不同之处则在于其炮管紧固钢丝为"等径缠绕"，且有B管及其护套。这种火炮的炮管建造采用的是由埃尔斯维克军械公司和考文垂军械厂首创的简化建造办法。Mk IX***式火炮（共建造了50门）的炮尾部螺纹有错位现象，因而要以专门的炮闩与之接合。

Mk IX式火炮采用的炮架包括三管的Mk I式（30° 最大

仰角）、单管的PXV式（25°最大仰角，只在"声望"级战列巡洋舰上有采用）以及采用最多的CPI式（30°最大仰角）。第一次世界大战之后，美国海军开始考虑将军舰上的副炮安装在多管火炮炮架上，并对英国皇家海军先采用三管炮架后又放弃这种炮架的做法感到疑惑。调查结果是，不喜欢三管炮架的人大部分未曾在舰船上服役过，这些人以双管的6英寸口径火炮的糟糕表现为依据，推断三管火炮的表现也必定不佳。事实上，三管炮架有潜力实现每6秒一次齐射，这比单管炮架的表现要好不少。三管炮架在弹药装填方面的复杂性几可忽略不计，它的发射速度甚至要高于某些装填过程麻烦的单管火炮。三管炮架的发射速度与3门火炮单独发射的速度非常接近，在实战当中，何种发射方式速度更快往往取决于操作人员的训练状况。最初，这种三管火炮采用的是各门火炮单独发射的方式，但效能不高，一段时期之后，英国皇家海军将3门火炮的滑轨锁固在一起，3门火炮因而变成了单一的射击单元（这个转变过程经历过一些周折）。美国军官肯定会为英国皇家海军做出的这个改变感到高兴，因为美国海军的重型三管火炮本就是锁固在一起的（或者共用一个滑轨）。针对Mk IX式火炮，英国皇家海军初期也生产过一些单管火炮滑轨，当时他们认为这些火炮会经常单独发射。这使得发射过程变得复杂了，因为每门火炮都有各自的瞄准器，这些瞄准器无法交叉连接。要使三管炮架的所有火炮同时实现持续瞄准，只需1名方向炮手即可，但若要将瞄准转移至另一目标，则还需另外2人协助。由于采用了射击指挥仪，Mk IX式火炮在俯仰角调整方面没有任何问题；但要实现不间断瞄准，则需3名控制俯仰的炮手的协作。Mk IX式火炮的药室预定使用定装式发射药，但后来使用了袋装发射药，炮弹也不再在高射角状态下待装发射药。代之以采用不同药室的火炮的做法解决了这个问题。在14000码左右的距离上，该式火炮的舷侧齐射弹着散布约为300码。英国舰船上的三管Mk IX式火炮炮架上的各门火炮的轴心间距为10.5倍径，美国的"宾夕法尼亚"级战列舰上的该项数据为3倍径。英国人没有发现任何火炮间相互干扰的问题。

看起来，反对三管4英寸口径火炮的唯一论点是这个口径的火炮不足以有效阻止敌方驱逐舰的行动（这个论点颇为诡异，因为很多驱逐舰本身即装备了4英寸口径火炮）。在"声望"级战列舰建造完成的当口，英国皇家海军普遍认为装备4.7英寸口径火炮已成为必要之举，而美国人认为，这些战舰上的4英寸口径火炮"看上去有些可笑"。当初选择4英寸口径火炮是因为这些舰船不具备能为火炮提供充分保护的装甲；只好将大量火炮以三管的形式安放在上甲板层。自"声望"级之后，英国皇家海军再也没有在战列巡洋舰上安装4英寸口径火炮，其原因不在于其三管炮架的某种不足，而在于其口径太小。对英国皇家海军的此种举动，美国人感到欣喜鼓舞，因为他们当时正在考虑为替代"南达科他"级战列舰的后续战列舰安装一种6英寸口径的三管防爆炮架。英国皇家海军不将副炮安装在多管炮架上的主要原因大概在于，他们还是希望这些副炮同时可作防空之用（4.7英寸口径火炮也曾被选中，但海军军械局局长认为其发射弹药筒过于庞大）。据称，英国皇家海军部的军官对"胡德"号战列巡洋舰的武备状况非常不满。这就解释了英国皇家海军为何会曾计划在后来未能生产的战列舰、战列巡洋舰和"纳尔逊"级战列舰上安装6英寸口径副炮的原因。

4英寸Mk X式后膛装填炮

口径	4英寸（45倍径）
重量	2吨
总长	186.65英寸（Mk XI式总长为168.4英寸）
倍径	46.73
炮膛长度	180.0英寸
倍径	22.92
膛线长度	149.415英寸
药室容积	468.3立方英寸
药室压强	18吨/平方英寸
炮弹重量	31磅
爆炸药	1磅13盎司（普通炸药）
发射药	71.08磅（16号改良型柯达无烟发射药）
炮口初速	2642英尺/秒（823米/秒）

Mk X式（埃尔斯维克军械公司的Pattern T式）火炮原本是为挪威的岸防舰"卑尔根"号和"尼达洛斯"号建造，后被英国皇家海军用来武装小型护卫舰（约翰·坎贝尔认为只武装了防御性武装商船）。该式火炮一共建造了15门，其中3门从未上舰。该式火炮的标准炮架是PXIV式（20°最大仰角）；其炮管结构为：锥形内A管、外层A管（尾部有紧固钢丝）及护套（紧固钢丝覆盖1/2长度）。为使用原为Mk XI式火炮制造的发射药，Mk X式火炮的药室容积做了相应的改造。原定发射药重8.25磅（3.74千克），预定初速为2700英尺/秒（823米/秒）。

4英寸Mk I式、Mk II式、Mk III式速射炮

口径	4英寸（40倍径）
重量	26英担
总长	165.25英寸（Mk III式总长165.35英寸）
倍径	41.3
炮膛长度	160英寸
倍径	40
膛线长度	143.456英寸
倍径	35.9
药室长度	14.4英寸
药室容积	213立方英寸（弹药筒容积）
膛线：阴膛线	24条
缠度	自炮尾端至距离炮口120英寸处为直膛线，此后至炮口处为0~1/30
炮弹重量	31磅
发射药	14磅
炮口初速	2335英尺/秒（也有资料认为是2370英尺/秒）

Mk I式和Mk III式火炮武装了"无敌"级战列巡洋舰（用于2艘仍然幸存的舰船的武器的更新换代）、"紫水晶"级和"方位盘"级巡洋舰以及各种小型护卫舰和炮艇。第一次世界大战期间，这两种火炮还武装了"帕里斯"号布雷舰、一些"P"级巡逻艇、登船检查船、反潜改装商船、辅助性舰船以及防御性武装商船，还有一些武装游艇和武装拖网渔船。这两种火炮还有一些被用作岸防炮和野战炮。Mk II式火炮是一种8炮耳式火炮，安装在重新武

装的"鲁莽"号老式战列舰和"斯芬克斯"号明轮船上。Mk II式火炮即是Mk I式和Mk III式（为适应VB2C式炮架）的改装版。累计产量：Mk I式10门、Mk IA式8门、Mk II式8门、Mk III式261门；还有7门Mk I/III式（依照设计方案为Mk III式，但使用了Mk I式的炮尾环和炮尾部内衬），其中5门后被改造成了Mk III式，被称为Mk III*式。Mk I式和Mk III式火炮的海军标准炮架是PI式或PI*式（20°最大仰角），但"蓝宝石"号巡洋舰上的这两种火炮使用了PI式高仰角炮架，（参加达达尼尔海峡登陆战役的）"坚定"号战列

下图：1910年哈德逊河海军阅舰节期间，见于英国皇家海军"无敌"号"A"炮塔上方的2门4英寸Mk III式速射炮

下图：4英寸Mk IV式速射炮系专门为驱逐舰所设计，但最早装备这种火炮的是重新武装的侦察巡洋舰"远见"号，时间为1913年年中。照片中的这艘舰可能是澳大利亚海军的"新军团"号，配备的是PIX式炮架（约瑟夫·斯特拉杰克）

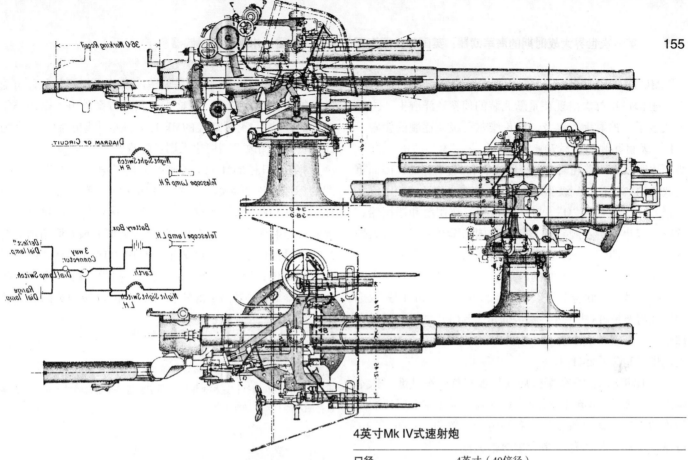

上图：整个第一次世界大战期间，标准英国驱逐舰用炮架是图示的这种 PIX 式，用于架设 4 英寸 Mk IV 式速射炮

巡洋舰上则使用了增大仰角的炮架。

Mk I式火炮的炮管结构是：A管（药室配有段内衬）、1/2长度的紧固钢丝、全长度护套。Mk IA式火炮的药室部分A管做了加厚处理。Mk III式火炮的炮管结构包括：A管、较短的紧固钢丝、B管、护套、（用以接合B管和护套的）螺纹拧固C套箍。

Mk I式和Mk II式4英寸口径速射炮的额定寿命为700发（使用Mk I式柯达无烟发射药）或2000发（使用改良型柯达无烟发射药）。据1915年的测算，Mk I式4英寸口径速射炮的额定寿命为700发（使用Mk I式柯达无烟发射药）或2000发（使用改良型柯达无烟发射药）。在20°射击仰角条件下，这一系列火炮的射程为9600码。

4英寸Mk IV式速射炮

口径	4英寸（40倍径）
重量	24英担
总长	166.6英寸
倍径	41.6
炮膛长度	160英寸
倍径	40
膛线长度	138.175英寸（炮弹在炮膛中前进140.75英寸）
倍径	34.5
药室长度	19.25英寸（药室前端为圆锥形）
药室容积	287立方英寸（此为药室容积）
药室压强	15.5吨/平方英寸
膛线：阴膛线	32条
缠度	1/30
深度	0.037英寸
宽度	0.27英寸
阳膛线	0.1227英寸
炮弹重量	31磅
爆炸药	1磅13盎司
发射药	5磅7盎司
炮口初速	2300英尺/秒

Mk IV式速射火炮是Mk VIII式后膛装填炮的速射版本，于1913年首次出现在重新武装的侦察巡洋舰上，之后还武装了"神射手"级及"格伦维尔"级驱逐舰的旗舰、"K"级驱逐舰的最后7艘、所有"L""M""R""S"级驱逐舰以及"塔利斯曼"级驱逐舰和3艘尚存的、因而重新武装的"美狄亚"级驱逐舰。Mk IV式火炮还武装了许多"J""K""L""O""P"级潜艇、巡逻艇和巡逻船、"花"级小型护卫舰。1913年，英国陆军对一门该式火炮进行了防空测试；该式火炮（安装在活门式高射炮架上）还武装了"K"级驱逐舰的"加兰"号、"帕拉贡"号、"小鲸"号、"联合"号以及"胜利者"号。Mk IV式火炮的标准炮架是PIX式（20°最大仰角）和CPIII式（30°最大仰角），后者首次出现在"改良R"级驱逐舰上。Mk IV式火炮累计建造了1141门。

1910年8月，海军军械局局长告知英国军械部，依本国水域的经验，4英寸口径的Mk IV式速射火炮在驱逐舰上的作战效能无法有效施展。各种电子装置的可靠性不高，发射药经常会被海浪溅湿，雷管在低温及夜间条件下很难安装。海军军械局局长建议以一种"类于陆军的4英寸口径榴弹炮"的4英寸口径火炮替代之，即替代火炮需使用定装式弹药。他希望替代火炮的弹道性能与4英寸口径40倍径后膛装填火炮相同，这就要求使用定装式黄铜弹药筒（内装雷管）、楔式炮尾、炮尾关闭时自动就位（待击发）的撞针、机械击发装置（高低机手轮式扳机），整体设计必须简洁。英国军械部指出，如果将机械力扳机安装在高低机手轮上，控制俯仰的炮手操作起来会比较困难，而如果将机械力扳机安装在控制俯仰的炮手能够轻易够着的范围内，高低机手轮的操作就会变得相对简单一些。为防海浪飞溅带来的不利影响，机电（混合式）击发装置被排除在外。皇家火炮厂、埃尔斯维克军械

公司、威格士公司、考文垂军械厂以及比尔德莫尔公司受邀参加竞标。1912年，威格士公司的方案胜出。据1915年时候的评估，4英寸口径的Mk IV式速射火炮的额定寿命为2000发（使用改良型柯达无烟发射药）。

4英寸口径的Mk IV式速射火炮是第一次世界大战时期的标准驱逐舰火炮。该式火炮的PIX式炮架最大仰角为15°。1917年以后，面对德国驱逐舰火炮射程超过己方驱逐舰火炮射程的现实，英国将PIX式炮架的最大仰角增加至20°（射程相应地由7900码增加至10200码），还研制了一种新的CPIII式炮架（30°最大仰角，射程为12400码）。截至1918年1月，多佛尔海峡和哈里奇港[1]海域的英国驱逐舰

---

[1]   哈里奇港（Harwich）：北海沿岸的英国港口。——译者注

下图：4英寸Mk V式速射炮系驱逐舰用Mk IV式速射炮的高速版本，用于装备巡洋舰和旗舰；这种火炮最早用于装备轻型巡洋舰"水神"号，架设在图示的PIX式炮架上

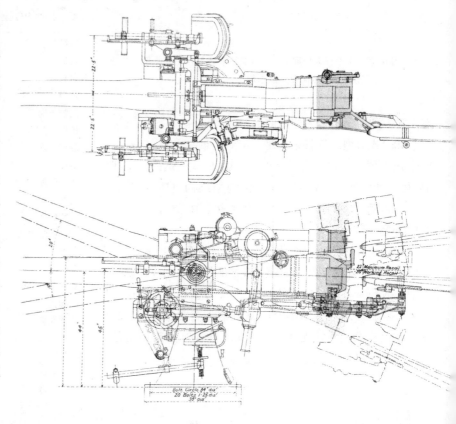

都安装了20°最大仰角的超高射角炮架。CPIII式炮架是一种经过改进的、仰角更大的炮架，预备替代巡逻艇上的PIX式备用炮架；英国皇家海军还计划将其安装到"S"级驱逐舰上。截至1918年1月，这种炮架出现在了"改进S"级和"W"级驱逐舰上。替换早期驱逐舰及"W"级驱逐舰的旗舰"肯彭费尔特"号上的PIX式炮架比较麻烦，因为新炮架的尺寸比PIX式炮架更大一些。就此，海军军械局局长指出，标准的德国4.1英寸口径驱逐舰火炮的最大射程是13800码，而英国皇家海军的多佛尔海军基地司令则在抱怨德国火炮的射程已超过15000码。

驱逐舰上的4英寸口径的Mk IV式速射火炮使用半定装式弹药，潜艇上的则使用定装式弹药（以简化弹药供应步骤）。该式火炮的炮管结构包括：内A管、A管、紧固钢丝以及套管。Mk IV*式速射火炮则是指强化了炮尾部的Mk IV式，这个型号的火炮只存在过较短的一段时间。

4英寸Mk V式、Mk XII式速射炮

口径	4英寸（45倍径）
重量	42英担
总长	187.8英寸
倍径	46.9
炮膛长度	180.0英寸
倍径	45
膛线长度	149.725英寸（炮弹在炮膛内行程为152.145英寸）
倍径	37.4
药室长度	27.855英寸
药室容积	468.3立方英寸（弹药筒容积）
药室压强	18.5吨/平方英寸
膛线：阴膛线	32条
缠度	1/30
深度	0.037英寸
宽度	0.27英寸
阳膛线	0.1227英寸
炮弹重量	31磅
爆炸药	1磅13盎司
发射药	7磅11盎司（16号改良型柯达无烟发射药）
炮口初速	2613英尺/秒

4英寸口径的Mk V式速射炮首次出现在"阿瑞托萨"级轻巡洋舰上（使用20°最大仰角的PIX式炮架），也是"卡罗琳"级、"卡利奥普"级和"卡斯托"级轻巡洋舰的初始武备。该式火炮还武装了"百眼巨人"号航空母舰、"部落"级驱逐舰中的"维京"号、所有"V"级和"W"级驱逐舰，使用30°最大仰角的CPII式炮架。轻型巡洋舰上的4英寸口径的Mk V式速射炮也有使用60°最大仰角的HAI式高射角炮架，发射定装式弹药（低射角炮架则使用分装式弹药）。该式火炮累计产出：554门Mk V至Mk VB式、供应英国皇家海军的283门Mk VC式和供应英国陆军的107门Mk VC式（其中83门最后还是移交给了英国皇家海军）。英国陆军将Mk VC式火炮做岸防炮和高射炮之用。后来，这些火炮成为了两次世界大战间阶段的英国标准防空火炮。

4英寸口径的Mk V式速射炮由皇家火炮厂完成初始设计，但经过了改造（采用威格士公司的半自动炮尾机构）。海军军械局局长对该式火炮提出的设计要求是：方案提交截止时间为1912年3月；重量不得超过4英寸口径的Mk VII式后膛装填炮，并且，炮身及其基座须与PVIII式炮架配套；炮口初速不低于2700英尺/秒（使用31磅炮弹和16号改良型柯达无烟发射药）；药室压强为18.5吨；炮尾机构须与4英寸口径的Mk IV式速射火炮的拟定安装的炮尾机构相近，若有必要（为应对更大的药室压强）可做相应的强化处理。截至1912年10月，英国皇家海军向皇家火炮厂订购了2门该式火炮，预定交货时间不迟于1913年5月。

4英寸口径的Mk V式速射炮的炮管结构包括：锥形内A管、A管、锥形绕线以及全长度护套。Mk V*式速射炮没有内A管；Mk V**式速射炮则是指1937年及以后修复的Mk V式和Mk V*式速射炮。Mk VB式速射炮是采用了活动衬管的改造版，但很明显的是，Mk VB式速射炮从来没有真正建造过。Mk VC式速射炮是第二次世界大战期间建造的一种可在舰上更换衬管的活动衬管版Mk V式。

1917年年底，多佛尔海军基地巡逻舰队提出要求：由于其驱逐舰和驱逐舰旗舰的射程不及德国驱逐舰（尤其是在比利时海岸附近海域巡逻之时），需以Mk V式速射炮替

换原有火炮。海军军械局局长于1918年1月写道，这些火炮暂时无法就位，但英国皇家海军部下属的海军作战局局长指出，在与德国海军进行日间战斗时，英国的多佛尔海军基地巡逻舰队完全处于被动挨打的境地；此前不久，德国驱逐舰火炮在15000码的距离上对英国驱逐舰施展交叉火力，而英国皇家海军只有装备了6英寸口径火炮的"敏捷"号驱逐舰旗舰可在4000码的距离对敌反击。海军建造局局长指出，（截至当时）英国皇家海军只有4.7英寸口径火炮可以实现多佛尔海军基地巡逻舰队要求的射程。至于其他可能的火炮，还需加装超高仰角射程标度盘。安装在30°

下面两图: Mk V式速射炮是通常的驱逐舰用Mk IV式速射炮的高速版本，架设于图示的CPII式炮架上，用于装备"V"级和"W"级驱逐舰。第一次世界大战期间英国皇家海军往往选择放弃图示的这种底座式炮架，而采用更早期的中轴－辊道类型炮架

最大仰角的CPII式炮架之上的4英寸口径Mk V式速射炮可实现13600码的射程。最终，英国皇家海军为前述舰船安装了Mk IV式速射炮（参见上文）。

第一次世界大战期间，英国皇家海军对Mk V式速射炮做了远程高射角改造，其最大射高（30000英尺）被认为是有效击退敌方空中进攻的最低高度。1917年晚期，英国皇家海军曾计划为每艘主力舰、巡洋舰以及"白眼巨人"号航空母舰安装1门经过了远程高射角改造的Mk V式速射炮（总计83门），但当时该式火炮一门都没有建造出来（订购数量为109门）。直到1917年12月，军械厂开始以每月4～6门的预期速度交货。之所以做此预期，是因为英国陆军此时也要求列装100门该式火炮。到了1918年早期，该式火炮的交付进度已经远远落在部队的实际需求之后，以至于海军军械局局长不得不承认，若不是轻巡洋舰放弃了对这种火炮的需求（转向6英寸口径火炮），英国皇家海军很难为"V"级和"W"级驱逐舰安装这种火炮。

4英寸口径的Mk XII式速射炮是Mk V式速射炮的潜艇版，为与潜艇上的SI式炮架的基座配套，其护套经过了相应的改造。在1946年之前，4英寸口径的Mk XII式速射炮一直是英国皇家海军的标准潜艇用火炮。首门该式火炮于1919年10月安装在"L"级潜艇的第33号艇上。该系列火炮的累计产出状况：Mk XII式60门、Mk XII*式52门、

上图：1932年访问美国长滩期间，巡洋舰"德里"号在展示该舰上的4英寸高射炮（Mk V式速射炮）。新式HAIII式炮架（80°仰角）系在战争期间生产，英国皇家海军为战列舰订购了165门

右图：埃尔斯维克公司的 Mk VI 式速射炮，用于武装前智利"布洛克"级驱逐舰旗舰，架设在 PXI 式炮架上。此份战前绘制的图纸是用来准备提供给智利海军的

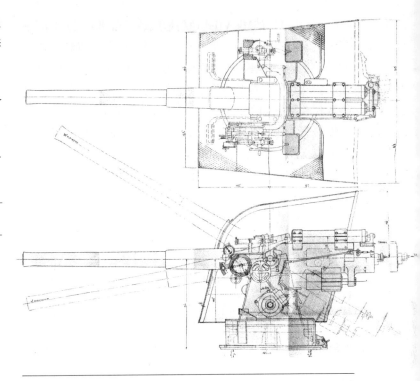

Mk XII**式 46门。Mk XII式火炮采用了标准的第一次世界大战时期英国皇家海军火炮炮管结构：锥形内A管、A管、1/2长度的紧固钢丝、1个与紧固钢丝重叠的护套。然而，Mk XII*式和Mk XII**式火炮则属于一体化式火炮，加装了薄护套。

4英寸Mk VI式速射炮

口径	4英寸（40倍径）
重量	28英担
总长	165.1英寸
倍径	41.3
炮膛长度	160.1英寸
倍径	40
膛线长度	140.725英寸
倍径	35.2
药室长度	17.58英寸
药室容积	240立方英寸
药室压强	18吨/平方英寸
膛线：阴膛线	32条
缠度	1/30
深度	0.04英寸
宽度	0.27英寸
阳膛线	0.1227英寸
炮弹重量	31磅
发射药	5磅（16号改良型柯达无烟发射药）
炮口初速	2300英尺/秒

　　4英寸口径的Mk VI式速射炮武装了智利海军订购（第一次世界大战期间被英国皇家海军征用）的"布罗克"号驱逐旗舰。这种火炮还武装了"箭鱼"号潜艇（后被改造成巡逻艇）以及"含羞草"号小型护卫舰。安装了这种火炮的舰船需要一种特殊的发射弹药筒。这种火炮的结构与Mk VIII式后膛装填炮的结构类似；使用25°最大仰角的PII式炮架（最大仰角条件下的射程为11630码）。该式火炮累计产出29门。

4英寸Mk VII式速射炮

口径	4英寸（40倍径）
重量	26英担
总长	172.1英寸
倍径	43.03
炮膛长度	161.8英寸
倍径	40.45
膛线长度	139.98英寸
倍径	34.8
药室长度	18.75英寸
药室容积	294立方英寸
药室压强	17吨/平方英寸
膛线：阴膛线	32条
缠度	1/30
深度	0.04英寸
宽度	0.27英寸
阳膛线	0.1227英寸
炮弹重量	31磅
发射药	5磅8盎司（16号改良型柯达无烟发射药）
炮口初速	2250英尺/秒

4英寸口径的Mk VII式速射炮武装了希腊海军订购后被英国皇家海军征用的"墨兰普斯"级驱逐舰；和4英寸口径的Mk VI式速射炮一样，这种火炮的结构也类似于4英寸口径的Mk VIII式后膛装填炮：不同之处在于其两截式A管（由热装式套箍紧固），且其炮尾机构也不是半自动的。该式火炮的储备炮的炮尾和B管联为一体。此外，英国皇家海军中最先采用定装式弹药的即是该式火炮。"墨兰普斯"级驱逐舰之后，还有以下潜艇装备了该式火炮："J"级潜艇的第5—7号艇、"L"级潜艇的第1、3、6、10及12号艇。该式火炮总共建造了16门。

4英寸Mk VIII式速射炮

口径	4英寸（50倍径）
重量	3吨
总长	206.53英寸
倍径	51.6
炮膛长度	199.53英寸
倍径	49.9
膛线长度	164.4英寸
倍径	41.1
膛线：阴膛线	30条
缠度	0 ~ 1/31.17
炮弹重量	33磅
爆炸药	1磅6.875盎司
发射药	12.3磅
炮口初速	2800英尺/秒

4英寸口径的Mk VIII式速射炮是指美国的伯利恒钢铁公司建造的3门火炮。这3门火炮被用于英国苏格兰斯卡帕湾地区的防御。该式火炮的炮弹和弹药筒与英国皇家海军后来订购的4英寸口径50倍径火炮的相同，但额定发射药用量更少，因而炮弹的炮口初速更低。

4英寸Mk IX式速射炮

口径	4英寸（49.5倍径）
重量	46英担
总长	207.8英寸
倍径	51.9

4英寸Mk IX式速射炮

炮膛长度	195.0英寸
倍径	49.5
膛线长度	167.13英寸
倍径	41.8
药室长度	27.85英寸
药室容积	415立方英寸
膛线：阴膛线	32条
缠度	1/30
炮弹重量	31磅
发射药	7磅14盎司（19号改良型柯达无烟发射药）
炮口初速	2700英尺/秒

4英寸口径的Mk IX式速射炮在设计上与Mk V式速射炮相似，采用定装式弹药。英国皇家海军购买了4门该式火炮（初始订购者为希腊），并对其炮架做了高射角改造，后来被移交给英国陆军（用于考文垂市的防空作战）。1918年，这4门火炮重归英国皇家海军，其中1门预定要安装到"E"级潜艇的第48号艇上去，但这个计划可能并没有实施。

4英寸口径的Mk X式速射炮的原型是埃尔斯维克军械公司建造的老式4英寸口径40倍径炮，但采用经过改造的Mk VI式速射炮采用弹药筒发射。该式火炮与Mk VI式（Pattern S式）速射炮相似，性能相同。

4英寸口径的Mk XI式速射炮是指英国皇家海军从美国购买的一些Mk III式至Mk VI式火炮，预定用于武装防御性武装商船，但最终没有使用。这些4英寸口径40倍径火炮的前部炮管只有A管，后部炮管则由A管、护套及尾部套箍组成，尾部套箍由前端向后端安装并由锁定环固定。

4英寸Mk XIII式速射炮

4英寸口径的Mk XIII式速射炮显然即是标准的美国海军4英寸口径50倍径驱逐舰火炮（在美国海军中的代号为"Mk IX式2型"）。受海军维护委员会之令，英国皇家海军于1918年6月向美国订购了150门该式火炮（同时订购了5英寸口径51倍径），以武装防御性武装商船。第一次世界大战快要结束时，这批火炮的后续订货取消了。该式火炮的

A管上有大型定位凸台，其护套向前覆盖至炮口位置。这种火炮与英国皇家海军之前向美国伯利恒钢铁公司购买的Mk VIII式速射炮很相似，但前者为镍钢材质。这种火炮的药室前端直径略大于后端，深度也略有增加，以使其能够发射弹带更厚的炮弹。1917年9月，这种4英寸口径50倍径火炮的炮身制图被提交给英国军械委员会，皇家火炮厂总主管说，其构造非常"普通"，"安全系数不比英国造火炮低，药室压强也不比英国造火炮低"。英国军械委员会认为这种火炮没有任何"特异"之处，除了其炮身制图当中的一条专门说明：在炮体所用合金钢中，铬元素越少越好。1918年6月，海军军械局局长指出，4英寸口径的Mk XIII式速射炮的设计与4英寸口径的Mk VIII式火炮相近，但由于采用了镍钢材质，其A管虽更薄一些，强度却更大。这种火炮的构件包括：A管、护套及炮尾部内衬，（替代常见的炮尾环的）炮尾套和铰链托架。较之上文所述美国伯利恒钢铁公司造Mk VIII式火炮，若使用相同的弹药筒、雷管以及炮弹，Mk XIII式速射炮的弹道性能更好一些。

Mk XIV式火炮是指一种实验用4英寸口径50倍径防空火炮，目的是满足1926年提出的一项需求，因此，不在本书的详述范围内。

出口型4英寸火炮

阿姆斯特朗公司（埃尔斯维克公司）

Pattern C式：这是一种发射20磅炮弹的4英寸口径火炮。炮重1吨4英担3夸特，总长未知。药室容积为300立方英寸，炮弹重20磅，使用11磅棱柱状发射药，炮口初速为2155英尺/秒。同系列的Pattern C1式火炮口径为100毫米（3.937英寸），药室容积为305立方英寸；身管长114.9英寸、炮膛长120英寸（30倍径）；炮重1吨4英担3夸特。发射20磅炮弹，使用10磅发射药，炮口初速为2000英尺/秒。阿姆斯特朗公司的产品目录中不见有关Pattern A式和Pattern B式火炮的内容，但存在4英寸口径Pattern B式后膛装填组装炮的相关内容，这种火炮在英国陆军中有列装（由于是一

款组装炮，因而可以按功能区划顺利拆卸），但这种火炮可能被归入了另一单独的火炮系列。此外，阿姆斯特朗公司的产品目录中也存在有关4.3英寸（109毫米）口径12.5倍径Pattern A式后膛装填榴弹炮的内容，这种火炮很可能也是被归入了另一单独的火炮系列。

Pattern D式：炮重1吨11英担3夸特，总长165.1英寸（41.28倍径），炮膛长160英寸（40倍径），药室容积为277.5立方英寸，发射25~30磅炮弹，使用5磅20号柯达无烟发射药，炮口初速为2503~2334英尺/秒。药室压强为16吨/平方英寸。该式火炮的一份炮身建造图标注日期为1895年4月27日。该式火炮曾按6589号订单建造了1门。

Pattern E式：炮重36英担19磅，总长200英寸（50倍径），炮膛长194.8英寸（48.7倍径），药室容积为277.5立方英寸，发射27.5磅炮弹，使用5磅20号柯达无烟发射药，炮口初速为2574英尺/秒。这种火炮的设计和建造早于英国皇家海军的Mk III式火炮，后者可能是英国皇家海军所采用的第一种采用绕线炮管紧固工艺的4英寸口径火炮。

Pattern F式：炮重36英担8夸特，总长166英寸（42倍径），炮膛长164.2英寸，发射31磅炮弹，炮口初速为2000英尺/秒。

Pattern H式：这种火炮是为参加1906年的米兰博览会而建造的。另参见英国皇家海军的Mk XIV式火炮相关内容。

Pattern J式：即是英国皇家海军的Mk VIII*式4英寸口径45倍径火炮。该式火炮曾按14251号订单建造了6门。横剖面图标注日期为1906年5月3日。

Pattern K式：即是英国皇家海军的Mk VII式。横剖面图标注日期为1907年3月7日。该式火炮曾按14779号订单建造了2门（第507、508号订单）。这种火炮药室容积为600立方英寸，可采用11磅发射药使31磅炮弹实现3000英尺/秒的炮口初速。总长208.45英寸，炮膛长201.25英寸。炮重2吨1英担3夸特。

Pattern M式：这种火炮武装了巴西的"马托格罗索"级驱逐舰。炮身制图标注日期为1907年7月3日。

Pattern N式：这是一种与Pattern M式火炮类似的3.9英

寸口径速射炮，但在身管、药室、炮尾部内衬以及炮尾环等方面存在些许差异。该式火炮曾按17151号订单建造了1门；最有可能的订购者是葡萄牙。该式火炮使用7.05磅发射药，药室压强为16吨每平方英寸。总长166.4英寸，炮膛长161.3英寸（41.4倍径）。炮重1吨5英担3夸特22磅。炮身制图标注日期为1910年3月24日。

Pattern P式：这种火炮采用了绕线炮管强固工艺，订购者为清代中国海军。横剖面图标注日期为1911年11月7日；很可能武装了"肇和"号训练用防护巡洋舰和原为清代中国建造的希腊"赫勒"号巡洋舰。炮重2吨3英担。总长203.45英寸（炮膛长201.5英寸，50.3倍径）。该式火炮（药室容积为560立方英寸）可用10.5磅发射药使31磅炮弹实现3000英尺/秒的炮口初速（药室压强为18吨每平方英寸）。

Pattern Q式：即是英国皇家海军的Mk X式4英寸口径40倍径火炮。有关该式火炮的一份炮身建造图标注日期为1911年4月25日。该式火炮曾按17763号订单建造了唯一的1门原型炮。

Pattern R式：该式火炮的炮身制图标注日期为1911年。

Pattern S式：即是英国皇家海军的Mk VI式，武装了智利的驱逐舰旗舰。

Pattern T式：即是英国皇家海军的Mk X式。

Pattern U式：即是英国皇家海军的Mk XIII式，参见上文。该式火炮的订购者为巴西，一共建造了4门，其横剖面图标注日期为1914年4月8日。

Pattern W式：即是英国皇家海军的Mk IX**式。建造订单：1917年1月15日79门（第24454号订单，1919年10月23日中止），第25150号订单（1919年3月10日）300门〔196门在埃尔斯维克军械公司生产，104门在位于奥彭肖（曼彻斯特附近）的惠特沃思公司生产〕。

Pattern Y式：有关该式火炮的炮身制图标注日期为1898年3月31日；这是一种4英寸口径40倍径火炮。

威格士公司

Mk B式：4英寸口径50倍径，总长206.35英寸；横剖面图标注日期为1905年2月16日（没有购买者相关记载）。

Mk C式：4英寸口径50倍径（部分炮管缠以强固钢丝），威格士公司将这种火炮用于自身在艾利斯镇[1]的厂区防空作战。该式火炮使用现役弹药（31磅炮弹），药室容积为600立方英寸，药室压强为18吨/平方英寸，炮口初速为2800英尺/秒。横剖面图标注日期为1907年1月18日，后于2月4日、9日两次修改。该式火炮曾按24953号订单建造了1门。总长208.45英寸（炮膛长203.85英寸），炮重2吨1英担3夸特（包括炮尾机构）。一份有关该式火炮的横剖面图标注，这份横剖面图有一份复制件被送往西班牙（但该标注曾被划除）。

Mk E式：为西班牙建造的一种4英寸口径50倍径火炮（于1909年开始列装），在第一次世界大战期间的英国皇家海军中被称为Mk XII式（参见前文）。这种火炮武装了西班牙的"西班牙"级无畏舰。该式火炮药室容积为600立方英寸，使用11.3磅CSP2式发射药，发射31磅炮弹。炮重2吨1英担3夸特20磅。总长208.35英寸（炮膛长203.752英寸）。该式火炮的一份寄往意大利的横剖面图复制件标注日期为1916年，而一份横剖面图原件则标注日期为1914年4月2日。这份横剖面图原件还记录了两组订单：一组是订单623/13/1326号（10门），另一组是订单623/13/1126号（10门）。这两组订单分别于1917年9月15日和1917年3月6日被提呈给英国皇家海军部。

Mk F式：为意大利建造的一种4英寸口径50倍径火炮，横剖面图标注日期为1910年4月28日。总长208.45英寸，炮膛长203.85英寸（50.9倍径）。

Mk G式：这是一种半自动的4英寸口径40倍径火炮，英国皇家海军曾按29880号订单订购了1门，后于1917年在建造过程中将其改造成后膛装填炮（订单729/17/936号，1917年4月16日）。原始横剖面图标注日期为1911年5月5日，标注总长为166.6英寸（炮膛长160英寸）。改造成后膛装填炮之后，总长缩减至164.7英寸（炮膛长142.4英寸）。

1　艾利斯镇（Erith）：英国伦敦东南部、靠近泰晤士河的一个小镇，20世纪初为伦敦重要工业区。——译者注

Mk H式：这是一种4英寸口径40倍径的半自动火炮；英国皇家海军曾按30387号订单订购了1门。横剖面图标注日期为1911年9月13日。总长166.6英寸（炮膛长160英寸）。

Mk K式：这是一种战后出现的半自动火炮，系为西班牙的"达托"级布雷舰建造。横剖面图标注日期为1919年4月17日。这种火炮没有采用任何强固钢丝。

Mk J式：这是一种战后的半自动速射炮，采用炮管绕线强固工艺。横剖面图标注日期为1914年6月26日。这种火炮的供货对象可能是意大利海军，据横剖面图的复制件记载，一份设计图复制件被寄往了威格士公司–特尔尼军械厂。总长166.6英寸，炮膛长160英寸。炮重1吨4英担3夸特15磅（含炮尾机构）。

Mk L式：这是一种战后的4英寸口径45倍径防空火炮，武装了西班牙的"海军上将塞韦拉"级轻巡洋舰。

Mk M式：这是一种潜艇用火炮，类似于英国皇家海军的Mk XII式。该式火炮武装了葡萄牙的"德尔芬"级潜艇，Mk M*式武装了土耳其的"布拉克·赖斯"级潜艇。

Mk N式：该式火炮武装了巴西的"卡里奥卡"级布雷舰。

Mk P式：该式火炮武装了20世纪30年代阿根廷的训练用轻巡洋舰"阿根廷"号。

90毫米（3.5英寸）火炮（防御性武装商船专用）

90毫米后膛装填炮

口径	3.543英寸
总长	7英尺6英寸（90英寸）
倍径	26.9
炮膛长度	22.9倍径
膛线长度	18.2倍径
膛线缠度	1° 45 ' ~7°
炮弹重量	18磅4盎司（榴霰弹）
发射药	7磅9盎司
炮口初速	1607英尺/秒

上图：用于装备防御性武装商船的法国90毫米火炮。武装商船是合乎理性的，因为有很多的德国潜艇舰长显然感到不得不在水面上发动攻击，他们这么做要么是因为鱼雷的数量不够，要么是因为对鱼雷的质量缺乏信心。由于德国人的潜艇不断采用越来越强大的甲板用火炮，也需要为防御性武装商船配给威力更强大的火炮，1918年英国人选中了具有简单炮尾结构的5.5英寸42倍径火炮进行大批量生产。不过，直到战争结束也没有生产出一门这种火炮来

1916年，英国从法国购买了400门M1877式（也许是M1891式）野战炮，以武装防御性武装商船，不过，根据英国皇家海军军械局局长的战后报告，这一数据为300门。这些火炮没有后坐缓冲装置，因而其陆上射击速度仅为每分钟2发（因而被"75"式火炮取代了）。埃尔斯维克军械公司设计并制造了附带俯仰及瞄准机件的后坐缓冲装置。

这种火炮加装了炮耳，其炮管结构为以6个套箍强固的A管。这种火炮的三步动作炮尾机构安装了埃尔斯维克军械公司制造的膛线发射机件。以上数据（除了炮膛长度和膛线长度）源于1915年4月英国陆军提供给军械委员会的报告。该式火炮的俯仰角范围为–10°~+35°，包括炮尾机构在内，炮重为1.4吨。最大仰角条件下，该式火炮的射程为

7700码，瞄准具标定最大射程为6340码。

此外，另有60门从德国人手中俘获的77毫米野战炮被安装到了防御性武装商船上，架设于简易的船用炮架上。这些火炮采用了单管、楔式炮尾构造。英国皇家海军认为这些火炮性能不可靠，并将其退回了英国陆军。这些火炮的炮膛长度为24.29倍径（总长为27倍径），可使15.10磅（6.85千克）炮弹实现1526英尺/秒的炮口初速。包括炮尾机构在内，炮重761磅（345千克）。在俄国北部海域执行干涉任务的英国防御性武装商船还武装了10门奥地利建造的8厘米（准确值为76.5毫米）口径青铜速射野战炮——这些火炮由俄国人俘获于加利西亚地区[1]，采用的是简易炮架。总长很可能是30倍径。该式火炮可使6.68千克（14.73磅）炮弹实现1640英尺/秒（500米每秒）的炮口初速。

15磅/18磅火炮（防御性武装商船专用）

15磅/18磅火炮	
口径	76.2毫米（3英寸）
重量	896磅
总长	92.35英寸
倍径	30.8
炮膛长度	84英寸
倍径	28
膛线长度	71.6英寸
倍径	27.2
膛线：阴膛线	12条
缠度	1/120～1/28
炮弹重量	14磅
发射药	1盎司1.7盎司改良型柯达无烟发射药
炮口初速	1605英尺/秒

以上数据适用于15磅转换后膛装填炮。

英国皇家海军的15磅转换后膛装填炮来自英国陆军，

后者先后总计向前者移交了156门。截至1918年早期，共改造、移交120门，其中71门投入海军现役。15磅转换后膛装填炮的基座被安装在哈其斯公司制造的6磅火炮底托上，最大仰角为24°。为了寻求更好的火炮，英国贸易部总监曾经写道，他可不敢指望装备了这些火炮的商船能够抵御来自敌方现代潜艇的攻击，这些火炮只能作为辅助或备用武器使用。移交之前的改造工作并不包括替换既有的蜗轮蜗杆式高程调整装置（这种蜗轮蜗杆高程调整装置无法满足持续瞄准和追踪快速移动的敌方目标的要求），其长达3英尺长的后坐缓冲装置也是一个问题。15磅转换后膛装填炮的最大射程为6700码。

此外，英国皇家海军还获得了108门埃哈特公司建造的15磅（3英寸口径）速射野战炮（这些火炮本由英国陆军于布尔战争爆发时采购），并将这些火炮安装在防御性武装商船上（使用6磅火炮炮架）。含炮尾机构在内，这种火炮重737磅，总长30倍径，炮膛长28.6倍径。使用1.16磅改良型管状20-10号[2]柯达无烟发射药，这种火炮可使14磅炮弹实现1697英尺/秒的炮口初速；24°仰角条件下，其最大射程为7500码。

英国皇家海军还装备了一种防御性武装商船版的18磅英国标准野战炮。英国皇家海军原计划装备200门该式火炮（使用标准的6磅火炮炮架），但最后16门的安装计划于1918年取消，既已改造、安装完成的184门当中，有18门损失。1917年8月至1918年6月期间，英国皇家海军共有115门该式火炮投入现役，到了1918年11月中旬，还有99门该式火炮安装在防御性武装商船上，另有4门备用。该式火炮的口径为3.3英寸（83.82毫米），其定装式弹药重23磅。火炮总重为1004磅，总长96.96英寸（29.38倍径），炮膛长92.62英寸（28.07倍径）。药室长度10.58英寸，药室容积为97英寸。弹重18.5磅，（改良型8号柯达无烟发射药）发射药重1.435磅。该式火炮的炮口初速为1615英尺/秒，35°仰角条件下的射程为9400码。

1　加利西亚地区（Galicia）：位于西班牙西北部，第一次世界大战之前很长一段时期内为奥地利王室领地。——译者注

2　"20"表示管状火药的外径，"10"表示内径，单位为1/100英寸。——译者注

3英寸火炮（及 12 磅、14 磅火炮）

3英寸23英担Mk I式速射炮

口径	3英寸（50倍径）
重量	23英担
总长	158.8英寸
倍径	52.93
炮膛长度	150.0英寸
倍径	50
药室长度	21.76英寸
药室容积	220立方英寸
膛线：阴膛线	24条
缠度	自药室端至距离炮口12.13英寸处为0~1/25，其余为 1/25
炮弹重量	13磅
爆炸药	44.4375盎司
发射药	3.156磅改良型11号柯达无烟发射药
炮口初速	2700英尺/秒

埃尔斯维克军械公司建造的Pattern ZZ1式火炮是为了武装本国的"阿金库尔"号战列舰，而意大利的"但丁·阿利吉耶里"级、"朱利奥·切萨雷"级无畏舰以及"尼尼奥·比克肖"级、"夸尔托"级防护巡洋舰上安装的该式火炮使用更大量的发射装药，各项性能数据也较之前者更优。该式火炮与重18英担的12磅炮相似。这种火炮的B管与炮尾机件合而为一，这种火炮的储备炮的内A管不设前定位凸台。15°仰角条件下，该式火炮的射程为8350码。

原始列表中，该式火炮的炮架为埃尔斯维克军械公司制造的14磅火炮半自动式。该式火炮有6门留在"阿金库尔"号战列舰上，其余的分别安装到了"冲浪者"号布雷舰上以及1艘武装拖网渔船和1艘观测飞机/气球母舰上。海军军械局局长主持编订的英国皇家海军火炮战后编目还提到了1门专为武装武装快艇而订购的Pattern ZZ1式火炮，"阿金库尔"号战列舰上的14磅炮在该编目中是被单列的。

3英寸20英担Mk I式、Mk II式速射炮

口径	3英寸（45倍径）
重量	2231磅（含炮尾）
总长	140.0英寸
倍径	46.67
炮膛长度	135.0英寸
倍径	45
膛线长度	117.285英寸
倍径	39.1
药室长度	15.515英寸
药室容积	152.5立方英寸
药室压强	18吨/平方英寸
膛线：阴膛线	20条
缠度	1/30（据1918年的测定，Mk I*式该项数据为1/40）
深度	0.0375英寸
宽度	0.3137英寸
阳膛线	0.1575英寸
炮弹重量	12.5磅
爆炸药	44.4375盎司
发射药	2.5磅改良型11号柯达线状无烟火药
炮口初速	2604英尺/秒

下图：用于装备防御性武装商船的陆军用 18 磅火炮

重20英担的Mk I式火炮于1911年秋季进行了测试，预定用作英国陆军和海军的防空火炮。英国皇家海军认为这种火炮的性能不够理想，但还是大量购进了。这种火炮采用纵移滑楔式炮闩，其炮管结构包括：A管、全长度炮管紧固钢丝以及全长度护套。使用Mk II式和Mk IIA式炮架，该式火炮还武装了以下舰船：除"大胆"号战列舰以外的所有无畏舰，所有"纳尔逊勋爵"级战列舰，头5艘"英王爱德华七世"级战列舰，"阿尔比恩"号、"乔治王子"号战列舰，"勇敢"级大型轻巡洋舰，"暴怒"号大型轻巡洋舰，"报复"号巡洋舰，"牛头怪"级装甲巡洋舰，"阿喀琉斯"号装甲巡洋舰，"海军上将科克伦"号战列舰，"爱丁堡公爵"号装甲巡洋舰，"达娜厄"号、"无畏"号、"龙"号、"卡莱尔"号、"谷神"级、"卡利登"级、"半人马"级、"克莱奥帕特拉"号、"征服"号、"阿瑞托萨"级（"加拉蒂亚"号除外）、"切斯特"号、"伯肯黑德"号、"伯明翰"号、"查塔姆"号、"法尔茅斯"号、"布里斯托尔"级轻巡洋舰，所有侦察巡洋舰（"探路者"号除外），"金刚石"号巡洋舰，所有大型浅水重炮舰（"拉格伦"号除外），"戈耳工"号、M16号、M18号、M20号至M27号浅水重炮舰，"安菲特里忒"号、"阿里阿德涅"号、"拉托娜"号布雷舰，"赫耳墨斯"号、"坎帕尼亚"号航空母舰，"牛津"号观测气球船，"蝉"号、"金龟子"号、"蟋蟀"号、"萤火虫"号内河炮艇。1916年的时候，据信有2门该式火炮安装到了E4号潜艇上，以测试其对于德国的"齐柏林"飞艇的伏击效果。"报复"号巡洋舰上的该式火炮使用了低仰角的PI式炮架。截至第一次世界大战终结，该式火炮总计建造了396门（其中1门是实验炮），订购者为英国皇家海军；其中85门后来被用来承担防空等用途。头4门该式火炮被拨给了英国陆军，英国陆军后又于1917年4月至1918年4月间收到了44门该式火炮。该式火炮使用定装式弹药，其引信不够可靠——炮弹的快速旋转影响了引信的燃烧。因此，1918年的时候，英国开始为这种火炮更换了缠度更小的膛线。1917年，英国人复原了一种克虏伯造机械定时引信，随即开始自主生产，将之用于该式火炮的炮弹，但直到战争结束，新型炮弹也未能投入现役。为这种火炮订制的16磅6值CRH弹形系数炮弹（初速较低，即2108英尺/秒）也是直到战争结束未能投入现役。

该式火炮的额定寿命为1440发全装发射药炮弹；30°仰角条件下的最大射程为10700码，45°仰角条件下的最大射程为11400码，90°仰角条件下的最大射高为23000英尺。

3英寸口径的Mk II式与Mk I式火炮大体相同，但后者属于半自动火炮。包括炮尾机构在内，该式火炮重2216磅。膛线缠度为1/40的该式火炮被命名为Mk II*式。Mk II*式是Mk III式火炮（潜艇专用）的预备式，后者将采用伸缩式炮架，但这种伸缩功能并不经常使用。3英寸口径的Mk II式火炮武装了"布鲁斯"号、"坎贝尔"号、"道格拉斯"号、"蒙特罗斯"号、"斯科特"号、"斯图亚特"号、"莎士比亚"号、"斯潘塞"号、"华莱士"号、"肯彭费尔特"号、"莱特富特"号、"神射手"号驱逐旗舰，所有"V"级和"W"级驱逐舰，J7号、K1号至K17号、K22号（前K13号）、L1号至L4号、L7号以及M1号潜艇。英国皇家海军总共订购了198门（其中一部分于战争结束后才最终完工）3英寸口径的Mk II式火炮，其中3门被移交给了英国陆军。1918年6月，还有80门该式火炮搭载在各式军舰上，75门被作为储备炮加以收藏（其中50门缺少炮尾机构）。

3英寸口径、重20英担的Mk III式和Mk V式火炮之得以诞生，是因为Mk I式火炮的炮尾机构较难制造，而Mk III式、Mk V式火炮与Mk I式火炮的不同之处也只在于炮尾机构。Mk III式火炮采用了圆柱形螺式炮闩，而非Mk I式火炮的滑动炮闩。英国皇家海军订购了44门Mk III式火炮，其中34门被安装到了防御性武装商船上。Mk III*式火炮的膛线缠度为1/40。绝大多数Mk III式和Mk III*式火炮都拨给了英国陆军，1916年5月至1918年11月期间，后者一共收到了465门Mk III式和Mk III*式火炮。Mk IV式火炮采用韦林式炮尾，英国建造的所有Mk IV式火炮（总共142门）都由英国皇家海军订购，其中131门直到第一次世界大战末期才完成建造。战争结束之后不久，Mk IV式火炮被安装到了早期"C"级轻型巡洋舰和小型浅水重炮舰上，而战争期间则只有"布里斯托尔"号轻型巡洋舰、1艘辅助性舰船以及88艘防御性武装商船装备了该式火炮，另外16门留在岸上。

　　英国皇家海军还曾测试过1门考文垂军械厂建造的3英寸口径、19.5英担重量的Mk I式火炮，海军军械局局长认为这门实验炮完全不成功。这门火炮后来被移交给英军总司令部作防空之用。这门火炮发射12.5磅炮弹，使用4磅改良型11号柯达无烟发射药，炮口初速约为3000英尺/秒。

下面两图：图示为英国战列舰上装备的 3 英寸 20 英担防空高射炮（采用 HAIII 式炮架）

3英寸18英担Mk I式速射炮

口径	3英寸（50倍径）
重量	18英担
总长	154.5英寸
倍径	51.5
炮膛长度	150.0英寸
倍径	50
药室容积	218英寸（弹药筒容积）
膛线：阴膛线	24条
缠度	自炮尾至距炮口12.13英寸处由0渐变至1/25，其余为1/25
炮弹重量	12.5磅
发射药	3.137磅改良型11号柯达线状无烟火药
炮口初速	2670英尺/秒

该式火炮由美国伯利恒钢铁公司建造，英国购买了12门，用来装备武装快艇。这种火炮的炮管结构包括护套（从炮尾部覆盖至炮口）、A管以及炮尾部内衬。美国伯利恒钢铁公司最初为这种火炮配备了另一种发射药，但其性能非常不稳定，所以英国以改良型11号柯达线状无烟火药替代。这种火炮装备了一些武装快艇和防御性武装商船。伯利恒钢铁公司还向英国皇家海军出售过6门3英寸口径、重17英担的Mk I式速射炮，也被后者用来装备武装快艇，其口径值和总长都和重18英担的3英寸口径Mk I式速射炮一样。3英寸口径、重17英担的Mk I式速射炮的炮管结构包括护套、A管以及炮尾部内衬，但其护套并未向前覆盖至炮口；重17英担的Mk I式速射炮与重18英担的Mk I式速射炮的另一个区别是：前者单以机械碰撞方式击发，而后者不仅可以以机械碰撞方式击发，还可以采用电力击发。3英寸口径、重17英担的Mk I式速射炮武装了2艘武装快艇、1艘观测飞机/气球舰以及1艘防御性武装商船。

这种火炮本是美国伯利恒钢铁公司为希腊的"萨拉米斯"号战列巡洋舰建造的，但第一次世界大战的爆发中止了这次交货。在美国海军军械局的一份文件中，这种火炮被称为3英寸口径50倍径Mk J式火炮，这就表明它的设计方其实是英国的威格士公司，美国伯利恒钢铁公司系经前者授权建造。

3英寸17.5英担Mk I式速射炮

这唯一的1门3英寸口径50倍径的火炮武装了"阿尔诺"号驱逐舰，该门火炮原是由意大利的安萨尔多公司为葡萄牙建造的，后被英国购入。这门火炮很可能就是本书意大利火炮一章中提到的"安萨尔多–施耐德式火炮"。

该式火炮由威格士公司设计。英国皇家海军购买了6门存货，以武装辅助性舰船。这种火炮的炮尾机构与2.95英寸口径的Mk I式山炮相似，其炮管结构包括A管、1个短护套以及1个C套箍。该种火炮的定装式弹药总重为23.1磅。这种火炮的另一名号是"威格士公司造14磅（弹重）/16英担（总重）炮"。

3英寸16英担Mk I式速射炮

口径	3英寸（42倍径）
重量	16英担
总长	130.75英寸
倍径	43.5
炮膛长度	126.5英寸
倍径	42
膛线长度	107.41英寸
倍径	35.8
药室容积	180立方英寸
药室压强	14.5吨/平方英寸
膛线：阴膛线	30条
缠度	自药室端至距离炮口44.41英寸处从0渐变至1/30，其余为1/30
深度	0.023英寸
炮弹重量	14磅
爆炸药	8盎司（普通炸药）
发射药	2磅9盎司改良型11号柯达无烟发射药
炮口初速	2425英尺/秒

3英寸Mk I式、Mk I*式、Mk II式速射炮

口径	3英寸（30.25倍径）
重量	10英担（Mk II式重1051磅）
总长	97.3英寸
倍径	32.43
炮膛长度	90.75英寸
倍径	30.25
膛线长度	79.45英寸
倍径	29.8
药室长度	9.2英寸
药室容积	68立方英寸（弹药筒容积）
药室压强	13吨/平方英寸
炮弹重量	12.5磅
发射药	1磅115/24盎司
炮口初速	1600英尺/秒

该式火炮为潜艇专用防空火炮。威格士公司于1914年对这种10英担火炮的实验炮进行了测试。埃尔斯维克军械公司则设计出一种结构更加简化的火炮，即3英寸口径

的Mk II式火炮，重9.25英担。这两种火炮的总长都是30倍径。3英寸口径的Mk I式和Mk I*式火炮武装了"鹦鹉螺"号和"箭鱼"号潜艇（后者后来被改造成了水面巡逻艇）。3英寸口径的Mk II式火炮则武装了G2至G14号、J1至J6号潜艇。45°仰角条件下，这种火炮的最大射程为9200码，75°仰角条件下的最大射高为17500英尺。

3英寸4英担Mk I式速射炮

口径	3英寸（22倍径）
重量	4英担
总长	70.34英寸
倍径	23.45
炮膛长度	66.0英寸
倍径	22
膛线长度	56.975英寸
倍径	18.9
药室长度	7.015英寸
膛线：阴膛线	28条
缠度	1/25
炮弹重量	12.5磅
发射药	1磅2盎司改良型11号柯达无烟发射药
炮口初速	1640英尺/秒

　　这种火炮由威格士公司设计，英国皇家海军原本打算将这种火炮安装到"阿金库尔"号和"爱尔兰"号战列舰上，以作高射炮之用，另一种可能的去向则是土耳其海军。这种火炮后来被塞尔维亚购进，以作贝尔格莱德的防空之用。这种火炮还武装了4艘明轮翼扫雷舰和1艘武装快艇。这种火炮的炮管部件只有两种：护套和具备定位凸台的A管。

　　一种3英寸口径、重5英担的Mk II式速射炮被用来武装辅助性舰船。这种火炮与4英担火炮相似，但总长是23倍径。炮口初速为1640英尺每秒，炮弹在炮膛中行程59英寸，药室压强为14吨/平方英寸（药室容积为62立方英寸）。（英国）国家海事博物馆所藏阿姆斯特朗公司的文件中有一份3英寸口径、重5英担速射防空火炮的手册。据该手册显示，这种火炮总重（含炮尾）588磅，总长73.35英

寸，炮膛长23倍径，药室长度为8.46英寸，弹药筒容积为60立方英寸。炮管内壁有18条阴膛线（深0.04英寸，宽0.345英寸），采用1/30的等齐缠度。不幸的是，这本防空火炮手册没有标明日期。

14磅Mk I式速射炮

口径	3英寸（50倍径）
重量	18英担
总长	155.35英寸
倍径	51.5
炮膛长度	150英寸
倍径	50
膛线长度	129.0英寸
倍径	42.2
药室长度	20.07英寸
药室容积	196立方英寸（弹药筒容积）
药室压强	16吨/平方英寸
膛线：阴膛线	24条
缠度	1/30
炮弹重量	12.5磅
爆炸药	1磅1盎司
发射药	2磅12盎司
炮口初速	2548英尺/秒

　　这是一种反鱼雷火炮，武装了"快速"号前无畏舰。这种火炮总共有22门被投入现役。在被从战列舰上拆除下来之后，用于装备快艇、反潜改装商船和防御性武装商船。

14磅Mk II式速射炮

口径	3英寸（50倍径）
重量	17英担
总长	154英寸
倍径	51.33
炮膛长度	150英寸
倍径	50
膛线长度	128.6英寸
倍径	42.8
药室长度	19.82英寸
药室容积	196立方英寸（弹药筒容积）

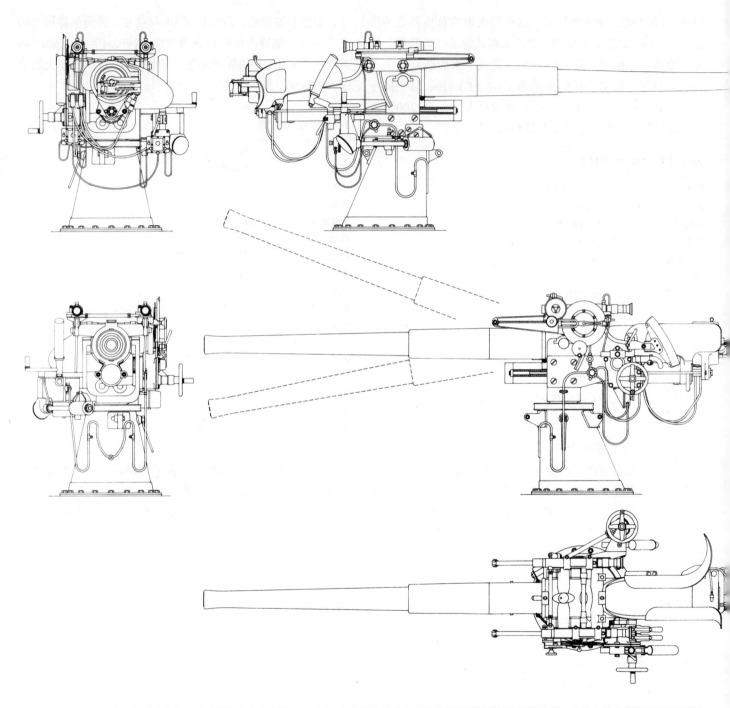

上图：1905—1906 年，英国皇家海军的无畏舰尚在建造期间，12 磅 18 英担火炮是标准的英国重型舰载反驱逐舰武器。这种火炮也用于武装新建的侦察巡洋舰，按照设想，该种军舰将担任驱逐舰的旗舰（约翰·罗伯茨）

14磅Mk II式速射炮

膛线：阴膛线	36条
缠度	自药室端至距离炮口42.867英寸处从1/105渐变至1/30，其余为1/30
炮弹重量	12.5磅
炮口初速	2548英尺/秒

　　这种威格士公司造火炮被用来组建"凯旋"号战列舰上的反鱼雷炮组，其额定寿命为发射1200发炮弹。

13磅6英担Mk V式速射炮

口径	3英寸
重量	690磅
总长	73.26英寸
倍径	24.42
炮膛长度	68.92英寸
倍径	22.97
药室长度	11.03英寸
药室容积	82立方英寸
炮弹重量	16.4磅
发射药	1.293磅
炮口初速	1800英尺/秒

　　以英国皇家骑兵炮兵部队装备的Mk II式火炮为基础，威格士公司研制了该式火炮。英国皇家海军原本是计划用该火炮（配备Mk I式炮架）来武装摩托艇的，但自1916年12月以后，该式火炮被转而用来武装防御性武装商船。累积产量：520门，其中250门在美国制造；共有489门配发到部队，其中134门在服役过程中损失。截至1918年11月月中，该式火炮还有282门在役，分别安装在9艘老式鱼雷艇、50艘摩托艇以及一些防御性武装商船上。25°仰角条件下，这种火炮的最大射程为7800码。

12磅19英担Mk I式速射炮

　　Mk I式12磅19英担速射炮口径3英寸，总长50倍径。英国皇家海军于1915年年底购买了1门该式火炮的存货，用来武装防御性武装商船。该式火炮采用纵向滑楔式半自动炮尾，使用适用18英担炮的分装式弹药，炮弹重12磅。炮重2145磅（含炮尾），总长156.995英寸。

上图：D-4号潜艇上装备着英国的第一种潜艇用炮架，图示的这款12磅8英担火炮，系在1909年架设于一座可伸缩式炮架上

12磅18英担Mk I式速射炮

口径	3英寸（50倍径）
重量	18英担
总长	154.7英寸
倍径	51.57
炮膛长度	150英寸
倍径	50
膛线长度	128.162英寸
倍径	42.7
药室长度	20.18英寸
药室容积	186立方英寸
药室压强	17吨/平方英寸
膛线：阴膛线	20条
缠度	1/30
深度	0.04英寸
宽度	0.314英寸
阳膛线	0.1572英寸
炮弹重量	12.5磅
爆炸药	1磅1盎司
发射药	2磅12又1/8盎司
炮口初速	2660英尺/秒

Mk I式12磅18英担速射炮首先被英国的侦察巡洋舰采用，测试时间是1904年；这些侦察巡洋舰在第一次世界大战之前就被重新武装过，当时安装的是4英寸口径的Mk IV式速射炮。Mk I式12磅18英担速射炮后来成为战列舰的标准反鱼雷炮；安装在PIV*式炮架上的该式火炮武装了"纳尔逊勋爵"级和"非洲"号、"不列颠尼亚"号、"爱尔兰"号无畏舰，还武装了"牛头怪"级装甲巡洋舰、"黑暗界"号和"恐怖"号浅水重炮舰以及一些辅助性舰船。第一次世界大战期间，安装在原始的PIV式炮架上的该式火炮武装了"内伊元帅"号、"苏尔特元帅"号和"阿伯克龙比"级、"克莱夫勋爵"级浅水重炮舰，还武装了M15号至M18号小型浅水重炮舰、"天狼星"号防护巡洋舰（属"阿波罗"级）、"彭米克利"号和"维迪克斯"号航空母舰，可能还武装了第46号"E"级潜艇；另有28门该式火炮武装了防御性武装商船。英国皇家海军还对这种火炮的一部分炮架做了高射角改造，并将它们安装到上述所有战列舰（其中的"爱尔兰"号安装了4座，时为1917年年底）以及大部分浅水重炮舰、"牛头怪"号和"香农"号装甲巡洋舰上。累积产量：282门（包括3门实验炮）；截至1920年1月，处于服役中的还剩205门，在当时就有过剩之虞。英国陆军接收了其中22门，其中14门用于防守福斯湾（1914年9月），4门用于防守斯卡帕湾。

1900年4月，海军军械局局长于提出了关于研制一种"威力更大的"12磅火炮的可能性的动议，这就是Mk I式12磅18英担速射炮的源起。当时，"卓越"号训练战列舰舰长W. H. 梅提出建议，驱逐舰应当只安装12磅炮和3磅炮，完全取消6磅炮。原有火炮的炮口初速是2300英尺/秒，与英国皇家海军对6英寸及以上口径火炮的预期相去甚远；而要提高炮口初速，就必须增加火炮的整体重量。要将英国皇家海军的6英寸口径火炮的炮口初速提高至法国海军同种火炮的水平，其总重（包括火炮本身和炮架）就须由6吨增加至8吨。若采用裸装发射药，总重可减少1.5吨，但这样设计是否合理尚不清楚。海军军械局局长建议的方案是采用黄铜发射药弹药筒、3英寸口径50倍径、2800英尺/秒炮口初

速。他还询问了半自动炮的设计思路是否可行。正在这一时期，威格士公司在巴黎世界博览会展出了一种14磅炮，据说表现出色。这种14磅炮很可能需要采用定装式弹药，因而弹药仓空间也需有相应的增加。

W. H. 梅对半自动炮的设计思路提出了否定意见，但赞同采用定装式弹药。1892年，英国军械委员会否决了12磅炮采用定装式弹药的设计思路，其理由是，既有的12磅炮弹与发射弹药筒不匹配。W. H. 梅希望采用定装式弹药的理由则在于：能够提高发射速度（不需要分别装填炮弹和发射弹药筒），可以简化火炮结构，由此造成的弹药总重的增加与由此带来的发射速度的提高相比，弊小于利。此外，定装式弹药对存储空间的要求并不太高，因为炮弹仓和发射药仓存在融为一体的趋势。

12磅高速炮是英国皇家海军的1902—1913年年度计划的一部分，该计划的宗旨就在于寻找高初速火炮。埃尔斯维克军械公司和威格士公司都推出了自己的原型炮。英国军械委员会发现，两相比较，埃尔斯维克军械公司的原型炮的射击精度要高得多。显然，英国军械委员会认为有必要尽快做出决定，还认为2600英尺/秒的炮口初速（药室压强为17吨/平方英寸）是足够的。但是，英国军械委员会同时也要求相关方面继续开展"药室容积扩大"条件下的实验，以实现2700英尺/秒的炮口初速。英国皇家海军计划将埃尔斯维克军械公司设计的这种火炮用作反鱼雷艇的制式武器，"非洲"级及其以后的各级战列舰、将与驱逐舰（安装了一种更轻型的火炮）协同作战的侦察巡洋舰也将安装这种火炮。这种火炮的额定寿命是1200发。20°射击仰角条件下的最大射程为9300码。

1906年，英国皇家海军组织了一次实验，以3磅炮、12磅炮（发射黑火药爆炸装药炮弹）和4英寸口径炮（发射立德炸药爆炸装药炮弹）分别射击老式驱逐舰"鳚鱼"号。这次实验表明，4英寸口径炮更有效，由此之故，此后（1912年开建，截至1914年11月全部完工的"铁公爵"级战列舰之前）的所有英国战列舰都以4英寸口径炮作为反驱逐舰武器，而12磅炮则未能入选英国皇家海军主力舰的反

驱逐舰武器计划。

1912年11月，在所有战列舰的反鱼雷艇火炮口径越来越大的情形下，时任英国皇家海军大臣（温斯顿·丘吉尔）了解到，一部分水面战舰的军官希望重新启用12磅炮作为夜战炮，以实现"即时且快速的火力"。据此，海军军械局局长提议"铁公爵"级战列舰和"伊丽莎白女王"级战列舰（1912—1913年之间开建，截至1916年2月全部完工）重新启用12磅炮。靠这种火炮消除所有炮塔爆炸，是很困难的，和早期的炮塔顶部反鱼雷艇火炮一样，12磅炮后来还是未能列装，被6英寸口径副炮取代。事后发现，每艘"铁公爵"级战列舰可容纳10门6英寸口径副炮（舰艏6门），而每艘"伊丽莎白女王"级战列舰可容纳12门（舰艏8门）。自"铁公爵"号开始，英国战列舰后来还安装了防空火炮，舰艏的火炮布局变得更加复杂。

对于这种火力组合，时任英国第一海务大臣的路易斯·巴滕贝格亲王并不热心；他不希望同一军舰上出现3种口径的火炮，并且，"12磅炮并不能实现6英寸口径副炮的任何一种功能……而6英寸口径副炮的反应速度可以和12磅炮一样迅速"。海军军械局局长也补充了一点，如果是在夜战当中，一方的驱逐舰很可能在被发现之前足够地靠近另一方的主力舰并发射鱼雷，而12磅炮即使提前发现了也无法有效阻止，但6英寸口径副炮则可以胜任。丘吉尔收回自己此前的意见并提议就此组建一个专门的调查委员会。海军审计官的意见是，对这个问题的探讨应当着眼于有效应对当时已经出现的新式远程曲射鱼雷（不仅主力舰，潜艇、水面鱼雷艇也有装备）带来的鱼雷防御难题。就主力舰发射的远程曲射鱼雷而言，除非己方舰船始终处在敌方鱼雷的射程之外，要防御它非常困难，"尤其是因为角度陀螺仪已被用来给鱼雷设定航向，而己方舰船又必然不能一直与敌方舰船保持一个超出火炮射程的距离，在战斗过程中也必然会在某个时候进入敌方鱼雷的射程范围之内"。此外，"毫无疑问的是，如果目标舰队是以密集队形行进，鱼雷只要发射出来，总会有一定比例的鱼雷命中目标……而如果敌方大致知道目标舰队的航向和行进速度，鱼雷的命中比例还会提高不少，须记住，一方鱼雷的目标区段有一半左右是由另一方舰船的吃水线以下船体组成的所谓'硬目标'"。依据此前一年开展的鱼雷演习状况，路易斯·巴滕贝格亲王估计，只要发射成功，大约会有30%的鱼雷可以命中远程目标。总之，轻型火炮既无法有效阻止敌方主力舰造成的鱼雷威胁，也无法有效阻止敌方潜艇造成的鱼雷威胁。而且，由主力舰和潜艇发射的鱼雷往往比水面鱼雷艇发射的鱼雷命中率更高。无论敌方的鱼雷来自何种舰船，最佳的鱼雷防御措施还在于己方舰船的结构：从设计上提高其水下抗损能力。

在日间条件下，唯有安装了前端防护装甲板的（6英寸口径）火炮可以有效阻遏敌方驱逐舰的鱼雷攻击。敌方驱逐舰若是靠得足够近，被我方击中的概率固然很大，但既然它们可以选择在一个较远的距离上发射鱼雷，就不大可能会靠得太近。这一点，路易斯·巴滕贝格亲王没有指出来，但这就是当时的英国皇家海军对于白天条件下的驱逐舰鱼雷攻击所持的看法。敌方驱逐舰很可能会前进至由某特定的"被击中概率值"标定的位置，然后止步不前，就此施放鱼雷，以在某特定安全系数条件下尽量提高鱼雷的命中比例。

在夜间条件下，敌方鱼雷艇处于有利地位，即便数量众多也不易被发现，除非被英军舰船的探照灯照住，否则绝无可能遭击中。英军舰船装备的最大功率的探照灯最远照射距离可达3000码，但"英军舰船非常害怕暴露自身位置，因而制订了'除非确实发现了敌方鱼雷艇且已判定对方必然会施放鱼雷，否则不能打开探照灯'的严格命令"。反过来，敌方鱼雷艇很可能在自身遭攻击之后才开始施放鱼雷。只有对英军舰船的航行速度和方向有了确切的掌握之后，敌方鱼雷艇才会发动鱼雷攻击，而探照灯一打开，敌方鱼雷艇就可轻易得知这两方面的数据以及英军舰队的规模。探照灯的操作需要精心组织，哪怕是很小的舰体横摇也会使灯光难以照准海面。更加合适的火控装置还在试验过程中。在夜间战斗条件下，即使敌方鱼雷艇（群）在一个已知的时间出现且己方做好了全部战斗准备，也经常无法命中目标。路易斯·巴滕贝格亲王很明智地预料到，实战状态下的探照灯照射操作更有难度，这是因为舰队成员始终（可能连续数周）处于焦虑状态，完全不知道敌方何时会发动攻击，而一旦攻击开始，他们需要面对的鱼雷艇可能多达20艘。杜绝使用探照灯的英军舰队被敌方鱼雷命中的几率反而更小：以探照灯引导己方火炮固然可能击沉一些敌方鱼雷艇，但那些没被击沉的鱼雷艇可能多次以鱼雷命中己方舰船。路易斯·巴滕贝格亲王认为，拟议中的12磅炮在夜间战斗条件下必须使用探照灯，这会给舰队带来危险，因而不如将设计、建造12磅炮的钱用于加强舰体防护力方面。路易斯·巴滕贝格亲王的以上意见让温斯顿·丘吉尔看清了英国皇家海军主力舰面对水下攻击时的脆弱性，因而在12磅炮的问题上让步了。

然而，这个议题并没有就此终止，1914年1月又被提了出来。海军军械局局长指出，（截至当时）3磅炮和12磅炮已经可以发射立德炸药爆炸装药炮弹，其威力可能比1906年时大得多。但海军军械局局长随后又撤回了对3磅、12磅炮的支持，理由之一是，在可供选择的任何炮位上，这些副炮都难免遭受主炮炮口炸震的影响。虽然这些副炮的炮位上日间并不会有炮手就位，但很可能会因主炮的炮口炸震而丧失功能。

英国本土舰队司令乔治·卡拉汉海军上将也提呈了各下辖舰队指挥官的建议。大多数本土舰队分舰队指挥官都认为，6英寸口径火炮是日间战斗条件下唯一有效的反鱼雷武器，但卡拉汉海军上将本人却非常希望能装备一种口径更小、射速更快、专在夜间或恶劣天气条件下使用的火炮，诸如12磅炮或4英寸口径炮，其理由是：在上述条件下，火力的密度和数量才是关键。敌方驱逐舰将不得不在英国舰队的12磅炮射程之内发动攻击。英国皇家海军可在舰船两侧分别安装10门12磅炮（第2分舰队的少将指挥官提议：在"Q"炮塔顶部，为12磅炮分别建造轻型的炮架）。截至1914年中期，英国皇家海军又有了新的考虑：去除了防鱼雷网栅之后，军舰多出了一些可用载重。海军军械局局长注意到，尽管卡拉汉海军上将倡议给军舰安装12磅

炮，但他提交的报告中也有若干处提到了安装4英寸口径火炮的绝对必要性。卡拉汉海军上将希望4英寸口径火炮炮位具备一定的防护能力，但不加装装甲。在对抗敌方的水面鱼雷艇之外，他还将4英寸口径火炮视为一种至为必要的反潜武器。卡拉汉海军上将认为，由于应对突现目标必须能够发射密集火力，而这是6英寸口径火炮无法胜任的。然而，"铁公爵"级战列舰上的6英寸口径火炮却因为其（针对主炮炮口炸震的）防护盾妨碍了炮手和瞄手的视界而遭致批评；如若不然，则没有必要另外安装12磅火炮。

12磅12英担Mk I式、Mk II式、Mk III式速射炮

口径	3英寸（40倍径）
重量	12英担
总长	123.6英寸
倍径	41.2
炮膛长度	120英寸
倍径	40
膛线长度	103.035英寸
倍径	34.3
药室长度	15.41英寸
药室容积	119立方英寸（弹药筒容积）
药室压强	16吨/平方英寸
膛线：阴膛线	16条
缠度	1/120～1/28
深度	0.0375英寸
宽度	0.365英寸
阳膛线	0.224英寸
炮弹重量	12.5磅
爆炸药	1磅3盎司
发射药	2磅
炮口初速	2359英尺/秒

在一段时间之内，Mk I式12磅12英担速射炮曾经是英国皇家海军重型驱逐舰的标准火炮，武装了27节航速系列舰船、30节航速系列舰船、"河"级以及此后至"I"级（包括"I"级下属的由雅罗造船厂和桑尼克罗夫特造船厂分别建造的"特别"级）的所有驱逐舰。在Mk I式12磅18英担速射炮出现之前，Mk I式12磅12英担速射炮还曾经是英

上图：1918年10月，总共有509门这种火炮以及79门轻型12磅8英担火炮，用于装备拖网渔船

国皇家海军重型舰船的标准反鱼雷武器。因此，这种火炮武装了"威严"级、"卡诺珀斯"级、"可畏"级、"伦敦"级和"邓肯"级战列舰以及"英王爱德华七世"级战列舰的头5艘，还武装了"克雷西"级、"德雷克"级、"肯特"级、"日食"级、"翱翔鸟"级巡洋舰。在第一次世界大战爆发之前，有关该式火炮的最后一份订单于1910年7月发出。在一批早期驱逐舰退出现役之后，由于手中还有大量崭新的Mk I式12磅12英担速射炮存货，英国皇家海军在1912年4月作出决定，对那些已经烧蚀磨损了的该式火炮不做修复工作。然而，第一次世界大战开始之后，很多辅助性舰船和小型舰艇急需武装，于是，英国皇家海军自1915年5月之后又订购了大量Mk I式12磅12英担速射炮。

英国皇家海军还将大型舰船上的Mk I式12磅12英担速射炮拆下来，安装到小型护卫舰、巡逻船、扫雷舰、武装拖网渔船上，另外还武装了"皇家方舟"号、"飞马座"号水上飞机母舰和"玛格丽特公主"号布雷舰等。Mk I式12磅12英担速射炮是武装拖网渔船的标准武备。Mk I式12磅12英担速射炮高射角版武装了"奈拉纳"号、"飞马座"号水上飞机母舰和"亨特"级布雷舰以及网栅布设舰。截至1918年11月16日，英国皇家海军将1321门Mk I式12磅12英担速射炮安装到了防御性武装商船上，另有21门等待安装。Mk I式12磅12英担速射炮的累积产量：战前建造了1482门（另有从英国陆军接收过来的44门），战时建造了1147门（其中511门在美国建造）以及从英国殖民地军队接收过来的46门。

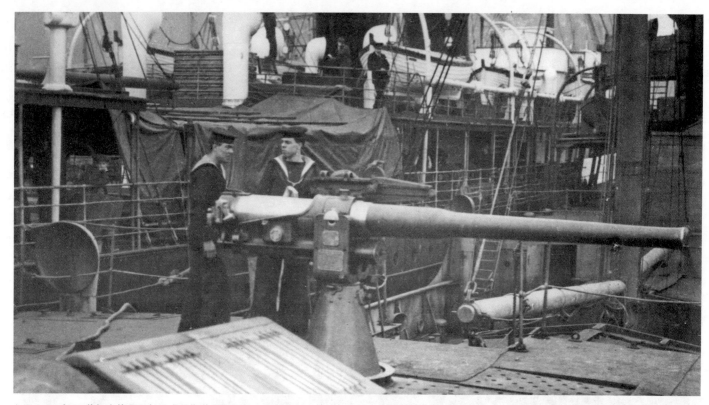

上图：12磅12英担火炮属于架设在早期英国驱逐舰上的重炮。在第一次世界大战期间，这种火炮武装了大量的小型战舰，如拖网渔船。这种12磅火炮采用PI式炮架

Mk II式12磅12英担速射炮的累积产量：2010门（皆是战时建造）。Mk III式（在日本建造的Mk I式）12磅12英担速射炮的累积产量：400门。从"江风"号驱逐舰拆下来的4门12磅12英担速射炮被称为Mk IJ式。存放在日本的8门12磅12英担速射炮存货被称为Mk I*J式（其中5门在第一次世界大战结束后才运抵英国），这8门火炮没有一门有机会出海参战。截至1920年6月27日，Mk I式（系列）12磅12英担速射炮仍有3669门存留，其中不包括日本拥有的240门。

Mk I式是英国皇家海军的制式火炮，但在第一次世界大战以前，这种火炮甚至没有自己的"Mark数字"式型号。Mk I式12磅12英担速射炮的炮管结构包括：A管、护套以及向前覆盖至炮口位置的B管，另有1个C套箍覆盖在护套与B管的接合点上。Mk II式12磅12英担速射炮的炮管结构包括：A管、全长度护套；这种结构被认为性能更差且建造更困难。加装了1个用作防空炮（高射角状态下）发射弹药筒的止退销之后，Mk I式、Mk II式的型号分别变为Mk I*式、Mk II*式。

额定的使用寿命：使用Mk I式无烟线状火药发射900发，使用改良型无烟线状火药发射2700发。最大射程：使用前一种发射药，在使用20°仰角发射时是8480码；使用后一种发射药，在使用20°发射仰角时是9720码。1918年年初，开始研发一种射程为11000码的新式炮弹。最初的PI式炮架的最大仰角为20°，PI*式为30°。

自1914年开始，在改造和新造的12磅12英担火炮上，从炮尾到距离炮口85.035英寸处采用滑膛，然后采用0~1/30的渐速缠度。

口初速为1627英尺/秒。

12磅8英担 Mk I式

口径	3英寸28倍径
重量	8英担
长度	87.6倍径
倍径	29.2
炮膛长度	84英寸
倍径	28
膛线长度	74.53英寸
倍径	24.8
药室长度	7.9英寸
药室容积	59立方英寸（弹药筒容积）
药室压强	13吨/平方英寸
膛线：阴膛线	16条
缠度	1/60～1/28
炮弹重量	12.5磅
爆炸药	1磅3盎司
发射药	13.75盎司
炮口初速	1630英尺/秒

12磅4英担 Mk I式

口径	3英寸19倍径
重量	4英担
长度	61.8英寸
倍径	20.6
炮膛长度	57.8英寸
倍径	19.2
膛线长度	47.602英寸
倍径	15.8
药室长度	8.62英寸
药室容积	62立方英寸（弹药筒容积）
药室压强	15吨/平方英寸
膛线：阴膛线	18条
缠度	1/30
炮弹重量	12.5磅
爆炸药	1磅1盎司
发射药	1磅13/16盎司
炮口初速	1585英尺/秒

此种标准艇用和登陆炮也用于装备"河"级驱逐舰，取代原定的6磅火炮。在日俄战争后，日本人声称比6磅火炮更重型的炮组在战争中表现更好。这种武器还装备了潜艇E4号、E21号至E27号、E29号至E56号、G1号至G8号、G10号、G11号和J1至J5号。在第一次世界大战期间，也有一些这种火炮在外国的老式战列舰和巡洋舰上服役。另有14门被转化为带弹药筒销的高射炮，型号更改为Mk I*式。所架设的船舶采用GI式艇用炮架的改良版本。产量：387门。

自1914年开始，在改造和新造的这种火炮上，从炮尾到距离炮口56.81英寸处采用滑膛，然后采用0～1/30的渐速缠度。额定的使用寿命：使用Mk I式无烟线状火药发射2000发炮弹，使用改良型无烟线状火药发射6000发。

埃尔斯维克公司设计的12磅7英镑Mk I式（双管）和Mk II式（单管）用于装备辅助船只。这是一种耳轴式火炮，类似于前面描述过的8英担火炮，但具有能容纳12磅12英担火炮的弹药筒的更大药室。Mk I式：重888磅，整体长度31.53倍径，炮膛长度30.33倍径，炮弹重12.5磅，炮口初速1660英尺/秒。Mk II式：重836磅，总长29.2/28倍径，炮

这种艇用和登陆炮被引进于1912年。在生产出来的25门中，有些被安装在辅助舰只的SI式炮架上。有4门被订购用于航空机载试验。这种火炮使用专门的弹药。

出口型3英寸12磅/14磅火炮

请注意，此类型所属的登陆炮可能被划分在单独的系列中。

阿姆斯特朗公司（埃尔斯维克公司）

Pattern A式：这是一种艇用和登陆用火炮，现存机身平面图时间为1909年7月3日。可采用5.2盎司发射药（650英尺/秒炮口初速）发射19.84磅炮弹或采用8盎司发射药（1231英尺/秒炮口初速）发射11.68磅炮弹。

Pattern B式：海军登陆火炮，其平面图标示日期为1910年3月2日。这种火炮的订单量有17087门。发射12.5磅炮弹（16.5盎司发射药，62立方英寸药室）时炮口初速为

1585英尺/秒。总长度是61.8英寸［炮膛长度为56.45英寸（18.81倍径）］；重量是12磅4英担。

Pattern F式：艇用和登陆用炮，即12磅4英担Mk I式速射炮。发射12.5磅炮弹（16盎司发射药，62立方英寸药室）时炮口初速为1585英尺/秒。该种火炮的现存平面图标注日期为1912年1月12日。总体长度为61.8英寸（57.8英寸炮膛），重量4英担。

Pattern H式：艇用和登陆用炮（3英寸5英担），用于装备"加拿大"号战舰，并用作陆军防空炮。这种火炮的Mk II式还可能为辅助巡逻船只所采用过。

Pattern M式：用于装备秘鲁的"海军上将格劳"级。据威格士公司的图纸显示，这种武器重16英担（813千克），采用液压驱动。总长度为130.75英寸（3320毫米）。发射14磅炮弹，具有2300英尺/秒的炮口初速。

Pattern N式：即3英寸40倍径速射炮（3英寸12磅）。炮尾平面图的标示日期为1913年10月28日。订单：1913年10月28日，有2门用于装备葡萄牙的"守护者"号；1913年11月6日，有1门用于装备"特茹河"号；1917年12月21日，有4门用于武装"沃加河"号和"塔麦卡河"号；1923年7月，又有6门被用于同一类型船舶。这些船只都是驱逐舰。"特茹河"号是较早期的船舶，曾经经历过失事和改造；其他船只属于雅罗造船厂建造的在葡萄牙组装的英国老式"河"级的派生品（由于某种原因，该级别的第一艘船只"杜罗河"号并未装备这种火炮）。

Pattern P式：即3英寸30倍径Mk II式,在1917年12月18日用于供应葡萄牙。1917年5月7日，有9门Mk II式被订购。1917年7月23日，又有21门被订购。但这种火炮的生产在1917年3月30日暂时停止，直到1919年5月6日才恢复。总长度为97.3英寸（炮膛长度90.75英寸），工作压力为13吨/平方英寸。

Pattern T式：即3英寸12磅野战炮。

Pattern U式：即3英寸12磅野战炮。

Pattern W式：即3英寸12磅野战炮。

Pattern Y式：即2.95英寸野战炮。这是一种舰载和登陆用炮，其平面图的标示日期是1910年9月2日。总长度是70.34倍径（炮膛长度66.0倍径）。

Pattern Z式：即3英寸野战炮。

Pattern AA式：即14磅76毫米野战炮。

Pattern BB式：即3英寸速射野战炮。

Pattern CC式：即12磅18英担Mk I式速射炮。

Pattern EE式：即14磅Mk I式速射炮。

Pattern ZZ式：参见3磅23英担Mk I式速射炮。

威格士公司

Mk A式：装备了清代中国的"应瑞"号；第一次世界大战期间，有1门在英国皇家海军中服役，型号为12磅19英担Mk I式速射炮。这是一种半自动火炮，可能属于区别于3英寸火炮的一个单独系列。现存图纸的标示日期是1905年11月。订单：1905年11月，16门用于"奥兰多"号；1906年1月31日，有16门采购；后来又有两门给"奥兰多"号（未注明日期）；1910年4月26日，有2门被卖给中国。总长度是156.995英寸，炮膛长度150英寸。

Mk M式：75毫米登陆炮（埃及在1908年4月3日订购了2门）。

Mk N式：3英寸14磅火炮，用于装备后来更名为"凯旋"号的前智利战列舰"自由"号和一些日本舰船。

10磅火炮

10磅俄制Mk I式

口径	75毫米
重量	2099磅（包括炮尾）
长度	3750毫米
倍径	50
炮膛长度	3616毫米
倍径	48.22
膛线长度	2943.5英寸
倍径	39.2
药室长度	602毫米

10磅俄制Mk I式

药室容积	3.42立方分米
膛线：阴膛线	18条
缠度	1/30
深度	0.6毫米
宽度	10.09毫米
阳膛线	3.0毫米
炮弹重量	10.75磅
发射药	2.25磅改良型无烟火药
炮口初速	2415英尺/秒

　　日俄战争期间，日本曾缴获45门俄国火炮，从1915年开始把它们运往英国。这种类型火炮得名于此。这种火炮采用的是卡内特式（法国）设计，由俄国奥布霍夫钢铁厂制造；其结构包括厚A管、未延伸到炮口处的B管和用螺丝拧固在A管上的护套。这种火炮的定装式弹药和炮尾被发现存在缺陷，所以后来英国皇家海军又将这种火炮清退。这种火炮有部分被安装拖网渔船上，有11门被安装在防御性武装商船上，还有12门被移交给英国防空部队使用。已知的这种火炮的数据与俄国的75毫米50倍径的1891式相同，几乎可以肯定它们是一种火炮。

6 磅火炮

埃尔斯维克公司6磅Mk I式

口径	2.244英寸50倍径（57毫米）
重量	10英担（1120磅）
长度	120.2英寸
倍径	53.6
炮膛长度	112.185英寸
倍径	50
膛线长度	95.04英寸
倍径	42.4
药室长度	14.44英寸
药室容积	86立方英寸（弹药筒容积）
膛线：阴膛线	20条

埃尔斯维克公司6磅Mk I式

缠度	1/30
炮弹重量	6磅
爆炸药	4盎司
发射药	1磅23/16盎司
炮口初速	2500英尺/秒

　　在"确捷"号战列舰上，这种火炮替代了通常的3磅火炮。产量为5门。额定的使用寿命：使用Mk I式无烟火药发射2000发，使用改良型无烟火药发射6000发。

威格士公司6磅Mk I式和Mk II式

口径	2.244英寸50倍径（57毫米）
重量	8英担
长度	116.395倍径
倍径	51.87
炮膛长度	112.2英寸
倍径	49.91
膛线长度	95.055英寸
倍径	42.4
药室长度	14.45英寸
药室容积	86立方英寸（弹药筒容积）
药室压强	16吨/平方英寸
膛线：阴膛线	24条
缠度	在炮口以下28.223英寸长，从1/122变化至1/30，然后为1/30
炮弹重量	6磅
爆炸药	4盎司
发射药	1磅25/16盎司
炮口初速	2500英尺/秒

　　威格士公司的这种Mk I式与埃尔斯维克公司的Mk I式性能相当，用于装备战列舰"胜利"号。这种类型的火炮被制造了5门，有4门在"胜利"号被击沉时损失。Mk II式被用做"爱尔兰"号的小口径火炮。Mk II式类似于Mk I式，产量为12门（4门用于装备"爱尔兰"号，5门用做小口径火炮，3门被购买用于武装拖网渔船）。这种火炮属于使用标准（服役）弹药的无耳轴单管火炮。额定寿命方面：使

下图：高射炮炮架上的 6 磅 40 倍径 Mk IV 式火炮

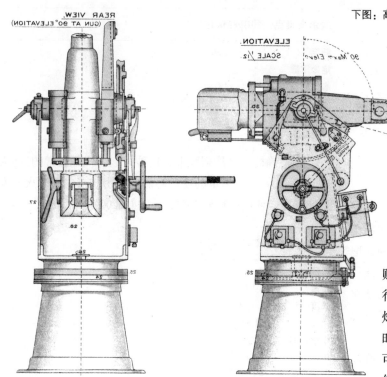

REAR VIEW.
(GUN AT 90° ELEVATION)

ELEVATION.
SCALE 1/12

90° Max. Elev.

Max Dep. 15°

用 Mk I 式无烟火药可发射 2000 发，使用改良型无烟火药可发射 6000 发。

哈其斯公司 6 磅 Mk I* 式火炮和 6 磅 Mk I 式单管火炮

口径	2.244 英寸 40 倍径（57 毫米）
重量	8 英担
倍径	43.51
炮膛长度	89.76 英寸
膛线长度	76.91 英寸
倍径	34.3
药室长度	12.943 英寸
药室容积	48.85 立方英寸（弹药筒容积）
药室压强	14 吨/平方英寸
膛线：阴膛线	24 条
缠度	从炮口往下 9.98 英寸，为 1/180 ~ 1/29.89，然后为 1/29.89
炮弹重量	6 磅
爆炸药	4 盎司
发射药	7.75 盎司
炮口初速	1773 英尺/秒

1884 年 6 月，英国人从哈其斯公司（在法国）订购了这种火炮。此外，还在伍尔维奇兵工厂对其进行授权生产。1890 年 5 月，从该厂订购了第 1 门这种火炮。有许多其他国家海军购买了同样的火炮；属于当时的标准反鱼雷武器。埃尔斯维克公司在获得授权许可的情况下将其卖到国外，例如日本。英国皇家海军借助一种重型支撑结构，将其架设到一种无后坐力基座上。后来又为其引进了弹性框架和空心底托。到第一次世界大战期间，也有一些采用无后坐力炮架。在早期的英国驱逐舰上，6 磅火炮被架设在 12 磅 12 英担火炮旁边。为坦克研发的轻型 6 磅火炮在被引进后，被命名为 6 磅 8 英担火炮。产量：截至第一次世界大战末，包括用作小口径火炮的 205 门在内，一种建造了 4041 门（很多被改造为其他类型）。在第一次世界大战期间，有一些这种火炮被转交给法国和葡萄牙。

在第一次世界大战期间，6 磅火炮已经被广泛应用。当时有很多安装在高射炮架上的这种火炮被架设到了辅助巡逻船上。1915 年 9 月初，有 4 门这种火炮被安装到执行反齐柏林飞艇任务的潜水艇 E4 号和 E6 号上。作为一项海军部项目，这种火炮（220 门舰载炮）还装备了第一代的英国坦克。还有其他一些被转交给陆军（23 门）和英国防空高炮部队（1914 年 10 月为 70 门），用作防空高射炮。

最初的 Mk I 式是一种嵌套式火炮，采用垂直滑动闩式炮尾；Mk II式原来是一种陆军用炮（有140门被转交给英国皇家海军）。Mk III式是埃尔斯维克公司的一种半自动版本（产量2门）；Mk IV式是一种哈其斯式半自动版本（产量5门）。

在大约1900年，哈其斯式6磅（57毫米）火炮是英国皇家海军的标准舰载炮，据记载，炮口初速为1818英尺/秒。相比法国的65毫米火炮，此种武器发射类似炮弹时可达到更高的炮口初速（2315英尺/秒）。尽管具有这一优势，1900年春季，"卓越"号舰长反对用这种英国火炮替代某种威力更强大的、可能是50倍径版本的武器。理由之一是英国皇家海军希望取消6磅火炮在驱逐舰上的主要武器作用（努力失败）。6磅哈其斯式的额定使用寿命：使用Mk I式无烟线状火药发射2000发，使用改良型无烟线状火药发射6000发。

除了在本国进行生产，英国皇家海军还接收了40门来自日本的此种武器，这些武器属于埃尔斯维克公司制造的哈其斯式（从1897年开始共提供134门）或山之内式（与前者类似，但分量较轻）。与标准的该种火炮不同的是，这些火炮没有耳轴，因此分量较轻。这些火炮大部分被架设在拖网渔船上。

在第一次世界大战期间，有5门库存6磅哈其斯式火炮被用于武装游艇。它们类似于服役的标准火炮，但却具有半自动的炮尾机构。此外，还有1门齐林沃思公司的和2门埃尔斯维克公司的6磅哈其斯式火炮被购买来武装拖网渔船。

设想中，单管式火炮属于更简单的产品，配有耳轴带和一种哈其斯式炮尾。顾名思义，这是一种由未经过热处理的镍钢棒材制造出来的单管结构的火炮，而不是嵌套结构的火炮。如哈其斯式就是一种单管式火炮，由1个身管和1个短护套（配有耳轴）组成。Mk I式单管火炮是在1915年引进的。在英国当时生产的222门这种火炮中，有80门被移交给陆军，用于装备坦克，还有一些经改造成为哈其斯Mk I***式。炮口初速大约1590英尺/秒。Mk II式本来是威格士公司模式的6磅 Mk IV式速射炮，在1915年12月被采购了3门，用于武装拖网渔船。

努登费尔特公司 6磅Mk I式和Mk II式

口径	2.244英寸42.3倍径（57毫米）
重量	6英担
长度	104.4英寸
倍径	46.52
炮膛长度	95英寸
倍径	42.3
膛线长度	81.78英寸
倍径	36.4
药室长度	12.943英寸
药室容积	48.85立方英寸（弹药筒容积）
膛线：阴膛线	24条
缠度	从炮口往下14.98英寸，为1/362～1/29.89，然后为1/29.89
炮弹重量	6磅
发射药	8磅11/16盎司
炮口初速	1772英尺/秒

这种火炮系由马克沁公司生产（后来是威格士公司），曾与早期的哈其斯式进行竞争。英国人购买Mk I式是将其用作备用品。Mk II式采用了更大直径的护套，Mk III式是Mk II式的陆地用版本。产量：179门，其中有107门是Mk I式，35门是早期的Mk II式，17门是大多来自印度和澳大利亚的Mk II式，19门是第一次世界大战期间从威格士公司库存中购买的Mk II式，1门是从国外购买的Mk III式。到第一次世界大战末期，尚有14门该种老旧火炮存留，主要是在防御性武装商船上使用。在威格士公司的库存这种火炮中，有12门被用于装备拖网渔船，5门被用于装备扫海船。

额定的使用寿命：使用Mk I式无烟线状火药发射2000发，使用改良型无烟线状火药发射6000发。

此外，在奥特朗托海峡封锁线的英国扫海船也装备有哈其斯式火炮和意大利6磅火炮。其数量不确定，根据可靠的英国信息来源，英国移交来的火炮总共有20门，意大利来源的有80门。

伯利恒公司 6磅Mk I式

口径	2.244英寸50倍径（57毫米）
重量	8英担
长度	120.9英寸
倍径	53.9
炮膛长度	112.2英寸
倍径	50
膛线长度	99.245英寸
倍径	44.6
膛线：阴膛线	24条
缠度	1/25
炮弹重量	6 1/16磅
爆炸药	3盎司
炮口初速	2400英尺/秒

在战争的第一年，英国人从伯利恒钢铁公司获得4门这种火炮，用于装备游艇和扫海船。英国皇家海军军械局称这些火炮属于哈其斯式50倍径的版本。该局所提供的数据没有包括炮口初速，而美国方面的资料则没有提到过这种火炮。

3磅火炮

威格士公司 3磅Mk I式

口径	1.85英寸50倍径（47毫米）
重量	6英担
长度	98.9英寸
倍径	53.46
炮膛长度	92.5英寸
倍径	50.05
膛线长度	75516英寸
倍径	40.8
药室长度	14.5英寸
药室容积	56.26立方英寸（弹药筒容积）
药室压强	16吨/平方英寸
膛线：阴膛线	22条
缠度	在炮口以下20.324英寸长，从1/80变化至1/30，然后为1/30

威格士公司 3磅Mk I式

深度	0.012英寸
宽度	0.19英寸
阳膛线	0.0742英寸
炮弹重量	3 3/16磅
爆炸药	2 1/8盎司
发射药	13 3/8盎司
炮口初速	2587英尺/秒

这种火炮最终取代了哈其斯式，成为新一代标准的轻型反鱼雷武器。3磅火炮最初是在"英王爱德华七世"级上充当辅助反鱼雷武器，还在"阿喀琉斯"级、"爱丁堡公爵"级和"汉普郡"级上充当唯一的反鱼雷武器。实际上这是一种支援性武器，类似于第二次世界大战时期用于内线防御的20毫米火炮。随着鱼雷射程的增加，内线防御的观念变得过时（至少对于大型战舰来说）。在第一次世界大战期间，英国的战列舰放弃了3磅火炮，但装甲巡洋舰仍然保留这种武器，尽管数量也在减少。3磅火炮被用于装备拖网渔船、扫海船和防御性武装商船（1918年11月中旬时有118门用于防御性武装商船）。由于具备较高的炮口初速，相对于哈其斯式，这是一种更好的防空武器。3磅火炮用高射炮炮架出现于1915年，有一段时间曾经用于装备"科林伍德"号、"英王爱德华七世"级、许多巡洋舰、浅水重炮舰以及"G""H""I"级驱逐舰。另有23门被转移用作陆地防空炮。产量：612门（到1920年1月仍存有347门）。

1900年4月，英国皇家海军军械局曾就包括3磅火炮在内的高速火炮的价值问题，征询过"卓越"号舰长的意见。当时英国皇家海军使用的3磅哈其斯式，系在获得授权许可证情况下由阿姆斯特朗公司生产，具有40倍径长度，炮口初速1873英尺/秒，重10英担。相比之下，根据英国情报部门的消息，法国的47毫米40倍径火炮，在发射同等重量的炮弹时，炮弹炮口初速为2001英尺/秒。不过，1899年12月，据报告，所有新式法国3磅火炮将达到50倍径长，炮弹炮口初速2535英尺/秒，而且所有现有火炮的发射药将具备使炮弹炮口初速达到2278英尺/秒的性能。"卓越"号舰长建议50倍径火炮应能使炮弹具有2800英尺/秒的炮口初速，他希望替换掉所有战列舰上的6磅火炮，然后再将它们架设到驱逐舰上去。也可将其用于大舰所属的小船上。海军军械局对此表示同意。

1902年1月，在一场高级海军大臣会议上，对反鱼雷艇火炮问题进行了讨论。会上，决定将放弃为新巡洋舰（改造过的"蒙茅斯"号）准备的12磅反鱼雷快艇火炮，代之以新式3磅火炮和37毫米威格士式自动火炮（6门37毫米火炮和最大数目不超过18门的3磅火炮）。未来的船舶将采用类似的武器装备，但对于战列舰会单独考虑。鉴于在未来军事行动中现代炮弹的破坏性和所具有的更远射程，辅助性装备将不设置专人操纵，只在驱逐舰攻击迫在眉睫时派人到相应位置。这相应地会造成船员数量的减少。重量较轻的自动火炮（0.303英寸或0.45英寸马克沁式）将为威格士公司的37毫米自动炮所代替。

早在1903年，埃尔斯维克公司和威格士公司就曾提交过3磅半自动火炮及其炮架供英军测试；结果威格士公司的产品中选。这种火炮被选择用做"新西兰"号、"印度斯坦"号和后来的战列舰以及"爱丁堡公爵"号、"黑王子"号以及后来的巡洋舰的反鱼雷艇武器。为"英王爱德华七世"号、"英联邦"号、"主权"号和"德文郡"号以及为巡逻船配备的火炮没能准时交付，但这些火炮的炮架造得足够结实，后来证实可以经得起这种武器。截至1905年初，累计订购了154门，交付时间规划为那年的1月。这种火炮替换了更早些时候的3磅火炮。两者使用的弹药是不能互换的。这时，英国皇家海军军械局争论说，应该用3磅火炮替换掉驱逐舰上的6磅火炮，但遭到了拒绝。

使用寿命（1915年）大概是发射500发炮弹。发射仰角20°时射程是7550码，发射仰角为45°时射程是8900码。

为每艘"铁公爵"级和"伊丽莎白女王"级舰船装备了4门配备望远镜瞄准具的3磅火炮，所用装载苦味酸炸药的炮弹系专门用于击沉漂雷之用。这种火炮也被用作鸣礼炮。

威格士公司3磅Mk II式

口径	1.85英寸50倍径
重量	658磅
长度	98.9英寸
倍径	53.5
炮膛长度	92.6英寸
倍径	50.05
膛线长度	75.96英寸
倍径	41.1
药室长度	14.399英寸
药室容积	64立方分米
药室压强	16吨/平方英寸
膛线：阴膛线	20条
缠度	1/30
深度	0.25英寸
宽度	0.194英寸
阳膛线	0.0967英寸
炮弹重量	3.30磅
发射药	$15^{3}/_{16}$盎司改进8式无烟火药
炮口初速	2680英尺/秒

威格士公司的Mk C式在英国仅用于装备"塞文河"级浅水重炮舰，但是可能被出口给其他国家海军过。这是一种哈其斯式的武器，采用特殊的炮尾机构，发射专门的弹药。此外，英国人从威格士公司的库存中采购过3门Mk II式。这种炮类似于Mk I式，并使用相同的弹药。产量为14门（但有2门备用品未完成）。射程在25°发射仰角时是7760码。

哈其斯公司3磅Mk I式

口径	1.85英寸40倍径
重量	5英担
整体长度	80.63英寸
倍径	43.59
炮膛长度	74英寸
倍径	40
膛线长度	58.317英寸
倍径	31.5

哈其斯公司3磅Mk I式

药室长度	15.638英寸
药室容积	43.1立方英寸（弹药筒容积）
药室压强	12吨/平方英寸
膛线：阴膛线	20条
缠度	1/25
炮弹重量	$3^3/_{16}$磅
炸药	2.5盎司
发射药	6.75盎司或7.25盎司改良型无烟火药
炮口初速	1927英尺/秒或1867英尺/秒

在19世纪90年代，这是一种广泛使用的反鱼雷武器。这种火炮被架设在一种对于通常采用无后坐力炮架的6磅火炮来说不够结实的后坐力炮架（例如舰船顶部的炮架）上。从哈其斯公司采购第一批这种火炮是在1885年4月，随后伍尔维奇兵工厂拿到了授权许可证，开始生产这种火炮（1889年1月首次采购）。这种武器也用于武装蒸汽鱼雷艇。实际上3磅火炮是前面描述过的6磅火炮的相对较小的版本。Mk I式的产量共计3133门，其中209门被用做小口径火炮。Mk II式是一种安装在轮式炮架上的陆地用版本（有17门被移交给英国皇家海军）。Mk III式和Mk IV式是来自日本和俄国的此类火炮。在战争初期，许多船只在高射炮架上安装了3磅火炮；其他一些用这种炮鸣礼炮。在第一次世界大战期间，3磅火炮被保留在老式鱼雷艇上，也用于装备海岸炮舰、辅助巡逻船只、摩托艇、拖网渔船和扫海船。到1914年11月，移交给陆军用于防空的共计7门，移交给英国防空部队的共计11门（作为组建独立于陆军的军事力量的需要）。

Mk III式最初指由日本提供的此类火炮，其中一些本来是日本从埃尔斯维克公司进口的（至少有143门无耳轴式和34门有耳轴式火炮被卖给日本）。Mk IV式是一种来自日本、曾属于俄国的火炮。日本所提供的这种火炮的总数是205门，大约79门曾经属于俄国。日本提供的火炮情况变化相当大，以至于Mk III式这一命名已经变得不是非常有意义。Mk III式和Mk IV式用于装备辅助巡逻艇和一些海岸炮

舰。

有5门3磅哈其斯式和标准现役类型的努登费尔特式火炮，系购自齐林沃思公司、丘吉尔公司和威格士公司，用于武装拖网渔船。英国皇家海军始终使用哈其斯式3英镑火炮，直到这种武器被威格士公司的3磅Mk I式所取代。

额定的使用寿命：使用Mk I式无烟线状火药发射2000发，使用改良型无烟火药发射6000发。

伯利恒公司 3磅Mk I式和Mk II式

口径	1.85英寸46倍径（47毫米）
重量	573磅（包括炮尾）
长度	92.5英寸
倍径	50
炮膛长度	85.15英寸
倍径	46
膛线长度	69.423英寸
倍径	37.5
膛线：阴膛线	20条
缠度	1/25
炮弹重量	$3^3/_{16}$磅
爆炸药	2.5盎司
炮口初速	1970英尺/秒

这种火炮采用哈其斯式设计，药室具有哈其斯式火炮的局限性。像哈其斯式火炮一样，这种火炮配有A管和短护套，采用垂直滑动闩式炮尾（这种半自动机构不受欢迎，通常不被使用）。伯利恒钢铁公司卖给英国皇家海军60门这种武器（56门的销售在战争的第一年），用于武装拖网渔船和游艇：6门Mk I式和Mk I*式，50门Mk II式，4门Mk III式。也被用于装备摩托艇。

埃尔斯维克公司3磅Mk I式

口径	1.85英寸54倍径（47毫米）
重量	7英担
长度	100.0英寸
倍径	54.05
炮膛长度	72.5英寸
倍径	50

埃尔斯维克公司 3磅Mk I式

膛线长度	75.91英寸
倍径	41
药室容积	64立方英寸（弹药筒容积）
膛线：阴膛线	20条
缠度	1/30
炮弹重量	$3^3/_{16}$磅
爆炸药	$2^1/_8$盎司
发射药	$15^5/_{16}$盎司改进 8式无烟火药

　　这种火炮最初安装在"阿金库尔"号上，而后又被用于装备辅助巡逻艇。所使用的弹药与威格士公司的Mk II式的弹药相同，并且具有相似的性能，但结构和威格士公司的Mk II式不同，采用哈其斯式半自动炮尾。

轻型火炮

哈其斯公司2.5磅Mk I式—Mk III式和山之内公司Mk I式

口径	1.85英寸30倍径
重量	280磅
长度	61.32英寸
倍径	33.15
炮膛长度	55.513英寸
倍径	30
膛线长度	48.844英寸
倍径	26.4
膛线：阴膛线	20条
缠度 右旋，	1/25
炮弹重量	2.496磅
发射药	211/16盎司MD 21/4改良型柯达无烟火药
炮口初速	1420英尺/秒

　　这种火炮是从日本买进的。埃尔斯维克公司从1894年开始向日本供应了253门这种火炮，日本又将其中84门提供给英国。所有都是无耳轴单管火炮，采用垂直滑动闩式炮尾，多数为半自动模式。这些火炮在英国用于武装海岸炮舰、拖网渔船、扫海船、伪装成商船的军舰和一些防御性武装商船。

2磅 Mk I式和Mk II式

口径	1.575英寸39倍径（40毫米）
重量	527磅
长度	95.65英寸（包括机匣）
炮膛长度	62英寸
倍径	39.37
膛线长度	58.84英寸
倍径	34.8
药室长度	5.382英寸
药室容积	9.98立方英寸
药室压强	15.5吨/平方英寸
膛线：阴膛线	12条
缠度	1/30
深度	0.014英寸
宽度	0.322英寸
阳膛线	0.0903英寸
炮弹重量	2磅
发射药	0.205磅Mk I 71/2式柯达无烟火药
炮口初速	2040英尺/秒

　　陆军在1889年，海军在1892年，分别采用了这种威格士公司的"啪姆-啪姆"式火炮。这是一种弹带式机关炮，炮管外包裹着水冷护套。1914年，这种武器是英国人所使用的主要防空炮。两个版本之间的主要不同在于所配备的炮架，Mk II式高射炮架（用于Mk II式火炮）稳定性更好，旋转式基座以多个辊子而非一根枢轴为支撑。这种武器的防空炮版本的引进是在1915年3月。这种火炮武装了一些轻型巡洋舰和浅水重炮舰、许多小舰队主力舰、驱逐舰、巡逻船、内河炮艇、小型军舰和辅助船只，可用于防御低空飞行的飞机和远程控制摩托艇（远程遥控船）。产量：112门Mk I式，785门Mk II式。到1918年年底，交付给英国701门（包括用于试射或实验的21门），供应盟国104门（供给意大利100门Mk II式）。其中有16门被移交给其他部队，用作地面防空炮。

　　弹药由35发容量的帆布弹药带装填，发射速度为200

上图：标准的战时英国轻型防空炮（曾被出口到意大利）是2磅（40毫米）"啪姆－啪姆"式火炮。1918年，作为摧毁接近的摩托鱼雷艇和远程控制爆炸船只的一种手段，这种武器的价值受到了肯定（约翰·罗伯特斯）

2磅Mk III式速射炮

口径	1.575英寸37倍径
重量	168磅（1.5英担）
长度	60.472倍径
倍径	38.90
炮膛长度	58.28英寸
倍径	37
膛线长度	51.12英寸（炮弹膛内行程52.898英寸）
倍径	32.5
药室长度	5.382英寸
药室容积	102立方英寸
药室压强	16吨/平方英寸
膛线：阴膛线	12条
缠度	1/30
炮弹重量	2磅
爆炸药	$1^{10}/_{16}$盎司
发射药	3盎司124格林
炮口初速	2000英尺/秒

这是一种潜艇用半自动高射炮，属于同类火炮中徒手即可轻易拆卸或安装的最大口径的版本。最初在潜艇上的安装情况为：18门装备"E"级，5门装备"G"级，6门装备"J"级。产量：100门。在从潜艇上被拆卸下来之后，被用于装备摩托艇。弹药和药室类似于Mk I式和Mk II式。显然，这种火炮并不是自动模式的武器。

2磅Mk IV式

口径	1.575英寸26倍径
重量	135磅
长度	43.25英寸
倍径	26.8
炮膛长度	41.058英寸
倍径	26
膛线长度	35.888英寸
倍径	22.8
药室长度	3.382英寸
药室容积	6.25立方英寸
药室压强	10吨/平方英寸

发/分（每发定装式炮弹重2.95磅）。原则上射击飞机采用5发连射，射击远程遥控船采用10发连射。口径的大小刚好能满足让炮弹爆炸的需求。近似的炮管使用寿命是整份发射药发射5000发炮弹，最大射程在45°发射角时是6900码。

1915年9月，编订了1磅和2磅半自动火炮的命名方法。

2磅Mk IV式

膛线：缠度	1/30
炮弹重量	2磅
发射药	525格林Mk I 3式柯达无烟火药
炮口初速	1290英尺/秒

这是一种机载轻量级半自动攻击潜艇用炮。1914年11月，英国皇家海军军械局开始征求最适合这种用途的火炮，军械部遂安排了一场针对1英寸钢板的射击测试。军械部设想的武器应具有1800英尺/秒的炮口初速，但是这种火炮的炮口初速只有1200英尺/秒。试验从900英尺/秒的速度开始，每次增加300英尺/秒，最高达到1800英尺/秒，直到测验出足够的穿透力为止。最终采用了2磅哈其斯式火炮。甚至在884英尺/秒的速度时，这种火炮的炮弹在爆炸时就能在钢板上炸出1.5英寸直径的孔洞来。炮弹在以1200英尺/秒的速度击中目标时，可在钢板上造成6英寸×3英寸规格的孔洞。

威格士公司1.5磅速射高射炮

口径	37毫米（1.457英寸）
重量	126磅
炮膛长度	62英寸
倍径	42.55
膛线长度	56.192英寸
倍径	38.6
药室长度	4.058英寸
药室容积	7.66立方英寸（弹药筒容积）
药室压强	17吨/平方英寸
膛线：阴膛线	12条
缠度	1/29.92
炮弹重量	1.5磅
炸药	$1\frac{13}{16}$盎司
发射药	1042格林
炮口初速	2100英尺/秒

1915年9月，英国皇家海军为一批火炮编订了命名，这种火炮即为其中之一。根据其命名，这种火炮重600磅，属于自动火炮。还有一种Mk B式机载火炮（半自动速射炮），

总长度为40.25英寸［炮膛长度38.058英寸（26.12倍径），膛内行程35.165英寸］，工作压力是9吨/平方英寸，发射药采用397格林的柯达式无烟火药。 药室容积为4.42立方英寸。发射1.5磅炮弹，可使之获得1200英尺/秒的炮口初速。

1磅Mk II式

口径	1.457英寸（37毫米）
重量	410磅
炮膛长度	43.5英寸
倍径	29.9
膛线长度	39.05英寸
倍径	26.8
膛线：阴膛线	12条
炮弹重量	1磅
发射药	2.83盎司
炮口初速	1319英尺/秒

这种火炮分为Mk I式、Mk I*式、Mk I**式、Mk I***式和Mk II式几种类型。Mk I**式用于架设在Mk II**式野战炮架上使用。Mk I***式用于架设在Mk I式要塞用炮架上使用。Mk II式可用于海军舰载，也可用于陆地作战使用。所有这些武器都是自动火炮。Mk III式是一种轻量级（150磅）机载自动火炮，以威格士公司的1英寸火炮为研发基础。在南非布尔战争期间，布尔人曾经使用过这种火炮。在与这种火炮打过交道后，英国军队采用了这种武器。德国的陆军和海军也都使用这种武器。2磅"啪姆–啪姆"式火炮是该种武器的大尺寸版本。

英国人曾经从威格士公司的库存中购买19门该公司设计的1磅"啪姆–啪姆"式火炮，用作防空高射炮。此外，还为此购买过5门哈其斯式1磅速射炮（总重79磅，炮膛长度20.4倍径，炮弹重1.1磅，炮口初速1540英尺/秒）。还购买过2门1磅（37毫米）库存速射炮，用于武装曾经属于土耳其的摩托汽艇。

1磅Mk IV式

口径	1.457英寸45倍径（37毫米）
长度	73.0英寸
倍径	50.1
炮膛长度	65.5英寸
倍径	45
膛线长度	61.29英寸
倍径	42.0
膛线：阴膛线	12条
缠度	1/44
炮弹重量	1316磅

英国皇家海军军械局将这款武器描述为一种50倍径的单管式火炮；有12门系购自美国伯利恒钢铁公司，但在转运途中遭遇火灾，因此很少见到使用。1918年6月，军械委员会文件中的一份备忘录（来自英国皇家海军军械局）形容这种武器具有两用的特点。当时有2门用于装备1艘海岸炮舰，9门储存在马耳他岛，另有1门已经被大火烧毁。

戴维斯式火炮

第一次世界大战爆发前不久，在舒伯里内斯对滑膛式6磅无后坐力戴维斯式火炮进行了测试，结果发现这种武器还很不成熟。在前炮管改为膛线式后，火炮的精确度得到了巨大提升。英国皇家海军航空队在此后获得了戴维斯式火炮的12磅、6磅和2磅版本。5英寸戴维斯式火炮系从美国租借而来，性能非常令英国人满意，但是太重了。

1915年1月，美国的军械研发公司告知英国皇家海军军械局，该公司可以提供一种6磅戴维斯式及其炮架。海军军械局要求皇家火炮厂的负责人确保这种火炮使用的柯达式发射药能提供1100英尺/秒的炮口初速，且药室压强不能超过7吨/平方英寸。这种火炮的最大药室压强为9吨/平方英寸，在7吨/平方英寸条件下接受了测试。显然，英国人希望能获得授权在英国建造这种火炮，1915年10月，皇家火炮厂的总主管向海军军械局索要了这种武器的图纸。然而，海军军械局只有这种武器的参数资料，没有详细的设计图。

1917年12月至1918年6月之间的测试，用于确定使用这种火炮从飞机上射击浅水中处于潜水状态的潜艇的最佳炮弹类型。海军军械局准备购买5000发炮弹用于测试，只要能找到合适的设计方案。对6磅戴维斯式火炮的测试是在已做过适当修改的法曼试验性2B型飞机上进行的。在最佳条件下，12磅类型的炮弹在穿过25英尺深水后，可穿透所有潜艇的钢板外壳，如果开火时飞机处在非常低海拔，而且是几乎垂直向潜艇射击的话。英国皇家海军军械局指出，在这种条件下，使用炸弹肯定更有效，所以无法判断这种测验结果意味的价值。这种武器的最好用途是用于设法击穿水面上的潜艇。作为"卓越"号的指挥者，海军军械局的相关人员指挥进行了测试。在测试中，他们发现只有在恰好穿过潜艇内壳和外壳之间的框架时，炮弹才能击穿内壳。更糟糕的是，德国人通常用软管、缆绳、垫板等填满潜艇内外壳之间的空间，这几乎肯定会进一步削弱炮弹的穿透力。作为替代，又测试了一种12磅的平头炮弹，希望能让炮弹穿透潜艇的上部结构，然后在潜艇内部爆炸，轰击潜艇的内壳。海军军械局还指出，12磅戴维斯式火炮较沉重笨拙，这会影响水上飞机的炸弹装载。海军军械局建议水上飞机应依靠炸弹对付处于水下的潜艇，用高速小口径炮和炸弹攻击处在水面上的潜艇；该局由此想到了考文垂军械厂生产的37毫米火炮。

2

美国火炮

在第一次世界大战的酝酿期，美国海军的政策，包括海军军备的政策，主要由常务委员会确定。该委员会负责向文职的海军部长提出建议。该委员会形成于1900年，主要承担战争计划工作（在对西班牙战争期间，战争计划的缺失曾造成很大尴尬），在几年内，该委员会亦被赋予将战争计划理论在军备方面（例如武器）付诸实施的任务。由于当时的美国海军缺乏行政人员，常务委员会就成了确保海军政策连续性的唯一力量。美国海军军械局负责设计和建造火炮、设施更新报批，该局经常指出，火炮发展的关键在于口径或炮塔类型的改变（例如，三管火炮炮塔）。该局曾提出的原型炮类似14英寸和16英寸火炮。常务委员会判断，无论自己是否认同，海军部长几乎总是遵循其建议。美国海军作战办公室创建于1915年，后演变成了一个海军文职机构，在第一次世界大战期间成为很多海军决策的主导因素。其主官海军作战部长成为海军的专业首脑。第一次世界大战后，为应对欧洲海域战事的文职机构返回了美国，海军作战办公室和常务委员会之间陷入了不可避免的争斗。常务委员会赢得了这场斗争，如果狭义的解释，但其权力在20世纪30年代晚期也受到了削弱。在另一场战争——第二次世界大战后，海军作战办公室接管了常务委员会的职能。

直到1903年，实际上是钢铁企业，尤其是生产锻造件

的伯利恒和米德维尔钢铁公司，而不是设在华盛顿海军船厂的海军火炮工厂，在制造美国火炮。海军火炮工厂无法扩展规模，以满足更多的需求，因此，在1903年，海军军械局开始从两个主要钢铁公司伯利恒钢铁公司和米德维尔钢铁公司购买火炮。伯利恒还出口舰炮，虽然显然只是非常有限的数量。米德维尔并不这样做。较小口径火炮来自各种不同的小公司。在1908年，最主要的是德里格斯-西伯瑞公司、美国速射武器公司和电力公司。此外，有些重炮系陆军的对应机构——沃特弗利特兵工厂——为海军火炮工厂所制造。1908年，海军火炮工厂的员工每天两班8小时轮班，据估计全年的最高产量是：12门12英寸、8门10英寸、16门8英寸、10门7英寸、36门6英寸、18门5英寸、18门4英寸和53门3英寸火炮，此外，还有一些各种轻武器。注意，12寸火炮的生产只能供应一艘而不是所有"阿肯色州"级战列舰。

战术

在1917年以前，在战略上，美国海军所面对的威胁是德国血统的人在加勒比地区对领土的攫取。美国致力于门罗主义，这意味着要确保欧洲大国远离新世界（除了那些他们已占有的领地）。当时主要的假想战争场景是在不

断接近的德国舰队和从诺福克基地出发的美国舰队之间出现了争斗。美国舰队要在与敌方舰队交火之前设置一个前进基地。当时，也有人关心如何对付日本对于菲律宾的威胁，但美国舰队的主力都集中在大西洋。巴拿马运河在1914年开通后，美国海军战略家迅速地开始考虑在太平洋地区进行战争的可能性。美国有一支亚洲舰队，由一些地方防卫舰艇（潜艇）和装甲巡洋舰组成，但美国人并没有寄真正的期望于这支舰队能击退一场猛烈的攻击。美国针对太平洋水域的战争计划最早开始制订于1907年，但这个计划并没有被真正完成过，直到1919年以后。

英国人清楚地知道，美国海军认为德国（在美国人的战略评估中被称为黑军）是其主要的可能敌人，他们似乎在战前就有一些合作。美国海军情报文件表明，在美国参加第一次世界大战前，英国皇家海军部为美国人提供了一些不寻常的访问英国的机会。大概在理论上，美国加入盟军一边几乎是不可避免的。这可以解释英国舰队的部署概念在如下所述1916年的美国战术说明中存在的原因。

美国海军在1907年发布了它的1号战斗计划。美国官员形容它是美军第一份将舰队行动作为整体描述的官方文件（描述了一系列队列战术，其中包括如何部署）。1917年，当美军开始与英国大舰队并肩作战时，一名高级军官在被问到时，对美国舰队和英国舰队进行了比较。他回答说，美国海军是一队集合在一起的船只而不是一支舰队，所实施的海战战术即使在最好的状况下也是很原始的。美国军官被大舰队的作战规程（和训令）迷住了，美国人的文件中包含了多个版本的大舰队的作战规程以及大舰队指挥规程。美国人把英国人的新布阵方法带回国内，以保持对于局势的了解，虽然在战争期间他们经常抱怨他们的舰船缺乏足够的调配空间。

美国海军采用的是纵队战术，截至1912年，似乎开始强调在其以射速为基础的火炮系统中，炮术在增加射程方面的作用（受益于中太平洋地区良好的天气），这需要射击过程和射击速度保持稳定。侦察主要由驱逐舰实施，因为国会曾一再拒绝军方引进现代巡洋舰的要求（除了3艘侦察巡洋舰）。1916年3月27日发布的大西洋舰队作战规程表明，美国海军的战术思想尚停留在第一次世界大战前夜。当时其舰队被组织成重型分舰队，再分为支队，再分为驱逐舰小队。规程限制了交火状态下的队列为"依靠蒸汽动力做简单的纵队运动，转向时沿着旗舰的航迹"（即跟随旗舰），向右或向左转向应各舰同步进行以及机动时应保持相对队列完整。经验表明，这种简单的战术动作，要求不能涉及变化的速度，才能维持令人满意的队形，而任何需要不同速度的动作（例如英国人用于展开舰队的斜进）往往会打破纵队队形，从而降低炮火的效率。单一的美国式队形可以保持不变，只要敌人的战舰也保持不变的队形。分舰队战术在这种情况下没有任何优势。但如果敌人将自己的力量分散开，集中攻击美军队列的侧翼（很可能是美军队列的一头），美军的队形就没法继续保持了。保持队形需要包括前无畏舰（至少也是前涡轮动力舰）在内的舰只将速度控制在16节。

美国海军了解（或已经独立地发明了）英国式的舰船部署技巧，因为规程中补充说，当敌人在可见范围内时，最先采取的动作应是将美军的队列置于常规队形（大体与敌人所在方位垂直的位置）——横对着敌人所在的方向。美军采用常规队形，会将最重型的舰只置于队列一端，最弱的位于另一端，但重型舰只将轮流出现在队列两端，集中精力对敌人队列的两头进行攻击，以击破敌人的集中火力策略。快速舰只作为独立的机动力量，以应付队列两端的危急情况。这种轮换式队形可以保持队列的紧密，同时能使队列在左右转向时取得相同的效果。旗舰将停留在靠近队列一端的位置，但不必始终待在那里。还要采取一些特别的努力，防止敌人接近美军队列的旗舰。

在实施所需的方法时，应该注意与敌人队伍之间的角度也不能太陡（超过15°或20°），因为在这种情况下敌人可以集中在美国海军队列的前端，而不是其他位置（美国舰队将让敌人获得机会对自己实施"T字横切"战术）。美国舰队将排成队列接近敌人，即按先前已排好的队列前进，转向时，舰只同时按与方位线成30°、60°或90°的角度行进。1916年规程特别强调方位线（30°）作用。旗舰在己方横队的后方，所在方位线应与敌方队列中旗舰所在方位线成30°或40°角。美国海军的队列将与敌人的队列构成T字形，并占据T字的一横位置，如果敌人围拢，则会受到美军鱼雷的射击。

规程设想在战斗中应集中火力，但只有在敌人的机动为美军提供了特别好的机会才有可能实现，在此种情况下，美军舰队应与对方队列成一定角度接触，或者有一部分集中起来像帽子一样压在敌人队列上（即部分实现"T字横切"战术）。显然，美国海军在战前进行过兵力集中演练，并不指望在舰船数量方面有很大的优势，可超过敌人的舰队。规程设想主炮组火炮只在对阵敌军旗舰时使用，副炮组将被保留，用于防御鱼雷的攻击。经个别指挥官的建议，接战时还可从战列舰上发射鱼雷。规程中不包括建议的接敌距离问题。

所以只要敌军的力量布置是未知的，美国舰队驱逐舰部队将平均分布在队列头部和后方。采用这样的布置，他们既可以迅速反击敌人的队列进攻，也可击退敌人的驱逐舰进攻。烟雾可以用于掩护驱逐舰的部署。

虽然美国海军在当时没有什么像样的潜艇编队，1916年规程还是包括了潜艇队列作战的内容。像当时的其他几国海军一样，美国海军十分感兴趣于策划潜艇伏击战或使用潜艇部队逼迫敌人的部队进入到己方希望他们进入的区域。该规程指出，虽然美国的潜艇还不能以舰队规模行动，主要实施作战攻击任务，但经过敌方舰队可能经过的路径时，可编成警戒队列，在主力舰队发生交火前发动，或者可以避免从某些敌人力量控制区经过。正如在其他国家海军一样，看起来美国人对于指挥控制和这些简单思想所引发的导航问题缺乏深入的认识。

规程还讨论了无线电通讯和无线电干扰问题，美国当时有着世界上最好的无线电设备。美国舰船甲板上设有无线电方向追踪设备，但没有像英国人那样使用无线电获取情报的意识。

直到1918年这些舰队规程才被正式取消。新的规程指出，通常应列队前进，但在处于不利地位时，或在已经抓住敌军队列一端为继续保持优势时，可以调整方向线以接近射程外的目标。这种对于调兵遣将的兴趣，对于美国海军而言，是很不寻常的。1918年3月发布的新规程包括分队火力集中原则（通常为每个分队4艘船），这在当时的英国大舰队已经被实行。在这个版本的美国海军规程中，规定通常在己方舰只数量不及敌舰一半的情况下，分舰队可以在指挥下集中火力。1918年的规程包含了一个新的理念——常规方向线，这是指陀螺仪检测出的应该轰击的敌军舰队方位线。舰队的指挥官在敌人舰队进入射程前应标示出常规方向线，以便炮塔能在开火后可以立刻采取下一步行动。这一概念也将有助于能见度不良情况下，当旗舰看不到敌人队列的一端时的作战。

总体而言，相对于1916年的训令，1917—1918的训令变化集中在反潜作战方面。它们还包括相当多的夜战指导

下图：1918年12月纽约海军工厂展示的"宾夕法尼亚"号战列舰的超级炮塔。请注意，所有炮塔上都配有测距仪，它们都是处在炮塔后端，这大概是设置在后端要远远优于前端的缘故（也可能是因为在"纽约"级和"内华达"级舰艇上测距仪是在舰艇建成后才配备的）。此外，还要注意单独的测距仪及3号炮塔顶部成对的3英寸50倍径防空炮

内容，在日德兰海战后夜战技巧受到了更大的重视。

1919年6月发布的常规训令相对于1917—1918年版本大部分内容是重复的，所以大概1916年版本的战略和战术仍然有效，直到美国海军在20世纪20年代制订了包括独具特色的环形编队战术在内的新战术。

火控

在战争爆发时，美国海军的火控是以射速为基础的，通过使用手绘图来确定距离变化率（美国军人知道德雷尔火控台是在1917年，通常把德雷尔火控台看作相当于他们的手绘图的技术）。1917年开始，美国海军引进了另一种完全不同的设备：福特射程计算仪。这种设备看来在很大程度上属于坡伦·阿尔戈钟的盗版仿制品。这种设备实际上是一种运动目标和射击者的机械模型，可用于计算两者之间的未来距离。在1917年后经过与安东尼·坡伦本人的磋商后，射程计算仪被改进为也能规划目前和未来的方位线。这种设备假定敌人的路线和速度可以通过比较观测到的距离、方向线和射程计算仪计算出的数据得到修正。这种技术从根本上不同于任何以速度为基础的系统，战争结束后，美国海军将其作为标准设备，取代了较早的设备。除了用于大型船舶的Mk I式射程计算仪，福特公司（仪器公司，而不是汽车公司）还生产一种小型船舶版本，装备美国的驱逐舰，也可被用于副炮组。Mk II式（"福特宝宝"）在战争期间令英国人印象深刻，并影响了英国人战后决定为驱逐舰和副炮组研制海军部火控台。

尽管系统复杂，美国海军还是采用了这种设备。在1917年，美国海军感受到了巨大的震惊，他们意识到这种设备的性能远远不如英国大舰队的同类设备。最后得出的结论是，美国海军的基本系统设计是良好的，但执行状况糟糕。美军为改进在作战火控领域的水平投入巨大的努力。这包括采用大舰队上的12英寸和14英寸火炮的极端配置模式。

美国的军舰和大型装甲巡洋舰采用独特的"笼式桅杆"，这一设置的目的是在敌军炮火击中桅杆时保护桅杆

高处的观察员。这种特性在战前以老式战列舰"得克萨斯"号为对抗目标的射击测验中得到展示。但是早期的笼式桅杆在承担负载较重时往往会发生晃动，美国海军"密歇根"号的前桅就在1918年的一场飓风中折断。似乎有太多的元素会造成桅杆腐蚀，桅杆的整体也是不够结实。美国最后一代无畏舰的桅杆相应地被制造得非常结实，显然可以承担更重的负载（这些船只的上部结构往往很大）；整个第二次世界大战期间，有两艘战列舰始终保留着其笼式前桅。

火炮

所有的美国海军火炮均为嵌套式，19世纪80年代后的美国海军火炮的主要发展是在1901年开始给6英寸以及更大尺寸火炮增加加固箍，并使用镀镍钢的重炮。因此，早期火炮的组成结构包括：与火炮总长相同的纯钢A管、缩进炮尾上方且使火炮长度增加2/5的炮尾部、套箍、锁紧箍和加固箍。除了在35英寸口径以上的火炮上，其他火炮均因设置加固箍增加了长度，加固箍也使得35英寸火炮的口径增加，后来就不再在这种火炮上采用。最近版本的火炮比起早先的有更长的护套和加固箍，以减少单独零件的数量。随着无烟火药的采用，加固箍的强度需要得到进一步加强，因为燃烧速度较慢的火药可对身管保持相当大的压力。因此在6英寸的Mk VIII式、7英寸的Mk II式和12英寸的Mk V式上都增加了从炮尾部延伸到炮口的B管，炮口也予以增大，以增加其强度。更高版本、更高速度的火炮在围绕加固箍对火炮给予更多的加强方面做了更多的改进。

1914年前，美国海军喜欢采用那种从炮尾到炮口缠度不断增加的渐速膛线。第一次世界大战期间，英国皇家海军使用了美国的火炮，英国皇家海军军械局评论说，英国人也曾试图使用过这种缠度，但最终放弃了这种方法；简单的单一缠度已经够好。战后，美国海军军械局曾进行试验来测试这一想法的合理性。在1920年11月，美国海军军械局确定新火炮应采用单一的缠度，现有火炮在更换内衬时亦将采用这一标准。膛线的深度，对于英寸口径的火

炮，将是0.01英寸。炮弹的弹带也都要作相应的修改。

美国海军的火炮是可以更换衬里的。截至大约1908年，美军陷于焦虑中，担心由于储备的火炮数量太少，舰队在战争即将来临前可能会发现没有多少火炮还能继续使用。在1905年确定3英寸以上所有火炮的25%用于储备武器。然而，"爱达荷"号和那些早期军舰则根本没有储备。

1905年左右所估计的不同火炮膛线使用寿命：

12英寸	83发
10英寸	100发
8英寸	125发
6英寸	166发
5英寸	200发

然而，在这些数字公布后，海军通过降低炮口初速、改善炮弹的弹带，减小了火炮的磨损，使得火炮使用寿命增加了。再分别发射110发和112发炮弹后，两门12英寸的Mk III式火炮被从"密苏里"号战列舰上撤下。其他12英寸发射过120发至130发的火炮，却被认为是仍然可服役的。在1909年1月，海军军械局局长指出，12英寸火炮的状况在发射约80发炮弹后开始恶化，其使用寿命应接受为100发炮弹，除非射击时炮口初速有所减缓，并采用气密弹带更宽的炮弹。这种组合将会让火炮的使用寿命被提高到150发炮弹。在当时，8英寸45倍径火炮的使用寿命被认为是200发炮弹。

当美国第6战斗中队到达斯卡帕湾时，其射击误差显示要比他们的英国同行高大约两倍。美国舰队做出了很大努力编队来到英国，海军军械局认为有多种原因可以解释这种过分的境况。可能性包括火炮相互间的干扰，美国海军（但英国皇家海军不是这样）射击时采用全部侧舷炮一起射击的方式，而不是所谓齐射（每座炮塔有一门火炮发射）。一旦进行各种改进，在10000～15000码射程范围内的误差开始变得看上去可以接受。但是，看来未来作战的范围将会发生在更远的射程范围（在达尔格伦试验场可进

行符合新作战射程范围的射击）。在这种射程下的射击状况是很糟糕的。下表为1920年春的可获得数据。

	平均偏差	射程	评价
"内华达"号	301码	17600码	差
"奥克拉荷马"号	370码	20000码	差
"宾夕法尼亚"号	128码	19000码	很好
"密西西比"号	650码	21000码	差
"密西西比"号	80码	24000码	优
"密西西比"号	250码	28000码	差
"新墨西哥"号	280码	18000码	差

在当时，据说英国人在20000码射程的偏差是大约115码。

1922年5日海军军械局局长的关于如何减少射击偏差的备忘录指出，在过去美国火炮总是被设计为速度尽可能地高。不过看起来，更低的炮口初速和炮口压力似乎是可以接受的（像英国皇家海军那样，让火药的爆炸力量在炮口不远处就彻底消耗净尽），可以让炮弹拥有更平稳的飞行速度。美国海军曾倾向于较高炮口初速，以便在12000码以下射程内取得较好装甲穿透效果。然而，现在的作战射程范围可能高达2万码。在这种射程，只有最大口径的火炮能射透敌舰的侧装甲，甚至如果与目标夹角超出20°，连这种火炮也无法做到，即，如果炮弹瞄准线与水平面的夹角超过20°，不管炮弹是垂直还是水平射中目标。此外，在这种射程范围内，大致目标区的70%~80%是舰船甲板（这解释了为什么危险界如此之小还能指望炮弹射中目标）。较重、较慢的炮弹将会以较陡的角度下落，使它有更好的机会穿透目标。

炮架

在1914年，美国海军仍有几艘船配备着以内战期间理念设计建造的炮塔（纺锤体状）。这些圆形的结构体被围绕在一圈装甲护栏中间，这些装甲护栏承担炮塔瞄准机构和吊车上部的保护功能。因为炮塔是圆形的，火炮被安

上图：1919 年 7 月 26 日，进入巴拿马运河沿岸米拉弗洛雷斯湖（米拉弗洛雷斯湖）的美国海军"新墨西哥"号展示其第 3 号 14 英寸 50 倍径三管炮塔

装在靠近炮塔入口的位置（以提供足够的空间来装载炮弹）。炮塔因此没有良好的平衡性。例如，"印第安纳"号战列舰即会在她的两个主炮塔行走到一侧时发生明显的倾斜。

这些炮塔后来被炮塔炮架所取代，火炮安装在转盘上，转盘则依靠受到保护的轴承圈实现旋转。美国海军建军开始建造的就是现代主力舰，未经历过将火炮安装在开放空间的阶段。在那个阶段，舰船上配备小口径火炮，以掩护缺乏保护的操纵火炮的船员。因此，美国的军舰从"伊利诺斯"级开始，即采用类似欧洲的海军舰船的方式

以实现火炮室的平衡。炮塔中引入了一种倾斜的面板，这大大减小了火炮探出口的尺寸，并增强了炮塔的防卫。早些时候的"爱荷华"级和"肯塔基"级上配备略呈椭圆形的火炮室，从外观上看，该种火炮室类似早期的圆形的炮塔。

美国海军是独特的，拿"肯塔基州"级和"弗吉尼亚"级来说，这两种舰船上建有两层炮塔（12英寸或13英寸的火炮装在下面，8英寸的火炮装在上面，可一起转动）。超级炮塔在"密执安"级舰船上的采用，作为一种成功先例，有可能对这种炮塔的推广起到了促进作用。第一，双层塔楼减轻了炮塔设计中的固有问题。美国海军选

择采用中等火炮（8英寸）而不是更轻型的（6英寸）火炮作为重炮的补充火力，但这种规划存在一定设计难度。这似乎也是受当时美国工业水平限制的结果：19世纪90年代的美国海军并不适应欧洲中等口径速射炮，这大概是因为美国海军不能获得足够数量的中等口径弹药筒的缘故。因此，美国海军选择了一条射速较为缓慢、采用重型炮弹的火炮。双层炮塔来自海军军械局少尉约瑟夫·施特劳斯的个人建议，他后来成为该局的局长。炮塔设计方面的进步使得"肯塔基"号的4门火炮的炮塔要比"印第安纳"号的2门火炮炮塔重量更轻。对于采用4门火炮这一设计是存在争议的，一些外国观察员将其看做并不比美国人通常搞出来的"肤浅发明"更有价值。它无助于设计者保留早期的炮塔形状，具有垂直的立面，使得炮塔的发射口非比寻常地大。在接下来的"伊利诺斯"级舰船上，8英寸火炮的数量在美国战列舰上减少了，美国海军最后发现他们真正想要的是可以快速发射的6英寸火炮。8英寸火炮在"弗吉尼亚"级上再次出现，是因为8英寸火炮较之12英寸和13英寸火炮在西班牙–美国战争中表现似乎更为成功。

在这之后，12英寸和8英寸组合被顺理成章地放弃，成为12英寸火炮射速显著改善的牺牲品。在"弗吉尼亚"级被设计出来时，12英寸火炮每发射1发炮弹需要3分钟。12英寸火炮发射的间隔时间提供了让炮塔上层的8英寸火炮开火的充足时间。然而，当这些船舶完成时，12英寸火炮的发射速度被改进为每分钟3发炮弹。当时，美军的惯例是让两种火炮轮换射击，而这时12英寸火炮发射的间隙只有大约10秒钟。海军尝试采用替代解决方案，如双管12英寸齐射，或双管8英寸和单管12英寸组合，但事情很快变得明显：双层炮塔已不再有价值。

前无畏舰和大型装甲巡洋舰都配备直通（且开放式）吊车，而非分体式吊车。弹药依靠吊车笼子运载，这种吊车在有槽轨道上行走的，无坚固的侧翼结构。从火炮室直接往下到临近弹药库的处理室之间有一片开放空间。事实上，到那时为止——20世纪初美国海军改革的重要一步有赖于W. S. 西姆斯上尉的发现——"肯塔基"级的设计是一种可怕的犯罪，通过该舰的火炮发射口可直接看到弹药库的地板。

美国海军在1903年引入速射重炮后，开放式吊车变得更加危险。"密苏里"号战列舰（1904年）发生的电气火灾几乎毁掉这艘战舰，因为当时船上没有任何手段能制止火焰从炮塔下行到弹药库。在炮尾打开重新装弹时，该舰的一门火炮上出现过火焰喷出现象。在炮塔和和处理室之间安装有自动百叶窗，以分隔弹药装载流程。事实证明这是不够的：1906年4月，"肯塔基"号上一份被丢在一边、未用过的13英寸火炮发射药因电气短路被引燃。为此尽可能地撤销了炮塔中的电气设备，火炮和装在炮尾上的气动弹药筒弹出装置之间还安装了隔板，以防止火焰后喷。截至1908年，所有战列舰都进行了这种改进。吊车问题被用于反对由W. S. 西姆斯领导的海军改革派。西姆斯指责当时的火炮炮架设计（如在"肯塔基"号上的）有根本性的缺陷，是不安全的。他的批评者认为，新的炮术操作系统，强调射击速度，根本就是十分危险的。总统西奥多·罗斯福支持西姆斯。在1908年参议院的听证会上，在听证美国战列舰的设计缺陷时，吊车问题显然得到了相当的重视。

采用分体式吊车的灵感可能来自海军军械局奥尼尔海军少将在1906年对于朴次茅斯港的参观，英国舰船上的分体式吊车给他留下了深刻的印象。从大约1906年开始，旧式炮塔开始了现代化进程，但国会拒绝给予足够的资金，以满足为所有早期驱逐舰安装两段吊车的需要。试验性的集成式（而不是开放式的）吊车在"爱达荷"号和"俄勒冈"号主炮塔上得到安装。在这些船只上也进行了独立的手动吊车的性能测试。

在1907年（"大白色舰队"）进入太平洋的世界性巡航进行之前，战列舰"佛蒙特"号和"路易斯安那"号的8英寸火炮吊车为手动吊车所取代。这些吊车与处理室是完全分开的，被认为在实现更快发射速度方面要比电动起重机的性能更为可靠。巡航期间的发射获得了极大的成功，采购的其他战舰上也进行了同样的修改。这个想法然后继续在"爱达荷"号和"俄勒冈"号上的重型火炮炮塔上进行了测试。采用单段吊车的舰船上，弹药运送车和导轨被单管式炮弹吊车和火药吊桶所取代。火药包装在一个火药箱内，在炮塔内人工运送。炮塔被转换为手工装填。"阿肯色"级（12英寸，Mk IX式火炮）的炮塔，本来已经被设计成采用两段电动吊车，后来经过重新设计采用了手动装弹。在炮塔下方、在处理室直接囤积大量炮弹的做法，减少了需要处理的吊运量。海军的操作手册指出高速射击是可以实现的，应特别注意使用炮塔内和炮塔周围的炮弹。然而，炮塔团队的规模也因此越来越大，他们很快就变得身心俱疲。海军军械局指出，发射速度应该根据射击时射出炮弹时间的长短来衡量，而不是船上弹药周转出去的全部时间。在"内华达"级舰船上电力系统重新得到了加强。

直到"密歇根"级，美国军舰都像其他国家的海军一样设置有瞄准具护罩。新舰船上采用了超级炮塔，海军军械局开发了一种新的瞄准具，可以避免通常因护罩带来的冲击波冲击。在"密执安"级，瞄准具都被移动到了炮塔边，在那里它们受到了冲击波防护盾的保护（现在回顾历史情况是显然的：适当的护盾甚至设在炮塔顶的防护罩可使被防护设备免于被附近火炮产生的冲击波所伤）。在"密执安"级上，在炮塔顶部保留一架瞄手瞄准具。在第一种装备14英寸火炮的战舰上（"纽约"级），瞄准具被移至火炮下面，看起来就像是从火炮发射口探出来的。此更改的目的是减少炮塔的瞄准区域，并为瞄准具提供进一步保护。海军军械局设想了一种"升降舵"，可以保持持续的瞄准，每门炮的射手均可以在瞄准具瞄准目标时开炮射击。所有在炮塔下方机井中的炮塔成员均可使用那里的潜望镜。这种设计始终保留着，直到无畏舰时代结束。

炮塔由电力操控，最初使用从专用的发电机发出的直流电。后来在炮塔的旋转结构中配备了发电机。例如，每个12英寸火炮炮塔配有一台25千瓦发电机用于旋转瞄准，一台8千瓦发电机用于火炮升降。即使这一系统并不完全令人满意，炮塔在火炮射击时往往会"尥蹶子"，即在每次偏心射击时发生轻微摆动（足以毁掉精度）。在"缅因"号和"伊利诺斯"号测试过采用电气和机械设施的替代解决方案。"缅因"号上有一个大型电动机、一个小型电动机，分别承担较大距离和微调瞄准的动力供给，借助电磁离合器，小电动机可驱动炮塔每分钟行走¼°~6½°，大的（直接连接到瞄准机构上）是每分钟4½°~100°。除非较小的电动机开始以可以运行的最小速度驱动炮塔瞄准，大电动机不会参与系统的瞄准。即使这样，替代的液压系统（威廉姆斯·詹尼齿轮机构）还是更受欢迎。1908年11月，军方为3艘战列舰的炮塔火炮的升降控制机构和其他3艘舰船的重炮控制机构安装了这种系统，此外还计划为所有美国炮塔和7英寸火炮的升降齿轮机构安装这种系统。威廉斯–詹尼齿轮实际上相当于是液压增大器，通过倾斜盒或面板上的手动杆输入被提供的输入信号。

在1919年8月，海军军械局的枪炮长斯凯勒为英国皇家海军搜集整理了有关三管火炮炮塔设计的文件（这在当时被视为一种为盟国提供的服务，因此英国人可以获得这些资料）。他说，美国海军喜欢12英寸到16英寸的三管火炮炮塔，因为它们可以尽可能地利用（面积）空间，可被叠加在炮塔的圆形空间上，因此是装载重炮的最有效方式。唯一剩下的问题是，火炮是否应被架设在同一道滑轨上（如在"内华达"级和"宾夕法尼亚"级上），或应该有能力独立升降。随着口径不断朝18英寸增加，耳轴压力和炮弹传动机构的重量将不成比例地大幅增加，巨大的重量需要一定的支持。因此，海军军械局认为，三管火炮炮塔的设计对于16英寸以上的火炮来说效率会非常令人失望。当然，18英寸的三管火炮炮塔是可以被建出来的，但美国人的研究表明，"考虑到重量，这种设计将不会是一个很好的选择"。

斯凯勒本人赞成单一滑轨设计，但独立滑轨设计已被选定要用在新战列舰和新战列巡洋舰上。他认为没必要就无法接触耳轴问题进行争论，理由是"我本人从来没有见过有炮塔需要进行大修的。我们给耳轴更多的关注，超过了任何给其他设备提供的服务。我无法相信其他国家的海军根本没有我们的无摩擦轴承，采用的都是简单的结构。只要我们不怀疑自己的耐磨技术，就该相信所有的耳轴都应采用无摩擦的轴承座。"凯斯勒还坚持说炮塔缩小20%的空间可降低20%的击中率。针对不应该把太多的鸡蛋放在同一个篮子的观点，他反驳说：用正确的方法来看，舰队作为一个整体就是一个篮子，不存在单独的一艘船或一座炮塔。

他说，美国的设计人员也许是太聪明了，设计的炮塔太拥挤，节省了太多的空间。当火炮抬升其仰角时，炮塔内空间会变得更加拥挤。他认为，德国人的空间设计过于浪费，但并不确定英国的炮塔能否再造得更小些而并不十分拥挤。或许英国和美国的做法的折中是最好的方案。总的来说，增大炮塔内空间会削弱防护性，因为要为较大炮塔铺设装甲更为困难："我当然不喜欢德国的炮塔，炮塔立面的上半部分的板材仅有8英寸。"斯凯勒叙述的观点非常个人化，但在当时似乎是美国人想法的一种客观反映。海军军械局局长补充说，看来美国人采用的底座朝下竖立的标准炮弹存贮方法，以及将炮弹从炮弹库起吊到吊车上的方法（用套拉绳拉），都是不能令人满意的。

大约在同一时间，海军造舰局局长比较了美国和英国的炮塔设计惯例。美式炮塔似乎在空间的使用效率方面要高得多。美式炮塔中没有炮弹库，一半以上的炮弹尖朝上存放在滚动导轨的基座上。炮弹被拖入炮塔的旋转底座是通过一个拱形的开口。此外，还有一大批准备就绪的弹药存放在炮塔内火炮后边的水平横向平台上。美国海军没有使用液压机械，因此没有铺设的管路。装弹采用固定角度，这也简化了弹药供应过程。在底座装甲的后面无金属护板或支撑结构，这一做法在英国皇家海军看来属于对装甲支持不够。海军军械局局长在1919年写道，当前的美国16英寸火炮炮塔在很多方面，例如火炮室的结构，不能与英国的最新的双管15英寸火炮炮塔比较，而只能和皇家海军的无畏舰级12英寸炮塔相提并论。

相对于英国皇家海军，美国海军通过在搬运炮弹时使用较少的电力设备减轻了舰船的重量。英国认为不能接受滑动或倾斜炮弹的做法，因为这样做会损害炮弹轻薄而长的发射帽。这使得使用电力成为绝对必要的设计，如果有

火炮进行持续速射的情况，尤其是在船只处于起伏俯仰状态时。美国海军既使用蒸汽动力，也使用电力；而英国皇家海军在经过了在"无敌"号甲板上的试验后就拒绝考虑使用电力。他们宁愿选择液压动力，认为液压动力具有可靠、简单、易于修复和易于检测故障等优点。

作为结果，美式三管14英寸火炮炮塔的内径或双管16英寸火炮炮塔的内径是31英尺，而英式双管15英寸火炮炮塔的内径是30英尺6英寸。对此，海军军械局局长指出，双管15英寸火炮炮塔的滚动轨道直径和双管13.5英寸火炮炮塔的是相同的。减小直径需要清除支持滚动轨道上部的结构，以露出15英寸火炮炮塔的滑轨上的装填臂。海军军械局局长还以为美式炮塔的人员远远多于英式的，所以重量更轻、更紧凑（更人力密集型）的炮塔也会增加船只的成本，即需要在其他地方增加船员生活空间。他表示很理解附属于大舰队的美军第6作战中队为何会喜欢上英国的液压操作炮塔。

对于海军造舰局局长，所有一切的意义都在于制造麻烦、影响船舶的设计：已经设定的载重船只必须携带更多的装备，或某些设备占据的载重量会侵占其他设备的应得载重量。第一次世界大战后，美国海军军械局未采用新的英国式的做法：把弹药库（火药）放在炮弹库下面，理由是这样安排会增加火药吊车往返的距离，降低射击速度。该局用一种连续传送带吊车代替了更早期的火药运送车，但像这样在吊车里运火药是不安全的，因为该种传送带可直接把火药输送轨道车送进弹药库。经过试验场试验，"南达科他"级和战列巡洋舰上的传送带被重新调整，以便吊车运送时，在吊车顶部和堆叠的最上面的药包之间能保留至少11英尺的间隙，这道间隙本应保持，但在运送过三四次后往往会被封住。在1920年射击的18英寸炮塔上，计划配备一种新型往复链式起重机——吊车。这种器械将把较早的车式吊车和传送带式吊车的优点结合起来，而且排除了两种设备的任何缺点。就因为有了这种设备，海军军械局不再试图延长起重设备。

海军军械局也曾评论过（在1920年）美国海军采用英

国皇家海军的惯例，同时在战列舰上架设8门而不是12门火炮的做法是否明智。在理想的条件下，即配备具有完美性能的仪器、经过缜密规划的情况下，海军军械局同意8门火炮的表现会稍好，但在现实中，长时间理论射程的开火可能会造成射击误差。如果不分开射击，第一组同步齐射可能打不中目标，只有很小比例的齐射能击中目标。分散模式（因为分散射击将有更多机会调整瞄准点）在实践中的命中率要更高。一旦一艘船采用夹叉法[1]发射，击中目标的次数就会和进行齐射的火炮数成比例，配备12门火炮将带来很大的好处。由于在远程射击时，正常炮火覆盖区域是危险界的20倍左右，在理论上每次夹叉法齐射每发射20发就能确保1发命中（事实上由于发射舰艇的分布位置在空间上并不均匀，所以甚至发射20发可能都不能保证1发命中）。海军军械局评论说："不准确的火控使得不可以寄希望保持落点在目标上平均分布。如果追踪者能绕着目标前前后后地往返观测，他就能干得很好。炮术不是一门精确的科学，概率和运气在实际作战中起到很大作用。本局认为，在通常的作战条件下，'亚利桑纳'号将比'厌战'号战绩更好。"

炮弹

美国海军第一次测试穿甲弹是在1896年，当时使用了6英寸的固体压缩钢球射击7英寸厚的表面淬火板。未被帽的炮弹在钢板表面碎裂，但那些被帽的穿透了钢板。在1900年采用的测试要求显示，当时美国海军认为克虏伯装甲的防御性能要比哈维装甲强约15%。例如，该要求认为6英寸火炮的炮弹达到1659英尺/秒才能穿透哈维板，但预期穿透克虏伯板需要1895英尺/秒。1907年的系列新要求对于两者的预期存在更大的差异。在1910年，决定要改变8英寸口径以上火炮发射炮弹的攻击角为10°，反映出美国人增加了对于远程炮火的兴趣。速度不变的情况下，在1913年和1914年又进行了射击测验，以澄清倾斜的炮火的效果。看来，以20°角打击的效果要比正常为好，导致可穿透钢板

的有效厚度增加了28%。美国制造商被给予了新的要求。此规范在第一次世界大战期间始终没有改变。战争结束后，美国海军军械局声称，采用这种规范的结果是新炮弹相对于早先的炮弹具有明显的优势，这不仅体现在个体性能方面，还体现在为取得更好远程火控需要的总体统一性方面。

美国海军当然清楚地知道在日德兰海战中英国炮弹表现出来的缺陷，而且美国炮弹的测试由英国炮弹委员会实施。但是，与英国皇家海军不同，美国海军不会在战时执行紧急项目，开发新的（即适用于远程的）能够以倾斜角度穿透厚装甲的炮弹。美军最初的规范要求当炮弹以适当的角度（正常的冲撞）击中装甲时能射穿装甲。第一次世界大战期间，已改为10°，但在日德兰海战时，大部分的炮弹是以更倾斜的角度击中目标。因此，1916年规范确定10英寸和更大口径火炮的穿甲弹的打击角度为10°。战前规范仅对装甲的厚度、打击速度和正常冲击力进行了规定。

战争结束后，英国哈德菲尔德公司显然生产了一种新的穿甲弹，其性能那么优越，以至于据报道英国皇家海军报废了最近才采购的穿甲弹，而代之以该种炮弹。在1919年1月，一些这种炮弹被送交美国海军以进行比较测试。主要的改善明显采用的是这种方法，即将发射帽固定在炮弹上；哈德菲尔德公司声称倾斜打击的问题是射中目标时反作用在发射帽上的力量不均衡，这有可能会造成发射帽脱落并损坏发射帽的尖头。

在1921年，哈德菲尔德公司和南查尔斯顿的海军军械厂合作生产了20°角射入的炮弹，其中有些采用的是30°角，性能也是令人满意的。其他供应商，俄亥俄州布赛勒斯市的美国粘土机械有限公司根据1917年9月的合同生产了3500发10°入射角的16英寸穿甲弹（哈德菲尔德公司以后控制了这家公司，使之成为哈德菲尔德–本菲尔德钢铁公司）。这些炮弹，一部分配件在英国制造（大概是由哈德菲尔德），最终完成是在美国。到了1922年，海军军械局想取消合同，但战争（即陆军）部拒绝了，因为作为一项战时签订的合同，战争部所属公司在其中有很多权益，不

---

[1]　夹叉法：为确定准确射程先朝目标前后射击的方法。——译者注

想让它被解除。海军军械局接下来提出了采用20°射入角的要求。但是，除了一组为"马里兰"号战列舰提供的炮弹，所有美国的16英寸炮弹都是按照10°射入角的规范来生产的。

1922年9月，尼布拉克海军少将警告说，海军作战部长正处在一个危险的境地。在1920年，尼布拉克与哈德菲尔德谈判更改了16英寸炮弹的合同，以生产一种新的类型，但却没有针对12英寸和14英寸炮弹采取任何措施。当时美国不仅是在作战队形战术方面不如英国皇家海军，而且日本据说还购买了哈德菲尔德公司的新型炮弹。在那段时间哈德菲尔德公司希望美国海军能保证，它将从该公司购买一定比例的炮弹，但这是不可能的。

一旦事实证明哈德菲尔德公司的炮弹真的能以20°或更大的射入角穿透装甲，海军军械局测试了其储备炮弹，这些炮弹仍旧是采用的10°的入射角。原来，12英寸到16英寸的炮弹能以15°入射角穿透装甲。海军军械局认为战时英国的失败是由于采用高性能炮弹，该局拒决步英国人后尘，不管将面对多大的压力。即使如此，海军军械局写道，如果能获得充足的资金，它将为舰船再次装备具有20°或30°入射角的14英寸炮弹，但是在自己的工厂生产，而不是从外国购买或从其他在美国本土的商业供应商那里采购。但在1922年，金钱肯定是并不充足的，而且很多其他方面的要求更为迫切。

另一方面，海军军械局的有关穿甲弹的机密手册（1922年）对此是乐观的，认为现代美国的炮弹（因采用1916年规范制造的，而称之为"1916式"）在作战中是有效的武器。然而，该局还指出，在1918—1919年，显然，炮弹可以按照能有效射穿装甲的10°以上的入射角规范制造（这或许是一种针对英国人的战时做法和哈德菲尔德公司生产炮弹的参考），并且火炮口径和装甲之间的关系已经发生了改变。那意味着，火炮的口径现在通常都超过了装甲带。美国的12英寸和14英寸炮弹能满足要求，但新式16英寸则不能。海军军械局测试过各种炮弹以25°入射角射击常规目标的情况。

多格尔海岸之战后，海军军械局在1915年3月已拟议采用新型高性能炮弹。英国与德国舰队在射程高达17000码时仍能保持有效命中目标。这种射程的炮弹是不可能穿透主装甲的，因此美国海军应致力于用炮火摧毁船舶的无装甲部分。海军军械局建议补充装填高容量高爆炸药的通常穿甲弹，为达到此目的它建议实施针对旧浅水重炮舰"清教徒"号（目标"B"）的测试，而且应对每发炮弹的效果进行评估。测试时该舰的上层建筑将会得到加强，以模拟现代舰船的结构。该测试在1915年8月10日进行，由浅水重炮舰"塔拉哈西"号实施攻击。当时仅有的高性能引信是陆军用类型，并不完全适合于海军使用，因此必须非常谨慎地处理。进行指挥和评估测试的特别委员会指出，拟议采用的高容量炮弹对于海岸轰炸以及攻击船只可能是有用的。委员会还提到有可能在水下攻击时使用这种高性能炮弹（如能满足困难环境下要求的引信问题得到完善）。一般情况下，高容量炸弹的优点是，它们能在穿甲弹无法起作用的较远射程对目标做出重大损害。问题是高容量炸弹在舰船舱室中的爆炸效果是否比穿甲弹为优。进行详细的试验是必要的，因为像一种炮弹的爆炸效果要比其他种好50%的这种说法是不可能的。

在这些测试中，穿甲弹击穿了老浅水重炮舰的无装甲部分。只有第5发在目标船的内部爆炸。更普遍的情况是，如测试表明的，现行的旨在使炮弹在舰船内部爆炸的延迟音信，在性能上是不可靠的。穿甲弹没有爆炸，其弹片和在目标上产生的碎片就不能对舰船造成严重的损害，并杀死较多的船员。高容量炸药将使舱壁产生更严重的变形，但穿甲弹将产生更多的弹片，在目标上产生更多的碎片。在每种情况下，击中火炮室都将在接下来造成许多的麻烦，除非大块的碎片是穿过火线而来的。主要的问题在于，据委员会预见，较轻的高容量炮弹与穿甲弹有不同的弹道性能。远程发射这种炮弹的船只在换用穿甲弹射击时，在调整火控参数时会出现若干打不中目标的情况，而"当时军方已经开始变得很在乎命中率"。委员会反对采用高容量炮弹，但表示如有其他可行性意见也不是不能接受。

在1917年，美国海军引进了平头（简称FN）或称无反弹炮弹以攻击潜艇。有关生产数目，可参考1922年3月间服役的数目：

8英寸	10000发
6英寸	6000发
5英寸	42000发
5英寸	46000发
3英寸50倍径	186000发
3英寸23倍径	123000发

这种炮弹上采用的"俄国式引信"，已经在俄国人的平头炮弹上得到使用，但不具有延迟爆炸的功能。在炮弹击中水面时，它也会因此而爆炸——这种特性只在炮弹击中了距离目标潜艇很近的区域时才有用。在战后，特别委员会仍然将这种平头炮弹看得非常重要，以至于要求为这种炮弹开发一种专用的延迟引信。使用这种引信的平头炮弹只有为8英寸榴弹炮设计的炮弹，而那种榴弹炮是一种纯粹的反潜武器。这种引信为双动模式，因此要比俄国引信大，而且更重，无法配合3英寸炮弹使用（可配合4英寸和更大炮弹）。在击中平板后引信将发生爆炸，但在击中水面时会发生延迟爆炸。在很多反潜炸弹上采用了这种引信。

发射药

美式标准发射药为火棉，而且不添加混用硝化甘油。样式为多种管状带孔短颗粒。英国人批评这种发射药易于受潮（即成为水饱和状态，这会改变火炮弹道性能）。美国海军

在第一次世界大战期间没有受到过舰船内部爆炸这种问题的困扰，这表明其炮弹所采用的发射药要比其他国家海军所用的更为稳定。这类火药燃烧时产生的温度要比无烟火药低，但高于德国发射药所产生的温度（3015开尔文）。单位体积燃烧释放能量（热值或卡值）是865卡，而德式C/12式管状火药的是950卡，改良型柯达无烟火药是1025卡（Mk I式柯达无烟火药是1225卡）。

出口

伯利恒钢铁公司是当时美国唯一的重炮出口商。伯利恒曾经声称，该公司向海外销售的武器，通常都是与卖给美国海军的一样。注意到，德国船厂通常用伯利恒生产的武器武装他们的出口船舶，而不是用克虏伯的武器，这使得伯利恒生产的出口武器数量大大超出了美国船厂输出的

下图：第一次世界大战期间英国港口的一艘驱逐舰甲板上的 3 英寸 50 倍径火炮。背景中，该舰的甲板上还有一联双管鱼雷发射管。经鉴定，该舰是一艘"保尔丁"级驱逐舰，既然火炮架设在该舰的中轴线上

有限的舰船数量。至少在第一次世界大战期间伯利恒也生产用于出口的海岸防御性武器，目标显然主要是南美洲国家。

商船防御武器

与英国皇家海军一样，美国海军在战时武装商船，并为船上的火炮提供操作人员。经总统授权，1917年3月13日，美国参战前两个星期，海军部长颁布了商船运载海军武装警卫条例，当天即为7艘船舶分配了火炮（"满洲"号是首航）。在这段时间里，美国海军仅有376门合适口径的火炮（3英寸50倍径至6英寸45倍径）未分配给军舰，也还不是所有的都可用，有的正在给海上民兵部队（预备役）和其他在太平洋沿岸海军码头的单位使用。作为第一步，1917年3月27日，经授权从较旧的战列舰和巡洋舰上拆卸了38门3英寸50倍径火炮。战争的爆发在4月6日，情况大大恶化，因为需要火炮供应众多的运输船、补给船以及用于大西洋海岸的巡逻船。海军军械局很快授权从战列舰、巡洋舰拆卸更多的火炮：36门6英寸50倍径火炮、12门5英寸50倍径火炮、12门4英寸40倍径火炮和24门3英寸50倍径火炮。有两艘巡洋舰，"孟菲斯"号和"密尔沃基"号，最近刚刚沉没，上面的6英寸50倍径和3英寸50倍径火炮被打捞上来，送到海军枪炮厂检修，以用于继续服役。很多在海军枪炮厂为军舰建造的火炮一经造好，就被送去用于保护商船。所有的火炮都派上了用场，在战争爆发后厂家接到了大量的订单，在1918年春季或夏季前根本无法完成任务。即使这样，截至1917年10月4日，火炮的供应还是几乎耗尽了。遂下令从巡洋舰和战列艇上拆卸更多的火炮：26门5英寸51倍径火炮、2门4英寸50倍径火炮和28门3英寸50倍径火炮。12月7日新的命令导致了另一波拆卸潮：20门6英寸50倍径火炮、20门5倍径51英寸火炮、4门5英寸50倍径火炮和26门3英寸50倍径火炮。此外，意大利政府要求美国提供火炮，被分配了10门5英寸51倍径的火炮（2门在海上运输过程中丢失）。其他火炮供应给了打着其他盟国国旗的武装商船（英国、俄国、法国、比利时、葡萄牙和古巴），大点的海岸警卫队小艇也从海军那里分到了火炮，

每艘2门或4门3英寸50倍径火炮。根据战后海军军械局的记录，在1918年上半年海军中服役的火炮不超过12门。海军枪炮厂生产的少量产品几乎不能满足当时的需要。这个问题逐渐严重，因为美国的商船建造计划后来开始加速，所生产的商船数开始超过U型潜艇造成的损失数。更多的火炮被从海军中抽调出去。

战时火炮的交付合同直到1918年中都是没有意义的，到了1918年10月，海军军械局才考虑到火炮供给量超过了需要。停战协定签订时，大约50门火炮正在准备接受安装，新火炮数量被认为是足够的。当时，1742艘常规海军舰艇外的船舶武装着4360门火炮，其中1830门是3英寸或更大口径；另有52艘武装船只（132门火炮，104门为3英寸或更大口径火炮）失踪。盟国政府已经收到345门炮和炮架，其中116门是3英寸或较大口径的。海军军械局共送交商船队和盟国4843门火炮，其中2050门是3英寸到6英寸口径。所有的这些火炮都配备了弹药——最初每门90发，但是最终达到了180发。

命名

以口径表示的美国火炮长度指的是炮膛长度，这和英国皇家海军的做法是一样的。任何一种口径火炮的编号由单一数列组成，即使存在着长度差异。按倍径计算的长度被用于给火炮命名，例如：12英寸35倍径火炮Mk I式0型。火炮命名中包含"BL"或"RF"（即"breech-loading"、"raPid-fire"的首字母缩写）字样，后者意味着火炮采用金属弹药筒发射，因此相当于英国说法中的"QF"（速射炮）。

火炮单独编号，理论上（但并不总是）每种口径火炮都依顺序排号；尤其在第一次世界大战期间出现了很多排号中断的情况，一些较低号码系列紧挨着较高号码系列。即使这样，编号看起来还是最好的火炮生产数量统计方法。采用左旋炮尾机构的火炮的型号中会被给予一个字母"L"作为标识。有些与火炮分配和改造等有关的数据需要从海军军械局保管的为每门火炮配备的火炮卡片上取得。

18 英寸火炮

18英寸 Mk I式

口径	18英寸48倍径
重量	398350磅
整体长度	88470英寸
倍径	49.15
炮膛长度	864.70英寸
倍径	48
膛内炮弹行程	744.0英寸
倍径	41.3
药室上方直径	62英寸
药室容积	37402立方英寸
药室压强	17.4吨/平方英寸
膛线：阴膛线	108条
缠度	1/32
深度	0.18英寸
炮弹	2900磅
发射药	850磅
炮口初速	2700英尺/秒

没有任何船只是设计出来专门装载这种火炮的。然而，海军军械局认为火炮设计是船舶设计的决定性因素，因此在1916年12月该局开始考虑在火炮设计上逐步超越16英寸50倍径。海军军械局将其研究称为所谓的"最大舰炮计划"。1917年2月的一份海军军械局备忘录上列出了4个选项：14英寸45倍径、16英寸45倍径、18英寸45倍径和20英寸45倍径，以供评估。18英寸45倍径火炮发射3000磅炮弹，炮弹速度可达2600英尺/秒。这种火炮具有33000立方英寸的药室，药室最大压力为16.9吨或17.5吨。20英寸45倍径火炮发射4100磅炮弹，炮弹速度可达2600英尺/秒。这种火炮具有45500立方英寸的药室，药室压强与18英寸45倍径的相当。4月，18英寸火炮被延长到48倍径，炮弹重量减少到2700磅，炮口初速增加到2700英尺/秒。药室容积被设定在37420立方英寸（火药空间115.5英寸长），炮弹膛内行程744英寸。预计的药室压强是17.4吨/平方英寸。行程和其他

参数的选择是为了让新火炮能使用配套16英寸50倍径火炮所用的弹药。膛线是0.15英寸深。

虽然只有18英寸火炮被订购，而且暂时为下一代的美国战列舰所选用，迟至1919年，海军火炮厂还在绘制18英寸和20英寸锻造件的尺寸图，以便为在西弗吉尼亚州南查斯城的海军军械工厂采购机械设备使用。

有两种设计的18英寸火炮被生产出来可供选择，一种重167.3吨（374705磅），另一种重177.2吨（396840磅）。移除前一种需要将炮塔后部拆解。最终，分量更重的版本被选择。设计者发现火炮身管太大，可能必须分成两部分制造，再用螺丝在部件冷却后将它们拧在一起，让螺纹锁紧它们。然而，制造分为两片的较薄合金钢内衬非常困难。C1、C2套箍需要借助单独在每半部分上的耳轴环才能锁定在一起。D1、D2套箍将借助用螺丝和所有套箍拧在一起的E1环锁定在一起。类似的，B3、B4套箍通过螺纹环C4连接在一起。这最后一个环的设置解决了追加套箍长度减小的问题。炮尾必须为16英寸50倍径，但某种程度上减小了长度。

在1919年9月3日，与伯利恒钢铁公司签署了一份身管和套箍采购合同。设计要求一种48倍径而非45倍径的武器（但部分——并不是所有的——1921年的文件称这种火炮为45倍径）。新的测算显示要达到2500英尺每秒的炮口初速，炮弹重量应限制为3300磅，药室压强17吨/平方英寸或16.4吨/平方英寸。海军军械局希望18英寸火炮采用双管模式，但经炮塔尺寸或重量计算，发现没有炮塔能配合这种设计（按计算唯一满足的是试验场单管火炮炮架）。

这种火炮始终没有被完成，因为后来《华盛顿条约》禁止战列舰使用16英寸口径以上的火炮。该种火炮因此而停产（转而将炮口扩展到31英寸），作为一种特殊的高速火炮案例被用于研究例如炮膛腐蚀等问题。这样，该种火炮变成了16英寸的Mk IV式。这种火炮完成于1926年，第一次试射在1927年7月8日，所用810磅发射药使炮弹的炮口初速达到3105英尺/秒。当火炮仰角提升到40°时，发射2240磅炮弹，炮口初速可达2960英尺/秒，射程49400码。

20世纪30年代，16英寸56倍径火炮被认为可用于装备战列舰，但这种想法未被采纳，如果那样做会损害炮弹在远程对敌方甲板的破坏能力（而甲板又是打击的主要目标），因为没人预期这种火炮会有很多被投入服役——在以3000英尺/秒的速度每发射50发炮弹后可能必须重新更换衬里。减少炮口初速到2800英尺/秒，将会增加一倍以上的身管使用寿命，但是，在这种情况下性能会不如新型的16英寸50倍径火炮。另外，16英寸56倍径火炮的重量会超过16英寸50倍径25%，因此能装备7门这种火炮的同一吨位战舰可装备9门16英寸50倍径（Mk II式）火炮。

当美国战列舰建造恢复时，采用18英寸火炮的可能性又重新出现，虽然1936年的《伦敦海军条约》中包括了海军火炮最大口径为16英寸（后来又采用了一条可自动调整的条款）的内容。普遍认为，18英寸火炮的性能优于任何16英寸火炮，部分的原因是考虑到18英寸火炮所发射炮弹的爆炸力更强。一艘船可以容纳12门16英寸或9门18英寸火炮，计算结果并没有显示其中一种炮组或另一种炮组具有任何明显的优

越性。最终美国海军确定，通过采用"20%的加重的"16英寸用炮弹，可使采用18英寸火炮具有一定的优势。"加重40%"的炮弹（3150磅，重量比原用18英寸炮弹重）被拒绝采用，原因是担心炮弹太长，在以倾斜角度冲击目标时会折断。在1938年海军军械局想测试一下18英寸火炮的反装甲能力，可能是因为将18英寸当成了日本能建造的火炮的最大口径，所以决定使用16英寸56倍径的火炮进行测试。该种火炮配有18英寸火炮的衬里，交付于1920年。新型"加重20%的"炮弹（3850磅）为海军军械局所采购，1940年4月用于改造16英寸56倍径火炮的经费也分配了下来。炮口减小后，增加的长度也被取消，火炮长度被减少

右图：美制 16 英寸 45 倍径火炮是美国海军在第一次世界大战期间和战后早期制造的最强大的火炮。图为"马里兰"级战列舰上该种火炮的双管炮塔，此种炮塔系"爱达荷"级上三管炮塔的派生产品。在这种炮塔上，两门火炮可分别俯仰，中间有舱板隔开。每门火炮都有自己单独的火药和炮弹供应吊车。可注意图中炮塔旋转机构上的典型的美式垂直炮弹储点，这一设计是为减少作战时将炮弹送上来时的劳动。如图所示，这些炮弹是用套拉绳从周围的固定结构中运上旋转机构的，先垂直上吊，再推倒备装。该图来自 1945 年的操作手册，但是在两次战争中间的时段，炮塔经历了少量的改造

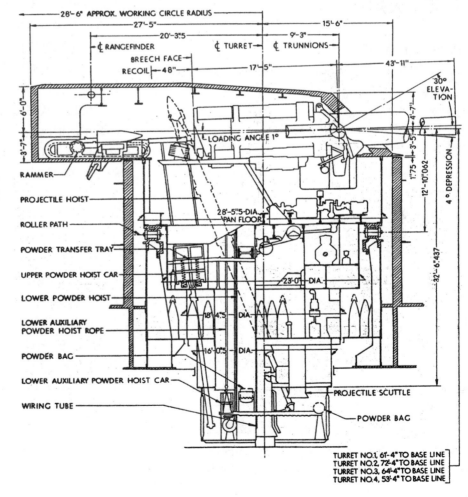

到47倍径。该种火炮被重新定名为18英寸Mk A式火炮。1941年9月22日，在达尔格伦，这种火炮被安装在测试架上，2月4日进行了首次试射。在使用890磅火药和40°仰角的情况下，这种火炮的射程可达到43453码（炮口初速2400英尺/秒）。

为18英寸48倍径火炮生产了3种炮弹：定向炮弹A、B和C型；长度分别为4.5、4、3.5倍径，尖头部弹形系数分别为9、7、7。重量分别为3330磅、3330磅和2900磅。

20英寸45倍径火炮发射4100磅炮弹时炮口初速为2600英尺/秒。

16英寸火炮

16英寸Mk I式 0型

口径	16英寸45倍径
带炮尾重量	235796磅
整体长度	736英寸
倍径	46
炮膛长度	715.2英寸
倍径	44.7
膛线长度	616.012英寸
倍径	38.5
药室上方直径	53.5英寸
药室容积	23500立方英寸
药室压强	18吨/平方英寸
膛线：阴膛线	96条
缠度	1/50~1/42
深度	0.150英寸
宽度	0.2735英寸
阳膛线	0.25英寸
炮弹	2100磅
发射药	590磅
炮口初速	2600英尺/秒

这种火炮用于武装"马里兰"级战列舰。第一版的设计图纸提交于1913年8月，原型炮在一年内建造完成，首次试射是在1914年7月16日。1916年8月得到了4艘"马里

兰"级的建造授权，10月海军军械局开始向主要钢铁公司征询，是否可以生产这类武器。同月，伯利恒钢铁公司开始建造必要的厂房。1917年1月，从伯利恒和米德维尔为每艘舰船订购了20门火炮；3月又从米德维尔为将在海军工厂制造的火炮订购了20件锻造件。最初生产规划是40门火炮（第2—41号）。

在设计"马里兰"级时，有些问题还不明确，比如：16英寸45倍径火炮是否要比早先的"加利福尼亚"级上的12门14英寸50倍径的火炮性能更优越。常务委员会显然喜欢增大口径，但甚至在20000码的距离，14英寸50倍径火炮的炮弹剩余速度及其危险界实际上与16英寸45倍径火炮的相同（但是，在可穿透的装甲厚度方面，14英寸火炮是11.5英寸，16英寸火炮是13.8英寸）。在较短的距离，14英寸50倍径火炮能提供两段较长的危险空间（非常好的命中机会）和更大的剩余速度；但是，16英寸火炮仍能穿透更厚的装甲。在15000码距离，穿透装甲厚度是14英寸和16.1英寸，但这些数字都是理论上的，现有战舰没有采用如此之厚装甲的情况。海军军械局更希望能等到其计划中的16英寸50倍径火炮准备就绪，再变换口径。否则舰队将会只有4艘船（实际上是3艘，根据《华盛顿条约》的限定）装备新型火炮，随后会有更多的令人满意的16英寸50倍径火炮。在1916年，仅有的三管火炮炮塔是在"内华达"级和"宾夕法尼亚"级上，海军军械局承认军队方面对其性能有些不满。在这种情况下，"马里兰"号的设计旨在放弃三管火炮炮塔以及采用一种强有力的新型炮。针对这些情况，常务委员会承认8门16英寸火炮相对于12门14英寸的火炮并没有明显的优势；委员会真正想要的是一艘装备10门16英寸火炮的5炮塔的舰船。最终，时间压力决定了只能在两个4炮塔备选方案中选择，16英寸火炮被1917年的战列舰方案采用，按该计划建造的战列舰后来成为"马里兰"级。常务委员会和海军军械局接着又进行下一步升级，范围包括1918年条约范围内舰船（"南达科他"级：BB 49号至BB 51号）的火炮（到16英寸50倍径）和火炮数量（最终为12门）。

参考使用等齐缠度的英国皇家海军的经验，1920年9月和11月，海军军械局对16英寸火炮和缠度改为1/32版本进行了比对测验。结果发现几乎没有性能差别。

Mk I式是一种嵌套式火炮，结构包括身管、护套、内衬、7个套箍、4个锁定环和一个压下螺母紧固内衬组成。套箍一直延伸到炮口。"马里兰"级上的火炮安装在双管火炮炮塔上，从设计上来看，这些炮塔跟此前"爱达荷"级上的三管火炮炮塔（14英寸50倍径火炮）有紧密的关系。装弹角度是1°，俯仰角范围是–5°~+30°之间。辊道内径是27英尺7.25英寸，重量是通常的835吨。

炮弹（截至1923年）包括多种款式的Mk II式和Mk III式穿甲弹以及Mk IV式靶弹。所有炮弹重量均为2100磅，弹形系数为7。这些炮弹的长度有细微的不同，但所有长度都在56~57英寸之间（3.5倍径）。16英寸50倍径火炮发射的可能也是同样的炮弹。

16英寸 Mk II式

口径	16英寸50倍径
带炮尾重量	287050磅
整体长度	816英寸
倍径	51
炮膛长度	800英寸
倍径	50
膛线长度	675.992英寸
倍径	42.2
药室上方直径	56.50英寸
药室容积	30000立方英寸
药室压强	18吨/平方英寸
膛线：阴膛线	96条
缠度	1/50~1/32
炮弹	2100磅
发射药	700磅
炮口初速	2800英尺/秒

此种火炮本来会用于武装1916年批准生产而后流产的主力舰：6艘"南达科他"级战列舰（BB 49号至BB 54号）和6艘"星座"级战列巡洋舰，后者在1919年经重新设计改造过（CC 1号至6号）。本来曾有计划将14英寸50倍径火炮安装在旧式战列舰"印第安纳"号的甲板上做测试，但是，海军军械局在1917年却建议把16英寸50倍径火炮安装在那艘船上。设计始于1916年4月，1916年6月12日开始在海军火炮厂制造原型炮（16英寸，第42号）。这种火炮的第一次试射是在1918年4月8日，以729磅发射药实现了2952英尺/秒的炮口初速。用于生产的图纸版本，于1916年12月6日提交。早在1918年，海军军械局曾询问钢铁企业是否可以生产这种新型火炮。为了提供足够的工业生产能力，Mk I式的合同被削减。计划中将有12艘船舶采购120门火炮以及备用品。1918年3月和4月，订单被发放下来：伯利恒和米德维尔每家制造24门火炮和20件供应海军火炮厂组装用的锻件，总共88门火炮。1920年9月（给伯利恒）、10月（给米德维尔）均有订单下达，1921年，又有62门更多的新订单下达（Mk III式，从第131号开始，采购自米德维尔公司），这使得该种火炮的生产成为迄今为止美国人最大规模的火炮生产。生产有了很大的进展，与此同时，1922年2月6日《华盛顿条约》签署，2月8日战列舰生产被取消。第二天在伯利恒和米德维尔得到命令暂停火炮生产。所有尚未开始建造的火炮都被取消了建造计划。此事造成的结果是留下71门已完成的火炮，其中包括原型炮以及44门尚未建成的。陆军随后要了一些用于海岸防御，作为一种其所配备的16英寸绕线紧固的M1919式火炮的廉价替代品。1922年6月开始移交其中的20门火炮。

当美国海军在1936年恢复战列舰生产时，50门16英寸50倍径火炮看上去显然是合适的武器来源。对于35000吨的战列舰来说，这些火炮太大了。它们最初本来是为像"爱荷华"级那样的45000吨战舰定制的。这些大炮最终没有被用上，原因是在处于形势严峻的备战期的1938年，负责炮塔设计的海军军械局，与负责舰船设计的海军建造和维修局的合作失败了：海军军械局为配合火炮设计的炮塔，相对于受条约限制的4.5万吨舰船的船身要大出几英尺。新的重量较轻的16英寸50倍径火炮（Mk VII式）不得不赶紧设计。幸存的16英寸50倍径火炮在陆军海岸防御炮组中了此残生。

新型嵌套式火炮结构包括身管、护套、内衬、7个套箍和4个锁紧环。套箍一直延伸到火炮口。Mk III式是一款质量较轻的改进版本。

所配套的三管火炮炮塔由"爱达荷"级炮塔扩建而成，最大仰角40°，炮塔底座内径35英尺（可比对16英寸45倍径的31英尺），重量为1390吨（2号炮塔为1403吨，其中包括一个辅助指挥位）。

20世纪20年代中期，海军军械局在进行下一步火炮设计的过程中分析研究了一种16英寸55倍径火炮。海军军械局构想这种火炮，是在海军军械特别委员会投票否决其1917年提案之后。当时该局提议用18英寸或20英寸火炮武装未来战列舰，以实现在最大距离内的最大穿透力。特别委员会认为，未来的作战范围将由火炮精度决定；船只在超过25000码的距离外交战似乎不太可能，因此考虑更大距离的穿透力并无必要。海军委员会怀疑16英寸火炮的潜力已经用尽，因此它要求海军军械局确认一种55倍径长（16英寸55倍径）火炮的特性。委员会想要两个备选方案：第一个，增加火炮长度后使用现有的2100磅炮弹，可将炮口初速增加到3000英尺/秒；第二个，使用2400磅炮弹，炮口初速达到2800英尺/秒。对4种火炮进行了比较：16英寸50倍径，两种16英寸55倍径的替代品和18英寸48倍径。16英寸55倍径火炮发射2400磅炮弹所取得的效果似乎是最好的。采用这种火炮，"南达科塔"级（BB 49号）战列舰将仅增加约500吨，炮塔和炮塔底座基本上没增加多少尺寸；该舰可以装载12门这种火炮。在直到40000码的所有距离，较之18英寸48倍径火炮，16英寸55倍径火炮以同样的炮口初速发射2400磅炮弹，可提供更强的穿透力。特别委员会因此建议以16英寸55倍径火炮装备下一代的主力舰。这看来似乎是美国第一次尝试使用后来被称为"超重"的16英寸炮弹，但在20世纪30年代美国海军考虑采用这种炮弹（最终是2700磅而不是2400磅）时已经想不起此事。看来，《华盛顿条约》签订后通过更改18英寸48倍径火炮参数制造的16英寸55倍径和16英寸56倍径之间并无多少联系。16英寸

55倍径火炮本来有34050立方英寸的药室，以2800英尺/秒的初速发射2400磅炮弹的药室压强是17.75吨/平方英寸。

《华盛顿条约》签订后改造自18英寸48倍径火炮的16英寸56倍径火炮，可以3000英尺/秒的速度发射2100磅炮弹；没有为它设计专门的新炮弹。发射药是800磅，药室34000立方英寸，炮弹在身管内的行程是772英寸（48.25倍径）。药室最大压力为17.6吨/平方英寸。这些都是1922年4月时的数据。这种火炮被命名为16英寸56倍径原型炮，编号为第210号。

14 英寸火炮

14英寸 Mk I式 0型

口径	14英寸45倍径
重量	140670磅
带炮尾重量	142492磅
整体长度	642.45英寸
倍径	45.9
炮膛长度	628.45英寸
倍径	44.9
膛线长度	537.483英寸
倍径	38.4
药室上方直径	46.0英寸
药室容积	15104立方英寸
药室压强	18吨/平方英寸
膛线：阴膛线	84条
缠度	1/50 ~ 1/32
深度	0.075英寸
炮弹	1400磅
发射药	365磅
炮口初速	2600英尺/秒

在1908年的报告中，美国海军军械局局长宣布，为满足未来可能的要求，该局已完成了发射1400磅炮弹的14英寸火炮的设计。为了容纳此款比通常火炮更长的武器，海军火炮厂特意加高了车间的顶棚。在1909年1月14日从米德维尔钢铁公司订购了原型炮，同年11月原型炮被交付到

华盛顿海军船厂（隶属于海军火炮厂）。所生产的该种火炮：Mk I式：第2—66号；Mk III式：第67（1915年）—81号。Mk V式：第201（1921年）—208号（2型编号始自第205号，1924年制造）。Mk I式系专为双管火炮炮塔设计的。这是一种嵌套式火炮，结构包括身管、护套、8个套箍和压下螺丝紧固的内衬。该内衬上有4英寸厚、46英寸直径

下图："纽约"级的双管火炮炮塔在战争期间很少被修改，除了在1945年的设计中增加了炮塔可视测距仪。这种炮塔基本上是一种放大的"阿肯色"级版本（装备12英寸50倍径火炮）。炮弹被存储时尖头朝下（与给英国的浅水重炮舰提供的双管炮塔是类似的）。正如在早些时候的美式炮塔上的情况一样，这种炮塔上的大部分的库存炮弹被放在旋转机构上，从炮弹库到旋转机构的供应过程是辅助性的。发射药由电力装置输送到火药处理室，然后手动装填进火炮。每门火炮都有其自己的瞄手和主炮手，岗位在火炮之间靠下的地方

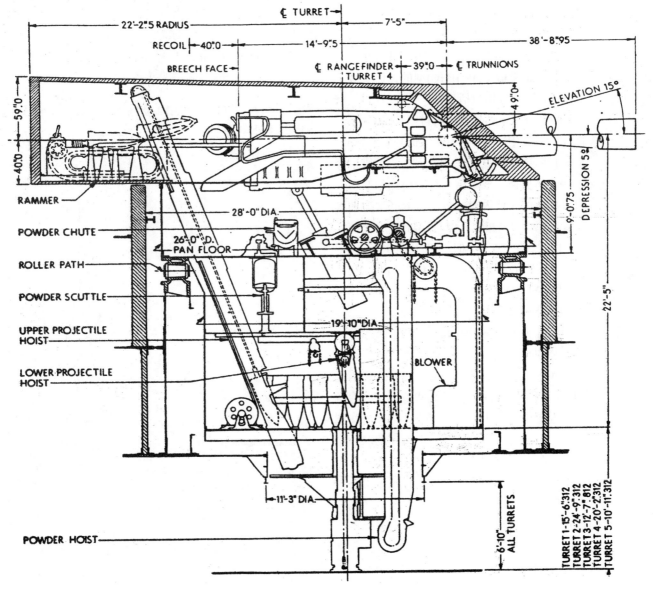

的凸缘。2型和3型，几乎是一模一样，配备下摆式炮尾。3型有一个稍大的药室（15322立方英寸）。4型和5型恢复了侧摆式炮尾，但有了较大的药室。它们的重量较轻（不含炮尾139455磅，带炮尾141277磅）。6型的情况也差不多，但却又变成了下摆式炮尾。衍生版本一直延续到14型。Mk II式类似于Mk I式，但在距离炮尾面不远的地方有一个制动锁，炮尾滑动距离较短，且采用了一种新型的侧摆式炮尾。Mk III式相对于Mk I式和Mk II式的区别是炮尾滑动距离较长（0型为下摆式炮尾）。从设计上来看，Mk III式1型似乎是兼用于双管或三管火炮炮塔的（例如，最初在"内华达"级战舰上）。它是类似于Mk III式0型的，但安装了新型三段圆锥形镍钢内衬。结构包括身管、护套、内衬、8个套箍、3个锁定环和1个压下螺丝紧固内衬以及4英寸厚、直径为46英寸的凸缘。Mk III式2型具有扩大的药室（18322立方英寸）、等齐缠度膛线（1/32，右旋）和一段圆锥形镍钢内衬。3型是1型重新更换二段镍钢内衬后得到的产物，但取消了靠近炮口部分的一段内衬；也具有等齐缠度的膛线以及扩大的药室。4型与2型相似，但与2型和所有此前型号的不同是具有侧摆式炮尾。5型类似于Mk III式3型，但采用侧摆是炮尾和一段圆锥形镍钢内衬，而不是两段。Mk V式是较简单的晚期版本（结构包括身管、内衬、护套、5个套箍、3个锁定环和压下螺丝紧固内衬）。

　　在最早架设14英寸火炮的美国船舶"纽约"级和"得克萨斯"级上，安装的是传统的双管火炮炮塔，每门火炮分别单独射击；这些炮塔跟"阿肯色"级（12英寸50倍径火炮，Mk IX式炮塔）上的12英寸火炮炮塔很像。这些炮塔重506吨。俯仰角范围是-5°~+15°。炮塔底座内径为28英尺（辊道直径25英尺1¼英寸）。"内华达"级上的双管炮塔具有大约相同的尺寸，但重532吨。

　　1910年，美国海军意识到外国海军至少有过采用三管火炮炮塔的想法。当年3月，战列舰"佛蒙特"号成功地同时发射了两门12英寸火炮，显示出在一座炮塔内进行多管火炮齐射是可行的。作为采用三管炮塔的第一步，有人提议，将"印第安纳"号的前炮塔改为三管8英寸火炮炮塔。

海军军械局反驳说，这样的测试不能为采用较大口径火炮的三管炮塔提供足够的参考数据，成功地施压使得下一级别（"内华达"级）的舰船立即转为采用三管炮塔。1910年4月5日批准设计的炮塔将在一个滑轨上安装3门同步俯仰的14英寸火炮。最初的建议是要呈三角形安装3门火炮，中间的一门在其他两门之上。这一设计失败了，因为它会对提升齿轮机构造成过大压力。在6月，据悉，意大利人已确定在其新战列舰"但丁"号上使用三管火炮炮塔，这显然造成了海军委员会向海军军械局征询这种炮塔是否可行。美国的三管火炮炮塔计划在1910年12月准备就绪，并被列

下图：1921年，"纽约"号在普吉湾停泊的场面。注意舰上的测距仪和2号炮塔顶部开放的通风口

右图：1921 年，停靠在在关塔那摩港的"俄克拉荷马"号战列舰。图中可见到该舰的"X"炮塔顶部有一架"纽波特"公司生产的战斗机。请注意，测距仪位于炮塔前端。当船舶被重建时，火炮仰角被增大，测距仪后移到炮塔的后端，大概部分是因为否则测距仪将干扰火炮的最大仰角。笼式桅杆平台可用于反驱逐舰炮组指挥，在它的上方设有探照灯（位置是固定的，以便它们不会使操作者看不到东西）

入下一代战列舰规划草案（1911年1月）中。建造原型三管火炮炮塔在稍晚些的1911年1月被批准（草案中确定为"内华达"级建造，准备在3月推出）。尽管有些人担心，这种尝试可能不会成功，三管炮塔的优势还是使得新战舰的设计在原型设备尚未建成的情况下就获得了通过。1912年6月22日，桁架和滑轨的就绪表示炮塔已准备好接受测试。测试包括在不同种火炮上使用所有3种现役的发射药进行射击。结果显示火炮射击偏差过大，但仔细的测量显示，无任何射击造成火炮或炮架本身的变形；无论如何，发射后出现了炮弹相互干扰现象。

右图：此图显示的是"宾夕法尼亚"号上的三管火炮炮塔，时间为1945年，两次战争之间的改进增大了火炮的仰角。相比"内华达"号的炮塔，该舰的炮塔尚没有英国风格的那种工作间。相反，火药吊车直接运行到炮塔底盘。一旦到达那里，发射药被滚进一个托盘中，再滑过火炮桁架中的一个门洞，落到下面的托盘中。在那里，它们被移交给装弹平台上的人员，经手工送到装填旋转盘上。火药传送吊车的顶部有一个门，可以在紧急情况下关闭。这种炮塔类似于"内华达"级上的三管火炮炮塔，弹药存储和供应方式也都是一样。每座炮塔配有两个主炮手和两个瞄手，岗位在桁架之间、炮塔下方的位置

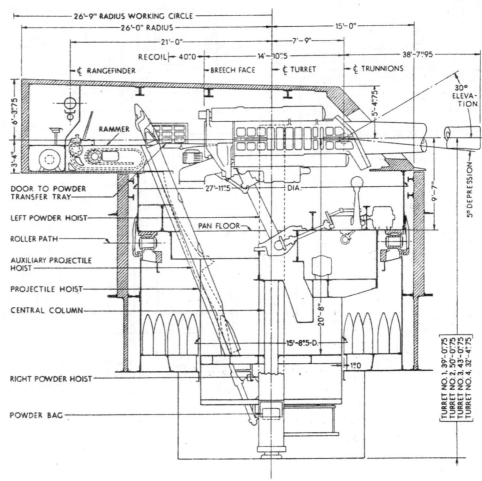

下图：图示为 1945 年间"新墨西哥"级战舰的 14 英寸 50 倍径三管火炮炮塔，当时该舰的火炮仰角已经被修改为 30°。与"宾夕法尼亚"级和"内华达"级不同，这种炮塔以由隔板分开的单独滑道承载火炮，为每门火炮配备自己的工作间。通常三门火炮的蜗轮蜗杆升降机构是交叉连接的，所以它们一起升降，但火炮也能被单独操作。火药由两级抓斗式吊车供应，吊车负责将火药带到侧翼火炮靠舷侧舱板耳轴的火药处理间。中央火炮所需要的火药由侧翼火炮工作间经一个防火的火药传送箱供应。炮弹存储在炮塔旋转机构的炮弹甲板上以及同一水平面的炮塔底座内，如果需要，可用套拉绳将炮弹从固定机构部分拉到旋转机构上。从炮弹甲板到工作间只有一级吊车，每门火炮配一台。装填器是通常的链式类型。每座炮塔的后部有一座炮塔长的私人空间

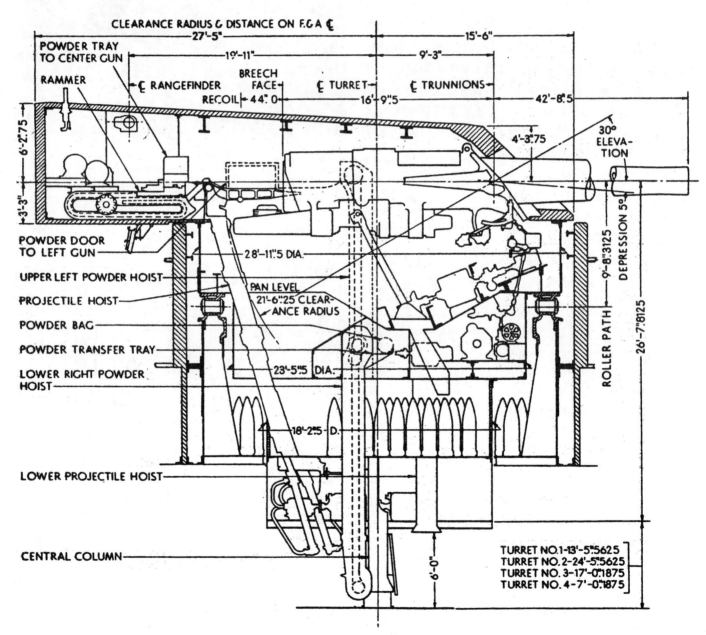

飞行中的炮弹照片表明，尽管尝试同时发射3门火炮，事实上不同火炮的发射时间是有延迟的。第1发炮弹始终直飞，但稍微落后的一发有点靠边。另一发炮弹完全落后，但始终保持着直飞。大概是第2发炮弹有时撞到了第1发在空气中造成的气流波动。对这一问题以前是没有经验的，因为没有试过在同一炮塔进行连续发射（除了在"佛蒙特"号上的试验）。解决的办法是拖延射击时间。两门侧翼火炮开炮后1/10秒，中央火炮开炮，这样的情形下，射程偏差为108码，水平偏差为10英寸。总的来说，使用双倍时间间隔（中央火炮领先，然后右炮，然后左炮）解决了的问题，射程偏差减少到69码，水平偏差减少到7英寸，这至少是和单独发射的火炮的成绩一样好了。

采用三管火炮炮塔相对于双管火炮炮塔，可使每门火炮节约大约25吨重的炮塔装甲和构件，节约47吨重的炮塔底座装甲。"内华达"级的双管炮塔和三管炮塔的辊道（瞄准所用）重量分别为550吨和750吨，炮塔底座直径分别为28英尺和30英尺。为适应三管火炮炮塔，14英寸火炮需要采用一种新的下摆式炮尾机构，因为中央火炮不能像平常火炮那样向一边摆动炮尾。负责移动弹药进入大炮的装弹盘和链式装填器可以被移到炮尾"蘑菇头"的顶部。炮弹被底座朝上储存在火炮升降于其中的炮塔底盘下面的水平空间（和炮塔一起旋转以及该层和接下来的更低层的固定结构上。对炮弹来说，在当时，这一水平空间，相当于其他国家海军舰艇上的炮弹库或上部处置室，起到存放已经准备就绪的炮弹的弹药库的作用。有两台在管道中运行的吊车直接从这一水平空间通到火炮炮尾的后面。当炮弹进入管道时，它被掉个（如此以便让炮弹的尖头先插入炮身）放到一个装弹托盘上，沿着联通整座炮塔的导轨（以便两台吊车可以供应三门火炮）前行，链式装填器紧随其后。炮弹处理室下面的水平空间是火药处理室，也跟着炮塔旋转。火药从这里被送上两台扬弹筒吊车，这两台吊车在位于炮塔侧面、火炮靠船舷的外侧设有出入口。药包通过桁架（用于支撑火炮和火炮侧面结构）上的门洞达到托盘，随后交由手动装填，被放置在装弹盘上以备装填。药包被送进处置室是通过舱门经人工运送。请注意，所有火炮并不一起装填。一艘船舶上的所有火炮进行齐射的想法在当时显然还没有被完全接受。火炮沿大型滑轨的俯仰由电动机驱动的蜗轮蜗杆机构实施。

除了在处理室的库存，炮塔内桁架外也水平地存贮有一些炮弹。"内华达"级战舰为美国海军重新引进了实施炮塔火药装填的惯例。实际上相同的三管火炮炮塔还武装了接下来的舰船级别"宾夕法尼亚"级。

俯仰角范围是−5°~+15°；"内华达"级和"宾夕法尼亚"级的三管火炮炮塔重量分别为693吨和721吨。

截至1923年，美式14英寸炮弹有：Mk III式穿甲弹（1400磅，含30.5磅炸药，49.38英寸，3.5倍径，弹形系数7），类似的穿甲弹还有Mk V式、Mk VI式、Mk VII式、Mk VIII式和Mk IX式。不同版本的穿甲弹大概反映了尝试生产最令人满意的远程穿甲弹的努力。炮弹重量是恒定的，但炸药的重量有轻微变化，在31.5磅（例如，Mk V式2B型）和29.5磅（例如，Mk VIII式2型）之间浮动。这些炮弹由两种类型的14英寸火炮发射。

14英寸Mk I式0型

口径	14英寸50倍径
重量	178211磅
带炮尾重量	180385磅
整体长度	714.0英寸
倍径	51
炮膛长度	700英寸
倍径	50
膛线长度	597.911英寸（炮弹膛内行程603英寸）
药室上方直径	48.0英寸
药室容积	19.555英寸
膛线：阴膛线	84条
缠度	1/50 ~ 1/32
深度	0.075英寸
宽度	炮口往后1000英寸处0.08英寸
炮弹	1400磅
发射药	470磅
炮口初速	2800英尺/秒

这种火炮武装了"新墨西哥"级和"加利福尼亚"级战列舰，本来还将用于武装1917年的战列巡洋舰（可提供40°最大仰角的炮塔）；但装备着16英寸50倍径火炮的后者却在1917年退役了。1917年，海军军械局计划在老式战列舰"印第安纳"号上装1门配备40°仰角炮塔的单管火炮，以取代该舰上原有两座炮塔中的一座，供测验用。

在1926—1927年间的远程作战训练中，14寸50倍径火炮曾出现过非常严重的距离偏差问题，当时装备这种武器的5艘船是第一次采用全装发射药射击。平均偏差从1200码到3200码不等，这种情况是没法接受的。显然从一开始就出现了某种系统性的问题，因为分布模式显示的是两组完全分开的射击数据。最初的猜测是火炮因为太长导致发生"鞭甩"，或者彼此之间靠得太近（安装了延时机构以使3门火炮错开发射时间）。较早给出的解释是装填时炮弹没有被正确地放置，这是因为相对陡峭的药室前部斜坡形状造成的。不恰当的放置方式可影响炮口初速，使2800英尺/秒的速度最多减少125英尺/秒。火炮药室随后被加工到合适的坡度，以便更好地放置炮弹（像3型和11型那样）。另外一个替换方案是把发射药换成5份，以填满炮弹和炮尾之间的空间，试验是成功的，但方案最后还是被否决了，原因是使得装弹复杂化（每台吊车的装载量是4份发射药）。但即使重新加工过药室，问题依然存在，人们于是以为原因可能是药室中的发射药和炮弹之间存在有空气的缝隙。因此，Mk VII式和Mk VII式1型开始采用较短的药室。结果是非常戏剧化的。第一艘使用Mk VII式火炮的舰船"密西西比"号（已经现代化），偏差距离为690码。

产品：Mk I式：第82号（1916年）至200号（1920年交付）。从第120号（1916年）开始的火炮是1型。请注意，82号未被保留进行测试；该炮在1916年9月12日被送交纽约造船有限公司，后在1919年被装载到"爱达荷"号。出于对16英寸50倍径火炮的欣赏，1919年一些14英寸50倍径火炮（本可能是用于战列舰的）的订单被取消了。

该种嵌套式火炮的结构包括身管、护套、内衬、3个套箍、2个锁定环和压下螺丝紧固内衬以及4英寸厚、直径为48寸的凸缘。炮尾是下摆式的，因此，在空间紧凑的炮塔内部，没有任何一种火炮会干扰其他火炮。1型上省略了压下螺丝紧固内衬，护套和C1套箍相应地延长。有一门火炮（第100号）通过改用更重的内衬被转换为2型。3型由0型经更换内衬、采用等齐缠度（1/32）改造而来，离炮口最近的一级内衬被去除。4型也是相似的情况。5型做了进一步调整，采用更深的阴膛线（0.14英寸深），其药室也进行了修改，以适应这些变化。6型由2型更换等齐缠度内衬而来。7型由1型更换内衬而来（采用渐速缠度膛线的内衬），最靠近炮口的一级内衬被去除。8型为修改3型药室卡座的产物。9型为修改4型药室卡座的产物；与8型的不同在于压下螺丝紧固内衬上没有单独的凸缘。Mk IV式10型是一种采用短药室的实验性版本；正式采用此种药室的型号被命名为Mk VII式0型。11型是1型的药室卡带被磨出3½°斜坡的产物（此种修改可在舰船上进行，使用海军火炮厂研发的一种工具）。Mk VI式是一种1919年的设计（当年似乎没有建成任何火炮），跟Mk IV式1型几乎完全相同，但采用一级圆锥形内衬和等齐缠度（1/32）的膛线。

在14英寸50倍径三管火炮炮塔上，火炮重新被装在单独的基座上，但按计划本来是要把它们锁定在一起的。与在14英寸45倍径火炮炮塔上一样，大多数炮弹被存在火药处置室下方、脱离炮塔的处置室中，而不是在英国风格的炮弹库内。普通弹处置室中底座朝下存储68发炮弹，另有33发被放在炮塔内部和炮塔装甲后面的平衡配重空间、加强筋中间、炮弹处置室的同一个水平空间里。这些炮弹可以底座朝下地旋转着蹭动（被套拉绳套住），经过4个拱形开口，进到炮弹处置室，在那里它们被套拉上通往火炮处的吊车。带装甲的炮弹吊车管道穿过上方完全隔绝于炮塔的火药处置室。所有处置室和该房间上方空间中的炮弹都可供战斗使用。更多的炮弹被存放在其他地方，实际上作为一种交火间隙可以调用的弹药储备：55发在炮弹处置室下方的甲板上，21发在炮塔底座内，还有7发在通道里。炮塔配有两台炮弹吊车，中央火炮所需弹药经一门侧翼炮塔的后面，穿过分隔开两门火炮的隔板，被运送过去。

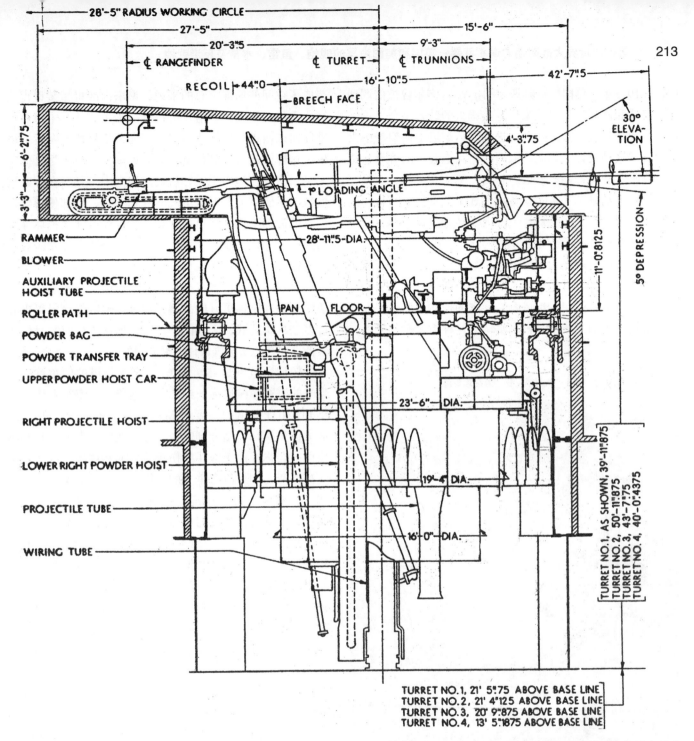

上图："加利福尼亚"级（BB 44 号）上的三管火炮炮塔和"新墨西哥"级上的类似，但是被设计成具有较高仰角（30°）。"加利福尼亚"级船舶在战前未经过现代化改造。如在更早期的炮塔上一样，火药由抓斗吊车运往炮塔下的处理室，在那里再经由吊车运送到液压连杆驱动的小车上。每门火炮都有自己的火药车。然而，只有两台运送炮弹的吊车。中央火炮的炮弹从吊车上卸下后，经过隔板上的一个有防火盖板的开口，被滚上炮弹处理台。每门火炮下方配有自己的主炮手和瞄手。此图显示了该种炮塔 1945 年的状况，当时船只已经过现代化改造

1917—1918年，英国建造师斯坦利·V.古多尔曾被借调到美国建造和修复局。对他来说，美国人的装备是令人不满意的：炮弹和火药被随意地送进炮塔，炮塔上面架着中央火炮，"这种设计"如此"取巧，对火炮装填的可靠、持续的快速供应从来就没有实现过"。

两台电动吊车（带手动备用模式）负责把火药从弹药库送到火药处理室，在那里有3台为火炮服务的吊车，其中为中央火炮配置的一台位于一边。

美国人曾花费极大精力以保持炮塔的紧凑，炮塔底座直径也被制造得尽可能小。古多尔认为，使用电力节省空间，减轻重量，但使得炮塔容易受水的损坏。此外，电动机通常用于驱动液压泵，古多尔认为这种组合有些复杂，

下图：1925年4月30日"加利福尼亚"号在珍珠港

造成了空间的局促。总的来说，炮塔内的机械装设得太拥挤、重复（以确保炮塔保持持续射击），使其中很难运送进任何东西来进行维护或维修。万向节尽可能地贴近炮塔面板，这样做的目的是创造较小的火炮发射口（尽管仰角很大），但也使炮塔正面容易被敌炮击中。紧靠在一起的火炮减少了侧翼火炮射击造成的互相干扰，但却使得维护结构时的拆卸工作变得更加困难。套拉绳可能会损坏穿甲弹的弹底引信，在航行过程中，套拉绳可能会突然断裂，因此这种东西对于工作人员来说是非常危险的。火炮都比英国的要轻得多，古多尔声称，一些美国军官曾承认，如果使用更重和刚性更好的武器，这种火炮可能会射得更好。古多尔喜欢美式的干净的平顶盖，但认为1号和4号炮塔的较低立面在恶劣天气条件下毫无用处。

俯仰角范围是-5° +30°。增大炮塔的仰角首先是由当时的海军军械局局长约瑟夫·施特劳斯海军上将于1915年4月30日提出的：要做到这个是很容易的，他说，把最大仰角从15°增加到20°，可以在射程上增加4875码。那可能会弥补由于战斗损伤所造成的船体倾斜。情况很快就被搞清，如果没有重大的结构性变化，仰角可以提升至30°，射程达到33000码。这种改变也受到对正在进行中的欧洲战事进行观察的美国观察员的支持。例如，在1915年，据报道（不正确地），德国的战列舰炮可以提升到30度仰角，而且（正确地）船舶间的战斗距离非常远。报纸照片也显示，"伊丽莎白女王"级可以将其火炮提升至30°仰角。也有人认为，更多的提升仰角将使得用较少发射药开炮变得不可能，而减少发射药的使用将减轻身管的侵蚀。舰队司令弗莱彻海军少将希望能达到38°~45°的仰角。虽然这在"爱达荷"级上不是很容易实现，但在当时美国最新型的无畏舰时代的主力舰（"南达科塔"级战列舰和"星座"级战列巡洋舰）上，都采用了将16英寸50倍径火炮炮塔的最大仰角提升到40°的做法。截至1918年，海军军械局深深地迷上了战列舰利用空中侦察可以达到的远程作战距离。远距离射击成为了两次大战期间美国海军的狂欢节。

辊道直径是28英尺1¼英寸。在"爱达荷"级上，装弹角度是0°，而在后来的"加利福尼亚"级上是1°。按照1924年的理解，一个典型的发射周期可能是31秒。在训练有素的船员操纵下，大口径的美国火炮可在约12秒钟内完成装弹。1924年1月，有分析设想了一种能以15°仰角发射、0°装弹的火炮。该种火炮的俯仰速度为4°/秒，因此下降到装弹角度的时间是5秒（假定75%效率）。在指挥仪引导射击时，装弹火炮通常要等待9秒再射击。发射周期包括火炮俯仰的时间（共10秒）、装弹时间（12秒）和等待时间（9秒）。缩短等待时间将可以提升发射速度。例如，火炮在第一次齐射后可以不等待落点观测的结果。通常的做法是直到所有炮塔的"就绪"指示灯点亮才开炮，这种做法进一步降低了最慢的炮塔的射击速度。相比之下，在1913年对"密歇根"号和"南卡罗莱纳"号的耐久力测试中，齐射间的平均时间是27秒，射程为6500码（3°仰角）；在15°仰角发射时，该时间大约为35秒。炮弹飞行时间约8秒，大概有4秒都浪费在每次齐射上，因为必须要观测早先齐射的落点。在1913年，"阿肯色"号取得一项世界纪录，6发6中用了57秒——平均发射周期19秒，所采用的炮塔是双管火炮炮塔，该舰另一座炮塔的成绩是28秒。

第一次世界大战期间，美国海军部署了15门14英寸50倍径的火车牵引炮到法国。1918年9月，陆军提出在次年需要70门重炮。然而，军队缺乏足够的资源，因此海军为其提供了64门火炮，其中包括15门已经部署在法国的。不清楚的是，是哪个厂家生产了所需的炮架。

美军相当于德国"巴黎大炮"的是9英寸98倍径火炮（9英寸的Mk I式0型），该种火炮计划由14英寸50倍径火炮加长而成（达到900英寸长），此外，炮身上添加了合金钢的套箍，为了增强套箍的安全性，又在套箍上缠了一个锁紧环。重型合金钢内衬口径减少到9英寸。药室上方直径本来是49英寸，药室容积本来是20000立方英寸。连同炮尾，火炮本来重206429磅。膛线本来是右旋的，采用渐速缠度，缠度从1/48升到1/45，长度为757.833英寸。这种火炮始终没有完成，其未加工膛线的身管被丢在达尔格伦试验场很多年。

9英寸火炮计划的意义，至少对于海军军械局来说，远不止一项实验而已。（海军军械局的）一个希望是载运这种火炮的舰船能够在安全的距离轰击海港中的德国舰队，从而逼迫德国人到大海上大战一场，"借此，主动挑战的德国舰队会丧失足够多的舰船单位，远多于美国人为此付出的费用和时间"。本来计划会在二线战列舰上架设这种火炮。1918年秋天，显然，英国皇家海军部对此想法是爱理不理的，但是，美国海军军械局局长仍然想将这个想法提交给海军作战部长。另外，配备给14英寸50倍径火炮使用的Mk I式火车牵引炮架可以用于架设9英寸98倍径火炮。

13英寸火炮

13英寸Mk I式 1型

口径	13英寸35倍径
重量	128000磅
带炮尾重量	129900磅
整体长度	419.10英寸
倍径	36.8
炮膛长度	460.6英寸
倍径	35.4
膛线长度	370.57英寸
倍径	28.5
药室上方直径	49.0英寸
药室容积	14.725立方英寸
药室压强	16吨/平方英寸
膛线：阴膛线	52条
缠度	0~1/25
深度	0.05英寸
宽度	0.4847英寸降至0.4147英寸（炮口处）
炮弹	1130磅
发射药	180磅无烟火药
炮口初速	2000英尺/秒

这种火炮武装的战列舰包括"俄勒冈"级、"肯塔

基"级和"阿拉巴马州"级，共有8艘船舶。最初的发射药是几乎500磅的有烟火药。可穿透的碳素钢在炮口处约25英寸厚，在2500码处是20英寸厚（危险界方圆215码）；危险界与射程1000码处位置危险界相当。自1903年开始，海军军械局为这种火炮设置了"开放性射程"达8000码，远远超出美国炮兵技术所能实际实现的水平。最大射程（仰角15°）是大约12100码。发射周期（1903年）约320秒——每隔5分钟或更长的时间发一炮。1号火炮在1895年7月完成，几乎立即被安装在"印第安纳"号战列舰上。Mk I式共计生产了12门（1892型：第1—12号）和22门Mk II式（1896

型：第13—34号）。Mk I式被架设在"俄勒冈"级上。Mk II式（第13号的交付时间是1899年6月）武装了"肯塔基"级和"伊利诺斯"级（1门备用）。

这种火炮的嵌套式结构包括身管、护套、7个套箍、2个锁紧箍和2个锁定环；火炮由3个连在一起的紧固带固定在滑轨上。1型是0型采用新型炮钢部件和不同形状药室重建的产物。2型由Mk I式或Mk II式0型更换筒形镍钢内衬而来。Mk II式的结构有所不同，有8个套箍、1个锁定套箍和2条锁定带。Mk II式1型经修改，类似于Mk I式2型。3型由Mk II式0型或2型更换圆筒形镍钢内衬而来。第26—34号火

下图：1898年10月12日，"俄勒冈"号离开纽约，奔赴马尼拉。图为该舰13英寸火炮前炮塔（美国海军照片，来自刘易斯·H. 罗基相册，艾伦·J. 德鲁甘提供）

下图："肯塔基"号的炮塔上，前面架设了2门8英寸火炮，后面高处架设了2门13英寸火炮。虽然这两组火炮显然处在独立的炮塔中，高处和低处的炮塔却严格地锁定在一起，所有4门火炮同步运转。相对于传统样式的炮塔，美国海军显然对其双管炮塔更有自信，本图片未公开发表过（来自官方的计划书）

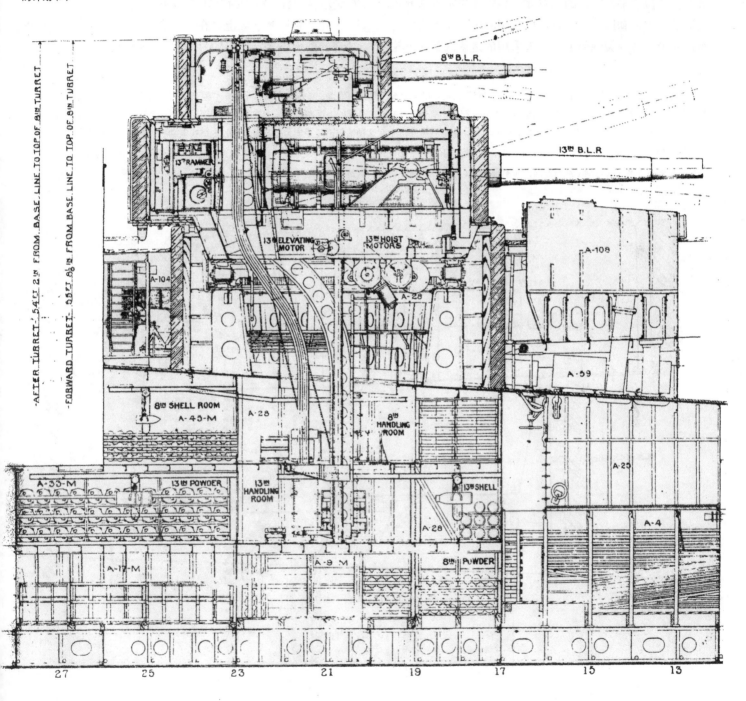

炮（1898型）有了新的扩大的Mk II式的药室。

　　"俄勒冈"级具有圆形的炮塔（Mk II式液压驱动炮塔），类似于早些时候的10英寸和12英寸浅水重炮舰Mk I式炮塔。"俄勒冈"号上，炮塔采用液压驱动齿轮机构，而在同级其他两艘舰船上，炮塔采用的是蒸汽驱动齿轮机

构。俯仰（–5°～+15°）是液压驱动的。可在所有方向10°仰角装弹，采用开放式吊车和液气压混合驱动的5拐曲柄装填器。旋转机构的重量是440吨。

　　在"肯塔基"级上，在主炮塔的上方，固定在主炮塔顶部的副炮塔上，采用Mk III式炮塔架设8英寸火炮。这种

下图：图为"阿拉巴马"级上的13英寸Mk IV式双管火炮炮塔（弹簧回复式炮架），该图来自官方手册。"爱荷华"号的炮塔与普通炮塔最突出的差异是其倾斜的正面。所有炮塔都是椭圆形的，结构平衡的。4个弹簧被装在身管的上面和下面，上方的两个较短，以适应炮塔正面的倾斜度。如同以后的美式炮塔上一样，大炮的俯仰借助于蜗轮蜗杆机构，炮身稍微倾斜（在这种情况下采用电力驱动系统），炮塔在电动机驱动的齿轮机构的带动下，沿着炮塔内的一条轨道，旋转到一个垂直的竖井中。火炮可以在处于瞄准过程中的任何角度装弹，但装弹时火炮本身只能处在固定的角度（0°），这是因为装填器被安装为配合炮塔经行空间，而不是火炮（对此，手册评论说，这是更好的选择）

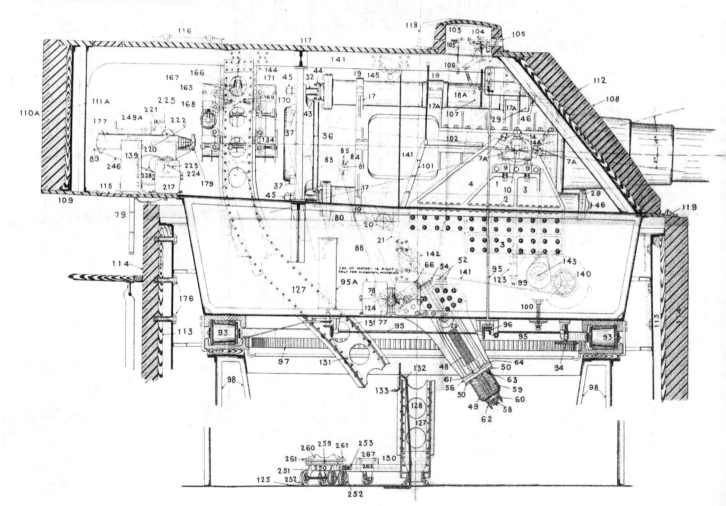

组合被采用，是因为8英寸发射得要比13英寸更快，两者之间似乎不太可能会有任何的相互干扰。然而，在20世纪早期，当重炮变得能够更迅速地发射后，干扰问题出现了。这种炮塔的瞄准均以电力驱动。俯仰角区间：–5°～+15°。装弹角度2°仰角，使用可伸缩式链条式装填器装弹。装炮弹的吊车笼位于吊车底部，位置正好对着炮尾。头半份发射药被放在一个火药托盘上，托盘可翻转使发射药滚到装填器对面。后半份发射药被放在头半份发射药上方的位

下图："爱荷华"号的12英寸MkⅢ式炮塔是当时美国海军的10英寸到13英寸炮塔的典型代表（"俄勒冈"级上有相应的13英寸炮塔）。虽然显然圆形炮塔可以直接在甲板上转向，但该种炮塔却是椭圆形的。相对于后来炮塔的主要区别在于这种炮塔的侧面是圆弧形的，而且纵向是垂直于甲板平面的。请注意装弹角度为固定的3°，导轨上的装载车被调整到以该角度倾斜以配合火炮。此种炮塔类似于8英寸的MkⅦ式和MkⅧ式，除去缓冲器和滑轨是分开的，由它下面的螺栓将其固定。火炮配有4个复进缓冲器，而不像在8英寸火炮炮塔上那样配有2个。火炮俯仰靠手动摇动蜗杆实施，瞄准由液压驱动

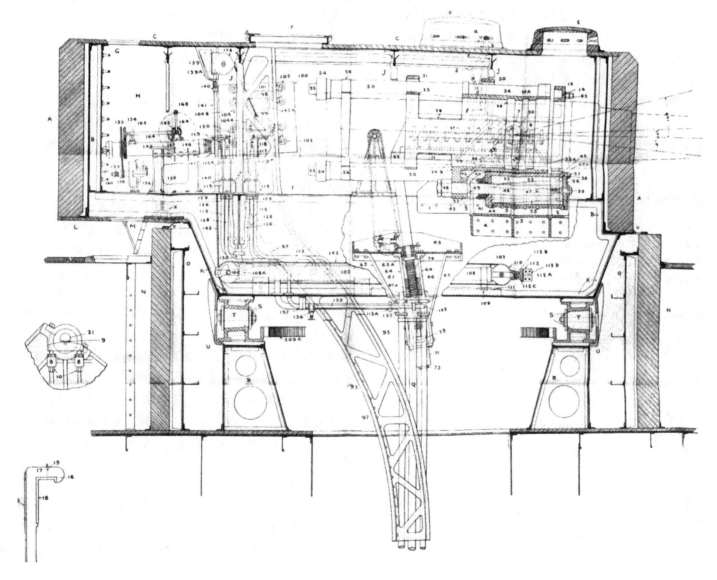

置，有类似的机构处理。旋转机构的重量是712吨。每门火炮的炮弹配给量是60发13英寸的和125发8英寸的。

"伊利诺斯"级上安装的是Mk IV式炮塔，该种炮塔具有倾斜的面板。这种炮塔类似于Mk III式，但是为配合倾斜的面板结构，其高处的复进缓冲器必须小于低处的一对。装弹角为2°。旋转机构的重量是503吨，炮塔上可以为每门火炮存放60发炮弹。

尽管当时所有的13英寸火炮都已经报废，但1923年的军械手册还是保留了一种13英寸Mk III式穿甲弹（43.58英寸长，3.35倍径，弹形系数3，1130磅重，带炸药22.11磅）。此外，还有Mk V式穿甲弹（42.22英寸长，36.12磅炸药），Mk IX式〔46.05英寸长或（2型）46.477英寸长，弹形系数7，带炸药27.75磅〕。

12英寸火炮

12英寸Mk I式0型和Mk II式0型

口径	12英寸35倍径
重量	100800磅
带炮尾重量	102550磅
整体长度	441.0英寸
倍径	36.75
炮膛长度	424.32英寸
倍径	35.4
膛线长度	339.52英寸
倍径	28.3
药室上方直径	45.0英寸
药室容积	11991立方英寸
药室压强	15.5吨/平方英寸
膛线：阴膛线	48条
缠度	0 ~ 1/25
深度	0.05英寸
宽度	0.4847英寸降至0.4147英寸（炮口处）
炮弹	850磅
发射药	425磅有烟火药
炮口初速	2100英尺/秒

12英寸Mk I式（第1—8号火炮）安装在浅水重炮舰"蒙特利"号（第1—2号）、"得克萨斯"号战列舰（第3—4号，架设在单管炮塔上）和浅水重炮舰"清教徒"号（第5—8号）上。Mk II式（第9—14号和第57号）武装了战列舰"爱荷华"号。Mk I式被认为属于1889年的型号，Mk II式被认为是1893年的型号。可穿透的碳素钢在炮口处约24寸厚，在2500码处是19英寸厚；危险界与在1000码处的危险界相当，在2500码处是大约210码。截至1903年，因船员技术水平的不同，单发瞄准发射周期从3分钟到5分钟不等，标准发射时间间隔是300秒（5分钟）。最大射程在15°仰角时约12500码，1903年海军军械局确定的"开放性射程"为8000码。第1号火炮于1892年1月交付。这种火炮在第一次世界大战中幸存下来，有关提案被战争部拒绝，然后被尽数销毁。1917年12月，3、4号火炮经调查被确认不适合服役。1903年4月，第9号在"依阿华"号上发生爆炸。

Mk I式属于嵌套式火炮，结构包括身管、护套、10个套箍和锁定环，所有部件均采用枪炮钢制造；套箍从炮口开始一直延伸到距炮尾6英寸处。采用侧摆式炮尾。这种火炮一共制造了2门。1型的不同之处是套箍一直箍到炮尾面上。这种火炮一共制造了2门。2型用于"得克萨斯"级战列舰（12英寸Mk III式1型炮塔），相对于1型的改进之处是将捆扎带的后面切掉了1.46英寸宽，以使火炮在炮塔上保持平衡。Mk II式0型用于"爱荷华"号，与此前型号参数相同，只是采用了不同的结构（7个套箍和锁定环），套箍从炮口开始延伸了73.5英寸。1型是由0型更换镍钢内衬而来，该内衬由经过修改的药室中的卡座固定。又加了一个锁定环做强化。2型由0型从炮口往下被切断了155英寸而来，另外还采用了重型圆筒镍钢插入式内衬。两个新型炮钢套箍被缩小，并且增加了两个紧固的锁定环，使内部和外部尺寸和Mk II式1型完全一样。

Mk I式炮塔装备了"蒙特利"号和"清教徒"号浅水重炮舰。这种液压驱动炮塔采用圆形外壳，类似于上文所述13英寸Mk II式炮塔。与13英寸Mk II式炮塔的主要差异是，最大俯角被限制为3°，火炮装弹角度为9.5°仰角。

Mk II式用于配备"得克萨斯"号战列舰，在1914年前，该舰被当做测验标靶用掉。这是仅有的美式单管火炮炮塔，类似于13英寸的Mk II式，但最大的俯角为4°，装弹角0°。最初炮塔只允许以一个固定的角度装弹，这种限制在1898年美西战争爆发前不久被取消。

Mk III式用于装备战列舰"爱荷华"号。炮塔略呈椭圆形，其椭圆的后部悬于炮塔底座之外。瞄准机构是液压驱动的，俯仰机构为手动。俯仰区间为−5°～+14°，装弹角度是3°。吊车系液压驱动。这是第一种结构平衡的美式炮塔。旋转机构的重量是448吨。

12英寸Mk III式0型和Mk IV式0型

口径	12英寸40倍径
重量	114960磅
带炮尾重量	116480磅
整体长度	493.0英寸
倍径	41.1
炮膛长度	480英寸
倍径	40
膛线长度	388.554英寸
倍径	32.3
药室上方直径	48.5英寸
药室容积	17096立方英寸
药室压强	16吨/平方英寸
膛线：阴膛线	72条
缠度	0～1/25（见下文）
深度	0.05英寸
宽度	0.4847英寸降至0.4147英寸（炮口处）
炮弹	870磅
发射药	237.5磅无烟火药
炮口初速	2400英尺/秒

这种火炮武装了"密苏里"级、"缅因"级和"弗吉尼亚"级战列舰，后者的炮塔中也可架设8英寸火炮。这种火炮也武装了"阿肯色"级新型浅水重炮舰。Mk III式被认为是1898年的型号。产品：Mk III式（第15—48、50—56号，共41门）。两门火炮（第36、41号）在测试期间炮口炸裂，但被修复并被接受进入服役。这些爆炸事件表明，

该种火炮在炮口附近的强度不足，因为本来设想给它们使用慢速燃烧的无烟火药，因而是很好理解的。另10门火炮是Mk IV式：第49号、58—60号、150—154号（订购于1914年）和179号（Mk IV-1-1909式）。第49号最初可能属于Mk III式，Mk III式的生产数量已达42门。第58—60号被描述为属于Mk IV-1906式。大编号的火炮通常用作军方需要的备用品。

一些火炮被作为Mk IV式修造，它们类似于Mk III式，但其B管延伸到炮口处。少数建造出来用于替换Mk III式，那些Mk III式在测验中损坏，只好作为备用。Mk III式火炮退出服役后，通过追加紧固套箍到炮口以及在必要时更换内衬，被改造成Mk IV式（作为备用）。在1908年，有建议生产5门新的Mk IV式，以替代被改造成标准Mk IV式的那些Mk III式。

最初的Mk III式火炮具有等齐缠度膛线（第15—34、37—40号）；后来的一些采用了渐速缠度膛线（缠度为0～1/25：第35号、第42—48号、第50—56号），火炮采用这种类型膛线是在更换内衬时。这种火炮要么采用48条阴膛线和1/25的缠度，要么采用72条阴膛线和渐速缠度（0～1/25，在388.32英寸处开始有膛线）。更换内衬的火炮会采用渐速膛线。

0型不同于以往12英寸火炮之处在于，火炮具有一个滑轨和锁定钥，而不是被卡带固定在基座上。其嵌套式结构包括身管、护套和8个套箍（从炮口箍到距炮口83英寸处）。1型具有较小的药室（17234立方英寸），但具有类似的性能；所有这种类型的火炮后来都被再次修改为3型。2型跟1型的不同之处在于追加了一个长的紧固套箍。3型具有镍钢内衬和一直延伸到炮口的炮钢套箍。有关膛线和膛线长度的数据采用的是这个版本；1型和2型具有略短的膛线（387.954英寸）。

Mk IV式具有不同的结构（7个套箍，一直延伸到炮口）和体积较小的药室（16858立方英寸）。1型由0型更换圆筒形镍钢内衬而来。与Mk III式3型一样，早期的这种火炮具有等齐缠度膛线，后期的采用渐速缠度膛线（1型有72

下图："缅因"号的 12 英寸 40 倍径火炮 Mk IV 式炮塔（BB 10 号）。图片来自英国外国海军军械手册（1906 年），但它的风格和细节显示该图是一份美国官方图纸的复制品

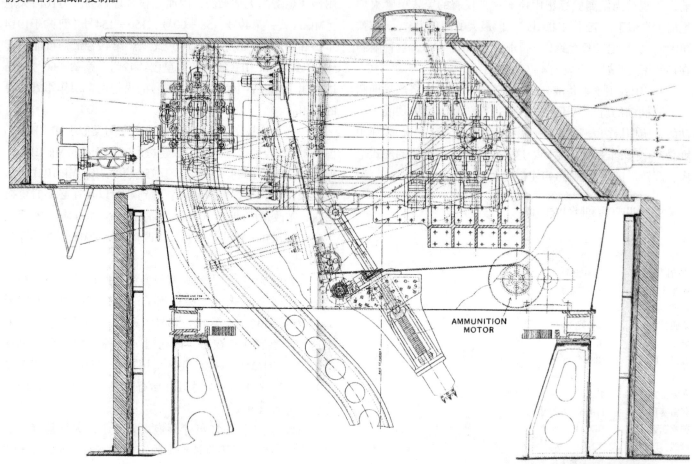

AMMUNITION
MOTOR

条阴膛线）。

　　Mk IV式双管火炮炮塔装备了"密苏里"级（"缅因"号）和"阿肯色"级（浅水重炮舰）。如"伊利诺斯"号上的炮塔一样，这种炮塔具有倾斜的表面、椭圆的整体形状。瞄准和俯仰机构都是电动的，火炮俯仰独立进行。俯仰区间为-5°~+15°，装弹角度是水平角度。

　　Mk V式炮塔用于配备"弗吉尼亚"级，如在"肯塔基"号的炮塔上一样，这种炮塔上可兼用12英寸和8英寸火

右图："弗吉尼亚"级的"弗吉尼亚"号上的 Mk V 式双管火炮（12 英寸和 8 英寸）炮塔

炮（每种口径2门火炮）。与"肯塔基"号的炮塔不同，12英寸和8英寸火炮分享共同的倾斜炮塔面板。炮塔可以从12英寸或8英寸火炮的位置开始瞄准，内部联锁机构确保只有在一个位置能控制炮塔瞄准。俯仰角范围是-7°~+20°，12英寸在处于水平位置时装弹。火炮配有一个带装载托盘的运输笼，装载托盘借助铰链连接在一个炮弹托盘的前部。在笼子移动时，装载托盘处于垂直姿态。当它到达火炮旁边时，装载托盘处于水平姿态。按照设计，12英寸火炮的装弹时间间隔是90秒。旋转机构的重量是604吨。弹药量是每门12英寸有60发，每门8英寸125发。

12英寸Mk V式0型

口径	12英寸45倍径
重量	117.032磅
带炮尾重量	118552磅
整体长度	553.00英寸
倍径	46.1
炮膛长度	540英寸
倍径	45
膛线长度	447.95英寸
倍径	37.3
药室上方直径	48.5英寸
膛线：阴膛线	75条
缠度	0到1/25（第61—95号）；等齐缠度1/25（第96—149号）
深度	0.075英寸
宽度	0.4299英寸降至（炮口处的）0.2736英寸（2型）
炮弹	870磅
发射药	305磅
炮口初速	2700英尺/秒

Mk V式武装的战列舰包括"康涅狄格"级和"爱达荷州"级中美国最后的前无畏舰以及"南卡罗来纳"级、"北达科他"级和"犹他"级战列舰中的重炮战舰。相对于Mk III式，这种火炮被大大简化，加强套箍只追加到较长B管的炮口处，桁架的负重强度有所增强。炮口凸缘的长度和直径也相应增大，以获得更大的强度。一份1914年前的英国记录将这种火炮纵向强度的加强归因于锁定系统和结

构的强度。1C和2C套箍分别从炮尾和炮口开始箍起，再通过螺纹锁紧环将两者锁紧。D套箍用于冷缩锁紧炮尾，一共有4层的钢圈。最早的此种火炮是第62号（1905年12月递交）。产品：Mk V式：第61—149号（89门火炮）。Mk VI式：第155—178号（24门火炮）。

在这种火炮需要更换内衬时，在采用渐速缠度膛线还是等齐缠度膛线方面出现了不同意见。因此，在1913年，渐速膛线（在388.32英寸后采用等齐缠度）被限定于仅在第81—88号和95号上使用；第99、110、112、113、116—19、121—134、136—148号采用等齐缠度的膛线。所有的0型火炮均进行了修改。在1913年，1型包括第61—72、89、94、135号，全都采用的是渐速膛线。其中，在第62号、65和66号上，在D1套箍下面捆了一层金属线，第62号上，C4套箍下面有类似的金属线层。2型包括第73—76、80、96、98、100—109、111、114、115和149号，它们都具有类似的膛线。3型包括第90和91号；4型包括第92和93号；5型包括第77、78、79、97、120号。这是更换内衬的Mk V式火炮的情况，更多的火炮最终被修改成5型。该类型火炮的膛线类似于1型的膛线。

实际上这种火炮是一种加长版的Mk IV式，其结构包括身管、护套、6个套箍、锁紧环和压下螺丝紧固内衬，所有部件均采用镍钢材质（以前的火炮是炮钢和镍钢混合材质）组成。火炮套箍一直延伸到炮口部。1型由0型（采用渐速膛线）改用圆筒形内衬（膛线为448.704英寸长）改造而来，并使用了修改的药室（16885立方英寸）。2型由0型（采用渐速膛线）改用圆锥形镍钢内衬和同1型一样的药室（容积16907立方英寸）改造而来。3型是0型采用圆筒形镍钢内衬，并改用不同炮尾机构（Mk 9式霍尔姆斯特伦式炮尾，而不是Mk 6式）。4型采用圆筒形内衬和另一种新型炮尾机构（Mk 10式）。5型具有一种圆锥形镍钢内衬和更小的药室（14611立方英寸）。6型是采用合金钢材料新身管、追加套箍和锁定套箍重建的4型；这是一种唯一适用于Mk 10式炮尾机构、采用较小药室（14611立方英寸）的版本。7型是按照6型技术标准改建的5型（采用不同的炮尾机

构：Mk 6式2型）。8型由0型更换圆筒形镍钢内衬，并采用小型药室而来。9型系0型或5型采用两级圆锥形内衬和小型药室（在后者，离炮口最近的内衬被取消）改造而来。膛线被修改为采用1/32的等齐缠度。10型是0型采用内衬，或8型更换内衬而来，具有小型药室，圆筒形内衬采用的是1/32

下图："康涅狄格"级的最后一艘舰船是"新罕不什尔"号。图为这艘船上的 Mk Ⅵ 式 12 英寸双管炮塔，图片来自 1906 年英国的外国海军军械手册。注意炮塔顶部瞄准口的缺失。如图所示，该炮塔实际上本来属于"南卡罗来纳"级。修改后用于"新罕布什尔"号，这种炮塔支持所有角度装弹

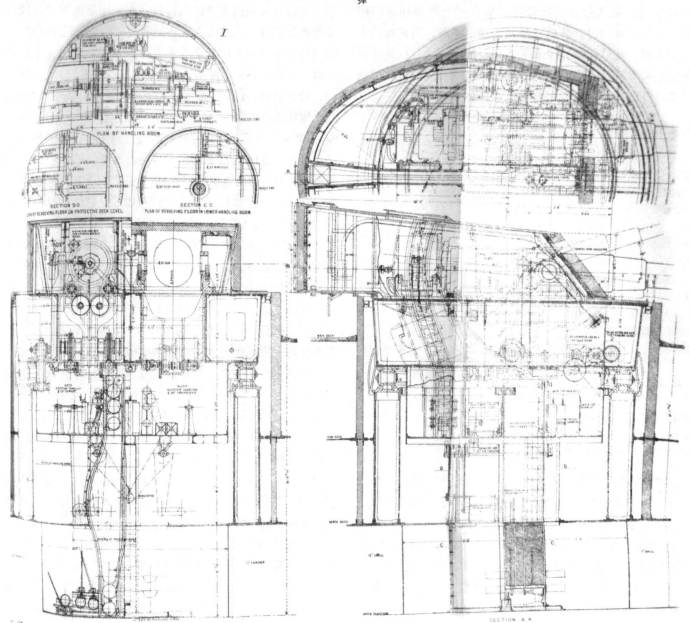

的等齐缠度。11型由0型更换圆筒形镍钢内衬，并采用小型药室和1/32的等齐缠度的膛线而来。12型，由4型更换内衬，采用小型药室和1/32的等齐缠度的膛线以及Mk 10式炮尾而来。13型，由6型更换两级圆锥形内衬，采用小型药室和1/32的等齐缠度的膛线以及Mk 10式炮尾而来。

Mk VI式是一种新的版本，沿迫加紧固箍和炮口加强了强度，采用了一种新的小型（14994立方英寸）火药药室。其生产目的是取代同一种舰船上的Mk V式。火炮编号为第155—166、168、169和172—177号。最初，Mk VI式在记录中的炮口初速是2900英尺/秒，但这在服役期间大大地降低了（在1913年数字是2700英尺/秒，使用310磅发射药）。该种火炮配有7个套箍、1个锁定环和1个螺丝压下紧固内衬，采用渐速缠度的膛线（72条阴膛线），与Mk V式1型的情况相同。材质采用镍钢，套箍一直延伸到炮口。按计划，所有这种类型都将做进一步改良。1型（第178号）已经采用圆筒形镍钢内衬，具有较大药室（16907立方英寸）和渐速

下图：架设在"南卡罗来纳"级上的双管12英寸炮塔，该图来自英国1906年版的外国海军军械手册

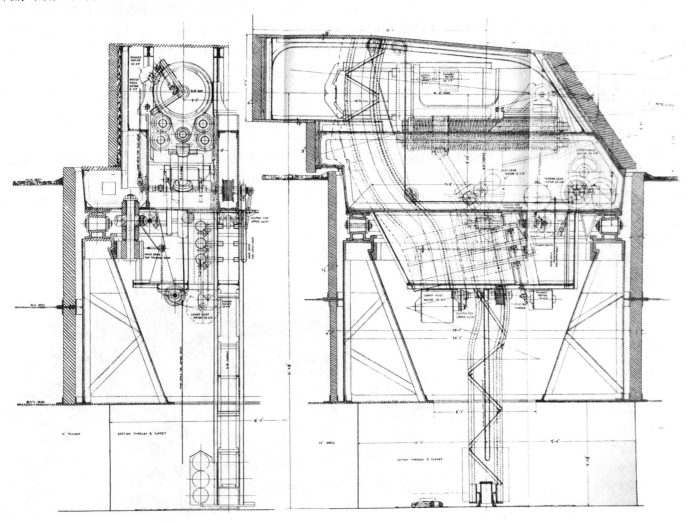

膛线（右旋，缠度0~1/25）。2型（第67、170、171号）具有较大药室和渐速膛线的圆锥形镍钢内衬。3型（第155—166、168、169和172—177号）具有较小的药室、镍钢内衬和渐速膛线。4型具有较小的药室、圆锥形两级内衬和等齐缠度（1/32）的膛线。为追加紧固套箍增加了3个新的锁定环。5型内衬采用较小的药室和等齐缠度（1/32）膛线，为追加紧固套箍增加了3个新的锁定环。

在1915年，美国海军用这种火炮试射了高容量炮弹，这种炮弹比标准穿甲弹轻，因为炮弹的大部分空间装填的是炸药。1915年测试的系列炮弹包括700磅和740磅炮弹，弹形系数分别是5和4。

美国海军中最后的前无畏舰，"康涅狄格"级和"密西西比"级，配备的是12英寸的Mk VI式炮塔。这种炮塔类似于"弗吉尼亚"级上的Mk V式，但其上方未安装8英寸炮塔。俯仰角范围是−5°~+20°。旋转机构重量："新罕布什尔"号重427吨；"密西西比"号重414吨。弹药的限额是每门炮60发炮弹。

Mk VII式炮塔用于装备第一代美国无畏舰："密歇根"级和"特拉华"级。这种炮塔上引进了分体式吊车，火炮可以在所有角度装弹。这是第一种在炮塔转盘下方悬挂工作间的美国战列舰。弹药由一辆有三个隔间的运输车送到炮塔内，在工作间内有一辆类似的车与这辆车配合，炮弹和一半发射药经由三个装填器从一辆车运到另一辆车上。一旦达到了火炮位置，运输笼会被锁定到基座上，随火炮调整仰角。运输笼中的托盘是被封闭的，半数发射药空间只在一半发射药被滚下装载盘时才会敞开。舰艇

上安装有双联吊车，被吊车吊起的两辆车就像在井中一样互相平衡（早期的单吊车只能起吊一辆车）。为能在所有仰角装弹，这种炮塔采用了一种链式装填器。这种装填器连在火炮基座的上部和下部，一半行程在导杆的引导下完成。三个自动控制、互不联系的推进器负责装填炮弹和两份发射药。需要注意的是，"南卡罗来纳"号的枪炮长在设备交接后，下令在该舰上不采用所有角度装弹，而采用固定的角度装弹。

俯仰角区间：−5°~+15°。旋转机构重量：437吨（"南卡罗来纳"号）。

"犹他"级上的Mk VIII式炮塔类似于Mk VII式。旋转机构的重量是443~450吨。1923年的12英寸火炮配用炮弹有：Mk III式穿甲弹［长39.78英寸（3.3倍径），弹形系数3870磅重，含11.78磅炸药（1型弹形系数为2.5）］；Mk V式（38.76英寸长，弹形系数2.5870磅重，含26.50磅炸药）；Mk VII式［长42.65英寸（3.55倍径），弹形系数7，870磅重，含26.50磅炸药］；Mk VIII式［长41.93英寸（3.5倍径），弹形系数7，含24.80磅炸药］；Mk XII式（长42.25英寸，弹形系数7，含24.80磅炸药）；Mk XIII式和Mk XIV式（长42.25英寸，弹形系数7，含24.80磅炸药）；Mk XV式

（长42.10英寸，弹形系数7，含22磅炸药）。每种型号包含众多次一级类型。

12寸Mk VII式0型

口径	12英寸50倍径
重量	121489磅
带炮尾重量	123160磅
整体长度	607.25英寸
倍径	50.6
炮膛长度	594.25英寸
倍径	49.5
膛线长度	501.77英寸
倍径	41.8
药室上方直径	44.0英寸
药室容积	14636立方英寸
药室压强	17.5吨/平方英寸
膛线：阴膛线	72条
缠度	1/50～1/32，炮口下444英寸开始采用等齐缠度
深度	0.075英寸
宽度	0.08英寸降至0.2736英寸（炮口处）
炮弹	870磅
发射药	353磅
炮口初速	2900英尺/秒

这种火炮用于武装"阿肯色"级战列舰。0型（第181、182和186—210号，共有17门火炮）采用如上文所述膛线。这火炮的嵌套式结构包括身管、内衬、8个套箍、压下螺丝紧固内衬。火炮材质采用镍钢，套箍一直延伸到炮口。Mk VIII式炮尾机构使用是侧摆炮闩。1型（一种修复的火炮，编号180L）具有重建的追加套箍和新的圆锥形镍钢内衬，采用略小药室（14500立方英寸）和渐速膛线（右旋、1/50～1/32缠度）。2型（第183、184、185号）是0型更换圆锥形内衬与新的追加锁定箍和锁定环而来，稍重（125498磅，包括炮尾）；它有一个略小的药室（14611立方英寸）。3型包括6门火炮（第211—216号），采用的新型简化设计（没有内衬，具有5个套箍、1个锁定环和1个压下螺丝紧固内衬），配有一个与平常型号不同的气体止回阀阀座。所有的膛线与前述型号相同。估计对表面硬化装

甲的穿透厚度，在纠正落角的情况下，在炮口处是23.7英寸，在6000码位置是17.4英寸，在9000码处是14.7英寸，而在12000码处是12.3英寸。相比之下，12英寸40倍径火炮的情况分别为在炮口处18.1英寸，在6000码处是12.9英寸，在9000处是10.7英寸，而在12000码处是8.7英寸。12英寸45倍径火炮的情况是：炮口处21.4英寸，在6000码处15.6英寸，在9000码处13.1英寸，在12000码处是10.8英寸。

第一门该种型号火炮是180号，1909年1月订购自伯利恒钢铁公司。产品：第180—216号（37门火炮）。此外，一些美式火炮编号被分配给为阿根廷的军舰"莫雷诺"号和"里瓦达维亚"号生产的火炮：第795—817、919—920号，共有17门火炮（这两艘轮船上共搭载24门各式火炮）。

4型（由12门前"怀俄明"级上的火炮在1921年3月更换内衬而来）是1918年以后推出第一种重要版本。4型具有一级圆锥形等齐膛线（缠度1/32）内衬，还采用了一个新型追加锁定箍和锁定环（1923年）。更高版本：5型是胎死腹中的项目产品，计划是在1型的基础上更换等齐膛线（缠度1/32）。6型是更换过内衬的2型，采用了等齐膛线（缠度1/32），改良为采用1个新型追加套箍和1个锁定环。7型是改用等齐膛线（缠度1/32）的一级圆锥形内衬的3型，此外，还增加了1个套管和内衬锁定环。8型是采用一级圆锥形内衬、等齐膛线（缠度1/32）的0型或4型，采用了1个身管和内衬锁定环，并对炮尾末端内衬锁定轮做了安全强化；此外，0型还被进一步修改，在上面添加了1个新的追加紧固箍和1个锁定环。9型是2型或6型更换了内衬、在内衬前部凸台处增加了纵向公差间隙的产物，此外，还采用了等齐膛线（缠度1/32）、身管和内衬锁定环以及炮尾末端内衬锁定环。10型是2型或6型更新了在前部凸台处增加了纵向公差间隙内衬的产物，此外，还采用了等齐膛线、身管和内衬锁定环以及炮尾末端内衬锁定环；与前一版本不同之处在于其炮尾机构是Mk IX式。11型是7型的修改版，药室被延长（容积14871立方英寸），增加了3.5°斜坡的定位箍，采用Mk XII式炮尾机构。12型是采用加长药室与3.5°斜坡的炮尾定位箍的10型。与11型不同，采用了一种

下图：这张 1945 年绘制的"阿肯色"级的 12 英寸 50 倍径火炮炮塔的图纸，显示了很多火炮被建时的情况，因为火炮仰角在两次世界大战期间没有增加。火炮被架设在独立的滑轨上，由位于两者之间中线上的隔板分隔。与其他美国炮塔上一样，火炮俯仰依赖蜗轮蜗杆机构，火炮可分别俯仰，但安装在一起，能够借助离合器实现和蜗轮蜗杆机构的交叉连接。俯仰由火炮桁架靠船舷一侧上的双手手动装置控制。瞄手处在炮塔前部、两门火炮中间的位置。炮塔内有一个抓斗吊车负责将火药从弹药库运到上部处置室，在那里，火药被放在火炮正下方的盒子里。接下来，手动将火药从这些盒子里（上面有联锁门隔离炮塔和吊车）送到火炮后部的装弹平台。炮弹被储存在正对下部处理室开放的房间。有两个通过电缆控制的单链吊车负责将它们移动到上方的处理室，从那里出发，有两台类似的吊车把它们带到火炮室（最初是放在火炮后面的炮弹桌上）。瞄准具被直接安装在炮耳上，操作也是在上面进行，望远镜是潜望式的，由炮塔两边的防护罩保护

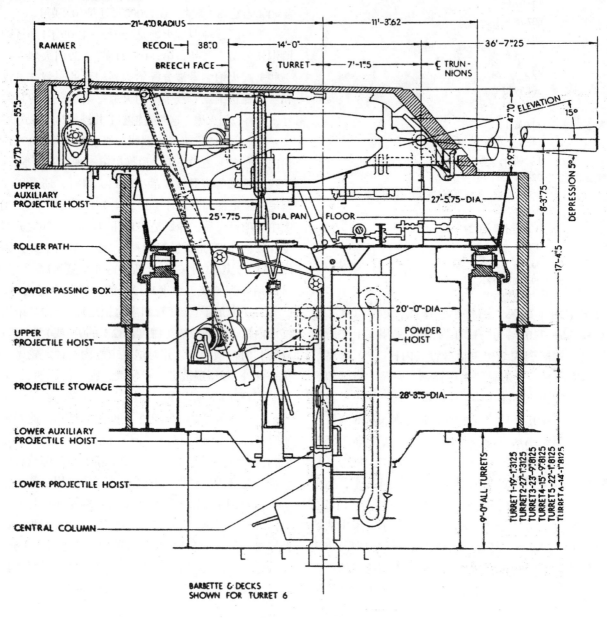

复杂的嵌套式结构。13型是对8型做类似修改的结果，14型是对9型做类似修改的结果，15型是7型、16型是10型、17型是8型、18是9型做类似修改的结果。19型是采用一种改良型炮尾（采用史密斯-阿斯伯里式炮尾机构）的2型，药室的前部类似于18型的；炮尾后部经过机械加工，以容纳气密座内衬锁定环；加工完成的火炮在新加工一条与原始键槽成180°角的滑轨键槽后可变为左右手兼用操作。

"阿肯色"号的炮塔（Mk IX式）减少炮弹吊车为单一的一段：炮弹被储存在悬离于炮塔的上部处置室。火药分两段吊运，最终送到炮塔地板上的"传递箱"。这个箱子有两个门，在特定时间只有一个门可以打开。此炮塔重新引入固定仰角装弹模式（采用0°装弹，如前无畏舰）。俯仰角范围匹配早先的类型（-5°~+15°）。辊道直径是24英尺11英寸，旋转机构的重量是471吨。

10英寸火炮

10英寸Mk I式0型和Mk II式0型

口径	10英寸30倍径
重量	57500磅
整体长度	329.10英寸
倍径	32.9
炮膛长度	312.84英寸（34英寸口径版本为349.54英寸）
倍径	31.2（34英寸口径版本为35）
膛线长度	247.26英寸（34英寸口径版本为283.76英寸）
倍径	24.7
药室上方直径	40.0英寸
药室容积	6776立方英寸
药室压强	14吨/平方英寸
膛线：阴膛线	40条
缠度	1/180~1/35
深度	0.05英寸
宽度	0.4847英寸降至0.4147英寸（炮口处）
炮弹	500磅
发射药	225磅有烟火药
炮口初速	2000英尺/秒

上述数据对应该种火炮的Mk I式。这种嵌套结构的火炮，只在浅水重炮舰"迈恩托拿马"号上才有（火炮编号1~4），属于1885年的产品。然而，进行过相当大程度改进的34倍径第4号火炮是1889年的产品。4门火炮中的2门是30倍径长度，其他两门是34倍径长（2型）。配用的炮塔是Mk I式0型10英寸火炮炮塔。可穿透的碳素钢在炮口处约19英寸厚，在2500码处是14英寸厚（危险界180码）；此危险界与1000码处的危险界范围相当。火炮瞄准射击可以每隔3~4分钟发射1发炮弹，标准时间间隔（1902年）为4分钟。最大射程在15°仰角时为约11500码，1902年海军军械局为该种火炮确定的"开放性射程"为8000码。

Mk I式的结构包括身管、护套、15个套箍和锁定环，所有部件材质均为炮钢。套箍从距离炮尾5.91英寸开始，一直延伸到炮口。1型具有较厚的护套。2型为加长版（35倍径，实际长度365.60英寸或36.6倍径），重61000磅。它可以安装在相同的炮塔上。炮口初速是2200英尺/秒。3型在套箍的安排和身管的大小方面有别于2型。Mk II式重新采用了30倍径的长度（如在0型一样），由此可与Mk IV式0型炮塔相匹配。药室容积变得稍大（6779立方英寸）。它不同于以前的那些有更简单的结构（11个套箍）的10寸30倍径火炮，采用完全不同的炮尾机构。1型的不同之处是套箍一直箍到炮口（10个套箍）。2型系从8英寸的赫斯特式火炮转换而来，结构包括身管、护套、7个套箍和锁定环，套箍终止于距离炮口68.5英寸处。

Mk II式（建成18门：第5—26号）总体上类似于10英寸30倍径火炮，两者能安装在同样的炮塔上。Mk II式第26号本来是8英寸的赫斯特式火炮，被改为10英寸口径。初次分配：浅水重炮舰"蒙特利"号（第5和6号），"缅因"号（第9、10号，沉没），浅水重炮舰"安费特赖特"号（第7、8、10和11号），浅水重炮舰"蒙那德诺克"号（第13、14、21和22号），浅水重炮舰"恐怖"号（第17、18、19和20号）。Mk II式由A管、炮尾、5个延伸到炮口的B套箍、C套箍、4个D套箍和螺纹锁紧环组成。膛线采用0~1/25的渐速缠度，阴膛线的条数和规格与Mk I式相同。

Mk II式是1887年的产品。

Mk I式被用于浅水重炮舰"迈恩托拿马"号。火炮在处于最大仰角（13.5°）时装弹。最大俯角-3°。

Mk II式，总体上类似于13英寸的Mk II式，用于装备在潜水重炮舰"蒙特利"号、"安费特赖特"号和"蒙那德诺克"号。两者的主要差异是前者的瞄准机构采用液压驱动，后者采用蒸汽，此外，前者最大俯角是-3度。装弹角为10°。

Mk III式用于装备时运不济的"缅因"号，相当于12英寸的Mk II式。

Mk IV式用于装备浅水重炮舰"恐怖"号。采用独特的气动炮塔。俯仰角界限是-3°～+13°，可在任何仰角装弹。

上图：1924年9月9日，离开火奴鲁鲁的装甲巡洋舰"西雅图"号（前"华盛顿"级），图中可见其上的双管10英寸火炮炮塔

10英寸Mk III式0型

口径	10英寸40倍径
重量	74836磅
带炮尾重量	79500磅
整体长度	413.00英寸
倍径	41.3
炮膛长度	400英寸
倍径	40
膛线长度	323.214英寸
倍径	32.3
药室上方直径	42.5英寸
药室容积	10200立方英寸
药室压强	16吨/平方英寸
膛线：阴膛线	60条
缠度	1/44.4~1/25（炮口下20英寸；第27、45号为1/25）
深度	0.05英寸
宽度	0.3234英寸降至0.2534英寸（炮口处）
炮弹	510磅
发射药	200磅无烟火药
炮口初速	2700英尺/秒

这种火炮是专门给"田纳西"级装甲驱逐舰所设计的（Mk V式1型炮塔），共生产了21门（第27—47号，其中27号交付于1906年2月）。实际上这种火炮在设计上与12英寸的Mk V式是类似的，与前无畏舰同时代的美国巡洋舰武装的是12英寸45倍径的Mk V式火炮。

Mk III式的结构包括身管、护套、3个套箍和锁定环，所有部件材质均为镍钢；套箍从炮尾一直延伸到炮口。0型包括第27—31、36和45号。1型（第37—44、46和47号）的特点在于具有不同形状的药室前部。2型（最初为第32—35号，其他的是后来改造而来）由0型或1型采用与身管长度相同的圆锥形镍钢内衬改造而来。药室容积略有减少（10153立方英寸）。

"田纳西"级的10英寸火炮炮塔的旋转机构的重量为275吨，每门火炮的炮弹配额是60发。

1923年相关文件列出的配用炮弹包括Mk III式（33.31英寸长、3.3倍径，弹形系数3，13.22磅炸药）、Mk V式（35.16英寸长，弹形系数7，13.22磅炸药）、Mk VI式（35.45英寸，弹形系数7，13.22磅炸药）穿甲弹。

8英寸火炮

8英寸Mk II式 1型

口径	8英寸30倍径
重量	29455磅（第5号火炮）
整体长度	255.60英寸
倍径	31.95
炮膛长度	244.78英寸
倍径	30.6
膛线长度	195.13英寸
倍径	24.4
药室上方直径	30.0英寸
药室容积	3431立方英寸
膛线：阴膛线	32条
缠度	0～1/25
深度	0.05英寸
宽度	0.4847英寸降至0.4147英寸（炮口处）
炮弹	250磅
发射药	115磅有烟火药
炮口初速	2000英尺/秒

　　8英寸Mk I式（第1—4号）和Mk II式（第5—8号）火炮非常类似。第1—4号火炮架设在两艘新海军巡洋舰"亚特兰大"号和"波士顿"号上，配备在Mk I式重力复退式炮塔上。Mk II式火炮架设在第三艘同类巡洋舰"芝加哥"号的重力复退式炮塔（Mk II式）上。第2号是在1887年5月完成的，在1888年7月被架设到巡洋舰"波士顿"号上。该种火炮存在了很久，名字甚至被列入1918年2月沃特弗利特兵工厂的资料中。2门Mk I式（第2和第4号）和所有Mk II式后来被增加了追加套箍，一直延伸到炮口。第1和4号后被改造（"转换"），前者的作业在1898年4月完成。

　　Mk I式0型是一种嵌套式火炮，结构包括身管、护套、19个套箍和提升带。采用这种设计的不同的火炮上，药室的长度不同。1型没有耳轴，套箍未一直箍到炮口。相关数据是有限的，已知火炮长度（0型为257.99英寸，1型为254.61英寸）和药室上方直径（30英寸）。Mk II式1型类似于Mk I式0型，但是无耳轴。

　　第7号火炮被修改为发射10英寸"空投鱼雷"，作为"维苏威"号上的气动火炮。

　　炮塔：Mk III式是一种为巡洋舰"查尔斯顿"号建造的中轴式火炮炮塔，Mk IV式是带有单条铸造导轨的类似炮塔，装备巡洋舰"巴尔的摩"号。

8英寸Mk III式0型和Mk IV式0型

口径	8英寸35倍径
重量	29400磅
整体长度	304.5英寸
倍径	38.1
炮膛长度	295英寸
倍径	36.9
膛线长度	242.77英寸
倍径	30.3
药室上方直径	28.75英寸
药室容积	3170立方英寸
药室压强	15吨/平方英寸
膛线：阴膛线	32条
缠度	0～1/25
深度	0.05英寸
宽度	0.4847英寸降至0.4147英寸（炮口处）
炮弹	250磅
发射药	115磅有烟火药或47磅无烟火药
炮口初速	2080英尺/秒

　　Mk III式（第9—21、33—37和51号）用于武装美国的巡洋舰。原型炮（第9号）完成于1890年2月。Mk III式火炮为35倍径长，但第15号（30倍径的特种炮）、第33号和第51号（40倍径，用于武装进行"商船攻击"的巡洋舰"哥伦比亚"号和"明尼阿波利斯"号）例外。实际上，8英寸火炮以其金属重量方面的特质弥补了美国无法建造6英寸速射炮的缺陷，那种火炮后来被广泛用于武装欧洲战列舰。在圣地亚哥，美国官员对8英寸火炮相对于12英寸和13英寸火炮所具有的更高的命中率留下深刻印象，因此决定恢复8英寸火炮（8英寸45倍径）作为战列舰的中等口径用炮，用于装备"弗吉尼亚"级（设计完成于1902年）。那时12英寸火炮的射速更快，所以无人能保证这种决定是有道理

上图：图为"印第安纳"号战列舰上的 8 英寸 Mk VII 式战列舰炮塔。非常相似的 Mk VIII 式用于武装战列舰"爱荷华"号和装甲巡洋舰"布鲁克林"号（美国海军的保罗·希尔斯通）

的。发射250磅穿甲弹的穿透力被认为在炮口处为15.5寸碳素钢板，在2500码处为11英寸碳素钢板。发射速度是每分钟瞄准发射1发炮弹（1902年）；如果采用无烟火药（消除了残渣），可减少到40秒。最大射程在采用有烟火药、15°仰角时是约10500码，"开放性射程"（1902年）约6000码。总的来说，在双管火炮炮塔上，奇数编号的这种火炮被安装在右侧，偶数编号的在左侧。

发射长头弹（弹形系数7，Mk IV式火炮）时对表面强化装甲的穿透力：在炮口处为9.5英寸，在6000码处为6英寸，在9000码处为4.1英寸，在12000码处是2.9英寸。

Mk III式用于武装巡洋舰"查尔斯顿"号（第13和14号，后随舰船一同损失）、"纽约"号（第16—21号）、"哥伦比亚"号（第33号）、"奥林匹亚"号（第34—37

号；该舰为杜威上将在马尼拉战役中的旗舰）和"明尼阿波利斯"号（第51号）。40倍径的版本没有被给予任何特别的命名。30倍径的15号曾被运送到加州火药公司，大概是要用于火药测试，时间为1895年6月（建造完成在1891年10月），然后又在1908年7月被退回到马尔岛海军基地。

与之非常相似的Mk IV式（第22—32、38—50和52—83号）为保留的35倍径火炮。第22—32号和第38—50号用于武装"俄勒冈"级战列舰，第53—60号用于武装巡洋舰"布鲁克林"号，第61—68号用于武装战列舰"爱荷华"号，第69—72号在1899年被用于巡洋舰"芝加哥"号的更新换代（替换8英寸30倍径火炮），第73—80号用于武装"肯塔基"级，第81—82号于1906年被安装在"印第安纳"号，第83号在1908年被用于武装"爱荷华"号。

这种火炮的结构包括身管、护套、11个套箍和提升带，所有部件材质均采用炮钢；这种火炮在距离炮尾面96～97英寸的位置有可拆卸的耳轴（炮尾到耳轴的距离随设计不同而变化）。1型配有8个而不是11个套箍，耳轴距离炮尾更远。2型与1型类似，但身管上的追加套箍所箍位置不同。炮重31514磅。4型不同于以前的版本之处在于，在炮尾有一个紧固环，使得炮尾的形状逐渐变细，还增加了1个小螺丝拧到前面追加套箍上的小平衡套箍。5型（含炮尾重27700磅）与0型的区别是去掉了耳轴套箍和提升带。用于耳轴的螺纹一直延续到后部，以便可以借此用螺丝将火炮固定在滑轨上。该版本也有采用内衬；膛线长度为243.16英寸（30.39倍径）。6型（第52和82—83号）为镍钢材质，采用不同的极简三段结构设计，从前部开始配有紧固护套。其中第52号仅用于测试。Mk IV式0型与前面型号是相似的，但后面的追加紧固套箍被延长，中间的紧固套箍则被缩短。结构进行了简化，包括身管、护套和8个套箍。也被用于装备战列舰。1型，也被用于装备战列舰，由在火炮螺纹后面部分缩短的0型改造而来（仅有1门第27号做了此种改进）。2型具有较长的护套和追加部分被强化的锁定套箍；与滑轨配合的螺纹距离炮尾稍远。不含炮尾的重量为33111磅。3型被进一步简化（7个套箍；后部锁定套箍是2个而不是3个）。在4型上，炮尾部分在距离炮尾面16.25英寸处直径为28英寸，这样造成的凸缘可用于卡锁炮身。此版本是为巡洋舰和战列舰所制作。5型（战列舰用）的药室的前面的形状与此前版本不同。6型不同于5型的地方是药室形状（药室短约1.4英寸，但体积是一样的），配有压下螺丝紧固内衬，只有1个套箍，护套一直延伸到炮口（只有第83号被修改成这种样式）。7型不同于6型的地方在于外观尺寸（297.92英寸×28.75英寸），配有压下螺丝紧固的带凸缘的内衬（只有第52号被修改成这种样式）。8型由4型转换而来，置入了1个内衬，同时套箍一直箍到炮口处。上面有6个套箍。9型由0型更换圆筒形镍钢内衬而来。10型是6型的缩短版（23倍径长），用于实验高爆弹。11型由4型改进而来，采用了合金钢内衬、改进的内衬（3166立方英寸）和等齐膛线（右旋，缠度1/25）。

　　Mk V式是巡洋舰"纽约"号的炮塔，与巡洋舰"奥林匹亚"号的炮塔Mk VI式非常类似。俯仰角范围是-4°~+13°。装弹角为0°。

　　"俄勒冈"级配备的是Mk VII式炮塔，瞄准机构调整由蒸汽驱动，高程系手工操作。俯仰角范围是-7°~+13°，在处于水平位置时装弹。

　　Mk VIII式火炮用于武装战列舰"爱荷华"号和巡洋舰"布鲁克林"号。这种火炮类似于Mk VII式，但是采用的动力系统不同。

　　Mk IX式系"肯塔基"级上配备的双管火炮炮塔。8英寸火炮的副炮塔被固定在13英寸火炮炮塔的顶部。这种火炮在水平位置装弹。

下图：图为 8 英寸 Mk VII 式战列舰炮塔

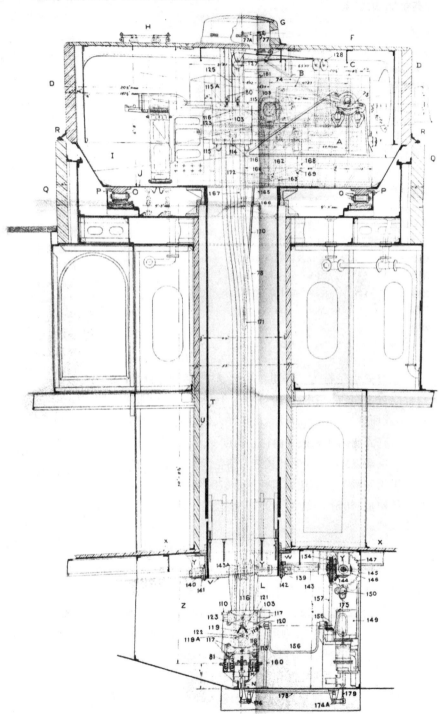

8英寸 Mk V式0型

口径	8英寸40倍径
重量	40151磅
带炮尾重量	40621磅
整体长度	343.0英寸
倍径	42.9
炮膛长度	334英寸
倍径	41.75
膛线长度	270.18英寸
倍径	33.8
药室上方直径	33.0英寸
药室容积	5250立方英寸
药室压强	17吨/平方英寸
膛线：阴膛线	32条
缠度	0~1/25
深度	0.05英寸
宽度	0.4847英寸降至0.4147英寸（炮口处）
炮弹	260磅
发射药	78磅
炮口初速	2500英尺/秒

这种火炮是特为"马里兰"级装甲巡洋舰所设计的，总计制造了24门（第84—107号）。1908年，退出服役，为Mk VI式所取代。退出服役后，这种火炮被追加套箍直到炮口处，有需要的还更换了内衬，长度变为45倍径（像1型一样），重新以Mk VI式的名义进入储备库（被用于再次装备"马里兰"级）。最初炮口初速是2700英尺/秒。采用炮弹重量最初是250磅。第88、89号未被改造，因为它们的炮口被炸掉了。

这种火炮的结构包括身管、护套、3个套箍和锁定环，所有部件材质均为炮钢。套箍从炮口开始一直往下箍到56英寸处，此外，炮口还配有消焰罩。1型（45倍径，369英寸长）由0型改造而来，采用了沉重的镍钢内衬，延长到45倍径；它与Mk VI式0型可互换。如此改造的火炮有：第84、85和90—107号。为强化内衬，增加了炮钢材质的追加套箍和环。炮口初速被提升到2750英尺/秒。

Mk X式是一种单管炮塔，Mk XII式是一种双管炮塔，这两种炮塔均配备于"宾夕法尼亚"级装甲巡洋舰和"弗吉尼亚"级、"康涅狄格"级战列舰。俯仰角范围是−7°～+20°，在处于水平位置时装弹。旋转机构重量："宾夕法尼亚"级的是147吨；"弗吉尼亚"级的是151吨；"康涅狄格"级的是149吨。弹药配额分别为每门火炮125发、125发和100发。

8英寸Mk VI式1型

口径	8英寸45倍径
重量	41518磅
带炮尾重量	41988磅
整体长度	369.0英寸
倍径	46.1
炮膛长度	360.0英寸
倍径	45
膛线长度	296.34英寸
倍径	37.0
药室上方直径	33.50英寸
药室容积	5245立方英寸
药室压强	17吨/平方英寸
膛线：阴膛线	48条
缠度	1/44.4～1/25
深度	0.05英寸
宽度	0.3279英寸降至0.2532英寸（炮口处）
炮弹	260磅
发射药	98.5磅无烟火药
炮口初速	2750英尺/秒

Mk VI式用于武装战列舰"弗吉尼亚"级、"康涅狄格"级和"密西西比"级（每舰8门），还曾用于重新武装"马里兰"级巡洋舰。产品：第108—255号（总共148门火炮）。

第201号是唯一的1型火炮，第245—255号属于2型，第242号属于3型，第172号属于4型。希腊人在1914年购买"爱达荷"号和"密西西比"号战列舰时要了16门这种火炮。

使用该种火炮发射长头（弹形系数7）被帽穿甲弹对表面强化装甲的穿透力：在炮口处为13.9英寸，在6000码处为8.6英寸，在9000码处为6.6英寸，在12000码处是5.0英寸。

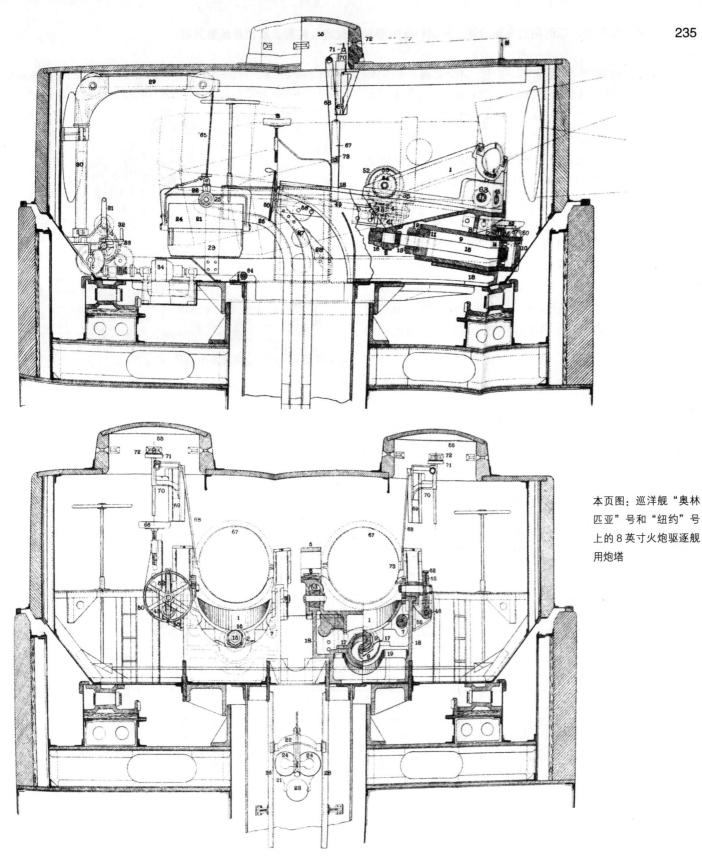

本页图：巡洋舰"奥林
匹亚"号和"纽约"号
上的8英寸火炮驱逐舰
用炮塔

这种火炮的结构包括身管、护套、4个套箍、锁定环和内衬，所有部件材质均为炮钢。1型由0型改造而来，换用了圆筒形镍钢内衬、渐速膛线（0型的数据暂缺）。2型采用了有较小改变的药室和不同的炮尾机构。3型采用了圆锥形镍钢内衬（在火炮经过试射后又增加了1个内衬锁定环）。4型由0型或2型更换圆锥形镍钢内衬而来。5型（只有第1251号）由1型改造而来，采用了新的追加套箍。6型系0型采用两级圆锥形内衬（或由3型更换内衬，但离炮口最近的一级内衬被取消）改造而来。7型是2型改造而来，采用两级圆锥形内衬（或由4型像6型一样更换内衬）。

这种火炮配属的Mk XII式炮塔用于装备"弗吉尼亚"级和"康涅狄格"级战列舰和"宾夕法尼亚"级（由"匹茨堡"级重新命名而来）装甲巡洋舰。同样的命名也被用

下图：装甲巡洋舰"马里兰"号正在马尼拉湾使用8英寸火炮进行瞄准练习，时间大约为1907年（美国海军加利福尼亚州的 F. M. 迪茨·林赛）

下图：系为美国最后一代装甲巡洋舰和"康涅狄格"级、"密西西比"级战列舰设计的 8 英寸 Mk XII 式炮塔

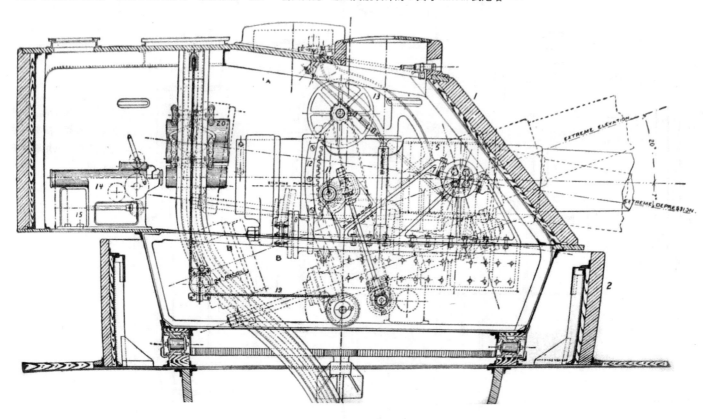

在"弗吉尼亚"级战列舰上附加的8英寸超级火炮炮塔上。

8英寸火炮显然很受欢迎。1919年，海军委员会变得对在太平洋上派遣大型巡洋舰执行任务产生兴趣，看上了8英寸火炮，海军军械局随即设计了8英寸50倍径火炮。这一设计很快落实为20世纪20年代以后美国重巡洋舰上的8英寸55倍径标准火炮。Mk IX式是战后的8英寸55倍径火炮的原型炮。根据《华盛顿条约》的规定，装备8英寸45倍径火炮的战列舰被削减，许多这种火炮因此被转交给进行海岸防御的陆军部队使用。

1923年使用的炮弹类型：Mk III式穿甲弹（27.0英寸，3.375倍径，弹形系数2.5，260磅重，其中含5.96磅炸药），Mk IV式穿甲弹（27英寸，弹形系数3，含5.80磅炸药），Mk V式穿甲弹（1型：27英寸，弹形系数2.5），Mk VI式穿甲弹（28.20英寸，3.525倍径，弹形系数未知，含5.39磅炸药），Mk VII式穿甲弹（1型：28.20英寸，弹形系数7，含5.49磅炸药），Mk X式穿甲弹（1型：28.06英寸，弹形系数7，含5.50磅炸药）和Mk XI式穿甲弹（类似于Mk X式）。

8英寸Mk VII式0型

口径	8英寸23倍径
重量	5516磅
带炮尾重量	5560磅
整体长度	190.0英寸
倍径	23.75
炮膛长度	360.0英寸
倍径	22.9
膛线长度	156.7英寸
倍径	19.6
药室上方直径	16.375英寸
药室容积	1300立方英寸
药室压强	3.5吨/平方英寸
膛线：阴膛线	48条
缠度	1/40~1/15，从起始处延伸115英寸
深度	0.05英寸
炮弹	285磅
发射药	5.5磅无烟火药
炮口初速	700英尺/秒

8英寸榴弹炮是一种反潜火炮，采用定装式炮弹，可以替换安装在Mk XII式1型或2型标准驱逐舰炮塔上的4英寸Mk IX式0型火炮。该炮的研发系受到1917年夏天英国生产的反潜榴弹炮启发。美国海军司令（海军上将西姆斯）曾建议研发一种美国自己的相应武器。该种火炮的射程是2800码（71磅炸药）。1918年2月的计划要求用这种武器装备战列舰、巡洋舰和炮艇。在对美国驱逐舰上的7.5英寸英国造榴弹炮进行测验后，海军司令建议在每艘驱逐舰上架设两门这种火炮。但这种火炮始终没有一门被用于装备驱逐舰。

身管为合金钢锻造而成的单管。火炮发射Mk XII式4型平头弹：43.25英寸长（5.4倍径），弹头没有弧度（平头），重量285.31磅，其中包括75磅炸药。

原型炮（第256号）完成于1918年2月。全部产品：海军火炮厂制造部分（第256—285号，30门），米德维尔钢铁公司制造部分（第286—301号，16门），海军火炮厂制造部分（第302—344号，43门）。尚不清楚实际上这种火炮有多少完成，因为一些火炮铭牌上的完工日期是空白的。已知有着最大编号的第326号火炮的记录射击日期是1921年12月20日。

作为一种测试，两门英国造7.5英寸榴弹炮被架设到了"考德威尔"号驱逐舰上，这两门火炮本来是安在"卡梅尔·莱尔德"号上的，在1918年6月间进行了改造。英国人后来不再给他们的驱逐舰使用这种武器，但美国驱逐舰"昆士敦"号的船员对这种武器很有热情，并希望能把它们安到自己的船上。7.5英寸的可取之处看起来在于其体积之小。这种火炮特别适合射击那种处在驱逐舰转弯弧线内圈、发射炸弹装置外围的目标。"考德威尔"号上，英国火炮发射100磅炮弹（43磅梯恩梯炸药）的射程能达到2100码。它们在架设时根本不需要强化的甲板，用木制平台即可，因此船只既有的甲板和横梁就可以用于架设这种火炮。英国炮弹的平头遭到批评，这种炮弹必须在装弹前进行设置并插入引信，发射速度太慢。理想情况下，这种火炮可以被改造成发射深水炸弹，方法是在其炮管上安装耳轴或可用于固定炮管的类似附件。1918年8月的一封来信描述了"考德威尔"号上的架设情况。写信人是海军军械局的弗隆中尉，当时他正在一个人值班。弗隆后来成了海军军械局的局长。弗隆在信中提及他刚刚听说过那种英国的麻烦炮弹。

Mk VIII式即英国威格士公司生产的Mk VI M1917式15英寸口径榴弹炮，供海军陆战队做海岸防御用。

7 英寸火炮

7英寸Mk I式0型

口径	7英寸44倍径
带炮尾重量	29621磅
整体长度	315.25英寸
倍径	45.04
炮膛长度	360.25英寸
倍径	43.8
膛线长度	248.66英寸
倍径	35.5倍径
药室上方直径	29.00英寸
药室容积	3639立方英寸
药室压强	17吨/平方英寸
膛线：阴膛线	28条
缠度	0～1/25
深度	0.05英寸
炮弹	165磅
发射药	58～63磅
炮口初速	2700英尺/秒

这种火炮系为"康涅狄格"级战列舰的副炮组所设计；后来被转移用于第一次世界大战期间法国境内的火车牵引炮架，最终被用于一些固定的岸基工事中。美国海军认为这种火炮使用的是单个人所能手工处理的最重的炮弹；但这采用的是一个特别高的标准，因为在美国人的设想中是由单个的强壮水手——例如从农业州入伍的士兵——来操作。这种火炮的结构包括镍钢内衬、身管、护套、3个套箍和锁定环，所有部件材质均为炮钢。护套一直延伸到炮口，跟压下螺丝紧固的内衬相配合。Mk I式是原

型炮，仅此一门。Mk II式属于投产版本，比起原型炮稍长［长45倍径，实际323.0英寸长（46.1倍径）］，有类似的结构（但是具有1个导向键，套箍一直箍到炮口）。Mk II式重达28700磅，具有和Mk I式类似的性能。Mk II式1型不同于0型，具有内衬（圆锥形）和不同的膛线（右旋，渐速，0到1/25缠度）。2型采用圆锥形镍钢内衬和等齐膛线。

这种产品共生产了112门，其中包括Mk I式原型炮。第一次世界大战期间，为这种火炮订制火车牵引炮架的订单直到1919年才完成；20座来自海军陆战队，18座来自陆军。

配用炮弹（1923年）：Mk II式穿甲弹［2.89英寸（3.27倍径），弹形系数3，165磅重，其中含2.58磅炸药］，Mk IV式（23.64英寸，弹形系数7，3.23磅炸药），Mk VI式（23.65英寸，弹形系数7，4.31磅炸药），Mk VII式（22.48英寸，弹形系数3，2.75磅炸药），Mk VIII式（21.57英寸，弹形系数2.5，2.19磅炸药），Mk IX式（22.48英寸，弹形系数3，2.75磅炸药），Mk X式（23.73英寸，弹形系数7，4.31磅炸药），Mk XII式（23.68英寸，弹形系数7，4磅炸药）。

6 英寸火炮

6英寸Mk II式1型和Mk III式0型

口径	6英寸30倍径
重量	10430磅（Mk II式2型）
整体长度	193.53英寸
倍径	32.6
炮膛长度	180.1英寸
倍径	30
膛线长度	140.86英寸
倍径	23.5
药室上方直径	21.5英寸
药室容积	1302立方英寸
药室压强	13.3吨/平方英寸
膛线：缠度	1/40～1/30
炮弹	105磅
发射药	18.8磅
炮口初速	1950英尺/秒

1895年，所有的Mk II式受命转换为速射炮（定装式炮弹），这一工程在1898年至1902年间完成。转换为速射炮后，Mk II式第2号在1898年11月交付使用，用来武装巡洋舰"亚特兰大"号。产品：第2—21号（20门火炮）。

Mk II式的结构包括身管、护套、10个套箍和药室内衬；该种火炮连接到炮架轨道上的方式是螺纹连接。这种类型火炮的药室内衬随火炮不同而长度各异。2型具有通长的圆筒形内衬（只有第9号改造成这种样式）。3型有更多的套箍（平衡箍）被加到追加套箍的前面（没有采用内衬或其他2型所做的改进）。

Mk III式0型类似于Mk II式，但稍长（196英寸），采用不同膛线（缠度0~1/25），也没有内衬。5门（1型：第126、129—132号）是35倍径，而4门（2型：第120—121、127—128号）是40倍径长。一些35倍径火炮用于装备巡洋舰"明尼阿波利斯"号，一些40倍径火炮用于装备巡洋舰"哥伦比亚"号。产品：第22—132号（109门火炮）。几乎所有火炮最后都被转换成了速射炮。未被转换的包括第22、25、26、28、30和31号（完成于1888—1889年），随巡洋舰"查尔斯顿"号遗失；第38—41号（完成于1889年），用于配备炮艇"海燕"号，1913年报废；第81—86号（1890年完工），用于武装炮艇"康科德"号；第89—94号（1890—1891年完工），用于装备炮艇"本宁顿"号；第97—98号（1891年完工），随战列舰"缅因"号在哈瓦那损失；再有就是长炮（除了第130—131号）。"缅因"号上的一艘火炮，经打捞被救起，幸存于华盛顿海军船厂。在第一次世界大战期间，6英寸30倍径火炮被转移到古巴的炮台，在哈瓦那做海岸防御用。

1型的护套和追加紧固套箍被加长6英寸，身管突出套箍的前部24英寸。增长后的总长度是226英寸（37.7倍径），重量增至11500磅（包括炮尾重11731磅）。2型被再次加长，名义长度40倍径（实际上256英寸，42.7倍径）。在药室上方，这种火炮有着稍微大一些的直径（21英寸，容积增加到1320立方英寸）；结构包括身管、护套和8个套箍；此外这种火炮配有跟炮身一体化的耳轴。最大药室

压强增加到14.3英吨/平方英寸，炮口初速为2150英尺/秒，30°13'仰角时的射程是18000码。3型恢复为30倍径：它是由0型改造而来，采用了药室内衬，使它能够发射半定装式弹药。4型由3型去掉耳轴改造而来。5型是由1型改造而来，采用了药室内衬，以便能够发射半定装式弹药（6型由40倍径的2型做类似修改而来）。没有7型。8型由2型改造而来，采用通常内衬，内衬覆盖用于发射半定装式弹药的药室，且取消了耳轴，安装时借助螺纹将炮身固定在炮架轨道上。9型是0或3型改造而来，采用适合发射半定装式弹药的炮钢通长内衬。

6英寸Mk I式（6英寸30倍径）仅有1门，是一种试验型火炮，架设在"海豚"号上，1884年2月交割。还有一种6英寸30倍径线绕火炮，上面没有任何标记编号。这种火炮大概是试验性的，其绕线不覆盖全部炮身（大部分）。结构包括身管、护套、2个套箍和4个锁定环，还有就是紧固绕线。炮口初速是1950英尺/秒。

6英寸Mk IV式0型

口径	6英寸40倍径
重量	13370磅
带炮尾重量	未知
整体长度	256.10英寸
倍径	42.7
炮膛长度	243.8英寸
倍径	40.9
膛线长度	203.4333英寸
倍径	33.9
药室上方直径	21.0英寸
膛线：缠度 右旋，渐速缠度	0~1/35
药室容积	1320立方英寸
药室压强	14.1吨/平方英寸
炮弹	105磅
发射药	18.8磅
炮口初速	2150英尺/秒

这种火炮是最早的美式6英寸火炮，设计从一开始就以使用半定装式弹药为目的。产品：第133（完成于1896

年7月）—196号，第260（1901年）—263号，第423（1905年）—426号。

这种火炮的结构包括身管、护套、7个套箍，所有部件材质均为炮钢。采用螺纹连接在炮架上（最初是Mk V式6英寸火炮炮架）。Mk IV式0型类似于Mk III式2型，但配有加长0.1英寸的炮尾环，并且取消了耳轴套箍，炮管上有螺纹。1型（第155号）与前者相似但稍长（256.41英寸），而且结构不同（4个套箍），采用了一种实验性炮尾机构。药室容积略有增加（1367立方英寸）。2型（配合Mk 6式、Mk 7式和Mk 9式炮架使用）是类似1型的，但炮尾被切短1.8英寸（长254.61英寸）；有一门（第136号）是以这种方式改造的。3型类似于1型，但其配套炮架的安装螺纹位置不同，配备了一种螺纹青铜套管。4型不同于1型的地方在于有一个凸台结构，用于安装在炮架卡锁位置，此外采用了不同的螺纹位置以配合炮架。药室容积略有减少（1355立方英寸）。5型不同于4型的地方只有外部设计，采用了炮口消焰罩。没有6型。7型（实验性）由4型改造而来，使用袋装火药而不是半定装式弹药（药室容积1367立方英寸），炮尾增加了1.83英寸厚的面板。此外增加了耳轴套箍。8型（第161号）由4型改造而来，采用30英寸长的炮口内衬和炮口消焰罩。膛线为等齐膛线（缠度1/25）。9型为4型改造而来，采用镀镍钢而不是用炮钢身管，而且采用等齐膛线（缠度1/25）。10型为4型改造而来，采用两级圆筒形镍钢内衬（膛线是右旋渐速式，缠度0～1/25）。11型由4型更换一级圆筒形镍钢内衬，并采用等齐膛线（缠度1/25）而来。12型为4型改造而来，采用圆筒形镍钢内衬（膛线采用渐速缠度，缠度值为0～1/25）。13型为5型改造而来，采用圆筒形镍钢内衬（膛线采用渐速缠度，缠度值0～1/25）。

Mk V式即安装在巡洋舰"新奥尔良"号、"阿尔巴尼"号上的阿姆斯特朗公司生产的6英寸50倍径速射炮（半定装式弹药），在美西战争期间采购。请参阅英国火炮相关章节，以了解这种Pattern D式火炮的详细信息。这种类型的结构包括了2段式身管、护套和5个套箍，并且套箍一直箍到带有消焰罩的炮口。被分配的编号是第198—203

号（"新奥尔良"号）和第204—209号（"阿尔巴尼"号）。"新奥尔良"号所属火炮于1904年12月运抵菲律宾加维特海军船厂，"阿尔巴尼"号的火炮的运抵时间是1904年。"阿尔巴尼"号上用过的火炮在1914年时是储存在关岛。

6英寸Mk VI式0型和Mk VIII式1型

口径	6英寸46倍径
重量	18640磅
带炮尾重量	19156磅
整体长度	300.20英寸
倍径	50
炮膛长度	293.742英寸
倍径	49
膛线长度	245.726英寸
倍径	40.95
药室上方直径	24.0英寸
药室容积	2084立方英寸
药室压强	17吨/平方英寸
膛线：阴膛线	24条
缠度	0～1/25
深度	0.05英寸
宽度	0.4847英寸降至0.4147英寸（炮口处）
炮弹	105磅
发射药	37磅
炮口初速	2800英尺/秒

这种火炮是一种战列舰用标准副炮，用于装备"密苏里"级和"弗吉尼亚"级，此外，还用于装备"马里兰"级和"田纳西"级装甲巡洋舰和"圣路易斯"级防护巡洋舰。Mk VI式臼炮在第一批生产时制造了1门原型炮和50门定型版本［第197（完成于1900年11月）、210—259号］。这种火炮还有一些后续产品（1904—1905年）：第277—359号、第421（1905年）—422号。在使用过程中，炮口初速被从原来的2800英尺/秒减到2600英尺/秒，因为人们发现，在某个点火炮的纵向压力曲线完全匹配其强度曲线。请注意火炮铭牌上提供的参数是46倍径，而海军军械局的列表上却是50倍径。Mk VIII式1型非常类似于Mk VI式1型，

下图：架设在 Mk X 式 3 型炮架上的 6 英寸 50 倍径 Mk VIII 式火炮，这是一种前无畏级战列舰标准副炮组火炮

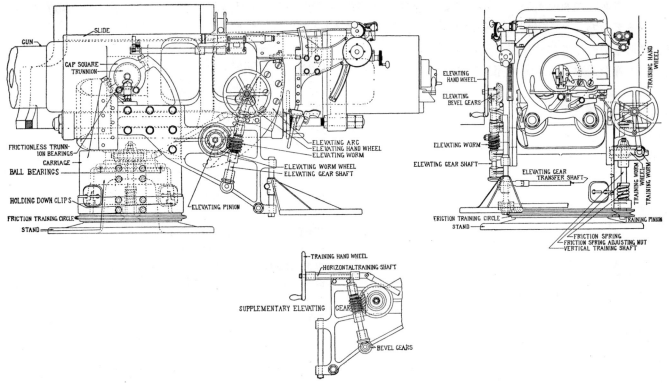

以上数据来自这种火炮的最新版本。

　　Mk VI 式的结构包括身管、护套、4 套箍和锁定环，所有部件材质均为炮钢。这种火炮还配有压下螺丝紧固内衬、用于卡锁的凸台结构、炮口消焰罩和两个位于滑轨纵向中心线上的固定导键。1 型得到强化，恢复了更高的炮口初速（2800 英尺/秒）：采用镍钢身管、2 个套箍和锁定环，套箍一直箍到炮口处。药室容积是略有下降的（为 2084 立方英寸），使用 37 磅发射药。2 型（1913 年）由 0 型改造而来，在追加套箍上增加了新的套箍，此外，还采用了圆筒形镍钢内衬。药室容积是 2085 立方英寸，炮口初速与 1 型相当。

　　Mk VIII 式类似于 Mk VI 式 1 型，除了在某些外部的层面，所有的部件均由镍钢制作。其 B 管从炮尾一直延伸到炮口。上面有 3 个套箍。1 型有不同的药室（内径为 8.0 英寸，而不是 8.08 英寸，前段经改造），但容积一样。2 型的不同

之处在于膛线，阴膛线由 24 条变为 36 条，另外没有像 1 型那样对药室进行修改。3 型配有圆筒形镍钢内衬，采用新的药室设计，采用 36 条阴膛线。4 型由较早期的火炮改造而来，重新更换过内衬，采用了圆锥形镍钢内衬、36 条阴膛线和与 3 型一样的药室。产品：第 360（1904 年 1 月提交）—420 号、427（1905 年产火炮：第一次提交是在 1905 年 10 月）—443 号、444（1906 年产火炮：第一次交付是在 1906 年 5 月）—510 号、525—594 号。1911 年产品仍在持续交付，在 1916—1917 年间沃特弗利特兵工厂生产了最后的 8 门。

　　炮弹为 6 英寸火炮炮弹（1923 年）：棱洞弹［19.7 英寸（3.28 倍径），弹形系数 2.7，105 磅］；Mk I 式穿甲弹（1 型：18.467 英寸，弹形系数 2）；Mk V 式棱洞弹（18.97 英寸，弹形系数 2.7，105 磅）；Mk VI 式（19.41 英寸，弹形系数 3）；Mk VII 式（18.84 英寸，弹形系数 3，2.20 磅炸药）；Mk VIII 式（21 英寸，弹形系数 7，2.20 磅炸药）；Mk IX 式（20.40

英寸，弹形系数7，2.50磅炸药）；Mk XVIII式（20.375英寸，弹形系数7，2.50磅炸药）；Mk XIX式普通弹（22.75英寸，弹形系数7，6.75磅炸药）；Mk XX式普通弹（22.85英寸，弹形系数7.5，6.25磅炸药），Mk XXI式平头弹（21.59英寸，无弹形系数，14.80磅炸药）。

6英寸Mk VII式0型

口径	6英寸40倍径
带炮尾的重量	14427磅
整体长度	254.11英寸
倍径	42.4
炮膛长度	247.41英寸
倍径	41.2
膛线长度	203.7433英寸
倍径	33.96
药室上方直径	21.0英寸
药室容积	11991立方英寸
药室压强	14.1吨/平方英寸
膛线：阴膛线	24条
缠度	0~1/25
深度	0.05英寸
宽度	0.49148英寸降至0.4147英寸（炮口处）
炮弹	500磅
发射药	26磅有烟火药
炮口初速	2400英尺/秒

这种伯利恒钢铁公司生产的火炮类似于Mk IV式5型，主要的改变是用螺纹连接代替了凸台卡锁机构，此外，还用1个套箍替代了Mk IV式5型上的2个套箍（共有3个）。1型由0型更换圆筒形镍钢内衬而来。这种火炮使用半定装式的弹药。炮口初速为2400英尺/秒时，瞄准发射最大射程是8600码。

产品：第264（原型炮，未架设于任何舰船，1902年制造）—276号，其中265—276号是巡洋舰"巴尔的摩"号上的主炮组，第264号是备用的。

作为对无畏舰"莫雷诺"号和"里瓦达维亚"号的附属义务，美国海军曾向阿根廷的委员会提供过Mk VII式1型的参数资料，所以英国人推测这种火炮曾经被用于装备那些船只。阿根廷实际上购买的是伯利恒公司的6英寸50倍径火炮。

6英寸 Mk IX式0型

口径	6英寸44倍径
重量	15032磅
带炮尾重量	15340磅
整体长度	270英寸
倍径	45
膛线长度	219.3英寸
倍径	36.6
药室上方直径	22.50英寸
药室容积	1367立方英寸
药室压强	15吨/平方英寸
膛线：阴膛线	24条
缠度	0～1/25
炮弹	105磅
发射药	20磅
炮口初速	2250英尺/秒

这种伯利恒钢铁公司产火炮发射半定装式炮弹。其结构包括身管、护套、2个套箍和锁定环，所有部件材质均为炮钢；套箍一直延伸到炮口。1型具有一级圆锥形合金钢内衬，采用36条而不是24条阴膛线。进行试射后，又安装了1个内衬锁定环。药室容积略有减少（1322立方英寸）。

产品：第511（1906年10月交付）—522号。第511—513号用于重新武装巡洋舰"哥伦比亚"号（1906年），第514—516号用于重新武装前一艘巡洋舰的姊妹舰"明尼阿波利斯"号。其他产品在第一次世界大战期间用于武装辅助性商船。

Mk X式是一种45倍径火炮，由威格士公司生产，海军编号为第523号（威格士公司编号为1015a）。Mk XI式这个型号被应用于一种50倍径的威格士公司产线绕火炮，海军编号为第524号（威格士编号为1070a）。这种火炮显然采用的是威格士公司的"Mk E"模式的命名。

6英寸Mk XII式0型

口径	6英寸53倍径
重量	22143磅
带炮尾重量	22648磅
整体长度	325英寸
倍径	54.3
炮膛长度	约315.6英寸
倍径	53.1
膛线长度	264.52英寸
倍径	44
药室上方直径	24.5英寸
药室容积	2100立方英寸
药室压强	17.5吨/平方英寸
膛线：阴膛线	36条
缠度	0～1/25
炮弹	105磅
发射药	44磅
炮口初速	3000英尺/秒

此种臼炮是专为1916年投产的主力舰和巡洋舰所设计，但那些舰船中其中只有"奥马哈"级巡洋舰的生产最终完成。这种火炮在战后也用于武装大型"巡洋潜艇""独角鲸"号和"鹦鹉螺"号。1917年1月进行的测算显示，5000码射程外5英寸51倍径火炮有着更大的危险界，这意味着炮弹击中处于运动状态、射程不明的驱逐舰的机会更大。超过那个射程，6英寸53倍径火炮的情况稍微好一点。6英寸火炮的发射药比前者重两倍，因此进行射击的速度稍慢。在驱逐舰的重要机构中爆炸的5英寸火炮的炮弹将会造成舰船停驶；没理由指望6英寸火炮的炮弹打到任何地方时能取得这种效果。载重量一定的情况下，舰船可以搭载更多5英寸火炮。海军军械局也强调了在新型战列舰上保留既有鱼雷防卫炮的重要性，虽然那将会减少对于备用火炮的需求。5英寸火炮看起来适用于夜间作战和更远程距离的日间作战。海军情报局对于日德兰海战的报告指出，驱逐舰会遭到地方驱逐舰的迎击，所以战列舰没必要在远程距离使用其鱼雷防卫炮。另一方面，"弗吉尼亚"级前无

畏舰的远程实战表明，6英寸火炮能击中位于8000～10000码间的目标，超出5英寸火炮的能力。海军军械局副局长评论说即使战列舰的主要防卫依靠驱逐舰，也肯定需要做一些准备，以防范有敌舰在远距离朝自己发放鱼雷。当时的另一个考虑是将反鱼雷炮放在防爆炮塔里，以便它们能依靠人工操作射击，参与主炮组的行动。最初，海军军械局的意见占据了上风，所以1918年，战列舰（BB 49号—BB 51号）被设计成配备5英寸反鱼雷炮。然而，1919年推出的舰船级别（BB 52号—BB 54号）却被装备了6英寸火炮，这可能是因为英国皇家海军基于同样的目的使用了6英寸火炮，因此1918年重新设计了战列舰，以与英国舰队般配。然而，这些船只中没有一艘像在1917年设想的那样采用防爆炮塔。

在20°发射仰角，最大射程是19000码。Mk XII式的结构包括内衬、身管、护套和锁定环，所有部件材质均为镍钢，除去两个套箍是炮钢。圆锥形内衬是在火炮已经建成后插进去的。1型和所有后来的型号均采用等齐膛线（缠度1/35）。2型，用于武装潜艇，由1型改造而来，增加了对炮架表面无腐蚀性的套箍，并将炮口消焰罩修改为带有1个夹紧环，以便给炮口添加防水罩。像1型一样，采用的是等齐膛线。第1门火炮（第595号）是在1917年2月1日被订购的，完工时间是1918年。早期火炮被描述成采用特种膛线（如上）。1917年2月采购的包括第595—634号（40门火炮）；1917年4月4日的订单采购了第635—664号（10门火炮），1919年7月10日的订单增加了第665—764号的采购（100门火炮），其中有几门未最终完工，且第747号最后被取消；1920年1月30日订单增加了第765—819号的采购（30门火炮）。

Mk XIV式用于替换同一内部和外部尺寸的Mk XII式1型，但采用的是合金钢材质、径向拓展一体化结构（请参见下文有关4英寸Mk IX式火炮的讨论）。完成后，首先被用于武装轻巡洋舰"孟菲斯"号。后来的所有6英寸火炮采用同样的径向拓展单元结构。第一门这种类型的火炮是第823号，1921年3月19日由海军火炮厂订购，更早些时候的订

单已经被抛弃，因为需要的建造设备始终未能就绪。Mk XV式是一种最终流产的火炮类型，其设计具有更轻的结构：包括炮尾在内的Mk XIV式0型重22648磅，但Mk XV式重量应为13113磅。这种火炮的第820号和819号在1921年3月曾被订购，但后来订单取消了。后续的最早的6英寸47倍径火炮是Mk XVI式，属于Mk XVII式的后续产品。Mk XVIII式由Mk XII式改造而来，更换过内衬，炮膛采用了镀铬层。

　　"奥马哈"级巡洋舰上，6英寸53倍径火炮被架设在舷侧轻型双管火炮炮塔中的基座上。如果按1916年方案（"南达科他"级战列舰和"星座"级战列巡洋舰的建造计划）将计划中的主力舰建成，这些舰船的火炮本来会架设在单管火炮炮塔上。

　　然而，1919年中，海军军械局开始鼓吹建造5座三管6英寸火炮炮塔（一座位于中心线，代替现有的主桅），以配备未来的主力舰。海军火炮厂指出这种炮塔所要求的更高的效率，实际上是更宽的火炮俯仰角度范围和更干燥的火炮炮位问题。例如在当代的英国皇家海军中，未来主力舰船的辅助武器需要能够提供防空高射炮火（仰角75度）。那相应地要求使用电动装填器。海军火炮厂建议采用固定仰角的装弹位置，提供足够的电力以让火炮迅速地俯仰，而不是寻求在所有角度都能装弹。海军火炮厂不喜欢海军军械局的想法，争辩说现有的对水面和防空辅助炮组进行的分类是一种应对来自驱逐舰、潜艇和空袭等多种威胁的更好的方式。舷侧火炮不可能采用装甲以抵挡猛烈炮火，但通过有效的位置配置可以让它们有较高的存留率。如果这些火炮必须被集中，就必然得像对待重型炮塔那样给它们配备装甲。迅速地俯仰对于应付驱逐舰攻击不是很重要，需要有大量的炮组，以便分工处理夜间的近程攻击。此外，尚不清楚一座炮塔内火炮的射速是否能赶得上多门单独火炮能够实现的射速。潜艇是一种会突然出现的短程目标，它们的潜望镜可成为火炮的瞄准点。对潜艇和驱逐舰实施攻击都需要炮塔迅速地回转瞄准，单座炮塔不可能应付得过来。海军火炮厂还指出反驱逐舰和防空炮火需要完全不同的火控系统。

美国海军已经采用三管主炮组炮塔，因为没有其他的有效方式能在舰船中心线上架设12门火炮。海军火炮厂的观点没有涉及架设在舷侧的副炮问题。看上去，在1919年，三管火炮炮塔可能应对主炮组的过度分散负责，但对此问题并没有明显的解决方法。在日德兰海战期间，英国人发现舷侧吊车太脆弱（此外，有时单发炮弹就会炸毁整个炮组）。所能做的事是在开始战斗前就将炮弹和发射药送到炮组位置，然后关闭吊车，但是，会造成炮组本身的极度脆弱。同样的情况也适用于炮塔，在设计图中，炮塔能携带120发炮弹（大概也包括发射药）。

　　1919年8月，海军委员会为下一级别的战列舰制定了标准炮组规划（"南达科他"级之后）：每舰4座双管主炮组炮塔，6座三管6英寸火炮炮塔和9门较短的5英寸防空炮。尽管争议不断，炮塔式两用副炮组成了一种战争期间美国战列舰设计的混合物，1937年开始，双管5英寸38倍径火炮最终被选为在战列舰上使用。英国皇家海军在很多方面对美国海军亦步亦趋。

　　Mk XIII式是一种发射深水炸弹的火炮，重新设计后配合Mk II式0型深水炸弹使用。这种火炮没有被分配过编号。

5 英寸火炮

5英寸Mk I式1型

口径	5英寸31倍径
重量	6190磅
整体长度	159.97英寸
倍径	31.99
炮膛长度	153.97英寸（身管）
倍径	31
膛线长度	118.4英寸
倍径	23.75
药室上方直径	18英寸
药室容积	657立方英寸
膛线：阴膛线	24条
缠度	1/180 ~ 1/30

5英寸Mk I式1型

深度	0.05英寸
宽度	0.485英寸降至0.435英寸（炮口处）
炮弹	100磅
发射药	14～16磅无烟火药
炮口初速	2300英尺/秒

第1、2号该种火炮被送交"芝加哥"号巡洋舰的时间是在1889年，1898年4月又被返回华盛顿海军船厂，同年7月被移交给"豹"号，然后在9月被送返，其时美西战争的紧张阶段已过。0型采用药包式弹药。1901年，所有火炮都被改造为1型，以发射定装式炮弹。具体做法是在炮尾插入内衬，同时去掉耳轴。1型的结构包括内衬、身管、护套和9个套箍。改造后，Mk I式采用与Mk II同样的药室和弹药。通过这种方式，借助这种火炮测试拟议中的战列舰副炮。1910年这些火炮被认定存在问题并报废。

5英寸Mk II式0型和Mk IV式0型

口径	5英寸40倍径
重量	7000磅
带炮尾重量	7080磅
整体长度	206.0英寸
倍径	41.2
炮膛长度	200英寸
倍径	40
膛线长度	164.73英寸
倍径	32.9
药室上方直径	16.50英寸
药室容积	656立方英寸
药室压强	14.0吨/平方英寸
膛线：阴膛线	30条
缠度	0～1/25
深度	0.025英寸
宽度	0.348英寸
炮弹	50磅
发射药	14～16磅无烟火药
炮口初速	2500英尺/秒

Mk II式（第3—70号）用于发射定装式炮弹。由于采用有烟火药做发射药，定装式炮弹重约95磅，可实现2300英尺每秒的炮口初速。无帽穿甲弹可穿透的碳素钢在炮口处约9英寸厚，在2500码处是4.5英寸厚（危险界150码）；此危险界与1000码处的危险界范围相当。最大射程在15度仰角时约8500码，在1902年海军军械局确定的"开放性射程"为5000码。采用无烟火药的情况下，发射药为14—16磅重，炮口初速增至2500英尺每秒。瞄准后射击可以很容易地在1分钟内发射3发炮弹，如果不瞄准24秒内可以发射同样数量的炮弹（1902年的数字）。第一门此种火炮的交付时间是1890年10月（第5号）。这种火炮计划用于武装战列舰和巡洋舰，架设在5英寸Mk II式2型和5型炮架上。Mk II式最初用于武装大型巡洋舰"奥林匹亚"号（第33、34、36—42和58号）、小型巡洋舰"辛辛那提"级和"蒙哥马利"级，以及补给舰"约塞米蒂"号（第61—66号）。

火炮结构包括身管、护套和2个套箍，所有部件均为炮钢材质。套箍从炮口往下一直延伸到距炮口68.5英寸的位置。1型的套箍和追加套箍具有不同的外形尺寸，计划用于架设在Mk II式1型和4型炮架上。2型（1907年制造：用于配合Mk II式1型和4型、Mk III式1型和6型）相对于1型的不同之处在于在距离炮架螺纹后部2.75英寸处采用直径15.50英寸的圆筒形护套。3型（配合炮架Mk II式1、2、4、5型和Mk III式1、4、6和9型）跟2型的不同之处在于未在炮架螺纹后部采用圆筒形护套。4型不同于3型的地方是采用了炮口消焰罩。5型（第39号）是一种35倍径版本，炮口以下被切掉了25英寸长，且安装了1个不同的锁定套箍。锁定套箍延伸了追加套箍的整体长度，以平衡炮身重量。6型是由4型改造而来，以适应5英寸火炮的Mk VIII式4、13和14型炮架；炮尾从炮尾面开始13.435英寸长的部分的直径被缩小，从16.50英寸变成了16.25英寸，而且配合炮架前部的螺纹被切掉了。7型由2、3或4型更换圆筒形镍钢内衬而来。8型由6型更换圆筒形镍钢内衬而来。

Mk IV式（第71—86号，交付开始于1896年4月）派生自Mk II式，不同的是具有更大的整体长度（206.0英寸），此外还采用了其他一些因此而在滑轨表面和其他外观上造成的差异。第71号在外部细节上和其他型号有所不同。0型和1型略有不同，后者采用镍钢身管和套箍。3型由1型更换镍钢内衬而来。4型是一种胎死腹中的版本，本应被添加螺纹，以配合Mk II式4型所对应炮架使用。像Mk II式一样，这种火炮用于武装小型巡洋舰。很多的这种火炮并不出海，直到第一次世界大战期间被用于武装补给舰。

上图：美国版的防御性武装商船吸收了很多老式火炮。这门用于武装"亚特兰大市"号轮船的火炮大概是5英寸40倍径的Mk III式1型，于1917年8月间被架设到该船上。该门火炮，也就是第177号，在1899年7月完成建造，最初被安装在"奇尔沙治"号战列舰上

5英寸Mk III式0型和Mk IV式0型

口径	5英寸40倍径
重量	7096磅
带炮尾重量	7260磅
整体长度	205.83英寸
倍径	41
膛线长度	164.73英寸
倍径	33
药室上方直径	16.50英寸
药室容积	656立方英寸
药室压强	14吨/平方英寸
膛线：阴膛线	30条
缠度	0～1/25
深度	0.025英寸
宽度	0.348英寸
炮弹	50磅
发射药	10磅
炮口初速	2300英尺/秒

Mk III式（第87—199号，第一次交付时间为1897年1月，还有第287—292号，用于重新武装"约克城"号炮艇）是一种发射半定装式炮弹的火炮，按设计应用于巡洋舰和战列舰。采用Mk III式的舰船包括了战列舰"奇尔沙治"号〔第94、167—179号（第174号的炮口在这艘船上

炸毁）〕和"肯塔基"号（第181—194号），巡洋舰"布鲁克林"号（第90、92—93、96—100、135—138号）、"芝加哥"号（重新武装于1898年：第144、146—158号）和"圣弗朗西斯科"号（重新武装于1911年：第88、91号），补给舰"布法罗"号（第112、113号）、"迪克西"号（第88、91、95、101—102、105、107、108号）和"约塞米蒂"号（第119号）以及从前属于西班牙的"奥地利的唐胡安"号（1899年：第161—164号）。

Mk III式火炮的结构包括身管、护套和2个套箍，所有部件均为炮钢材质。炮尾为侧摆式装弹类型。1型在滑轨液压缸前面的位置配有与众不同的护套和锁紧套箍。2型由0型或1型更换圆锥形镍钢内衬而来。有一门火炮（第104号）被转换为25倍径的3型防空版本，也使用半定装式弹药，系由0型改造而来，炮管末端被切割掉75.39英寸长，更换为圆锥形镍钢内衬（等齐缠度1/25），这些改动使这门火炮的内部特征变成和Mk X式5英寸25倍径高射炮一样。这门火炮在测试期间破裂。

5英寸Mk V式

口径	5英寸50倍径
带炮尾重量	10294磅
整体长度	255.65英寸
倍径	51.1倍径
炮膛长度	250英寸
倍径	50
膛线长度	213.05英寸
倍径	42.2
药室上方直径	20.50英寸
药室容积	1200立方英寸
药室压强	16.5吨/平方英寸
膛线：阴膛线	20条
缠度	0～1/25
深度	0.05英寸
宽度	0.4147英寸
炮弹	60磅
发射药	19.2磅
炮口初速	2700英尺/秒

第1门这一类型火炮（第200号）交付于1901年，用于架设在小型巡洋舰"克里夫兰"号和它所属的"和平"级巡洋舰（第200—260号，稍后还有一些新型火炮用于重新武装这些船舶）。这种火炮也用于重新武装小型巡洋舰"阿尔巴尼"号和"新奥尔良"号，被替换掉的武器是英国生产的火炮（1904年交付：第262—264号、第266—281号）。产品：第200—286号。

结构是简化的，将炮尾和追加紧固圈合并进一种从炮口开始收缩的较长身管。炮尾内衬与A管是连在一起的，用螺丝与炮尾B管拧合，用这种方式将整门火炮锁定在一起。1型是由0型改造而来，更换了圆锥形镍钢内衬，也提供了更多的、一直延伸到炮口的炮钢可选套箍，通过镍钢锁定环进一步紧固火炮。2型仅有1门（第280号），内衬略有不同。3型仅有1门（第245号），由0型改造而来，原来的炮钢身管为镍钢身管所取代，（像在1型上一样）增加了一直延伸到炮口的炮钢追加紧固套箍。相比1型和2型，3型具有更长的追加紧固套箍和更短的护套。

5英寸Mk VI式0型

口径	5英寸50倍径
带炮尾重量	10550磅
整体长度	255.65英寸
倍径	51.1
炮膛长度	250英寸
倍径	50
膛线长度	212.55英寸
倍径	42.5
药室上方直径	20.50英寸
药室容积	1208立方英寸
药室压强	16.5吨/平方英寸
膛线：阴膛线	30条
缠度	1/25
深度	0.05英寸
宽度	0.2867英寸降至0.2534英寸（炮口处）
炮弹	50磅
发射药	21磅
炮口初速	3000英尺/秒

这种火炮所采用的药包式弹药和"特拉华"级战列舰上配备的Mk V式火炮使用的是相同的。0型用于配备"特拉华"级战列舰上的反鱼雷炮组（"北达科塔"号：第329—342号，"特拉华"号：第343—356）以及"伯明翰"级侦察巡洋舰的主炮组（"切斯特"号：第323—324号，"伯明翰"号：第325—326号，"塞勒姆"号：第327—328号）。1型用于武装"萨拉托加"级巡洋舰的反鱼雷炮组和重新武装"得梅因"级巡洋舰的主炮组。2型用于重新武装"新奥尔良"级巡洋舰（1912年交付：第313—322号）。1907年，在波士顿海军工厂，装甲巡洋舰"纽约"号（后更名为"罗切斯特"号）在重新武装时采用了这种火炮（第295—304号）。

0型包括第323—356号。1型包括第293—306和308号。2型包括第307和309—322号。总产量为64门。

这种火炮之所以会被采用，是因为1907年海军委员会就鱼雷防御问题确定现有的3英寸50倍径火炮能力不足，想要一种5英寸或甚至一种6英寸反驱逐舰炮。这种武器因而被选中，尽管它很快就被5英寸51倍径所替换。6英寸火炮曾在1906年得到首次推荐，在1913年又被再次推荐，但只是在1917年秋天海军委员会才同意将6英寸火炮用于"FY19"号战列舰（BB 52号—BB 54号）；随后又被"逆选"配备"FY18"号舰船（BB 49号—BB51号）。

这种火炮的结构包括身管、护套和套箍，所有部件均为炮钢材质。相对于Mk V式，这种火炮完全采用镍钢材质，用单个护套代替了早期火炮的护套、追加紧固套箍和锁定环；此外还采用了等齐膛线和不同的药室设计。1型采用炮钢材质，未使用镍钢，具有不同的药室设计。为配合安装不同的炮架，外观上也有一些差异。2型和1型几乎是完全一样的，但药室与0型一样。

5英寸Mk VII式0型

口径	5英寸51倍径
带炮尾重量	11274磅
整体长度	260.65英寸
倍径	54.1
炮膛长度	253.95英寸
倍径	50.8
膛线长度	213.38英寸
倍径	42.3
药室上方直径	21.00英寸
药室容积	1200立方英寸
药室压强	17吨/平方英寸
膛线：阴膛线	30条
缠度	0 ~ 1/25
深度	0.05英寸
宽度	0.2867英寸降至0.2534英寸（炮口处）
炮弹	50磅
发射药	24.5磅无烟火药
炮口初速	3150英尺/秒

这种发射半定装式炮弹的火炮系设计用于作为"佛罗里达"级和"怀俄明"级战列舰的反鱼雷武器。原型炮为第357号。定型产品为第358—449号（共计92门）。这种火炮在当时引进了后来为所有新型战列舰采用的51倍径长副炮（6英寸53倍径的副炮尚未建成）。1914年情况发生

了变化，要求为修复舰"普罗米修斯"号和"维斯塔"号配备白炮，因为有了从"阿堪萨斯"号和"怀俄明"号战列舰上替换下来的5英寸火炮可以使用。1915年2月11日，海军火炮厂得到授权为上述两艘舰船加上供应船"梅尔维尔"号和"布什奈尔"号转换20门此种火炮。11月16日后两艘船上订购的所有弹药筒式火炮都被转换成了白炮。1916年，所有Mk VII式火炮均已从舰船上撤下，以转换成2型白炮。

火炮设计期间，发现药室上方的三层结构部分要比药室前部的两层结构部分更结实。既然所有部分都承受同样大小的压力，三层部分就是过于坚固了，所以火炮被重新设计，改为仅有1个身管和护套（两层），因此节省了大约500磅的镍钢锻造件材料，所有与外部锁定套箍（C2）的旋转螺纹、套箍（C1）内侧收缩表面的旋转螺纹有关的加工操作以及整体收缩的有关操作都被节省了。0型火炮的结构包括身管、护套、套箍和锁定环，所有部件均为镍钢材质。该设计类似于Mk VI式0型，除去锁定环由螺丝拧在护套上，而不是用套箍固定。所有的0型火炮均被改造成了白炮。1型由0型改造而来，更换了圆锥形镍钢内衬，但该种火炮并未付诸实用，因为这种火炮后又被转换（作为22型）使用药包式弹药（插入一个气密座内衬）。2型也采用的是等齐膛线（缠度1/25）。3型由0型或2型更换圆锥形镍钢内衬而来；采用的是渐速膛线。4型仅有一门（第357号），由0型改造而来，插入了圆锥形镍钢内衬，被转换成白炮，药室和炮膛结构类似3型。5型（草图日期1916年7月）由0型改造而来，简单植入新的更大直径的身管，采用类似3型的新药室和炮膛。6型和7型分别由2型加内衬或3型更换内衬改造而来；或由4型重新更换圆锥形镍钢内衬，采用等齐缠度（1/35）膛线而来。8型由5型改造而来，采用了圆锥形镍钢内衬（等齐膛线，缠度1/35），在前部凸台结构上有一个0.15英寸的纵向间隙。9型为2、3或6型的类似改造品，在距离炮尾3.5英寸处采用了一道凸缘。10型由2型增加内衬改造而来，或3、6和9型重新更换内衬（等齐膛线，缠度1/35）、在炮尾增加一道凸缘和内衬锁定环改造而来，此

外，在前面的凸台结构处有0.15英寸间隙。

5英寸Mk VII式0型

口径	5英寸51倍径
重量	10834磅
带炮尾重量	11300磅
整体长度	261.25英寸
倍径	52.2
炮膛长度	253.59英寸
倍径	50.7
膛线长度	215.383英寸
倍径	43
药室上方直径	21.00英寸
药室容积	1200立方英寸
药室压强	17吨/平方英寸
膛线：阴膛线	30条
缠度	0～1/25
深度	0.05英寸
宽度	0.3277英寸降至0.2534英寸（炮口处）
炮弹	50磅
炮口初速	3150英尺/秒

与Mk VII式一样，这种臼炮系为装备"纽约"级战列舰的反鱼雷炮组和补给舰所设计。用于装备直到"马里兰"级的美国战列舰。

这种火炮起源于海军军械局1911年的一个研究项目，该项目考察了为"纽约"级战列舰提供的火炮能否采用臼炮而不是弹药筒式火炮。初始图纸（1910年）表明它本来被设计成50倍径而不是51倍径的火炮。第1门火炮是第450号（不幸的是其铭牌已经遗失）。第451号交付于1912年9月21日。除了新型战列舰，这种火炮还用于装备早期无畏舰，以取代Mk VII式，所以最早一批火炮系1913年用于配备战列舰"怀俄明"号和"佛罗里达"号。最早的两艘为配备这种火炮而设计的船只是"得克萨斯"号（第468—488号）和"纽约"号（第489—509号）。第一次世界大战期间，有10门这种火炮被卖给意大利用于海防（两门在运输途中丢失）。

1917年8月，海军作战办公室建议武装150艘新的"平甲板船"式驱逐舰，后被授权采用5英寸51倍径火炮，这是因为根据报告，德国人采用5.9英寸火炮武装他们自己的驱逐舰和大型潜艇。这一决定很快被修改：船只最初会采用4英寸火炮，但其基础设施会兼容5英寸51倍径火炮，如果需要的话。最终只有少数驱逐舰采用这种设计，其他的都采用的是双管4英寸火炮炮架。

第一次世界大战期间美国军方所签订的该种火炮采购合同（不包括海军火炮厂）：美国和英国制造公司（1916年：第702—727号）；美国制罐公司（1918年4月18日：第1505—1508号；在第1519号和1606号之间没有其他编号）；四湖弹药有限公司（1917年10月11日：1157—1356号；请注意，在1357号和1456号之间没有其他编号）；自由弹药有限公司（1918年4月18日：第898—1043号，主要在海军火炮厂完成）；米德维尔钢铁公司（1917年12月20日：第1457—1504和1705—1716号）；沃特弗利特兵工厂（1915年8月：第768—787号；请注意，在1633号和1704号之间没有其他编号）。第1716号是被分配的最后一个编号。这意味着Mk VIII式的总建造数量是1004门。根据停战协定，未完成的合同中不再需要的火炮共有550门；另有124门仍旧被需要。

下图：华盛顿海军船厂内的 5 英寸 51 倍径 Mk VIII 式火炮（第 736L 号）。火炮上的铭牌显示它被重新改造过 3 次，最后一次在 1938 年；其炮尾被加盖了 Mk XV 式字样的戳记。该火炮为华盛顿海军船厂内的海军火炮厂所生产，最初用于装备"爱达荷"号战列舰。前景中的是一门 3 磅火炮，在第一次世界大战期间用于装备小型巡逻艇。这是一种典型的采用肩扛式炮架的火炮（作者）

这种火炮派生自Mk VII式0型，但部分部件采用炮钢，其药室有修改，护套和套箍均延长0.6英寸。1型（1913年12月草图）由0型更换圆锥形镍钢内衬，并采用不同药室而来。这种命名也被应用于第450号，一种重新更换内衬的Mk IX式。2型由0型改造而来，采用了等齐缠度（1/35）的圆锥形镍钢内衬，也具有改造过的药室。3型由0型更换一种零收缩率的圆筒形镍钢内衬，并采用等齐膛线（缠度1/35）而来。4型是一种添加内衬或重新更换内衬的火炮，其圆锥形

镍钢内衬在前凸台处有0.15英寸的间隙，此外，还具有修改过的药室和等齐（缠度1/35）膛线。5型是添加内衬或重新更换内衬的火炮，其内衬在距离炮尾3.5英寸处既有间隙又有凸缘。6型是一种添加内衬或重新更换内衬的火炮，除了具有此前型号的特点，还增加了1个锁定环。7型由4型改造而来，在炮尾处增加了1个气密座内衬锁定环。8型（后来更换内衬成为Mk XV式）仅有1门（第1317LW号），配备一种实验性的带有改良弹带座的药室。9型仅有一门（第7551

下图：用于架设5英寸51倍径火炮的标准5英寸Mk XIII式II型炮架。注意在炮架每侧都可以用双手进行操作，尤其是在端视图中可以看到这种情形。左侧是炮手位置，该岗位上有开炮按键。右侧为瞄手［美式的叫法是主炮手（Pointer[1]）］位置。火炮上面是具有美国特色的瞄准具平台，每侧和后方都设置有望远镜瞄准具。按英国的术语，这种炮架叫做"centre Pivot mounting"（中轴式炮架）

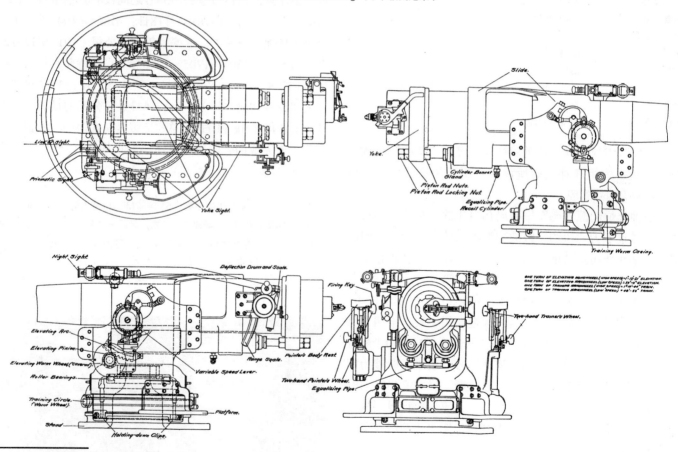

---

1   从本书内容看，不同国家炮塔的乘员设置及其称谓存在差异。按照此处说法在美国瞄手（trainer）即为主炮手(Pointer)，但在其他一些地方，也存在将瞄手和主炮手并称的情况。大体来讲，瞄手负责炮架的水平旋转瞄准，而主炮手、炮手（layer）负责火炮的纵向俯仰调整瞄准。——译者注

号），带有一个实验性的药室（后来也被重新更换内衬成为Mk XV式）。10型采用一种新型设计，带有身管和炮尾内衬锁定环，并采用等齐膛线（缠度1/35）。1925年，部分此种火炮被挑选出来，改造成使用弹药筒的火炮，以装备潜艇舰队。

标准5英寸火炮配用炮弹（1923年）：Mk VI式穿甲弹［16.81英寸（3.36倍径），弹形系数2，重60磅］；Mk IX式穿甲弹（16.85英寸，弹形系数7，重60磅，含1.6磅炸药）；Mk XIII式穿甲弹（16.50英寸，弹形系数3，重60磅，含1磅炸药）；Mk XIX式平头弹（16.19英寸，无弹形系数，重8.32磅，含0.65磅炸药）；Mk XX式平头弹（1型：16.19英寸，无弹形系数，重8.32磅，含2.43磅炸药）；棱洞普通弹（15.5英寸，弹形系数2）；Mk I式普通弹（14.72英寸，弹形系数2）；Mk VII式普通弹（17.35英寸，弹形系数2，重60磅，含2.6磅炸药）；Mk XII式普通弹（17.34英寸，弹形系数2，重60磅，含炸药2磅）；Mk XIV式普通弹（17.11英寸，弹形系数7，重50.4磅，含1.73磅炸药）；Mk XV式普通弹（17.0英寸，弹形系数7，重50磅，含1.73磅炸药）；此外还有烟幕弹和照明弹。

5英寸Mk V式

口径	5英寸51倍径
重量	10834磅
带炮尾重量	180385磅
整体长度	261.25英寸
倍径	52.2
炮膛长度	253.55寸
倍径	50.7
膛线长度	214.433英寸
倍径	42.8
药室上方直径	21.00英寸
药室容积	1200立方英寸
药室压强	17吨/平方英寸
膛线：缠度	1/30
炮弹	50磅
发射药	23.8磅
炮口初速	3150英尺/秒

Mk IX式是一艘潜艇用水冷式火炮，发射半定装式弹药。现存最初图纸的标注日期是1911年12月，原型是Mk VII式1型，看起来这种火炮似乎是从1916年开始生产的。然而，1923年"水下用"炮架成功通过了测试，订单要求完成3座授权生产炮架，这种火炮遂开始第一次装备美国巡洋潜艇（"V"级）。

与Mk VIII式一样，这种火炮的机构包括镍钢材质的身管、护套和炮钢材质的套箍与锁定环；护套一直延伸到炮口。不同于Mk VIII式之处是具有不同的螺丝压下紧固内衬和改进的用于发射半定装式弹药的药室；此外，药室也采用了不同的膛线。1型由火炮更换圆锥形镍钢内衬而来。2型是0型采用内衬，或1型更换镍钢内衬而来，采用的是1/35缠度的膛线。3型使用了带有内衬锁定环的类似的内衬。4型为3型改造而来，采用重新设计的内衬和类似0型的渐速膛线。5型和3型几乎完全相同，除了采用一种新型身管和内衬锁定环。6型是一种无内衬火炮，与3型几乎相同，除了所采用的新型药室。7型由1型更换新型药室改造而来。8型由5型更换新型药室改造而来。

5英寸Mk X式0型

口径	5英寸25倍径
重量	2125磅
带炮尾重量	5175磅
整体长度	1442.25英寸
倍径	28.5
炮膛长度	125.25英寸
倍径	25
膛线长度	98.679英寸
倍径	19.6
药室上方直径	11英寸
药室容积	431立方英寸
药室压强	16.7吨/平方英寸
膛线：缠度	1/25
炮弹	50磅
发射药	9.5磅
炮口初速	2200英尺/秒

在两次大战中间那段时间，这种火炮是美国战列舰和巡洋舰的主要重型防空火炮；之所以要将其收录入本书，是借以与用于应对水面威胁的副炮做一比较。为了更易于操纵对付快速移动的目标，这种火炮采用了较短炮管。上表中的命名仅被用于原型炮第1717号。1922年12月，对该种火炮进行了试射。1923年4月，从海军火炮厂订购了最早定型生产的这种火炮（1型）。最初产品的编号为第1718—1744号。

这种火炮是半自动式的，发射定装式炮弹。采用径向扩展单管镍钢炮管，上面具有螺纹，逐渐收缩进采用垂直滑动炮闩的镍钢炮尾座。2型与1型相同，除了炮尾座那部分被去掉，以便加载弹药。3型是改进的1型，炮尾座类似于2型。4型由2型改造而来，但采用了样式不同的圆筒形内衬（5型和6型使用不同的内衬）。

原型炮是手动装弹的，但到1924年，海军军械局开始为其研发动力装弹装置，一旦采用，每分钟可发射20发炮弹。该计划可与英国人在1918年后试图研发的动力装弹防空炮做一对比。不过，最终只有手动装弹版本进入服役。

Mk XI式是镀铬版的Mk X式。因此，它的0型和Mk X式2型是完全相同的，除去炮膛镀铬之外。1型由Mk X式3型改造而来，采用的是镀铬炮膛。2型和3型具有改造过的药室，炮口开始往下102.0英寸长炮膛镀铬。4型系为陆军研发的一种流产型号。5型配有采用不同的圆筒形蒙乃尔（铜镍）合金内衬的炮尾座。6型由2型在炮尾座处更换蒙乃尔合金内衬改造而来。7型使用了相似内衬和新型炮尾座。8型采用在炮尾座处配有样式不同圆筒的内衬。9型是改进的7型，药室类似于0型。10型配有不同的炮尾座。

Mk XII式即第二次世界大战期间闻名的5英寸38倍径火炮。显然不存在Mk XIII式。Mk XIV式是一种5英寸51倍径的战列舰副炮，由Mk VIII式改造而来，采用或重新更换了内衬，并采用了等齐膛线（缠度1/35）。Mk XV式和Mk XIV式具有加大的药室，作为一种改进版本，具有改良过的药室和合金钢内衬。Mk XVI式是5英寸54倍径。

4 英寸火炮

4英寸Mk II式0型和Mk III式0型

口径	4英寸40倍径
重量	3388磅
整体长度	164英寸
倍径	41
炮膛长度	160英寸
倍径	40
药室上方直径	13英寸
药室容积	33立方英寸
药室压强	15.25吨/平方英寸
膛线：阴膛线	30条
缠度	0 ~ 1/25
深度	0.025英寸
宽度	0.279英寸
炮弹	33磅
发射药	4.85磅有烟火药
炮口初速	2000英尺/秒

此种臼炮被用于补给舰的开放基座式炮架上。其嵌套结构包括身管、护套和2个套箍，材质均为炮钢；套箍从炮口箍到往下50英寸处。1902年版的这种火炮手册将其描述为M1889式。Mk I式1型装有压下螺丝紧固内衬和用于发射定装式炮弹的药室内衬。这种火炮和Mk II式和Mk III式一样均配装速射后坐力炮架（Mk IV式—Mk VII式采用基底座式炮架）。Mk I式包括第1、2、3和6式火炮；原本采用的是有槽螺钉紧固的炮尾，类似于6英寸Mk III式的情况。后来配装了弗莱彻速射炮尾机构（Mk IV式），被转换为所谓的Mk I式。其药室采用5.7英寸直径，嵌入炮身的内衬经重新更换，可发射定装式炮弹。

根据1902年的相关描述，4英寸40倍径火炮的预计穿透力为在炮口处可穿透7英寸厚碳素钢板，或在2500处穿透3.5英寸厚的（危险界120码）；此危险界与在1000码位置的相当。采用无烟火药发射，7磅或8磅发射药可产生2300英尺/秒的炮口初速。

Mk I式被转换于1900年，以使用定装式弹药。产品：第1—3、6号。

Mk II式（第4、5号）除长度外类似于Mk I式，另外增加了平衡套箍。炮膛长度减少到157.5英寸（39倍径）。该种火炮使用德里格斯–施罗德式炮尾（4英寸Mk II式）。这也是一种M1889式火炮。原型炮（第4号）完成于1890年9月。产品：第4—5号。

Mk III式0型（M1890式）是一种架设在开放式单管基座式炮架上的4英寸40倍径的白炮，具体包括第7—69、71、73、74、82、84和87号（共6门）。结构部件包括身管、护套和2个套箍，所有部件均采用炮钢；身管上的套箍一直延伸到距离炮口50英寸处。1型是定装式弹药版本，增加了压下螺母紧固的内衬和药室内衬，以配合所采用的弹药。尺寸略小于0型（163.75英寸）。2型是一种39倍径的定装式弹药火炮，与Mk I式0型具有相同的尺寸，但是略重（3398磅），性能也类似，但是具有略大的药室压强（15.5长吨/平方英寸）。此外，还增加了一个平衡套箍。Mk III式0型具有与Mk I式相同的尺寸、重量和性能，但有不同的炮尾机构。Mk III式1型具有和此前型号不同的结构，部件包括身管、护套、套箍和锁定套箍，并且套箍一直延伸到距离炮口52.5英寸处。2型具有药室内衬，且重量较轻（包括炮尾重3100磅，而1型不包括炮尾重3343磅）。3型与2型非常相似，除了身管上炮架安装螺纹的位置和尺寸不同。4型系0型或1型改造而来，具有圆锥形镍钢内衬和稍小的药室（327立方英寸）。5型是2型或3型改造而来，也采用了新型内衬。

4英寸Mk IV式0型和Mk V式0型

口径	4英寸40倍径
带炮尾重量	3160磅（1型：3530磅）
整体长度	166.25英寸
倍径	41.0
膛线长度	131.065英寸（1型；膛内炮弹行程134.50英寸）
倍径	32.75
药室上方直径	13.25英寸

4英寸Mk IV式0型和Mk V式0型

药室容积	327立方英寸（1型）
药室压强	14吨/平方英寸
膛线：阴膛线	30条
缠度	0～1/25
深度	0.025英寸
宽度	0.279英寸
炮弹	33磅
发射药	4.85磅
炮口初速	2000英尺/秒

这是一种全新的4英寸40倍径火炮，结构组成包括身管、护套、套箍、锁定套箍和面板。1型由0型更换圆筒形镍钢内衬改造而来，注意重量有所增加。均用于武装补给舰。Mk V式0型类似于Mk IV式，但没有面板；1型系0型更换圆锥形镍钢内衬改造而来。这种火炮用于武装补给舰。Mk V式即M1895式火炮。

产品：Mk V式0型：第70、72、75—81、83、85、86、88—98号。Mk IV式：第108—117号、第180—209号、第255号。

4英寸Mk VI式0型

口径	4英寸40倍径
带炮尾重量	3529磅
整体长度	164英寸
倍径	41
药室上方直径	13英寸
药室容积	327立方英寸
药室压强	15.5吨/平方英寸
膛线：阴膛线	30条
缠度	0～1/25
深度	0.025英寸
宽度	0.279英寸
炮弹	33磅
发射药	4.85磅
炮口初速	2000英尺/秒

Mk VI式（M1895式—M1898式）用于武装补给舰，发射定装式炮弹。Mk VI式0型类似于Mk V式，除去炮尾机

构有差异。结构包括身管、护套和套箍，所有材质均为炮钢；这种火炮系由Mk IV式改造而来，采用了不同的炮尾机构。有些火炮配有炮口消焰罩。1型由0型改造而来，配有圆锥形镍钢内衬。最早的采用定装式炮弹的4英寸火炮系由4门臼炮转换而来。

产品：第99—107、118—179、210—212、256、283—312（Mk VI-1906式）、339—352号，其中第145—164和212号为美国军械公司制造，第163—179、210和211号由伯利恒钢铁公司制造。

4英寸Mk VII式0型

口径	4英寸50倍径
重量	5747磅
带炮尾重量	5808磅（1型）
整体长度	204.5英寸
倍径	51.1
炮膛长度	200英寸
倍径	50
膛线长度	164.804英寸
倍径	41.2
药室上方直径	16.375英寸
药室容积	644.2立方英寸
药室压强	15.5吨/平方英寸
膛线：阴膛线	30条
缠度	0~1/31.17
深度	0.025英寸
宽度	0.279英寸
炮弹	33磅
发射药	15磅无烟火药
炮口初速	2800英尺/秒

这种M1898式火炮采用全新的高性能设计，结构包括身管、护套、套箍和锁定环（第213号有一个内衬）。发射定装式弹药。4英寸火炮的1902年版手册描述这种武器是一种采用4英寸火炮炮膛的5英寸火炮，指出其高性能来源和炮管约为5英寸40倍径的事实。所采用的定装式炮弹重约65磅，相比之下4英寸40倍径火炮为58磅。无帽弹可达

2900英尺/秒的炮口初速，在2500码处可穿透5英寸厚碳素钢板。到了1908年，炮口初速减至2800英尺/秒。最大舰载射程（13°仰角）约为9000码。1型由0型更换圆筒形钢内衬而来。2型由0型或1型改造而来，重新更换了圆锥形镍钢内衬，在炮尾末端增加了一个凸台结构。膛线缠度最初是0~1/25。

产品：第213—254、257—281、316（Mk VII-1905式）—338号。

4英寸Mk VIII式0型

口径	4英寸50倍径
带炮尾重量	6440磅
整体长度	206.53英寸
倍径	51.5
炮膛长度	200英寸
倍径	50
膛线长度	164.825英寸
倍径	41.2
药室上方直径	16.0英寸
药室容积	644.2立方英寸
药室压强	15.5吨/平方英寸
膛线：阴膛线	30条
缠度	0~1/31.17
深度	0.025英寸
宽度	0.279英寸
炮弹	33磅
发射药	9.2磅
炮口初速	2500英尺/秒

1910年9月22日，对这种类型的4英寸第353号原型炮进行了试射。1911年的计算表明，在采用12.3磅发射药与168.3英寸的膛内行程的条件下，这种火炮可达到2800英尺/秒炮口初速。如采用增大的药室（750立方英寸）和15磅发射药，膛内行程相同，炮口初速可达3000英尺/秒。这些测算导致了Mk IX式火炮设计的出现。原型炮（第353号）交付于1907年11月，订购时间为1905年6月16日。产品：第353—364号，均在1907年交付。

这种火炮采用了一种新型的两片式结构的火炮设计（仅限于身管和护套，护套延伸至炮口，末端位于炮口消焰罩中）。与其他4英寸火炮类型一样，这种火炮发射定装式炮弹，但显然发射药更重。请注意，这种火炮配备的是韦林式炮尾（伯利恒钢铁公司版），虽然发射的是定装式炮弹。

4英寸Mk IX式0型

口径	4英寸50倍径
带炮尾重量	5900磅
整体长度	206.53英寸
倍径	51.5
炮膛长度	200英寸
倍径	50
膛线长度	164.825英寸
倍径	41.2
药室上方直径	16.0英寸
药室容积	656立方英寸
药室压强	17吨/平方英寸
膛线：阴膛线	30条
缠度	0~1/31.17
深度	0.025英寸
宽度	0.279英寸
炮弹	33磅
发射药	16.25磅
炮口初速	2900英尺/秒

上图：第一次世界大战期间使用的标准驱逐舰用4英寸50倍径火炮。这是一种相对早期的装备；请注意船尾的英国式滑道中只有2枚深水炸弹

这是第一次世界大战期间的标准美式驱逐舰和潜艇用4英寸火炮。不同于此前的所有设计版本：重量较轻，结构简单（镍钢身管和护套），在滑轨表面配有单个导向键。

早期的设计测算可追溯至1911年5月。这种火炮被设计成满足下述要求：50倍径长，药室和Mk VIII式仿佛，尽可能地减轻重量，增加紧固程度，炮口初速为3000英尺/秒，如果可能的话。在草图设计阶段，降低炮身重量约750磅，同时增加紧固程度19%，被证明是可能的。在追加套箍上，紧固力也增加了37%。通过采用镍钢代替炮钢材质，并改变火炮设计，实现了这些改进。起初人们认为，在仍旧确保药室压强在16吨/平方英寸的前提下，慢速燃耗火药可使得初速达到3000英尺/秒。这些估计是基于和Mk VII式和Mk VIII式的对比做出的。作为一种建议采用的火炮，所有火炮都采用了同样的炮膛长度和炮弹行程。使用12.8磅的发射药，在药室压强14.6吨/平方英寸的情况下，Mk VIII式可取得2800英尺/秒的炮口初速。在采用慢速燃烧火药（14.6磅）而且产生压强约15吨/平方英寸、比Mk VIII式所产生的更大时，想要的3000英尺/秒显然是可以达到的。然而，实际发射显示在取得2800英尺/秒的速度时，Mk VIII式所产生的压力已经达到16.65吨/平方英寸或15.8吨/平方英寸。后来的计算显示，要达到3000英尺/秒的速度，新火炮药室的压强需要达到18吨/平方英寸，在炮口处为8.4吨/平方英寸。这一数据要比Mk VIII式产生的实际压强每英寸高1.8吨。这些数据相应地用于为炮尾规划螺纹。当时Mk IX式被设计为一种臼炮，但火炮建成后实际上使用弹药筒和定装式炮弹。

第1门Mk IX式，编号第365号，系1911年10月18日订购自米德维尔钢铁公司。1型版本的图纸制订于1914年6月。2型的计算工作约同时开始进行，所以2型开始建造稍晚。早期的5型、6型和7型计算开始于1917年6月。8型的计算开始于1917年10月。战前订单情况：米德维尔钢铁公司（1911年10月18日：第365—389号），伯利恒钢铁公司（1911年11月7日：第390—414号），英国和美国制造公司（1913年2月4日：第415—444号；4型从第432号开始）和沃特弗利特兵工厂（1913年4月19日：第445—478号，4型），英国和美国制造公司（1914年11月28日：第479—508号，2型；第502号和此后编号火炮为5型），沃特弗利特兵工厂（1915年6月8日：第509—538号，2型；第516号和此后编号火炮被转换为5型），伯利恒钢铁公司（1916年10月31日：第539—605号，5型），英国和美国制造公司（1916年11月1日：第606—705号，以美国和英国有限公司身份，5型），沃特弗利特兵工厂（5型：1916年10月17日：第706—755号）。战前订单到此累计达411门火炮。

第一次世界大战期间还有订购5型火炮的更大合同，所购火炮用于武装特别订购来进行反潜作战的新驱逐舰、"鹰"系列巡逻艇和潜艇：伯利恒钢铁公司［1917年4月4日：第756—855号（100门）；注意第856—875号等编号并未被分配给任何火炮］，鲁特和范德沃特公司［1917年5月25日：第876—1875号（1000门）］，美国散热器公司［1917年6月7日：第1876—2380号（505门），注意第2381—2875号等编号并未被分配给任何火炮］，普尔工程公司［1917年8月29日：第2876—2994号（119门）；注意第2995—3375号等编号并未被分配给任何火炮］，美国和英国有限公司［1917年9月24日：第3376—3506（131门）；注意第3507—3575号等编号并未被分配给任何火

炮］，沃特弗利特兵工厂［1918年7月11日：第3576—3605号（30门火炮）］。出现某些无对应火炮的编号是因为根据停战协议对应火炮被取消了生产。美国散热器公司拿到了2000门火炮的订单，到1919年8月，其中只有507门被完成；普尔工程公司拿到了500门的订单，因停战协议被削减到119门。因此按战争计划应该共有1885门这种火炮。这一总数来自于1919年海军军械局的机密报告，但具体到每门火炮的编号来自于火炮铭牌。停战协议签署时，尚未完成的订单且不再需要完成的火炮数目共有3538门。另有713门还需要继续完成生产。第一次世界大战后，确定所有的驱逐舰英装备同类型的4英寸火炮：5型，这个项目在1921年秋天完成。

迟至第一次世界大战时期，海军火炮厂建造了一门实验性的4英寸径向拓展结构火炮，以测验计划中的径向拓展版本的6英寸Mk XII式。在此过程中，通过采用液压或其他压力冷拉伸火炮身管使其强度达到超过其弹性极限的程度，使身管获得了大于其初始弹性强度的弹性强度。当时这种方法已经被知晓超过50年，被应用于处理钢铁材料超过20多年（即从1899年开始）。看起来钢铁在压力的作用下能发生变形，以至于其弹性强度能够从36000磅/平方英寸增加到大约80000磅/平方英寸（即35.7吨/平方英寸）。这使得制造一体化的火炮成为了可能。海军火炮厂宣称这

下图：美国海军"斯托克顿"号上架设的双管 4 英寸 50 倍径火炮炮架

样做所需要的设备既不精密也不昂贵，因此这种技术很容易被应用于新6英寸53倍径火炮的生产。测试中，4英寸火炮发射了464发炮弹没有好像要报废的任何迹象（射速被降至100英尺/秒）。由此建造的火炮相对于嵌套式结构火炮更轻，加工时需要更少的机器工作（较少的表面钻孔和锥面加工）、更少的人力，建造得更快、更便宜——这两个因素都无疑会引起海军军械局很大的兴趣，在第一次世界大战期间这个部门正因为如何进行工业能力动员而紧张。虽然似乎没有任何理论阐述径向扩展式的限制，在1919年6英寸53倍径火炮实际上是此种模式的生产极限。截至1919年，海军军械局决定用这种火炮武装6艘当时获得授权建造的战列舰中的一艘（实际武装的是巡洋舰"孟菲斯"号）。

1型采用圆锥形镍钢内衬，阴膛线为30条（右旋渐速，缠度0~1/25）。2型配备合金钢身管和护套，具有稍大的身管，以使更换内衬更容易（但没有内衬）。3型由0型改造而来，在药室部分采用了较短的（80.44英寸）镍钢内衬，系无缝隙插入。4型由0型改造而来，采用了深度更大的阴膛线（0.025~0.0375英寸）。5型由2型改造而来，有更深的阴膛线（0.05英寸），修改过的药室具有炮弹中心定位功能。6型由0、3、4或8型采用内衬或1型更

换内衬而来，采用了圆锥形镍钢内衬、0~1/25缠度的右旋渐速膛线以及5型的炮弹中心定位药室。7型由2型或5新改造而来，采用了圆锥形合金钢内衬和6型样式的膛线。8型由0型或4型改造而来，有更深的阴膛线（0.05英寸），修改过的药室具有炮弹中心定位功能。9型系5型改造而来，翻转了180°，采用了一种新式炮尾机构。目的是配套武装了一些驱逐舰的双管Mk XIV式0型炮架使用。10型类似于5型，但采用等齐膛线（缠度1/32）。11型是4型或8型采用内衬，或1型或6型更换圆锥形镍钢内衬而来，采用的是1/32缠度的等齐膛线。12型是2型或5型改造而来，具有相似的内衬；13型是9型改造而来，采用相似的内衬。14型是5型改造而来，采用覆盖药室外部并包括卡锁止动环的炮尾面、滑轨表面和6英寸的炮口末端镀铬面。15型是0型、3型、4型或8型采用内衬，1型、6型或11型更换圆锥形镍钢内衬而来，带有凸台，在凸台前部有纵向间隙，采用的是1/32缠度的等齐膛线。16型有着与2型、5型或10型类似的内衬，或者由7型或12型更换内衬而来；17型系9型和13型更换相似的内衬改造而来。18型是一种潜水艇用版本，炮架结合斜面镀铬，其他部分刷漆；采用等齐缠度。19型是另一种潜水艇用版本，由具有较大身管的火炮转换而来。20型是一种潜水艇用

下图：两管 4 英寸 50 倍径火炮

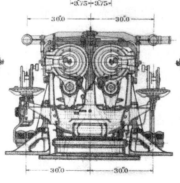

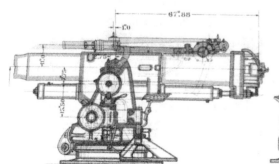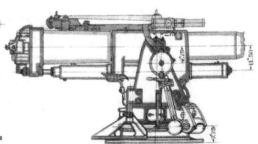

版本，具有渐速膛线。21型作为潜水艇用版本，采用改造过的等齐缠度内衬。22型是战后的径向扩展一体化结构火炮，类似于23型。4英寸防空炮（Mk X式）也是一种战后出现的武器；但未进入美军服役。和它的所有前辈不同，这种火炮具有垂直滑动闩式炮尾。

4英寸火炮炮弹（1923年）：锻钢弹（14.15英寸，弹形系数2），Mk III式普通弹（13.95英寸，弹形系数2，重33磅），Mk IV式穿甲弹（14.04英寸，弹形系数2，重33磅），Mk VI式普通弹（15.80英寸，弹形系数7，重33磅，含1.39磅炸药），Mk X式普通弹（15.69英寸，弹形系数7），Mk X式普通弹（15.69英寸，弹形系数7，重33磅，含1.39磅炸药）。

4英寸Mk X式

口径	4英寸50倍径
带炮尾重量	6860磅
整体长度	211.0英寸
倍径	52.75
炮膛长度	50倍径
膛线长度	164.825英寸
倍径	41.2
药室容积	644立方英寸
药室压强	17吨/平方英寸
膛线：缠度	0 ~ 1/31.17
炮弹	33磅
发射药	14磅
炮口初速	2900英尺/秒

这是一种4英寸50倍径防空火炮的原型炮。最初图纸完成于1914年1月和2月。1915年被采购，但可能到战后都没有完工。这种火炮的铭牌上编号是第365–A号，但很显然是不遵循通常的号码先后顺序规则的。火炮的结构包括身管、护套、追加紧固套箍和锁定环，所有部件均为镍钢材质。这种火炮和其他所有采用垂直滑动闩式炮尾的4英寸火炮都不同；被规划用于发射定装式炮弹（高射炮弹和榴霰弹）。

3 英寸火炮

3英寸Mk II式0型

口径	3英寸50倍径
带炮尾重量	153.8磅
整体长度	153.80英寸
倍径	51.27
炮膛长度	150英寸
倍径	50
膛线长度	126.13英寸
倍径	42.04
药室上方直径	10.20英寸
药室容积	219立方英寸
药室压强	17吨/平方英寸
膛线：阴膛线	24条
缠度	1/50.71 ~ 1/24.7
深度	0.03英寸
宽度	0.2927英寸
炮弹	14磅
发射药	3磅
炮口初速	2100英尺/秒

Mk II式是一种常规用途的火炮，由美国军械公司生产。结构包括身管、护套、单独的凸台环、追加紧固套箍和锁定套箍，所有部件均为炮钢材质。套箍从炮口往下一直延伸到距炮口62英寸的位置。所有这种类型火炮在安装前都将做进一步改良。1型增加了一种平衡用套筒（带炮尾总重2086磅）。2型无追加紧固套箍，采用等齐膛线（缠度1/25）。3型增加了圆锥形镍钢内衬（右旋渐速，缠度0 ~ 1/25）。注意从炮口往下在9.11英寸处，1型的膛线缠度渐变至1/24.7，此后为等齐膛线。

Mk II式的图纸编订于1900年7月。产品：第101—200号，美国军械公司1902年制造。第101号以后火炮的铭牌上没有记录生产年份的数字。

Mk I式是一种3英寸21倍径的野战炮。

3英寸Mk III式0型

口径	3英寸50倍径
带炮尾重量	1986磅
整体长度	154.30英寸
倍径	51.4
炮膛长度	149.7英寸
倍径	50
膛线长度	125.83英寸
倍径	41.9
药室上方直径	11.00英寸
药室容积	219立方英寸
药室压强	17吨/平方英寸
膛线：阴膛线	24条
缠度	0~1/25
深度	0.03英寸
宽度	0.2927英寸
炮弹	13磅
发射药	4.25磅
炮口初速	2700英尺/秒

设计炮口初速为2800英尺/秒，截至1908年被减小到2700英尺/秒。产品：海军火炮厂：第201—523号，直到1906年；美国和英国制造公司：第524—708号，直到1906年；海军火炮厂：第709—726号，直到1908年。总数：526门。

Mk III式采用比Mk II式更简单的结构：身管、护套、锁定环和面板，所有部件材质都采用的是炮钢。套箍从炮口往下一直延伸到距炮口66.3英寸的位置。所有的0型火炮均进行了进一步修改。截至1913年，所有1型和2型火炮均已被修改为3型（第201—203、209、210、213—215、217—259、216、263—338、340—361、423—431、439—461、463—469和471—523号；总共241门）。1型采用一种具有美式螺纹的圆锥形形状的新型锁定环。2型的锁定环从5英寸延长到15英寸（重量增加约15磅）。3型增加配备了1个新型35英寸锁定环，以平衡火炮在炮架上的平衡，此外还采用了压下螺丝紧固的新型炮尾机构。4型稍微改动了一下尺寸，使用3.85磅发射药可达到2700英尺/秒的炮口初速。5型（第470号）由3型改造而来，采用了圆筒形镍钢内衬（可达到2700英尺/秒炮口初速）；6型为3型（第208、211、339、432和708号）更换镍钢身管改造而来。7型（第204—207、212、216、260和262号）类似于5型，但采用的是圆锥形而不是圆筒形镍钢内衬（8型由4型采用相似方法改造而来；9型由6型采用相似方法改造而来）。

Mk IV式是一种伯利恒钢铁公司生产的3英寸23.5倍径的登陆炮：第624—648号（合同订立于1904年9月15日）。

3英寸Mk V式0型

口径	3英寸50倍径
带炮尾重量	2280磅
整体长度	159.35英寸
倍径	53.1
炮膛长度	149.7英寸
倍径	50
膛线长度	125.83英寸
倍径	41.9
药室上方直径	11英寸
药室容积	219立方英寸
药室压强	17吨/平方英寸
膛线：阴膛线	18条
缠度	1/25
深度	0.45英寸
宽度	从炮尾末端开始由0.3097英寸降至0.29英寸
炮弹	13磅
发射药	4.25磅
炮口初速	2700英尺/秒

Mk V式是一种采用定装式炮弹的新型半自动3英寸火炮，采用垂直滑动闩式炮尾（德里格斯–西伯利式炮尾）。这种火炮被选中替换前无畏舰级战列舰和装甲巡洋舰上的6磅和3磅火炮。产品：第728—770、772—814和820—885号。其中，第728—770号和第772—814号属于0型。1型包括第815—819号和第886—905号（第906—907号显然并未分配给任何火炮）。2型是试验性的产品，即第771号火炮。第821—885号具有渐速膛线（缠度0~1/25，具有24条

阴膛线，宽度0.03英寸，深度0.2927英寸）。

火炮结构包括身管、护套和锁定环，所有部件均为镍钢材质。套箍从炮口往下一直延伸到距炮口66.3英寸的位置。1型具有稍大的炮架滑轨止动凸台和改进的炮尾。2型由0型更换圆筒形镍钢内衬而来。3型由0或1型更换圆锥形镍钢内衬而来。

Mk VI式（第908—1011、1013—1053和1080—1152号）由Mk V式改造而来，采用了加长的滑轨，在某些情况下，采用较小的药室（药室容积219立方英寸，此种配置延续到第1152号火炮，但第2755号以上的火炮为212立方英寸）。这种火炮用于武装战列舰、驱逐舰、扫雷艇、运输舰和各种补给船。

第908—1011号和第1014—1053号采用等齐膛线（缠度1/25），具有18条阴膛线，膛线深度为0.045英寸，膛线宽度不断变窄，从0.3097英寸降至0.29英寸。第1080—1052号具有24条等齐缠度（1/25）阴膛线，宽度为0.093英寸，深度0.262英寸。1型的滑轨凸台处直径被削减为10英寸。2型采用圆锥形镍钢内衬。3型的原炮尾曾被切除，采用新型螺丝紧固的炮尾座；此结构不同于此前的Mk VI式的具有单独的炮尾座的设计。4型是一种用于配备潜艇的"水下用"类型，采用新式炮尾座。5型由一种"水下用"火炮（4型）更换圆锥形镍钢内衬而来。6型由另一种"水下用"火炮4型改造而来，滑轨表面和后部圆筒采用表面镀铬，其他裸露部分刷漆。7型由"水下用"火炮（4型和6型）改造而来，采用圆锥形合金钢内衬，滑轨柱和后表面镀铬，其他裸露部分刷漆。Mk VIII式0型仅此1门，类似于Mk VI式，但采用水平滑动闩式炮尾。Mk XX式由Mk VI式0型改造而来，用于防空，采用渐速缠度（右旋，缠度0~1/25）的等齐膛线［1型采用等齐缠度（1/25）膛线］。2型为有内衬版本，由Mk XX式0型或1型或Mk VI式0型或4型改造而来。采用的是渐速膛线。

第一次世界大战期间签订的大型合同：德里格斯-西伯利公司［1917年5月：第2754—3098号（345门）］，通用军械公司［1917年5月16日：第3974—4291号（318

门）］，华盛顿海军船厂［1918年1月29日：第4774—4806号（33门）］。1917年6月，有一份500门火炮的合同（包含条款可选增加数量到1000门）被给了美国散热器公司。停战协议签订时，未交货的订单量为1181门，全都不再被需要。注意1917年8月24日的建议，该建议提出将1000门订购的Mk VI式转换为3英寸50倍径的防空炮。1917年6月28日，美国散热器公司向权威部门征询用500门4英寸50倍径火炮代替1000门3英寸50倍径火炮。1917年，进行了400门3英寸50倍径火炮的生产招标。

Mk VII式系3英寸23倍径的埃尔哈特公司的野战炮，与3英寸23倍径的舰载炮无关。原型炮为第1012号，采购自德国，1911年6月完成建造。系列产品，由华盛顿海军船厂和美国和英国制造公司制造，包括第1054—1079号和第1153—1177号。第906—907号是Mk I式1型野战炮。

Mk VIII式是仅有的一门在华盛顿海军船厂建造的3英寸50倍径火炮（第1054号），完工于1910年7月。

3英寸Mk IX式0型

口径	3英寸23倍径
带炮尾重量	749磅
整体长度	77.05英寸
倍径	25.7
炮膛长度	缺
倍径	23
膛线长度	59.53英寸
倍径	19.8
药室上方直径	7.10英寸
药室容积	53立方英寸
药室压强	14.5吨/平方英寸
膛线：阴膛线	24条
缠度	1/29.89
深度	0.02英寸
宽度	0.262英寸
炮弹	13磅
发射药	560克
炮口初速	1650英尺/秒

这种半自动火炮（采用垂直滑动闩式炮尾）最初是作为潜艇炮使用，配有可伸缩式炮架（被安置进艇身时只有垂直炮管可见），后来还被作为防空炮使用。它采用的是镍钢身管和护套、青铜套筒及锁定环。锻造护套包括了用于水下架设的炮尾。1型是一种径向扩展单管结构。

在潜艇可伸缩式炮架上安装时，俯仰角范围是−10°~+52°。炮管及其下方的驻退筒从一个圆形护盾中探出，当火炮缩回时，护盾成为潜艇甲板的一部分。后坐力冲程是19英寸。这种火炮配有潜艇潜水时保护炮膛的炮口帽。对火炮进行测算的时间是1913年11月。Mk IX式系根据1915年内的潜艇项目计划采购（1914年海军火炮厂接到了原型炮生产订单和11门3型订单，1915年3月收到了24门这种火炮的订单；另外38门包括在1917年的计划中）。1917年，有关方面确定，"R"级和"S"级潜水艇和新型"T"级（前"AA"级）舰队潜艇将全部配备4英寸50倍径火炮而不是3英寸23倍径的。

产品：第1178—1191号（华盛顿海军船厂完成于1916

年），第1228—1254号（华盛顿海军船厂），第1487—1489号（伯利恒钢铁公司，1916年10月20日合同），第1906—1953号（华盛顿海军船厂，1917年9月9日订单），第2104—2153号（伯利恒钢铁公司，1917年 3月12日订单）。

3英寸Mk X式0型

口径	3英寸50倍径
带炮尾重量	2547磅
整体长度	159.65英寸
倍径	53.22
炮膛长度	125.83英寸
倍径	41.7
膛线长度	126.13英寸（炮弹膛内行程128.62英寸）
倍径	42.04
药室上方直径	11英寸
药室容积	211立方英寸
药室压强	17吨/平方英寸
膛线：缠度	0 ~ 1/25
炮弹	13磅
发射药	4.25磅
炮口初速	2700英尺/秒

下图：1923年2月14日，3英寸50倍径防空炮在战列舰"宾夕法尼亚"号上进行射击演练

这是一种3英寸50倍径半自动火炮，适合用做防空火炮；与Mk VI式的多个版本类似，接受了一些适应高仰角炮架安装的改造。注意实际炮膛长度比标称长度要短。火炮结构部件包括身管、护套和锁定环，所有的部件材质均为合金钢；锻造护套包括配合垂直滑动炮闩使用的炮尾座，上面还有两个耳状凸缘，用于俯仰标识。下面的凸缘用于支持司动杆，上面的凸缘用于固定驻退杆。套箍从炮口往下一直延伸到距炮口60.65英寸的位置。1型采用圆锥形镍钢内衬。2型采用单

独的炮尾座（3型或2型更换圆锥形镍钢内衬而来）。4型由Mk 17式0型改造而来（参见下文）。5型由2型更换铜镍合金内衬，并采用圆筒形炮口而来。Mk 17式0型由Mk X式2型改造而来，炮膛和外工作表面镀铬，供潜艇使用。1型采用圆锥形合金钢内衬。Mk 18式是一种和前面版本非常类似的潜艇炮，带有不同类型的滑轨。Mk 19式是战后出现的一种新型潜艇炮，使用径向扩展单管的整体结构。

早期的Mk X式的设计测算可追溯至1913年5月。在1914年12月，海军部批准在每艘"内华达"级和"宾夕法尼亚"级战列舰甲板上安装4门3英寸50倍径防空炮。1916年1月进行了火炮和炮架测试。1型的早期计算开始于1916年10月。2型的图纸绘制（强度和速度）的日期是1917年8月。

3英寸防空火炮的研发大约始于1914年10月，同步进行的还有3英寸30倍径火炮的计算。这种火炮本来可达到2200英尺/秒的炮口初速。在一份1914年11月的计算工作表中，它被命名为Mk XI式。另一种版本是3英寸35倍径（1915年1月）。在1920年，海军作战办公室指出，船只防御所需的某种火力网，只有4英寸或5英寸火炮可以提供；5英寸25倍径是首选。发射1磅开花弹的火炮应予以补充。原型Mk X式火炮包括第1192和1193号，在1914—1915年间由华盛顿海军船厂生产。

产品：华盛顿海军船厂［1916年完成第1192—1227号；第1255—1429号（第1295号和更多火炮订购于1916年8月29日）］，伯利恒钢铁公司（1916年12月28日订单：第1430—1486号）。2型：伯利恒钢铁公司［1917年3月1日订单：第1525—1820号），华盛顿海军船厂（1917年9月订单：第1855—1905号），迪法恩斯机械工程公司（1917年7月30日订单：第4292—4390号，第4446—4508号）。1917年的订单很可能包括许多战时的临时增加项目。例如，在1918年3月20日海军作战办公室批准延长与当时合作厂商的合同，生产400门4英寸火炮、300门5英寸51倍径火炮、300门3英寸防空炮、416门3英寸50倍径和300门323倍径火炮。停战协定签订时，订单中尚未完成的火炮有869门；只有65门被继续需要。

Mk XI式是一种3英寸23倍径的登陆炮。Mk XII式（早期计算时间1917年11月）是3英寸15倍径山地炮，而Mk XIII式（早期计算时间1920年10月）是一种3英寸23倍径小艇炮。

3英寸Mk XIV式

口径	3英寸23.5倍径
重量	521磅
带炮尾重量	593磅
整体长度	79.0英寸
倍径	26.3
炮膛长度	71.0英寸
倍径	23
膛线长度	61.53英寸
倍径	20.5
药室上方直径	7.5英寸
药室容积	53立方英寸
药室压强	13吨/平方英寸
膛线：阴膛线	24条
缠度	1/29.89
炮弹	13磅
发射药	560克
炮口初速	1650英尺/秒

这种艇用炮被用作驱逐舰防空武器和猎潜艇的主要武器。也被部署在小商船和运输舰上。在1916年，美国驻巴黎海军武官写道，任何小于3英寸的防空炮是无用的，但新的驱逐舰（DD 69—74级）被设计成配备1磅火炮。1917年，决定不再向编号在"DD 110"以上的驱逐舰供应此前的1磅防空火炮；海军军械局将开发一种较短的3英寸火炮以代替之。这项决定相应地限制了新火炮的尺寸和重量。在1918年，又决定早期的驱逐舰（DD 63—109号）将采用3英寸23倍径火炮代替船上现有的1磅防空火炮。除了海军用炮，在1917年，战争部需要26门3英寸23倍径火炮，来武装其布雷船和港口内船只。对猎潜艇火炮的初始要求是75门3英寸23倍径火炮。

Mk XIV式跟Mk IX式潜艇用炮是有区别的，这种火炮身管上安装的驻退筒与后者不同，此外，这种火炮也未配备圆形护盾。炮管是简单的身管结构，直径从前头往后逐渐变小。采用的是水平滑动楔式炮尾。

3英寸23倍径的威力显然是不够的，在1925年，海军军械局曾试图寻找一种替代品，可以安装在驱逐舰的甲板上，但未获成功。在1922年，"科里"号驱逐舰舰长建议所有负责护卫战列舰的驱逐舰采用3英寸50倍径而不是3英寸23倍径防空火炮，即与战列舰一样的防空武器。测试表明，3英寸23倍径的有效射程是1000码，但飞机能在1000码以上的海拔高度有效投弹。例如，1923年，驱逐舰"布雷克"号要求提供两挺重型机关炮（37毫米或1磅规格），建造和维修局对此予以拒绝，除非船上取消相应重量的设备，例如把3英寸火炮移走。

1型配有炮口消焰器和炮尾末端的平衡配重（连炮尾重658磅）。

Mk XIV式炮架的俯仰界限是–15°~+65°（1型的最大发射仰角增加到75°）。最大的反冲行程是18英寸。瞄准具上有对应6000码射程的刻度（17°47.6'）。

产品：德里格斯公司（1917年3月26日合同：第2004—2079号），普尔公司（1917年4月3日合同：第2157—2653号）。停战协议签订时，未交货的订购量为286门（另有222门仍需继续交货）。

3英寸Mk XV式0型

口径	3英寸24倍径
重量	182磅
整体长度	74.28英寸
倍径	24.76
膛线长度	53.22英寸
倍径	17.74
药室上方直径	4.7英寸
药室压强	5.70吨/平方英寸
膛线：阴膛线	24条
缠度	1/75~1/30
深度	0.03英寸
炮弹	13磅
炮口初速	1000英尺/秒

这种戴维斯式火炮是一种专为水上飞机设计的武器（戴维斯式火炮是第一种无后坐力炮，由美国军官戴维斯在第一次世界大战前发明）。1915年，美国海军中校克莱兰德·戴维斯提议美军采用他发明的火炮——世界上第一种无后坐力武器，但美国海军直到1917年一直没有采用这种火炮；英国人购买过几门早期戴维斯式火炮（见英国火炮部分章节）。戴维斯式火炮由两段合金钢炮管与相邻的炮尾组成；前面的炮管中具有封闭的螺式炮尾。这段炮管发射攻击用炮弹。后段炮管的炮尾通过螺纹与前段火炮的螺纹部分相连；后段炮管采用滑膛，发射一种铅弹，以抵消前部炮管发射产生的后坐力。上述火炮的整体长度为有膛线的炮管和药室的尺寸，并不包括后半段补偿后坐力部分炮管。美国海军在执行反潜作战的水上飞机上安装了这种火炮。然而，在1918年6月，海军军械局在给海军作战办公室的报告中写到希望在进行全面测试后再采用这种火炮，认为深水炸弹能更有效地对付潜艇。到1920年，机载戴维斯火炮已经不再被认为能令人满意，1/3的海军水上飞机奉命配备37毫米机炮（测试于1919年）；陆军的47毫米机炮亦将进行测试，以待将来可能的配备。

另外还有船上的这类设备。一些猎潜艇在完成时装备了3英寸戴维斯式火炮（后在条件具备时被3英寸23倍径火炮所代替）。火炮铭牌显示这些武器包括SC 3号、SC 17号、SC 18号、SC 24号、SC 27号、SC 43号、SC 49号、SC 50号、SC 53号至SC58号、SC 62号至SC64号、SC 79号、SC 92号、SC 96号、SC 97号、SC 178号、SC 214号、SC 321号和SC 340号。1918年7月，3英寸23倍径火炮的供应变得充足起来，海军作战办公室建议用多余的戴维斯式火炮替换较小船只上的1磅火炮，同时在运兵船和商船上架设这种武器。1918年5月，有建议在美国的潜艇上使用戴维斯式火炮。

产品：通用军械公司：1917年3月订购17门：第1954—2003号（50门）；1917年4月10日：第2655—2753号（9门火炮）。

战后，戴维斯提议采用更大口径的这种武器，以用于空中对舰作战。1920年，他提议将3或4门6英寸火炮或30门

3英寸火炮安装到飞机甲板上（美国的文件中有一份架设在洛宁式水上飞机甲板上的大口径戴维斯式火炮的图纸）。

3英寸Mk XVI式0型

口径	3英寸105倍径
整体长度	323.0英寸
倍径	107.7
膛线长度	271.28英寸
倍径	90.43
药室上方直径	29.00英寸
药室容积	742寸
膛线：缠度 右旋 等齐	1/45

这种火炮由7英寸的Mk II式0型改装圆锥形合金钢内衬，使得炮膛逐渐缩小到3英寸口径改造而来，属于美国超高速火炮发展的一个阶段性产品。在1923年最初几次试射中，采用17磅发射药和51000磅/平方英寸（22.8吨每平方英寸）的药室压强，取得了4900英尺/秒的炮口初速。这些试验表明，弹形系数4的炮弹性能是稳定的，但弹形系数5的炮弹不太稳定。对火炮进行测算的时间是1919年1月。

下图：1918年5月18日，美国军舰"惠普尔"号上搭载的6磅火炮

1908年，决定用3英寸50倍径的反鱼雷炮替换所有在海上服役的6磅和3磅火炮，保留这些武器的舰船也只是用它们做礼炮。1902年，6磅火炮成为标准的反鱼雷武器。当年，一种3英寸（14磅）速射炮和3磅速射炮或半自动火炮的新型混合炮组被引进，3磅火炮构成近距离火力（其他国家海军大约也是用这种方式）。这种做法一直持续到"密歇根"级无畏战舰服役开始发生变化，该级舰船未配备3磅火炮。1918年，军方宣称，考虑到鱼雷射程的增加，6磅和3磅火炮已经无法对付鱼雷艇；它们将被3英寸50倍径火炮替代。"特拉华"级标志着朝向5英寸50倍径火炮的进一步跨越。

到1919年7月1日，海军军械局掌控着3759门轻型火炮（6磅、3磅和1磅），此外还有250门正在订购中。

6 磅火炮

6磅Mk I式0型、Mk II式和Mk III式

口径	2.244英寸40倍径（57毫米）（6磅）
重量	810磅
带炮尾重量	869磅
整体长度	97.63英寸
倍径	43.5
炮膛长度	89.76英寸
倍径	40
膛线长度	72.87英寸
倍径	32.47
药室上方直径	8.27英寸
药室容积	50.23立方英寸
药室压强	14吨/平方英寸
膛线：阴膛线	24条
缠度	1/29.8
深度	0.012英寸
宽度	0.244英寸
炮弹	6.03磅
发射药	560克
炮口初速	2240英尺/秒

上图："阿纳科斯蒂亚"号上一架"HS-1"式水上飞机上的戴维斯式6磅无后坐力炮，其上方还有一挺用于瞄准的刘易斯式机关枪

美国海军采用的Mk I式哈其斯式火炮，系进口或在授权许可下生产，亦被许多其他国家的海军所采用。以上有关火炮数据都是在美国统计出来的（被称为美式Mk I式/II式40或45倍径6磅哈其斯火炮）。6磅火炮作为礼炮服役到20世纪50年代。Mk I式火炮（第12—153号）有40倍径或45倍径长，其中第44—153号无耳轴，由螺丝拧固在复合套筒或驻退筒的套筒上。Mk II式（第154—356号及以上）具有Mk II式炮尾，炮尾之间可互换。火炮结构包括身管、护套和锁定环，所有的部件材质均为钢制，采用垂直滑动（下降）炮闩。1型配有一款新式炮尾机构。4型配有一款新式合金钢身管。

45倍径版本的Mk I式后来被命名为Mk III式0型。1型采用的是合金钢身管。Mk IV式和Mk V式属于30倍径的一体化结构野战炮。Mk VII式是哈其斯Mk III式火炮的一个版本，用于装备海岸警备队（可能是在第二次世界大战期间）。

还有一种德里格斯-施罗德式6磅火炮（Mk I式和Mk II式）。它们具有和哈其斯式同样的功能，可通过凸台条的不同形状和置于右面还是左面予以区别。Mk I式（至第110号）长45倍径；Mk II式、Mk III式长50倍径（有时被称为高性能）火炮。1902年，海军尚未装备Mk III式，但这种火炮已经在陆军中服役，并被装备在陆军的船只上。最终，美国海军采用了威格士公司制造的努登费尔特式6磅火炮。在1902年，仍在服役的版本是Mk II式。

这些火炮均在单独的6磅系列中被重新编号：

Mk I式　哈其斯Mk I式（40倍径）。

Mk II式　哈其斯无耳轴Mk I式（40倍径）。

Mk III式　哈其斯加长Mk I式（45倍径）。

Mk IV式　德里格斯-施罗德式速射野战炮（第2、4和5号，50倍径）。截至1918年不再服役。

Mk V式　林奇式野战炮，与Mk IV式完全相同（35倍径）。

Mk VI式　德里格斯-施罗德式速射炮Mk I式（45倍径）。

Mk VII式　哈其斯加长Mk II式（45倍径）。

Mk VIII式　德里格斯-施罗德式Mk II式（50倍径）。

Mk IX式　马克沁半自动火炮Mk II式（42倍径，威格士公司）。

Mk X式　努登费尔特式速射炮Mk II式（42倍径）。

Mk XI式　德里格斯-西伯利式半自动火炮Mk II式（50倍径）。

Mk XII式　戴维斯式火炮（无后坐力，长度约32倍径）。前段炮管约长6英尺，后半部分约长4英尺。

停战协议签订时，按订单尚未完成（且不再需要）的6磅火炮数量共有63门。

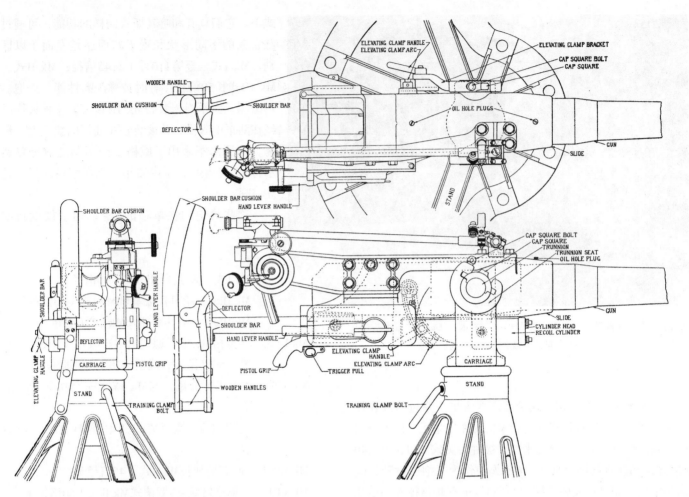

上图：标准 6 磅 Mk IX 式火炮，由单人肩扛使用，借助火炮下方的手枪式握把发射。肩扛用柄必须足够往后，这样火炮不会因后坐力冲撞肩膀。带螺杆轮用于提升瞄准具，以设定射程

9磅Mk XIII式0型

口径	2.244英寸33倍径（57毫米）
整体长度	120英寸（所有炮管）
倍径	49.18
膛线长度	53.66英寸
倍径	23.91
药室上方直径	前段3.203英寸，后段3.187英寸
膛线：缠度	1/73.84～1/30
炮弹	9磅

这种戴维斯式无后坐力炮类似于6磅Mk XII式，但药室可容纳9磅炮弹。了解戴维斯式火炮的机制原理参见3英寸戴维斯式火炮部分。像3英寸戴维斯式火炮一样，这种火炮被设计成与刘易斯式机枪配合使用。作为瞄准用枪，刘易斯式机枪架设在这种火炮的上方。

3 磅火炮

3磅Mk I式0型

口径	1.85英寸40倍径（47毫米）（3磅）
带炮尾重	484磅
整体长度	80.63英寸
倍径	43.58
药室上方直径	6.61英寸
药室容积	45.8立方英寸
药室压强	10吨/平方英寸
膛线：缠度 右旋	1/29.89
炮弹	3.30磅
发射药	340克
炮口初速	2026英尺/秒

这是一种哈其斯式3英镑火炮。这种火炮的结构包括身管、整个的锻造护套和锁定环，所有部件均为炮钢材质。护套包括配合哈其斯式垂直滑动炮闩使用的金属座。1型是一种法国制造的版本。2型采用合金钢身管。

最初为来自哈其斯公司、美国德里格斯–施罗德公司和英国马克沁–努登费尔特（后期威格士）公司的不同种类的3磅火炮分配单独的系列标识编号。截至1902年，这些系列的型号得到了统一：

Mk II式　　前德里格斯–施罗德公司的Mk I式，具有滑动和旋转式炮尾。

Mk III式　　前德里格斯–施罗德公司的Mk II式，稍微加长，2200英尺/秒炮口初速。

Mk IV式　　前哈其斯公司的半自动 Mk IV式：采购了5门，没有进入服役。

Mk V式　　马克沁–努登费尔特公司的50倍径Mk I式，第114—116号。

Mk VI式　　马克沁–努登费尔特公司的50倍径Mk II式，第117—121号。

Mk VII式　　威格士–马克沁（努登费尔特）公司的半自动火炮Mk III式。

Mk VIII式　　哈其斯–阿姆斯特朗公司的40倍径火炮，采用垂直滑动闩式炮尾。

Mk IX式　　努登费尔特公司的Mk I式，第4142和4172号，截至到1918年不再服役。

Mk X式　　哈其斯公司的50倍径火炮。

Mk XI式　　美国速射炮和电力有限公司的50倍径、3磅，类似于Mk X式。

Mk XII式　　努登费尔特公司的半自动Mk I式，50倍径、3磅，类似于Mk X式；被生产过2门（第1和2号），已经退出服役。

Mk XIII式　　威格士–马克沁公司的40倍径速射炮Mk M式。

Mk XIV式　　德里格斯–西伯利军械公司的50倍径火炮。

1 磅火炮

1磅Mk I式0型

口径	1.457英寸20倍径（37毫米）（1磅）
重量	72磅
整体长度	33.15英寸
倍径	22.75
药室上方直径	3.35英寸
药室容积	4.3立方英寸
药室压强	13吨/平方英寸
膛线：缠度	1/29.9
炮弹	1.088磅
炮口初速	1500英尺/秒

第一次世界大战以前，有小艇配备1磅火炮，第一次世界大战期间这种火炮被广泛用于巡逻艇。

这种火焰即法国哈其斯公司生产的轻型短款的Mk I式火炮，通常安装在无后坐力炮架上。它配有一种垂直滑动炮闩。美国统计表中的这种火炮指的都是27倍径版本，但不清楚用途。1型相当于加长的Mk II式哈其斯式火炮（35

倍径和45倍径）这两个类型都安装在德里格斯–施罗德·哈其斯式Mk I式炮架上。截至1918年，这种火炮已撤出现役。1型属于轻型加长哈其斯式（35倍径）。但是，在1892年和1893年，普惠公司也制造过1磅的斯庞塞尔式火炮（第1和2号），该种火炮采用由曲柄轴控制的垂直滑动闩式炮尾。

与6磅和3磅火炮一样，1磅的不同系列型号在大约1902年时得到了统一：

Mk II式　德里格斯–施罗德公司的重型Mk I式（40倍径）。

Mk III式　哈其斯公司的重型加长Mk I式（40倍径）。

Mk VI式　德里格斯–施罗德公司的重型加长Mk II式（50倍径）。

Mk V式　哈其斯公司的重型加长Mk II式，带有不同类型的炮尾。

Mk VI式　马克沁–努登费尔特公司的重型自动Mk I式（42.5倍径）。此种机关加农炮的生产时间早于美西战争，采用皮带供弹（从右手边的一个盒子里）和自动上膛机构。炮管包裹水冷护套，从炮口一直延伸到距离炮口3.15英寸处。与"啪姆–啪姆"式火炮（一种海军用英式防空炮）的水冷护套不同，这种水冷护套平整地安装在炮管外面，形状朝着凸出的炮口位置逐渐变窄。与在威格士式火炮上一样，炮管从护套的前面和后面凸出来。炮管本身是单层的。这种火炮一度退出服役，然后作为一种防空武器被重新恢复使用，时间大概在第一次世界大战期间；性能大致相当于英国的单门"啪姆–啪姆"式火炮，但是没有对方威力强大。这是一种后坐力火炮。作为防空炮的俯仰角范围是+10°~+79.5°。为了获得更快的射速，扳机被连接到升降轮上的发射手柄上。火炮可安装100发容量的弹药带，在34~37秒将其打

光。最大仰角发射的射程约3500码（需21.9秒），炮口初速大约是2000英尺/秒。第一次世界大战期间这种火炮被大量订购，用于武装巡逻船、拖船和运输船（例如，使用这种武器可以将漂雷击沉）。停战协议签订时，按订单尚未完成（且不再需要）的1磅火炮数量共有1779门。

其他版本有：

Mk VII式　马克沁–努登费尔特公司的轻型自动Mk II式（30倍径），专门用于防空射击。与1磅Mk VI式不同，其药室配套使用轻武器弹药。与早期的火炮一样，这种火炮配有水冷护套。

Mk VIII式　哈其斯公司的重型Mk III式半自动火炮（40倍径）。

Mark IX式　马克沁–努登费尔特公司的轻型自动Mk I式；1913年制造，1918年所有此种火炮都已经退出服役。

Mk X式　航炮（40倍径），使用哈其斯式垂直滑动炮闩。

Mk X式　抛绳炮，20倍径，采用1.5英寸直径滑膛炮膛、Mk V–1式1磅炮尾。

Mk XII式　德里格斯公司的一体锻造合金炮（40倍径）。

Mk XIII式　Mk V式的一体合金锻造版本（40倍径）。

Mk XIV式　自动火炮，由鲍德温设计，由普尔工程机械有限公司制造，40倍径长，用于活动炮架。

Mk XV式　自动火炮，类似Mk XIV式，20倍径长。

Mk XVI式　海军陆战队37毫米56倍径机关加农炮，具有锥形炮口；被采用大概是出于对博福斯式火炮的欣赏。

第二部分：鱼雷

上图：首先，鱼雷作为一种实力补偿性武器，可以使得一艘小船击沉一艘大船。这张图片显示的是在一艘很小的巡逻舰上，船员正准备将 14 英寸长的鱼雷运送至最简单的鱼雷发射器——一艘救生艇上。鱼雷前面的 4 个桨状物是所谓的"触发器"，如果"触发器"与目标相撞，就会触发鱼雷。这种类型的武器在战争期间造成了诸多困扰。令人惊奇的是，在"弗农"号鱼雷学校（英国的一个独立机构，专门负责鱼雷和水雷作战的训练）的年度报告中，虽然详细记载了战时鱼雷的发展和使用过程，却完全忽略了在驱逐舰（一种近战舰船）、小型巡逻艇上配备的 14 英寸的鱼雷

绪　论

约在1896年前，鱼雷是一种更受重视的武器，尽管当时这种武器由于会迅速偏离原始轨道以至于射程很短。因此，相对于鱼雷的射程而言，鱼雷速度一般也就被看成更重要，虽然两全其美是很难的。在1896年，情况彻底改变了。就在那一年，鱼雷的主要制造商白头公司，在鱼雷生产中引进了奥布里陀螺仪。射程突然变得重要了。当时推动力通常来自使用压缩气体的活塞式引擎，因此增加射程只能主要依靠增加鱼雷携带的空气数量。这可以通过扩大鱼雷携带的空气瓶（使鱼雷变长）或增加空气瓶中的空气压力来实现。在空气瓶和发动机之间需要设置一个减压阀，因为发动机所能承受的药室压强比空气瓶所能承受的药室压强要小。

下一步革新开始于美国。1901年，美国人开始采用加热空气的方法为鱼雷提供动力，这大大增加了鱼雷所能携带的总能量。鱼雷射程通常从1000码提高到4000码。这种鱼雷射程的增加促使海军上将费舍尔不得不提出了火炮射程必须进一步增加的要求，以防止战列舰遭到其他战列舰发射的鱼雷的攻击。新武器被称为热动力鱼雷。最初，采用的加热方法是将燃料喷入存放空气的容器，但因此而产生的黑灰使得空气容器变得很脏（在最坏的情况，会堵塞出气阀），而且有时会造成较大的温度波动，以至于发动机旋转不流畅。1907年，白头公司引进了一种在减压阀的出气一端混合燃料和空气的加热器。

下一步革新开始于1907年。当时奥地利人盖茨特西意识到通过在空气体积膨胀后再用水将其冷却，可以进一步增强驱动鱼雷的压缩空气的能量。实际上这种"水冷加热器"会产生蒸汽，并使之进入鱼雷发动机；美国海军称这种采用"水冷加热器"的武器为蒸汽式鱼雷。英国人最初显然采用的是水冷加热器，因为白头公司的加热少量空气使之由减压阀排出的技术与其加热燃烧的燃料不配合。他

下图：白头鱼雷，曾经是世界上大多数国家海军的标准鱼雷，在螺旋桨后面装有控制面板。这张照片拍摄的是鱼雷起吊上一艘奥地利舰船的场面，摄影师为罗伯特·W. 尼泽

下图：英国人引入了把所有控制面板安装在螺旋桨前面的做法，图示为大约1914年一枚鱼雷正在被吊送上美国驱逐舰"沃克"号的场面。该鱼雷配置了"伍尔维奇式尾巴"。这种装置之所以得名，是因为最初是在伍尔维奇兵工厂所属的英国皇家火炮厂开始生产的。鱼雷在排气管四周均围绕着同心套轴对转桨，如果不装这种尾巴，几乎无法从外观上予以区别（美国海军吉姆·卡扎里斯）

们因此想要使用围绕燃烧室壁的循环水冷却燃烧室。标准的英国皇家海军热动力鱼雷（皇家火炮厂式热动力鱼雷）是在1908年由工程师哈德卡斯特尔上尉所发明的。英国人的立场是用水冷却燃烧室，而不是生产蒸汽，因此所使用的水要比德国人在水冷加热器鱼雷中使用的水更少（德国式鱼雷被称为蒸汽式鱼雷）。水冷加热器几乎立即使得鱼雷的潜在射程跃升到10000码。在1914年很多人认为那属于火炮的有效射程的极限。

对于英国皇家海军来说，无论是在面对敌方主力舰还是驱逐舰的情况下，水冷式热动力鱼雷的到来都使得鱼雷在炮击期间的有效使用重新具有了可能性。在这种作战射程，用鱼雷击中单艘舰船是非常困难的，但统计数据显示，射出去的鱼雷很可能会击中以密集队形（例如作战队形）分布的舰船中的一艘。这种根据统计数据进行的概率性射击被称为"群目标射击"。"群目标射击"的关键是攻击那些以密集队形排列，特别是正在射击而没有机动回旋余地的舰船。到1914年，英国拥有了W附件，它可以使得鱼雷在一旦进入敌人的编队区域后，以"Z"字形轨迹前进，增加其击中敌人舰船的概率。英国还煞费苦心地减少鱼雷的可见尾迹，以避免敌人追踪鱼雷，对其进行规避。

针对群组目标发射的想法对于英国人来说并不特别，但似乎很少有人意识到英国人还将其应用到战斗队形的组织上面。1912年某美国武官有关英国鱼雷情况的报告中，对这一概念进行了详尽的描述。这一情况说明在英美两国海军中之间存在着比人们想象的更密切的关系。自然的，英国人推己及人，也假设（错误地）德国人正在计划做同样的事情。现在看来，日本人在1918年后所采用的远程鱼雷战术可能是源于对英国人的观察。1912—1914年间，俄国人可能也采用过"群目标射击"战术，（根据他们1915年的流产的战列舰设计）那时候他们正在致力于使火炮和鱼雷具有相同的射程。在第一次世界大战期间，他们采用了英国的能使鱼雷实现回转模式航行的附件，是与采用这种战术相关联的。俄国驱逐舰装备的鱼雷组的爆炸式增长可能也与采用远程"群目标射击"战术相关联。根据出版物中对第一次世界大战期间标准俄国鱼雷（1912式）特点的介绍，俄国鱼雷的射程更短，但大概这种武器在以慢速度设置行进时可达到更远射程。

在第一次世界大战期间，各国海军纷纷增加他们鱼雷的炸药装载量，采用梯恩梯炸药（有时再结合其他炸药），以取代战前使用的湿火棉普通炸药。英国人和德国人都意识到，在炸药中添加铝会大大强化爆炸效果（由于铝的供不应求，英国人在1917年不得不放弃这种做法）。在战争结束时，德国人引进了一种新式斯基斯沃尔18式炸药，其中包含有16%的片状铝粉，但这种炸药从未正式服役（弹头和散装炸药在德国政府崩溃后被送到海中隐藏，后在1924年取回）。弹头重量或炸药容量的增加对于爆炸效果的提升比人们想象的要差，因为水下爆炸的破坏作用与炸药平方根和立方根之间的某个数值成正比例；加倍药量只能取得约增加35%爆炸力的效果。约在1910年，美国海军的克莱兰德·戴维斯上尉提议用一门火炮取代鱼雷弹头，这样那门火炮可直接将一枚炮弹射入敌舰的要害。虽然经过很多讨论，但他的提议从来没有被任何国家的海军采用过。引信方面最重要的战时创新可能是德国的磁力引爆器。

对可用的炸药的性能进行比较是很困难的，下面展示的炸药性能比较表格来自"弗农"号鱼雷学校1915年的报告。"弗农"号学校评估炸药时根据的是能量和爆炸速率（米/秒），英国人认为后者比起能量更重要，应该作为评估炸药破坏性的主要参数。该校进一步评论认为，相比于纯梯恩梯炸药，粗制梯恩梯炸药和阿马图炸药更难充分爆炸，但用于填充弹头时更容易。

	能量	爆炸速率
苦味酸	100	7200
梯恩梯（纯）	29	6930
梯恩梯（粗）	94	6975
阿马图（45/55）	112	6400
阿马图（40/60）	略低	略快
火棉（干）	115	7290
火棉（湿，13%）	110	5520～5850

到1914年，奥布里陀螺仪已改进到了可以在鱼雷离开发射管（斜火）后控制其转向的程度。对于这种角度定位有多大价值，各方面的意见有所分歧，因为很难确保鱼雷在行进中跑直线，而且很难在战斗中对鱼雷的状态进行调整。看来，几乎在所有情况下，鱼雷在发射出去以前都会被设置成以特定的角度发射。第一次世界大战期间并没有出现相当于后来美国的鱼雷数据计算机之类的东西，那种计算机实际上能始终保持对潜艇所发射的鱼雷的操控，以应付受敌军不断调整变化的火控系统所操控的炮火。对于驱逐舰来说，可通过调整发射角度用舰船不同侧翼的发射管朝同一个目标发射鱼雷。当时唯一意识到这一点的似乎只有美国海军，这种技术被称为"做绕弯向前发射"。这正是美国的平甲板驱逐舰上会配有12联发射管的缘故，而在采用中线配置发射管的英国"V"级和"W"级驱逐舰上，6联发射管已经算是重型鱼雷组。

最大的讽刺是在第一次世界大战期间，鱼雷被证明是相对无效的水面舰船武器，而主要是一种潜艇武器。此外，潜艇一般在距敌较近的距离发射鱼雷，有无加热器对于鱼雷的影响不大。德国人在他们的U型潜艇上配备了很多未采用加热器的鱼雷（KIII式）。

总体而言，实践证明鱼雷远比战争之前想象的更不可靠，也许部分是因为对其所进行的现场测试较少。海军常反复地大量发射鱼雷（在和平时期失去这些昂贵的设备经常会面临严厉的惩罚），但通常他们并没有真正测试鱼雷的深浅保持情况，而且他们当然也没有进行过较大规模的爆炸效果测试。因此，除了证明战前英国皇家海军每年发射了约8000发鱼雷之外，并不能证明更多的事情。战时英国人曾决定给3艘大型潜艇配备12英寸火炮，这看起来是一种对于鱼雷价值有限信念的最明显迹象，英国人认为潜艇能找到攻击目标，突然出现在敌人面前并朝对方开火。在这个意义上，12英寸潜艇炮与稍后出现的潜艇反舰导弹在功能上是非常类似的，其快速发射的炮弹可避免鱼雷因相对较慢，且有些不可靠的水下航行路径造成的问题。U型潜艇所使用的鱼雷似乎相当可靠，但这主要是因为U型潜艇是在距离敌人很近的距离才发射鱼雷。

1

英国鱼雷

英国皇家海军许可一些厂家生产白头鱼雷,并且直接从白头公司那里购买一批鱼雷。英国鱼雷由地处英国威茅斯("威茅斯鱼雷")在1890年开张的白头工厂、地处利兹的格林伍德和巴特利先生公司(1886年创建)以及皇家火炮厂(伍尔维奇兵工厂)制造。最初,英国鱼雷由皇家实验室制造,1893年,生产被移交给皇家火炮厂,因而其所生产的最后100枚14英寸的Mk VIII式鱼雷被人们称为皇家火炮厂Mk VIII式。为消除任何由常规螺旋桨施加给鱼雷的扭转力(起先的白头式鱼雷使用大型垂直尾翼以达此目的),伍尔维奇兵工厂贡献了使用成对互反螺旋桨的点子;该兵工厂还发明一种新型"伍尔维奇式尾巴",可使舵体位于螺旋桨的前方而非后面。由于大多数皇家海军鱼雷都是由皇家火炮厂和皇家海军鱼雷工厂制造,威茅斯白头工厂的生产主要用于出口市场。

皇家海军鱼雷工厂是1910年在格里诺克成立的,成立后即接管了英国的鱼雷设计。皇家火炮厂和皇家海军鱼雷工厂所生产的鱼雷采用共用的命名序列。与此同时,1906年白头公司的控制权被出卖。应海军部的请求,阿姆斯特朗和威格士公司联合买下该公司,获得了对阜姆和威茅斯两处工厂的管理权。1907年威茅斯工厂独立注册为白头鱼雷制造(威茅斯)有限公司。白头公司在阜姆原厂制造的鱼雷被称为阜姆鱼雷。有时威茅斯和利兹的工厂会制造皇

家火炮厂设计的鱼雷。时至1914年,利兹的工厂已不再生产鱼雷。此外,1886年皇家海军购买了50枚黑头鱼雷,但是并未采用该型号,它与白头鱼雷相比贵了将近50%的价格。

1915年1月,据美国的报告,这两所英国鱼雷工厂预计生产速度为威茅斯12枚/周,政府工厂6枚/周,但是没有一所工厂能够达到这些数字。

皇家海军在白头工厂订购的最早的一批鱼雷是一种14英寸、时速18海里、射程600码类型的鱼雷(白头Mk I式),1876年的订单为225枚。大约在同时,皇家火炮厂开始制造类似的鱼雷。1884年,白头工厂将鱼雷原本的尖头改造为现代钝头风格,从而将其时速由20海里增至24海里。英国皇家海军1889年从白头工厂定制了第一批18英寸鱼雷(800米内时速28~29海里,火棉炸药弹头重199磅)。

英国第一项重要的奥布里陀螺仪试验在1897年9月开始实施(使用了两枚18英寸与两枚14英寸的鱼雷)。同时,要求白头工厂将陀螺仪装配在两枚来自泊于阜姆工厂水域的"火神"号的Mk IX式鱼雷上,以测试水上鱼雷发射管的性能。1900年,英国皇家海军开始采用陀螺仪进行角度校准。

如同白头鱼雷一样,英国鱼雷普遍依靠三缸活塞式发动机来驱动(18英寸的Mk VII式和21英寸的Mk II式以及后

来的鱼雷有4缸）。然而，1897年帕森斯设计并建造的一种鱼雷涡轮机失败了。1900年5月23日，海军军械局批准为未来的鱼雷制造设计一种全然不同的涡轮试验机（与佩尔顿式水轮机一样）。由于实际设备过重和转速过慢，设计并没有成功。相对于18英尺Mk IV型鱼雷的83000英尺磅动力而言，这种涡轮机可利用每100磅蒸汽产生大约30000英尺磅的动力。更糟的是帕森斯式涡轮机，仅有22000英尺磅的动力。后来，动力输出功率提高至51000英尺磅，但在皇家火炮厂的一次运行中，该涡轮机却有部分被毁坏了。皇家火炮厂副总监认为可以对这种涡轮机进行更大改进，但它始终无法超越布拉德胡德式引擎的水平。在英国制造出德拉瓦尔涡轮机的格林伍德和巴特利先生公司，据报道在瑞典也进行过涡轮机实验，但同样不成功。海军军械局由此断定不值得为此进行深入的研究。

然而，热动力鱼雷和水冷热动力鱼雷是相当成功的发明，对鱼雷战术的影响巨大。根据鱼雷设计委员会的说法，加热器是截至1904年间最重要的鱼雷技术创新。特别组织这个委员会的目的是研究如何才能增加现有或未来鱼雷的速度，如增加空气瓶的长度和采用替代动力装置（包括采用无烟线状炸药和涡轮机）。现有的18英寸Mk IV式可通过增加空气瓶中的空气压力，通过改变螺旋桨的间距，或者加热空气瓶中的空气，以补偿空气进入引擎后因体积扩张而损失的能量。现有空气瓶采取1600磅/平方英寸的压强，而不是流行的1350磅/平方英寸的压强，较高的压力可以让鱼雷在1500码时多获得1.1节的速度。这种鱼雷本来被设计用于800码射程的作战，但到1904年，1800码射程已经变成了首选；比起1500码射程的鱼雷，舰长们更喜欢速度稍慢的2000码射程鱼雷。不幸的是，对于螺旋桨叶的改造对于速度和射程的提升毫无帮助。至于第三种可能性，已众所周知，更温暖的水能使鱼雷运行更快，这在很大程度上是因为温水温暖了因膨胀穿过鱼雷发动机的空气。委员会考虑增加空气管的面积，以使更多的水与不断膨胀的空气相接触，并引入加热器。更长空气管使得鱼雷在1500码处的速度又增加了半节。加热器（"超级加热器"）看

上去似乎更有前途。第一种方法是使用铝热剂，其中包括细铝粉和氧化铁，在没有任何额外的氧气的情况下即可燃烧，达到很高温度（有时用来焊接金属）。尽管有着壮观的燃烧场面，但铝热剂燃烧时实际上释放出的热量要比石油等传统燃料少得多。

委员会还对当前和未来鱼雷所应该具有的射程提出了要求。将鱼雷划分为白天攻击的远程鱼雷（包括由潜艇实施的攻击）和夜间攻击的近程鱼雷（由驱逐舰和鱼雷艇实施）。委员会指出，在超过2000码距离外向单艘舰船发射鱼雷是不明智的，因为在这种距离很难估计目标速度和行进路线。一旦已经达到距敌2000码的距离，与其继续寻求接近敌人，不如设法提高鱼雷速度。最低的鱼雷速度应该是20节。不能指望现有鱼雷在1500码以外射程仍保持20节的稳定速度航行。例如，Mk IV HB式鱼雷（1600磅/平方英寸压强）的航速是21～21.5节，在600～1500码距离间，丧失航速不超过1节，然后在接下来的1000码航程内会持续减速，此后的速度将降到6节，无法再用控制面板保持潜水航行状态。委员会建议驱逐舰、鱼雷艇和潜艇所搭载的1000码射程侧突式鱼雷应该用于进行普通夜间攻击，而2000码射程的鱼雷应被用于特殊用途。新式鱼雷可以做得更好。看来战列舰和巡洋舰发射鱼雷时，有更大的机会集中目标，如果这些船只能移动到距敌2000码的距离；Mk VI式的命名依据这些性能：射程1000码时速度为34节，射程2000码时速度为28.5节（侧突版本）或射程2000码时速度为27节（钩夹式）。现有Mk V*式在同等状况下的等效速度分别是30.5节、24.66节和23.25节。

在一份来自少数意见人士的报告中，鱼雷部队军官阿克勒姆中尉建议对鱼雷做这样的区别：高速鱼雷用于攻击单艘舰船，而慢速远程鱼雷用于以"群目标射击"战术攻击移动或静止的舰队，或攻击海港。他使用"群目标射击"这个词表明，该种战术已经很好地为英军官兵理解：朝大量目标射击的目的是寄希望于击中其中一个或多个目标。在未来十年内在鱼雷射程得到大幅增加后，"群目标射击"战术的意义变得越发重大。阿克勒姆中尉怀疑在实

战中会有很多针对单船的作战行动，大多数的鱼雷最好被用于"群目标射击"作战。在针对单船作战时，效率较高的火控系统会要求己方鱼雷具有相当统一的速度，但是在针对"群目标"作战时，就没有这样的高精度要求。这可能会相应地拉长距离。阿克勒姆中尉估计，一枚航速29节、距敌1000码的鱼雷会有75%的机会击中目标，而同样的鱼雷如果以26节航速攻击1500码处的目标，击中的几率为40%。他认为40%已经是很大的几率，值得为此而发射鱼雷。在大型船舶上采取"群目标射击"战术发射鱼雷，鱼雷的速度应该比目标船只快20%，如果目标战列舰的航速是20节，巡洋舰的航速是23节的话。射程将取决于这些速度（对于这种鱼雷而言，即24节或28节）。预期舰队以纵队队形作战；拿英国皇家海军来说，从舰队首船头到尾船头之间距离为2链（即600码）。如果舰船的平均长度是400英尺，战列舰将占据32%的战线，采取"群目标射击"战术会有相当机会命中目标。虽然鱼雷的射程和速度在1904—1914年间发生了很大变化，前述这种计算方法似乎在这个期间已被接受。如果鱼雷有足够的射程，能够跨越两条战线之间的距离，"群目标射击"战术可能非常有效。1904年，英国皇家海军才刚刚开始发展远程炮火，对于当时的英国人来说，甚至2000码的火炮射程都算是很远的射程了。虽然当时现有的鱼雷没有被设置为超过2100码以上射程的情况，但这些武器可以轻易被重置为3000码或4000码的射程。然而，现有的陀螺仪是不适合用于这种射程的，因为它们控制鱼雷航程的时间不能超过3.5分钟。阿克勒姆中尉实际上更喜欢将鱼雷设置为针对单一舰船作战的模式，但他所提出的"群目标射击"战术影响更深远。

该委员会作为一个整体留下的最重要的遗产是加热器。1907年10月，鱼雷署副署长报告在加热器开发方面取得了相当大的进展；加热器可能会让现有鱼雷以31.25节完成3000码射程，或以35.5节完成2000码射程，如果要完成的射程更短，则可以达到非常高的速度（超过40节）。现有的引擎可以31节的航速达到4000码或更远的射程，但要实现35节以上速度则需要新式引擎。然而，由引擎所造成

的能量增加和由于空气膨胀所导致的制冷功能不足，也会使得鱼雷产生更多的故障。他建议立即对100枚鱼雷进行改造，以使其能在航速为35节时实现最大射程，并建造6种新式的在1000码内可以至少50节航行的鱼雷。需要大量鱼雷以在实践中获得在不同海况中发射的经验。6种新设计的鱼雷将用于测试既有3种加热器的性能，它们分别由埃尔斯维克公司（阿姆斯特朗公司）的工程师、英国皇家海军上尉哈德卡斯特尔和彼得·布拉德胡德（此人发明了英国的鱼雷发动机）设计。试验包括2000码和3000码射程的运行。看起来，新引擎需要更大的鱼雷直径，但由于这些鱼雷将完全用于水面舰艇，副署长建议可以让它们搭乘未来的驱逐舰。副署长觉得21英寸的大小已经足够。海军军械局表示同意，第一海务大臣海军上将费舍尔也持同样意见（1907年10月29日）。第一海务大臣批准了该项目，两天后将其列入1908年/1909年度财政预算。估计改造所需费用是10000英镑，新设计所需费用是5000英镑。

1908年2月，海军军械局制定了进行改造的政策。鉴于"相对脆弱的引擎"，速度不应超过37节。改造后的鱼雷将因此不再适合于配备鱼雷艇，鱼雷艇适合在近程作战，搭载非常高速的鱼雷；相反，改造后的鱼雷将被配备给更大的船，以37节的航速适配3000码的射程。所有新式鱼雷将被设定为1000码的射程，以尽可能快的速度航行：21英寸鱼雷的航速为47~50节，18英寸鱼雷的航速为45节。通过这种方式，截至1909年3月，有希望为48艘服完全现役的驱逐舰每艘配备2枚44节航速鱼雷，为45艘大型舰船每艘配备2枚37节3000码鱼雷。采用加热器的第一批英国鱼雷系18英寸的皇家火炮厂的Mk VII式和威茅斯工厂的Mk I式。1908年3月，海军军械局估计Mk VII式装载200磅的湿火棉炸药，可以45节的航速跑完1000码，以37节的航速跑完3000码。在完成1000码航程后，鱼雷将产生足够的空气用于在接下来的300码内以45节的航速航行。威茅斯工厂的Mk IV式属于白头鱼雷的改进产品，后被交付给美国海军使用，可确保的性能为1000码内航速41节，3000码内航速32节。预计新型21英寸的Mk I式在1000码内航速为50节。威茅斯工厂

设计了一种类似的21英寸短款鱼雷（长17英尺6英寸），并能保证在1000码内航速为47节。在这两种鱼雷中，装药都是230磅的湿火棉。不久以后，一种更长的Mk II式被设计了出来，Mk I式被调整用于发射管发射，原来所占据的空间被分配用于18英寸武器。威茅斯工厂的Mk I式未通过检测，两枚原型鱼雷被拆毁。

评论认为没有任何冷却系统的引擎会破裂，但这却导致了鱼雷的进一步发展，即将水喷溅到热空气上。水喷溅入蒸汽，会在较低温度产生更多的推进气体。其结果形成甚至更高的性能的"水冷加热器"或"蒸汽"（美国人使用"steam"这个词，英国皇家海军则不用这个词）鱼雷。

1912年，有一个美国军械官员报告说，埃尔斯维克式加热器在本质上就是白头式加热器，该种加热器当时已配备美国的18英寸Mk V式鱼雷，和当时美国必列斯公司的21英寸Mk II式鱼雷的对应部件类似。他报告说必列斯公司为获得这种加热器的使用权向白头公司支付了专利费。威茅斯工厂和皇家火炮厂采用的是哈德卡斯特尔式加热器，这也是当时（1912年）白头公司（阜姆）使用的加热器。在这方面，美国官员想知道的是为什么白头公司不宣布能制造出射程超8000码的鱼雷，而英国人却声称用同样的设备制造出了10000码射程的鱼雷。美国官员一直声称英国人的远程鱼雷存在问题，因为英国人的活塞引擎（他们认为美国的涡轮机在实现高速远程航行方面性能更优越）有缺陷，但在"弗农"号鱼雷学校的详尽年度报告中，看不到有关这类问题的证据。在第一次世界大战期间，英国人采用了超远程的鱼雷。

第一次世界大战期间的鱼雷战术

1901年间，英国人对于对于鱼雷效果的看法几次改变，并影响到舰队战术的变化，据说当时海军上将费舍尔为此恢复了对于战术的研究，直到第一次世界大战结束。当费舍尔执掌地中海舰队之际，一般认为，鉴于鱼雷的较短射程，鱼雷艇只有在接近其基地时才可能威胁到敌军舰队的安全。在英吉利海峡，有大量针对英国驱逐舰的法国鱼雷艇。当时对付这些鱼雷艇的公认办法是等在它们的基地外面。鉴于续航能力较差，鱼雷艇在海上的停留时间不能超过一定时间，所以这种封锁是一种合理的策略。在地中海，费舍尔估算过地中海沿岸所有法国基地的情况，并要求派遣相应的驱逐舰部队与之针锋相对。当然，英国皇家海军是无法承担这种任务的，考虑到保护英吉利海峡的需要，费舍尔被迫采取了与前述战术非常不同的做法，派遣驱逐舰同巡洋舰协作击败法国的鱼雷攻击。结果之一是产生了建造具有更远程续航能力的更大型驱逐舰（"河"级）的需求。当费舍尔成为第一海务大臣后，发现北海的局势很类似于在英吉利海峡的情况，连续级别的英国驱逐舰被建造出来，用于承担封锁任务。由于需要和那些假定从基地出来的德国驱逐舰的速度相匹配，这些英国驱逐舰的设计很复杂，需要能承受持续的炮火（来自活跃的驱逐舰），以阻止德国鱼雷艇的行动。速度和有限的尺寸（考虑到负担能力）一起限制了舰船的续航能力，尤其是在早期涡轮机性能较差的情况下。以英国海岸基地为基地的英国驱逐舰在德国港口外停留的时间不能超过两三天，而夺取一个德国岛屿——如叙尔特岛——的计划后来也不了了之。

与此同时，费舍尔认定英国驱逐舰和潜艇能让北海成为任何大型德国舰队（例如试图进攻英国本土的舰队）不可逾越的障碍。费舍尔上将试图集中控制英国的鱼雷艇，借助海军情报指挥其出动（巡洋舰承担沿海鱼雷艇和潜艇部队的侦察任务，但在一些较远地区就需要将其分散派遣出去）。这种有远见的策略是极具争议性的，在费舍尔离开海军部后大部分被放弃。演习，特别是在1913年进行的演习，表明在大海上想要拦截一股敌军是多么困难。

不管怎样，费舍尔在北海实施的战术意味着任何战斗舰队行动也可以发生在其他地方，用于反对其他的敌人，而敌方舰队可能远离家乡，其作战队列中不可能有鱼雷艇跟随。就此而言，如果德国人选择战斗，则他们的鱼雷艇缺乏穿过北海的续航能力。1909年，海军上将费舍尔和海军上将贝雷斯福德之间爆发了持续的争吵。在此期间，贝雷斯福德指责费舍尔在1908年在没有得到任何战争命令的情况下即接手了海峡舰队，因此可能不知道如何训练部队作战。他暗示当时英国当时尚未制定真正严谨的战争计划。费舍尔曾经制订过一系列的战争计划，但显然它们主要是为了供展示用。许多年以后，费舍尔的作战计划制订参谋、海军上将巴拉德，以书面形式整理出他的方案，当时该方案已被接受，并用于在多佛尔海峡和北海的北方出入口封锁德国人，迫使德国舰队采取行动。这一计划有一种附带的价值，造成德国人不得不在远离其基地、没有己方鱼雷艇保护而却处在英国鱼雷艇射程内的情况下作战。

直到大约1910年，皇家海军才想到在舰队行动中遭遇的敌军鱼雷，主要是发射于敌军的战列舰。由于炮击的效果是累计的，战列舰在进行炮击时必须在一段较长的时间内保持稳定的航线（以保持持续攻击），在此期间敌军就

下图：到1915年，所有现代主力船舶都已经像这艘"澳大利亚"号一样装备由鱼雷发射器舱承担维护的水下鱼雷发射管。有些鱼雷发射管可以从侧面装弹，在水下以高速度发射鱼雷时必须相当谨慎。英国可能是当时唯一掌握真正远程鱼雷火力的国家，尤其是此种火力还结合了陀螺仪角度调整系统。然而，他们似乎并未意识到有必要采用非常密集的鱼雷齐射。这可能是英国的鱼雷火力在日德兰海战中表现欠佳的缘故，当时许多鱼雷的控制人员本来属于火炮操作人员，迫切需要时间适应他们的新角色（乔·斯特拉捷克）

可能朝己方发射鱼雷。尽管鱼雷的效果不稳定，一次袭击就有可能击沉一艘战列舰。考虑到这些，英国皇家海军试图增加火炮的射程，而无畏舰支持方的主要论调，是其统一规格的主炮组在更远射程范围内更容易被使用（1905年引自费舍尔海军上将有关6000码射程的论述）。1912年，英军常规射程为8000码，但要达到更远射程看来需要克服很多严重问题。

热动力鱼雷和随后的水冷热动力鱼雷的出现使该情况更加复杂化；直至1912年，海军上将杰利科在训练指示中写道，采用10000码或30海里射程的鱼雷是现在的大势所趋。北海上的能见度看来限制了大多数白天火炮射击的最大射程。我们知道，德国人非常喜欢近程射击，在近程他们的5.9英寸副炮是有效的，所以他们可能会选择在能见度较低的时间开战。

最初英国人假定，加热器式鱼雷在被用于主力舰，也许还有巡洋舰时，目的是具备远程打击能力，而将其装备驱逐舰时，受限于驱逐舰近距离攻击的特性，目的是使其发射的鱼雷具有更高的速度。因而，1909年的新式长款21英寸鱼雷被给定的设置是10800码射程、30节航速和2000码射程、50节航速。第一海务大臣在1909年6月7日批准了将这些设置用于战列舰和驱逐舰。海军军械局（培根上校）指出，由于鱼雷射程现在已经与火炮射程相当，战列舰在火炮射击过程中发射鱼雷有很大好处。火炮和鱼雷的结合提供了有趣的可能性。培根没有这样表达，但即使是瞄准的鱼雷射击在那个射程也可能会错过目标，而炮兵的射击将会迫使敌人在一个稳定的轨迹上保持紧密队形，所以从统计学上来说更有利于鱼雷击中目标。几年后，英国人推己及人，开始假设德国人在与敌对方进行炮火互射的同时会采用类似的鱼雷齐射。那是一种特别令人不快的可能性，因为这意味着即使一个单一的水下打击也可能会造成致命的伤害（设计侧翼防护的试验结果并不令人鼓舞）。

最初"群目标射击"战术系由战列舰在面对敌人的战线时采用。1912年4月，英国人开始想办法调整皇家火炮厂的18英寸热动力鱼雷（仅有钩夹式，用于战列舰发射

管），使其能以22节航速完成10000码或12000码射程，以取代当前的29节航速、6000码射程。这一设置后来被称为扩展设置。海军军械局询问"弗农"号鱼雷学校和皇家海军鱼雷工厂能否或有必要为Mk VI***式和VII* HB式鱼雷提供双速率设置（射程为10000码时的当前最大速度和最高可行速度）。当然，这些鱼雷必须配有空气驱动（具有远程续航能力）的陀螺仪。双速度设置不成问题，Mk VII*式鱼雷当时实际上已经具备这种功能。所采用的新式发生器能以三种速度运转。"弗农"号鱼雷学校估计，Mk VII* HB式鱼雷能以23节的航速完成大约9000码的航程，而VI***H HB式鱼雷能完成大约9800码航程，在所有情况下都采用现行的炸药和装备。在这两种情况下，减小航速到20节可增加2000码航程。若采用更大的燃料瓶，鱼雷在规定的射程内可能会增加1节航速。为确认减速能否让鱼雷在需要的射程内保持稳定的速度，又进行了实验。"弗农"号鱼雷学校争辩说，有两个关键因素需要考虑：一个是一支现代化舰队的海上速度（因为需要针对这些目标采用"群目标射击"战术），一个是需要多大距离能在普通的阴天清楚地辨识出这样的一支舰队，此外还要考虑鱼雷保持希望达到速度接近目标的可能性。皇家海军鱼雷工厂倾向于认为22节的航速太低，但这个问题将不得不在战争学院的战术会议上予以解决。皇家鱼雷工厂针对1909年7月发布的包括143项改造、截至1912年8月仍有54项未被实施（大概针对热动力式鱼雷）的合同，提出了一份表示不同意见的备忘录。将Mk VI***H式鱼雷转换为两种速度的鱼雷会导致出现大量的额外工作。对于22节航速鱼雷，深度保持将会成为一个问题，因为鱼雷依靠掠过其控制面板的水产生的力保持深潜。减速机在较低的速度下将变得不再那么有效。至于战术方面，"弗农"号鱼雷学校指出，如果敌人速度是15.4节或更少，无论从什么方位发动攻击，22节鱼雷理论上均处于优越地位。如果敌人的速度较高，现有的28节鱼雷将开始显示其优越性，如果攻击朝向敌舰船尾发动，用于追击敌人。面对20节航速的敌人，28节鱼雷在右船尾和船横梁前半点之间（$5\frac{5}{6}°$）所有点发动攻击均可处于优越

地位。处于优越地位的意思是一枚鱼雷可以被发射到更远的距离。"弗农"号鱼雷学校还建议应征询战争学院的意见，是否放弃21英寸Mk II式和18英寸Mk VII* HB式鱼雷的高速设置功能；考虑到节约的重量可以转化为射程。皇家海军鱼雷工厂提出一种新型单速（30节）鱼雷设计方案，相对于现有类型，该种鱼雷的重量可减轻45磅（18英寸）或105磅（21英寸），这在航速29节的情况下，可以转化为470码或780码射程。当前的空气压强从2220～2340磅/平方英寸（现有空气瓶可以承担）可增加360/600码射程。一种新型的21英寸鱼雷可在29节航速完成11250码射程。节省的速度可转化为重量，用于增厚空气瓶，以使之能承受2500磅每平方英寸的气压。将鱼雷划分为驱逐舰鱼雷（侧突式）和重型舰载鱼雷（钩夹式），而不是把重型舰载鱼雷想象成一种为驱逐舰设计的储备鱼雷，这是合乎逻辑的做法。

在1912年7月，战争学院将远程鱼雷看做一种实施"群目标射击"战术的武器。战争学院认为慢速远程鱼雷的性能更好，因为这种鱼雷达到敌方舰队所在区域的可能性更大。然而，在针对快速敌军舰队时，如果太朝敌舰的横梁后面发射鱼雷，鱼雷就不能打中目标；攻击横梁后面的位置要求鱼雷具有更高的速度，甚至较近的射程，才能有效。如果在敌舰横梁的正前方发射鱼雷，从理论上讲，比起采用高速近程鱼雷，更适合采用低速但远程鱼雷。然而，安置在敌舰队经过路径上的水雷（相当于无限远程的零速度鱼雷）将和最快的鱼雷一样有效（英国当时正对在敌舰队的必经路径上布设水雷感兴趣）。实际的考虑因素包括能见度、运行时间和命中几率，如果敌人的速度和行进路线没有被误判的话。所有这些因素都更有利于速度更快的鱼雷。例如，距离越远，敌人躲过鱼雷的机会越大。22节鱼雷需要13.6分钟航行完10000码。更快的鱼雷能更好地弥补错误判断的作用。向处在10000码位置的以15节航行的包括8艘舰船的敌军舰队开火，22节的鱼雷能承受一次3节对敌人速度估计的错误；对于处在6000码位置的敌舰，可以承受一次6节估计错误，但29节鱼雷针对那个射程的敌

舰时，能承受一次7节预估错误。海军军械局的结论是，战争学院所展示的低速远程鱼雷的优越性系从可以射击的距离角度做出的。该局断言，未来鱼雷应该有三种速度。

负责指挥本土舰队（后来成为大舰队）的海军上将乔治·卡拉汉认为远程鱼雷的性能更优越，21英寸的性能超过18英寸的，而且差距如此之大，值得用21英寸舷侧鱼雷发射管（在"无畏"级和"无敌"级上每艘有4联这种发射管）重新武装"大力神"号之前的所有的无畏舰。当时英国的炮兵技术在大约8000码射程显然是很有效的，在"巨人"号上曾经进行过针对14000～15000码目标的试射（显然是针对固定目标）。卡拉汉的战舰不太可能朝敌军的战线发射任何射程在10000码以下的鱼雷。他因此希望能拥有10000码射程、速度至少22节的鱼雷。任何在速度方面的巨大改进都将导致更远的射程，鱼雷的运行时间始终保持在10～11分钟不变。然而，卡拉汉反对发射由于其低速度具有低命中率的慢速鱼雷。因此，他拒绝使用拟议中的22节航速、15500码射程的鱼雷。

卡拉汉是在咨询过他的战斗中队指挥官之后得出这种结论的。第二作战中队指挥官（海军上将杰利科）认为30节/10000码鱼雷和44节/4500码鱼雷比较理想。他对慢速远程鱼雷不以为然。

结果是什么措施也没有采取；大家的共同意见显然是保持现有的设置。总司令想要在能见度不良的情况下使用高速设置。然而，进一步鱼雷发展的首要目标应该是提高10000码射程时的速度。不幸的是，相对于加热器已经取得的可见成果，任何大幅度性能提升看来都是不可能的。实际上也并未采用21英寸鱼雷重新武装早些时候的无畏舰。

同时，英国皇家海军也开始变得对使用自己的驱逐舰发射远程鱼雷产生兴趣。虽然地中海舰队制定了由驱逐舰支援的作战策略，但并不适用于海峡舰队的情况，直到1910年，正处在不断发展中的本土舰队的序列中仍不包括驱逐舰在内。驱逐舰的续航能力有限。即使它们能够借助蒸汽动力横跨北海，也不能指望它们能够在远离作战基地的情况下追随战斗舰队。因此，才假定驱逐舰的行动独立

于战斗舰队的作战。英国驱逐舰设计强调火炮威力，因为驱逐舰的主要作用是封锁德国的港口，以防止德国驱逐舰进入大海并攻击英国的主要作战舰船单位。英国驱逐舰确实安装有鱼雷发射管，因为有时它们能对从同一港口（有一个英国军官曾质疑这种发射管的价值，坚称应该把德国战列舰队留给英国战列舰队，驱逐舰应集中精力于德国鱼雷艇）出没的敌军重型舰船进行有效的攻击。

大约1910年4月，英国皇家海军收到（且相信）报告称德国人确有将他们的驱逐舰和公海舰队一起航行到开阔海域的想法。英国皇家海军也认为北海舰队完全有进行这种行动的可能。随之进行了演习，以确定英国主力舰队该如何应付德国的驱逐舰舰队和如何（以及是否）带领自己的驱逐舰舰队一起行动。这样做意味着要驱逐舰队承受战斗舰队的极端续航能力限制。作为替代方案，驱逐舰队的船只可根据需要分开停靠基地，在需要的时候出海会合战斗舰队。但那是不切实际的，因为战斗舰队对于敌军舰队靠近的警戒手段有限，在会合点，战斗舰队可能会对己方的驱逐舰队开火，错把它们当成敌人。在第一次世界大战期间，大舰队发现它不仅受到自身主力舰只或巡洋舰续航能力的限制，还受到驱逐舰小舰队续航能力的限制，因为英国驱逐舰续航能力方面的基本设计思路仍然是用于封锁，而不是舰队执勤。1913年，英国设计了更大型的主力驱逐舰，同年参谋人员提议所有未来驱逐舰都应采用具有更远续航能力的设计。但那并没有发生。携带燃料的主力舰（在许多情况下作为补充燃煤的来源）在经过改造后，可以在战争期间在海上供应驱逐舰，不过操作非常繁琐，主力舰只能在船尾而不是侧翼向驱逐舰输送燃料。问题是可控的，之所以这样做主要是因为在大英帝国的战略设想中，在北海上应该用舰队进行短促的扫荡而不是扩展的巡航。

海军上将威廉·梅曾为此举行过演习，断言驱逐舰在白天的行动中对敌进行强行攻击，就无法幸存下来，但是，如果它们能采用远距离开火的方式作战，可能会取得很好的战绩。

显然，在约10000码的距离击中单艘的舰船是不大可

能的，但如果采用"群目标射击"战术，瞄准船舶集群发动攻击，就可能命中某些目标。看来，新式远程鱼雷及其导致的新战术使采用驱逐舰进行白天攻击不仅变得可能，而且变得很有价值。在某种程度上，当代美国海军得出了相似的结论，美国海军也为其主力舰和驱逐舰装备了远程鱼雷。

尽管原始的命名是鱼雷艇驱逐舰，英国驱逐舰并不太适合防御德国的鱼雷攻击。在承担封锁角色时，驱逐舰应能赶上它的猎物，以便有足够的时间给对方造成充分的伤害。在跟随舰队行动时，敌人的鱼雷艇会冲进己方队列，可用的阻截时间是有限的。比起保护整个舰队，巡洋舰更适合做相对稳定的火炮平台。"兰花"号和随后的小巡洋舰级别有时被称为反驱逐舰，装备有用于适合完成其职责的4英寸炮组（规划中6英寸火炮用于击退或追击支援敌人的驱逐舰的巡洋舰）。驱逐舰的建造速度更快，可以大量建造，在英国有了足够多的轻型巡洋舰之前，英国人不得不主要用舰队的驱逐舰做炮艇，以对付敌人的驱逐舰。1913—1914年间，随着对于新一代驱逐舰展望的出现，英国人对驱逐舰是充当鱼雷快艇还是炮舰的问题进行了激烈的辩论。

舰队司令海军上将乔治·卡拉汉强烈支持驱逐舰承担鱼雷快艇作用。反对者指出，根据最近的鱼雷实战和最近的（1913年）演习情况，这种安排是不公平的。然而，卡拉汉的观点占了上风，驱逐舰设计被改为有利于实施发射进攻性鱼雷行动，增加了1/5鱼雷发射管，减小了火炮的尺寸。然而，相对于俄国或美国海军当时的做法，这相当于什么都没做。1913年《驱逐舰手册》草案（和后来的手册）强调在白天行动期间以"群目标射击"战术攻击敌人的部队。新式驱逐舰并未成为现实，因为一旦战争爆发，可以通过重复从前的设计大量建造驱逐舰。战时的英国驱逐舰通常装备4联鱼雷发射管。这场战争接近结束时，情况变得清晰起来，三管比现有的双管分量更轻，"V"级和"W"级均采用三管设计。当时英国人对于四管发射器抱有相当大的兴趣。对于当时美国海军所理解的"做绕弯向前发射"，英国人似乎毫无感觉；他们认为，使用"平甲板"与欧洲水域有密切的关系，在平甲板驱逐舰侧翼安装6联鱼雷发射管类似于他们自己的新式驱逐舰上的设计。在这个意义上，比起英国皇家海军，美国海军为大量采用备受英国人偏爱的"群目标射击"的驱逐舰战术所做的准备更充分。

1913—1914年间，随着作为反潜护航船只的新兴作用的出现，这种舰船的角色变得进一步复杂化。虽然到当时还没有办法检测水下的潜艇，驱逐舰能通过拖曳爆破扫雷套索驱逐潜艇，而且在理论上适当规模的驱逐舰队可掩护一支处于移动中的舰队（存在很大问题，详见下面反潜武器部分所述）。多年以来，潜艇的威胁已经成为一大隐忧，因为从一开始就很明确，没有任何水面舰船的封锁能涵盖潜艇，能像计划中针对德国驱逐舰所做的那样使之丧失作用。海军上将费舍尔接受了这样的观点：潜艇会使北海成为主要水面舰艇不可逾越的障碍。在讨论可能的入侵威胁时，一位英国皇家海军军官声称，那种潜艇指挥官轻触按钮，即可以轻松地击沉运兵船的可怕入侵场面不会成为现实。早期的英国实验表明，潜艇不能安全地在浅水里潜行，所以当他在1910年成为第一海务大臣时，海军上将威尔逊建议实行后来所谓的源攻击转向：放弃保持距离的封锁，而让英国舰队攻击德国人在北海沿岸的基地。威尔逊特别希望这种攻击可以消除战争爆发后的潜艇威胁。不采用源攻击战术，他对于在北海实施成功行动的前景不太乐观。

1912年1月，鉴于摩洛哥阿加迪尔危机[1]可能引发欧洲战事，首相阿斯奎斯召开会议，讨论英国的战争计划。会议最有意义的部分是回顾阿斯奎斯协议：英国应该派遣6个师到法国以平衡德国人在陆地上的优势（军事行动处处长随后玩世不恭地对其助手说道，他实际上得到的是60个师的授权）。当威尔逊描述他的作战计划时，阿斯奎斯吓

1　阿加迪尔危机（Agadir crisis）：1911年法德两国围绕在摩洛哥驻军引发的争端，英国也卷入其中。——译者注

坏了；他很早以前就了解任何一种接近敌军的封锁无异于自杀。威尔逊似乎没有阐明自己的观点。例如，他没有解释，在很浅的水中潜艇可能无效，因为潜艇（和鱼雷艇）发射的鱼雷在被发射出去后会扎到水底下（在深水中，鱼雷随后会回到被设置的潜水深度）。贴近封锁，舰队真的可能做得比保持距离封锁更好。陆军大臣霍尔丹抓住机会争辩说，威尔逊的想法乱七八糟，因为与霍尔丹监督的现代化陆军不同，威尔逊没有适当的参谋人员。是时候整顿海军部了。温斯顿·丘吉尔，当时在内政大臣任上已经很出名（正迫不及待地想出头），被任命为第一海务大臣（相当于美国海军部长）。他创建了一个海军参谋部，但该机构在战前似乎有很少或根本没有影响，一旦战争开始后，它也未能以一个行动参谋部门的身份良好地运作。丘吉尔通常（也许是唯一的）也以第一海务大臣的身份活动，推动包括15英寸火炮和后来流产的鱼雷巡洋舰等一系列项目的实施。

英国人很自然地（但错误地）认为德国人的鱼雷也具有相当大的射程，将在水面行动和潜艇战中采用"群目标射击"战术。例如，1912年，第一海务大臣海军上将路易·巴滕伯格发现了众多英国战列舰战线的弱点，几乎可以肯定的是，即使是敌舰的随机性发射也可击中目标。实际上，杰利科海军上将在日德兰海战后转变了观点，不再认为德国人正在研发"群目标射击"战术。1917年2月海军部的U型潜艇防御小册子指出，建议采用护航策略，那将使得一艘采用"群目标射击"远程攻击战术的潜艇现身，成为理想的目标。从德国G7**式鱼雷的复原件来看，该种鱼雷具有远程设置，这使得那种认为德国鱼雷可用于实施"群目标射击"战术，通过盘旋行进获得更大几率命中护航船队中商船的看法重新复活。并无迹象显示德国人有这样做的可能性；只是在第二次世界大战期间，他们才发展出具有这种潜力的鱼雷。如同德国鱼雷一章所示，德国人痴迷于制作鱼雷的难度，因此要求所有潜艇都应在较近距离瞄准特定的目标后才能发射。任何对于"群目标射击"的兴趣仅限于在舰队级的行动中由主力舰船实施，当时英国人尚不清楚德国人是否采用英式风格的"群目标射击"战术。

慢速远程鱼雷的观念在德国海军中只是刚开始萌芽。当杰利科海军上将成为大舰队司令后，他意识到，德国人更喜欢在有限射程内作战。在德国人看中的射程内，英国舰队会很容易受到德国人的"群目标射击"。有几个可能采取的对抗策略。一个是争取在德国人的理想射程外，但在英国火炮射击能力之内作战，在德国人采用"群目标射击"战术发射的鱼雷到达英国的战线之前，朝德国人倾泻足够使他们的船只瘫痪的火力（德国人的鱼雷随后会转向）。另一个是一开始就进行使用"群目标射击"战术，实施大量的远程攻击。自1915年开始，杰利科海军上将不断地努力争取更大鱼雷射程，这种鱼雷设置通常被称为扩展设置（扩展或极端）；他已经开始愿意接受在1912年时在他看来没有吸引力的低速。甚至在低速的情况下争取更大射程，即使在战时也是英国鱼雷发展的一个重要主题。

战前的政策是给每枚皇家海军鱼雷工厂的鱼雷2种速度设置：近距离攻击的最大可能速度、实现最大可能射程时的大约30节的速度（实际上略低）。战争中所积累经验导致了1916年夏季出现了3种速度的配置（用于21英寸Mk II式、18英寸Mk VII**式及更高版本）。改造后的鱼雷被称为扩展3式，具有扩展的射程。必须使用扩展设置且没有其他速度设置和选项的鱼雷被称为扩展式（在1918年仅对18英寸的鱼雷有这种限制）。政策随后又变为为鱼雷提供4种设置：最原始的高速度、达到最大射程的29节（用于潜艇；29节的设置被给予所有以相同速度航行的潜艇鱼雷）、15000码的最大射程和18000码的最大射程。

1912年中，在8艘本土舰队战列舰上进行过成功试验后，采用角度陀螺仪的建议获得批准；正在安装制造的所有钩夹式鱼雷被安装了角度陀螺仪，非热动力鱼雷在转换为具有加热器时也会为它们安装角度陀螺仪。类似的，对空气驱动的陀螺仪订单进行了修正，以便后来从白头公司订购的陀螺仪具有角度定位功能，现有陀螺仪被转换为使用角度定位。然而，未为鱼雷艇（包括驱逐舰）的鱼雷装配角度陀螺仪。角度定位装置的使用为鱼雷的功能提供了进一步开发的可能性。1912年初，曾经发明过一种声音信号装置的加德纳先生提出一种能让鱼雷在到达敌人所在区域后绕圈子的方法。他暗示在鱼雷越过敌人舰船的尾迹时陀螺仪会停止运转。"弗农"号鱼雷学校不认同陀螺仪在很早时间就会停止运转的说法，认为那将毁掉这种有用设备的潜力，甚至危及英国舰队的战线。皇家海军鱼雷工厂评论甚至航速缓慢的鱼雷也几乎不受敌人舰船尾迹的影响。还有一种在某种程度上类似的发明——回转式鱼雷——由皇家海军的桑福德上尉提出，被认为更有意思。按照他的说明，在设定的射程内，安装有他的装置的鱼雷可以做180°的转向，而且只要它的空气动力是可持续的，就可以每隔1000码转向一次。以这种方式行进的鱼雷，能够穿越敌人的战线，并且重新穿越敌人的战线，攻击一艘船只后面的另一艘船只。桑福德的思想的进一步发展将使鱼雷具有选择右转或左转的能力，也就是按其初始方向为基准曲折向左或向右行进的能力。这种想法对于射击单艘舰船的驱逐舰来说似乎特别有用。在Mk IV式鱼雷上配用桑福德的装置的初始试验是很成功的，英国人遂决定在工厂为4枚21英寸Mk II式鱼雷安装桑福德的机构，其中2枚钩夹式安装第一个版本，2枚侧突式安装第二个版本，用于海上试航。与此同时，针对加德纳的装置的试验也在规划中。

加德纳的想法最终失败。试验用的18英寸鱼雷在"报复"号（蒸汽动力，最高速度18节）的船尾爆炸，未能实现航行路线调整（如果加德纳的装置试验成功，他本来会制造出尾迹追踪鱼雷）。桑福德的设备做得更好。有2枚大型船只用鱼雷（A型装备）在"猎户座"号上进行了试验，2枚安装B型装备的鱼雷在"弗农"号上进行了试验。A型装备控制的鱼雷在按照设定航行了一段旅程后，向右舷转了16点（90°），然后每行进1000码重复一次前述动作，造成了一个大约长1000码、宽150码的长方形危险区域，切入敌人的行进路线，如果射程的设置是正确的话。首次试验令人满意。第二战斗中队在书面报告中评价"该设备……经实践检验应该是非常有价值的，通过使用该种装备在较远射程范围的命中可能性将会大幅增加。鱼雷的轨迹很难区分清楚，有关每一枚鱼雷回转过程情况的信息也不多，但通常认为根据运行计划绘制路线图是大体正确的……第一枚鱼雷表现完美，并转弯一次后命中领先的靶船……"该种设备的发明显然受到了相当的关注，因为皇家海军鱼雷工厂从1913年开始就一直致力于改进鱼雷的传动机构。参与其中的将级军官可能是杰利科海军上将。桑福德的B型机构，一种曲折行进设备，是不太可靠的。"弗农"号鱼雷学校评论说，它可能没有A型用处大。试验结束后，试验用鱼雷被重新改造回常规的操作模式。

桑福德的设备显然与英国人关注"群目标射击"战术有关，他们始终想将这种战术用于在远距离针对与炮击有关的密集队形的舰船集团。在第一次世界大战期间，英国人没有为此目的使用过这种战术，但他们证明了这种战术在潜艇和水面舰艇进行反潜行动时是有用的。

桑福德的A型装置的试验在1914年被搁置下来，注意，一旦机会来临，试验还会重新开启。到了1916年，英国人开始订购桑福德的装置用于潜水艇（尚不清楚当时是否已经为大型水面舰艇所采用）。这种矩形齿轮机构后被采用，被命名为D型陀螺仪。到了1917年，21英寸白头式Mk IV*式鱼雷已配备用于设定射程、被命名为"椭圆形"的桑福德式齿轮机构。这种鱼雷有4种设置。椭圆形齿轮在1917年被安装到18英寸Mk VII式鱼雷（装备潜艇）上做海上试航。1916年，英国人将桑福德齿轮机构的详细技术细节透露给俄国人，并在美国加入第一次世界大战后向他们提供了美国海军的矩形和椭圆形齿轮手册。在1917年，还采用了一种用于鱼雷环行的装置，用于反潜作战设备，采用这种装置的鱼雷有深潜和深潜回转两种设置。深潜回转设置主要适用于21英寸驱逐舰载鱼雷。深度设置为8～40英尺，人们认为22英尺的通常最大潜水深度在对抗水下潜艇时是无用的。不幸的是，根据鱼雷年报上的资料，尚不清楚这些设备在第一次世界大战期间的装备范围大小。然而，英国对于回转模式鱼雷的兴趣在这场战争中留存下来，这对于远程鱼雷火力显然是一种补充。因此，在1920年，"弗农"号鱼雷学校成功地测试了一种装置，该装置可在设定的射程内转圈，该学校还可指导各舰船为自己装备的鱼雷制造这种装置的专用版本。大约在同一时间，"弗农"号鱼雷学校开发出了W附件，这种装置可以控制鱼雷做曲线运动，增加从船只的最大宽度前方位置发射鱼雷击中目标的几率。此种回转模式装置被广泛应用于战争期间的皇家海军的鱼雷武器上。英国皇家海军似乎是当时唯一在鱼雷上安装回转模式装置的海军，尽管美国海军战后立即试验了这种装置。

1917年，在总结未能击中U型潜艇原因的报告中，英国人对英国潜艇和德国U型潜艇的性能进行了评估。英国潜艇的命中率大约在10%，这一数字被认为与平时状况相差不多。例如，在1913年，在平均5500码射程，大型船只使用18英寸热动力鱼雷，击中一个600英尺大小的目标的几率是大约22%。会议提示保持鱼雷潜水深度比潜艇所在深度与潜艇攻击目标所在深度更重要；深潜12英尺有效的鱼雷改为6英尺设置，很难用于对付U型潜艇。实验在Mk VII式鱼雷上安装了阜姆式尾巴（即在螺旋桨后面加舵），该装置被认为是一种有价值的发明。试验结果还提示潜艇配备单一速度（35节）的18英寸鱼雷，在不影响深潜水深的情况下，将略微提高命中率。这种速度下，射程大约是5000码，这是潜望镜有效能见度的极限。鱼雷可设置为采用圆形或椭圆形齿轮设置（椭圆形齿轮已被安装在Mk VII式上进行海上试航）。Mk VIII式、Mk VIII*式鱼雷的设置被更改为35节/2500码和29节/4000码（即，41节设置减少为35节）。陀螺仪和其他决定从潜艇尾部发射管发射鱼雷分布范围的设置，似乎直到1918年才被开发出来。

1918年，英国人综述了鱼雷的整体政策。他们确定，对于攻击目标速度可能达到30节的鱼雷来说，25节速度是太低了。在未来，最低鱼雷速度应该是29节，配套射程18000码。最初的方法是延长鱼雷增加空气瓶容量，但英国鱼雷设计师认为较粗的鱼雷会更有效，并在1918年计划增加鱼雷的直径。

到1918年，政策变为制造可兼容所有服务的鱼雷。然而，那一年，英国人还决定为潜艇、飞机和摩托鱼雷艇提供特殊鱼雷（在命名中的标识后缀为"S"）。潜艇鱼雷已经尽量简化，也能够承受较高的外部压力。所有现代化鱼雷都已经能承受100磅/平方英寸以内的压力。所涉及的鱼雷包括18英寸Mk VII式至Mk VIII*式和21英寸Mk IV*式。需要的简化包括从Mk IV*式上拆除角度定位装置。然而，政策在1919年再次发生了改变，改成推崇从尾部鱼雷发射管进行90°发射的能力，所以实际上潜艇可以从侧翼开火。在18英寸Mk VII**式和Mk VI*****式（如果适合）和21英寸Mk IV*式上因此不再保留陀螺仪角度定位装置。

在飞机上，所搭载的鱼雷必须装配特殊的空气杆和排放（减少）装置。机载专用鱼雷将被标记上"RAF"（英国皇家空军）字样，例如"Mk VIII* RAF"（"RAF"为"英国皇家空军"的英文缩写）。那也被应用于18英寸Mk VIII式至Mk IX式鱼雷。摩托鱼雷艇鱼雷（18英寸Mk VIII至Mk VIII*式）所需实行的操作是在鱼雷从艇尾后落时，打开空气（启动）杆。摩托鱼雷艇可装备Mk VIII S式鱼雷。

1918年，英国人测试了各种新式鱼雷引信（例如，双雷管、射程和冲击力引信、液压引信），还研究了增加引信有效作用半径的办法（磁力、扫雷板和长触发器）。1918年，"弗农"号鱼雷学校的年度报告列出8个鱼雷命中目标但没有爆炸的可能案例，其中包括英国潜艇"E29"号用鱼雷击中德国U型潜艇，并且船员听到了低沉的轰响，那意味着底火已经触发，但没有引发主装药。在另一起案例，两枚鱼雷命中了"UC-63"号（1917年11月），但只有一枚爆炸，另一枚则被人看到在事后浮上水面，头部破裂。由于鱼雷设计了负浮力，尚不清楚为什么它会整个漂浮出水面。这些事件使得人们对标准的白头鱼雷引信是否总能在撞击力下发生爆炸产生怀疑，失败的原因可能是撞针未能撞击到炸药，或者是因为雷管被水淹了。要正常工作，撞针必须能引爆雷管，然后相应地引爆底火，然后底火再引爆主装药。撞针被一整个扇形结构（通过其旋转保护鱼雷）所包围，如果鱼雷命中目标时斜到一定程度

（超出24°），扇形结构就会干扰撞针的运作。英国人在1918年进行的试验，非常巧合地，大致与美国海军本来应该在1942—1943年间尝试解决自身的鱼雷问题所做的努力相同。由于描述这些问题的"弗农"号报告在战后得到出版，美国显然不用寻求特别的方式获得这些资料（美国海军确实拿到了1917年的"弗农"号鱼雷学校报告，现仍有一份被保存在帕克学院）。试验表明，扇形结构和引信本身都足够坚固，但冲击的极限角好像太大。

有一些鱼雷使用触发器（被命名为"SF"），这些触发器与鱼雷成一定角度、从鱼雷表面突出。每种触发器都在撞针的对面旋转，所以，当它们被迫回退时（命中目标），撞针也被迫后退。最坏的情况是两个25°夹角分布的触发器同时接触到目标。试验表明，极限角是30°。

总体而言，研究者认为现有的引信在机械结构方面已经足够坚强，它们会在特定界限范围内（源于冲击速度和角度的影响）发生作用，底火和雷管容器在压力下的防水性肯定有问题，此外，雷管的情况仍不能确定，遂引入了辅助雷管，并测试了加长的触发器和更大直径扇形结构的性能。研究表明，可以减少（大约一半）冲击极限角。不幸的是，触发器越长，撞针的速度越慢（撞针运动速度和触发器轴到撞针的距离与触发器长度的比值成正比），所以有必要以弹簧支撑撞针，在它配用较长触发器时。使用长触发器，撞针退回的速度只有鱼雷撞击目标速度的22%。

解决办法之一是采用双雷管，使用在16°冲击角发生作用的固定触发器，采用很重的触发器、引信等。使用双雷管能将因雷管故障导致的爆炸失败的几率降到最低。射程和冲击力引信的水下片状翼会因鱼雷运动发生移动，相应地对引爆弹簧产生压力。鱼雷在其行程末期会慢下来，片状翼被迫向前，触发器被释放。直接命中目标将切断释放撞针的销子。在鱼雷航行的前200码，水下片状翼会保持后伏状态。结论是这种类型的引信只能在其航程的末尾爆炸，除了安装在深潜回转式鱼雷（该种鱼雷在接近U型潜艇时施放）上不会产生很大作用。采用液压引信的鱼雷弹头

部分被完全注满水的水囊覆盖。击中目标时，水囊会陷下去，被挤走的水会被压入引信，使其发生作用。这种引信的实验并不成功，在以最高8节速度、15°撞击目标时，每次尝试都失败了。

另外一种方案是引信接近配置，它们可以相互弥补引爆错误。长触发器的引信在航程完成200码后释放它的两个不寻常的长触发器。如果任一触发器击中目标，锁定销就会被切断，撞针就会被释放。这种引信未进入实际生产，仅能配合水上发射管使用。受到推荐的扫雷器引信会让鱼雷拖着两个小型扫雷器，一个在上方，另一个在下面。如果任何一个击中目标，鱼雷都将被引爆。在鱼雷跑完300码后，扫雷器将被释放。虽然英国皇家海军没有采纳这种技术，但在第二次世界大战期间，日本帝国海军至少为部分自己使用的鱼雷采用了这种技术。在1918年，被认为最有前途的方案是采用磁力引信。在发现德国人使用磁力引信后，英国人开始变得对这种引信感兴趣。他们发现该设备主要在鱼雷与敌方潜艇"擦肩而过"的情况下发挥杀伤作用。有两种替换方案可供选择：一种固定的线圈，在经过钢壳船体时线圈将产生足够的电压，使控制继电器跳闸；一种由螺旋桨驱动的发电机，在两个相对的线圈之间供应电流，钢壳船体的出现将会打乱系统的平衡。英国人选择了第一种方法，考虑到处理好引爆问题需要引信具有足够的灵敏度和速度，因为在35节航速时鱼雷会迅速通过钢壳船体所在的区域。直到这场战争末期，英国人在这种引信的研发方面取得的进步仍旧不大，但皇家海军在战争期间采用了一种双重模式（磁力和触发）引信。与其他国家海军设计的被动磁力引信一样（至少，德国和美国海军），这种引信在第二次世界大战期间表现不佳。

1919年7月2日，在一场讨论引信问题的会议上，海军部确定，暂时没有完全新型的引信在技术上成熟到值得采用，但可以继续对新型产品进行考察。引信不仅会因跟目标撞击而被引发，还会因鱼雷击中目标突然放缓时产生的力量而被引发。在不久的将来，两种类型（AW式和SF式）都将是被需要的，每种都配有双雷管，冲击极限角减至

15°，铰接触发雷管所需的相对速度通过采用弹簧控制的撞针得到降低。现在磁力引信受到重视，被用于攻击侧面有保护（例如在战争期间设计的反鱼雷水囊）的船只，因为这种引信只能在船的底部引爆鱼雷。德国类型的引信遭到抛弃，因为它产生的电动力对于鱼雷的行进路线（即，必须在船的底部通过）和鱼雷速度（转动螺旋桨驱动衔铁线圈）依赖太大。未来英国磁力引信因而采用固定在鱼雷头部的线圈。感应的电磁力会小得多，所以鱼雷将需要一个更敏感的继电器。6个用于测验的德国引信被称为M式鱼雷A型引信，固定线圈类型被称为M式鱼雷B型引信。很明显当时的德国引信至少有一种真正的成功，即在80米外、通过击中龙骨下方击沉英国潜艇"D6"号（由"UB-73"号实施）。

对英式鱼雷的改造标识在命名中用"*"表示，例如，Mk I*式或Mk II****式。被改造为热动力鱼雷的类型在命名中会被给予字母"H"的后缀标识。其他后缀还包括HB（Hook Bracket：钩夹）、SL（Side Lug：侧突）、TB（tube bracket：管夹）、VB（原书未解释此缩写意思）以及用于短程和远程的SR（short range：短程）和LR（long range：远程）。

皇家火炮厂 14 英寸鱼雷

请注意，1905年批准将增加承受压强到1600磅/平方英寸的范围从14英寸鱼雷（和威茅斯Mk I式）扩展到Mk IX和Mk X式。在同一时间，将Mk X*式和Mk XI式的承受压强增加到2000磅/平方英寸。这使得Mk X*式的性能增加为28节/1000码（在26节是1150码而不是1000码），Mk XI式的性能

从28.25节增加到30.25节/1000码。在慢速运转条件下，这种鱼雷可以达到3000码射程。可承受1400磅/平方英寸压强的Mk IV HB式能在20.25节速度（温度60华氏度）达到1500码射程，但可承受1600磅/平方英寸压强的该类型鱼雷，可以同样速度达到1750码射程。将可承受压强重置为2000磅/平方英寸（而不是1700磅/平方英寸）的鱼雷可以达到1850码的射程。然而，一些鱼雷艇没有配备能够为鱼雷提供2000磅/平方英寸的可承受压强的空压机。

1914年，这种鱼雷成了14英寸鱼雷系列中的唯一一种幸存者。大型船舶保留Mk X式作为武器，而一旦战争爆发这种鱼雷都会被撤除，用于扫雷船和类似的巡逻船，并为一些驱逐舰提供快速反应武器（热动力式鱼雷不能被立即拆除）。最初，每艘巡逻船配备8枚鱼雷，但到了1916年，减至向扫雷船和其他提供特殊服务的船只提供4枚鱼雷。尽管对这种鱼雷有着巨大的需求，却没有增加其生产。扫雷船一般安装有投掷装置，而不是鱼雷发射管。

Mk IX式设计完成于1891年，与一种新式短款18英寸鱼雷的设计一先一后；它们使用相同的轻重量发动机。与以前的Mk VIII式相比，有相同的弹头空气瓶和不同的尾鳍板，被认为能很好地通过鱼雷网，并具有更好的水平转向功能。计划最初为总重量达705磅（外部尺寸和重量必须被大体保持到和Mk VIII式相同，以适应现有发射管）。1891年12月，第一海务大臣声称，不幸的是这种鱼雷没有增加炸药药量，而当时其他外国海军均增加了鱼雷炸药，以应对当时舰船底部建造工艺的改进。第一海军大臣研究了不增加炸药使鱼雷性能变弱的观点，表示愿意接受整体重量略有增加的情形。改进的一个方面是引信。英国的鱼雷引信被视为非常危险，对鱼雷头部的猛烈撞击会把其头部撞

皇家火炮厂 14 英寸鱼雷

	长度	弹头	重量（不含空气）	压强	性能	
Mk IX式	14英尺11.75英寸	90磅	726.5磅	1350磅/平方英寸	27.5节/600码	
Mk X式	15英尺6英寸	90磅	765磅	1350磅/平方英寸	30节/600码	27.5节/750码
Mk XI式	15英尺2英寸	94磅	697磅	2000磅/平方英寸	30.25节/1000码	

瘟，推动引信的硬金属管会因此被插进填满火棉的弹头，从而可能引发爆炸。几乎所有的外国国家都通过采用固体金属雷管的方法对弹头实施进一步保护。当时英国人还有兴趣通过采用一种假鱼雷头提升新式鱼雷的炸药药量，就像在新式18英寸鱼雷上那样。但暂时任何改变都被推迟了，因为1891年的鱼雷订单被限制了数量（25枚），为确保格雷伍德和巴特利公司能维持下去，只好仍旧采用Mk VIII式。鱼雷委员会确认，采用假头能使单枚Mk VIII式鱼雷的炸药药量从76磅增加到100磅，在一种新型鱼雷上则可增加到112磅。然而，112磅的弹头将需要配用一种新的空气瓶，而这种空气瓶跟Mk VIII式上的空气瓶并不具有互换性。通过在鱼雷的后半部分安装牵引线的方法，也能提高鱼雷的性能。

在采用镍钢空气瓶后，Mk X式被易名为Mk X*式。Mk VIII式由利兹的工厂、皇家实验室和皇家火炮厂制造。相对于Mk IX式和Mk X式，这种类型被认为是一种不同级别的鱼雷。Mk VIII式在以前的14英寸鱼雷基础上改进而成，运行时的稳定性和持续可靠性都有提升。利兹工厂的Mk VIII式类似于皇家实验室的版本，只是采用了利兹模式的螺丝。Mk IX式，本来计划用于由投掷装置发射，外壳较脆弱，因此只能用炮艇和三级巡洋舰的发射管发射。Mk X式采用了更坚硬的外壳，比Mk IX式长6.25英寸，因此只能在投掷装置和鱼雷艇的长发射管上用。为了更好地适应高速行驶，设计对于机身后部进行了优化。设置最大可调整到2000码射程。皇家火炮厂生产的Mk X*式采用了镍钢空气瓶。皇家火炮厂生产的Mk XI式类似于Mk X式，但采用的是镍钢空气瓶和更强大的引擎。

第一次空投鱼雷攻击（1915年8月12日，在马尔马拉海）使用的是Mk X式鱼雷，此种鱼雷是早期的绍特式水上飞机可以运载的最重型鱼雷。参加作战的两架飞机中，有一架进行了常规攻击；另一架的引擎有毛病，经降低高度，滑行到射程涵盖目标后展开攻击。该项目后来被停止，因为需要能够运载鱼雷的新式飞机，而在1915年，在该地区缺乏这种飞机。

Mk X式的原型诞生于1898年。跟威茅斯公司的Mk I式属于同类型产品，与Mk IX式的长度相同。Mk X*式配备有镍钢空气瓶，可承受1700磅/平方英寸的压强，而不是Mk X式的1350磅/平方英寸（如同18英寸的Mk V式）。那造成了在未对发动机进行任何改造的情况下，速度增加了1~2节，射程增加了200码。遂采用一种新的发动机以充分利用因采用高压而增加的空气容量，这种新类型是为Mk XI式。此外，就速度或稳定性方面而言，Mk X式的外形并不被认为是最佳的。英国人没有设想进一步的压力增加，因为看来更高的空气瓶压力并不一定产生更高的速度。1902年7月1日，生产新式空气瓶和新引擎的申请得到了批准。1905年，批准用于18英寸鱼雷的1600磅/平方英寸压强的适用范围扩大至14英寸Mk IX式和Mk X式、威茅斯公司的14英寸Mk I式。所有14英寸鱼雷的射程均设置为1000码。未来，Mk X*式和Mk XI式都将在2000磅/平方英寸的压强下工作，Mk X*式在1000码射程内的速度将是28节。Mk XI式，最初设计为1000码射程内速度为27~28节，发现能够达到此设计以上的性能（30.25节），在耗尽推动气体前能达到2000码射程。

1897年，从皇家火炮厂订购了80枚Mk IX式。第二年，又订购了50枚Mk X式和100枚威茅斯公司的Mk I式，它们均都装备有陀螺仪。计划用威茅斯式鱼雷完全替换阜姆工厂生产的Mk I*式和部分阜姆Mk IV式。1899年，从皇家火炮厂订购了130枚Mk X式，从威茅斯公司订购了100枚14英寸Mk I式。1900年，从皇家火炮厂订购了200枚Mk X式以及86枚14英寸Mk I式。1901年的订单：110枚Mk X式（皇家火炮厂）和85枚Mk I式。1902年订单：110枚Mk X式（其中59枚是Mk X*式），未从威茅斯公司订购14英寸鱼雷。1903年，订购了100枚Mk X*式和Mk XI式。另外有77枚Mk XI式订购于1904年，有54枚订购于1905年。1906年没有进一步订购14英寸鱼雷。

1918年年底，英国皇家海军拥有326枚Mk IX式、421枚Mk X式、85枚Mk X*式、125枚Mk XI式和86枚威茅斯公司的14英寸Mk I。那一年，这些鱼雷开始报废：180枚Mk IX式、

120枚Mk X式、20枚Mk X*式、10枚Mk XI式和50枚威茅斯式。1919年，所有剩余14英寸鱼雷中，50枚Mk X式和50枚Mk XI式中均有超过1枚订购的鱼雷报废。

1897年，英国皇家海军使用的鱼雷是阜姆工厂的Mk IV式，而白头公司提供了一种设计来替换皇家火炮厂的Mk IX式；这种款式采用了较大的空气瓶，提供30.5节/600码或27.5节/800码的设置。白头公司希望得到150枚这种鱼雷的订单，但英国人决定不测试这种鱼雷，除非皇家火炮厂的设计（Mk X式）失败。

威茅斯公司 14 英寸鱼雷

相对于皇家火炮厂的Mk IX式，这款鱼雷的质量被认为有明显的改善，但它只限于在鱼雷艇上使用，找不到适合的投掷装置发射这种鱼雷。另外，改用最新设备对F.II式鱼雷进行了改造，在上面安装了陀螺仪和与威茅斯公司的Mk I式上的设备类似的计数器。阜姆工厂后来的14英寸鱼雷分别被命名为Mk III式、Mk III*式和Mk III**式。Mk III*式不同于Mk III式，配有质量更轻的引擎，其空气瓶位置向前移动了。所有F.III式鱼雷配有半球形尾端（为了增强力量强度）的镍钢空气瓶与4个气缸的阜姆式引擎。

威茅斯公司 14 英寸鱼雷

	长度	弹头	重量	压强	性能	
Mk I式	14英尺11$\frac{1}{2}$英寸	90磅	746磅	1650磅/平方英寸	30节/600码	29码/750码

皇家火炮厂 18 英寸鱼雷

英国18英寸鱼雷实际上是45厘米（17.7英寸）口径的。

1904—1905年，这种鱼雷被重新设定成采用更高的压力，以获得1500码射程内的均匀速度（钩夹式或侧突远程式），其中短程鱼雷被设置为1350磅/平方英寸压强，钩夹式鱼雷被设置成1400磅/平方英寸的压强。在空气填充压力达到1600磅/平方英寸时，鱼雷在1780码射程内仍保持相同的速度，在射程达到2000码时，速度变化在1节以内。短程鱼雷（Mk I*式至Mk IV式）被重置为1600磅/平方英寸压强，1000码射程内达到27.25节航速。

所有这些类型在进入第一次世界大战后仍有使用。1918年，在命令将其中一些报废时，皇家海军手头尚有86枚Mk I-I*式、33枚Mk II-II*、40枚Mk III式、1155枚Mk IV HB式和203Mk V式，其中所有的Mk V式，再加上26枚Mk I式、12枚Mk II式、12枚Mk III式和30枚Mk IV式都被丢弃。1919年，所有的Mk I*-III式鱼雷均奉命报废。当时，英国皇家海军拥有112枚Mk V HB式、411枚钩夹短程Mk V*式，97枚钩夹短程Mk VI式、54枚钩夹短程Mk VI*式、41枚钩夹短程Mk VI*（H）式、129枚Mk VI**（H）式和钩夹短程Mk VI***（H）式。当时有很多鱼雷，但不是全部，奉命报废。

1889年，海军部决定为新型舰船引进18英寸鱼雷，所购买的是皇家火炮厂的Mk I式和阜姆工厂的Mk I式。这两种鱼雷具有相同的长度，因为它们必须适应同一种水上鱼雷发射管。Mk I式存在潜水深度控制问题。为了获得稳定的运行状态，Mk II式经改造配备了一个平衡室。然而，即使是改造过的皇家火炮厂版本的Mk II式（具有更好的性能）最初也比白头公司（阜姆工厂）的同类型产品潜水更深。问题被归因于皇家火炮厂的鱼雷的水平舵允许进行更大的航程。有建议为未来的生产开发一种单一类型的18英寸鱼雷，因为阜姆工厂的18英寸鱼雷的潜力显然尚未得到充分发展。此外，根据皇家火炮厂的设计由其他厂家生产的18英寸鱼雷的性能不如皇家火炮厂自己生产的鱼雷。白头公司收到一份合同，生产皇家火炮厂模式的14英寸的Mk IX式鱼雷，以确认该公司产品和皇家火炮厂自己生产的产品之间是否存在差距。

1891年，海军部决定采购一种短程的18英寸鱼雷（12英尺5英寸，85磅炸药，861磅重，28节/800码），这种鱼雷可以由未来的鱼雷艇装载。生产了一批该种鱼雷，但由于性能较差被放弃（所有剩余的短款皇家火炮厂式和阜姆式鱼雷在1903年奉命报废）。例如，据显示短款鱼雷的深度保持性能较差，受浮力的变化影响较大，而浮力的变化则源于在作战时（而不是练习时）受机头中安装的引信和充满的空气的影响。不受控制的鱼雷将沉底，爆炸击沉发射舰船，这具有非常现实的可能性。1894年，采用两种测试

鱼雷进行了11次发射，只有两枚鱼雷在比较短的距离击中目标船只。短款的18英寸鱼雷并不被包括在皇家火炮厂的鱼雷命名序列中。从水上发射管发射的鱼雷在发射时具有较大的偏差，甚至在入水时也是如此。专门用于小型舰艇投掷装置使用的短款14英寸鱼雷也被放弃了。放弃的一个理由是皇家海军应减少现有射程的（6种类型）鱼雷为一种14英寸和一种18英寸。有一批产品已经生产完毕，并被配属给舰队；该命令除了造成损失外没有取得任何好处。未来采用投掷装置的小型舰船将携带14英寸鱼雷。

自1895年起，标准的18英寸鱼雷是Mk IV式。

皇家火炮厂 18 英寸鱼雷

	长度	弹头	重量	压强	性能	
Mk I式/Mk I*式	16英尺4$\frac{3}{4}$英寸	200磅	1170磅	1350磅/平方英寸	31节/800码	
Mk II式	16英尺7$\frac{1}{2}$英寸	188磅（干）	1227磅	1400磅/平方英寸	30.5节/800码	
Mk III式	16英尺7$\frac{3}{4}$英寸	171磅	1213磅	1400磅/平方英寸	30.5节/800码	
Mk IV式	190.4英寸	200磅	1287磅	1400磅/平方英寸	27.5节/750码	
Mk V式	190.4英寸	200磅	1324.8磅	1400磅/平方英寸	32.7节/600码	27.5节/1500码
Mk V*HB式	192.74英寸	209.4磅	1347磅	2000磅/平方英寸	26.2节/500码	25.8节/1500码
Mk VI式	202.4英寸	200磅		2000磅/平方英寸	27节/2000码	23.75节/3000码
Mk VI HB式	204.74英寸	200磅	1504.25磅	2000磅/平方英寸		
Mk VI*式	204.74英寸	200磅	1488磅，侧突式	2100磅/平方英寸	35.25节/400码	
			1499磅，钩夹式		29节/6000码	
Mk VII式	204.75英寸	200磅	1553磅	2100磅/平方英寸	40.5节/3000码	29节/5500码
Mk VII*式		240磅梯恩梯炸药	1612磅	2100磅/平方英寸	40.5节/3000码	29节/6500码
Mk VII**式（扩展）	204.75英寸	240磅梯恩梯炸药	1612磅	2200磅/平方英寸	0.5节/3000码	
和Mk VII***式					29节/7000码	19节/11500码
Mk VII****HB式	204.75英寸	240磅梯恩梯炸药	1637磅	2200磅/平方英寸	40节/3000码	
Mk VIII式	16英尺7.4英寸	320磅梯恩梯炸药	1422磅	1600磅/平方英寸	41节/1500码	29节/3500码
Mk VIII*式	16英尺7.4英寸	320磅梯恩梯炸药	1425磅	1600磅/平方英寸	41节/1500码	
					39节/2000码	
					29节/3500码	
					28节/4000码	
Mk IX式	154英寸	170磅阿马图炸药	996磅	1500磅/平方英寸	29节/2000码	

1898年，出现了一种新类型鱼雷，射程和速度都有增加，代价是另外增加了113磅的重量。备选设计（B和A）采用150磅和200磅火棉弹头，一种用于水上鱼雷发射管，另一种用于潜艇。由此产生的Mk V式（A设计）有两种可选的长度：侧突式（190.4英寸，1324.8磅）和钩夹式（199.4英寸，1325.8磅）。Mk V*式和采用镍钢空气瓶的Mk V式，能够承受更大的空气压力。1903年，英国人决定将所有鱼雷艇和驱逐舰用Mk V*式设置为1000码射程（加盖"SR"字样戳记，用于近程作战），所有的用于大型舰只从水上发射的鱼雷的射程被设定为1500码（"LR"字样标识，用于远程作战）。所有Mk V* HB式鱼雷都被设置为1500码射程。所有18英寸鱼雷均类似地调整为近程或远程模式。用于远程作战的钩夹式和侧突式被设定为1500码射程，用于近程作战的侧突式被设定为1000码射程。

1904年，英国皇家海军购买了一枚阜姆工厂的18英寸鱼雷（智利模式，第7800号）与Mk V*式作比较。智利的鱼雷工作在更高的压强（2133磅/平方英寸）下工作，因此配备的是139磅重的空气瓶。为抵消空气瓶的额外重量，这种鱼雷牺牲了77磅炸药和部分浮力。在测试中，Mk V*式鱼雷比Mk V式快大约2.5节，比采用一种新型减速机的Mk IV式快4.5节。Mk V*式在1500码射程、1700磅/平方英寸压强下，采用这种减速机速度变化不大；在2000磅/平方英寸的压力下，2000码射程的速度减小不到1节。在较短的射程内，即使增大压力，速度也不会增加，除非减速机也彻底改变。然而，在接下来的一年（1904年），将从Mk I*式到Mk V式的所有18英寸鱼雷的作战压强从1600磅/平方英寸增至2000磅/平方英寸的申请得到了批准。射程将被标准化：Mk I*式到Mk V*式的侧突式和钩夹式鱼雷为1500码，18英寸阜姆工厂生产的Mk III式和后来的鱼雷为2000码。用于鱼雷艇和驱逐舰的鱼雷仍然被设置为1000码。人们发现，一旦拆除其水下的射击配件，可用驱逐舰发射管发射钩夹式鱼雷，所以Mk I*、Mk II*式、Mk III式和Mk IV式被归为一类。Mk V HB式和Mk I*式到Mk IV式的远程侧突式鱼雷被归为一类。

此时舰船上的压缩机几乎都无法达到1600磅/平方英寸的压强，所以需要装备新式压缩机。有40艘战列舰和30艘巡洋舰装备了新式的能制造2500磅/平方英寸压强的空压泵，由此具备了为1700磅/平方英寸鱼雷"充气"的能力。

1903年，"舷侧引信"更名为"潜水引信"。

Mk VI式是1904年鱼雷委员会推出的第一种产品，想法是为鱼雷的长度添加1英尺，安装足够大的空气瓶，使鱼雷在27节航速时达到2000码射程。英国人制造了两枚实验鱼雷，每一枚比Mk V*式长1英尺。它们没有达到预期的速度，虽然在实验时为它们配装了空气加热器（使用汽油）。实验表明，更大的长度主要关乎存储，并不会影响鱼雷取得更高的性能。当时英国舰船的水下鱼雷舱已经挤满了Mk V式鱼雷。Mk VI式因此被重新设计、缩短，但比起Mk V*式容纳空气的空间略有增加。1905年10月19日，海军军械局批准生产Mk VI式的较短版本。

1912年，为潜艇（未使用热动力式鱼雷的）、鱼雷快艇和驱逐舰以及旧式战列舰和巡洋舰（也装备热动力式鱼雷，在这种鱼雷变得可用后）配备了非热动力式鱼雷。然而，新式加热器在提升鱼雷性能方面创造了相当可观的业绩。非热动力18英寸鱼雷在第一次世界大战期间回归，并取得较大功绩。这种鱼雷在有些时候是非常重要的，例如在目标突然在近距离出现时，需要用这种鱼雷进行速射。热动力式鱼雷在可以发射前需要为其点火并运转一段时间。例如，配有18英寸发射管的"T"级驱逐舰，即携带非热动力鱼雷，在舰桥上发射鱼雷。1921年，这种鱼雷奉命被丢弃。

所有晚于Mk VI*式和阜姆工厂的Mk III*式的鱼雷后来都被设计成热动力式，还有许多早期鱼雷被改造成热动力式。皇家火炮厂的Mk VI*H式和阜姆工厂的Mk III*H式装备有一种固定减速器，射程设置为4000码，但18英寸的威茅斯公司的Mk I式被设计成具有正常和最大射程两种设置。1909年开始，皇家火炮厂将50枚Mk VI*式鱼雷改造为热动力式（成为Mk VI*H式），还生产了一种热动力类型的

Mk VII式。

Mk VII*式上被引进了一种更大的燃料瓶（空气瓶被缩短了5英寸，以便容纳它）。Mk VII***式上被引进了一种止回阀，用于向水瓶和燃料瓶供应空气。Mk VII****式的弹体尾部更结实，足以承受100磅发射管的压力（在潜艇中）和更高的舰船速度；采用的是挺柱式发动机、性能更好的燃料瓶和水瓶喂料口和更宽的陀螺仪舵。Mk VI*****式的弹体后部更结实。

Mk VII**式上引进了较高的压力（用于29节航速远程作战）和B型发电机。

Mk VII***式上增加了进行下铸法时使用的陀螺吹风装置（保持清洁）、一张用于空气供应伺服电机的大滤网、一个灌注阀和一个浮力柜安全阀、一个用于发动机润滑的可调油嘴和一台重新调整采用重油而不是Mk VII**式使用的鲸油的减速器。Mk VII****式（1917年）被加强，可承受100磅/平方英寸的测试压强。

从1918年起，所有Mk VII**式和后来的鱼雷一度都被转换为采用扩展3式标准，但这种工作后来因战场对鱼雷的急需而停止了。然而，从1918年开始，所有新制造的Mk VII****式鱼雷均采用了扩展3式标准。采用扩展设置，第一种测试鱼雷以平均18.52节航速完成11500码射程，采用M型（中型）设置时，采用29.28节（平均）航速可达到射程为7000码。

产品：1897年，330枚Mk IV式被订购（180枚来自皇家火炮厂，100枚来自威茅斯公司，50枚来自利兹工厂）。另外300枚系1898年订购（150枚来自皇家火炮厂，100枚自威茅斯公司，50枚来自利兹工厂），其中50枚建成后安装了陀螺仪（威茅斯式）。另外235枚系1899年订购（85枚来自皇家火炮厂，100枚来自威茅斯公司，50枚来自利兹工厂）。在1900年，订购了185枚Mk IV式（45枚来自皇家火炮厂，115枚来自威茅斯公司，25枚来自利兹工厂）；1901年，订购了235枚Mk IV式（210枚来自威茅斯公司，20枚自利兹工厂，5枚来自皇家火炮厂）。

Mk V式的订单始于1901年，有25枚来自皇家火炮厂。

下一年间，订购了125枚（其中Mk V*式有25枚）。1903年，订购了215枚Mk V*式：68枚钩夹式来自威茅斯公司，65枚来自皇家火炮厂，82枚来自利兹工厂。1904年，订购了281枚Mk V*式（106枚钩夹式和175枚侧突式），再加上100枚阜姆工厂的Mk III HB式（18英寸）。1905年，引进了一种进一步革新的类型：Mk VI式。Mk V式的订购在那年共计268枚（111枚钩夹式、146枚侧突远程式和11枚侧突近程式），再加上236枚阜姆工厂的Mk III*式（100枚钩夹式、22枚侧突远程式和114枚侧突近程式）。Mk V*GS式是一种引导鱼雷，为"E"级潜水艇横梁发射管射击专用。

第一批的两种Mk VI式订购于1905年（1905年/1906年预算），此外，当年还订购了47枚皇家火炮厂的鱼雷，改造为Mk VI式，具有和Mk V*式相同的长度（24枚钩夹式、25枚侧突远程式）。那一年的总采购量是607枚鱼雷，为到当时为止的最大采购数量；为满足这一需求，利兹工厂被给予了一份51枚Mk V*SL式鱼雷的合同。1906年，另外订购了367枚Mk VI式（31枚钩夹式、336枚侧突近程式和侧突远程式），辅之以184枚阜姆工厂的Mk III*式（144枚钩夹式、40枚侧突远程式和侧突近程式）。1907年订单（1907年/1908年预算）：81枚Mk VI*式、24枚阜姆工厂的Mk III*式。1908—1909年采购方案包括两种实验用21英寸Mk I式鱼雷（见下文）以及新型热动力鱼雷（Mk VII式）和17枚Mk VI*式和50枚由F.III*式经热动力式改造后得到的产品（另外29枚Mk VI*式的转换使用1907年/1908年的预算资金）。Mk VIGS式是一种引导鱼雷，为"E"级潜水艇横梁发射管射击专用。

Mk VII式主要是一种战列舰和驱逐舰用鱼雷，发射需装备18英寸发射管。1917年底，有21枚Mk VII**式到Mk VII*****式鱼雷被转换成扩展3式，该方案在此后因更紧急的项目被停止。然而，Mk VII式和Mk VIII式鱼雷却得到35节的永久设置（5000码），以增加它们的射程。这样，Mk VII式被改为35节/4500码和29节/6000码，Mk VII*式被改为35节/6500码，Mk VII**式至Mk VII****式被改为35节/5000码和29节/7000码。这主要是为了满足潜艇装备的需要

（见下面的Mk VIII式）。

　　另外40枚Mk VII*SL式的生产后来被添加到1908—1909年方案中。1909—1910年方案包括118枚Mk VII*式的生产，其中60枚由威茅斯公司生产，没有安装加热器。此外，有193枚鱼雷被转换为热动力式鱼雷。1910—1911年方案包括243枚Mk VII式和Mk VII*式的生产，其中60枚来自威茅斯公司，计划将另外37枚列入1911—1912年的方案。实际的1911—1912年方案包括280枚Mk VII*式（97枚来自威茅斯公司），加上84枚威茅斯公司的Mk I*式。公布计划的1912—1913年间预计订单：17枚Mk VII**式、34枚威茅斯公司的Mk I*式和63枚待定18英寸类型潜艇鱼雷。订单中的84枚威茅斯公司的Mk I*式鱼雷被分配给配置在沿海的鱼雷艇，发射用于潜艇的皇家火炮厂的Mk V*式鱼雷。1912—1913年的统计数字并不明确，因为1912年年度报告列出的产品目录包括前一年未完成的订单再加上新的订单。总共有125枚Mk VII*式和Mk VII**式加上118枚威茅斯公司的Mk I*式。1913—1914年的需求是144枚Mk VII**式。1913年，共订购了243枚Mk VII*式和MkVII**式（77枚来自皇家海军鱼雷工厂，166枚来自威茅斯公司），其中分别有8枚、49枚已交付。1914—1915年方案寻求了另外84枚Mk VII**式鱼雷采购。

　　前述订单列表中的鱼雷属于所谓的"为大英帝国服役"产品，但在1914年皇家澳大利亚海军的订单是分开列出的：1914年春天开始，有28枚Mk V*GS式（有26枚1913年9月交付），9枚18英寸茅斯公司的Mk I*式（订购9枚，交付7枚）和14枚Mk VII*式（全部交付）。

　　1912年，新设计了Mk VIII式专门用于潜艇。到那个时候，潜艇都仅配备了非热动力鱼雷，理论上，潜艇鱼雷攻击不需要很大的射程，而热动力鱼雷的维护需要耗费太多的精力。然而，1911年开始，使用热动力鱼雷时的额外的工作已经大大减少，Mk VII*式热动力式鱼雷被分配给碉堡港潜艇基地进行测验。当时也有人争辩说，潜艇的尾部发射管应该配有远程鱼雷（舷侧管对于远程鱼雷来说太短，而通常预计较大型的潜艇用它们实施近距离攻击）。海军

军械局因此提出一种新型鱼雷设计方案。这种鱼雷将具有与Mk V*式相同的长度，长199.4英寸，具有大型梯恩梯炸药弹头（325磅，相比之下，Mk VII式的湿火棉弹头重200磅）和相对较小的空气瓶；性能为大约42节航速、1500码射程（最初为40节/1500码）。较低速度设置（最初提出的是29节/3600码）将主要用于练习射击，以减少设备磨损和断裂。经海军准将同意，经第一海务大臣于1913年1月11日批准，第一批的2枚在1913—1914年的方案中予以采购，并在1913年11月被交付。1917年，有一种新的陀螺仪被引进，这使得在潜艇横梁处发射管发射的鱼雷可以90°角发射出去。潜艇也可以将其余鱼雷发射角度设置增加半度。

　　轻量级的Mk IX式系专门设计用于飞机的类型，以替换14英寸产品。数据来自原型鱼雷，见于1916年"弗农"号鱼雷学校的报告。Mk IX式用于在1916年10月举行的攻击演练（在费力克斯托港发射）中对付"无畏"号和"印度斯坦"号，使用时尚有小鱼雷配合。快到1917年底时，这种鱼雷被判定为威力不足够强大，无法损坏德国的战列舰，因此需要有一种新型的鱼雷轰炸机，强大到足以运载Mk VIII式。同时，Mk IX式的弹药装填量从170磅被增加到250磅的梯恩梯炸药，所以总的鱼雷重量升至1080磅。在被投掷出去后，Mk IX式会显得不太结实，所以在1920年订购的产品都进行了强化处理（重量增加了10磅）。

阜姆工厂 18 英寸鱼雷（也被称为 F.III 式等）

　　Mk I式的性能数据来自白头公司生产的原型鱼雷，建造于海军部决定采用18英寸鱼雷前；一位英国军官形容这种鱼雷是他所见过的性能最稳定的鱼雷，14次发射在800米处最大偏差为8米，2次发射在1100米处偏差仅为10米。白头公司也曾经试验过一种半球形的而不是尖的弹头，该种弹头可携带100磅的湿火棉炸药。采用这种弹头的鱼雷的长度减至15英尺，400米射程时，速度为33节。交付后的Mk I

阜姆工厂 18 英寸鱼雷（也被称为 F.III 式等）

	长度	弹头	重量	压力	性能	
Mk I式	16英尺4³/₄英寸	201磅	1140磅	1350磅/平方英寸	32节/400米	20节/800米
Mk II式	16英尺7.44英寸	229磅	1150.5磅	1350磅/平方英寸	23.75节/1000码	
Mk III式	16英尺7.4英寸	205磅	1406磅	2100磅/平方英寸	32节/1000码	
					28.63节/1500码	
					25.18节/2000码	
					20节/3000码	
Mk III HB式	16英尺7.46英寸	200磅	1398磅	2100磅/平方英寸	20节/3000码	
Mk III*侧突近程式	16英尺7.46英寸	200磅	1383磅	2100磅/平方英寸	33.5节/1000码	20.5节/3500码
Mk III**侧突近程式	16英尺7.46英寸	200磅	1383磅	2100磅/平方英寸	26.5节/2000码	20.5节/3500码
Mk III**侧突近程式	16英尺7.46英寸	200磅	1393磅	2100磅/平方英寸	35节/1000码	22节/4000码
Mk III**侧突近程式	16英尺7.46英寸	200磅	1393磅	2100磅/平方英寸	28.75节/2000码	21节/4000码
Mk III***钩夹式	16英尺7.46英寸	200磅	1401磅	2100磅/平方英寸	27.5节/2000码	21节/4000码
热动力式鱼雷：						
Mk III**侧突式	16英尺7.46英寸	200磅	1423磅	2100磅/平方英寸	27.5磅/3000码	
Mk III**钩夹式	16英尺7.46英寸	200磅	1426磅	2100磅/平方英寸	27.5磅/3000码	

式重1236磅，携带198磅炸药，射程为800码时，航速是30节。此外，白头公司提供了一种水下发射管鱼雷，长度为11英尺6英寸，在第一批150枚Mk I式中，有两枚这种鱼雷（无炸药）。交付原定为每月20枚。

书中提供的表格不包括大约1892年订购的短款18英寸鱼雷。

1893年，海军部再次向白头公司订购老式18英寸Mk II式长鱼雷（27.5节航速，800码射程），但要求速度快半节。白头公司抵制了这份订单，提出如果海军购买该公司的新型18英寸长鱼雷，可确保其在800码的射程时航速为28节。海军部在1894年4月接受了白石公司的投标。Mk III式大概就是这种新类型，使用了更多的高压空气。

自1909年开始，白头公司开始将50枚F.III*式改造成热动力式鱼雷。1919年，所有剩余的18英寸阜姆工厂和威茅斯公司生产的鱼雷均奉命报废。

威茅斯公司 18 英寸鱼雷

Mk I式是第一种白头式热动力鱼雷。相对于Mk I式，Mk I*式被认为是一个巨大的进步，采用有弹簧锤击发的固定引爆装置，能更好地保持深潜。英国皇家海军曾打算将这些鱼雷发放给140英尺鱼雷艇，以取代阜姆工厂的Mk II式（18英寸），让后者成为战争储备物资，但最终优先考虑了潜艇的更加迫切的需求。

皇家火炮厂／皇家海军鱼雷工厂 21 英寸鱼雷

在鱼雷统计数据中，弹头重量通常不包含标称的梯恩梯炸药，弹头内充满了湿火棉炸药。梯恩梯炸药的密度更高，因此占据同样空间的情况下重量更大。第一次世界大战期间，它取代了湿火棉在英军武器中的地位，但尚不清楚在日德兰大海战的时候，英国舰队已重新配备这种火药

威茅斯公司 18 英寸鱼雷

	长度	弹头	重量	压强	性能	
Mk I侧突式	17英尺6英寸	198磅	1493磅	2100磅/平方英寸	41节/1000码	28.5节/4000码
Mk I* 侧突式	17英尺6英寸	198磅	1426磅	2150磅/平方英寸	40节/1500码	29节/4000码

皇家火炮厂 / 皇家海军鱼雷工厂 21 英寸鱼雷

	长度	弹头	重量	压强	性能	
Mk I式	18英尺6英寸（222英寸）	225磅	2020磅	2200磅/平方英寸	50节/2000码 30节/10800码	41节/5000码
Mk I*式 （空）	18英尺102/3英寸	225磅	2053磅	2200磅/平方英寸	45节/3000码 29节/7500码	
Mk II 侧突式	22英尺（264英寸）	280磅 或 400磅梯恩梯炸药 2948磅	2822磅	2200磅/平方英寸	44.5节/4500码（扩展3式） 23节/15000码 18节（扩展）/18000码	
Mk III 钩夹式	264英寸	400磅梯恩梯炸药	2827磅	2200磅/平方英寸	44节/4000码	28节/10000码
Mk II*式	264英寸	400磅梯恩梯炸药		2200磅/平方英寸	44节/4000码	28节/10000码
Mk II**式	264英寸	400磅梯恩梯炸药	2948磅	2350磅/平方英寸	29节/10750码	
Mk II*** 侧突式		400磅梯恩梯炸药		2350磅/平方英寸	45节/4500码	29节/10000码
Mk II***VB式	256英寸	302磅梯恩梯炸药	2865磅	2350磅/平方英寸	44节/4000码	28节/10000码
Mk II***管夹式	264英寸	400磅梯恩梯炸药	2963磅	2200磅/平方英寸	44节/4000码	28节/10000码
Mk II****式						
Mk II*****式	22英尺	400磅梯恩梯炸药	2593磅	2350磅/平方英寸	45节/4500码	24节/15000 19节/18500码
Mk III式	22英尺	400磅梯恩梯炸药				29节/11700码
Mk IV式	22英尺	400磅梯恩梯炸药	3176磅	2650磅/平方英寸	44.5节/6500码	25节/15000码 21节/18000码
Mk IV*式	22英尺7$\frac{1}{2}$英寸	500磅梯恩梯炸药	2818磅	2650磅/平方英寸	45节/4500码	29节/11000码 25节/15000码 21节/18000码
Mk V式	23英尺3英寸	500磅梯恩梯炸药	3736磅	3350磅/平方英寸	35节/9500码	29节/14500码
Mk VI式	27英尺3英寸	500磅梯恩梯炸药	4571磅			29节/18000码

的程度。

　　Mk I式是一种很短的鱼雷，之所以选择这样的长度，是因为发射这种鱼雷的发射管被安装在了原本安装18英寸鱼雷发射管的位置。在驱逐舰上，它只限于在"比格犬"级上使用，这就是为什么这种鱼雷的生产数量相对较少的缘故。对于当时的鱼雷来说，由于长度对应于空气瓶的长度，因此也对应于射程，所以这种鱼雷在射程方面不能达到新式口径鱼雷所具有的潜力。

　　Mk II式是一种更长的鱼雷，具有更远的射程。

　　Mk II**式具有更大的气体压力，射程更远，航速为29节。

　　Mk II***式采用了进行下铸法时使用的陀螺吹风装置

（保持清洁）、一张用于空气供应伺服电机的大滤网、一个灌注阀阀和一个浮力柜安全阀。

Mk II***式装配了一种3档速度的加热器（发电机），可向引擎中注射燃油。Mk IV式在弹头装配时安装更齐整，在空气瓶中装有水瓶，具有更宽的水平方向舵和尾部润滑器。Mk IV*式具有一种4档速度的发电机、一种3档调整减速器和陀螺仪控制机构（皇家海军鱼雷工厂第401号）。

Mk II***VB式是一种用于"加拿大"号的鱼雷版本。有一些在2050磅/平方英寸压强下运作（44节/3500码，28节/9250码）。Mk II***TB式用于装备为希腊制造的"切斯特"号和"伯肯黑德"号巡洋舰。也有一种2050磅/平方英寸压强的版本（射程如"加拿大"号的低功率版本的射程）。

杰利科海军上将想要一些远程鱼雷，所以后来在1915年试验中对Mk II***式进行了测试，希望这种鱼雷的射程达到18000码，航速达到19～20节。每艘装备水下鱼雷发射管的主力舰和轻型巡洋舰均配备两枚鱼雷，能够以18节航速达到17000码射程，但尚不清楚日德兰海战的时候英国皇家海军装备了多少这种鱼雷。扩展3式是这个方案的结果。在1917年，扩展3式的改造就已完成，有更远程的Mk IV式可提供，舰队已经全部改造为能使用更远程的鱼雷。在日德兰海战时，英国鱼雷给德国人留下深刻印象，德国人认为英国鱼雷的射程远远大于自己的；他们观察到许多英国鱼雷在航程结束后浮到水面上，只是附近没有德国的战舰。德国人也认为英国鱼雷的尾迹较小，不容易被看到。1917年，Mk II***式至Mk II***式的设置被更改为45节/4200码和29节/10750码。从1918年起，所有Mk II式至Mk II****式都被都转换为扩展3式标准。

Mk III式具有Mk II***式的特点，还增加了一种新型水瓶、一台B2式发电机、一台适应重油的双级减速机、一种装填400磅梯恩梯炸药的弹头、一个大型陀螺仪舵，具有更高的速度（如果实现了预期的喷油效果，射程将增加至13000码）。

Mk IV式是Mk II***式的强化版本。"卡利俄珀"号上的Mk II***式鱼雷在以大约19节运行时曾出现过变形和断裂现象。此后，英国人遂引进了Mk IV式。这种类型采用了加强的空气容器、钢平衡腔以及其他一些强化措施。最初这种鱼雷造成了相当多的麻烦，因为它们很容易浮出水面。在"卡利俄珀"号上的试验也表明在高速发射时，这种鱼雷倾向于保持潜水状态。问题始终没有被解决，尤其是对于Mk IV式鱼雷，受限于只能在较高驱动力的情况下使用。Mk IV式和Mk IV*式在45节设置时的使用经验显示，它们在发射之初倾向于潜水；一种新式深度控制机构将鱼雷在这种设置条件下的深度从70英尺减少至25英尺，也改善了这种鱼雷在潜水（6英尺）时的运行状况；考虑到试验状况，高速设置不得不减少到35节。Mk IV*式装配有新式陀螺仪，使它有可能在设定的射程内采用椭圆（圆圈）路线行进。这种鱼雷也有4档速度设置。1917年，Mk IV*式在压强增加至2650磅/平方英寸时的设置为44.5/4500码、29节/11000码、25节/15000码和21节/18000码（在正常压强2500磅/平方英寸下，射程分别被减少到 4200码、10750码、14000码和17000码）。速度较平均，鱼雷运行3/4射程，速度会变得快1～1.5节。该种鱼雷被配发给后来装备了21英寸鱼雷发射管的潜水艇。

虽然将高速设置降低到35节最初属于为保持深度固定不变的临时措施，但是到了1918年，这变成了永久性的做法，因为对于大型船舶来说，这种速度是更合适的。这种变化也被应用于战列舰和第3、第5轻巡洋舰中队所配备的Mk II式至Mk II*****式鱼雷。Mk IV式至Mk IV*式可以在射程为6000码的情况下达到34节航速（燃料在5800码处耗尽）。以相同的速度，Mk II式至Mk II*****式航行6000码时航速为35节，7000码时航速为31节。这个时候，深度问题已经得到解决（格里诺克的工厂生产了一种新的深度控制机构），但大舰队更欣赏低速鱼雷，因为这种鱼雷航行完1500码用去2分钟（航行时间）的代价是可以接受的，敌人在这个时间间隔不会增加其与大舰队之间的距离，除非他们直接以21节航速驶离。采用6000码射程鱼雷是合理的，这一选择假设任何在夜间或能见度低条件下的可见敌人都在射程之内。采用4500码射程鱼雷就不会是这种情况。此外，在以前面提到过的高速44.5节航速行驶时，鱼雷螺旋桨容易变得扭曲；实现35节对于鱼雷来说要容易得多。反对者争论说，在大多数晚上，在完全确认敌人身份到可以开火的程度前，敌人可能已经在4500码距离以内。在这种情况下，需要赶在敌人转向前，使用更快的鱼雷进行攻击；敌人不可能近得使鱼雷在击中目标前还达不到规定的潜水深度。英国人设想驱逐舰队，比如"多佛舰队"，一般晚上在近距离与敌船相遇，使用44.5节非热动力（即快速反应）配置鱼雷。实际上几乎所有情况下都选择35节的设置，在需要的情况下也可以使鱼雷恢复到45节设置。

35节设置实际上造成了这种鱼雷的低效能，因为鱼雷的燃料和水的喂料嘴的大小仍旧保持着适应44.5节的状况；好在减速机已经调整为适用35节航速。射程最初未予考虑，选择最低速度是为了获得更好的潜水效果。为了能在35节航速下获得更大射程，1919年，对装配29节配用燃料和水喂料嘴但配用35节减速机的这种鱼雷进行了测验；鱼雷以35节航速航行了8500～9000码，这表明在那种速度条件下实现9000码的射程是适当的。然而，采用新的更高效的喂料嘴，这种鱼雷将不再能够以44.5节的速度航行。

在进行潜艇用（Mk IV*S式）改造时，这种鱼雷上的陀螺仪角度定位机构和给气滞后阀被拆除，还进行了其他的修改。

Mk V式被设想为15000码（29节）鱼雷，可以加载到当时所有既有水面鱼雷发射管中发射。比起以前的英国鱼雷，这种鱼雷有更大的负浮力，因此需要异常大的尾鳍结构，以减少其运行过程中的角度偏移（微调）。还装备了新式陀螺仪控制机构，希望它能减小陀螺仪因角度定位机构而引发的失效几率。到这场战争结束后进行大规模裁军时，仍然约有800枚已订购的这种鱼雷尚未交付。它们的分配去向包括装备水上鱼雷发射管的主力舰（"胡德"号、"暴怒"号、"光荣"级和"声望"级）、"鹰"号航空母舰、"罗利"级巡洋舰、"D"级和"E"级巡洋舰、小型舰队旗舰和"W"级驱逐舰。精密装配的鱼雷发射管配

备了一些"C"级巡洋舰和一些驱逐舰，不适合发射Mk V式鱼雷。在这时，放弃了使大型Mk V式在44.5节（按设计）正常运行的努力，它们的负浮力过于巨大。这种鱼雷在29节和35节航速的性能是令人满意的。原始的Mk V式重3736磅，但试验表明，如能降低重量（主要依靠减小空气容器直径和接受较低的压力以及相应的射程/速度），这种鱼雷（3393磅）能提供更令人满意的性能。这种鱼雷是以Mk V式的型号配发的，但数据表中的数据仍对应的是原始的重型武器。接受较低的空气压力的理由当中，包括现有船舶无法生成Mk V式需要的3200磅/平方英寸压强。较重的鱼雷在其航程运行结束时本应沉没，这在和平时代是不能接受的。新版本被给予了3档速度设置，射程为15800码时的速度达到25节。采用2500磅/平方英寸压强的性能是35节/9500码、29节/12500码和25节/14500码，射程为500码时预期速度为35节，射程为1000码时速度为25节或29节，采用较高的压强（2650磅/平方英寸）。

Mk VI式是一种新型鱼雷，可提供所需的18000码射程、29节航速。要做到这一点，它必须比Mk IV式长4英尺，因此可能不适合现有的发射管。驱逐舰是否应该装备更长的发射管，以配合远程鱼雷的发射需求，成为一个主要的战后设计问题。1919年，有两种鱼雷在长湖接受了测试，发射使用的是"阿卡斯塔"号装备的特种发射管。结果测试失败，Mk VI式设计方案被放弃。然而，英国人对远程鱼雷性能的探索方面仍很兴趣，所以又将Mk IV式做了延长。

如上所述，比起短胖形态的鱼雷，细长的鱼雷内在效率较差，所以1918年批准了生产三种具有相同的长度（27英尺3英寸）、直径约为26英寸的实验性鱼雷的项目。这种鱼雷本来会有3档设置：远程（20000码/30节）、中速、高速。炸药将增至750磅。1919年，"弗农"号鱼雷学校的报告列出备选的25英寸和26英寸鱼雷的特点，它们的设计长度（重量）分别为324英寸（5717磅）和336英寸（6251.6磅）。1920年，在Mk IV*式上覆盖了一种木壳，以将其伪装成26英寸鱼雷。在此基础上，24.5英寸口径鱼雷被选中；

这种产品的估计重量是5340磅，长度为26英尺4$\frac{1}{2}$英寸。建议的创新内容包括采用涡轮发动机和管式空气容器（空气和油被盛装于串联瓶中，四周的空间有水环绕）。

1908年/1909年度预算中，有两枚Mk I式的原型鱼雷被采购。1909年/1910年度预算中，另有66枚Mk I式和4枚Mk II式被采购（给威茅斯公司的两枚21英寸原型产品后被取消，因为该公司生产的这种类型的鱼雷存在问题）。1909年的年度报告还提到威茅斯公司制造了146枚Mk II式，但它们不被包括在订单列表中。1910—1911年方案包括106枚Mk I式和288枚Mk II式的采购（其中从威茅斯公司采购146枚）。当内容被宣布时，计划中的1911—1912年方案包括了另外341枚Mk II式，再加上110枚类型待定的鱼雷的采购。实际的1911—1912年方案再加上早些时候尚未完成的订单包括106枚Mk I式和668枚Mk II式（401枚来自威茅斯公司），此外还有20枚Mk I*式和228枚Mk II*式被纳入下一年的计划。尚未交付的产品加上1912—1913年的新订单共计56枚Mk I式和Mk I*式和688枚Mk II式和Mk II*式，到1912年11月，总共有158枚这种鱼雷交付。1913—1914年，提出了另外160枚Mk II*式的采购需求。

威茅斯公司 21 英寸鱼雷

在第一次世界大战之前，只有两枚这种鱼雷的Mk I式报废（用于实验）。

1918年在波兰的运行表明，Mk II式能够在极端的设置（射程11000码的航速是25节）下，以18.9节的航速运行12500码。糟糕的极端设置产生于鱼雷内液体消耗的缺乏经济性，而这和没有办法调节燃料和水的供应有关。这种鱼雷在其高速设置下的运行也是不可靠的，所以英国人决定只在单一的速度（11000码射程，速度达到25节）使用这种鱼雷。

Mk III式和Mk III*式由4缸白头式发动机驱动。1914年年初，日本曾大量订购威茅斯公司的Mk II式21英寸鱼雷。

从1914年开始，威茅斯公司为日本生产了24枚Mk II式，为土耳其生产了2枚Mk III，另外还贷款为海军部生产了一枚用于在长湖做测验的Mk III*式。到战争爆发时，所有威茅斯公司生产的Mk II式和Mk III式鱼雷均为英国皇家海军所采购。Mk II式用于装备"爱尔兰"号，Mk III式用于装备"阿金库尔"号。这种鱼雷也武装过曾经属于智利的驱逐舰。按照日本的订单，Mk II式有6.8米长（此款形式的鱼雷被发放给"布洛克"号），但发放给"爱尔兰"号（10枚）和"阿金库尔"号（8枚）的产品的长度被缩减为6.5米。

威茅斯公司 21 英寸鱼雷

	长度	弹头	重量	压强	性能		
Mk II式	6.8米	330磅	2908磅	2200磅/平方英寸	12000米，最大	38节/3500码	
						25节/10000米	
	6.5米	245磅	2795磅	2200磅/平方英寸	12000米，最大	41节/2000米	
						38节/3500米	
						29节/7000米	
						25节/10000米	
Mk III式	6.35米	300磅	2697磅	2200磅/平方英寸	10000米，最大	41节/1000米	
						36节/3500米	
						27节/6000米	
Mk III*式	6.8米	330磅	2912磅	2200磅/平方英寸	12000米，最大	38节/3500米	25节/10000米

2
美国鱼雷

美国海军似乎一直在计划使用陀螺仪角度定位装备，以便让驱逐舰能在目标前面用整个鱼雷组朝其射击，这种技巧被称为"做绕弯向前发射"。因此驱逐舰两侧，像"平甲板驱逐舰"一样，可同时朝同一目标发射多达12枚鱼雷（通常假定船两边都有发射管，在舷侧这一边发射完毕后，然后再换另一边发射）。20世纪30年代出现的新式16管驱逐舰，按设计即是用相同的技巧朝同一目标发射所有16枚鱼雷。这种方法似乎并未被透露给盟国海军，既然英国皇家海军并未在其第一次世界大战期间建造的8管和12管轻型巡洋舰上采用这种技术。驻欧的美国观察员在美国进入战争前特别提到，英国皇家海军并没有使用过"做绕弯向前发射"战术。美国海军显然属于包括角度定位功能的奥布里陀螺仪的第一个客户（约1897年），英国皇家海军在1900年效仿了这种做法。

1890年8月，美国海军开始让布鲁克林的必列斯公司授权生产白头鱼雷（初始合同签订于1891年5月19日）；稍后，在1913年还直接从白头公司买了一些鱼雷，以弥补必列斯公司生产能力的不足（为此在白头公司派驻美国海军军械局的检查员）。除了必列斯公司，根据1908年财政年度计划，美国海军在新港建立了海军鱼雷工厂。1914年1月14日，美国海军从海军火炮工厂（华盛顿海军船厂）订购了100枚45厘米鱼雷。在第一次世界大战期间，美国海军建立了一家新厂——在弗吉尼亚州亚历山德里亚的海军鱼雷工厂，将其作为海军火炮工厂的分厂。

必列斯公司的首席设计师李维特认为通常的布拉德胡德式活塞发动机"老土"。他设计的涡轮驱动的鱼雷被命名为必列斯-李维特式，成为了美国当时的标准鱼雷。美国海军是当时唯一使用涡轮动力鱼雷的海军，虽然当时其他国家海军也在试验这种引擎。李维特还是第一种美国鱼雷加热器的生产商，该种加热器被认为是美国人独立研发的成果。李维特的第一款加热器被安装在5米白头Mk II式鱼雷上，使得该种鱼雷的性能从1200码、28节提升到1200码、35节（或3000码、24.5节）。这种加热器内置于空气瓶中，在实践中被证实并不可行；1904年，采用了阿姆斯特朗公司（埃尔斯维克公司）的"外加热器"，必列斯公司在1905年购买了这种加热器的生产许可证。李维特提出采用柯蒂斯式涡轮机，理由是受热的空气不适合活塞引擎（其他国家海军似乎没有遇到这样的问题），新港鱼雷分厂在1903年测试了他的第一种采用不加热空气的实验性涡轮。这次成功的示范几乎立即导致了对于必列斯-李维特Mk I式鱼雷的第一笔订单。1915年，美国海军军械局声称在远程操作中涡轮机远比活塞式引擎更有效率，当时英国的远程鱼雷遇到了严重的问题（据其所述）。美国海军军械局声称，"在许多人看来，现有射程（10000码）的必列

左图：1914 年，美国海军已经开始建造装备 12 联鱼雷发射管的驱逐舰，如"登特"号，每侧各装备两套 3 联发射管（此图中的两套可调整到船舷外）。美国人似乎并不充分了解鱼雷陀螺仪器角度定位的意义，一艘船可以将所有 12 管鱼雷发射向同一个目标。这种所谓的"做绕弯向前发射"战术解释了美国为什么会对将发射管安装在船体中部，而不是中线部保持持久兴趣的原因。16 管驱逐舰的极盛是在 20 世纪 30 年代末

斯–莱维特 Mk III 式鱼雷是目前世界上的最高效的鱼雷"。它还声称其摩尔陀螺仪优于英国制造的白头式陀螺仪。

水冷加热器使真正的远程鱼雷成为可能，系由英国设计。1910—1912 年间美国海军采用了这种加热器，将其配备在本国的鱼雷上（Mk VII 式和 Mk VIII 式）。

白头式鱼雷具有不同的长度，最初命名为不同的标识系列（Mark series），1913 年被重新改为按字母顺序（按类型）命名，以避免混淆。1913 年的重新命名用括号括起来的字母表示。例如 3.55 米 ×45 厘米 Mk III 式成为 A 型。必列

斯–李维特公司的 Mk 式的编号是统一的，成为美国鱼雷的标准命名系统，一直延续到现在的 Mk V5 式。新统一的 Mk 式命名编号外面有括号。

在美西战争期间购买的施瓦茨科普夫式鱼雷（或者缴获自西班牙）在 1913 年受到了批判。

在 1917 年 4 月 1 日，美国海军有 1040 枚已经被分配给船舶装备的鱼雷，另有 1056 枚属于储备物资；根据美国海军军械局的记录，在第一次世界大战期间，美国海军曾订购过 2806 枚鱼雷。1917 年 1 月 1 日和 1918 年 11 月 30 日之间，美

45 厘米白石式鱼雷（规格按长度 × 口径表述）

	长度	弹头	重量	压力	性能	数量
Mk I 式	3.55米	117磅	845磅	1350磅/平方英寸	26节/800码	100
Mk II 式	3.55米	140磅	845磅	1350磅/平方英寸	27节/800码	70
Mk III（A）式	3.55米	140磅	845磅	1350磅/平方英寸	26.5节/800码	109
Mk I（B）式	5米	212磅	1161磅	1350磅/平方英寸	27.5节/1000码	125
Mk II（C）式	5米	131磅	1230磅	1500磅/平方英寸	28节/1500码	30
Mk V（Mk V）式	5米	200磅	1452磅	2150磅/平方英寸	40节/1000码	580
					30节/1000码（冷）	
					36节/2000码	
					26节/3500码（热）	
					26节/2000码（冷）	
					29节/4000码（4型）	

国海军军械局签约购买了共5710枚鱼雷，其中有1982枚被交付。大概这个采购数字包括了1917年4月订单上的大部分鱼雷。作为另一项鱼雷状况的评估指标，1919年12月，美国海军装备的鱼雷情况如下表。

	现有量	订购量
18英寸鱼雷	660	414
21英寸短鱼雷	550	1311
	（11月交付22枚）	
21英寸长鱼雷 （主要为Mk VIII式）	340	4816
	（11月交付66枚）	

白头公司 45 厘米鱼雷

1895年，白头公司的Mk I式（3.55米）进入服役，1896年，Mk II式进入服役，1898年，Mk III式进入服役；Mk III式是第一种装配了陀螺仪的美国鱼雷，在航行结束时减少横向误差从8码到24码不定。作为"A"级潜艇的装备，3.55米的Mk III式鱼雷一直被用到1913年。5米Mk I式用于武装鱼雷艇，Mk II式用于武装战列舰。

白头公司的Mk V式是一种水冷热动力（蒸汽）式鱼雷。它一度成为标准的美国驱逐舰鱼雷，直到被21英寸鱼雷所取代。这种鱼雷是购买的，海军想要一种驱逐舰和鱼雷艇使用的热动力蒸汽鱼雷，但考虑到必列斯–李维特公司的Mk III式的性能不可靠，而且必列斯公司的生产能力（每年250枚鱼雷）不足。Mk V式上引进了可调整的射程设置（采用主轴）和"绕弯发射"功能（采用陀螺仪定位机构）。第一批130枚Mk V式5米×45厘米鱼雷于1908年7月7日订购自威茅斯工厂（白头公司所属）。在同一时间，另有20枚订购自获得了许可证进行生产的美国海军鱼雷工厂。必列斯–李维特公司的Mk VII式是一种新一代鱼雷。

1型上引进了一种梯恩梯炸药弹头（206磅）。3型的性能是27节/2200码。

Mk V式的产量：50枚威茅斯式，20枚美国海军鱼雷工厂式0型，75枚威茅斯式1型，55枚威茅斯式2型，75枚美国海军鱼雷工厂式3型，230枚威茅斯式4型，75枚美国海军鱼雷工厂式5型。

必列斯 – 李维特公司 18 英寸（45 厘米）鱼雷

必列斯–李维特公司的Mk III式是第一种美国热动力鱼雷。在1904年和其潜艇版本Mk IV式一起被订购；所有必列斯–李维特公司的Mk III式后来都被改造为Mk IV–1式。按计划，这些鱼雷没有用于装备驱逐舰。相反，所有的都被用于装备潜艇。Mk IV式是第一种专门为美国潜艇设计的美国鱼雷。用于武装"D"级潜艇。

Mk VI式上引进了以后美国鱼雷的水平（而不是垂直）涡轮机标准。1909年订购，用于武装驱逐舰和巡洋舰，以及"E"级、"F"级、"G"级和"H"级潜艇。

Mk VII式是第一种美国蒸汽鱼雷，1912年订购，相当于Mk VIII式的潜艇版，Mk VIII式被认为是一种主力舰和驱逐舰武器。Mk VII式是第一种美国水冷式热动力鱼雷，也是第一种采用梯恩梯炸药（具有两倍的爆炸威力）而不是湿火棉装药弹头的鱼雷。速度特性要求至少35节，射程不小于4000码。在1917年，Mk VII式是标准的潜艇鱼雷，武装着"K"级、"L"级、"M"级、"N"级和"O"级潜艇。这种鱼雷一直服役到1945年。1912年5月，其原型鱼雷已经能达到以32节航速运行4000码的性能，但美国海军军械局预计这种鱼雷在大于前述射程的情况下，至少能达到33节，甚至可能达到34节航速。军械局认为，采用不同燃油喷雾和较大的螺旋桨，这种鱼雷可改造为具有6000～7000码射程，航速27节的性能。

Mk VII式是美国第一种航空鱼雷。

Mk VII式的产量：0型，120枚，必列斯公司制造；1型，264枚，必列斯公司制造；2型，368枚，美国海军火炮工厂制造（未完成）；3型，120枚，必列斯公司制造（未完成）；4型，1318枚，必列斯公司制造（未完成）；5型，24枚。Mk VII-2式的订购数量：100枚，1914年1月15日；96枚，1915年8月7日；72枚，1917年5月3日；100枚，1918年1月11日。

D型是一种后来流产的Mk VII式短版，1915年开始研发（图纸提交于1915年5月），本来拟用于取代早期美国潜艇上的旧白头式鱼雷。需要注意实际生产了几枚这种鱼雷，但是它们没有进入军中服役，因为当时旧式潜艇都已经退役。

Mk VII式的各个版本：

1型：前面提到过，性能为32节、4000码。此外还有A型、1A型和2A型等类型。0型装配有2000磅/平方英寸压强的空气瓶，射程为3250码。1型（4000码射程）可承受2250磅/平方英寸的压力。

2型：配有245磅装药，航速26.5节，射程8000码。美国海军火炮工厂版的空气瓶压强为2500磅/平方英寸，根据后来记载，射程可达6500码。

3型：27节，8000码。根据后来记载，这种鱼雷的射程可达6500码。空气瓶压强是2600磅/平方英寸。

4型：33节航速时的射程为3000码，配314磅装药（总重1644磅）。空气瓶压强是2250磅/平方英寸。后来，还出了一种4A型。

5型：配有314磅装药，航速35节，射程4000码。5A型配326磅装药，总重1637磅。

E型是45厘米的西班牙鱼雷，其中有50枚系第一次世界大战期间购买（比D型稍贵）。总体长度为17英尺7英寸（约5.35米），重量为1534.3磅，总重296磅的弹头携带203磅装药。空气瓶压强为3000磅/平方英寸。

性能：33节航速，射程3000码。1919年3月，这种鱼雷被视为Mk VII-4式的替代产品，用于装备"O"级和"N"级潜艇。

必列斯－李维特公司 21 英寸鱼雷

Mk IV式/VIII式实际上是20英尺8英寸长，但总是被描述为21英寸×21英尺鱼雷。

Mk I式是第一种必列斯-李维特式涡轮引擎鱼雷。原始的Mk I式试制未能成功，因为其单一的涡轮使鱼雷发生滚动。后来，必列斯-李维特式涡轮鱼雷开始装配两个涡轮，两个涡轮转动方向相反，每个驱动两个成对互反螺旋桨中的一个。本书中该种鱼雷的参数数据对应1905年订购的改进版本1型。同时订购的还有装备主力舰和装甲巡洋舰的200枚Mk II式。Mk II式1型拥有183磅重的弹头。Mk II式是第一批能"做绕弯向前发射"（即发射时采用定位角度的陀螺仪）的两种美国鱼雷中的一种。另一种是45厘米Mk V式。

必列斯－李维特式 18 英寸（45 厘米）鱼雷

	长度	弹头	重量	压强	性能	数量
Mk III式 （Mk IV-1式）	5米	199磅	1547磅	2250磅/平方英寸	29节/3000码	50
Mk IV式 （Mk IV式）	5米	200磅	1547磅	2250磅/平方英寸	30节/2000码	50
Mk VI式 （Mk VI式）	5.2米	200磅	1536磅	2250磅/平方英寸	35节/2000码	100
Mk VII式 （Mk VII式）	5.2米	205磅梯恩梯炸药	1588磅		32节/4000码	
Mk VII（D）式	3.55米	200磅梯恩梯炸药	1036磅		35节/2000码	36

必列斯－李维特公司 21 英寸鱼雷（没有公制口径数据）

	长度	弹头	重量	压强	性能	数量
Mk I式（Mk I式）	5米	199磅	1900磅	1500磅/平方英寸	26节/4000码	50
Mk II-0式（Mk II式）	5.2米	207磅	1900磅	2250磅/平方英寸	26节/3500码	200
Mk III式（Mk III式）	5.2米	218磅	2000磅	2250磅/平方英寸	26.5节/4000码	208
Mk II-1式（Mk IX式）	5.2米	210磅	2015磅	2250磅/平方英寸	27节/7000码	
Mk IV式（Mk VIII式）	21英尺	321磅	2761磅	2800磅/平方英寸	27节/12500码	
Mk X式	5米	497磅梯恩梯炸药	2215磅	2500磅/平方英寸	36节/3500码	

Mk III式的采购系根据1910年财政年度方案。本质上，这种鱼雷就是增加了射程的Mk II式。

请注意必列斯-李维特45厘米Mk IV式和Mk V式（如上）按照编号被编进了与必列斯-李维特公司的21英寸Mk I式至Mk III式同样的命名系列中。

Mk VIII式是第一次世界大战期间美国的标准水面舰艇用鱼雷。根据1910年发布的特性信息，具有10000码射程、30节航速。原型出现于1912年，在大约1915年完成研发。这种鱼雷最后提供的远程性能，引起英国人将鱼雷和火炮一样作为战列舰武器的兴趣，后来被当成实施"群目标射击"战术的驱逐舰武器。美国海军军事学院因为这种鱼雷的出现变得对这样一种可能性感兴趣：驱逐舰可以在一场战斗的白昼阶段施放远程鱼雷，因为它们与敌军之间的距离仍然超出敌军反驱逐舰火炮的射程。军事学院在1911年召开了一场会议（通常用来收集整理前一学年的课程资料），一致同意设法为主力舰和驱逐舰研发10000码射程鱼雷。看来很可能，至少在不久的将来，这种鱼雷可以以30节的航速运行（海军军械局的原型鱼雷的速度为26节）。海军委员会（接受军事学院的建议）在1912年5月提出，根据驱逐舰特点，应为其装备可发射10000射程、21英寸、具备6次再装弹能力的6联双管鱼雷发射管组（以及4门5英寸51倍径火炮，均架设在中线上）。在现阶段，大西洋舰队驱逐舰小舰队考虑采用舷侧齐射，而非"做绕弯向前发射"，所以将该舰队驱逐舰所需的发射管和鱼雷装备换算为三轮全力攻击的耗费量。这支小舰队反对将发射管置于中线，因为担心这样会造成长鱼雷对自己方的损害，在长鱼雷射出发射管时，有可能击中己方甲板。海军委员会进行了进一步分析，认为需要10000码射程的鱼雷，可以通过减少弹头大小（到18英寸口径）、降低鱼雷大小或提高鱼雷速度的方法予以实现，后者显得特别有吸引力。既然21英尺鱼雷已经存在，海军委员会遂接受了这种鱼雷的特性。

一场由驱逐舰对战列舰的特殊鱼雷发射演习（1911年8月）表明，集群驱逐舰在攻击战列舰舰首时，有很大的概率击中目标，但现有鱼雷缺乏必要的用于白天攻击的射程（除非对阵已经受损伤的战列舰）。这一经验导致的结论是，10000码射程的鱼雷应该用于装备驱逐舰以及主力战舰。在这个时候，人们假定美国舰队在不断接近敌人舰队的情况下，应该在距离敌舰12000码的距离开始猛烈射击，在距离敌人16000码的位置时，在瞄准后进行一些射击。在此种情况下，10000射程的鱼雷可能会命中敌舰，因为敌人的移动会弥补射程的不足。

海军委员会提出的性能（设计要求）规定设计两个版本的Mk VIII式：一种为远程鱼雷（10000码射程，采用最大可能速度），一种是近程潜艇用鱼雷（4000码射程，36

节航速）。后者最终变成了Mk X式。Mk VIII式的首航是装备"内华达州"级战列舰。1917年8月，英国人检查了驱逐舰供应船"梅尔维尔"号上装载的这种鱼雷，当时"梅尔维尔"号负责承担到英国水域的美国驱逐舰的护航。这种鱼雷的特色是配有一个单独陀螺仪形式的反绕圈装置，不论鱼雷因任何原因回转超过120°，这种装置就会使引信爆炸。在鱼雷运行超过4000码后，这种装置就会丧失作用。陀螺仪定位机构可提供达90°的转角，设置齿轮的刻度为每档10°。操作定位机构需要从鱼雷两侧，而不是顶部动手。规范要求在10000码射程内偏差不得超过130码，但实际结果没有那么好。在第1个8分钟运行过程中，气动陀螺仪的运行装备被视为很好，但在那以后会因为能量减少变得不可靠。美国海军认为需要一种能长时间运行的陀螺仪，从1917年开始，美国海军曾试过持续电动陀螺仪以及把陀螺仪放在真空中运行。第一种尝试失败了，原因只是发电机无法承受引擎造成的高温。1917年时，仍在继续进行按后一种思路研发的装置的测试。到1917年时，美国人已经开始将陀螺仪看成一种过于麻烦的装置，他们不喜欢它是因为在远程操作过程中陀螺仪缺乏可靠性，特别是在被设置为成角度运行时。鱼雷倾向于沿略有曲线的路线运行，这被归咎于发动机产生的热量对陀螺仪造成了影响。美国人去除了位置较低的陀螺仪舵（垂直舵），以尽量减少鱼雷的滚动。英国报表中的数据与前述列表稍有不同：装药被给作317磅，全重为2766磅；射程是10000码，航速为27节。英国人显然不明白，由于涡轮机的特性，这种鱼雷只能以单一速度运行。报告描述柯蒂斯式涡轮引擎是"一种总体上非常精细的装置"，安装在滚珠轴承上的两个涡轮相对旋转。涡轮直径大约15英寸。引擎通过鱼雷两侧的两条管子排气，此种设置和早期的螺旋桨通过通风口排气并不相同。10000码射程时的输出功率为76轴马力，但发动机在测试箱中最多可产生150轴马力（被认为具有很大的功率）。在经过与美国战列舰"得克萨斯"号的交流后，有在大舰队中服役的英国人提到过一种改良的Mk VIII*式，其射程为12000码，航速为27节。

版本：

1型：远程鱼雷，重2600磅，317磅弹头，性能为9000码、27节。截至1921年不再服役。根据记载，0型具有跟1型相同的性能。

2型：远程鱼雷，重2600磅，317磅弹头，性能为11000码、27节。截至1921年不再服役。此外，还有2A型和2B型，均采用2800磅/平方英寸的空气瓶，射程为11000码。

3型：用于战列舰和驱逐舰的鱼雷，13500码射程时航速为27节，13000码射程时航速为27.5节，配有317磅弹头。1921年的标准鱼雷。射程后来被评估为12500码。此外还有3A型、3B型、3C型和3D型。后来，3A型和3B型都被用于摩托鱼雷艇。它们配有385磅弹头，总重量达3050磅。

4型：战列巡洋舰和轻型巡洋舰用鱼雷，18000码射程时，航速为26节，配有重型（475磅）弹头。这种鱼雷装配有一种路线运行装置（用于曲折航行）。射程后来被评估为16000码。

5型：第一次世界大战后这种版本的射程被评估为14000码。这种1923年的版本配有475磅炸药。

6型：计划中的未来驱逐舰鱼雷（期望在1921年，预期1924年完成）。在15000码射程内，可以30节航速前进，配有475磅弹头。计划将其用于36艘驱逐舰；另有36艘将采用新式双速Mk XI式。这个版本安装有路线运行设备。还计划将6型用于潜艇巡洋舰（"V"级）。

到1923年，8型已经出现（显然没有研发过7型）。8型重达3176磅，并被评估为具有15000码射程、29节航速的性能。长度增加到21英尺4英寸。

产量：0型和1型，236枚由必列斯公司制造，181枚由美国海军鱼雷工厂制造；2型，528枚，与必列斯公司签约，但未完成；3型，3436枚，由必列斯公司制造，13枚与美国海军火炮厂签约，未完成。1923年，美国海军火炮厂的108枚Mk VIII式5型、新港分厂的308枚Mk VIII式4型和亚历山德里亚分厂的240枚Mk VIII式6型均停止了生产。生产数据来自1921年的一份图表，上面似乎省略了一些海军的合同。1917年4月，必列斯公司的现有合同中共包括1016枚鱼雷的生产任务，但由于公司需要兼顾炮弹生产，并未做好交付的准备。不久美国参战，海军在该公司订购了2577枚更多的鱼雷。1918年2月，必列斯公司收到另一份包括2308枚鱼雷的订单。尽管扩展了规模，到1918年7月20日，该公司已交付（合同规定的5901枚中的）401枚鱼雷，每星期平均生产速度为20枚（约每月85枚）。必列斯公司当时在一个月内交付的鱼雷数量不可能超过150枚（1918年12月）。

在第一次世界大战期间，美国驱逐舰和潜艇建设的爆炸性增长造成了对鱼雷的大量需求；落后的生产能力造成许多12管驱逐舰只分配到6枚鱼雷。情况是如此不妙，1918年5月，海军军械局提出建议，由"大草原"号供给船支援的第5小舰队的18艘驱逐舰改用Mk IX式1型鱼雷，以替代首选的Mk VIII式，当时这种鱼雷储备实际上已经被用光。

计划中的美国鱼雷生产供应情况（1918年4月）

	需要量	可能交付量（Mk VIII式）	所需Mk VII式
1918年5月	72	35	32
6月	84	50	48
7月	108	50	24
8月	108	50	16
9月	216	75	22
10月	216	105	8
11月	300	175	
12月	264	175	
	合计	715	150

通过上面的表格就可以想象到计划中1918年4月时的情况。

Mk IX式是一种战列舰用鱼雷。产量：0型，170枚，与必列斯公司签约，但未完成；1型，650枚由必列斯公司制造，未完成。

Mk X式是21英寸潜艇用蒸汽式鱼雷，用于"R"级和"S"级潜艇。1917年，美国海军作战办公室批准将其性能从2000码射程、35航速调整到5000码射程、30节航速。这种鱼雷有一个异常沉重的弹头。

起因是1915年6月军方提出研发一种能携带400磅梯恩梯炸药的潜艇用鱼雷的设计要求。

战时研发

在第一次世界大战期间，美国海军军械局开始变得对获得更大的鱼雷射程感兴趣。例如，在1918年8月，隶属于大西洋舰队的第9战列舰分舰队要求供应18000码射程的鱼雷（26节）；该分舰队还指出现行的鱼雷库设置对舰船安全是一种威胁。在同一时间，美国海军火炮工厂提出试验热含量较高的燃料，如汽油，以获得比标准5米鱼雷更大的射程。通过设法完成一些较小的改良措施，美国海军军械局经过努力使Mk VIII式2型鱼雷以26节航速完成了超过20000码的射程。该局还要求必列斯公司根据这一情况提升尚在生产合同期限的3型鱼雷的射程。

西姆斯海军上将命令驻扎在欧洲水域的美国海军充分了解英国人在磁力水雷研发方面所做的工作。他还询问按照本国的机制是否可以采用这种鱼雷。美国海军军械局怀疑这种东西的可行性，并开始就相关问题进行研究，最终导致了1926年的磁力引信测试（在第二次世界大战期间该研究的失败造成了极其恶劣的影响）。此外，在第一次世界大战大战期间，海军军械局还赞助了无线电遥控的哈蒙德式鱼雷的研发，但研究最终不了了之。

第一次世界大战爆发后，借助欧洲制造商来弥补美国生产能力的局限性变得不再可能。新港分厂必须进一步扩建。必列斯公司仍然是最主要的美国鱼雷供应商，但它也制造炮弹——这是更赚钱的生意，随着盟军的需求进一步升级。战争爆发时，必列斯公司已经签订了1016枚鱼雷的生产合同，但未交付，正在建造的有500枚（但只有20枚已做好交付准备）。海军投资帮助必列斯公司扩建，但只是在弗吉尼亚州的亚历山德里亚建了一个新的海军鱼雷分厂（停战时开张）。

在结束第一次世界大战的过程中，美国海军经历了相当严重的鱼雷短缺，而很多持续进行的造舰项目还需要更多的鱼雷。1919年1月，美国海军军械局要求美国海军作战办公室确定未来鱼雷的特点。鉴于新的鱼雷生产的紧迫性，第一种新武器将来自在现有的Mk VIII式3型的基础上进行任何可能立刻实施的改进措施。这种鱼雷将被改进为具有15000码射程、27节航速或12000码射程、29节航速或9000码射程、32节航速。舰队到底想要什么呢？

1919年3月，大西洋舰队的驱逐舰指挥官们会面，讨论未来的鱼雷需求。大概当时所有人都已经受战时英国的驱逐舰战术影响，变得赞成"群目标射击"战术。但具体而言，人们意见分歧颇大。E、第1、第10、第14、第18分舰队指挥官赞成采用29节/12000码鱼雷；第12分舰队指挥官赞成采用27节/15000码鱼雷；第5、第7和驱逐舰队指挥官赞成采用32节/9000码鱼雷。29节鱼雷的支持者希望他们的船只能够在战列舰的副炮组（反驱逐舰炮）的射程之外发射鱼雷。其他人认为敌人的对我方驱逐舰的攻击能力不应该被当成优先考虑因素。27节鱼雷的倡导者认为射程至关重要。倡导快速鱼雷的人们辩称，快速鱼雷总能在距敌4英里（8000码）射程内接触到敌人的舰队，如日德兰大海战的经验所示。更快的鱼雷有更大机会命中敌舰。驱逐舰部队司令认定，存在着两种不同形式的鱼雷攻击：具有良好的能见度的白昼攻击需要远程鱼雷；夜间攻击需要近程鱼雷。这种意见认为，未来鱼雷应该有两种速度，而且是快速可调的。此外，还必须降低鱼雷的尾迹可见度，尾迹问题在当前美国鱼雷身上是很明显的，鱼雷在其行进路线上会留下由泡沫构成的踪迹线和由鱼雷发动机排放出的烟雾。通过改进鱼雷的润滑状况，肯定可以让空气泡变得更小，使烟雾减少吗？此外，现有的美国鱼雷被要求在运行时采用平均速度，在接近航程的末端往往运行很慢，使敌人很容易躲开它们。驱逐舰部队司令建议更多地使用5000码、35节的鱼雷进行夜间攻击，而使用中等速度、15000码射程的鱼雷进行白天攻击。

美国海军军械局当时已经着手开发双速驱逐舰用鱼雷，这种鱼雷有22英尺（6.8米）长的机体，携带500磅的梯恩梯炸药，5000射程时航速45节，16000码射程时航速26节，空气瓶内空气压强为3250磅/平方英寸。现有的Mk VIII式3型平均可实现13500码、27节的性能，但只有射程为12500码时能以均匀的速度行进。正在进行的工作是研究减少尾迹中包含的气泡和烟。

1921年12月的一份关于未来鱼雷的报告罗列了人们的预期要求。在下文中，表尺射程即为鱼雷发射时到目标的距离，而实际射程考虑了鱼雷与目标的相对运动。1921年年度鱼雷委员会报告要求提供一种能以42节、6000码和29节、15000码性能运行的鱼雷。鉴于当时的空气瓶能力，鱼雷可望实现42节、5500码（41节、6000码）和29节、14000码（27节、16000码）的性能。已经为主力舰配备了超级远程鱼雷（18000码、26节）。美国人为鱼雷在驱逐舰上的应用设想了两种不同情况。到了晚上，在能见度不良，或驱逐舰被己方释放出的烟幕笼罩时，驱逐舰应将目标设定在6000码瞄准射程，相当于实际运行4500码。如白天行动，在施放的烟幕掩护不太成功或敌人派出了较强大的轻型护卫舰队时，应将目标设定在约12000瞄准射程（相当于实际运行7000码）。高速设置可能是6500码、40节，低速设置可能是14000码、29节。采用齿轮机构换档，发射鱼雷前该装置会被激活。由此产生的Mk XI式三速鱼雷是第二次世界大战期间水面舰艇和潜艇用鱼雷的直接前身。

与英国人一样，美国鱼雷开发人员对德国的磁力引信感到好奇，战争结束后，他们开始研究自己的同类产品。1925年，这种引信测试成功，然后被军方采用；不幸的是在战时表现非常糟糕。问题看来是这样的，磁力引信完全取决于船只所造成的电磁干扰，而这种电磁干扰的产生又严重依赖于特定区域的磁场——从一个地方到另一个地方可能发生变化。德国人似乎已经非常谨慎地消除了这种环境因素的影响。美国海军也接受了英国的鱼雷回转运行模式概念（在美国海军军械局用于记录年度鱼雷研发和测试计划的《鱼雷档案》一书的1921年版描述了实施此种概念的各种装置）。

第三部分：水雷

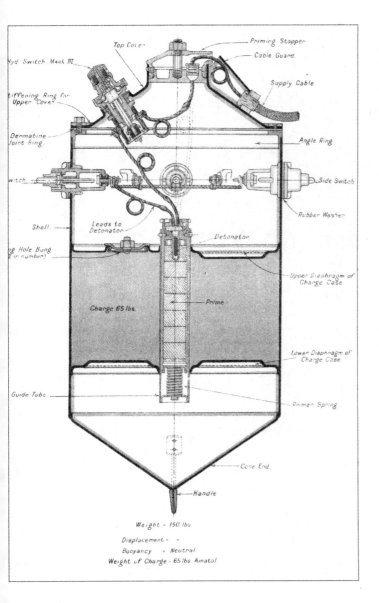

Hyd Switch Mark III.

Top Cover

Priming Stopper

Cable Guard.

Supply Cable

Stiffening Ring for
Upper Cover

Dermatine
Joint ring

Angle Ring

Switch

Side Switch

Rubber Washer

Shell.

Leads to
Detonator

Detonator

ng Hole Bung
(2 in number)

Upper Diaphragm of
Change Case.

Charge 65 lbs.

Prime

Lower Diaphragm of
Change Case.

Guide Tube

Primer Spring

Cone End.

Handle

Weight · 150 lbs.

Displacement ·

Buoyancy · Neutral

Weight of Change · 65 lbs Amatol

英国 EC II 式网雷（水雷的一种类型）固定于浮动的反潜障碍网中，它有 8 个触点，其中任何一个触点受压都会导致这种水雷内部的电路接通，从而被引爆。这些触点呈环形围绕着水雷，达到设定的水深时，水压开关以某种角度直立，此时触点进入临战状态。水雷触点为弹簧式，因此需要一定的压力（27 ~ 35 磅）来推动触点，一旦触点被推入，活塞与触点相碰，此时点火电路就会被接通。该水雷的电池被置于一个远离水雷的盒中。水雷长 35.5 英寸，直径 20 英寸，重 150 磅，携带 65 磅炸药（50% 梯恩梯炸药，50% 硝酸铵配比的阿马图炸药）。EC 式水雷由于依赖远程电池，因此属于可控雷（存在一个控制水雷与电池之间的电路通断的控制器）。

EC 式水雷的起源来自于为英国埃利亚式水雷[1]设计的一个电子附件——水雷电路闭合器，该附件由前第一海务大臣威尔逊海军上将所提议采用。水雷的电路闭合器被置于一个漂浮体上，该漂浮体位于水雷上方 20 英尺、水面下 4 英尺的位置。电器闭合器上有 8 个突出的活塞，这些活塞以及水压开关后来成为了 EC II 式水雷的特征。采用水雷电路闭合器的埃利亚式水雷没有获得成功，因为船首浪在对漂浮体加压引爆前，就会把漂浮体冲走。威尔逊海军上将提出以相同的方法铺设海底封锁线，该封锁线可由潜艇在水下 9 英寻（43 英尺）处铺设。他又提出在标识网的底下，设立第 2 个拦网，并在其中布设 2 枚水雷（每枚载有 45 磅梯恩梯炸药），这 2 枚水雷相距 150 英尺，6 个网连接到一个漂浮体上，这样潜水艇触碰到某部分致使该部分所属的水雷爆炸时，其他部分可安然无恙。这些网由漂网船拖曳，而在泰晤士河口及其他地方水雷网都是被固定住的。水雷由电池控制，水雷网可通过断开电路进行安全布设。每个水雷有自己的电池，因此引爆其中的一个水雷不会使整个水雷群爆炸。把水雷布设于网中解决了船首浪冲击问题，网阻止了水雷漂移，如图所示为一种新型水雷体内的引爆机构。EC II 式水雷在 1917 年年中进行了重新设计，重新设计后弹药装载量达到至少 100 磅，但重量控制在漂网船上的两人能处置的范围内。EC II 式系于 1918 年 3 月首次批量订购，到 1918 年 7 月核准生产量达到 5500 枚（EC I 式于 1915 年 5 月首次订购时的订购数量为 27097 枚）

---

1 英国埃利亚式水雷（British Elia mine）：经发明者意大利军官埃利亚授权，由威格士公司生产的英国水雷。——译者注

绪　论

在本书的这一部分，主要描述的是触发式水雷。大部分海军使用可控雷或视发雷来保护军事基地，但研究者通常很少提及那种武器。从触发雷的惯性雷[1]和赫兹角[2]式雷这两种类型中，可以看出触发雷跟可控雷或视发雷的主要区别。顾名思义，惯性雷只有在受到撞击或移动时才会在惯性发条动力的作用下被引爆。惯性雷的某些部件不能轻易地进行移动（由于其惯性），而这些部件的相对位置移动将引爆惯性雷。1914年时大多数国家的海军依赖惯性雷，至少在英军皇家海军那里是这样的：英国皇家海军认为惯性雷的主要替代品，采用电力的赫兹角式水雷并不是很可靠。此外，惯性雷由于具有安全保险装置，因此在补给时运输比较方便。

大多数国家的海军在第一次世界大战期间与第一次世界大战之后才开始使用赫兹角式水雷，这种改变至少是因为德国军队使用了这种水雷，并取得了很好的效果。赫兹角式水雷内含蓄电池电解液。当水雷的角状部件受到碰撞时，内部的胶囊状部件破裂，电解液流进电池，电池因此被激活并会引爆水雷。有的国家的海军部队配备使用液压装置的水雷，水压雷的角状部件被撞破后水流会从破损处涌入水雷内部，此时水压会引爆水雷。水压雷有一定优势，因为不到特定深度，水压就不足以引爆水雷，此时水压雷是绝对安全的。

有多国海军部队对漂雷（非锚雷）产生了兴趣，但只有日本军队付诸了行动。在日俄战争中，日军把成对的漂雷链在一起，并在接近目标时释放漂雷，漂雷此时受到船首浪的冲击，会跟舰船纠缠到一起。当时俄国的"纳瓦林"号就是这样被击沉的。漂雷一直是日军的秘密武器，但是在1909年此秘密被泄露给英军（英军马上开始着手研究自己的漂雷）。至少一直到20世纪30年代，链接到一起的漂雷一直是日军主要的水下武器，而且漂雷在第二次世界大战中也出现在了日军的水雷武器名录中（但从未使用过）。漂雷主要的问题是它可能危及友军。

第一次世界大战中水雷被广泛用于封锁海域，以限制敌国海军的机动性。因此英国皇家海军的驱逐舰队均装备有用于清除水雷的套索。注意：1916年前，甚至在那之后的很多驱逐舰上装备的套索均为反潜战设备。

1　惯性雷（inertia mine）：此类水雷的引爆装置动力来自于惯性发条，因此而得名。——译者注

2　赫兹角（Herz horn）：角状水雷触发机构，发明人为德国的赫兹博士。——译者注

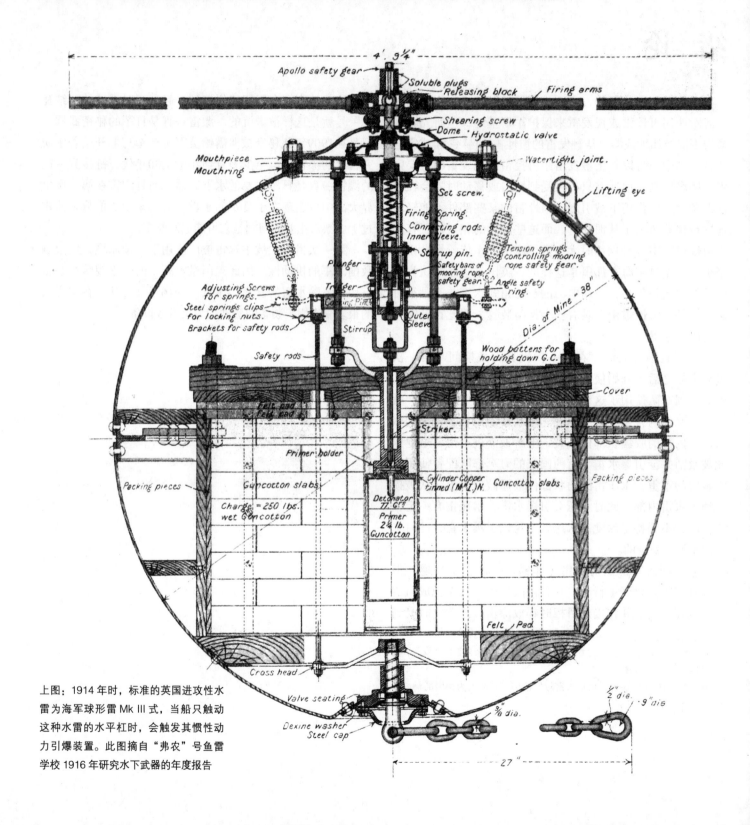

上图：1914 年时，标准的英国进攻性水雷为海军球形雷 Mk III 式，当船只触动这种水雷的水平杠时，会触发其惯性动力引爆装置。此图摘自"弗农"号鱼雷学校 1916 年研究水下武器的年度报告

1

英国水雷

作为英国皇家海军的鱼雷和水雷实验机构，"弗农"号鱼雷学校在英国皇家海军军械局局长的领导（1917年后是海军鱼雷和水雷局局长）下承担英国皇家海军水雷的研发。大多数战时的英军雷区专用于严密封锁与摧毁德国潜水艇。战前英国皇家海军部竭力反对在公海布雷，认为公海布雷会限制船只的自由航行。但是在1914年9月中旬，为阻止德军向比利时海岸推进，英国急需向英吉利海峡对岸的敦刻尔克派军。最初，派军行动由巡洋舰队掩护，在其中的一次掩护行动中，德国的U-9号潜艇击沉了巡洋舰"阿布奇"号、"霍格"号和"克雷西"号，不久之后，又一艘德国U型潜艇在执勤时进攻了轻型巡洋舰"专心"号（虽然未获成功）。在10月上旬，4艘布雷舰连续工作了几个晚上，布下了1064枚水雷（此后该水域被雷区封锁，要抵达泽布拉赫港不得不对相关水域进行扫雷）。德军占领了比利时的泽布拉赫港和奥斯坦德港后，拥有了自己在该海域的潜艇基地，因此战时英军的布雷行动大多是为了阻止来自这些港口的入侵。到1914年底，英军在泽布拉赫港附近海域与多佛尔海峡海域布下3064枚水雷，两艘德国U型潜艇（U—5号与U—11号）因此被击沉。

1915年1月，为封锁敌方舰船的行动路线，给敌方舰队的活动增加困难，英军在黑尔戈兰湾的进攻水域内布设了440枚水雷。多佛尔海峡水雷阵区域被大大扩大（2月份布

设了4390枚水雷，部分水域设置了被称为"破坏者"的反潜套索作为屏障；7月份又布设了1471枚水雷）。到1915年年底，英国人在黑尔戈兰湾布设了4538枚水雷。同时，在英国海岸设置了抗击德国U型潜艇的深水雷区，布设了1328枚水雷。此外，由渡轮改装的"羚羊"号布雷船在土耳其港口布下了40～50枚法国宝玑式水雷，以支持达达尼尔海峡的作战行动。1916年期间，来自德国控制的佛兰德斯地区的小型潜艇部队给英军带来特别大的麻烦。在佛兰德斯地区作战的英国皇家海军将官遂提议在此区域设置一个巨大的封锁线——比利时"围栅"——来限制德国潜艇部队的机动。该封锁线包括拦网、5077枚水雷以及英国海岸的深水雷区。在多佛尔海峡封锁线内也布下了更多的水雷，以完善英国海岸的防御带，并执行"黑尔戈兰行动"（布下1782枚水雷）。在1916年，英军首次派出其第一艘布雷潜艇及第一艘布雷驱逐舰"亚必迭"号，冲入名义上的敌军控制水域进行布雷。1916年5月，为了支持大舰队的作战行动，"亚必迭"号试图在角礁附近区域设下战术雷区，但受到了日德兰海战的干扰。德国战舰"东弗里西亚"号从战场返回时，在该区遇雷。1916年，英军在欧洲西北部水域布设的水雷，加上布设在地中海地区的水雷，总共有13280枚。

1917年，英国的布雷速度得到了提升；这一方面也是

因为英国人最终得到了性能可靠的H2式水雷；此外，也是因为这时有了更多的船舶在接受改造后用于布设水雷，其中包括快速巡洋舰、驱逐舰、老式巡洋舰"阿里阿德涅"号和"安菲特里忒"号、汽艇和摩托鱼雷艇。行动包括在不列颠群岛沿海布雷（在南部海岸和东部海岸布设了8609枚水雷），在U型潜艇的活动区域设置陷阱。对多佛尔海峡的封锁线进行了强化，并采取措施更换了比利时海域遭德国人拆除的"栅栏"封锁线上的水雷和拦网。1917年,在黑尔戈兰湾布设了大量的水雷（15686枚）。这些布雷量达到了杰里科海军上将提出建立的那条雄心勃勃的封锁线所需水雷量的1/4。杰里科希望借助这条封锁线能阻止那些以德国为基地的U型潜艇抵达其巡航区域（由英国人和美国人联合布设的北方封锁线实际上是一个替代方案）。其他的布雷包括在地中海海域布设的2573枚水雷，作为封锁奥特朗托海峡计划一部分布设的334枚水雷。该海峡是从地中海抵达奥匈帝国海军在亚得里亚海海军基地的通道。

1918年，布雷规模再次扩大，并制造出了第一批感应（声学与磁力）水雷。直至1918年10月，布设的水雷量达到了月均6200枚。英国人声称他们在欧洲西北水域布设的水雷击沉了43艘U型潜艇（实际上很可能击沉了47艘U型潜艇）；水雷还在其他海域击沉了2艘（也有可能为5艘）U型潜艇（1艘在奥特朗托海峡水域被法国与意大利布下的水雷击中）。在第一次世界大战期间，由水雷击沉的潜艇总数为173艘。致使潜艇沉没的第二大原因为深水炸弹（击沉26艘潜艇）。其他潜艇沉没原因为撞击（20艘）及受到潜艇鱼雷攻击（18艘）。

可控雷（视发雷）与非可控雷为不同的两类水雷，后者为常见的进攻型水雷。1904年前，英国人很重视视发雷。在1881年，500磅的Mk III式水雷成为英国皇家海军的标准军用水雷。该种水雷重600磅，其中包括500磅的干火棉火药。在第一次世界大战期间，该种水雷的外壳被用于组装所有视发雷、磁性听筒雷和L系统（磁环）雷。另一种战前出现的视发雷为76磅重的EC式水雷。该种水雷设计完成于1881年，在1904年被弃用，但在1914年又被重新用于

斯卡帕湾防御战（后被下文将要描述的经改装的俄国式水雷所替代）。该种水雷的重量与其装载的干火棉火药（潮湿情况下重90磅）相关，浮力为100磅。其火药量并不足，因为在1917年时，人们普遍认为击沉一艘潜水艇所需的火药量为150磅，另外，如果被布设在存在潮汐的水域，其浮力也不足。

1903年3月，因为并未研发出成功的非可控雷，研发被终止。然而，在日俄战争期间，非可控雷首次得到广泛使用，并被证明是非常有效的武器。因此，海军用非可控雷的统一标准于1904年得到制定。1905年，英国皇家海军采用了Mk I式引信，给出了采购1000颗水雷及配套的引信、自动下沉坠子的订单。1907年产品准备完毕。同一年英国皇家海军改装了6艘"阿波罗"级的老巡洋舰，每艘巡洋舰能在以每小时17海里的速度航行的同时布设100枚水雷。

后面的描述中，我们将集中篇幅在水雷触发机制（引信）方面的讨论，不过，英军在研发可靠的水雷坠子方面也付出了巨大的努力，这是因为没有一个可靠的下沉器，水雷不能被稳妥地置于目标深度。1916年8月的试验最终显示：船尾的波浪会导致测锤式坠子无法正常工作。需要注意的是：尽管英军对针对公海舰队的战术布雷有相当大的兴趣，战争期间英国水雷的设计重点还是从反水面船只转移到了反潜艇。

采用惯性动力引信的Mk II式水雷被采用于1904年，是纯机械水雷多年研发成果的结晶。与它的前身EM式水雷不同，Mk II式水雷不需要任何电力。那个时候杠杆式与水压式水雷均尚未出现，而赫兹角式水雷由于属于电子式，仍被禁止使用。Mk II式水雷内部有一个摆锤。当船只撞到水雷时，水雷发生倾斜，但（理论上）摆锤运动滞后，因此就会触发水雷。这种水雷的缺点是：在引信被放置于水雷内之前，需要先将触发发条旋紧（这一步骤很有必要，因为摆锤的力很小），但如此一来，水雷就变得很容易触发。1912年的演习中，英军在斯威利湖中布设了许多这样的水雷，演习过后本应按计划进行扫雷行动，但因天气不佳而延期，最终在扫雷时发现大部分水雷已经被引爆了。

对Mk III式发条动力引信（1913年通过审核）的研究由此开始。但最终，对Mk III式水雷内的引爆装置并没有做太多改变，只是用一个外部杠杆（水雷顶部的两个臂状物）取代了摆锤。此杠杆由一个安全销（可切断销）固定，在杠杆末端施加60磅重力，即可因撞击剪短安全销，然后此杠杆会顶起一根长杆来引爆水雷。当有船只撞击到水雷时，水雷顶部的两个臂状物就开始转动，触发机制开始运行。以 Mk II式为例，在Mk II式被布设前，触发能量积存于被压缩的弹簧内，此时的水雷非常容易被引爆。1915年布雷船"艾琳公主"号的沉没正是因为这个原因导致的（1915年8月，Mk IV式取代了Mk III式）。

1914年战争爆发前，Mk III式的库存有限，因此大量的Mk II式引信得到使用。战争爆发后不久，Mk III式被发现也有过早引爆的问题。这些引信都依赖发条的惯性作用。当时英国皇家海军没有任何赫兹角式水雷。

Mk II式与Mk III式引信均安装于球型Mk III式水雷体上。Mk III式的直径为38英寸，内装250磅湿火棉炸药。该种水雷总重量为900磅（浮力200磅），使用Mk VI式或 Mk VII式坠子，系泊索长度为45英寻（270英尺）。

战争经验显示,Mk III式引信如同Mk I式一样易于过早引爆，因此英国皇家海军开始设计新型的Mk IV式引信。Mk IV式引信于1915年4月得到核准，并于1915年7月发布。Mk IV式引信的外形与Mk III式相似，但内部作了些大的变动。此款水雷上仍有2个凸出的触发臂以及一个固定触发臂的安全销。区别在于当安全销被切断时，会有一个碟状物被释放出来。此碟状物受到水的压力，向下压住触发发条。此时，内套筒的锥形部位（同时也被压下）向引爆装置施压，一直到引爆装置上的孔与枢轴对齐，此时发条被释放，水雷被引爆。这种相当精密的引爆机制保证了水雷在受目标物撞击前能保持安全，并且在受目标物撞击后能被可靠地引爆。触发发条始终不在压缩状态直至引爆的那一刻。此款水雷依赖水压触发，这就意味着该水雷不会在布设时或在浅水水域被引爆。

1914年9月，英国皇家海军订购了7500枚现役类型的用雷及同等数目的威格士公司生产的埃利亚式水雷（见下文）。1915年1月，更多现役类型用雷被订购。1915年7月对现役类型用雷的订购量达到了产量的极限。直到1915年年中，几乎没有多少水雷被布设，也没有新型水雷的设计被公之于众。在军方开始订购用于进行专门试验的样品之前，没有任何迹象情况显示有关方面在进行新式水雷的研发。英国埃利亚式水雷的问题也正是在那时暴露的。

考虑到布雷艇的有限速度，现有的布雷艇更多地趋向于防卫英国港口，而不是进攻敌方港口。

与此同时，军方也在考虑不同的战术布雷方法。1909年，一个被派遣至日本帝国海军队的英国军官了解到漂雷在日俄战争中的成功。他抗议说采用这种水雷违反了《海牙公约》（1907年），但是他被告知：为了拘泥于形式而放弃如此有效的武器是非常可笑的。事实上，《海牙公约》仅要求布设的漂雷在一小时内必须下沉。日本漂雷的主要成就在于击沉俄国战列舰"纳瓦林"号。"纳瓦林"号是在行进途中被鱼雷快艇布设的一串4个漂雷炸沉的。这些水雷被链在一起，当战列舰撞到链条时，水雷链就缠住了舰首，以至于幸存者误认为战舰是被一连串的4个鱼雷击中的。英国皇家海军武官认为此日方情报非常重要，他向英军发送了相关报告，此报告反过来激发了英国利用驱逐舰在敌方舰队行动路径上进行战术布雷的兴趣。英军开始对瑞典的利昂式升降水雷感兴趣，因为这种水雷似乎非常适合用作战术漂雷（在1913—1914年由比尔德莫尔公司试制了4枚瑞典利昂式升降水雷进行测验）。1912年，英国皇家海军决定研发一种可以用驱逐舰布设的水雷，这种水雷应在无论有无下沉器的情况下均可布设。

海军上将巴拉德领导的作战处在1912年12月声称：日俄战争期间漂雷击沉了3艘战列舰以及一些较小船只（他实际指的是战术性布设的锚雷）。"毫不夸张地说，这种特殊的武器比任何武器更能成功地扭转对日战争的命运。"实际上，布设于日军行进道路上的俄国锚雷通常能在单次行动中击沉1/3的日军战船。在英国皇家海军最近的战术演习中，包括驱逐舰分队针对作战舰队的布雷演习。有一次，对方的战列舰直接撞入了雷阵，另一次的水雷埋伏却遭到挫败，因为敌军在航行过程中看到了前方射程之外正在布雷的己方驱逐舰。给非敌方船只所带来的危险是很罕见的，因为在演习中船只两次通过同一水域的机会不多。总之，当水雷沉没后，该地区是安全的。巴拉德特别关注水雷的尺寸，因为他希望驱逐舰能携带尽可能多的水雷。参谋长特鲁布里奇强烈支持漂雷项目。他表示在敌方海岸布设的锚雷可能相当有用，但执行布雷任务的船只如果出现在敌方控制区近海，他们通常会成为送给敌军的"礼物"。驱逐舰能很快地布设水雷，但是它们的速度有限，如果能用驱逐舰来布设漂雷，那将是再好不过的事情了。特鲁布里奇评论说任何漂雷都应该能很好地在水面之下漂浮，因为在日俄战争期间漂雷的爆炸能量经常消散在空中，造成浪费。

海军军械局局长提议研发一种无坠子也能布设的水雷，水雷重量应为600磅（其所配备的坠子及电缆重600磅）；一艘驱逐舰应该能够携带6枚这样的水雷。他建议从1913—1914年间下水的小舰队开始，改装所有的驱逐舰用于布雷。

1912年，英军决定让1911—1912年间项目所属的4艘驱逐舰（"模范"号、"小鲸"号、"联合"号和"胜者"号）每艘装备15枚新型水雷，并且在未来项目中20%的驱逐舰将改装成布雷舰。布雷舰布设的水雷必须小于现有的重达1700磅（包括坠子）的标准水雷。驱逐舰布设雷和坠子总重将为1000~1100磅，各自携带的炸药（火棉火药）将为250磅和150~180磅。外部直径将为39英寸和31英寸。这些雷都为锚定型触发雷。

问题是到底应该如何使用这些水雷。1912年12月第一海务大臣巴滕贝格决定暂停相关政策，这意味着涉及的驱逐舰可能在建成后没有水雷可用。然而，1913年4月间的会议研究决定："河"级和之后级别的驱逐舰经过改装，将在上层甲板携带4枚水雷。水雷重量不超过500磅，携带120磅梯恩梯炸药或其他等量炸药。尽管适合用作锚雷，此种水雷将不会配备整合式坠子。事实上，在1914年并未使用

过任何可用驱逐舰布设的水雷。

战争爆发时，英国皇家海军有大约4000枚水雷及其坠子。这些水雷均为标准的球型雷，且可选择安装不同引信。而且，还为这些水雷的坠子绑上了更粗重的缆线。在1913—1914年，针对各种国外水雷，包括瑞典的利昂式升降水雷与德国的卡博尼特式水雷，英国人进行过一系列测试，但无一被采用。

除了标准的英国皇家海军水雷，威格士公司还生产意大利埃利亚式水雷（英国埃利亚式）用于出口。与标准的英国水雷不同，意大利水雷专为战术布设而设计，可以快速准备，快速布设，因此英国埃利亚式水雷被选为驱逐舰用雷（见下文）。这种水雷在受到撞击时能利用浮力旋紧发条，并引爆引信。发射杆处在该水雷的底部，而不是在顶部，并且仅向一边延伸（2英尺6英寸长），这样发射杆不太可能被浅吃水的船只触发。战争爆发时，威格士公司生产了3种水雷，英国皇家海军购买了所有现存备品：威格士Mk IV式、Mk V式和Mk VI式。与英国皇家海军水雷形成对照，这些水雷使用竖立杆作为传感器。Mk IV式水雷本来是为智利海军设计的，并被分配给装有水雷布设轨道的"L"级驱逐舰（直到引信经修改后，这种水雷才开始使用）。Mk V式水雷本来是为西班牙海军设计的，并曾被分配给前智利驱逐舰旗舰（在引信进行修改后）。英国皇家海军为每艘船都安装了适用于4种水雷的布设轨道，但这些轨道最终还没使用就被拆除了（根据1915年11月的命令）。Mk VI式水雷为美国制造。1914年布雷舰"依芙琴尼亚"号与"巴黎"号先后装上了埃利亚Mk VI式水雷专用的甲板轨道，但1914年11月进行的测试显示该种水雷的引信容易被过早引爆，并危及布雷舰，因此被下令修整。首批14枚Mk VI式水雷由"依芙琴尼亚"号于1915年1月布设，但引信仍不令人满意，后来这种类型的引信被一种新型的英国埃利亚式引信所替代。水雷库存中，有80枚为Mk IV式，45枚为Mk V式，200枚为Mk VI式水雷。1914年9月，英国决定订购7500枚埃利亚式水雷，其中1110枚为埃利亚Mk VI式，1110枚为埃利亚Mk VI式，余下的为改良型英国

埃利亚式水雷。英国埃利亚式水雷于1915年5月17日首次布设，"玛格丽特公主"号布设了其中的490枚。

3种埃利亚式水雷的工作原理是一样的。当水雷被撞击时，水雷旋转起来，但是水雷的连接杠、安全套筒等保持不动。这些静止的部件受到软木浮子的牵制，这个软木浮子如同鳍一样处在竖立的发射杠的上端。Mk IV式有一个直径32.9英寸的球形外壳（总重448磅，包括220磅的火药），并配备有109英寻长的缆绳；Mk V式有相同的直径，但重440磅（含220磅的火药），且配备有54英寻长的缆绳；Mk VI式的直径为29.75英寸（总重306磅，含120磅火药），配有54英寻长的缆绳。

1915年12月1日，标准的英国皇家海军水雷为海军球型雷Mk III式（配有Mk IV引信）及威格士公司生产的英国埃利亚式水雷。1915年7月以来，相关厂家始终都在极速建造这二种水雷，英国人已经决定不会再开发任何替代性水雷。然而，在1915年的秋天，英国埃利亚式水雷的问题逐渐显现出来：当泥沙在这种水雷上面渐渐堆积起来时，这种水雷的引信会失去敏感性。这种埃利亚式水雷与长船产生摩擦时很可能会被引爆，但与潜艇撞击时，它可能只颠簸一二下，却不会爆炸（在北海，水雷对潜艇的有效性可能只局限于两个或三个月内）。此外，这种水雷的坠子经常失效。当时看来问题似乎是极速生产引起的工艺质量低

下图：英国角式水雷系列的初始设计图（不包括潜艇布设水雷及升降式水雷）。见于1916年"弗农"号鱼雷学校报告附录

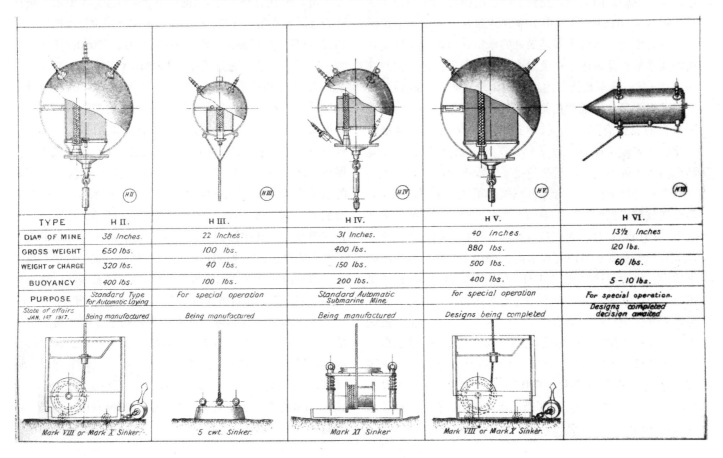

TYPE	H II.	H III.	H IV.	H V.	H VI.
DIAR OF MINE	38 Inches.	22 Inches.	31 Inches.	40 Inches.	13½ Inches
GROSS WEIGHT	650 lbs.	100 lbs.	400 lbs.	880 lbs.	120 lbs.
WEIGHT OF CHARGE	320 lbs.	40 lbs.	150 lbs.	500 lbs.	60 lbs.
BUOYANCY	400 lbs.	100 lbs.	200 lbs.	400 lbs.	5 - 10 lbs.
PURPOSE	Standard Type for Automatic Laying	For special operation	Standard Automatic Submarine Mine	for special operation	For special operation.
State of affairs JAN. 1ST 1917.	Being manufactured	Being manufactured	Being manufactured	Designs being completed	Designs completed decision awaited
	Mark VIII or Mark X Sinker.	5 cwt. Sinker.	Mark XI Sinker	Mark VIII or Mark X Sinker.	

劣，但后来发现问题明显来自设计方面的固有缺陷。1915年10月，威格士公司的每周1000枚的产量减至每周250枚。不出意料，1915年11月，20000枚水雷的贮存空间被核准，又有6500枚现役水雷被订购，但在12月时，现役水雷与英国埃利亚式水雷的周产量被削减到1200枚。

1914年12月，英军开始使用受到推荐的漂移水雷。漂移水雷能够利用目前已知的洋流，从"泰尔斯海灵岛"号航路标志灯船所在位置漂向德国和丹麦海岸。英军生产了100枚这样的漂移水雷，但是这些水雷从未被使用过，一是因为这种水雷的数目太少，不太可能产生效果，二是因为这些水雷可能会干扰英国潜艇的作战行动。

德国水雷已被证实十分有效，但英国人开始并没有装备德国的赫兹角式水雷。在英国皇家海军内部，"弗农"号鱼雷学校研发的惯性雷受到了严厉的指责。在1915年的年度报告（1916年1月发布）中，"弗农"号鱼雷学校承认自己研发的水雷可能不是最好的水雷，但该机构怀疑在战争到来前，是否还来得及对这些水雷做出改进。大约在1915年4月，英军缴获了第一批德国角式水雷。战后的一个英国报告是这样描述相关情况的："结果已经证明了德国水雷的总体有效性，考虑到海军现役水雷的不良报告（此时还未配备英国埃利亚式水雷），提议英军忠实地复制德国水雷是很自然的……但是军方没有付诸实践，他们没有进行任何尝试，因为大家相信海军现役水雷的所有缺陷会在战前得到修整。"俄国人此时已经使用了赫兹角式水雷。1914年11月，他们从符拉迪沃斯托克向英国送交了1000枚他们研制的M1906式水雷。1915年，在斯卡帕湾防御战中，经过改造后的一些M1906式水雷被用作EC式（可控）水雷。在改造中，控制用途的水压调节器被移除，带接触滑条的电路闭合器取代了锌电池和碳电池，铠装控制电缆上加设了控制与引导设备。110磅改良型30号炸药取代了原先的俄国火棉炸药。改装后的水雷浮力为170磅，其警戒区半径达到了150英尺（英国EC式水雷的警戒区半径为120英尺）。改装时，保留了俄国水雷的角，但是切断了角与炸药间的联系。

"弗农"号鱼雷学校不愿意承认德国的这种有角的水雷相对于自己研发的水雷有很大优势，因此俄国水雷似乎没有在英国充分发挥作用。但是，在1916年2月，500枚21英寸赫兹角式水雷被批准用作新型潜水艇布设水雷。这似乎是英国首次决定生产这种水雷（潜水艇布设的S IV式水雷似乎是首款英国角雷）。而且英国也对生产更大直径的潜水艇布设水雷（30英寸）产生了兴趣。在3月份，布雷舰"玛格丽特公主"号对装备有铅质角的现役水雷进行了碰撞试验。试验成功后，12枚试验性H式（有角）水雷被订购。H式（有角）水雷的订单于1916年12月获批。这种水雷根据炸药加载量分为5类（I型至V型）。这5类水雷的炸药加载量分别为250磅、320磅、40磅、150磅和500磅。其中，轻量级II型水雷被描述为特殊水雷，V型水雷为特种作战水雷。装载有150磅炸药的（总重400磅）IV型水雷被描述为反潜艇水雷。H II式和H IV式水雷之后也被批准生产。1917年1月，英军提出订购10000枚H II式与7000枚H IV式水雷。随后的会议又通过了H II式和Mk VIII式坠子的设计方案，并提出和批准了对这些坠子的大批量订货。同时，9000枚改良型现役水雷的订单也得到了批准，但之后该订单被取消，取而代之的是更多的H II式水雷订单。10000枚英国埃利亚式水雷订单（作为H II式水雷生产延误或失败的保障）之后同样也被取消。战时内阁决定：已生产及订购的水雷总量应设定为100000枚，因此H II式水雷的订购数又增加了。军方同时决定改装驱逐舰来布设H II式水雷。为了让潜艇有更大几率撞到水雷，H IV式水雷在雷身之下装备了更多的角，而后来的H II式水雷也延续了这一特色。现役水雷与英国埃利亚式水雷最终在1918年5月被淘汰，只有少量英国埃利亚式水雷被保留下来，用作摩托艇布设雷。

这些水雷的角和电池基本上都是仿造德国水雷的对应部件，但在许多方面与德国水雷的部件有差异。这种水雷的系泊链上的牵引索可以优先于俄国式水压调节器对水雷进行控制，从而不必像俄国水雷那样需要更多的能量。H II式Mk II型的直径为38英寸，装载有320磅阿马图式炸药。水雷总重量为650磅，浮力为400磅。水雷在48英尺的深度之

下图：HII式角式水雷，来自1916年"弗农"号鱼雷学校的年度报告（水雷附录），该年度报告于次年发布

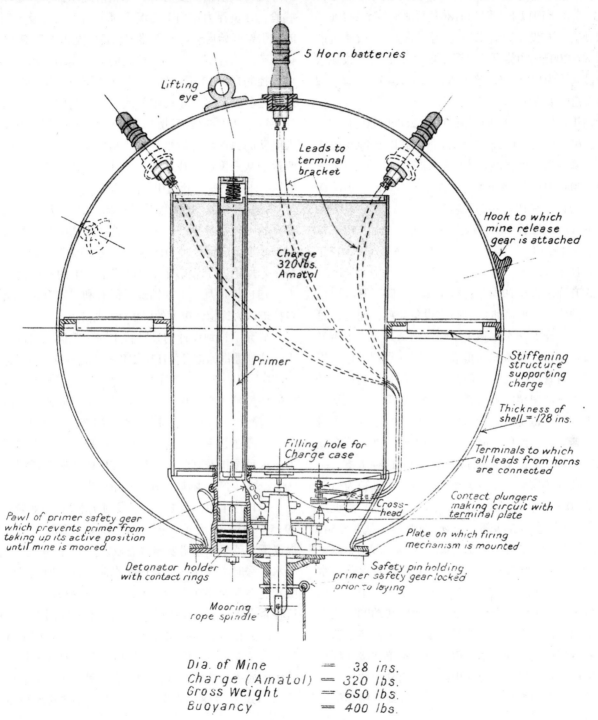

5 Horn batteries

Lifting eye

Leads to terminal bracket

Hook to which mine release gear is attached

Charge 320 lbs. Amatol

Primer

Stiffening structure supporting charge

Thickness of shell = .128 ins.

Filling hole for Charge case

Terminals to which all leads from horns are connected

Cross-head

Contact plungers making circuit with terminal plate

Pawl of primer safety gear which prevents primer from taking up its active position until mine is moored.

Plate on which firing mechanism is mounted

Detonator holder with contact rings

Safety pin holding primer safety gear locked prior to laying

Mooring rope spindle

Dia. of Mine   =   38 ins.
Charge (Amatol) =   320 lbs.
Gross Weight   =   650 lbs.
Buoyancy   =   400 lbs.

下保持活跃。水压能使该水雷在170英尺以下的水中安全待命。H II式能在水面以下4英尺和180英尺之间，最深200英寻的水深处自动布设（曾有未经完整测试过的、改装过的下沉式水雷在200至600英寻的水深处自动布设）。2枚该水雷间的布设间隔为150英尺。这种水雷通常有4个顶部角，2个底部角（指向上方）。

到1918年7月1日，134000枚H II式、26000枚H II*式、7000枚H IV式、500枚S IV式、4200枚S IV*式以及4500枚S V式水雷的采购计划得到批准。H II式水雷于1917年2月第一次下订单，当年9月第一次布设。之后，H II式取代了H IV式（最后一个订单在1917年2月签订）。S IV式于1916年2月第一次下订单，最后一次订购为当年3月，之后S IV式被S IV*式取代（1916年11月第一次下订单）。S V式于1917年12月第一次下订单。

利昂式升降水雷于1914年进行了测试。除了具有所谓的水面漂雷的优点，升降水雷对扫雷设备免疫，而且也可以在锚雷不能工作的深水水域中工作。利昂式升降水雷又被称为鱼雷式水雷。鱼雷式水雷既可以降入水中，也可以用水下鱼雷发射管进行发射，但是，不幸的是，利昂式升降水雷的外壳不能很精准地与雷身的轴线对准，因此水雷不能被置于潜艇鱼雷发射管的中央。此外，由于这种水雷没有安装断路器，当潜艇下降至设定深度时，液压阀会立即启动水雷引擎。英国皇家海军测试了两类这种水雷，一类直径为18英寸（实际为17.7英寸），另一类直径为21英寸（实际为20.8英寸）。这二类水雷的长度分别为7英尺2英寸（2英尺6英寸的战斗部，154磅的弹药，总重为649磅）和5英尺10英寸（2英尺的战斗部，154磅的弹药，总重668磅）。水雷的上半部分包含引信、起爆药及火药。水雷的下半部分包含电池（为了保护电池电解质，串联蓄电池被置于位于耳轴上的容器中，这样，水雷转动90°成直立状时电池也能保持直立）、驱动引擎、开关及稳定器。圆顶压载舱用螺栓固定在水雷底部，尾部护罩连接在压载舱上。引擎运行14分钟后，点火电路才可启动。此种水雷有两个引信，一个为惯性引信，另一个为针对拦网和横木

的外置角式引信。发射后，水雷落到水面，开始填充其压载舱，在负浮力作用下逐渐下沉，当下沉至设定深度之下时，引擎开始启动，推进器把水雷推至设定深度。水雷在5英尺范围内浮沉，通过液压阀的调整作用，水雷偏移深度可以控制在5~20英尺之内。该水雷可以设置为各种升降模式。之后，英国皇家海军修改了该水雷的设计，火棉炸药的装载量从大约150磅增加到250磅。1914年，英军为装备大舰队的驱逐舰开始批量生产利昂式升降水雷，但是这些驱逐舰从来没有装载过利昂式升降水雷。在1916年初，大舰队要求驱逐舰重新起用升降式水雷。

1917年5月，1000枚升降式水雷以甲板O式的掩护性命名开始进行批量生产。之后，这种水雷的生产被取消，但有一些水雷已交货，1918年1月，"搜索"号布设了两枚甲板O式水雷。后来英国人把这些水雷中的一些给了意大利人。1917年10月，下令销毁了所有利昂式升降水雷，其中包括被认为优越性更大的甲板O式水雷。

放弃了特别设计的升降式水雷，英国人制造了一种漂雷，这种漂雷的雷身为H II式Mk II型的雷身。雷身连接到一个"D"型坠子上，并且为之配备了一个浮标来增加阻力，以便使撞到水雷任何一个角的潜艇都能触发该水雷。坠子及水雷配有一股较小的负浮力（5~8磅），这股负浮力由一个小的漂浮物平衡，这一系列设备提供了至少25磅的正浮力。这种漂雷及其附件专为标准的驱逐舰布雷舰而设计，500枚这样的漂雷随后进入了批量生产。

到1915年初，英国转而研发对抗德国U型潜艇的水雷。1915年3月，在海军上将、前海军第一海务大臣威尔逊的提议下，英军开始研发与部署EC式（电子触发式）网雷。潮水上涨时水雷往往会变得离水面很远，但电子触发网雷由于能继续漂浮在水面附近，因此容易被触发。事实证明这种雷并不成功。1917年6月，电子触发网雷的生产终止（当时的存量水雷被销毁）。但是，嵌入拦网里或系泊到骨架网（如同在哈里奇地区的做法）上的EC式网雷一直被使用到战争的结束。EC式网雷有两种类型：载有45磅火药的EC I式（1918年前淘汰）以及载有65磅阿马图炸药的

右图："弗农"号鱼雷学校改装后的利昂式升降水雷。由于日本使用漂雷在日俄战争期间取得了成功，也由于升降水雷在水面下漂浮的独特功能及其反扫雷特性，英国皇家海军在战前就开始对漂雷着迷。英国皇家海军从比尔德莫尔公司订购了 200 枚利昂式升降水雷，但是这些水雷在使用过程中需要十分小心。据布雷艇"亚必迭"号的报告，只有不到 1/10 的这种水雷能正常服役。除了英国，德国也购买了一小部分利昂式升降水雷

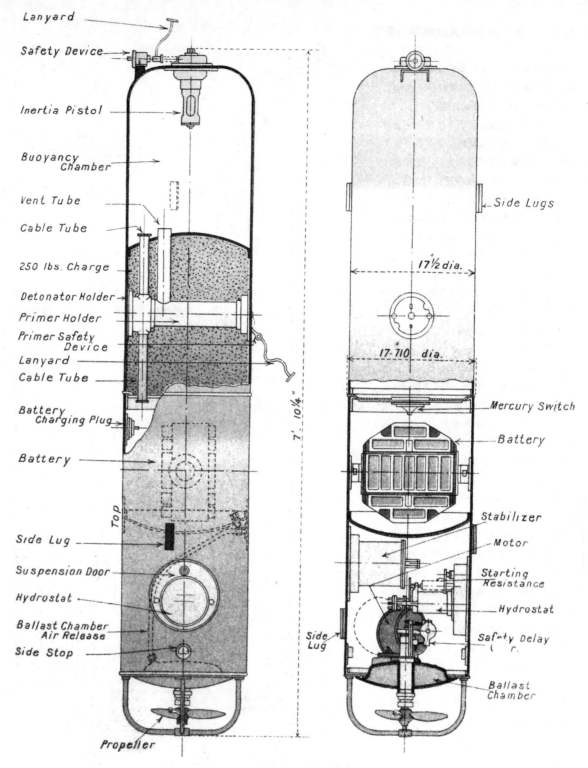

Lanyard

Safety Device

Inertia Pistol

Buoyancy Chamber

Vent Tube

Cable Tube

250 lbs. Charge

Detonator Holder

Primer Holder

Primer Safety Device

Lanyard

Cable Tube

Battery Charging Plug

Battery

Side Lug

Suspension Door

Hydrostat

Ballast Chamber Air Release

Side Stop

Propeller

Top

7'. 10¼"

Side Lugs

17½ dia.

17·710 dia.

Mercury Switch

Battery

Stabilizer

Motor

Starting Resistance

Hydrostat

Safety Delay (r.

Side Lug

Ballast Chamber

NOTES:—

Weight of Mine 700 lbs.
Displacement in Sea Water 727 lbs.
Displacement in fresh Water 709 lbs.

右图："弗农"号鱼雷学校研制的升降水雷，也被称为甲板O式水雷或DO式水雷，这种水雷与利昂式升降水雷很不相同。"弗农"号鱼雷学校指出：现有水雷无一为自校准水雷，所有的水雷均必须根据当地水密度进行调整（即调节浮力）。这种状况对战术武器来讲是十分不理想的。例如，借助电力控制的利昂式水雷的寿命取决于需要这种水雷施加多大的力来克服负浮力，而这种负浮力却因水雷所处位置的不同而可能千差万别。因此自校准水雷的研发工作开始了。"弗农"号鱼雷学校的O型(升降)水雷的研发在1916年年中被批准，1916年8月详细的图纸和技术参数被转发至英国皇家海军大臣，随后专门的人员与工作间也准备就绪。1916年10月，50枚I型O式雷被订购，随后是350枚II型O式雷。与H式水雷一样，O式水雷根据所装载火药的量进行分类：I型为250磅，II型为300磅（I型的改进版本），III型为560磅，IV型具有改进的升降机制。O式水雷还可分为鱼雷发射管发射型（水下发射I型O式水雷）、潮汐环境用I型O式水雷、I型O式锚雷。后者的系泊索被切断时，可作为升降水雷使用。这些水雷的能量源自液化氨气，液化氨气在储存时比压缩空气更加集约。当清空或填充压载瓶中的液化氨气时，水雷压力开关（水压调节器）就可以控制锚雷的系留深度，根据需要让这种水雷在水面上忽沉忽浮。如同当时研发的锚雷一样，所有的甲板O型水雷都可以转化为角式水雷。II型甲板O式水雷是唯一的一种由英国水面船只直接布设的类型，当校准箱中无水时，该水雷重825磅（在海水中的排水量为860磅），水雷的最长使用寿命约为3天，直径为2英尺8英寸（包括赫兹角），总高为4英尺9³/₄英寸（包括适的外壳）

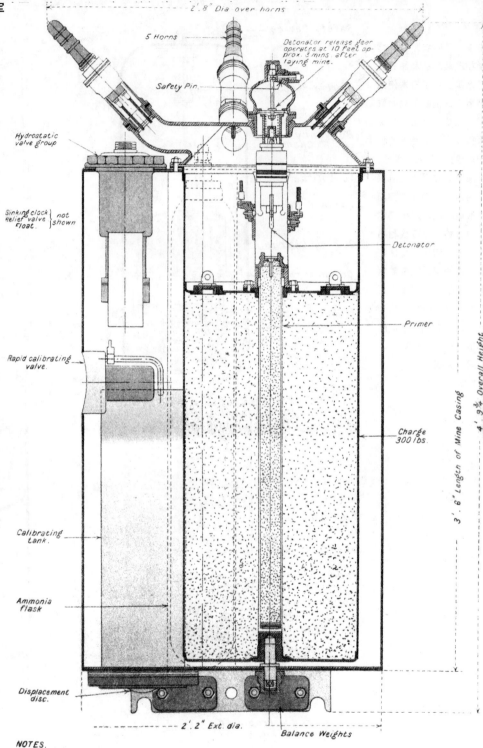

2'.8" Dia over horns

5 Horns

Detonator release gear operates at 10 feet approx. 3 mins after laying mine.

Safety Pin

Hydrostatic valve group

Sinking clock Relief valve float. } not shown

Detonator

Primer

Rapid calibrating valve.

Charge 300 lbs.

Calibrating tank.

Ammonia flask

3'.6" Length of Mine Casing

4'.9¾" Overall Height

Displacement disc.

2'.2" Ext. dia.

Balance Weights

NOTES.
Weight of mine without water in calibrating tank 825 lbs.
Displacement in sea water 860 lbs.
Displacement in fresh water 837 lbs.
Sinking clock adjustable to sink mine in ¼ hour steps up to 12 hours or at end of life of mine.
Maximum life of mine approx. 3 days.

EC II式（设计完成于1917年，总重量150磅）。EC II式水雷是一个有着锥形尾部的直立式圆柱。此种水雷的重量被设计为处在漂网船上的两个人能够处置的范围内。EC I式水雷于1915年5月第一次进入批量生产，EC II式水雷于1918年3月第一次进入批量生产。1918年4月1日前，EC I式水雷的订货量达到27907枚（自当年1月1日起，其中的3000枚已被核准），此时5500枚EC II式已被订购。

在英吉利海峡设置深水雷区（1917年4月）是英国人的另一种反潜艇策略。布设在该雷区中的现役水雷（Mk IV*式）配备了带有特殊发条装置的Mk IV式引信。

此时，英国人开始变得对使用潜艇作为布雷装备产生兴趣。1915年4月3日，相关会议举行后不久，适合18英寸鱼雷发射装置的S I式水雷的研发随即开始。"弗农"号鱼雷学校和威格士公司竞相制造适合标准18英寸潜艇鱼雷发射管使用的水雷，最后威格士公司制造的水雷被选中。一款适用于21英寸发射管的扩大型S I式水雷被命名为S II式。随后，英军又决定这款水雷只能由21英寸外置发射管布设，且这种外部发射管被安装到了2艘"E"级潜艇布雷艇上。部分S I式与S II式水雷装备了英国埃利亚式水雷采用的侧杆型引爆装置。当水雷发射时，与沉底雷采用铰链连接的侧杆折叠收藏于沉底雷中。侧杆的尾部还安

右图：潜艇发射的 S IV 式角式水雷，此为首款英国角式水雷

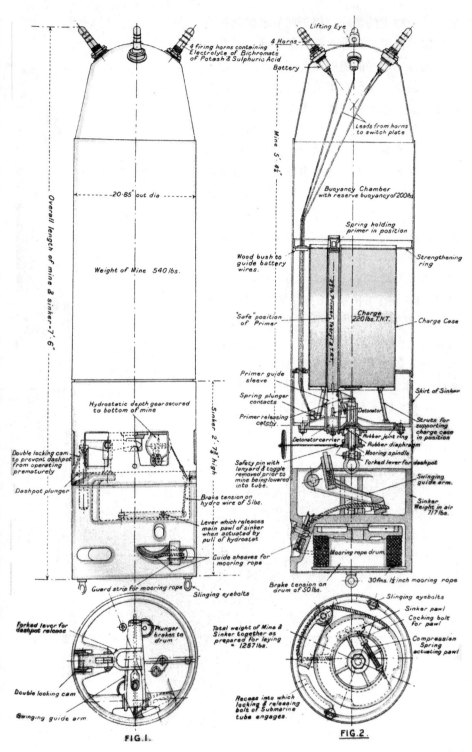

装了一个厚重的浆叶，用于调节水雷侧杆的上下覆盖范围。这种水雷的形状确保了发射杆只能被吃水深的船舶撞击到，因此灵敏性有限。但是，这种水雷的生产量相当大。人们几乎立即认识到：使用现存的引爆机构充其量只是一种妥协。到1915年底，事实已经很清楚：当务之急是采纳德国的赫兹角式水雷的引爆装置，因为此种引爆装置有很多优越性。1916年初，结合赫兹角装置的新型S IV式水雷被研发出来，图纸一经准备好，大批量生产就开始了（安装在德国水雷上的赫兹角装置表现很出色）。S IV式水雷因此成为第一款英国角式水雷。1916年1月，4艘"E"级潜艇（E45号、E46号、E34号与E51号）被下令改装成适合这款新型S IV式水雷的布雷艇。这款有角水雷的设计于1916年9月得到批准，2500枚此款水雷立即进入批量生产。另一款S IV*式水雷是S IV式水雷的轻微改进版。大约1500枚S IV式与S IV*式水雷由潜艇布设，其中500枚为S IV式水雷。另有一些水雷由海岸摩托艇布设。

当S IV式还处在被设计阶段时，就有人指出：其21英寸直径的外形不能使其成为一款真正高效的水雷，而且水雷如果能内置则更好。如果水雷必须外置，则发射管应尽可能大，直径应不少于30英寸。英军当时只能使用21英寸直径的水雷，因为为了布设S IV式水雷，英军已经改装了几艘"E"级布雷艇，而且，使用现有鱼雷发射管发射这种水雷可能是可取的。当时存在的问题已经很清楚。例如，问题之一为：很难控制好21英寸直径水

右图：S V式水雷，因其体型较大，故需要配备特别的发射管

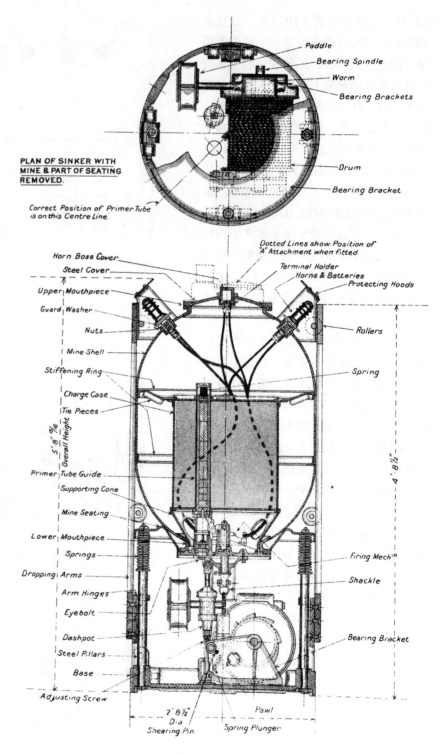

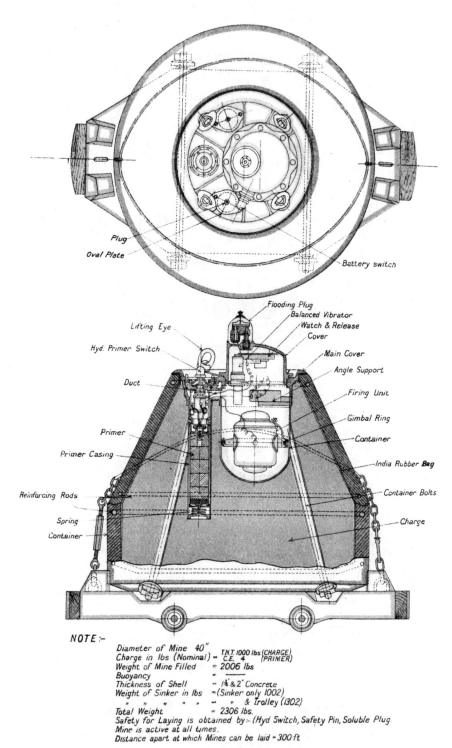

雷的坠子。1917年2月，31英寸潜艇布设水雷的设计工作继续进行（SⅤ式）。当设计工作在5月完成后，6000枚31英寸（后来减少到2500枚）"L"级潜艇布设水雷（在1917年4月，L14号、L17号以及6艘最新的"L"级潜艇被改装为布雷艇，每艘装载18枚SⅤ式水雷）被订购。SⅤ式水雷出现得比较晚，所以没有在战时得到应用，但它在战后成为标准的英国水雷。

英国人对感应水雷（非触发水雷）也很有兴趣。在第一次世界大战期间，感应水雷是一种非常独特的水雷。1916年2月，英军曾对装有磁性听筒的500磅水雷进行了试验。此时，利用水中听音器（即利用被动声学）进行潜艇探测的前期工作已经开展，感应水雷的研发正是受其启发。英军决定订购500个磁性听筒（即麦克风）用于现有的水雷。之后，磁性听筒被认为是可控水雷雷群的标志。这种感应水雷被设计为在一般情况下能在100码范围内发现潜艇。感应水雷配备了特殊的装置，因此要求操作员善于分辨潜艇独特的声音。显然为水雷装备磁性听筒的构想并不成功，英国官方曾驳回过美国制造这种水雷的想法，英方的理由是：这种水雷性能不稳定，而且不能防御反水雷武器。但是，为防御潜艇，英军在克罗默蒂港和斯卡帕湾海域设置了配有磁性听筒的可控雷区。1917年4月12日，一艘潜艇在斯卡帕湾被这种感应水雷炸伤。1918年，该系统被L式系统所取代。

在官方英国历史中，这一发明有别于1917年4月提出的声学非触发式水雷。声学

右图：世界上首款沉底感应水雷 Mk IM 式，取得了多重成就

非触发式水雷利用膜片振动感知船只的存在。船体振动为低频振动（不大于10～20赫兹。1918年的夏天之前，船体主振频率曾被认为是700赫兹；设备设计完成并开始生产后，才发现真实主振频率未达到可检测范围）。声学非触发式水雷建议提出之前的前几个月已有研究表明：置于海底三脚架上的低频设备能够探测潜艇，声学非触发式水雷提案正是受此启发。最初的计划结合了A附件与现役水雷Mk III式，并把它称为"毁灭者"Mk I（A）式，但这款水雷并未被投入生产。1917年8月中旬，1000枚此款水雷被批准生产，但随即被取消，因为磁性水雷在战术、技术及实用层面上比声学水雷更具有优势。声学水雷具有独特潜力，但它似乎只能用作漂雷而不能用作锚雷（磁性水雷也不能被改装成锚雷，但还是被采用了）。因此，附件A被设计成H II式或S V式水雷的部件。1918年1月，附件A的设计终于获得批准，随即被订购了6000个（战争将结束时减少到1000个）。由于零部件短缺，这种装置的生产被严重推迟，直至休战前也没得到使用。传声器与震动触发装置（晶体谐振器与晶体轮）是把声音从水中传输到起爆器的两种备选方案，后者最终被选择。1918年3月，发送器设计方案终于得到解决。1923年，作为现役非触发式引信的晶体轮Mk I式附件被停用。

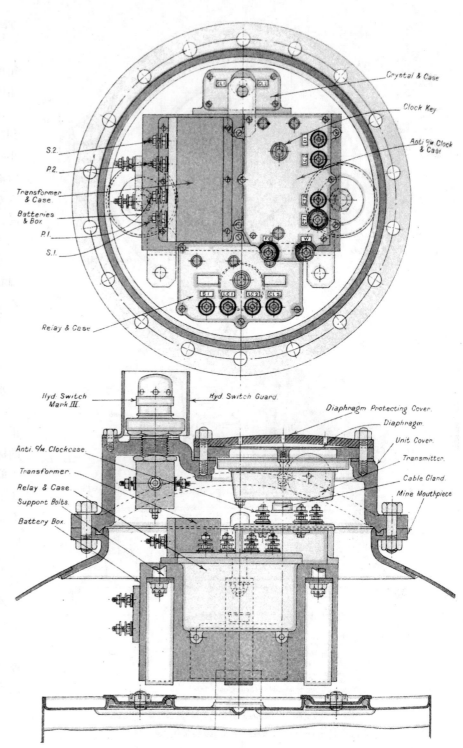

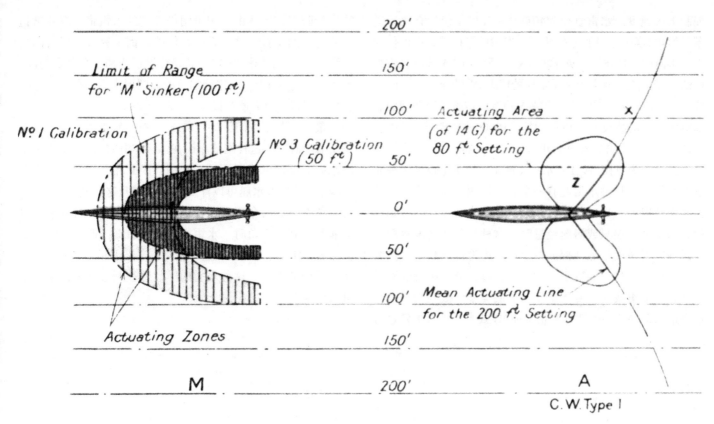

上图：磁力和感应水雷的作用区域示意图。注意，这些水雷的目标都是 U 型潜艇；英国人在水雷研发和布设方面的相当部分是为了在反潜领域获得压倒性优势

　　1917年7月，工业研究委员会提出了有关磁性感应雷的提案，并随后将其命名为M"毁灭者"式。同年9月，英军已经决定该款水雷将使用混凝土（即非磁性）外壳，并装载1000磅炸药。1917年9月，在对声学与磁力引信进行试验后，有10000枚磁性水雷被订购。1918年7月，这款水雷正式启用。一开始，这款水雷被称为混凝土沉底雷，然后又被称作Mk IM或M式沉底雷。1918年8月，有几百枚此种水雷被布设在比利时海岸附近。可惜M式沉底雷被证实并不可靠：第一个雷阵中有几枚过早爆炸，但在第二个雷阵中，60%的此种水雷均在布设后不久就爆炸。在以后的试验中又有了第三次过早爆炸。德国人最终在俄国人那里发现了M

式沉底雷，他们说以前的一些无法解释的沉船很可能就是这种水雷引起的。先前的问题似乎出在实际使用的M型沉底雷所配备的磁罗盘。当大型金属物靠近时，这种磁罗盘对磁场变化产生反应，并使水雷产生倾斜。后来，在英国为进行第二次世界大战再次研发磁性水雷时，他们改进了磁性水雷的机制。新研发的水雷机械装置（线圈包裹一个铁棒）能辨别磁场变化速度，这就意味着：新型水雷将不易受磁场突然变化（比如，由于磁暴）的影响。德国在第二次世界大战中所使用的磁性水雷也是按照磁罗盘原理制造的。

　　Mk IM式沉底雷重约1950磅，并带有一个300磅的有轨运送车。该种水雷下降至海水底层的过程中，由降落伞来

控制下沉速度。水雷直径为40英寸，高度（包括有轨运送车）为49.5英寸。该种水雷为海岸发射的可控雷，也可作为视发雷使用。1918年，英军本计划广泛使用由M式沉底雷组成的可控雷阵，但由于下文描述的L型水雷的成功面世而最终放弃了该计划。1919年，可控M式沉底雷被用于在俄国北部海域发生的战役。1917年12月，10000枚M型沉底雷进入批量生产。之后并没有征订更多的这种武器。

虽然作为可控雷，L式水雷（环雷）原则上也是一种非触发水雷，但这种水雷配有一个磁性探测指示环作为可控雷区的感应器。1917年10月，磁性探测指示环开始得到使用，当上部有船只或潜艇经过时，这种指示环会被触动。英国的官方历史把磁性探测指示环描述为自1843年可控雷布设有史以来最大的进步。1917年12月，英军布设的测试雷区迅速取得成功，专用类型与沉底类型均被顺利研发。英军最初计划使用磁性探测指示环与L式水雷来对多佛尔海峡进行防卫，这些由专用雷网塔控制的水雷将下沉并被拖行到适当的位置。这个系统在停战时尚未完成，但雷网塔最终完工。L I式水雷包含500磅梯恩梯炸药，总重量为860磅（浮力为400磅）。这种细长的椭圆形水雷在摆放时呈某种角度安置，以方便布设。

最终，英军专门设计了SM式（单个水雷）系统，以支持反潜障碍网。这种网被布设在多佛尔海峡，用来防御U型潜水艇。反潜障碍网漂浮在水中，因此在有雾的天气或者在晚上，U型潜水艇可以浮到水面以避开这些网。1918年4月，英军下达命令要求在水面上布设水雷，并且要求当有潜艇触碰到水雷角时，水雷必须立即引爆。改良后的水雷被命名为H II式Mk II型，这种水雷有着新的顶盖与底盖，并从顶盖处被引爆。这种水雷的样品曾被制造出来，但从未进入批量生产。

2

美国水雷

1914年美国海军装备的水雷类型有：

- Mk I式：球形（34英寸）锚雷，采用惯性引信和136磅火棉装药。这种海军防御水雷可用于单独作战目的或作为监视用水雷。设想用这种水雷保护停泊在毫无军备的港口中已丧失战斗力或因其他原因无法移动的船舶。美国人对于将其作为封锁水雷使用不感兴趣。第一次世界战争爆发后，美国海军认为应制造更多的Mk I式水雷。

- Mk II式（海军防御水雷）：配备法国的索特–哈莱公司的触发惯性引信、175磅火棉装药，采购量约为1909枚。

1914年，Mk I式和Mk II式的总库存量为不足500枚。

此外，约在1914年，美国海军订购了1000枚威格士公司生产的水雷（英国埃利亚Mk VI式，由意大利海军的埃利亚上校发明），将其命名为Mk III式。直径为30英寸，装药为150磅梯恩梯炸药。其中有200枚系威格士公司在克雷福德生产，后被英国皇家海军所接收。1916年，美国海军在英国的代表开始意识到这种水雷存在的问题，例如，任何强度的潮流都可以将这种水雷引爆。有一次发生潮汐时，有一枚这种水雷在没有受到撞击的情况下发生了爆炸，当时只是受到了一定量的涡流的冲击。英国人随即解决了这个问题，不过，尽管1916年5月双方为此特别签署了合同（要求厂家将任何设计更改通知美国海军），威格士公司显然并不急于为美国海军提供有关这一问题的详细资料。该公司不允许美国海军军官进入其厂房。即便如此，威格士公司向美国人保证，该公司生产的水雷是现有产品中最好的水雷；该公司卖给美国人的水雷实际上和卖给英国皇家海军部的水雷是完全一样的。Mk III式的生产在1915年显然是在美国诺福克海军船厂进行的。1915年8月，海军委员会批准（同时，海军部长也批准）继续在诺福克开足马力生产Mk III式，截至1915年8月，共计生产了9000枚这种雷。根据第一次世界大战期间的美国海军的布雷历史，在1917年4月美国海军手中有5000枚雷，多为威格士公司的埃伊利亚式。

不久，美国参加了第一次世界大战，美国海军又从诺福克海军船厂订购了10000枚改进样式的威格士式水雷。最初，威格士公司提出需要建造生产所需的厂房（1915年9月）。在获得15磅装药无效的警告后，美国海军推出了装药为250磅的改进版水雷（直径33英寸）。Mk IV式这一命名系在1916年所确定。但后来取消了这种水雷的生产。约在1914年，时值第一次世界大战进行期间，发明者埃利亚本人应美国海军军械局之邀移居到了美国。他的工作是承担第一种美国深水炸弹（见反潜武器部分）的设计。

到1917年，同时进行的还有两个其他的水雷项目，看来并没有任何一个被给予正式的命名。其中一个研发的是漂雷，海军委员会认为非常有必要研发这种水雷。工作约于1914年开始，可能就在利昂式水雷被证明很令人失望之后。在1915年5月，海军委员会为每艘驱逐舰订购了36枚这种水雷。1917年，已经有600枚漂雷生产就绪，但看来很清楚它们并不能像人们所希望的那样运作，随后就被废弃（对这种水雷进行测试的情况现在已经不太清楚）。当时，美国海军还在和美国气体蓄能器有限公司谈判购买瑞典设计（但可能不会被采用）的安德森-卡兰德式水雷。看来谈判后来失败了。

第二个项目是研发潜艇布设雷。斯佩里公司提出了一种改造版本的埃利亚式水雷设计方案。同时进行的还有一种鱼雷站设计，大约于1916年11月间开始。这些项目没有一项被最终采用。

Mk V式是一种赫兹角式锚雷，配备500磅装药（总重量1700磅）。大概在该设计被完成后，美国海军在1917年发现了英国的H式水雷。美国海军军械局的反馈文件显示，大约1917年8月或9月间，美国驻伦敦武官向国内提供了有关英国H II式水雷及其配属的Mk VIII式坠子的完整细节情报。1917年晚些时候，对Mk V式进行了最初的反水雷测试，但结果并不令人满意。

第一次世界大战期间，最重要的美国海军水雷是Mk VI式。原本设想把这种水雷用于北部的封锁线，以阻止德国U型潜艇去苏格兰海域进行袭扰。这种水雷的生产展现了美国蔚为壮观的庞大海军军备生产能力。Mk VI式最初由美国海军军械局所倡议采用。1917年4月15日（即美国参战不超过两个星期），水雷科提交了一份备忘录，提出建设一条封锁线，切断U型潜艇在北海和亚得里亚海之间的通路。美国海军军械局表示，即使这种封锁线部分有效，也将对战争产生决定性的影响。问题是拟议的北海封锁线有250英里长，涉及了空前数量的水雷。情况很快就清楚起来，对德国海岸进行密切封锁的替代方案是不可行的。英国皇家海军已经尝试过这种做法。美国海军作战办公室随即将建立北海封锁线的想法提交给英国（1917年5月）。估计的费用是2亿～4亿美元，这在当时是非常庞大的数字。当时，假定这种封锁线将由封锁网、锚雷和漂雷组成，有效深度在35～200英尺间，对于水面舰艇而言是安全的。试图在水面上穿越封锁线的潜艇将由巡航舰艇应付。英国人回答说：他们不想使用封锁网，而布雷区域需要配置船只进行巡航，以确保雷区的有效性。拟议的封锁线太长，无法进行有效果的巡逻。但美国海军军械局坚持自己的想法。

关键在于一种新型引爆装置（K式引信），其原理在1917年4月被发现，并恰逢其时地被采用投产（海军作战办公室人员写于1917年7月18日的一封信对之进行了描述）。K式引信配有一种浮在水雷上方的天线（另一种可折叠在水雷下方）。在潜艇的钢制船体和天线发生电磁感性现象后，水雷会被引发。这不是一种有影响力的设计，因为引爆要求潜艇必须碰触到天线。然而，可将这种水雷设置为潜艇可能碰触到天线的任何深度，以对付潜艇。可以将这种水雷设置在水中略小于100英尺深的大海底部（水雷的300磅梯恩梯装药对潜艇的破坏性距离是大约100英尺）。在更深的海水中，可以将其设置为漂浮在水面以下100英尺深。把这种类型的水雷布设在较深的位置，有利于保护水雷免受波浪的冲击。众多天线可以构成一片网络。可以在海水中拖行这种水雷（像拖曳反潜套索一样），以形成范围广阔的杀伤带。这种水雷也可被用作漂雷，对水面舰艇无害，但对潜艇来说却是致命的。

当时的德国人始终没搞明白这种水雷的运作机制。战后，美国官员在柏林见到曾经在U型潜艇上服役过的德国军官。他们认为北方封锁线可能由众多小水雷组成，当他们的潜艇驶过水雷正上方或正下方时，水雷就会爆炸。对K式引信的成功测试，使得美国海军军械局决定放弃早先确定的用水雷和封锁网组合建设北方封锁线的想法。由于单枚水雷（实际上）可以控制相当大的一块区域，这使得减少所需的水雷数目具有了可能性。建立这种封锁线受到副海军部长富兰克林·罗斯福先生的热情支持；在1917年，这

右图：Mk Ⅵ式原理图，根据"弗农"号鱼雷学校的报告，这种水雷主要用在北方的封锁线中

位副部长负责主管海军采购。在支持构建一条具有通用性的封锁线的过程中，罗斯福先生起到了关键的作用。这一点因战后封锁线的历史变得更加明显。

　　最初，美国海军军械局提出用72000枚水雷布满一条长300英里的障碍带，再加上用于美国海岸的水雷（据说需要25000枚），因此总共需要采购100000枚水雷。这个数字是被故意高估的，但美国人接受了这个数字。后来的美国海军军械局建议书中，在72000枚水雷外增加了用于更换的28000枚，作为储备使用。因此，1917年11月下旬，预计美国在1918年除了10000枚Mk Ⅳ式水雷，还应生产100000枚Mk Ⅵ式水雷。据估计，亚得里亚海和达达尼尔海峡的封锁线（总长30英里）还需要另外15000枚水雷。1917年7月，要完成所有这些计划需要125000枚水雷，成本是1.4亿美元。这还没有考虑布雷舰的问题。美国海军军械局估计，英国有18艘布雷舰，美国能另外提供4艘，共有22艘，每艘每天可布设200枚水雷。考虑到需要一天时间重新装货，现有力量可以每天布设2200枚水雷。另外，40艘驱逐舰可以每天布设50枚，每天总共可以布设4200枚水雷。也就是说，设想中的巨大封锁线

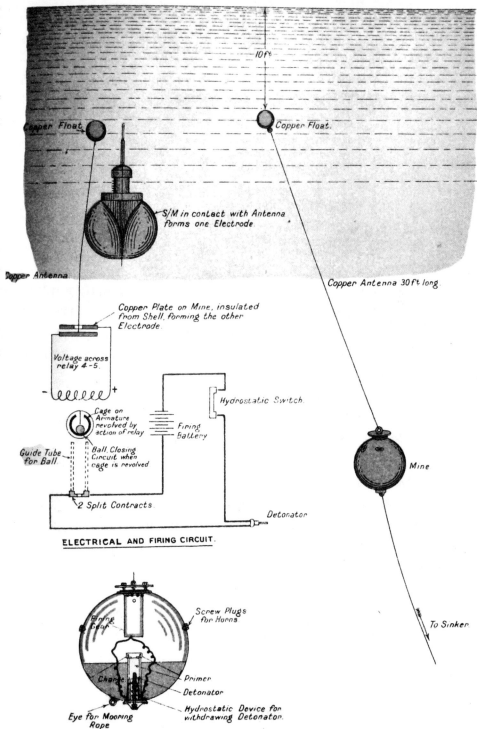

实际上是可以实现的。

1917年9月4—5日，在伦敦召开了盟国海军会议商讨北方封锁线项目。此前，美国大西洋舰队司令海军上将梅奥曾提出一个建立某种形式上的近距离北海封锁线的计划。在这次会议上，英国皇家海军大臣杰利科上将再次提出将该方案作为更可取的替代方案。穿过北海北端的封锁线有一个重要优点，就是远离德国港口，德国人没办法对封锁线进行破坏。回到美国后，梅奥海军上将设法使海军作战办公室采用了这个计划，海军作战办公室主任海军上将本森也正式指示海军军械局采购100000枚Mk VI式水雷。此时，只有K式引信及配套的水雷外壳完全设计好。项目因此而变得具有可行性，因为K式是唯一真正具有新性能的引信，但即便如此，要完成从概念到原型产品的新式水雷的设计过程通常也需要一年时间。此外，美国海军军械局还做出了其他一些重大创新成果。意识到有必要节省时间，设计师采用了模块化设计的方式，这样，单一模块的设计改动对其他部分设计的影响就会被降低到最小（事实上很少有需要改动的情况出现）。现有的水雷（除了一些最近出现的德国类型）均在独立的药室中装填炸药。在新式水雷中，梯恩梯炸药被简单地直接装填进水雷壳中。通常的做法是将引信固定在炸药中，与此不同，美国海军军械局在水雷中设置了一个单独的引信安全室（在水雷底部插入），直到水雷被发射出去，且进入工作状态（在25英尺的深度），水雷与炸药不发生接触。在水雷顶部的一个孔洞里，安装有水雷爆炸机构。新式雷锚参考了英国Mk VIII式的设计。

1918年3月，届时生产已经正进行得如火如荼，生产商交付了第一批水雷。K–1式引信的首份合约早在1917年8月9日已经签署，随后的当年10月3日，又签订了90000个的订单，也就是在封锁线项目被正式通过后的大约一个月。同时，美国汽车工业也已转化为可用于武器生产，美国海军军械局显然成为第一个能从汽车工业的巨大生产能力中获益的海军机构。美国海军军械局选择分开生产水雷的各个零部件，在需要布设前在英国的用于支援封锁线的基地进行最后的水雷组装。该局希望能以这种方式保守K式引信的技术秘密。计划最初要求每天生产1000枚水雷，但那个水平很容易被超过。最后，情况变成英国提供水雷组装基地，而美国海军改造了8艘舰船，附带巡洋布雷舰"巴尔的摩"号和"圣弗朗西斯科"号，一起布设水雷。布雷始于1918年6月（同年3月，英国亦开始布设自己的水雷）。

Mk VI式是一种球形水雷（34英寸直径），总重1400磅，配装300磅的梯恩梯炸药。它可以沉降在3000英尺深的水下。到停战协议签订，在北部的封锁线上，已经布设了56611枚美国水雷（和13652枚英国水雷）。A区，最初即为美国分担的部分，差6400枚水雷（10天完成布设）即完成布设计划。美国海军还在最初分配给英国皇家海军布设的B区和C区（英国一直无法按计划将水雷布设到200英尺以下的深度）布设了一些水雷。1918年7月，有两艘U型潜艇在试图通过C区时受损，德国人开始重新规划U型潜艇穿过B区（尚未宣布为雷区）和挪威水域出海；最终，挪威人被说服在本国海域布设水雷，以反对这种入侵。1918年9月，B区布设的水雷令人惊喜地使两艘U型潜艇受损，然后又击沉了另外一艘。看来，至少有6艘U型潜艇在封锁线被水雷炸沉，另有6艘受到严重损伤。德国潜艇部队后来评论说，在所有的盟军反潜措施中，水雷是最可怕的，因为没有什么办法能发现它们。

Mk VI式后来在战后成为了标准的美国水雷。

Mk VII式这一命名，最初曾被分配给一种磁性雷，在战后，才被用于一种使用Mk VI式机制的漂雷（1型是一种可升降式水雷）。

第四部分：反潜武器

左图：发现潜艇时，距离潜艇可能会有一段距离，例如当时潜艇正好处在升起潜望镜的状态，要攻击潜艇可以在发射反潜炮弹上投入很多努力（也可以用传统的火炮发射不反弹的炮弹）。图示为第一种用于向潜艇投射炸弹的火炮——3.5 英寸 Mk I 式火炮。该种火炮一种生产了 80 门

绪 论

在1914年时，只有英国皇家海军非常认真地考虑过在遇到敌人潜艇的时候应如何保护自己，并针对这一课题进行了十多年的试验，从中也可以看出其中的难度。除了观察敌对方潜艇的潜望镜，当时还没有有效的办法用于侦测敌方潜艇。潜艇在发射鱼雷、炮弹时会留下水泡，但当时人们尚未意识到这一点。到了1918年，每一支重要的海军都尝试着拓宽反潜武器的用途，或者是阻止潜艇通过特定的区域，或者在它们频繁出现的地区攻击它们，或者当它们接近目标区域时预测并发现它们的位置。正如预期的那样，协约国在此方面做出了相当大的努力，以至于德国和奥匈帝国在面对协约国的反潜武器时感到相当大的压力。

各国海军尝试过几种类似的方法进行反潜。显而易见，传统的封锁对水面潜艇是没有用的。水雷仍有选择的余地，比如磁性水雷，在1918年，英国在比利时海岸和著名的英美北海封锁线中使用了磁性水雷。拦网，在很多书中没有被专门论述，但在当时是被使用的，例如在多佛尔海峡对U型潜艇进行封锁时。反潜水雷被用于保护海军基地不受潜艇入侵。至少有部分扫海船朝疑似潜艇目标发射过拦网，网上的EC式水雷被用作深水炸弹。例如，在1917年4月20日，一艘扫海船朝一艘U型潜艇发射了配有炸弹的拦网。根据针对反潜武器的每月研究报告所述，当时曾发生过非常严重的爆炸。在此之前，发生过用于指示的浮标网在被冲撞后发生爆炸的事件。1917年5月27日，在法国的勒阿弗尔港口外海，即有扫海船布设的拦网因被U型潜艇撞到发生爆炸。法国鱼雷艇采用深水炸弹对浮标指标的区域进行了攻击；两天后有燃油从攻击区域浮出水面，说明这是一次成功的打击。

这证明要想成功地攻击U型潜艇需要一些针对它们的探测手段。至少在协约国海军中，产生了对于水听器（被

动低频声波探测设备）的强烈兴趣。在战争的晚期，英国人和法国人都开始对采用现在被称为主动高频声波的装置进行潜艇探测产生了兴趣，其中英国的设备更为先进。英国皇家海军把这种设备叫作潜艇探索器，与出版物上通常所描述的不同，这种设备被简单地称为"A/S（反潜）Division"。并没有所谓的潜艇探测调查委员会；英国人没有让它的协约国盟国参与这一秘密武器的研发。然而，在战争结束后协约国内部的巴黎会议（尚不清楚该会议是否实际上举行过）上，在研发战后被建议采用的超声波研发方面，英国人与协约国盟友间确有充分的合作。"潜艇探测器"这一称谓的第一次的使用，是在大约1918年6月，用于代替更早些时间采用的"超声波"一词，这样做可能是为了保密。

1917—1918年间，美国构建了一支威力强大的猎潜舰队，该舰队就装备了具有定向能力的水听器。许多猎潜舰领航室的顶部都安装有一个箭头，其用途就是指示所探测到的潜艇所在的方向。从理论上讲，成群的猎潜舰能够相互沟通，利用探测到的数据，借助三角测量方法计算潜艇所在的位置，并投放深水炸弹。

从理论上讲，处在水下的潜艇可以探测到在水面航行的U型潜艇，并对其引擎实施攻击。至少，它们的存在可以对U型潜艇产生威慑，从而极大地降低U型潜艇的机动性（利用飞机巡逻可以取得类似的效果）。在第一次世界大战期间，事实证明，采用潜艇在U型潜艇途经路线和巡航区域进行巡逻，是非常有效的策略。

后来有了护航队。护航队的组建又给U型潜艇造成了三个问题。

第一，它们必须要面对反潜舰船。最起码，在德国潜艇发射鱼雷的时候，它们不得不暴露自己的位置，此外还

必须使用很容易造成麻烦的潜望镜。护航队可以沿着潜艇所在的方位线列队前进，逐次丢下深水炸弹。它们还可以使用新型的反潜榴弹炮，朝潜望镜和鱼雷发射后留下气泡所在方位射击。这种新型的榴弹炮和类似的火炮在很大程度上要比深水炸弹更有效率，因为它们瞄准更简单，打击的半径更大。无论如何，火炮的快速反应速度和深水炸弹投掷器的存在使得U型潜艇只好停止攻击，掉头跑走。

第二，尽管这一点在当时并未受到注意，超级大的商船队需要配备巨大的护航舰队，U型潜艇并不具备攻击这种船队的能力。早在1917年英国皇家海军就曾不以为然地注意到了这一点。由于欣赏远程的"群目标射击"战术，英国人曾设想大型商船队是远程攻击的理想目标；一枚鱼雷打不中这艘船，就会命中另外一艘船。当时的英国皇家海军已经具备了能实施回转航行的鱼雷，英国人想用这种武器实施对德国主力舰队的远程打击。

第三，这一点似乎不应该被认同为好处，集中护航造成了德国潜艇攻击目标的集中化，这实际上消除了大部分海域的U型潜艇。单个德国U型潜艇的搜索能力并不是很强大；它们依赖于了解对方的行进路线和集中区域，以此截获攻击目标。而且，英国的无线情报部门能够大体上判断出U型潜艇所在的区域。一旦商船队集中起来护航，它们就可以选择避开这些区域的航线。在1915年，在采用主要航线之外，这一策略已经被成功实施（"路西塔尼亚"号的沉没似乎是船员能力太差和船主拒绝接受海军部方面建议的结果）。

事实也证明了，德国正遭受严重的鱼雷短缺，以至于甚至在1918年时U型潜艇不得不经常浮出水面，用火炮攻击其目标。这也是为什么要花很大努力为商船提供大量防御性火炮的原因（英国方面称这种船只为防御性武装商船，简称DAMS）。1917—1918年，德国开始为自己的U型巡洋潜艇装备5.9英寸的火炮，因为这些武器可以提供更充足的火力支援，这也是英国大量生产5.5英寸火炮（可以参见英国火炮一章）的原因。

鉴于德国频繁使用水面攻击（特别是在1917年前，U型潜艇的指挥官受到要求在水面攻击目标的奖赏条例的限制），英国皇家海军引进了反潜改装商船，这种战舰可以伪装成商船，可以直接打击浮出水面的潜艇。它们是属于官方的特殊服役船只，至少带有一种反潜武器M式漂雷，这种武器是专门为反潜改装商船设计制造的。这种武器由1串3个漂雷组成，由悬浮缆线连接，每2个间隔100码漂浮在水中。1917年5月，配属为特殊服役船只的反潜改装商船已经增加到12艘，在烟雾的掩护下漂浮在敌军攻击潜艇可能出现的路线上。此外，还另外订购了50艘。与此同时英国人开始研制能够装载到标准救生艇上的14英寸鱼雷发射管，用于在反潜改装商船伪装弃船后以救生艇攻击德国潜艇。这一计划（"泰晤士河漂流"计划）后来被叫停，主要是因为截至1918年年中，德国并没攻击过救生艇，英国人也没兴趣去诱导他们做这个。在实验当中，所采用的小型的"宝贝式14英寸"鱼雷的射程被限定在500码，系由Mk XI式鱼雷经缩小空气瓶容积改造而成。

从前述描述中可以看出，潜艇属于一种可能突然出现的目标，因此军舰应该具备能立即还击的能力。1918年，英国皇家海军为一些轻型巡洋舰配备了3英寸而非4英寸防空炮，原因是这种火炮可以应付突然出现的潜艇，而4英寸火炮被认为操作不够方便。

1

英国反潜武器

1904年，英国皇家海军在购买了第1艘潜艇后不久，开始对反潜武器产生兴趣，通过进行反潜演习来评估潜艇的威胁。情况立刻就变得很明显，只要有少量的潜艇出现，即可使远离港口的区域（舰队可能会希望封锁这一区域）变得无法守卫；船舶必须要保持较高的速度才能避免潜艇发射的鱼雷的伤害。英国人生产了一些简单的反潜武器：手投深水炸弹、拖曳式深水炸弹、标识网以及套索网。由于通常情况下潜望镜是潜艇存在的唯一标志，潜望镜也成了对潜艇攻击的最主要的瞄准目标。因此，拖曳式深水炸弹把手上安装了一个预计用于钩住潜艇潜望镜的小抓钩（由装备这种设备的驱逐舰上的开关控制发射）。这种武器的试验结果并不令人非常满意，驱逐舰经常在引诱目标的时候给德国人可乘之机，因为必须要停下来才能使用抓钩。这些驱逐舰需要和潜艇保持400码以内的距离，行进速度非常慢或者处于停止状态。在1905年的6月，出现了借助风筝似的漂浮在水中的深度控制器运作的爆炸反潜套索，这是反潜武器发展的第二阶段。从理论上讲，这种装置可以拦截住撞到它的任何潜艇，并在接触的时候发生爆炸。1906年对这种反潜套索装置进行了首次实验，在一个海峡内，让一个小型的鱼雷艇舰队试图去截击一艘潜艇。反潜套索（类似同时期的鱼雷套索）悬浮于两艘小艇之间，3艘小艇能覆盖前方大约150码的区域。7艘小艇（前面4艘小艇

组成3对，另外3艘组合成两队，呈阶梯状分布在前一排的后面）可以清扫500码宽的路线。套索拉紧装备使得小艇的速度只能被限制在每小时6海里。最初套索上的深水炸弹通过电动方式来引爆，但"弗农"号鱼雷学校指出，它们也可以通过触发方式来引爆。

在1910年3月，潜艇委员会的成立意味着英国人开始研究敌人潜艇的攻击方式。潜艇委员会的成员中包括英国的一些潜艇部队成员，这些潜艇部队成员可以对反潜装备的优点和弱点提供更为现实的评估。潜艇委员会提出了用"部落"级和"河"级驱逐舰拖曳高速反潜套索的方案，还提议测试能否在发现对方潜艇的潜望镜后用鱼雷击中处在500码距离的潜艇（随后的实验发现这是不可能的）。另外委员会还建议，可以利用气球或飞艇来搜索敌方的潜艇，就像海鸟可以在高空中能搜索到成为它的猎物的鱼一样。

有一位潜艇部队的海军准将指出，有效的反潜套索武器必须能覆盖舰船前方的一段较宽的范围（实际上，应是越大越好）。部队前进的速度越快，所配备的反潜套索的覆盖范围越窄：一艘15节航速的反潜船只在应对6节航速的潜艇时，所需要覆盖的保护区域超过3/4英里。处在这种状态的船只是很难躲避鱼雷的。在一次试验中，由2艘鱼雷艇（"虎皮草"号和"海鸥"号）拖曳反潜套索。该反潜套索由2条2英寸直径缆线组成，一条处在另外一条上方30英

尺处，借助风筝式深度控制器保持相对位置。两艘拖曳船的距离为500码左右，最高行进速度可达到14节。后来，经建议，又采用驱逐舰进行了更轻量型配置的测试。参与测试的驱逐舰为"河"级的"毛利"号和"十字军"号。舰船以17节的航速拖曳反潜套索前进。在套索撞到潜艇的时候，就会有1枚深水炸弹从套索上被释放下来。配合试验的A1号潜艇可以自动下潜。在一次测试中，它在套索上方经过；在另一次测试中，与套索相对而去。看上去不大可能有充足的时间让反潜套索上释放炸弹攻击到潜艇。

试图把两船的尾部连接起来有明显的弱点，因此一种单船拖曳的反潜套索得到了迅速的发展。1911年7月，进行了由英国皇家海军的"十字军"号实施、针对A1号的反潜试验，并得到了令人满意的结果。如果潜艇撞到反潜套索，套索上的深水炸弹将会被缆线拽往水下。"十字军"号曾尝试把炸弹投放在靠近锚定的"荷兰"2号潜艇的区域。在处在目标正下方的时候，在较远距离引爆1枚72磅深水炸弹，使潜艇受到了严重破坏（一共尝试了4次）。1911年的10月27日，官方批准给每支4艘小舰队中的2艘驱逐舰以及附属于"弗农"号的单艘驱逐舰和鱼雷艇分别安装拖曳深水炸弹。潜艇委员会则建议，"在舰队前方利用拖曳深水炸弹设置一道屏蔽带"，敌方潜艇将因此不得不躲避屏蔽带或对其展开攻击。潜艇发动攻击的时候会在海面露出潜望镜，从而给己方驱逐舰提供目标。躲避深水炸弹屏蔽带的敌方潜艇（未探出潜望镜）在紧急情况下的行动是非常盲目的（潜艇没有被动的声音探测装置），如果距离己方舰船的船头太近，就要冒被撞的风险。从前方接近我

下图：改良过的反潜套索，属于1914年英国驱逐舰队采用的首款反潜武器。进行反潜作战时，一队驱逐舰排成一条线，齐头并进。这样做的出发点是假设敌方潜艇必须要穿过这条驱逐舰战线，寻机攻击战列舰。此种作战方式在战后不久即开始实行。唯一成功的案例是在1915年3月4日迫使U-8号潜艇浮出水面（并投降）。当时一些驱逐舰装备有更简单的单拖曳式反潜套索

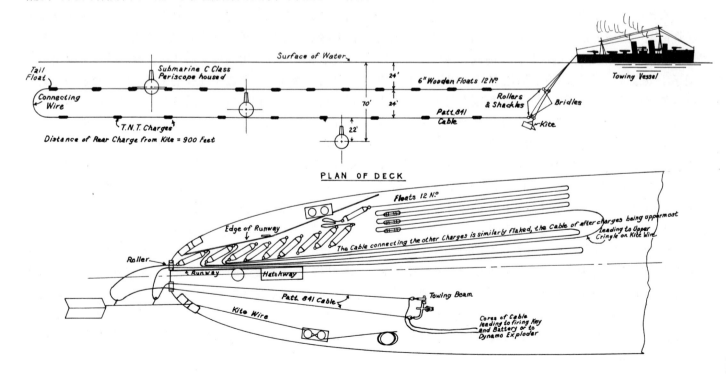

方舰队的敌方潜艇会发现很难判断我方舰队的速度，但在无法确定这个的情况下又无法发动攻击。布设前哨船可以起到威慑作用，使潜艇不敢从侧翼接近舰队，即使前哨船缺乏拖曳式深水炸弹。屏蔽带可以布设在舰队前方3～4英里位置，所包含的水雷数目取决于舰队的速度。

进一步的实验表明，存在无法发现敌方潜艇潜望镜的情况。潜水艇出现的第一个迹象可能是鱼雷发出的爆炸声。在反潜搜索的路线上，只要发现敌方潜艇就要发动攻击，无论能否看得见对方。1912年6月，“海鸥”号对带有高低式缆线的改良型单拖曳式套索进行了测试，后者可携带9枚80磅的深水炸弹，因此相对于仅有一头很危险（对于潜艇而言）的套索，无论潜艇触碰到这种套索的任何部位，都将被套索炸伤。比起单拖曳式套索，改良型单拖曳式套索的覆盖范围也更大，套索纵切面长300码，深48英尺（潜艇必须下潜到70英尺深的水域才能躲开低缆线）。不管哪个位置发生了碰撞，缆线的末端都会发出信号。收到信号后，拖船上的操作员即可引发深水炸弹。1913年，英国皇家海军决定为4艘轻型巡洋舰、6艘扫雷艇（前鱼雷艇）和2艘驱逐舰装备改良型单拖曳式套索。领导英国潜艇部队的海军准将认为改良型单拖曳式套索“对于以一定角度接近拖曳着这种装置的潜艇来说是一种令人不安的威胁……优越于任何推荐的武器，因为这种套索的操作与能

下图：在不同类型的深水炸弹（后来研发出了F式和G式）中，D式是第一次世界大战后期英国皇家海军采用的标准用弹。C式属于一种改良型的炸弹，特点是具有独特的形状，下沉速度更快，下沉得更稳定。A式、B式、C式和E式都配用浮标和能在设定深度引爆炸弹的固定长度电缆；D式依靠水压引爆

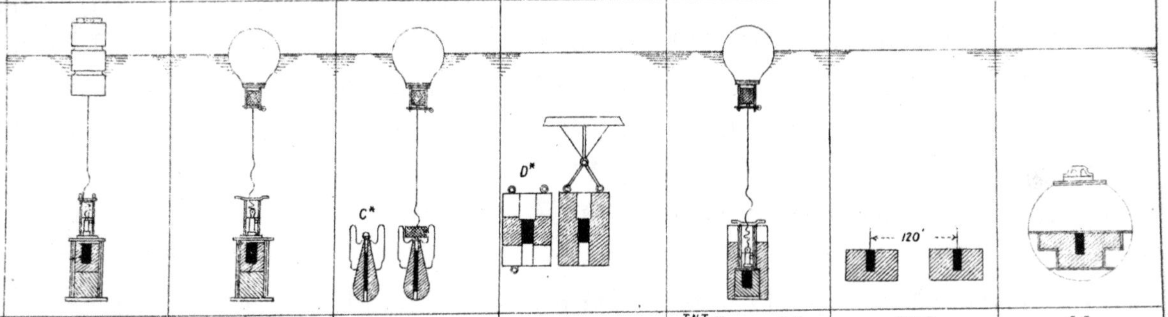

Type	A	B	C & C* Large or Small	D & D*	E	Egerton	Cruiser Mine
Charge	G.C.	G.C	T.N.T. or Amatol	T.N.T. or Amatol	T.N.T or Amatol G.C.	T.N.T.	G.C.
Weight	32½ lbs.	32½ lbs.	65 lbs or 35 lbs.	D 300 lbs. D* 120 lbs.	100 lbs 16¼ lbs.	Total 150 lbs.	250 lbs
Primer	G.C. 2¼ lbs.	G.C. 2¼ lbs.	Tetryl 12 ozs	G.C. 2¼ lbs	G.C. 2¼ lbs.	G.C. each 2¼ lbs	G.C. 2¼ lbs.
Total Wt. of Explosive	34¾ lbs.	34¾ lbs.	65¾ lbs. or 35¾ lbs.	D 302¼ lbs. D* 122¼ lbs.	118½ lbs.	154½ lbs.	252¼ lbs.
Danger spheres in feet showing Submarine to same scale.	 20'	20'	20'	70' 140'	70'	55' 55'	100'
Danger Volume in C.Ft.	4200	4200	50,000 or 4200	D 1,437,000 D* 180,000	179,600	65,400 65,400	589,000
Depths arranged to Fire at	40 Ft	40 or 80	C 40 or 80 C* 50	40 or 80	40 or 80	Probable Max^{m} = 50 but depends on speed	45
Total weight of Charge & Float	210 lbs.	170	90	D 430 D* 250	220	200	1,150
-Ve Buoyancy of Charge	80 lbs	80	50	200	50		50
Rate of Sinking			10 F.S.	D {5 F.S. to 40' with Parachute; 8 F.S. to 80' without Parachute} D* 5 F.S. without Parachute	5 F.S.		7-8 F.S.
How operated	Mechanically	Mechanically	C Mechanically C* Hydrostatically	Hydrostatically	Mechanically	Electrically	Hydrostatically
Special Features				Primer Safety Gear		Electrically Fitted	

否看到潜艇无关"。在海军等待改良型单拖曳式套索的测试结果阶段，所有单拖曳式套索被移交给第4驱逐舰小舰队。

1912年1月26日，海军部下令用单拖曳式套索装备驱逐舰"十字军"号、"毛利人"号、"平彻"号"警报"号、"快乐"号、"灵奇猩"号和"维洛斯"号，以及82号鱼雷艇。在此次装备将近完成时，委员会在1912年3月14日提出进行测试，测试内容包括7艘驱逐舰排成一队朝假潜望镜目标疾行，朝目标发射4英寸和12磅炸弹，然后使用套索进行攻击。每3艘驱逐舰（编成1个中队）需设法在以18节速度朝标杆驶去的情况下，通过炮火摧毁该队的标杆，且仅被分配5发炮弹。拖曳式深水炸弹未能对A3式旧潜艇造成损伤（来自"圣文森特"号的4英寸低速炮弹击沉了该潜艇）。测试报告将失败归因于深水炸弹位于20英尺的深度，而潜艇所在的位置仅有9～10英尺深。该报告对拖曳式深水炸弹进行了评论，认为这种炸弹可以在舰船以15节速度航行时被部署，且能以更高的速度（尝试过20节）被拖行。

朝潜艇潜望镜发射炮弹的测验表明，炮弹在落到水面时更倾向于反弹回来，而不是朝潜艇方向下潜，但较重型（6英寸）的炮弹始终有希望将自己投射在较深的位置，在爆炸时发出更有冲击力的冲击。然而，英国人仍保持着对于不产生跳动的炮弹（射程2000码）和能够从12磅火炮（目标500码射程）发射出去的深水炸弹的兴趣。

1914年5月5日，潜艇委员会提出了一系列反潜措施。巡逻的驱逐舰小舰队将在重要性的基础上装备反潜改良型套索，在舰队接近或离开基地时，在最可能遭到攻击的位置对舰队进行掩护。这导致了更多套索的生产，它们将被配备到舰队的驱逐舰上。潜艇委员会研究了敌人海岸60英里内和英国海岸100英里内的危险区域，这些地方往往处在通往基地或煤港等场所的路线上。公海上会更安全。当时探索的其他反潜措施还包括在敌军基地外的潜艇潜伏（或采用在英国沿海地区巡逻的侦察飞机），用快速摩托艇搜索特定区域，从而迫使潜艇下潜，消耗潜艇的电量储备。

战争前夜，驱逐舰"苍鹰"号和"蜥蜴"号均配备了反潜改良型套索，在安装此种设备的情况下，它们可以6～20节之间的速度航行。战争爆发之际，安排配备反潜改良型套索的驱逐舰在查塔姆群岛海域，拖网渔船在洛斯托夫特海域活动，且为在朴次茅斯、德文波特和查塔姆群岛海域活动的每支船队提供50套装备。不可将这些反潜套索与后来的驱逐舰扫雷套索混为一谈。

一旦战争爆发，英国人开始对单拖曳式深水炸弹版本产生兴趣，而不再关注精心设计的多炸弹套索。哈里奇分舰队开发出了埃杰顿深水炸弹，这种武器由两副改良型反潜单拖曳式套索携带的深水炸弹组成，炸弹可以在电气电缆的一端被迅速施放。当电缆被绷紧时，炸弹会被自动触发。这种武器武装了35艘驱逐舰和一些轻型巡洋舰。1915年年底，在第7小舰队的指挥官领导下，进行了针对控制电缆末端单拖曳式反潜套索上的深水炸弹（单个拖曳式深水炸弹）的试验。舰队对与舰船中线成30°～35°夹角方向，约6英寻（36英尺）的深度的反潜套索进行了追踪。截至1915年12月，在被拖行状态，这种深水炸弹的最大速度可达21节，为了稳定地保持这种速度，又花了一段时间研发一种配用的风筝式深度控制器。在理论上，可以用这种武器开辟通路，但是试验表明，深水炸弹在按驱逐舰的速度行进时状态很不稳定，所以英国人决定将这种武器只发放给拖网渔船使用。然而，初始想法是相当有吸引力的，所以英国人仍继续探索这种武器的更好形式。

1914年12月7日开始，应杰里科海军上将的开发一种反潜水雷的要求，"弗农"号鱼雷学校开始着手研发深水炸弹。为了满足迫切的需求，一些现役Mk II式水雷被改造整合进被称为"巡洋舰水雷"的深水炸弹。最初（像在其他国家海军一样），水雷悬浮于水面，下面连着一根从放进水中的深水炸弹上拉出的线。当水雷接触到目标时，深水炸弹将在与所需的深度差不多的深度爆炸。能够在所需的深度引爆深水炸弹的水压式引信在1916年问世。这导致了战时标准的D型深水炸弹的出现。最初的Mk I式和Mk II式引信可以设置在40英尺或80英尺深度爆炸。1917年间，形势变得很明显，需要更大深度的设置。新型Mk IV式引信（配用D Mk I式调节器）可设置在50英尺、100英尺、150英尺或200英尺的深度发生作用。D Mk III式调节器上又增加了350英尺和500英尺的设置。类似的设置在开发用于摩托鱼雷艇的Mk V*式引信上也可获得。

D式设计在1915年6月13日获得相关方面的认可，第一批1000件的生产授权在1915年8月获批。1915年12月，首次配发了D式深水炸弹。配发首批D*式是在1916年7月。D式配有300磅装药，D*式配有120磅装药。速度较慢的船只无法施放这些炸弹，因为没等到达安全距离，炮弹就会爆炸。驱逐舰、巡洋舰和鱼雷艇装备D式，拖网渔船、扫海船和汽艇装备D*式。估计D式的杀伤半径是70英尺，装药在140英尺深度会给船只造成严重的损害（D*式的最大杀伤半径是90英尺）。D式后来变成了英国皇家海军的标准武器，曾被提供给法国和意大利（可能还有俄国）。第一次世界大战期间的标准美国深水炸弹基本上就是一种配备了不同引信的D式。此外还有一种G式（配装40磅阿马图炸药），这是一种标准便携式深水炸弹，用作不能携带D式或D*式作为主要武器的船舶，或者作为大型舰船的次要武器。第一次配备这种武器是在1916年10月。

截至1917年5月，D式的订单量共计13300枚，D*式为19700枚，G式为15000枚。不太可能会有更多的采购G式

的订单。原始类型的D式可以设置为在40英尺或80英尺深度引爆。D式的Mk IV型版本，能在更深的水下测试引爆，于1917年8月测试成功。这种版本可以设置为在50英尺、100英尺、150英尺和200英尺深的水下引爆。配备时间大约为1917年10月。大约1918年3月，对Mk IV式引信进行了改造，以便这种炸弹可以设置为在50英尺、100英尺、200英尺或300英尺深度引爆。在同一时间，还在研发可携带500磅或600磅炸药，在更大深度爆炸的更大型深水炸弹（到战争结束仍未研究好）。作为深水炸弹生产的指标，战时引信共计生产了1000只Mk I式、20000只Mk II式（Mk IV式之前的标准引信）、300支Mk III式和70000支Mk IV式。

开发深水炸弹投掷器（最初采用30码射程）的实验始于1917年6月，当时使用的是12台青铜材质的原型机。军方很快就订购了另外300台钢制投掷器，到7月已经将它们安装就绪，又开始计划订购另外1000台（由铸铁制成）和10000枚与之配套的更多的D式深水炸弹。一旦铸铁版本的设计得到批准，还会继续订购1000台。第一批接收投掷器的舰船是特种水下监听小舰队的8艘拖网渔船。这些船只无法投掷D式深水炸弹，因为它们不能逃脱那种炸弹爆炸所产生的冲击波的影响，但额定射程为40码的深水炸弹不会危及它们。

下图：拖曳式易爆Q式扫雷器是一种深水炸弹的替代武器。另外还有一种扫雷器被用来切割水雷电线，驱逐舰可以携带和部署任意的一种类型

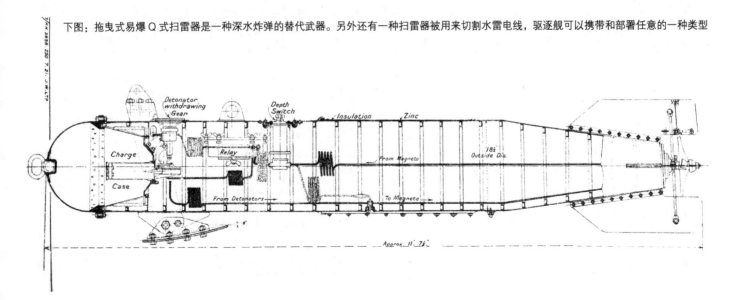

上图：英国驱逐舰上的扫雷器起重机，正在起吊一台扫雷器。通常情况下，船上的起重机是垂直装载的

　　1916年4月8日，海军部批准向所有在国内和地中海水域的巡洋舰、轻巡洋舰和小舰队主力舰（除了"阿布迪"号）提供两枚用滑槽输送的D式深水炸弹，一枚采用液压机构投射（即远程），一枚采用手动机构投射。未装备高速反潜套索或改进反潜套索的驱逐舰也会采用同样的装备，

右图：手投式爆炸长矛属于一种早期研发的适合快速反应的反潜武器：潜艇显然是一种转瞬即逝的目标

上图：威格士公司的7.5英寸炸弹投掷炮尾装填榴弹炮，按1917年2月的参数规范研发（订单在1917年3月签订，第一次试验在1917年6月至8月）。有一种类似7.5英寸前装滑膛炮的炸弹投掷器。最终制造了950门榴弹炮和50门炸弹投掷器，所有产品交付于1918年11月。要将炮弹射入水下，最后遇到了一些困难，但英国人很快就解决了问题。有两门榴弹炮用于装备"报复"号，在1918年3月23日英军袭击泽布拉赫港防波堤时曾有使用

但那些用于扫雷的船只仅装备一枚配备液压投射装置的D式深水炸弹。更旧的不适合携带D式深水炸弹的驱逐舰以及英国国内和地中海水域的鱼雷艇，会配备装在斜盘中的D*式深水炸弹。直到1917年6月中旬，装备两枚D式或D*式深水炸弹仍旧是英国皇家海军的标准做法，但到了这个时候情况已经很明显，U型潜艇可以承受更多的深水炸弹。海岸炮舰的标准携带量（然后是所有鱼雷艇）被增加到4枚。大型船舶通常配备2枚或4枚G式以及重型深水炸弹，有一些船完全配备G式深水炸弹：较小的鱼雷艇（每艘4枚）；浅水重炮舰、水上飞机航母和气球军舰（每艘2枚）；捕鲸船（每艘6枚）；一些桨动力扫雷艇、游艇、汽艇、拖网渔船、扫海船和辅助巡逻的漂网扫海船。1917年8月开始，增加了两台投掷器（射程40码），每台配备一单枚深水炸弹（射程40码）。两次世界大战之间和第二次世界大战期间，英国皇家海军也使用相同的反潜深水炸弹投射装置。装备了这种武器的"L"级驱逐舰中，"红雀"号的情况很典型，舰身每边，在以横梁成50°角、距离舰尾滑槽124英尺的位置，装有一台投掷器。该舰在1917年6月接受测试，从投掷器和滑槽同时释放了3枚深水炸弹。正式的深水炸弹实战始于1917年12月。6枚深水炸弹的配置是不够用的，特别是在船舶安装了监听装置以后。

1918年间，所有北海以外和多佛巡逻区的驱逐舰、巡逻艇和海岸炮舰，均配备了30~50枚深水炸弹，有时还要为此牺牲原载火炮。被改造的船只可能是那些装有鱼群监听器的类型。深水炸弹被存放在护栏上和投掷器旁边的装弹机架上。经改造采用新式重型深水炸弹的案例中，属于"阿卡斯塔"级的驱逐舰"毒蛇"号的情况比较典型。1918年2月，在该舰侧翼的每台深水炸弹投掷器（当时称为

左图：图中所示的11英寸榴弹炮系1917年专门为武装商船巡洋舰和其他大型船舶所开发。1917年进行了海上测试，1918年2月开始提交产品；战争结束时厂家共交付了107门。第一次参加实战是装备"报复"号，用于攻击泽布拉赫港。当时有人提出在每艘大舰队的主力舰甲板上均架设两门这种武器，但这种想法被放弃了，因为承担掩护作用的驱逐舰需负责对付敌方潜艇

榴弹炮）旁边，有一排装载3枚深水炸弹的机架。该舰还配有一道能排列20枚深水炸弹的轨道，在轨道的最后面位置有一个采用液压机构控制的炸弹投放器，用手工操作，每次可滚动投放1枚炸弹。1918年7月，通过为商船队的后方的船只提供深水炸弹，对于为商船装备深水炸弹的想法进行了测试。

根据海军军械局局长的说法，潜艇委员会甚至早在战前就对炸弹投掷器产生了兴趣。那时委员会发现这种武器的射程太短，认为其价值不大。然而，在1916年的后半部分，委员会又一次对这种武器产生了兴趣，并对埃尔斯维克公司设计的棍式炸弹投掷器进行了测试。结果导致了萨顿–阿姆斯特朗式的3.5英寸200磅棍式炸弹投掷器的出现，这是此种武器的第一款纯海军用类型。1916年12月，英国人订购了30门。在那时，皇家海军正在锡洛斯港对75磅和100磅榴弹炮进行测验，还邀请威格士公司设计一种能射击210磅炮弹的榴弹炮。截至1917年初，榴弹炮的价值已经变得很明显，遂邀请三个主要军火公司进行设计。同时征求了陆军的意见，问他们现有类型的迫击炮是否有哪种适合于海军使用。早在1917年3月，曾有12门陆军用5英寸榴弹炮被送往埃尔斯维克公司，它们的炮架适合海军使用。虽然这些火炮的炮弹分量太轻，它们还是成了第一批在海军服役的榴弹炮，并因此导致广泛生产的7.5英寸武器的诞生。此外，还对2英寸的斯托克式迫击炮和由英国皇家海军的伯尼上尉设计的一种火炮进行了测试，但都没有采用。与此同时，还对萨顿–阿姆斯特朗式炸弹投掷器进行了射程和精度测试（1917年4月28日），这导致了50台更多的订单（截至1918年11月，已交付82台）。3.5英寸炸弹投掷器可发射F式深水炸弹（引信在50英尺的深度引爆），这种炸弹携带70磅的梯恩梯或阿马图炸药，头部为半球形，尾部为圆锥形。

7.5英寸榴弹炮是第一种被采用朝水下潜艇发射炸弹的榴弹炮。1917年3月，签订了采购750门威格士式7.5英寸榴弹炮的订单，接下来在5月份又采购了250门，其中前50门是滑膛炮，其他的采用了膛线。这两种类型都使用同一种

上图：从常规的火炮，如图示驱逐舰的 4 英寸火炮中，发射反潜炸弹，这也是可能的

无后坐力炮架，发射相同的带有43$\frac{1}{2}$磅炸药、总重100磅的炮弹。所选炮弹是能够进行手工操作的最重的炮弹。截至1918年11月，这些榴弹炮中的933门已被交付，其他被交付的产品还有48台炸弹投掷器。

然而，情况在不久之后就变得很清楚，还需要能装更大分量炸药的炸弹，所以开始开发更大口径的榴弹炮。在7.5英寸榴弹炮被证明性能不够之后，采用了更重型的反潜11英寸榴弹炮和10英寸炸弹投掷器。在1917年3月底，订购了210门威格士公司设计的11英寸榴弹炮，但交与三家公司分别生产。到战争结束，总共有107门被交付。1917年4月中旬，埃尔斯维克公司推出一种安装在配备万向节的炮架上的13.5英寸榴弹炮。英国军方采购了一门进行测试，但没有征订更多。1918年8月，时任炮兵处主任的德雷尔上校，提议在每艘主力舰上的前甲板上架设两门榴弹炮以对付突然出现的潜艇目标。然而，当时指挥大舰队的海军上将贝蒂更欣赏加强掩护部队力量的做法，拒绝接受该建议，所以就没有将榴弹炮装在英国的主力船只上。

1917年5月，"卓越"号成功测试了由桑尼克罗夫特船

厂设计的9.5英寸炸弹投掷器。在此基础上，威格士公司设计了一种10英寸炸弹投掷者，英国皇家海军在1917年7月订购了750台这种武器（到战争结束时交付了97台）。到1918年4月，生产已经被证明是如此困难，遂取消了350台炸弹投掷器的订单，重新订购其他产品。

早在1918年，就出现了一种对于短程重型炸弹投掷器的新需求，这种武器用于装备进行潜艇猎杀的小舰队。这一需求导致了对于3.5英寸棍炸弹投掷器（200磅炸弹）的50台更多的订单，这批产品在设计上被改造后，具有对甲板压力较小，可发射350磅和200磅炸弹的性能。

在大约同一时间，军方要求威格士公司为重型榴弹炮重新设计棍式炸弹，以使它们在近程作战中更有效率。要求的出发点是为每门榴弹炮提供约6枚短程重型棍式炸弹以及通常中程弹药，当舰船成功地接近潜艇时，将使用棍式炸弹。例如，无后坐力炮架上的7.5英寸榴弹炮可以发射220磅炸弹（88磅发射药）到600码距离处或发射500磅炸弹（250磅发射药）到300码距离处。后坐力炮架上的11英寸榴弹炮可以发射620磅炸弹（包括所附长棍，配备300磅发射药）到600距离处。这种炸弹的直径为21.95英寸，配有一根33英寸长的棍子，炮口初速为270英尺/秒。

作为榴弹炮使用的指标，1917年10月的计划分配情况如下：11英寸榴弹炮：56门分配给14艘护航巡洋舰，44门分配给11艘武装护卫舰，68门分配给17艘商船护航舰，32门分配给8艘护航特种任务船和海岸炮舰，8门备用，2门供应法国政府；10英寸炸弹投掷器：550台分配给武装性防御商船，70台分配给2艘海岸炮舰（未装备200磅炸弹投掷器、11英寸或13.5英寸榴弹炮），43台分配给武装登舰汽船，52台被分配给第10巡洋舰中队的13艘商船护航舰，4台分配给炮兵学校，29台备用；7.5英寸榴弹炮：300门分配给辅助巡逻船，600门分配给防御性武装商船，40门分配给特种任务船，4门分配给炮兵学校，2门供应法国政府，4门备用；7.5英寸炸弹投掷器：50门分配给辅助巡逻拖网渔船；6英寸榴弹炮：3门分配给辅助巡逻拖网渔船；5英寸榴弹炮：12门分配给辅助巡逻拖网渔船；200磅炸弹投掷器（3.5英寸榴弹炮）：12门分配给辅助巡逻拖网渔船，9台分配给特种任务船，57台分配给护航海岸炮舰，2台备用。

另一种攻击潜艇的可能方法是在看到处于潜水状态的潜艇（或发现其潜望镜）时，用标准驱逐舰火炮朝潜艇开火。1918年6月27日，进行了从12磅火炮发射棍式炸弹的测试。在火炮未做任何改造的情况下，射出的200磅炸弹以30°仰角飞行了305码。海军军械局计划为所有驱逐舰和其他执行反潜任务的船只供应这种炮弹。拖网渔船和旧式驱逐舰都安装有试验所用的这种火炮。正常的供给量是每艘船的4发炸弹。在这个时候，除了在爱尔兰海进行反潜作战的猎杀小舰队的76艘驱逐舰配备12磅火炮，还有第7小舰队（伊明厄姆港）的26艘、洛斯托夫特港的3艘、波特兰港的1艘、朴次茅斯港的13艘、多佛港的8艘、德文波特港的3艘、爱尔兰海北海峡的6艘以及泰晤士河上的6艘驱逐舰配备这种武器。此外，在地中海海域进行反潜作战的8艘"河"级舰船和4艘沿海鱼雷艇，也武装着12磅火炮。另有430艘在本土水域行动的拖网渔船，也装备着超过90门12磅火炮。1918年7月，类似

反潜榴弹炮等反潜武器（1917 年 11 月）

	3.5英寸棍式炸弹投掷器	7.5英寸炸弹投掷器	7.5英寸榴弹炮	10英寸炸弹投掷器	11英寸榴弹炮
军舰	—	—	—	—	20门
防御性武装商船	—	18门	660门	84台	—
商船护航舰	—	—	—	—	32门
辅助巡逻船	35台	19门	170门	—	1门
海岸炮舰、商船	18台	—	6门	—	5门
炮兵学校、战争博物馆	1台	1门	9门	5台	2门
试射、实验	1台	—	6门	1台	3门
法国、美国	—	—	7门	1台	2门
遗失	8台	—	61门	—	2门
库存、运输	19台	8门	12门	3台	38门
未送达	548台	4门	19门	656台	105门
总计	630台	50门	950门	750台	210门

上图：深水炸弹投掷器的研发目的是扩大深水炸弹弹幕的覆盖区域。图示这种不同寻常的重型深水炸弹组（用于第一次世界大战），由4台投掷器和2排长条架子的深水炸弹组成，架设于某分舰队的一艘海岸炮舰上，正在使用"鱼群"监听器搜索潜艇

的炸弹成功地通过了在标准4英寸驱逐舰火炮上的测试。Mk IV式火炮能以20°仰角，将356磅炸弹发射200码；更强大的Mk V式可以将456磅炸弹发射到205码。

1917年，爆炸扫雷器（高速潜艇套索，配用Q式扫雷器）取代了早期的单拖曳式套索和改良型单拖曳式套索。当时设想，船只使用这种爆炸武器可清理相当深度的一定区域。为达到这个目的，炸弹拖曳体必须能沿舰船尾流的向下和向后方向拖曳炸弹。实现第一个要求，在改良型套索那里，是将炸弹下拉功能（使用前置深度控制器）和拉到另一侧的功能（使用借助一块平板浮在水里的后置深度控制器，将炸弹朝另一侧拉）分开。这种方法并不成功，因为套索的最大扩展长度只有30英尺。在舰船达到一定速度后，后置深度控制器会在水中浮起，它的平板部分不再起作用。最终，设计者们转向了参考飞机的设计，以寻找到适当的可控拖曳体。Q式扫雷器进入服役后，扫雷器被用于承担更重要的作用——防水雷。按通常的配置，由船只拖曳、位于船只正后方的Q式Mk IV型套索的深度取决于连接缆线的长度（可放入水中200英尺，当时认为潜艇通常所在位置为200英尺深）。Q式Mk III式被拖曳到一侧时，设定深度为100英尺。碰触、牵引电缆线被异物钩住、或舰船发布的指令，都可让扫雷器爆炸。炸药的容量是240磅。一些船只显然在每一侧均拖曳有扫雷器。在被持续拖曳的情况下，扫雷器的速度可达到20节，周期较短时，速度可达到25节。这种扫雷器重量很轻，容易处置，不会影响拖船的机动，英国人认为它比任何其他套索都更有效。由于分量轻且容易处置，在拖到舰船上时也是安全的。在第一次世界大战期间，人们认为反潜套索和深水炸弹是相互补充的武器。深水炸弹通常被描述为一种攻击确定位置潜水艇的攻击性武器，例如，在潜艇被标识网陷住时（也有一个拖网渔船版本的扫雷器）。然而，也可以用这种武器为移动的舰队提供掩护。对于驱逐舰，建议的做法是直接停在潜艇所在的位置，投下深水炸弹，随后立即在潜艇下潜地点的上方和周围施放套索。

1917年春天，英国皇家海军正在试验具有回转功能的鱼雷（大致来说在以21节航速做直径200码的回转圆圈航行）。约120枚鱼雷接受了改造。它们被发放给约30艘驱逐舰及鱼雷艇执行护航工作。请参阅英国鱼雷一章以了解详细信息。约1917年7月，第一批18英寸回转功能鱼雷被配发给朴次茅斯港护航小舰队。设想在作战时，在采用深水炸弹攻击后，驱逐舰再发射一枚具有回转功能的鱼雷。

1918年6月，英国人讨论了商船的军备问题，确定3.5英寸棍式炸弹投掷器是常规反潜用的最合适的武器。因此，订购了1000枚改进设计的这种产品，一旦改进的设计就绪，就立刻动手生产其中的500枚。在停战时，所有项目均被取消。

战前，曾有过一些不太成功的努力，企图使用电力或磁力进行潜艇探测，但看来并没有人对借助水下的声音进行探测感兴趣，虽然大家对水下的声音传播有充分的了解（使用水听器探测船只的努力一直不很成功）。英国在反潜水听器方面的成绩在很大程度上应归功于英国皇家海军

的瑞恩中校，这位前无线专家曾受雇于发明无线电报的马可尼。他在战争爆发后返回现役，并在1914年秋开始研究用水听器探测潜艇。早在1915年，他就已经吸引了官方的支持，并将流网渔船"塔莱尔"号提供给他，进行海上测试。瑞恩在霍克克雷格建立起一个基地，使之成为当时英国的主要反潜探测机构。瑞恩的第一个工作成果是1915年2月促使海军决定在沿海建立起一系列的海底声音探测设施。为此生产了近400部水听器。它们本身是无定向性的，可通过哪些水听器发现了潜艇来确定潜艇的方向。水听器按照大约1¹⁄₂英里的间隔，被布设在50～100英寻的水深处。鉴于此一设施的成功，瑞恩接下来又建议采用曾在英国水雷一章描述过的磁力监听器。

后来，无定向性沿海水听器又被安装到船只上作为"漂浮监听器"或便携普通探测器。这一工作从1915年年底开始，总共设置了4534部便携普通探测器。水听器的生产一直持续到战争结束。便携普通探测器的形状是一边低一边高。更好的设备出现时（1917年），这种装备被降级使用，仅用于防御。接下来的那一年，出现了便携式定向水听器（在1917年开始服役），其中包括Mk I式（844部）和Mk II式（2586部）。在庞大的环型机体中，有两片振动膜，分别负责探测从一侧或从另一侧接近的声音，但是不能处理来自侧面的声音。虽然没有便携普通探测器敏感，但是这种装置更有价值，因为装置本身即能确定探测到的声音方向。下一步发展是在设备内安装一对定向板，这种定向板最初是打算用在潜艇上的，这时被安装在此种设备外壳的两侧。1916年4月，订购了第一批用于配备潜艇的30套设备，但实际上到下一年才开始安装。后来，设计得到了进一步改进，Mk IV式版本安装了一种在声音传导上不受外壳影响的振动膜。除了用于配备潜艇的类型，还有499套用于装备水面舰艇。这种类型可提供的探测范围最大。拖网渔船版本的外壳中安装有垂直放置的传声器，虽然定向板本身需要适应外壳的轮廓。另一种用作替代品的"鱼翅"形定向板（制造了854件，1918年2月停产）具有流线型外形，被放在水听器外壳外面。1917年，法国人对这类

装置的发展做出了重大贡献，他们发明了一种独特形式的放大器，将其用于自己的瓦尔泽式装置。详情可参见法国反潜武器一章。

此外，英国潜艇信号有限公司开发出一种拖曳式（鱼群）水听器，用发明者的名字命名为"纳什鱼"。这种装置配有一种由电机驱动旋转、由牵引船控制、两面定向的单个水听器。试验是成功的，"纳什鱼"或"橡胶鳗鱼"在1917年10月被英军采用。在这种武器的最后一个版本上，又增加了一个也可以旋转的单向水听器。这种"鱼"长18英寸，直径为3英寸，可在舰船正后方20～30英尺深度拖行100～200码，8节航速时的最大射程是大约4英里

（8000码）。在那种速度下，被螺旋桨搅动的水波会在前方掩护这种装置，但在10节以上航速时，对螺旋桨的干扰将限制航程。海军部订购了136套，计划共采购360套。一种更复杂的拖曳的设备"海豚"，在1918年9月开始生产，最终被交付了31套。其性能优于"纳什鱼"，时速可达6节。

在水听器的性能得到改进，定向功能更强之后，定向武器开始变得特别有用。1918年，英国皇家海军军械局指出，两条配备定向水听器的扫海船交叉行进，可困住一艘潜艇。在那种情况下，任何能在那个方位丢炸弹的武器都能使战斗结束。

2

美国反潜武器

主要的战时美国反潜武器是深水炸弹。当美国进入这场战争时，美国海军已经配备了有效杀伤半径30～40英尺的50磅深水炸弹（Mk I式），这种炸弹可以设置为悬浮在25～100英尺之间的水深间，每隔10米设置一枚。这种炸弹配合浮标和拔出式挂绳使用，由移民美国的意大利水雷设计师埃利亚设计。美国海军军械局曾声称，英国深水炸弹是派生自飞机用炸弹，存在两种形式，分别携带35磅和65磅的炸药（有效半径10英尺和25英尺），可以设置为在50英尺的深度爆炸（大概这指的是英国的较小版本的深水炸弹，脱胎于飞机用炸弹的小版本；看来当时美国海军军械局不了解英制D式的情况）。

一旦美国进入战争，美国海军就知道了D式深水炸弹，并且想要得到这种武器。在美国人抵达欧洲海域后，英国的深水炸弹就开始被提供给美国舰船。在战争中，两国海军通过随时交流彼此的深水炸弹，以确保双方在作战中都能有足够的数量可用。最初美国驱逐舰模仿英国舰船的做法，配备两条船尾滑槽，舰桥上的一条为液压控制，另外一条采用手动操作。美国制造的深水炸弹相当于英国的D式，但引信不同，美国海军军械局声称他们的炸弹在操作时具有更高的安全性，在发射时具有更好的可靠性。该局还特别声称，由于在英国的深水炸弹上引信是突出的，在从投射装置中施放时，有可能提前爆炸；而美国式的

引信完全容身于炸弹内部。此外，美国引信在设置所需的爆炸深度时通过表盘。经过对比试验，美国海军军械局在1917年夏天推出了该局的设计，并向生产厂家订购了10000枚。1918年1月，又订购了20000枚。此外，美国海军军械局还英国达成协议，接收了英国的15000枚D式深水炸弹。而相当于英国D*式的推荐产品被放弃了。这种炸弹的发射深度为40～150英尺。1918年5月，考虑到报告中提及U型潜艇配备有装甲，海军军械局设计了一种600磅深水炸弹，可提供稍大破坏半径（90英尺）和250英尺深度引爆设置。研发它的目的不是要取代300磅深水炸弹，只在已经绝对确定敌方潜艇的位置时使用。美国驱逐舰最终在船尾安装了1排或两排架子，上面可以安放20枚或者40枚深水炸弹。炸弹下降速度的设定需要能满足躲避反水雷（由敌方发射的一种感应爆炸的深水炸弹）的需求。

美国的最初的重型深水炸弹是Mk II式。Mk III式的最大爆炸深度从200英尺增加到300英尺，1918年7月被订购了10000枚。Mk IV式是一种更重型的深水炸弹（携带600磅梯恩梯炸药，总重量745磅），该类型生产了1000枚（1918年9月运抵欧洲）。

美国巡逻艇曾装备过英国桑尼克罗夫特船厂生产的投掷器（榴弹炮），直到美国能够为它们提供美国开发的Y字形深水炸弹发射管。这种装备可以一次发射两枚深水

炸弹，同时朝横梁的两头方向发射，每头一枚。射程（朝向每头）40码需配备1磅发射药，射程98码需配备2磅发射药。1918年中的计划要求为驱逐舰和一些游艇装备一台Y字形深水炸弹发射管和两台桑尼克罗夫特式投掷器或者两台Y字形深水炸弹发射管。装填机由舰上船员操作，装弹时间短至6～10秒。一艘如此装备的舰船，可载有50枚深水炸弹，一次单发火力可涵盖宽200码和长1100码的海域。

有10000枚深水炸弹的订单被确认供应有限度使用这种武器的英国船舶，这些船舶通常携带2枚或3枚深水炸弹，月均消耗125～150枚。这样做的部分原因是供应量有限。到1918年年初，从美国运来大量船载货物，根据美国海军军械局的说法，开始可以更大量地使用深水炸弹。1918年4月，美国驻欧洲海军司令指出，能攻击到U型潜艇的机会不多，因此应该尽可能地利用每一次机会谋求最大的优势，即，攻击时应使用更重型的深水炸弹。这样做即使不能击沉U型潜艇，也可对其造成威慑，使其远离护航舰队。即使有一丝一毫U型潜艇存在的可能，也应发动攻击。1918年2月，美国军方采购了一种可携带至少6枚300磅深水炸弹的船只，该携带量已经是那种船只可以安全装载这种炸弹的最大数量。每艘反潜驱逐舰可携带50枚深水炸弹，猎潜艇为12枚，游艇为8～12枚，护卫舰为24枚，巡洋舰为24枚，炮艇为12～24枚，运输舰为4枚，执行向海外海军运输任务的船舶为4枚。没有为战列舰配备深水炸弹，因为战列舰没有几次机会使用这种武器，即使遇到潜艇，护航驱逐舰通常也将及时出现。因此，到1918年9月，美国驻欧洲海军所装备的深水炸弹总额是5095枚。第6基地的消耗速度是每月将近1000枚，第7基地且不止这个数量，所以不得不建立深水炸弹的供应储备。然而，使用重型深水炸弹进行掩护的战术直到战争末期才研发出来。

美国海军也使用已经为几个欧洲国家海军采用的平头或无反弹反潜炮弹。到1917年12月，这种炮弹的可用类型有3英寸、4英寸、5英寸和6英寸口径，并已向所有可能遭遇潜艇的船只发放。一旦在适当距离看到潜艇的潜望镜或者鱼雷发射管冒出的气泡，炮射炮弹是可以立刻用于投放

到潜艇所在位置的唯一的一种武器。深水炸弹的攻击不可避免地会略有推迟，因为攻击舰船不得不掉头，然后运行到推定的潜艇所在位置，而在这个过程中潜艇可能已躲到另一个位置去了。1917年夏天，专为达到此种作战目的，英国生产了一批轻型榴弹炮（7.5英寸、10英寸和11英寸口径），炮弹所携带炸药从43～119磅不等，可实现最大2600码的射程。美国的等同产品是美国火炮一章中所述8英寸Mk VII式榴弹炮。

到战争晚期，英国开始从专注于发展反潜榴弹炮转到利用能从现有火炮发射的、具有较小射程、针对可能被瞄准潜艇的棍式炸弹。美军司令遂要求美国海军军械局研发同等的产品，这种炸弹需能携带至少250磅的梯恩梯炸药，射程可达200码，使用3英寸和4英寸火炮发射。美军司令还想要一种"标记弹"，这种炸弹可以用于指示潜艇曾经待过的位置或刚刚潜水的位置，以此作为反击的焦点。指示效果应该能持续5～10分钟。这项建议来得太晚（1918年7月29日），在战时未来得及对相应炸弹进行研发生产。1919年，美国海军军械局研发了一种能用Y字形深水炸弹发射管（以高速）投射到更远射程的深水炸弹，以此作为一种在突然发现敌军潜艇时立刻进行反应的手段。

虽然美国人只是在参战后才对监听设备产生兴趣，但美国人在该领域其实可能存在着极大的优势，他们已经在电话技术上投入了巨大的努力，美国的潜艇信号公司也在水下信号应用方面进行了大量的研究。通用电气公司和西电公司（贝尔电话系统的生产部门）在纳罕特进行共同研究，而美国海军为此在新伦敦建立了一个海军实验站。在1917年5月底至7月初，美国、英国和法国的科学家在一起举行了相关主题的初次会议，在几个月内，美国制造的水听器开始在这三个国家的海军中服役。

最早的产品是SC管，以格兰朵和斯图姆监听器为基础，在1913年完善。这种装置由两个充气橡胶球组成，每个球上有一个听筒，与监听者的耳朵相连。监听器不断地转动SC管，直到监听的人判断在两只耳朵里听到了同样的声音。在这种情况下，声源不是在船头就是在船尾方向。

可以通过声音的强度估计与自己方面的距离。接下来又出现了一系列的以"M"为名称前缀的多重水听器，最初只打算用这种设备进行声音放大。设想MB式用于水上飞机，MF式是一种旋转的双列水听器（新伦敦集团的负责人认为这种类型是第一次世界大战期间美国人发明的最好的旋转水听器）。MV式最初系基于法国瓦尔泽式装置的设计，这种装置被固定在舰船的外壳上，梁状监听器上有一个旋转的声音补偿器（非常像德国人的潜艇上的阵列旋转机构）。在试验中，一艘驱逐舰装载着这种MV式阵列水听器，以20节的航速跟踪一艘7节航速（处于50英尺深度）的潜艇，航行了500～2000码。

通用电气公司和潜艇信号公司开发了一种小型非定向性水听器。三台连接在一起，可构成具有定向性的K式管

（操作员监听其中任意两台）。还有一种U3式管（昵称"鳗鱼"），是一种由12个传声器组成的拖曳阵列，每6个传声器连接到监听者的一只耳朵上。"鳗鱼"的拖行深度是100英尺。补偿器围绕梁状监听器旋转（该设备不能区分来自港口和右舷之间的声音）。将两台成一定距离分布的"鳗鱼"和一台MV式管相结合，就可能采用三角学方法估测潜艇的位置。

1917年秋天，这些设备被送往英国接受测试。英国人发现美国人的设计有点不成熟。例如，SC管在比较短的距离内性能不错，在最终阶段的潜艇追逐中颇有助益，但很难进行初期阶段的潜艇追踪。相对于英国的"漂浮监听器"和新式"鳗鱼"拖曳水听器，K式管的性能要更低劣。

下图：当抵达欧洲水域时，美国驱逐舰装备了英国的反潜武器，如图示这对桑尼克罗夫特船厂生产的深水炸弹投掷器

下图：Y字形深水炸弹发射管是第一次世界大战期间美国人发明的主要反潜舰载武器（与传感器相反）：和英国的深水炸弹榴弹炮不同，为节省空间，这种火炮系采用单个弹药筒朝相反方向发射两枚深水炸弹。用于发射的弹药筒被安装在Y字形深水炸弹发射管的底部，两枚炸弹分别装填在Y字形分叉上的一根发射管里，并在那里被发射出去